知られざる地下微生物の世界

DEEP LIFE

極限環境に生命の起源と地球外生命を探る

TULLIS C. ONSTOTT
タリス・オンストット 著　松浦俊輔 訳

青土社

THE HUNT FOR THE HIDDEN BIOLOGY OF EARTH, MARS, AND BEYOND

知られざる地下微生物の世界　目次

私がどこにいてもずっとともにあった、エレノーラ（ノーラ）・アンダーソンに。

ともにこの宇宙を探検して多くの楽しい時をともにした同僚・友人たち――トム・キーフト、トミー・フェルプス、スーザン・フィフナー、エスタ・ファン・ヘールデン、ガエタン・ボルゴニーに。

思慮、ねばり、管理能力、地質学的見識によって私や他の多くの人々の人生を変え、地下圏科学研究にいた私たち全員の目を目標からそらさないようにしてくれたフランク・J・ウォバー博士に。

私になしうることについて指針と刺激をくれたデーヴィッド・ブーンとD・C・ホワイトの思い出に。

クロコディリアン屋敷で楽しい冗談で笑わせてくれながら、悲劇的にその光が消えてしまったピート・ボータの思い出に。

私が知りたがる問いへの答えを、それがどんなに他と違っていても追求するよう励ましてくれたロブ・ハーグレイブズとシビル・ハーグレイブズの思い出に。

最後に、この若い技術屋《テッキー》にとって多くの栄養を与えてくれたジーン・シューメイカーの思い出とキャロライン・シューメイカーに。

まえがき

一九九六年九月、私は南アフリカ、ヨハネスブルグの西にあるアングロアメリカン社でも深い方の金鉱の一つ、ウェスタン・ディープレベルズの漆黒の闇の坑道をあちこちひっかかりながら進んでいた。地表から三〇〇〇メートル余り下のところでは、考えることと言えばほとんど熱と湿気のことだけだった。その朝早く、ガイドと私は、坑内列車で乗せて行ってくれる予定の試料採取地点では、換気装置が切られることを聞いていた。そこでガイドは別ルートを選び、私はガイドについて、曲がりくねった坑道の迷路を歩いたり走ったりした。一時間歩いてやっと階段状採鉱場《ストープ》に着いた。岩に食い込む狭い傾いた坑道で、ついさっき発破で砕かれた金と炭素が豊富な岩石は、鉱山作業員によって取り除かれていた。しかし私はストープに入ると、今自分の眼前にある坑道の脇に小さな兎穴が開くとは予想していなかった。私たちはその穴に押し込まれ、高さ九〇センチ、角度三〇度のストープの傾斜を、体をぐらぐらさせながら下りた。そこでガイドは作業員に私にはわからない言葉で大声の指示を出していて、作業員は岩石に仕掛けた爆発物の起爆装置のコンセントを抜いた。それが終わると、私たちは炭素が豊富な地層から十数キログラムの塊を二つ慎重に掘り出し、それを滅菌した袋にくるみ、私のリュックに押し込んだ。ヘルメットがストープの天井に当たるたびに頭上にある岩の重さを考えないように努めた。試料を詰め込むと、ガイドはすべりやすい、切り立った砂利の下り斜面をさらに這って下り始めた。「もっと下へ行くのか?」と私は下のガイドにヘルメットのランプを当てて叫んだ。リュックは手袋をはめた片手で持ち、私もガイドを追ってストープを尻で滑り下りた。「急いで、上はもうすぐ発破をかけますよ」

とガイドは下から私に大声をかけた。空気は焼けた石の匂いがした。文字どおり火と硫黄〔地獄の責め苦のたとえ〕の匂いだった。それがストーブに充満していた。三〇分前に坑道の一つで採取した岩の小さな錆色のしみ以外、水の気配はどこにもなかった。ガイドに追いつくと、相手は素早く私の腕をつかみ、脇へ押しのけた。私は暗い穴に落ちかけていたのだ。「一〇〇メートルの奈落ですよ」と、ガイドはきつい アフリカーンスなまりで言った。さらに下に向かうと、突然別の兎穴から外に出て、さらに深い、さらに暑い坑道に入った。そこで私たちは一時間歩き、あると期待されていたもののありかに着いた。水だ。坑道の天井のドリル孔から滴っていて、私の鼻孔はアンモニアの刺激臭でひりひりし始めた。私は針金のメッシュを岩の壁に固定している錆びかけたロックボルトに足をかけて上り、手袋をはめた手を、水が滴る試錐孔《ボアホール》に向かって伸ばした。持っていた小さなカップでpH試験や温度測定ができるほどの水を採取できた。「すごい。温度は五〇度で、pHは9だ」と、私は下のガイドに向かって声を上げた〔pHは7が中性で、それより大きいほどアルカリ性が強くなり、小さいほど酸性が強くなる〕。小さなリュックを胸の方へ回すと、さらに上り、慎重にボルトの上でバランスをとりながら、持っていた滅菌ずみのガラス小瓶すべてを水で満たした。トンネルの床に飛び降りると、私たちはまた進み始めた。「急いで、エレベーターに間に合わないといけない」とガイドは後ろの私に大声で言い、私は足に合わないゴム長靴でできるかぎり急いで後を追った。重さ三〇キロもあろうかという岩石と水の試料を持ち、固定するベルトが緩んだヘッドランプの電池を絶えず引き上げながら、ガイドに遅れないようにするのに苦労していた。

やっとエレベーターの発着場に着いた。何分か余裕があったので、何枚か写真を手早く撮った。シフトを終えて今入ってきたばかりの人々などの坑内作業員が、エレベーターの入り口から離れたコンクリートの床で様々な姿勢で身体を伸ばしていて、シフト長がそのすぐ隣の椅子に座っていた。私がシャッターを押していると、ガイドが着ていたつなぎを下ろして私に向かって尻出しをしてみせたところでシフト長が笑い始めた。坑内作業員は傍観して禁欲的にぼんやりしていた。私もひきつって笑ったが、エレベーターが着くのを待ちながら考えていた。「一体自分はこの地下何千メートルまで微生物試料を採取しに来て何をしているんだろう」。リュックに入れた試料から得られることが、わざわざ出向くに値するかどうかを教えてくれるだろう。二〇億年前に地表から隔離された細菌を発見するかもしれないし、生命の起源そのものに迫る秘密を発見しさえするかもしれない。しかしまずはこの岩石を空気から隔離し、それからアメリカまで持って帰らなければならない。

やっとエレベーターが到着して、私は現実に戻り、他の三〇人の熱く汗だらけの坑内作業員とともにエレベーターのケージに押し込まれた。私の腕は脇に押しつけられ、リュックは足の間に押し込まれていた。轟音とともにケージの扉が閉まり、外から遮断された。暗く、甲高い鳥の鳴き声のような機械の音以外は、奇妙にも静かだった。そしてケージがぐいと引き上げられ、涼しい、明るい、はるか上の地表へと加速し始めた。私は隠れた生命の宇宙を探して地下三三〇〇メートル以上のところを歩き、走り、よじのぼり、這い回ってきた。一〇分後にはまた上に出て一息つくことになる。

略号

AEC　原子力委員会（Atomic Energy Commission）
AMS　加速器質量分析装置（accelerator mass spectrometer）
ATP　アデノシン-5'-三リン酸（adenosine 5'-triphosphate）
BHA　ボトムホール・アレイ（bottom-hole array、孔底測定器群）
CBD　生物多様性条約（Convention on Biological Diversity）
DIC　溶存無機炭素（dissolved inorganic carbon）
DLO　デスルホトマクルム様細菌（Desulfotomaculum-like organism）
DNA　デオキシリボ核酸（deoxyribonucleic acid）
DOC　溶存有機炭素（dissolved organic carbon）
DOE　エネルギー省（Department of Energy）
DTS　分布型温度センサー（distributed temperature sensor）
DUSEL　深部地下科学工学研究所（Deep Underground Science and Engineering Laboratory）
EPA　環境保護庁 Environmental Protection Agency
ESRC　環境科学研究センター（Environmental Science and Research Center）
EXLOG　エクスプロレーション・ロギング・カンパニー（Exploration Logging Company、探査検層社）
FISH　蛍光インシトゥ・ハイブリダイゼーション法（fluorescent in situ hybridization）
FSU　フロリダ州立大学（Florida State University）
GC-MS　ガスクロマトグラフィ質量分析法（gas chromatography–mass spectrometry）
GeMHEx　地質微生物学水文学実験（Geological Microbial Hydrological Experiment）
GPR　地中レーダー（ground-penetrating radar）
HPLC　高速液体クロマトグラフィ
IMT　固有微生物トレーサー（inherent microbiological tracer）
INEL　アイダホ国立工学研究所（Idaho National Engineering Laboratory）
IPC　中間ポンプ室（intermediate pumping chamber）
IPR　知的財産権（intellectual property rights）
ISSM　国際地下圏微生物学シンポジウム
JOIDES　海洋研究機関統合深海掘削計画（Joint Oceanographic Institutions for Deep Earth Sampling）

LANL　ロスアラモス国立研究所（Los Alamos National Laboratory）
LBNL　ローレンス・バークリー国立研究所（Lawrence Berkeley National Laboratory）
LExEn　極限環境生物（Life in Extreme Environments =NSF 資金提供研究）
MMEL　移動微生物生態学実験室（Mobile Microbial Ecology Laboratory）
MLS　多層試料採取装置（multilevel samplers）
MOU　了解事項覚書（memorandum of understanding）
MSR　火星試料採取・帰還（Mars Sample Return）
MWX　多坑井実験（Multi-Well Experiment）
NAI　NASA 宇宙生物学研究所（NASA Astrobiology Institute）
NASA　アメリカ航空宇宙局（National Aeronautics and Space Administration）
NCBI　国立バイオテクノロジー情報センター（National Center for Biotechnology Information）
NMT　ニューメキシコ工科大学（New Mexico Tech =New Mexico Institute of Technology）
NOSR　（米）海軍オイルシェール・リザーブズ（Naval Oil Shale Reserves）
NRF　国立研究財団（南ア）（National Research Foundation）
NSF　国立科学財団（National Science Foundation）
NTS　ネバダ核実験場（Nevada Test Site）
ODP　国際深海掘削計画（Ocean Drilling Program）
OHER　保健環境研究局（Office of Health and Environmental Research）
ORNL　オークリッジ国立研究所（Oak Ridge National Laboratory）
PCR　ポリメラーゼ連鎖反応（polymerase chain reaction）
PFC　ペルフルオロカーボン（perfluorocarbon）
PFT　ペルフルオロカーボン・トレーサー（perfluorocarbon tracer）
PI　主幹研究員（principal investigator）
PLFA　リン脂質脂肪酸（phospholipid fatty acid）
PNAS　『米国科学アカデミー紀要』（Proceedings of the National Academy of Sciences）
PNL　パシフィック・ノースウェスト研究所（Pacific Northwest Laboratory）
PNNL　パシフィック・ノースウェスト国立研究所（Pacific Northwest National Laboratory）
PP　惑星保護（planetary protection）
ppm　百万分率（ppm = parts per million）
PVC　ポリ塩化ビニル（polyvinyl chloride）
QA/QC　品質保証／品質管理（quality assurance/quality control）
REU　学部学生研究体験（Research Experiences for Undergraduates）
RNA　リボ核酸（ribonucleic acid）
rRNA　リボソーム RNA（ribosomal RNA）
RWMC　放射性廃棄物管理施設（Radioactive Waste Management Complex）

SCWRC　サウスカロライナ州水資源委員会（South Carolina Water Resources Commission）
SEM　走査電子顕微鏡法（scanning electron microscopy）
SIP　研究実施計画（science implementation plan）
SLiME　地殻内無機独立栄養微生物生態系（subsurface lithoautrophic microbial ecosystem）
SMCC　国際深部微生物系統保存施設（Subsurface Microbial Culture Collection International）
SPIE　国際光工学会（Society for Optics and Photonics）
SRB　硫酸塩還元細菌（sulfate-reducing bacterium）
SRP　サバンナ川核施設（Savannah River Plant）
SSP　地下圏科学研究（Subsurface Science Program）
TCE　トリクロロエタン（trichloroethane）
TDEF　時間領域電磁界（time domain electromagnetic field）
TEM　透過電子顕微鏡法（transmission electron microscopy）
TEP　リン酸トリエチル（triethylphosphate）
Tmax　最大温度（maximum temperature）
URL　地下研究施設（underground research laboratory）
USGS　米地質調査所（United States Geological Survey）
UV　紫外線（ultraviolet）
WIPP　核廃棄物隔離試験施設（Waste Isolation Pilot Plant）

知られざる地下微生物の世界

極限環境に生命の起源と地球外生命を探る

謝辞

本書には、描かれる出来事に密接にかかわった科学者、鉱山作業員、掘削作業員など、様々な職業の人々が出てくる。典拠となる資料は、関係者の個人的な記憶、ファックス、メール、調査ノート、大量の写真などから抽出したもので、私は永くそれに感謝する。とはいえそうした人々は、私がこれまでの二五年の研究をともにして、本書の話で枢要な役割を演じ、多くの重要な貢献をしてくれた人々のごく一部である。紙幅や時間のために、ともに仕事をした人々をすべて、筋を追って並べることはできないので、まずそのことをおわびし、心からの感謝を申し上げたい。

南アフリカ、アメリカ、カナダ各地の鉱山の管理者、鉱山会社地質学研究員、鉱山作業員、掘削作業員すべてにも心からの感謝を申し上げたい。皆さんが私と私の二〇年来の共同研究者に寛大にも与えてくださった時間と支援には、言葉では言い尽くせないほど感謝している。そうした支援がなかったら、この話をすることはできなかっただろう。また皆さんが常に注意を払って安全を確保してくれていることにも感謝する。

序論　生物はどこまで存在できるか

今のところ、私たちは地球での生命の由来について、完成した絵は描けていない。ジグソーパズルのピースはあるのだが、絵全体はまだ埋まっていない。地球上の生物がいる範囲について、どこまでと制約をかけられるようになったのは、やっとこの二〇年ほどのことだが、そのような制約が存在する理由については説明しなければならないことが残っている。地球上の生命の起源や範囲については理解できていない穴が残っているため、太陽系にある他の天体に生命を探すのはとくにハードルが高い。本書は、地表からはるか下の岩だらけの地殻に生物がいる範囲の限界を探り、この二五年間の発見が、太陽系、とくに火星での生命探査にどう役立つかを探るという話をする。

私たちはふつう、岩に生命が隠れているとは考えない。建設用に花崗岩を切り出し、道路の砂利《じゃり》用に火山岩を削り、大理石をテーブルやアート作品に使う。フィレンツェのアカデミア美術館にそびえるミケランジェロのダビデ像を見ているときには、それをなすカララ大理石のなめらかな表面のほんの何センチか下に埋もれた微細な穴の中に、生きた細菌がいると、あなたは思ったりしない。賭けてもいい。そうした細菌は百万年前に大理石に閉じ込められたのかもしれず、今もゆっくりと生殖して、二酸化炭素を放出し、極微の炭酸カルシウム結晶という、当の大理石ができたのと同じ種類の鉱物を作っている。私自身、鉱山労働者が地球の奥へと坑道を掘り進め、アパラチア山脈の地底から石炭を掘り出したり、南アフリカの地下何千メートルのところで金属豊富な鉱脈を掘り出したりするとき、岩石に生命が隠れているとはたいてい思わないものだと請け合える。ボーリング機械についている作業員が、ちょっと手を休めて、自分が地下何千メートルのところまで掘削する油田やガス田が何かの寝ぐらではないかと考えたりするという話には、私はお目にかかったことはない。

私は地質学畑の出身で、たいていの地質学者と同じく、岩石を無機的な存在と見ていた。私たちが岩石の詳細を顕微鏡で調べるのは、まずもって、それがいつ、どういう経緯でそうなったかについて、最も可能性の高い説明を導くためだ。それを形成する元になった物理過程や、それと地球全体の地質学的歴史との関連を推定しようとする。古生物学者は、化石となった生物が入っている、その生物がいた頃は地表だったところに堆積しつつあった岩石に注目する。多細胞生物が登場する前の先カンブリア代の岩石を研究する古生物学者の中には、かつて地表に存在していた微生物の痕跡を探す人々がいる。それは生物が残した有機分子の組成を分析して、安定した同位体の組成、たとえば炭素13（^{13}C）と炭素12（^{12}C）の比（$^{13}C/^{12}C$）を分析したり、地表でできた生物膜《バイオフィルム》が化石化したものかもしれない岩石の物理的構造を分析したりして行なわれる。その目標は地表での生命の進化と、その進化と地球の海や大気の進化との関係を理解することだ。そのような見方からしても、その太古の生物は、それがいた砂や泥から岩石ができたときにはとっくに死んでいると考えられる。地質学者はずっと、岩石は死んだものと見ていた。

もちろん、科学的に言えば、現地調査のために出かけて行くところは微生物学者も地質学者も同じとはいえ、両者の立場は正反対だ。微生物学者は試料を集め、研究室に持ち帰り、微生物を分離し、その微生物について実験を行ない、それが環境で何を、どうしているのかを推理する。この百年の間、この分野の科学者は、ちょっと見には生物が存在しそうだとは思わなかった環境からでも着実に微生物を分離している。北極海からは氷点下でも増殖できる細菌（好冷菌）、イエローストーン国立公園の温泉には水の沸点近い温度でも生きられる細菌（好熱菌）が発見されている。イエローストーンでは、酸の中で生きられる微生物も見つかっている（好酸菌）。東アフリカの塩分濃度が高くナトリウムが多い火山湖では、pH〔pH=7が中性で、それより小さいほど酸性が強くなり、大きいほどアルカリ性が強くなる〕が10でも元気に生きる細菌が分離されている（好アルカリ菌）。微生物学の先駆者の一人、アントニー・レーウェンフックは、一七世紀、酸素がなくても生きられる微生物（嫌気性細菌）の発見につながる実験を行なった。またグラム陽性細菌と呼ばれる、胞子として休眠しつづけることによって生き延びる、顕著な粘り強さを示すものも見つかっている。生きられる環境が何十年もの間まったくなくても、水中に一定の栄養が与えられたとたん胞子は発芽する。実は、微生物学者は地球のどこか、過酷な環境に、実験室で育てることができる何らかの微生物が進出していない一角を見つけようとしているが、それがなかなかできない。

一九二〇年代、微生物学者はそれまで足を踏み入れていなかった領域の一つ、地下圏を、初めて地質学者と協力して探索した。エドソン・サンダーランド・バスティンというシカゴ大学の産業地質学者が、シカゴ大学衛生・細菌学科の細菌学者、フランク・E・グリアと組んで、単純な仮説を検証した。二人はサワー原油（腐った卵から出る気体、硫化水素を含む原油）が嫌気性の硫酸塩還元細菌（SRB）によってできると唱えた。バスティンが提供したペンシルベニア紀〔古生代石炭紀をさらに二つに分けた区分の後半」の地層から採った油田の水のＳＲＢをグリアが高温で培養して、二人が唱えた答えが確かに正しいことを実証できた。しかしそのことから次の、もっと興味深い問題が生まれた。そのＳＲＢは、その地層が最初に海に堆積したときから三億年間、地下にあった当の地層で生きていたのだろうか。これは細菌学者グリアが答えを導き出せる問題ではなかった。地質学者バスティンにも答えの見当はつかなかった。

　地下圏に太古の生物が存在するのではないかと推測したのはバスティンとグリアだけではない。第一次世界大戦前、ドイツの微生物学者が何人か、ドイツで最も深い炭鉱を調べるようになっていた。石炭の元になる、三億年前の泥炭地に暮らしていた細菌の生きた化石が石炭に住みついているという仮説を立て、その細菌を探していたのだ。当時の微生物学者はなぜ細菌がそんなに長生きすると信じたのだろう。当時の微生物学者の一人、カリフォルニア大学バークレー校のチャールズ・バーナード・リップマンは、一九三一年、『ジャーナル・オブ・バクテリオロジー』という学術誌に載せた記事で説明している。「この学問が考えられるようになって以来、事前には否定的な結果以外には予想できないというのに、どうしてこんな研究をするようになったのかと尋ねられることが多い。その問いに対する私の答えは、こうした実験が始まるのに先立つ二〇年間、私は細菌やその胞子が、胞子であれば四〇年も生きるほど長生きであることの証拠を正真正銘の事実として蓄積していた。古い胞子から育った病原体の衰えない強さや、四〇年も密閉された容器に入れられていた古くて乾いた土壌細菌の顕著な活力は、ゆうに四半世紀にわたる思考の元になってきた[1]」。

　しかし、リップマンの特筆すべき胞子を作る細菌など、一九二〇年代から三〇年代の石炭や油田の試料から育った多くの細菌は、地表の新しい細菌に汚染されたものとされ、ほぼ否定された。何と言っても、ボーリング機械や採鉱の作業は完全に滅菌して行なうことはできない。それでも微生物学者はめげずに石油の成分である炭化水素を生み出す細菌を見つけたと報告し、細菌が油田を生成したのではないかという推測を始めた。しかし地質学者はこの説を受け入れなかった。主として、死んだ生物の有機物が熱で変性するという、石油の起源をきちんと説明する地質学的モデルがすでにあるからという理由による。この地質学モデルは、地質学的記録にある、石油がいつどこでできて移動したかを観察し、世界中の、幅広い地質学的年代にわたって埋蔵された石油や天然ガスの生成に必要な共通の段階を機能的に推理した上に堅固に立てられていた。石油や天然ガスを説明するためには、地下圏の細菌はまったく必要とされていなかったのだ。その後の何十年かの間に、何人かの微生物学者が地球の奥底にいた細菌を発見したと間欠的に報告することになるが、結局は地表の細菌で汚染されたものと反論され、否定された。一九五〇年代には、地底深くの生物と、多くの経済的に意味のある鉱床を形成に細菌が中心的な役割を演じたことを支持する最後の砦はソ連の生物学者だった。こちらでは一九六〇年代の初めに「地質微生物学《ジオロジカル・マイクロバイオロジー》」に相当する言葉が導入され、それを行なう「地球微生物学者《ジオマイクロバイオロジスト》」が生まれた。[2] それでも、地球微生物学者の職に空きができるのを待っているという人々はあまり多くはなかった。一九七〇年代になると、土壌生物学者でさえ、「深さも細菌に影響を及ぼす二次的環境変数である。温帯では、こうした生物はほとんどすべて地下一メートル以内にいて、だいたいは上層数センチのところにいる」という結論になっていた。[3] 地質学界でも微生物学界でも、仕組みが簡単な細菌さえ、岩の小さな割れ目や孔で、日光から永遠に切り離され、たまに有機物が土の層を下りて行くときに通りがかったのを捉えて食べて暮らすのは相当にきついという認識が広まっていた。

この頃、ダーウィンの自然淘汰による進化論にゆかりのガラパゴス諸島からもそう遠くない、太平洋の海底にある熱水噴出孔で、初めて生物の群落が発見された。噴出孔でガラパゴスハオリムシ（*Riftia pachyptila*）というチューブワームが見つかるまでは、誰もそんな複雑な生物あるいは生態系が、海底の暗闇にできた化学勾配に頼って生きられるとは思ってもいなかった。しかし一〇〇〇メートル以上の海底にも、複雑な生態系が進化する余地が相当にあったのだ。それでもヨセミテの岩だらけの表面の地下何百メートルのところにある小さな孔には、アマゾンの密林の林床、サハラの砂丘、南極の氷床、カンザスの小麦畑同様、複雑な生態系が存在しうる可能性はきわめて低いように見えていた。一九七〇年代の段階では、浅い地下の帯水層を除けば、大深度の地下は一般に不毛な環境であるということは定説だった。そんなところには長く生命を養えるエネルギーも余地もないということだ。

多くの点でこう信じるのは安心でもあった。何と言っても、米エネルギー省（DOE）の前身である原子力委員会（AEC）は、研究施設地下に核弾頭用の膨大な量の放射性物質を集めて地下圏を汚染していた。こうした汚染物質は、発がん性物質、有毒金属、放射性核種の詰め合わせだった。そうした物質の地球化学的挙動や水文学的移動のモデル化は、パンチカード入力の大型計算機の時代には、生物学が方程式に入っていなかったとはいえ、そもそも単純だった。AECはこの弾頭を一九五〇年代初頭以来、ネバダ州の地下でも爆発させていた。ジョン・F・ケネディとニキタ・フルシチョフとハロルド・マクミランが一九六三年に部分的核実験禁止条約に合意した後は、地下実験だけになった。AECは地下核爆発に慣れきっていて、プラウシェア計画の一環として、硬い地層から天然ガスを放出させる助けにするために、ニューメキシコ州やコロラド州の地下で核爆弾を爆発させるようにまでなっていた。今日風に言えば、この方式は核分裂式水圧破砕とでも呼べるもので、廃止されたのは喜んでいいだろう。米エネルギー庁も高レベル放射性廃棄物をせっせと「不毛の」地下圏にある岩塩、花崗岩、火山岩層に埋蔵しようとしているし、他の国々も同様だ。こうした地層は、一〇万年もの間、放射性廃棄物を保持しておかなければならない。地下圏で放射性廃棄物を利用する生物がいて、それを計算に入れるという面倒なことがある可能性は、微々たるものに見えていた。

その後、八〇年代半ばになると、DOE内部で、フランク・J・ウォバー指揮の地下圏科学研究（SSP）と呼ばれる目立たない研究が、地下圏は結局不毛ではなく、細菌や真核生物（たとえば原生生物や菌類）の豊富で多様な群落が暮らしていると主張するようになった。SSPの科学者は、それ以前の地下圏研究とは違い、地表の微生物による汚染を除外するための物理的・化学的標識《トレーサー》を開発していて、自分たちがあらゆるところ、バージニア州の畑の地下三〇〇〇メートルにある三畳紀の岩石にさえ固有の細菌を見つけたことに自信を抱いていた。この地下圏生物の豊富さは、地表の生物と肩を並べると唱えられ、まもなく地下生命圏について語られるようになった。いくつかの報告は一般の人々にとっても大ニュースとなって、ジュール・ヴェルヌの『地底旅行』と同じような関心と想像力をかき立てた。ところが科学の世界は、DOEの科学者や研究管理者の説にも、発見の意義についてもきわめて懐疑的だった。それでもSSPの微生物学者は地下の細菌を何千種と分離していて、それを使って冷戦の有毒な遺産、DOEの研究所から移動して周囲の自治体の飲料水にまで進みつつあった遺産を処理するために使う計画も立てた。DOEが支援する研究が地下生命圏を発見するだけでなく、当のDOEの支援を受けたのが、その前身であるAECがそうとは知らずに地下核実験によって、何兆という地下圏細菌をその本拠地で殺してしまってからだったというのは、いかにも皮肉なことだ。SSPの科学者は地下圏の微生物群集全体が、鉄分が水中で風化して発生する水素ガスを原動力にしていることも発見した。その後まもなく、科学者は地球のあらゆる地下圏に生態系を発見するようになった。中には地下五〇〇〇メートル近くで、放射線をエネルギー源にするものもあった。山地の地下で巨大な地下空洞を掘っていたものもあった。南極の表面から一〇〇〇メートル以上の下にある氷に閉じ込められているのが見つかったこともある。地下一〇〇〇メートル以上に、深部地下に棲息する捕食性の線虫まで発見されるようになった。その頃には地球微生物学は専門学術誌を出すようになり、地球微生物学者は地下圏微生物学の学会を創立していた。

地球外惑星地下生命

今、私は地球微生物学者として、すべての岩石は極微の微生物による小宇宙で、中には岩石が何億年も前に形成されて以来、そこに暮らしていたものもあるかもしれないと見ている。火星の表面を見ると、かつて生物が暮らせたような印象が得られる。しかし今のところ、その表面は私たちが知っているような生物は棲息できない。それでも火星にかつて生命圏があったのなら、地球にあるような地下生命圏は残っているのではないかと思わざるをえない。

火星表面の奥なら生物がいたりするのだろうか。その種のことを一六世紀に公然と問うていたら、ドミニコ会修道士で哲学者のイタリア人、ジョルダーノ・ブルーノのように、火あぶりの刑にされていたことだろう。今から一〇〇年以上前、パーシヴァル・ローウェルは火星表面で暮らす地球外文明がある証拠が見えたと思ったが、それは目の錯覚で、その発見から一五年もしないうちに、ローウェルの科学的信用ともども退けられてしまった。一九〇一年、ローウェルと時代をともにしたH・G・ウェルズが『月世界最初の人間』を発表し、月面の地下に住む昆虫のような生物セレナイトによる空想上の高度な社会を描いた。それ以来、地下圏生命という考え方はSFの小説や映画、『スタートレック』や『新スタートレック』まで頻繁に登場したが、それを支える科学的根拠はあるのだろうか。月や火星の地下を何キロも掘り進めれば、私たちが知っているような生命には必須の成分である淡水の水が存在しうる温度に達するのはきっと正しい。それにしても、地表が生命に適さないのに、何千メートルも潜れば生物が生き延びているというのはありうるだろうか。一九九六年、SSPによって岩石や水から発生した水素は地下圏生態系を維持できることが発見され、答えは肯定的に見えるようになった。火星表面の奥にいる生物は、もうSFの領分には限られなくなり、宇宙探査のための、現実の、わかりやすい目標として扱えるようになった。アメリカ航空宇宙局（NASA）はすぐに、火星に送り込めるボーリング機械の設計にとりかかった。

こうした話はB級SF映画の台本のように思えることもあるかもしれないし、そうなりかねないのも確かだ。しかし地球での深部地下圏生命に関するこの二〇年の科学的合意と、そこから地球外生命に関して言えることは、かつての不信から今や活発な科学的活動へと切り替わっている。本書は、私のような支持者の眼を通して見た、その顕著な科学的・哲学的移行の話でもある。

しかし本書のほとんどでは、地球の地下に生物がいる範囲はどこまでかを積極的に探り、他の惑星、とくに火星の地下に生物がいるのを禁じるようなことがあるかどうかを探る。その探査の際には、読者を地表の生物がほとんどいないところへ案内することになる。地下世界旅行をする間、次の問いを頭の中に入れておいていただきたい。私たち研究者も同じことを問うていて、その答えがどうなるか、わかっていないからだ。

・地下圏生命が、地表の生命圏全体を超えるほど豊富に存在することがありうるか。
・そもそも、地球の地下どのあたりのところで生きた生物体は姿を見せるのか。
・一個の地下圏微生物はどのくらいの寿命があるか。一〇〇年か、何万年、何百万年か。
・放射線を利用して生きる微生物はありうるか。
・生態系は惑星の地下でどれだけもつか。何十億年でももつのか。
・何十億年も生きられるなら、生命は火星の地下にも存在しうるか。
・微生物はどこで生まれ、どうやってそこまで下りて行ったのか。地下を何百キロも移動できるか。
・地球でも他の惑星でも、地下で誕生した生命というのはありうるか。
・どんな惑星でも、複雑な生命、複雑な生態系が地下に存在しうるか。

こうした問いに答える助けにするための数多くの科学的背景を紹介していく。

第1章ではまずSSP科学者による地球の地下三〇〇〇メートル級のところでの細菌発見の話をする。さらに、それ以前のSSPが、まず掘削し、また地下圏細菌が地表の生物で汚染されていないことを証明するために枢要なトレーサー技術を開発するところから始まった時代のことを振り返る。

第2章では、SSPを追って、ニューメキシコ州北部の古い火山を掘削した現場や、コロラド州西部の地下核実験場近くの難透水性ガス層まで一〇〇〇メートル以上も掘削した現場へ行く。また私たちはニューメキシコ州カールスバッド付近の廃棄物隔離実験施設に至る、初のジュール・ヴェルヌ風の地下圏世界旅行も始めることになる。そこでは、ペルム紀の岩塩地層を、二億五〇〇〇万年前の海水と、願わくは生きた細菌を含むかもしれない流体内包物を探して探検する。私たちはまた、科学者が放射線に支えられる地下圏生命を考えるようになったいきさつについても知る。

第3章では、研究者が地質学的な歴史を用いて様々なSSP掘削活動で得られた微生物の起源を判定するところを見る。研究者は微生物がそんな地下深くでどれだけの間暮らしてきたか、そこへ行くまでにどれだけ旅をしたか、どれだけ速く移動したかを推理する。生と死の境、それが微生物にとって意味することを、「生死レベル表示盤《デッメーター》」を使って探る。最後に地殻内無機独立栄養微生物生態系（SLiME）の発見について知る。これは玄武岩系の火山岩に由来する水素ガスに支えられている。

第4章では、SSPの終了によって、私たちは、深く、非常に古い可能性がある、放射線によって支えられた微生物生態系を見つけたり、生命そのものの起源を探ったりする道を求めて、はるばる南アフリカの地下鉱山へ出かけて行かざるをえなくなった。SLiMEの発見とともに、火星の地下に生命を探知するのが目標の火星掘削計画を立てるNASAの会議に参加することになる。その探査の努力がたまたま、ALH84001と呼ばれる隕石に火星地下圏生命の化石があったとする報告で補強されることも見る。

第5章から第8章までは、南アフリカの超深部金鉱の迷路のような坑道と、そこで科学者が遭遇した難関を探ることになる。地下三〇〇〇メートル以上まで下りて旅する間、私たちは好熱性の地下圏細菌についてはは生命はどのようなものでなければならないかを知る。最後に、「*Candidatus Desulforudis audaxviator*」と分類される新種細菌の発見で目標に達する。これは、南アフリカの地下深くで移動し、岩石だらけの環境に埋め込まれたウランの放射性崩壊で維持される化学電池によって、果てしなく生きる新奇な生物だ。

第9章では、生命が火星の凍てつく表面の地下に存在しうるかという問いに答えるために、北へ飛んでカナダの北極圏へ行く。そこではルピン金鉱の凍った洞穴をくぐり、永久凍土の地下一〇〇〇メートル近くの塩水まで、無機独立栄養細菌を見つけに行く。無機元素を代謝して硫黄化合物を循環させる生合成用の炭素と窒素を得ることができる微生物である。私たちはまた、火星の永久凍土を掘削して地下深くの生命圏から試料を得る可能性も検証する。

永久凍土を掘り抜く研究者が遭遇した困難をふまえ、第10章では、地下圏生物に達するために洞窟を使う可能性を探る。ニューメキシコ州、ルーマニア、メキシコの深い洞窟へ、無機独立栄養生命や複雑な生態系を求めて入っていき、微生物が自身の棲息地をどのように掘り取るか、それが火星にとってどういう意味を持つかをじかに見る。最後に南アフリカに戻って、*Halicephalobus mephisto* という名の、捕食性で雌雄同体の線虫類という形の多細胞生物を見つける。地球の地下一〇〇〇メートル以上のところに暮らす、地下の虫《ワーム》である。

エピローグでは、科学者が答えた問いをおさらいし、まだ答えられていない問いを取り上げ、それに科学者がどう取り組もうとしているかを見る。各章では、一七九三年までさかのぼる地下圏生物発見史の話もする。当時は顧みられなかったが、今や現代の理解の脈絡に入れられて意味をなすようになったことだ。付録には、地下圏生命研究年表と、ＤＯＥでの草創期の会合の要約を挙げておく。地下圏生物学の現地調査旅行の各地は、その調査で得た写真とともに http://press.princeton.edu/titles/10805.html で、グーグルアース文書として見ることができる。

第1章　トリアシック・パーク

ペンシルベニア紀の昔に岩石に閉じ込められた水が、他の水や岩石と接触して、濃度の変化、少なくとも成分の変化を繰り返したことは可能性が高そうである。こうした水に今日見つかる細菌は、堆積物が積もった時代の海底で暮らしていた生物の直系の子孫であるか、後に地表から石油を湛える層位まで下りて行った地下水によって持ち込まれたものかというのは、決して答えることができないかもしれないが、興味深い問題である。

——バスティン他、一九二六年

バージニア州キングジョージ郡ソーンヒル・ファーム、一九九二年三月一二日

シュルンベルジェ社の群青色のトラックが、バージニア州ソーンヒル・ファームの野原にあるテキサコ・マーコ54番ボーリング機械のたもとに並んでいた（図1・1）。テキサコの掘削作業員は、地下二八〇〇メートルほどのガスが豊富な目標ゾーンを掘り抜いた後、全体で三一一三メートルの深さに達し、隠れていたテイラーズビル三畳紀堆積盆地《トリアシックベイスン》の底に到達した。シュルンベルジェの検層記録用と側壁コア採取器具を挿入する準備として試錐孔〔採掘の前に地下の様子を調べるために掘る比較的細い孔〕の壁を洗

図1・1　バージニア州ソーンヒルにあるテキサコ社のボーリング機械。1992年春（F. J. Wobber 提供）。

い流して滑らかにするため、掘削泥水《マッド》〔掘削時のドリル冷却・潤滑のために流して循環させる水〕の循環を続けていた。それから作業員が掘削ロッドあるいは掘削パイプ〔ドリルを地下深くまで下ろし、動力や掘削用水を通すなどのために、次々とつないで延ばすパイプ〕を一度に三〇メートルずつ引き上げる単調な作業を始めた。数時間後、作業員はとうとうドリルの刃先を幅三〇センチの試錐孔から引き上げた。それから作業員は、鋼鉄製ケーブル（ワイヤーライン）に取り付けられた、長いぴかぴかの円筒形がつながった、シュルンベルジェ社の検層記録器具列が釣り上げ、熱い、かき混ぜられて濁る、掘削泥水で満ちた試錐孔の上で位置を定め、はるか地底のガスが豊富な一帯にある岩石層の画像の撮影を始めるために、ゆっくりと下ろした。

シュルンベルジェのエンジニア団は、焦げたコーヒーと古い吸い殻のにおいが充満するトラックに戻ると、試錐孔の壁の岩石を、検層記録器具から発射される低エネルギーの中性子線、電子線、地震波、ガンマ線で調べ始めた。[1] 地下二七〇〇メートルほどの岩石の二次元画像が見えてくるにつれて、エンジニアはテキサコの地質学研究員や、DOEによるSSP代表、ティム・グリフィンと、テーブルに吐き出される記録用紙を皆で見つめながら、協議を始めた。シュルンベルジェの記録、テキサコの地質学研究員が削り屑に見たもの、探査検層社《エクスプロレーション・ロギング・カンパニー》（EXLOG）のトレーラーの中にあるガスクロマトグラフで探知されたガス活動《プレイ》[2]に基づいて、微生物試料採取のために選ばれた標的は、深さ二七〇〇〜二八〇〇メートルのところにある太古の湖の砂岩と頁岩が交互に並ぶところらしかった。[3]

ティムにはそれが正しいことを願うしかできなかった。地下二七〇〇メートルともなると、これまでに行なわれた同様のことのどれと比べても十倍の深さで生命を探しているのだし、シュルンベルジェを含め、誰も地中深くに棲む細菌を探知するための検層器具は持っていなかった。[4] DOEのチームは、異なる堆積相、つまり見た目にも区別できて、特定の堆積環境を代表する堆積岩から、手つかずのコア〔ある長さの岩石等を地中での並び方を残してくり抜いたもの〕を採取するつもりで現地に来ていた。ここの三畳紀の堆積盆地に、黒っぽい、有機物豊富な頁岩のコア、赤っぽい泥岩や砂岩のコア、この二つの堆積相の境界のコアを求めていた。こうした堆積物は、プレート運動で北米大陸がアフリカやゴンドワナ大陸[5]の他の部分から離れようともがいているときに断層で区切られた湖底で急速に埋もれたものだった。パンゲアが分裂して、大西洋中央海嶺が新しい海底に玄武岩を注ぎ込むと、湖底は白亜紀初期の新たに形成された大西洋に埋もれた。湖底の堆積物とそこに閉じ込められた細菌は、今日まで二億三〇〇〇万年にわたり、地表からは完全に隠されていた。細菌あるいはその子孫がまだ生きていたら、それは恐竜時代の曙の頃の生きた化石になるかもしれない。

孔径検層記録は、この一帯に土砂の流出がなかったことを示していた。[6] つまり、孔の幅は一様で、試錐孔の側面壁のコアを採取するのに理想的だった。これは、側壁コア採取器具を試錐孔の壁にぴったり当てて打ち込めるということだった。シュルンベルジェのエンジニアはティムに、コアの回収はおそらく非常に良好になるだろうと請け合った。ここに至るまでに直面したあらゆる難関を思うと、この予想は励みになった。ガス検層記録はガスプレイが小さいことを明らかにして、これはテキサコの地質学研究員を落胆させた。あちらは天然ガスを探しているのであって、地底深くに棲む細菌ではないのだ。データ解析からすると、ここは「ドライ」、つまり、天然ガス源としては商業的には成り立たないところらしかった。テキサコの地質学研究員はすでにヒューストンから、DOEの作業が終わったら直ちにここを片づけてボーリング機械を解体せよという指示を受けていた。

一九九二年三月一三日金曜日の黄昏どきだった。ティムが外へ出てきて、掘削泥水へのペルフルオロカーボン・トレーサー（PFT）注入を開始し、側壁コア採取器具の準備を手伝った。作業員がシュルンベルジェの検層装置を三〇〇〇メートル余りの試錐孔から引き上げ、取り出しを終えた。[7] 一時間後、回転式側壁コア採取器具[8]は、ガンマ線検層装置と孔径検層装置とともに蒸気を噴き出す坑を滑り降りて目標の深さに向かい始めた。ほどなくして、シュルンベルジェ・チームが装置の降下を止めた。それから頁岩／砂岩境界の最も深いところで試錐孔側面に向けてコア採取を始めた。午後一一時、コア採取器具は地表に戻ってきたが、取れたコアは二五回の採取を試みたうちの八つという落胆する結果だった。午前三時、DOEの微生物試料採取のために再び装置が下ろされ始め、ティムは近くのフレデリクスバーグのハンプトン・インにいるトミー・フェルプスに電話し、フェルプスはリック・コルウェルとトッド・スティーヴンスを起こした[9]。三人はすぐに車で掘削現場にやって来た。暗い中では、何キロも離れたところからでも現場はすぐに見えた。マーコ54番はケネディ宇宙センターのシャトル発射台のようにライトアップされていたからだ。三人はその夜の夕食前にアルゴンを充填したバッグを用意していた。夜のうちに試料が手に入ることを予感していたのだ。三人が掘削現場に着いたとき、ティムは外にいて、ボーリング機械のデッキでシュルンベルジェのエンジニアと、機械の投光器の下でコア採取器具を分解していた。三人は滅菌した手袋をして作業に向かい、回収籠から試料と掘削泥水を掻き出し、それを滅菌したワールパックのバッグ〔ジプロックなどの食品保存用袋に似た、研究用保存袋〕に入れた。試料はまだ触ると温かく、つまり地中では熱かったということで、霜の下りるような夜の空気に逆らって元の熱を維持していた。微生物学者は大事な戦利品を持ってトレーラーに走って戻り、すぐに試料をグラブバッグ〔外から手袋＝グラブに手を入れて、直接に手を触れずに対象を処理できる、（不活性ガスなどで）膨らませて使う簡易実験設備〕に移した。リックとトッドは試料を写真に撮り記録した。二五本を試みて、得られたのは三本の短い試料と大量の無価値な泥の塊だけだった。

その間、シュルンベルジェのエンジニアによってデッキで検視が行なわれた。頁岩の断片が回転する掘削機構の中にひっかかっていて、小さな刃が適切な掘削角まで完全に回転できなくなっていた。回収された試料も亀裂だらけで、掘削泥水によって汚染されている可能性が高かった。三度目のコア採取結果は午前九時三〇分に地表に戻ってきて、第二回よりは多くのコアをもたらしたが、やはり試料の質は非常に貧弱で、掘削用水で汚染されている可能性が高かった。第四回は手ぶらで、このときは電気がショートしたことによる。テキサコにとっては踏んだり蹴ったりだった。最後の第五回は午前一一時三〇分に始まり、ティムはテキサコの現場管理者から、もらえるのは二五のうち六つだけで、これまでの試行で得られたのは一九回分だけだったのに、テキサコはあくまで五分五分で分けると主張していることを知らされた。ティムは五〇個のコアの約束がどうして得られたコアの五〇％になるのかと思った。午後一二時四〇分、コア採取器具が試錐孔から引き上げられた。ガンマ線検層装置が故障して、修理を必要としたからだ。トミー、リック、トッドは、泥の試料を調べ続けていて、午後二時にはコア採取器具は仕切り直しの最終回のために試錐孔に下ろされていた。午後三時、回転式側壁コア採取器具が試錐孔から引き出され、調べてみると、回収されたコアは一つだけ、地下二七九二メートルのものだった。

　掘削管理者はＤＯＥ研究者チームに、これが最終回だと言った。ティムは二〇回しか試みられず、回収した円柱は一〇個だけ、その半分はぎりぎりの品質で、この六週間にわたり血と汗と費用をかけたあげく、無傷の試料は五個だけであることについての落胆を示した。ティムはもう一回だけ試させてくれと要請したが、相手は聞く耳を持たなかった。約一時間後、テキサコの地質学研究員が、ヒューストンのテキサコ本社と連絡をとった掘削管理者と話した後、トレーラーに戻って来た。管理者は打撃式側壁コア採取器具による採取を試みる機会をくれた。この装置はコアバレル〔コアを取り込む中空の円筒形の管〕を岩石に文字通り撃ち込む。研究者が望むなら、そちらの試料はすべてもらえるという。

　外では太陽が沈みかけていて、シュルンベルジェの要員は疲れきり、残りの人々もカフェイン漬けだった。打撃式でうまく微生物試料を採取できる可能性は乏しかったが、みな、ここまで来た以上、すべての選択肢を尽くさなければならないと思っていた。テキサコは親切にも打撃式の装置を提供してくれて、研究者チームは躊躇なくその申し出を受けた。[10] シュルンベルジェが最終回のコア採取のための打撃式装置を準備する間、チーム五つの標的深度を選んだ。午後七時四〇分、コア採取ガンがソーンヒル1番試錐孔を二八〇〇メートルの深さまで滑り降りていた。

隠れた堆積盆地？——デラウェア州ルイス、一九九一年一〇月、

バージニア州の地下三〇〇〇メートル近くで細菌を探すという考えが生まれたのは、その六か月前、フランク・J・ウォバー博士が、デラウェア州ルイス近くの海沿いにある自宅でクロスワードパズルをして、それまでの四か月にわたる強行スケジュールの疲れを取っていたときのことだった。フランクは自分が支援していた四つの現地調査——パシフィック・ノースウェスト研究所（PNL）、アイダホ国立工学研究所（INEL）、サバンナ川核施設（SRP）、ネバダ核実験場（NTS）——での進展に満足していたが、こうした場所で採取した岩石コアから育ついろいろな新種微生物の年代が絞れないことには不満だった。しかし『ワシントンポスト』紙を開くと、第一面の下の方の、ある記事に対する、六行か七行ほどの——埋め草のような——小さな脚注が目に入った。テキサコが、バージニア州に始まり、メリーランド州を経てデラウェア州に延びるテイラーズビル堆積盆地という、完全に埋まった三畳紀の堆積盆地に天然ガス調査井を掘るという話だった。

フランクはもともと地質学、それも堆積学／層序学の出身だった。一九六〇年代の初めにフルブライト研究員となり、ブリストル海峡のごつごつした、吹きさらしの、波が洗う海岸の地層をマップにしていた。イリノイ大学を卒業した後、一夏、テキサコ石油会社でアルバイトをして過ごしたこともあった。この地質学者としての経験と、地下水汚染を調べるDOE研究管理者としてのこの一〇年の経験からすると、何億年にもわたって地下深くに固有の地下圏細菌を隔離していたかもしれない特色を持った「盆地」は一種類しかなかった。そういう堆積盆地は完全に埋もれていて、最近の地下水が地層に浸透していないものでなければならない。多孔性の堆積物の部分が透水性の低い岩石層で密封されている必要がある。テキサコが探しているような天然ガスを閉じ込めるにはうってつけのところだ。

とくに重要なことに、石油探査のドリルで汚染されている危険がないように、それまで掘削されたことのない堆積盆地が必要だった。学部生の頃、フランクはシカゴ大学の地質学者、エドソン・サンダーランド・バスティンのことを耳にした。一九二〇年代の昔、油田の水に硫化水素と炭酸水素塩の源を調べた人物だった[11]。バスティンの共同研究者だったフランク・グリアは硫酸塩還元細菌（ＳＲＢ）という微生物なら、酸素の代わりに硫酸塩を利用して低酸素環境で呼吸ができることを知っていた[12]。バスティンは、硫化水素と炭酸水素塩は、ＳＲＢが石油中の有機成分を分解するときにできたものだと推理した。バスティンとグリアは、一九二六年に『サイエンス』誌で報告された実験で[13]、イリノイ州ウォータルー油田の、一五〇メートルから五〇〇メートル余りの深さを掘削していた油井で採取した地下水試料にいたＳＲＢを培養した。バスティンとグリアが考えた問いの一つは、そのＳＲＢは、堆積物が積もった三億四〇〇〇万年以上前に埋もれたＳＲＢの子孫なのか、それとも掘削の際に持ち込まれたものかということだった。地下深くに微生物が存在することを、頭から信じないのでなくても慎重な懐疑で見る多くの科学者は、後者の説明の方に賛成した。何と言っても、油井の掘削作業は汚れていて、地表の微生物で汚染されていない試料を得るのは難しかったし、バスティンもそれは知っていた。二人の成果は、一九四〇年代末から一九五〇年代初頭までは無視された。クロード・ゾベルという微生物学者が地下圏細

Ralph Boyle-Graphic House
MARTIN D. KAMEN

Ralph Boyle-Graphic House
SOL SPIEGELMAN

With radioactive tracers, controlled competition.

favor certain plasmagenes above the others, allowing the favored ones to multiply abnormally, as rabbits once did in Australia. A change in the balance of plasmagenes affects the cell's chemical behavior, as rabbits affected Australia by eating much of its rangeland bare of grass. The cell's genes take no part in the transformation.

New Control. What good was the discovery? The biological revolutionists were reluctant to say. But they admitted (with a gleam in their eyes) that it gave a new, promising method of controlling cell life and growth. They had already controlled yeast cells by regulating competition among plasmagenes. Future biologists might do the same with bacteria cells or man cells.

One vital problem might be cleared up. Cancer is caused when a cell of the human body loses its normal function and starts multiplying lawlessly. This perversion cannot be blamed on true "mutation," which involves the genes themselves. It happens too often for that.

But plasmagenes are much more numerous than genes. If something goes wrong with the division of one of them, a lawless plasmagene may be produced. It multiplies wildly at the expense of others. The corrupted cell turns into a deadly cancer.

Drs. Spiegelman and Kamen emphasized that they had no cure for cancer. But they may have charted a course for future cancer physiologists.

Ferrets in the Oilfields

Bacteria found in deep sea mud might soon make oil wells as buggy as vinegar works. Last week Dr. Claude E. ZoBell, of the Scripps Institution of Oceanography, La Jolla, Calif., announced that he was well along on a process to infect exhausted oilsands with these bacteria. Snuffling underground like fierce microscopic ferrets, they would chase residual oil toward waiting wells.

Dr. ZoBell has busied himself for years with the microflora of oil strata, including sea-bottom muds where oil is thought to be formed. His original idea was to study how bacteria modify crude oil (TIME, Dec. 17, 1945). But in 1943, he found in sea mud a comma-shaped bacterium which he named (he was only 38 at the time, and feeling in the pink) *desulphovibrio halohydrocarbonoclasticus*. He put it in a test tube filled with material to simulate a limestone oilsand. Four days later, oil bubbled out of the test tube's mouth. A little later, all the oil in the sand was gone.

By sheer multiplication, the bacteria push oil particles off the grains of oilsand. They dissolve limestone, making the formation more porous. They generate carbon dioxide, which pushes oil particles ahead of it by gas pressure. The bacteria also produce a "detergent" (soaplike substance) which makes clinging oil films gather into free globules.

To the Last Drop. At first Dr. ZoBell did not think much of his find, but oilmen heard about it and jumped at it eagerly. Their interest was based on a sad and simple fact: no known extraction process gets all the oil out of an oilfield. Much of it stays below ground, sticking to rock particles. But if the bacterial process works, this oil can be got at, and exhausted oil pools will yield a valuable "second crop."

For two years, the Pennsylvania Grade Crude Oil Association has been experimenting (more or less in secret) with the practical application of Dr. ZoBell's discovery. At present many Pennsylvania oilmen glean their underground fields by forcing water through worked-out strata. They plan to introduce Dr. ZoBell's bacteria along with the water. The bacteria should hunt out and bring to the surface the last drops of oil.

50 TIME, JANUARY 20, 1947

図1・2　クロード・E・ゾベルの「油田のイタチ」。『タイム』誌、1927年1月。

菌への関心を復活させた。今度は海洋の堆積物で、この微生物は石油を食べるだけでなく（図1・2）、石油を生産もすると唱えた。(14) しかしゾベルは油井の細菌が掘削や氾濫による汚染ではすまないものであることを証明できなかったので、科学界全体は、やはり地下圏生命の可能性を退けた。

一九九一年の段階では、アメリカの油田、ガス田は二〇〇万を超えていた。(15) しかし石油会社とガス会社はどういうわけかテイラーズビル堆積盆地を見逃していて、そこがフランクが求めていたような堆積盆地になっていた。テキサコは、フランクらがその四年前にSRPでコア採取していた堆積物よりはるかに古く、さらに一億五〇〇〇万年も前の堆積物を掘削する予定だった。テイラーズビル堆積盆地の年代は三畳紀〔約二億五〇〇〇万年前〜二億年前〕で、テキサコのこの掘削事業は、石油・ガス産業によって汚染されていない、それまで隠されていた三畳紀の堆積盆地を覗き込む窓となってくれるだろう。

フランクはすぐに、地質学者でデラウェア州地質調査所に勤めていた友人に連絡をとったが、その友人はテキサコの掘削については何も聞いておらず、詳細をつかむのも難しかった。そこでフランクは、ワシントン州リッチランドのゴールダー・アソシエイツ社にいるティム・グリフィンと、その上司のブレント・ラッセルに電話すると、二人はすぐに、言わば時間外の調査を志願してくれた。ティムはテキサコのニューオーリンズ支社にいる旧友に連絡し、その旧友はヒューストンのテキサコ調査部にいる同僚にティムを紹介してくれた。ヒューストンの調査部からは、デラウェア州の掘削は「中止」と言われた。「最近、浅いところで三畳紀テイラーズビル堆積盆地のバージニア州側から薄いコアをいくつか取りましたが、それはラモント・ドハティ地質観測所のポール・オルセンに渡しました。そのコアで役に立ちますか？ そちらを調べた方がいいでしょう」と部長は電話で言った。ティムは思った。「それはだめだ、汚染されてる」。すると部長はさらに言った。「私たちはこれからテイラーズビル堆積盆地のもっと深いところを掘ります。バージニア州フレデリクスバーグ近くのウィルキンスという場所です。そちらで取る試料はいかがですか？」。ティムの耳はぴんと立ち、熱意を抑えることはできなかった。「もちろん、いただきたいです」。ヒューストン調査部長は続けて、「五月にはソーンヒル・ファーム近くで最後のいちばん深い試錐孔が完成します。ワシントンDCから車で一時間ほどのところですよ。上にかけあってもいいですよ。そちらにいくつか試料を渡せるかもしれません。ただ、来るとおっしゃるそちらのことを私たちは知りませんから、もちろん何も保証はできませんよ」。ティムは電話を切り、考えた。「現場へ行ってその試料を取ってこないと。時間はあまりないけどやることがたくさんできた」。

一九九二年一月一四日から一六日、フランクは地下圏微生物学研究者会の現状報告会をラスベガスの賭博場のないモーテルで開いた[16]。研究者全員が、数か月前にINEL、PNL、NTSで得たばかりの試料について行なった分析や実験の結果について報告することになっていた。みな、いろいろな種類の堆積地層の地下圏細菌の起源について、仮説を提示することも求められていた（図1・3）。堆積物とともにたまった微生物と、地下水流で堆積層まで移動した微生物とをどう区別できるか。

会議のしめくくりに、フランクがみなに、埋もれた三畳紀の堆積盆地から、バージニア州で来月からガス田の試掘を始めるテキサコの協力で堆積岩の試料が得られるかもしれない機会が与えられたことを伝えた。この野外調査を手伝ってくれる有志を探していると。実は、ティムとブレントは舞台裏で熱心に仕事を進めていて、何週間もかけてテキサコのしかるべき管理職をつきとめては現地に行ってコア試料を採取する許可を得ていた。フランクらのチームには、科学者や装備を掘削が始まるソーンヒル・

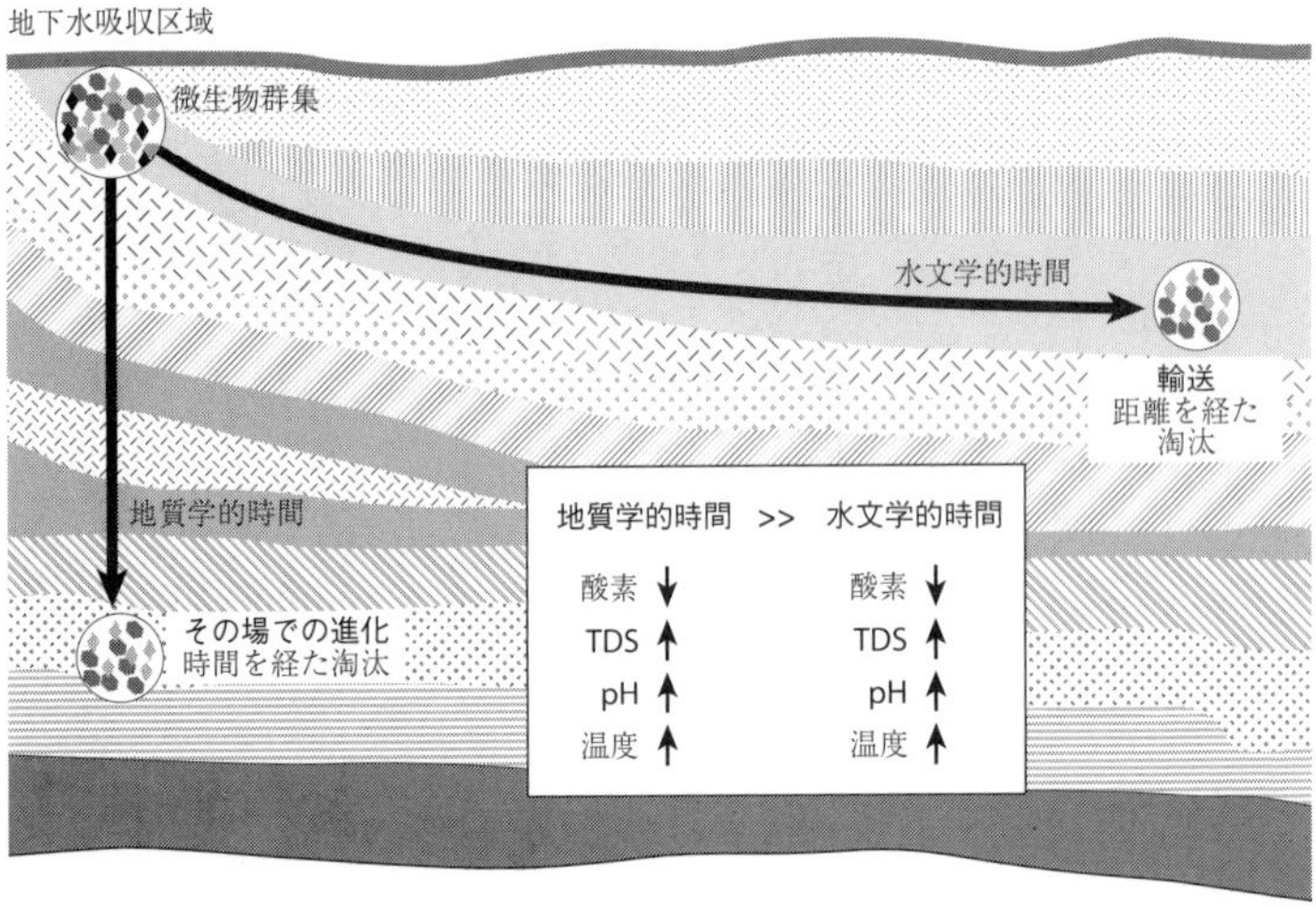

図1・3　1992年1月、ラスベガスで行なわれたＤＯＥのＳＳＰ研究会で発表されたエンドメンバー起源仮説（E. Murphy 提供）〔TDS は溶解物質濃度〕。

ファームに動員する時間が六週間しかなかった。これまでで最も深く、最も古い堆積物に細菌を求めるために開いた機会の窓はすぐに閉じてしまうことを認識して、チームは資源を現場へ猛烈な速さで移動させた。[17] メリーランド州ジャーマンタウンのDOE本部では、ファックスが飛び交っていた。フランクは、ブレントとティムとの間に、壁に当たったらいつでも止まるという合意をとっていた。しかし驚くことに、二人はいつも、ある壁を次々と抜けたり、避けたり、超えたりする術を見つけた。二人は、舞台となったフレデリクスバーグにある、メアリー・ワシントン大学生物学科の採集用具を載せた研究用トレーラーを動員した。フランクは、すでに動いている作業のために、ゴールダー・アソシエイツと下請け契約を結ぶための四万ドルの補助金をINELに送り終えたところだった。作業は急ピッチで進んだので、DOEのお役所仕事で下請け業者を素早く見つけるのは難しかった。著者とリック・コルウェルは、前年にINELのWO1試錐孔で用いていた無酸素グラブバッグとコア切り分け機[18]を輸送するための、二つの大きな合板製荷造り箱を作らせた。このコア切り分け機を入れる箱は重く、あるドライバーは輸送途中でトラックの外側に「地獄からの箱」と殴り書きしていた。[19]ブレントとティムがテキサコと行なった取引は、五万ドル払って、コア採取地点が一〇ずつある五か所から五〇個の側壁コアを得て、それを両者で五分五分で分けるということだった。テキサコとDOEは、それぞれのコアを、テキサコから始まって、試行一回おきに交互に取る。[20]

三月九日月曜、研究用トレーラーはすでにソーンヒルの現場にいたが、トミー・フェルプスが延長したドイツ出張の後、ノックスビルの自宅に戻ったのはその日の昼頃だった。[21]トミーがいない間、つきあっていた微生物学者のスーザン・フィフナーが、トミーのサーブを、オークリッジ国立研究所（ORNL）とテネシー大学のそれぞれの研究室の採集用具でいっぱいにしていた。スーザンは無酸素グラブバッグまで押し込んでいた。後はトミー自身とスーツケース分くらいの余地だけが残っていた。トミーは運転席にもぐり込み、ドアを閉め、スーザンが顔を中に入れてキスをし、六缶入りのコカコーラのパックを入れると、トミーを見送った。トミーは取り憑かれたようにバージニア州フレデリクスバーグに向かって車を走らせた。トミーはあらゆる機会を捉えて、汚染を最小限にして微生物学用の地下圏試料を手に入れる方法を整理したが、テイラーズビル計画は今までいちばんの難関だった。

すべてを始めた会議——一九八六年二月二五日、サウスカロライナ州サバンナ川核施設

トミーは州間道81号線を進みながら、六年前、サウスカロライナ州エイケン付近のDOEの施設、サバンナ川核施設（ＳＲＰ）の食堂での最初の会合のことを思い返していた。[22] ＳＳＰを始めたばかりのフランクと、ＳＲＰの環境管理官、ジャック・コーリーがその会合を主宰した。[23] ＳＳＰとＳＲＰの十人余りの科学者がテーブルを囲んで、ジャックがＳＰＲ周辺の様々な地点で掘削しようと計画していた地下二〇〇メートル近くの帯水層の微生物試料をどうやって採取するかを議論していた。[24] ＳＲＰの環境微生物学者カール・フライアマンスが議論を主導していたが、議論を支配していたのはトミーだった。当時トミーは勇み立った、博士号を取ったばかりの微生物学者だった。フロリダ州立大学（ＦＳＵ）のＤ・Ｃ・ホワイトのところにポスドクとして勤めていて、ＳＲＰのいくつかの監視井設置箇所から、リン脂質分析のために地下のコアを採取していた。[25] 会合の頃にはトミーは何か月かの掘削経験を積んでいた。現行の習慣、設備、人員を用いる地元の技術について、この新型の掘削活動用にすぐにできる修正を提案した。劣化していない微生物試料を獲得する方法の概略をいつもの快活な様子で述べた。掘削での汚染をどう最小限にするか、掘削による汚染をどう特定するか、コア試料をどう扱うか、それの酸素被曝をどう最小限にとどめるか、試料を汚染や酸素被曝なしにどう分配するか、いくらかかって、時間はどれだけかかるかという話だった。テーブルを囲んだ全員が討議に加わるようになり、次々と分析のしかたを提案した。放射性同位体を用いた有酸素／無酸素活動量の測定、細胞数、リン脂質脂肪酸分析、地球化学的構成検査、炭素使用量検査など、長いリストができた。トミーは、ジャック・コーリーが十分に話を聞いて立ち上がり、カール・フライアマンスに歩み寄ってその耳にささやいたことをまるで昨日のように思い出す。トミーはその隣にいたＤＣに向かうと、「これは決定ですね」と言った。その瞬間、ジャック・コーリーは二五万ドルをこの研究に委ね、そのうち二〇万ドルは、いろいろな委託契約によるコアの微生物内容物の分析を支えることになる。その一九八六年二月二五日、SRPの食堂で行なわれた二時間の会議は、地下に生命を探すという、三〇年前のゾベルの成果以来、ほとんど眠ったままだった試みに、あらためて火をつけた。

三か月後、カールによって「深部探針《ディーププローブ》」と名づけられた新しいDOEの研究用の三つの掘削現場が、SRP全体に散らばり、注意深くメロン畑を避けたP系列監視井群近くに設定された[26]。三つのP井位置はSRPで一三キロにわたって展開され、SRP上の汚染されていそうな現場からできるだけ遠く離れているという理由で選ばれていた。直径五センチの小さなワイヤーライン・コアがすでに深さ二七〇メートルの二か所で採取されていた。このコアは第三紀と白亜紀の四〇〇〇万年前から七〇〇〇万年前に属する陸と海の堆積物を見せていた。微生物学者はこうしたコアから、どんな地層、岩石、深さを標的にするかを決めていた。トミーが率いるディーププローブのチームは、早くから、自分たちが深部から取ってきて分離したいと思っている微生物が固有、つまり堆積物とともに積もったのか、地下水の流れによって今の棲息地へ運ばれたのか、いずれかの可能性があることを認識していた（図1・3）。

しかしこの深さで微生物を求めてコアを採取するようなことは、それまでにないことだった[27]。意味のある深さでコアを採取するには、コアバレルと先端に中空の掘削用ドリルの刃をつけた回転式コア採取が必要だったので、金属製のドリルの刃先が回転して進みながら削り取る土の切り屑を除去するために掘削泥水を使う必要があった[28]。Pシリーズ掘削活動のときには、トミーは三つの汚染源を突破しなければならなかった。(1)掘削と採取のための機械、(2)ベントナイト（粘土）の掘削泥水、(3)試料の処理。

掘削作業員は、トミーらのチームが微生物の入ったコアを採取したい深さまで掘り進め、自分たちではコアは採取しない。それから掘削用の管を一度に九メートルずつ引き上げ、つないだパイプを、底の刃のところまで、一つ一つはずす。それからコア採取器具と刃先《ビット》を取り付けて、それを一度に九メートルのパイプを一つずつ、ねじ込んで下ろす。実に汚い、泥だらけの作業だった。汚染を減らすために、トミーはドリルパイプを一つ一つ蒸気洗浄して、コア採取用の刃に続けて孔に下ろした。

さらに掘削泥水が全部で数千リットルあった。掘削泥水には疑いもなく、コアを採取しようとしている堆積物にある微生物の何万倍もの微生物が含まれている。コアバレルは孔に下ろされ、目標区域から回収されるときにその泥水で汚染される。堆積物を、掘削泥水で汚染されないようにコアバレルに入れるにはどうすればいいか。トミーはいろいろなコア採取用器具を使って掘削泥水が刃先に浸入するのを制限しようとしたが(29)（図1・4）、引き上げるときに掘削泥水がコアの上下を汚染するのを防ぐすべはなかった。そこで無菌・無酸素環境の中でコアの両端や外側の面を取り除かなければならなかった。

これを達成するために、カール・フライアマンスはブルーバード社製移動式家屋を改造して、自分で移動微生物生態学実験室（MMEL）と呼ぶものにした。そこには体積六立方フィート〔約一七〇リットル〕、二層のポリエチレン製グラブバッグと、手動のコア引き出し装置、プロパン式冷却装置、試料保存用冷凍庫、すべての器具を消毒するためのプロパンガスライターとアルコール、グラブバッグに一気に窒素を満たすための高圧ガスボンベが入っていた。コア試料を処理するために、このMMELをボーリング機械のそばに駐めた。トミーはコアの処理でいくらか助けてもらうことができた。スーザン・フィフナー(30)とFSUの学生チームが加わった。ロッドを引き上げて微生物の入ったコアを地表に上げている間に、トミーとスーザンのチームはグラブバッグを滅菌し、すべての器具をアルコールランプの炎

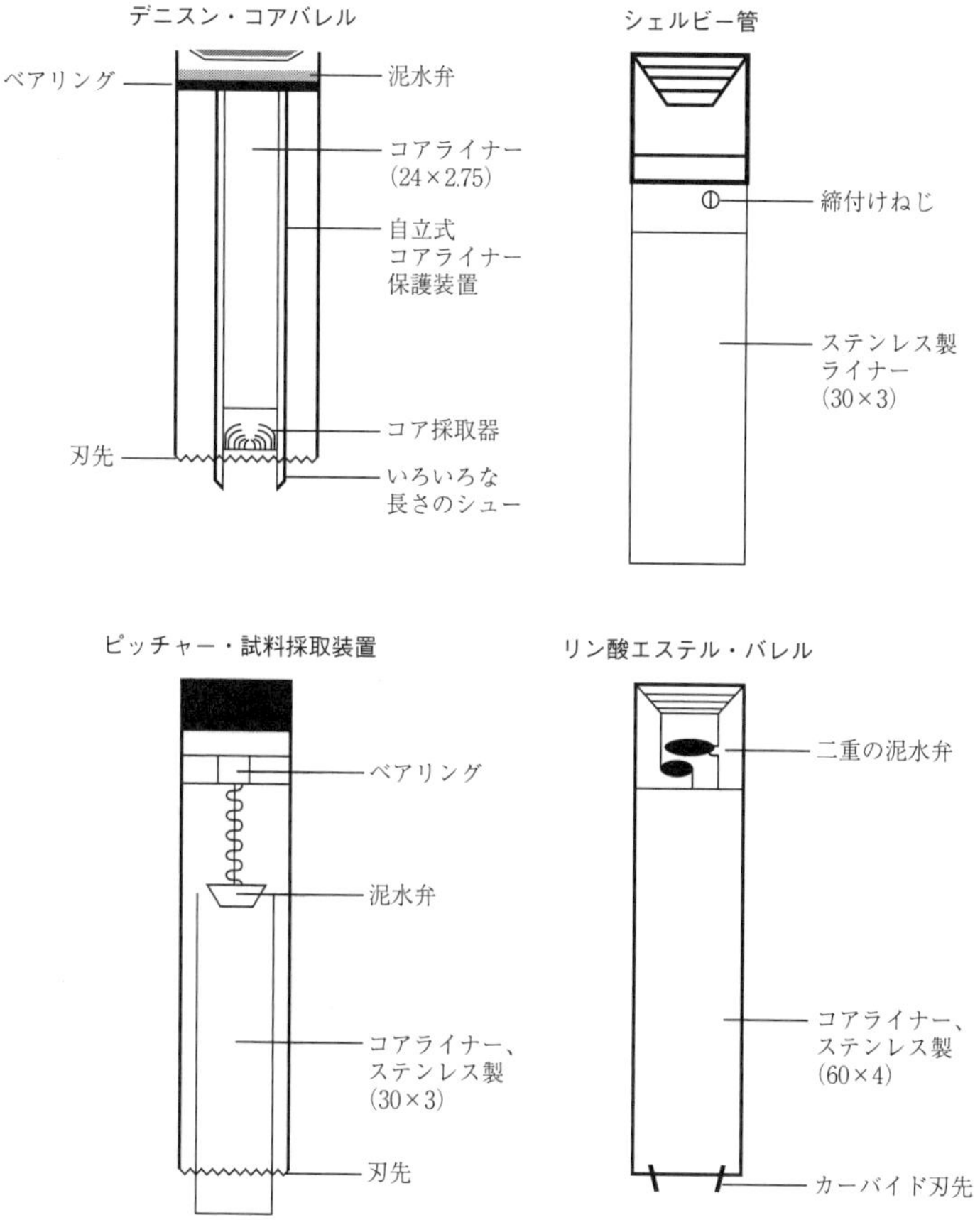

図1・4　C10微生物コア採取作業で用いられた各種コア採取器具（Phelps et al. 1989より）。リン酸エステル・バレルとシェルビー管には別個のコア外被（ライナー）はなかった。なお、デニスン・コアバレルにはコア採取用の刃の前の柔らかい堆積物に差し込まれて掘削汚染を減らす延長部分（シュー）があった。

で殺菌し、ガラス瓶やふたを高圧消毒器にかけ、グラブバックのガスを入れ替えて、コアが地表に達する前にできるだけ無酸素になるようにした。コアバレルが地表に出るとすぐに、そのコアバレルを取り外し、両端にキャップをはめ、それを持ってMMELに走り込んだ。それはコア引き出し装置にかけられ、窒素入りグラブバッグに押し込まれ、その間に外側の表面が削り取られた。チームは、滅菌したナイフ、鑿、へら、スプーンを使って、堆積物の掘削泥水の影響を受けたところをすべて取り除き、それから汚染のなさそうなコアをいくつかの試料に分け[31]、それをすくい取ってワールパックのバッグに入れ、二重に袋詰めした。それから重さを測り、ラベルを貼って、その袋を窒素を充填したガラス瓶に入れた。ガラス瓶は発泡スチロールのクーラーボックスにブルーアイス〔保冷剤の商標名〕とともに詰め込まれ、夜のうちに搬送される。試料の入った瓶は全国のいろいろな受け取り先の実験室に翌朝には届いていた[32]。

現場チームがその試料の処理を終えると、全過程がまた最初から始まった。グラブバッグに残った、はぎ取られた汚染堆積物を完全に取り除かなければならなかった。グラブバッグと道具は、次のコアがボーリング機械から運び込まれる前に、再び滅菌しなければならず、バッグにはまた窒素を充填しなければならない。この迅速さの必要は、酸素汚染を最小限にするためだった。そんなものがあったら、嫌気性細菌にとっては致命的になる。迅速さは、試料を処理するときに忍び込んだかもしれない微生物「雑草」の成長も抑えた。まず、たいていはそういうふうに機能した。ときどき、コア引き出し装置が間欠的にコアを引き出さなかったり、グラブバッグの気密が保てなかったり、コアバレルがコアがないまま地表に戻ったり、他のいくつもの不都合な不意打ちが生じて、毎日のように主任掘削員とトミーとスーザンによって「間に合わせの処置《マクガイバリング》」をする必要があった[33]。

主任掘削員はチームの学術的努力に関心を抱くようになっていて、コア採取器具の改造には長けており、リン酸バレルのような新しい道具を作るようになったり、デニスン・コアバレル用の新しいドリル用シューを工夫したり、トミーにつききりで作業したりするようになっていた。この主任掘削員はしらふのときは州で第二位だが、そうでないときは州で一位だという冗談が広まっていた。ときどきトミーのチームのメンバーが、交代要員の作業員を補助するよう呼ばれていた。掘削作業員の誰かが用事で現場を離れて進行が阻害されるときには、この科学者が手伝いに入った。たいていは、移動式家屋など、現場のトラックの燃料補給、水のくみ上げ、掘削泥水の粘度検査など、たいして危険のない作業だった。試料採取装置の配置を準備したり、試料採取器具を掘削用ロッドに取り付けたりはずしたりすることもあった。コア試料を回収したり、掘削ロッドを引き上げたり、ロッドをつないだりすることにまで科学者チームの手伝いが求められることもあった。後者の場合には、トミーがハーネスを着けて、ぐらぐらする櫓《やぐら》のてっぺんにある「カラスの巣」まで上った。そこでトミーは、ロッドをコア採取孔から引き出すのに使われる、着脱可能部品をはずすべく、ハンマーを振るう。それから一本九メートルの掘削ロッドを縦につなぐために脇へ転がさなければならなかった。そうしないと困ったことに、坑の底でくり抜かれた試料が掘削泥水に浸かったまま、作業員が戻って来るまで放置しなければならない。しかし七月六日になって四週間が過ぎた頃には、トミー、スーザン、その他のチームの面々は、三か所の掘削現場からそれぞれ一五の微生物コアを、一試料当たり二〇ドル（運送料・手数料は別）という実につつましい価格で七か所の研究室に配布していた。

こうしたコアから得た結果は、三か月後にDOE本部で行なわれたフランクの現状把握会議で各研究者が発見を報告したときには、明らかに驚くべきものだった。[34] どこから見ても、それが微生物が成長した基質だろうとそうでなかろうと、その微生物の形態、脂質細胞膜の成分、堆積物コアによって生み出された微小植物は、それまでの研究での浅い帯水層や通気帯[35]で遭遇したものよりもずっと多様で数も多かった。深いところにある砂だらけの帯水層には藻類や原生動物もいた。粘土が多い試料は、砂地の試料よりも微生物数や多様性は小さかった。こうした結論は七か所の微生物研究室によって、別個に確認された。何万という数がある分離された微生物の特性は深さとともに変動し、掘削現場で採取された土壌試料のものとは明瞭に違っていた。まるで科学者が表面のベールの奥へ入り、地下生命の隠れた宇宙を明らかにしたかのようだった。Ｐシリーズ井の結果が発表されれば、微生物学の教科書[36]は今や書き換えなければならないだろう。四週間の現地調査の結果としては悪くない。

第一回微生物学掘削作業――一九八八年八月、サウスカロライナ州アレンデール北東六キロ

フランクはすぐにトミーらの主幹研究員（ＰＩ）をせっついて、Ｐシリーズ井よりもさらに深くまで掘る、地下圏微生物学掘削作業を進めさせた。[37] 一九八八年の夏には、高さ一二メートル、赤銅色のガードナー・デンバー井戸掘り櫓が、Ｃ10と呼ばれた掘削地点の十輪ディーゼルトラックの端に固定されていた。Ｃ10はＳＲＰの南西二〇キロ余りの、青々としたテーダマツの林の中、砂地の牧草地にあった。ある米林野局の管理員が、火の見櫓から見下ろして、研究員がブルーバードＭＭＥＬと櫓の間を行き来しているのを見ていた（図1・5）。

Ｃ10掘削現場に近い唯一の宿泊地は、アレンデールという、サウスカロライナ州ののんびりした町で、

そこのあまり良いとは言えないモーテルは、収穫期に果実を摘み取る移動労働者で満員だった。そこでトミーはこの町に2LDKの小さな家を借りなければならなかった。トミーとスーザンはオフィス用の部屋を共同で使い、仲間たちは、無菌操作設備《ラミナー・フロー・フード》のある実験室用の部屋に泊まった。リビングは発送・受取り、保管、実験準備のための部屋になった。女性のほとんどは、隣家の女性看守から借りた寝室に泊まった。冷える九月の夜になると、大家が求められるスペースを作ろうとして、暖房用のストーブをリビングから撤去していたことに気づいた。大家が提供した追加の冷蔵庫は、おそらく剥製業者が使っていたものだったが、きれいに掃除をすれば、密封容器を保存するのに好適だった。

図1・5　米林野局の火見櫓から見たC10掘削現場。1988年夏（T. J. Phelps提供）。

当初のコア採取計画は四週間の予定で、その間に五〇〇メートル以上という、これまでのどんな試みよりも深く掘り、微生物コアを一五本収集することになっていた。この深さは白亜紀の堆積層を抜けて、その下にあるダンバートン堆積盆地の三畳紀の堆積岩にまで行けそうだった。

コア採取を加速するための新しいコア採取器具をみなで調整したが、異なる岩石層を貫通するときに掘削泥水による汚染を減らすよう改良しなければならなかった。[38] ブレント・ラッセルがトミーの新しい品質保証／品質管理（QA／QC）手順の実施を手伝うために呼ばれていた。C10ではすべての器具の汚染除去や試料処理が、ドリルの動力からの排気による空気汚染を避けるために、掘削地点より風上で行なわなければならなかった。泥水タンクは同じ理由で完全に覆われ、掘削台やパイプは飲料用の塩素殺菌された水で定期的に蒸気洗浄された。三畳紀／白亜紀地層のワイヤーライン・コアは、試錐孔の間で汚染される危険がないように、微生物試錐孔から一四〇メートルの下り勾配で採取されていた。[39]

ドリル台はロープをはずされ、グレーブズの掘削作業員と二人の微生物チーム（ヘルメット、安全眼鏡、爪先が鋼鉄性の靴で完全防備の）だけが近寄れた。[40] 滅菌された微生物採取用のコアバレルには内側バレルがあり、密着する棒状ピストンで保持される塩素消毒された水で満たされていた。ピストンは内側バレルが掘削パイプの内部を下りるときに掘削泥水で汚染されないようにしていた。内側バレルには、磁気を帯びたミクロンサイズの球で満たされたワールパックのバッグが入っていた。これはコアが採取管に入ったときにバッグを貫通すると破れ、球を放出してコアの全体にわたって混じり、付着することになっていた。[41] 微生物チームによってコアバレルが用意されると、チームはそれを掘削作業員のところへ運び、こちらはそれをワイヤーライン索につなぎ、それを掘削パイプの内側に下ろし、ドリル索の底でコアバレルのしかるべき位置にロックする。

国の規則で微生物トレーサーを使うことは禁じられていたが、掘削泥水はすぐに雑排水大腸菌の健康な集団を育てていて、それが自然な微生物トレーサーの役をした。[42] SSPは掘削泥水の微生物群集を、固有微生物トレーサー（IMT）のようなトレーサーとして使えるときには、掘削泥水を参照し始めた。[43] 八キロリットルもの泥水を滅菌する、あるいは無菌を保つのは不可能だったので、[44] トミーはローダミン染料を、濃度が三〇ppmに達するまで加えた。[45] この濃度は、むき出しの皮膚にできるピンクの染みが、掘削作業員やその家族にぎりぎり許容できる範囲として経験的に決められた（ありがたいことに、この染料は薄めた漂白剤で脱色できた）。灰褐色の泥水にローダミンが加えられると、泥水は風船ガムのようなピンクの泡立つ泥水に変わった。ＳＳＰの掘削チームもＰＦＣ（ペルフルオロカーボン）トレーサーを使ったのはこのときが初めてで、ブルックヘブン国立研究所から提供されたものを使っていた。同研究所は大気のトレーサーとしてＰＦＣを使って成功していたが、今度は水のトレーサーとして試される初めての機会だった。ＰＦＣを注入するためには、年代物の高速液体クロマトグラフィ（ＨＰＬＣ）ポンプを泥水配管につなぐだけでよかった。それは魔法のように効いた。

カール・フライアマンスは、ディック・コイが作った直径三〇センチ、縦九〇センチ、一方の端にアルミ管のエアロックと、反対側に機械式のコア引き出し装置が収まる直径一〇センチのスリーブつき特性のグラブバッグを持っていた[46]。試料採取チームは、コアをライナーごと管に据え、ハンドルを回し、内側のコアを窒素を充填したグラブバッグの中にゆっくりと押し込んだ。茶色い歯磨きを押し出すようなものだった。研究チームはコア試料の外側の層を慎重にはぎ取り、それから蛍光測定器を使って、はぎ取った方と内側の試料にローダミンがしみ込んだ掘削泥水があるかどうか、直ちに検査した。この手法は現場で四桁の精度で汚染の検出を可能にした。言い換えると、掘削泥水に一グラムあたり10^5個の細菌があって、コア内部には検出可能なローダミンがなかったら、その試料一グラムには掘削泥水細菌の細胞が一〇個もないということだ。粒の大きい砂でできた砂岩の帯水層であるコンガリー累層については[47]、すべての試料が内側部分まで、ローダミン染料で汚染されていた。したがって、現場にいない科学者にその地層の試料は発送しなかった。

トミーと試料採取チームは新しいQA／QC手順を実施しなければならなかっただけでなく、二〇人の微生物学者、化学者、地球化学者の要求にも対応しなければならなかった。そのほとんど全員がボーリング機械のそばに来たことはなかった。それぞれがそれぞれの特定の形に処理された試料を求めていて、掘削作業員にはよくわからない言葉で話していた。ブレントとトミーの手には余った。さらに悪いことに、トミーはもう予定の二倍に当たる六日以上、試料採取を行なっていて、フランクからの追加資金を待ちながら、自腹で一万ドルの小切手を切っていた。一行は、さらに資金と人手を必要としていた。

人手の方はまもなく、エクソン社のメキシコ湾海上生産部に勤めたこともあり、今はC10掘削作業でDOEと提携している、サウスカロライナ州水資源委員会（SCWRC）に勤める地質学者、ティム・グリフィンという形で届いた。SCWRCはコア採取が終わった後の監視井の設置の経費をもっていた。ティムは堆積岩学と層序学畑の出身で、「岩の中の菌」については何も知らなかったが、DOEの研究チームと組むことにはやる気まんまんだった。ティムは見かけによらずおおらかで礼儀正しい南部風のふるまいをしていたが、トミーが知るまで、ティムは微生物学者のために標的区域を特定するだけでなく、掘削作業員への厳格な汚染除去手順の連絡、毎朝の打合せ、右往左往する微生物学者がけがをしたりさせたりすることの防止、管理職、つまりフランクへの進行状況の連絡にも忙しかった。ティムは基本的にこの科学上の掘削作業にプロの雰囲気をもたらしていて、「みんな」に任せてしまうと壊滅的な崩壊になるところを、市民の秩序を維持するために必要なことを伝えていた。それでもティムは、掘削パイプが詰まって試錐孔が圧力過剰になり、高さ数十メートルのピンクの間欠泉が地下から噴き上がってボーリング機械やぐらや掘削作業員をピンクに染めることは予見していなかった。ちょうどフランクが現場視察に到着した頃に、何千リットルもの掘削泥水を、透水性が高い方の地層に流れ込ませて失う事態も予想していなかった。しかしほんの八九日後には、掘削作業員はケープフィアー累層のボーリングを終えて、二三個の微生物コアを収集し、七二時間以内に受け取り側の研究室へ発送していた。坑の底では、予想していたダンバートン堆積盆地の三畳紀の堆積岩ではなく、花崗岩〔火成岩〕と遭遇した。ティムは現場広報係の役目をなしとげて、NPR（全国公共ラジオ）のインタビューで、南部特有の間延びしたアクセントで「三畳紀に突入したにちがいありません」と述べた。[48] 間違ってはいても、それも実は先を読んだ発言だった。ティムもトミーも二人がまだ会っていない他の人々も、四年後には、ソーンヒル1号井で三畳紀の堆積物のボーリングをすることになるからだ（図1・6）[49]。

図1・6　フランク・ウォバーがコアバレルC-10を指さしている。実際にはわずか90 cmの花崗岩で、そのほとんどが坑に残ってしまい、回収したのはわずか15 cmだったが、その15 cmのコアは、25年後、フランクとトミー・フェルプスにブックエンドとして与えられることになる（T. J. Phelps 提供）。

ボーリング機械を滅菌する？　バージニア州キングジョージ郡、一九九二年三月九日月曜日

トミーは八時間の移動時間を経て、荷物を満載したサーブでやっとフレデリクスバーグのハンプトン・インの駐車場にたどり着いた。ロビーではリックの出迎えを受け、リックはソーンヒル1号での掘削の状況について報告を続けた。一時間半の徹底した確認の後、トミーはほとんどすべてについて考えていたことに満足し、その頃ロスアラモス国立研究所（LANL）にいたフランクに電話した。「まだドイツにいるのか」とフランクは尋ねた。「いや、今朝飛行機で戻って今日は車でここまで来ました。今は他の連中と一緒にフレデリクスバーグにいます。テイラーズビルの掘削に向かうことをお知らせしようと思って電話しました」。フランクは、たった二時間の時差と六時間の飛行機の後、くつろいでモーテルの部屋で足を休めていたことを、申し訳なさそうに認めた。フランクはもちろん、チームがこれほど素早く効率的に配置についたことに感心し、感謝していた。

翌朝、トミー、ティム、リック、トッドは掘削現場へ車で出かけた。バージニア州道218号線を東に向かい、フレデリクスバーグを出て三〇キロばかり行く。それから一行は南へ向かい、ダルグレンまで行くと、田舎道を通って州東部の低地帯をつっきる。ウィンザードライブで橋を渡ったところから、右に数キロのところに木々の間から頭を出すマーコ54号ボーリング機械の櫓が見えた。道路脇に点在する、いくつかの家庭菜園の小さな農地や田舎の家を通り過ぎ、大きな白い「テキサコ株式会社　立ち入り禁止」の看板のところまで来た。一行は、長さ二メートル半の、雑に切られた五センチ×二〇センチ角のオーク板二枚か三枚の厚さで囲われた、空き地になった一ヘクタール弱の農地に進んで行った。土塁があって木製の台から道路を切り離していて、その台の上には、長さ一五メートルのシングルワイド（幅四・三メートルの移動式住宅）トレーラー六台、トラックの大きさがある一七〇〇馬力の赤橙色の泥水ポンプが三台並んだ列、長さ九メートルの錆びた掘削パイプ数百本を置いたフットボール場ほどの広さの足場、小都市の電力をまかなえる「農地」ほどの大きさのあるディーゼル発電機が載っていた。これらすべてがマーコ54号の基部を囲んでいた。車を止めると、人ほどの大きさのウィンチが、並んだパイプの一本を、三階分の坂道の上の足場のすぐ上に来るまで引き上げていた。そこで作業員がパイプをつかみ、それから巨大な油圧式の巨大ペンチで、デッキから突き出た掘削パイプ列のてっぺんにねじ込んでいた。足場の下にはオレンジ色の油圧ジャッキがあって、噴出防止の役をしていた。不幸にして高圧のメタン（CH_4）のポケットにぶち当たったりしたら、このジャッキは掘削パイプをつぶして試錐孔を密閉することになる。片側の離れたところにEXLOGのトレーラーがいて、掘削泥水のガス濃度を監視し、揮発性の炭化水素が悪さをしていないか調べている。巨大な黄色の移動ブロック、それだけでもC10掘削地点で使っていたボーリング機械全体ほどの大きさのあるものが、ドリル用パイプを保持し、軸受筒《ブシング》が回転を始めていた。[50] すぐに深いところからうめくような音が聞こえた。その音の高さは、パイプの回転が速くなるにつれて、ひゅーひゅーくらいの高さになり、地面が足下で振動するのを感じることができた。冷たい強風が北から吹き下ろしてきて、テキサコの赤い吹き流しを膨らませた。

そこで一行は、仮設研究室の暖かいところへ退避することにした。トレーラー駐車場の端に一台だけある長さ一五メートルのトレーラーだった。木製の足場の上を車で進み、トレーラーのそばに駐車し、中に入るとドアを閉めてじっくり考えた。中にはティムの自慢と喜びがあった——トレーラーの中央の、緑の魚雷発射管がついたぴかぴかの二重グラブバッグだった。中にも外にも塵一つなかった。バッグは五対の腕が部屋にまっすぐ突き出るほどぱんぱんに膨らんでいた。白いタイルの床はモップをかけられ、漂白されていた。ファックス、電話、コンピュータ用電源のあるデスクが一方の側にあった。発送用品、天秤ばかり、配管用パーツ、その他微生物用器具があるテーブルが反対側にあった。ティム、トッド、リックが心配そうに顔を見合わせていると、トミーが研究室に歩いて入ってきて、バッグ、電源、高圧ボンベのガスの接続を点検した。頭の中のチェックリストをひとわたり調べ、それからうなずいて笑みを浮かべた。手を伸ばしてデスクの上に置いてあった、アルミホイルにくるまれたいくつかの謎のコアを取り上げた。リックはすぐに、それは一晩五五〇℃で焼いてあり、無酸素のグラブバッグに通して、汚染レベルについての否定的比較対照にすることを説明した。それからティムがトミーに、テキサコは機械一式を整備できるよう現場を六七台のトラクタートレーラーを使って一か月で準備したことを説明した。科学者一行が現場に到着したときには、テキサコはすでに上にある海岸平野帯水層を七〇〇メートル掘削していた。層序学的にはC10で試料を集めていたのと似たところだった。それからテキサコはその下の三畳紀までの掘削を始める前に、その一帯を調べていた。一時間に三～九メートルほどの速さで坑を掘り進め、最終的には三〇〇〇～三三〇〇メートルに達すると期待していた。研究室の検査が終わると、一行は、トミーがボーリング機械と掘削台をもっとよく調べられるように外に戻った。

それはこれまで存在した中でも最大級の陸上ボーリング機械で、これまで作業したことのどれと比べても確かに背が高かった。ティムだけは別で、こちらはメキシコ湾の海上ボーリング機械で作業したことがあった。櫓には掘削デッキに上がるためのエレベーターまで備えられていた。二〇階建てのビルよりも高く、この農地の端まで行っても、写真一コマには収まらないほどだった。トッドがにやにや笑いながら黒いオレゴン州立大学のキャップの下からトミーを見て、パイプのひゅーひゅーよりも高い声で叫んだ。「あれをどうやって滅菌するって言うんだ?」

さほど離れていないメリーランド州ジャーマンタウンでは、フランクがSSPを進めるためにできることをすべて行なっていた。フランクはDOEの上層部に何度もプレゼンを行ない、環境回復に対する可能性を強調し、毎週、作業の進み方について報告を行なっていた。科学局長ウィル・ハッパーの目を引いたのは、テイラーズビル三畳紀堆積盆地でのテキサコとの共同作業に関する短い報告書だった。[51] この報告書は通常のDOEが資金を出す研究とは明らかに違っていた。ハッパーの関心を引いたのは、「三畳紀」という言葉で、その堆積岩はプリンストンの自身の故郷近くにある、北アメリカとアフリカが分離して大西洋ができた当時に堆積したものと同じなのだろうかと思ったのだ。午後六時になっていたが、思い立ってフランクの研究室に電話をすると、ありがたいことにまだ仕事中のフランクを捕まえることができて驚いた。少し話した後、フランクは物理学出身のハッパーがニュージャージー州の地質学についてよく知っていることに驚いた。フランクはハッパーに、ご自身か誰か、掘削地点へ行って活動状況を視察しませんかと尋ねた。ハーパーは熱を込めてそうすると答えた。翌週、二人は街中で会い、フランクはハッパーをソーンヒル・ファームの掘削地点に車で案内した。

フランクがハッパーを案内して現場に到着したのは三月初めに典型的な曇り空の日だった。テキサコの掘削作業監督はDOEの上層部が訪れるのを待っていて、一行を現場に案内し、マーコ54の安定した低音にかぶせるように話した。掘削作業員は、テキサコとエクソンが、足下の地下数千メートルの有機物の豊富な三畳紀の湖底堆積物の中のガスプレイを探していること、さらに巨大なボーリング機械の解説をした。ハッパーは、地下二〇〇メートル近くの細菌に関するフランクのSSP報告を知っていたが、それにしてもこの巨大なボーリング機械で地下三〇〇〇メートル近くでどうやって細菌が見つかると期待できるのだろう。テキサコの掘削技師がハッパーに、ボーリング機械の動作を説明した後(図1・7)、

図1・7　テキサコの従業員に話しかけるウィリアム・ハッパー。背後のテキサコ社ボーリング機械のところにフランク。1992年春、バージニア州ソーンヒル・ファームにて（T. Griffin提供）。

ティムがハッパーに、掘削泥水送水システム用の青い高圧ポンプの取り入れ口付近に設置してあったPFCトレーサー装置を見せた。技師は掘削泥水装置の約一〇万リットルという体積からだけでも、ローダミン染料、ブロマイド、さらには重水さえ使えないが[52]、PFCのきわめて鋭敏な検出限界のおかげで、ほんの二〇〇ミリリットルのPFCですむことを説明した。高圧のポンプが毎分一五〇〇リットルの掘削泥水を試錐孔に送り込み、再び取り出していた。ポンプの配管には毎分一・七ミリリットルのPFCを送り込むだけでよかった。巨大な泥水用配管の隣に、小さな弁当箱程度の大きさのHPLCポンプが小さなポリカーボネート樹脂の箱に、高圧ポンプの入り口のすぐ前にあるPFCを掘削泥水に送るための一六分の一インチ〔約一・六ミリ〕の輸送管とともに収まっていた。

それからティムはフランクとハッパーに二つの試料採取用器具を見せた。シュルンベルジェが提供していたものだった。どちらも長さ九メートルほど、ぴかぴかの金属製側壁コア採取器具だった。一方の採取器具の上端には直径二・五センチのダイヤモンドの刃が一つついていた。目標の採取深度に達すると、この刃が九〇度、試錐孔の壁に向かって回転し、長さ五センチほどのコア試料を掘り、それから逆に回転して元のコアバレルに戻り、そこでロッドが試料を採取スペースに押し込む。もう一つのコア採取器具は打撃式コアガンで、直径二・五センチの中空の弾丸となる爆発性のコア管が長く並んでいて、ケーブルでコアガンに接続されている。試錐孔の奥でコア管が弾丸のように点火されると、ケーブルで試錐孔壁から引き離され、「宙ぶらりん」になる。側壁コア採取器具は試料サイズが小さいのでコア試料採取用としてベストの選択肢ではなかったが、ここでは唯一の選択肢だった。[53]

DOEチームはSRPでのコア採取のときに使ったIMTも採用することにしていた。これはテキサコがだんだん深く掘削する間に掘削泥水の微生物相を規定し、微生物の特徴が側壁のコアにもともといた細菌から明瞭に区別できて有効なトレーサーになることを期待していた。そうしてチームは毎日掘削泥水を集め、それを微生物濃縮と検査のために処理し、保存していた。農地の土や、掘削泥水を作るために使われた近くの井戸水からも試料を集めた。井戸はパタプスコ累層から水を引いていた。フランシス・チャペルというこれも地下圏微生物学の先駆者が五年前、そこから二〇キロほど北のポトマック川を渡ったメリーランド州で試料を採取していたのと同じ地層だった。[54] ティムは切り屑の袋も集めてラベルをつけ、別の切り屑もまとめて、チームの誰かが微生物学以外のことで必要になったときに備えた。

最後にいちばんの見せ場をとっておいたティムは、フランクとウィル・ハッパーを、コア試料が処理されるトレーラーに案内した。一行は、「地下圏科学微生物学研究事業――合衆国DOE――本部、研究管理者フランク・ウォバー博士」という看板のついたドアをノックした。「ウィルか、入れ」と、リックがドアから足を踏み入れる一行に大声で答えた。リックは疑わしい泥水試料についてグラブバッグの中で作業をしていて、ハッパーに挨拶するために、グラブから腕を出した。リックはハッパーとフランクに、グラブバッグの仕組みと試料処理や発送の詳細を説明した。微生物研究室となるトレーラーの視察が終わると、フランクとハッパーは地元のレストランで研究者チームと合流し、それからワシントンDCへ帰った。「ウィルか、入れ」と、ティムはその夜、あの仰天の態度をまねて言って、笑いながら首を振った。「いやあ、リック、君が科学局長とファーストネームで呼び合える仲だったとは知らなかったよ」。

地下圏細菌探し――バージニア州ソーンヒル・ファーム、一九九二年三月一四日

四八時間前のハッパーの視察による高揚は、テキサコが五か所選んだ目標深度での打撃式コア採取を開始すると、自信と断固たる姿勢を蝕む不確かさに置き換わっていた。午後一〇時、作業員たちは暗い試錐孔から湯気を上げる掘削泥水を滴らせる器具を引き出した。ティムとトミーはコア「弾」をつかみ、それをトレーラーに運び、直ちにアルゴンを充填したグラブバッグに入れた。みな、二四時間以上眠っていないせいでげっそりした顔つきをして、グラブバッグのまわりに立ち、自分たちの労働の貧弱な成果を見つめていた。あらゆる手間と費用をかけたあげく、目の前にあるのは五個の小さな回転式採取コアで、どれも長さ五センチほど、一つ五〇グラムくらいしかなく、それが得られただけでも幸運だった。打撃式コアは二一個のコアを採取していたが、そのうち一一個はほとんどが試錐孔壁の泥の塊で、めざす無傷の堆積物はほとんどなかった。ティムはただそれをグラブバッグから取り出して保存するだけだった。骨の髄まで疲れ果てても、今は眠る時間ではなかった。

みな厳しい決意で手をグラブバッグのグラブに差し込み、回転式採取コアの薄片づくりを始めた。当然に汚染されている両端を削り落とし、それから外側を削り、掘削泥水などの他の汚染源にさらされていないと思われる内部の小さな立体を残した。作業が終わるときには、細かい、貴重な石の塊が一〇個あまりと、コアの両端や削り屑が何十とできた。みな、こんなに少なくてどうするのかと思っていた。それからリックの対照用コアの一つを同じように処理し、この付属試料に、地下三〇〇〇メートルから採取したコアの場合と同じようにラベルを貼った。こちらはグラブバッグ処理、輸送、受け入れ側の処理で起きるかもしれない汚染の特性を示すために使われることになる。最後に、誰もが少なくとも何かが得られるように慎重に内側のコアを取り出し、それをアルゴンを充填した瓶に入れ、ブルーアイスに載せて、北米各地八か所の研究所に発送した。地下圏から取り出して七二時間以内に、コアの内側はアメリカ中の各研究所の、地下の環境を再現することを意図したいろいろな温度、塩分濃度、pHの、様々な培地に置かれた。ティムはそうした変数を、シュルンベルジェの地球物理学的検層記録や掘削泥水測定結果の分析から推定していた。コアを得てから三日後、テキサコは井戸に蓋をして、ソーンヒルの村から撤収した。

フランクは不運な故障の連続について説明して弁明するティムからすべての報告を受けた。誰のせいでもなかった。誰も自分がしたことをどうにもできなかった。フランクはテキサコ社の社長ジェームズ・キニアにソーンヒルでの支援に篤く感謝する手紙を書き上げようとしていて、手伝ってくれた人々全員の名があるかどうか確かめていた。今回の試料から得られる意味のある結果があったら、それをすぐに有力学術誌で発表する必要がある。テキサコの財産にかかわる懸念を起こさないようにしつつ、それができるようにするのは、絶妙なバランスをとる作業になる。合衆国DOE科学局の研究責任者からテキサコ社長への謙虚な感謝の手紙はきっと、問題が起きた場合には、それを調停するときに役に立つ。

ソーンヒル作戦の最終的な成果は、今や微生物学者の手と、あのわずかな、小さな、貴重な塊に見つかるかもしれないものにあった。

地下のものではない細菌――オレゴン州ポートランド、一九九二年三月一六日

デーヴィッド・ブーンはメタンを生産する微生物――メタン菌――が好きだった。[55] ポートランド州立大学の微生物学者で、嫌気性生物が好みだったが、中でもメタン菌が大好きだった。とりわけ、変わった極端な環境にいるものだったら狂喜した。微生物学者として、微生物の種を決める委員会にも出るような学者でもあった。[56] 微生物の作用については特筆すべき見識があったが、それはたぶんまだ評価されていなかった。SSPのことも聞いていて、ジャーマンタウンでの初期の会合にも一度招かれたことがあった。デーヴィッド・ボークウィル[57]はFSUの微生物学者で、嫌気性細菌用の地下圏微生物系統保存施設（SMCC）の仕事で手も足もいっぱいになって、分離した何千という細菌の面倒を見るようになっていた。[58] 調査する環境が深くなるにつれて、嫌気性生物用の同様の施設が必要になり、当然、採取された系統の保存はデーヴィッド・ブーンに任された。デーヴィッドはフランクがラスベガスでの会議で言及した三畳紀の試料に興奮した。トミーは、嫌気性生物を培養して保存するデーヴィッドの腕をフランクに見せつけるために、予算から二万五〇〇〇ドルをブーンに振り向けた。とはいえ、デーヴィッドはメアリー・ワシントン大学から届いたクーラーボックスを開けたときいささか驚いた。何個かの小さな黒っぽい、火打ち石のような硬い粒があるだけだったからだ。

ソーンヒル・コア採取活動の後の何週間かの間に、他の微生物学者は、中温、つまり細菌が成長しや

すい一〇℃から四五℃で、土や掘削泥水から大量の嫌気性細菌コロニーが急速に成長したことを伝えてきていた。しかし岩のかけらからの集積培養〔目標の細菌に有利な条件を整えて、それだけが増えるようにする培養〕ではほとんど育たず、三〇〇〇メートルの砂岩からはまったく出てこなかった。ブーンが大いに驚いたことに、メタン菌は掘削泥水のものが増えていた。何か月かたつうちに、デーヴィッドの試料でも、トミーやトッドの研究室の培地でも、好熱性で、塩分に強い、嫌気性細菌の系統がいくつか、徐々に現れ始めた。こうした嫌気性細菌のほとんどは、マンガンや鉄や硫黄の酸化物を使って有機物を酸化してエネルギーを得る。掘削泥水にいる細菌とは明瞭に異なる。こうした細菌は、テイラーズビルの堆積岩一グラムに一個から一〇個しかなかった。土にはふつう一グラムあたり10^9個いるし、掘削泥水一グラムには10^7個の培養可能な細胞があるというのに。[59] 細菌一つ一つを優しく大事に扱う必要があり、デーヴィッドはティムから提供されたデータを使って集積培養の温度、塩分濃度、pHを微調整した。

デーヴィッドはその優しく大事にが機能することを証明し、すぐに、*Bacillus infernus*《バチルス・インフェルヌス》[60]（図1・8）という、ハリウッド映画に出演した唯一の細菌となった[61]、好熱性の、嫌気性細菌を分離、特定した。なぜ「インフェルヌス」〔地獄の業火〕かというと、デーヴィッドは高校でラテン語をとっていて、インフェルニというラテン語に、地獄にいる人々という意味と、単純に地下に住む人々という二つの意味があることを知っていた。調べた細菌は好熱性だったが、それが偏性嫌気性、つまり酸素があるところでは育たない最初のバチルス属だったため、後者の意味の方を選んだ。ブーンの発見まで、既知のバチルス属の種は好気性か通性嫌気性かいずれかだった。[62] この特徴は、*B. infernus* が酸素のない地下生活に適応したにちがいないということだ。地下二七〇〇メートルの初物コアで新しい細菌を発見したことは、フ

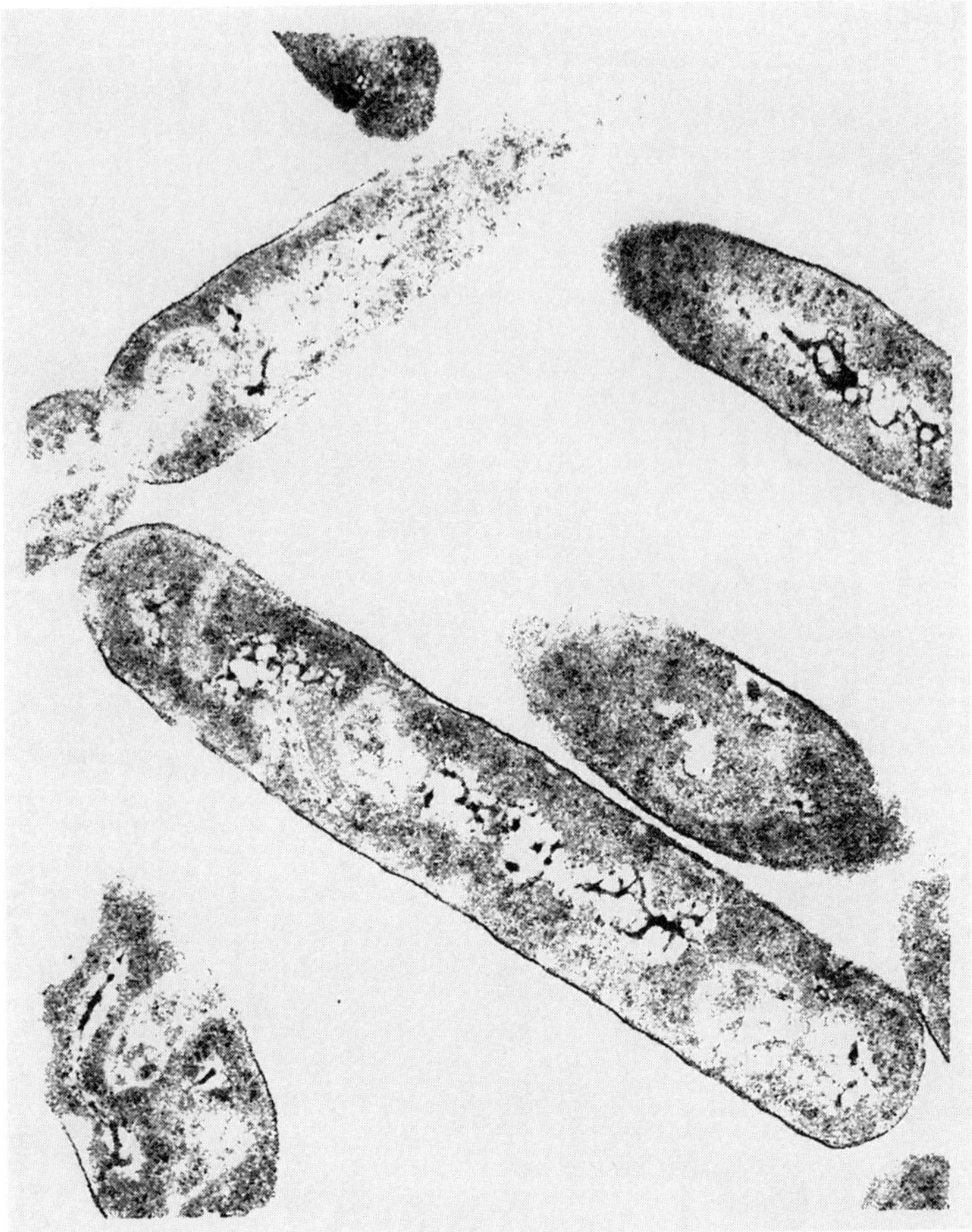

図1・8　バチルス・インフェルヌスの透過型電子顕微鏡写真。1μm × 0.25μm（D. Booneによる）。

ランクがソーンヒル掘削作業で望んでいた勝利だった。しかしフランクにはまだ、六五年前にバスティンとグリアが立てた当初の問いに取り組むという仕事が残っていた。どうすればこの*B. infernus*あるいはその子孫が三畳紀のものだと判定できるか。

分子時計とは何か——メリーランド州ジャーマンタウン、DOE本部、一九九二年八月一五日

その朝、私はニュージャージー州から車で三時間移動してジャーマンタウンのDOE本部の駐車場に車を駐めると、そこから歩いて、DOE地下圏科学研究の会合の会場となる付属棟講堂へ向かった。私は連邦官報のファックスで、SSPが出した、三畳紀堆積岩のコアを調べる研究案を求めていると告知する広告を見ていて、$^{40}Ar/^{39}Ar$（アルゴン40／アルゴン39）レーザー年代測定研究室に対するNSF（国立科学財団）からの研究費を得ることにはあまり成果がなかったので、DOEの補助金なら必要な生命線をつないでくれるかもしれないと期待していた。蒸し暑い講堂に足を踏み入れると、五〇人ほどの出席者がいたが、ありがたいことに知っている顔はなかった。会合は定刻の朝の八時に始まり、発表者が次々と聴衆に向かって汚染物質化学について発表していた。(63) 発表会は休憩もなく連続二時間続いた。午前一一時、この会合に参加したのは間違いだったかなと思っていた頃、T・J・フェルプスが演壇に進み出て、規模、トレーサー、QA／QC、三畳紀堆積盆地について話し始め、私はそれに耳をそばだてた。フェルプスの言う嫌気性で塩分に強く、金属を還元する好熱性生物の意味を理解するのは一苦労だった。ときどき話を進めるのを止めて、反語で問いかけ、それから、その質問に答えられるほどにこの話を理解しているのは誰か、頭の中で調査しているかのように聴衆を見渡した。明らかにこいつは微生物学者で、それもとんでもなく熱い微生物学者で、掘削についても地質学についても知っているらしい。フェルプスが話を終えると、人々はすぐに講堂から出て、隣のカフェテリアへ昼食に向かった。私も後についてカフェテリアへ行き、サンドイッチをつまみ、午後も三時間出るべきかどうか議論した。しかし失うものもない私は講堂に戻ることにした。(64) やっと発表が終わると、非常に大柄な男が演壇に上がり、スライドも何もなしに、自分の研究らしきもののいろいろな目標を並べ始めた。三畳紀堆積盆地に話が及ぶと、地下圏微生物群集についての年代測定法の開発について話し、私はまた耳をそばだてた。辛抱が報いられそうだと思っていると、この人物は言った。「わけのわからないアルゴン年代決定方式にはまったく関心はありません。それでも微生物の年代を絞るための新たな分子的手法は求めています。この手法を開発するための分子時計研究会を組織しているところです」。この男によって、私がこの会合に出た目的がすべて完全に吹っとんだ。しかし三畳紀《トリアシック》研究についてはまだ興味を引くところがあった。それはマイケル・クライトンの近作、『ジュラシック・パーク』を思わせた。太古の生きた微生物が地球の奥深くに残っているなんてありうるのだろうか。いたら、一九三〇年代の終わりに南アフリカ沖で発見された、白亜紀からいる古い魚、シーラカンスの微生物版だ。そこで私は会合の後、研究管理者のところへ行って、私には非常に独創的な案に思えたことについて、少なくともお世辞は言っておくことにした。色つき眼鏡で私を見下ろす相手は、私が思っていた人物像とは違い、非常に愛嬌があった。そこで私は、自分に貢献できることが多いとは思わないが、分子時計研究会に関心があると言った。自分が相手にはまったく研究費を出す気のない、わけのわからないアルゴン年代測定派であることは明かさなかった。相手はお世辞を退け、隣に立っていたトミー・フェルプスを私に紹介した。それから演壇の脇に立っている女性を指して、時計研究会に興味があるなら、マディリンに名前と住所を知らせておくようにと言った。私はそちらへ行ってマディリン・フレッチャーに自己紹介をし、分子時計研究会に出たいと申し出た。ただ、私は分子時計が何なのかは知らなかった。フレッチャーは疑わしそうに私を見ていたが、仕事として私に関する情報を書き取った。

ジャーマンタウンから車ではるばる帰る途中、頭の中で話を反芻し、自分のわけのわからないアルゴン年代測定法を、その日の話に出た、三畳紀堆積盆地研究以外のどれかの研究に応用する手はないかともがいた。ウィルミントンとフィラデルフィアの中間あたりで、やっと三畳紀堆積盆地研究の本当の意味に思い当たった。二億三〇〇〇万年前に堆積して、それから地中奥深くに埋もれた細菌がまだ生殖を続けているのだ。恐竜は巨大な隕石の衝突で地球の表面から消えて、氷河期が繰り返されても、その深く埋もれた細菌は、そこでまだ生きている。核の殺戮で大気圏が燃えたり、核の冬に閉じ込められたりするかもしれないが、地下二七〇〇メートルのテイラーズビル堆積盆地にいる微生物には何の影響もないだろう。それは火星の地下にも生命が存在できているかもしれないということだ。エイリアンじゃないか！ 中学生のときにカール・セーガンとI・S・シクロフスキーが書いた『宇宙の知的生命』を読んで以来、他の惑星の生命魅惑の対象だった。その日の朝、DOEの会合に向かって車を運転しているときには、ずっと私の中で眠っていた情熱に命が与えられようとは、夢にも思っていなかった。その日の夕食のとき、妻のノーラにその話をすると、ノーラもそれはすごい発見ねと認めてくれた。

九月の最初の週、私は九月の末にメリーランド州アナポリスで開かれる進化時計研究会に出席するよう招待を受けた。招待状はレンセラー工科大学の分子生物学者、サンドラ・ニアツウィッキー＝バウアー教授からとなっていて、詳細については追って連絡すると約束されていた。翌週、確かに、DOE本部から、地下圏微生物起源特定のための第二段階予備計画に関する五〇枚もの資料が届いた。その週には続いて一二枚のファックスが、PNLのエリン・マーフィから届いた。(65) 予備調査の予定が書かれ、発表する際に入れる必要があることの非常に明示的な指示がなされていた。そのファックスにはとくに、発表者は自分の方法を、「微生物の起源」を絞ることに結びつけるようにと言われていた。問題は、私が微生物について何も知らないということで、私はアルゴン同位体を使って細菌の細胞の年代を測定できるなどということは本気で疑っていた。残り二週間、プリンストン大学ではもう授業が始まっている中で、私は途方に暮れた。それでも、部屋を出て図書館の生物学の蔵書に微生物学について一、二冊、良いものがないか見に行くのが賢明だと思った。まずカード目録を調べ、一つの書棚に導かれた。棚を見て回っていると、好塩菌、好酸菌、メタン生成細菌、好熱菌、好冷菌、藍藻類……と次々と挙がっていた。一時間後、いろいろな種類の微生物に関する十冊余りの本を抱えて図書館を出ると、研究室に戻り、机の上に積み上げた。その本にあることを一週間かそこらですべて理解する、あるいはおおざっぱにでもつかんで、専門家相手の発表で少しでもわかっているらしく見せるというのは、どうしようもなく無理な仕事だった。これはとんでもないと思った。選択肢はあった。鉱物の粒の間でのアルゴンの拡散を調べ続けて地質学的記録を絞る手段とするか、地球や、ひょっとすると火星の地下に生命を探すか。ミスター・スポックならどうしただろうと考えた。机上のPCの電源を落とすと、AC《エアコン》のスイッチを入れた。腰を下ろして積み上げた本のいちばん上のを取った。好熱菌の本だった。

九月三〇日、フィラデルフィアやウィルミントンやボルチモアのラッシュアワーを避けて車で三時間、午前七時にアナポリスの海岸近くにあるホリデイ・インに着いた。研究会の前に手早く朝食をすませようとレストランに入ると、DOEの研究管理官、フランク・ウォバーに出会った。こちらは朝食を終えようとしているところだった。フランクはこちらへどうぞと私を招き、私が急いでメリーランド州風のクラブケーキと卵をかき込んでいる間、自分がいかに地質学畑の人間かを説明してくれた。フルブライト奨学金を得てウェールズのカーディフ大学で堆積岩学を勉強していた。フランクは、七年前に参加したプリンストンの壮麗なディロン館での汚染物質輸送についての研究会のことを懐かしそうに振り返った。そこには有名な水文学者のジョージ・ピンダー[66]に連れて行かれたという。その人物のことは私も少しは知っていた。その頃、SSPを危うい研究の道筋に乗せるというのは簡単なことではなかった。しかしフランクの説明では、今やサウスカロライナ州で採取されたコアの成果が科学文献に登場するようになっていて、それを支持する、新たな分離微生物と組み合わせたトレーサーによる証拠が、幅広い科学界の見解を、不信から、少なくとも地球表面の奥深くで微生物が生き残っているかもしれない、ひょっとしたら繁殖しているかもしれないという可能性の認識の方へは移しつつあるという。微生物学者が実験室で育てた、活発な従属栄養有機炭素消費細菌が、堆積岩一グラムあたり数千万個いるということは、その微生物学者は、そうした細菌がしかるべき基質で刺激されれば、汚染された帯水層を回復する強力な力も捉えたということだった。[67] ここまで来るのには少数の人々の力を合わせなければならなかった。その少数の中にSSPのトミーらのグループがいた。鍵になる必要条件は、パラダイムシフトそのものではなく、いろいろな分野の科学者の緊密な統合で、それをフランクは工夫していた。フランクは、「誰もT型フォードのエンジンをかけようとは思わないが、かかってしまうと誰もがそれに乗りたがるようになる」ということわざを持ち出した。どうやらフランクは、八〇年かかってエンジンをかけたT型フォードを動かしていて、そこに多くの科学者を乗せて人生のドライブに連れて行きつつあった。私にとっての問題は、自分にそこに乗る気があるかということだった。食事を終えるとフランクは突然、自分の研究会の準備ができたかどうか確かめに行こうと立ち上がった。この時はおそらく、私にとって生涯で最も重要な朝食だった。

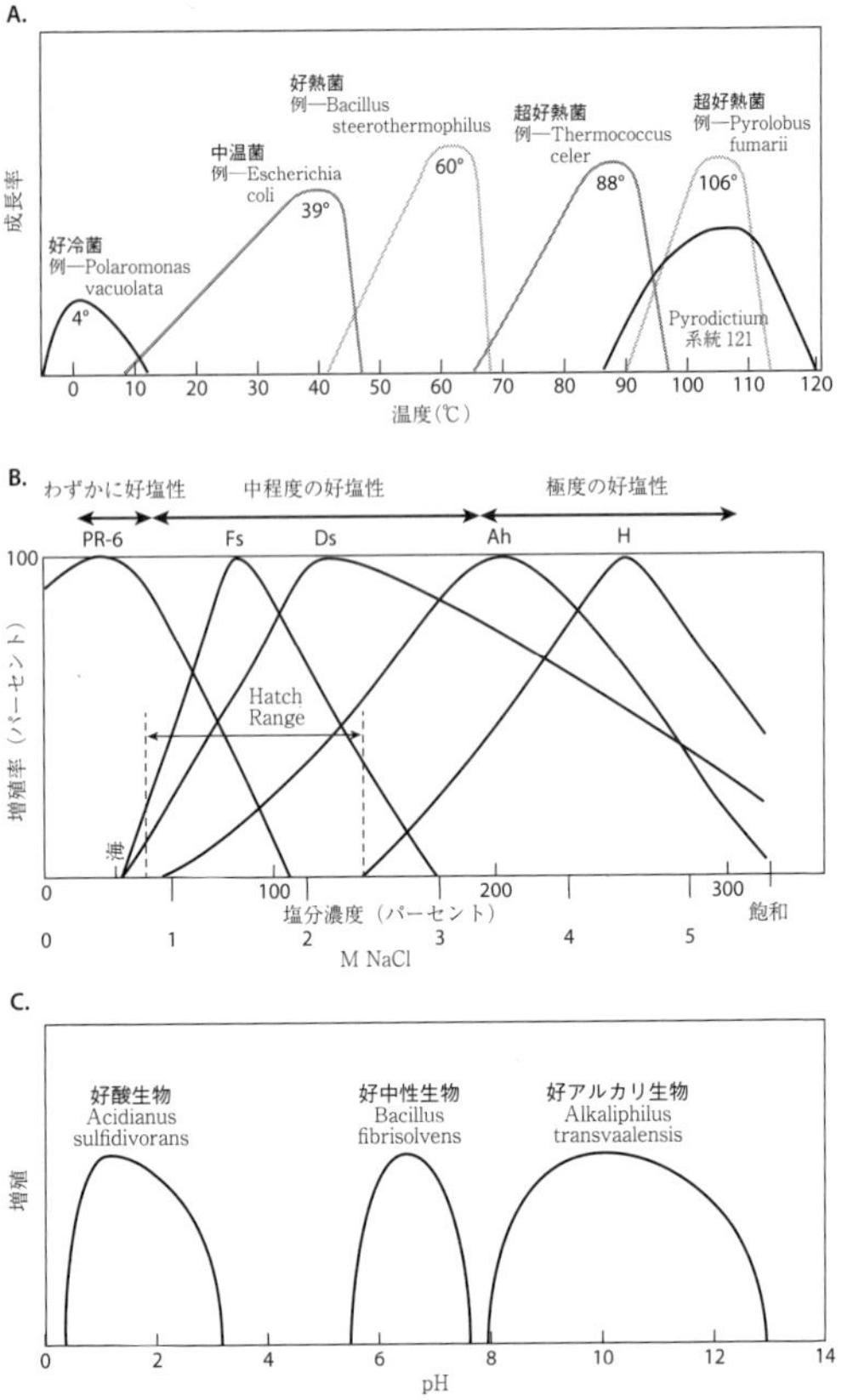

図1・9　A. 微生物の増殖温度範囲（Brock and Madigan 1991 による）。超好熱性の Pyrodictum121 系統（Takai et al. 2008 による）が入るよう補正。B. いろいろな好塩菌の成長塩分濃度範囲（Vreeland and Hochstein 1992 による）。PR-6 は藍藻類（Agmenellum quadraplicaturm|)、Fs は原生動物（Fabrea salina)、Ds は藻類の一種（Dunaliella salina)、Ah は藍藻類（Aphanotece halophitica)、H は古細菌好塩菌（Halobacterium)。好塩性の範囲の定義は Ollivier et al. 1994 による。C. Acidanus sulfidivorans（Plumb et al. 2007)、Bacillus fibrisolvens（Rosso et al. 1995)、Alkaphilus transvaalensis（Takai et al. 2001）におおよそ基づく増殖 pH 範囲。

研究会はほどよい小ささの会議室で行なわれ、私が入ったときには、後方の席はほとんど埋まっていた。初めの方で発表をした中に、ジム・フレドリクソンという若い微生物学者がいて、スライドを漫画の『ファーサイド』の原始的な顕微鏡を覗き込む穴居人から始め、フランクにおざなりの言及をし、フランクはそれを部屋の後ろから冗談ぽく言い返した。もちろん私はこの野次の背後にある冗談は（まだ）つかめなかった。ジムは太古の細菌と思われるものについて発表されていたすべての報告をまとめた見事な四五分の解説を続けた。その中には、イエローストーン国立公園で採取されたコアの流体内包物にひっかかっていた好熱菌[68]、英国の塩の結晶に入っていた流体内包物に閉じ込められていた好塩菌[69]、アイダホ州で出た中新世の頁岩にあったＤＮＡ（デオキシリボ核酸）[70]、シベリアの永久凍土から分離された、そこで何百万年も閉じ込められ凍っていた生きた細菌を培養したもの[71]、何千万年も前の琥珀埋蔵物から取られたＤＮＡと分離菌[72]などがあった。それからＳＳＰがサウスカロライナ州、アイダホ州、ワシントン州の各所で明らかにしたことの、「富栄養」、「電子受容体」、「無機栄養生物」、「貧栄養」、「嫌気性」、「リン脂質」、「アデノシン三リン酸」といった言葉を使った要約に進んだ。こうした用語は私の頭の中ではまだハードロックのように響く言葉だったが、部屋にいる他の人々にはあたりまえの知識らしかった。

それから二人ほど後に、サンドラ・ニアツウィッキー＝バウアーが１６Ｓ、２３Ｓ、１８Ｓ各ｒＲＮＡと分子時計について話し始めた。私はＲＮＡ（リボ核酸）のことは聞いたことがあったが、ｒが何のことか、あるいはリボソームが何のことかは知らなかった。１６Ｓ ｒＲＮＡはもしかして硫黄（Ｓ）の安定した同位体を表す名かしらんと思っていたが[73]、他の数字は全然合わなかった。サンドラはそれから、「制限酵素断片長多形」、「rRNAプローブ」、「遺伝子間スペーサー」について話した。[74] 基本的には、私が理解したスライドはタイトルだけで、その後は何が何だかさっぱりだった。その後に発表した人々が、制限酵素、組換え、中立的浮動、O抗原などなどのことや、分子時計に関するその他の面についての話をした（図1・10）。私が書き取ったノートはクエスチョンマークだらけになった。

発表者は部屋の後ろのフランクによる質問から逃れられなかった。フランクは発表者にこの研究会の目標に焦点を絞らせる意図の質問をぶつけ、質問には「そのこと［話の話題］について私がこれから学ぶよりもあなたはきっと忘れると思うのですが、これがどう関係するか説明していただけますか」という前置きがついた。やっと昼になり、私は短い昼休みを使って、初めてジム・フレドリクソンと話した。私は自分がジムの話で同じ試料を放射線年代測定し、かつ微生物学的に分析することについて考えるようになったかを説明した。私はジムに、午前中の討論時に作っていたスケッチを見せた。昼食後は地質学者の番で、二つほど発表があった後、私が立ち上がって、カリウム（K）長石表面連晶のレーザー$^{40}Ar/^{39}Ar$年代測定法を使った、中生代の堆積盆地の熱的歴史を導くことに関する、終了したばかりの研究の解説を始めた。[75] 続けて、鉱物に閉じ込められた流体内包物が、太古の地下水を含んだタイムカプセルになることを説明し、それがこの盆地が経た温度や塩分濃度の推定をもたらせること、こうした条件が細菌の成長条件に関係しうることを述べた。これは私が本を読んだときに勉強したことだった（図1・9）。話の最後には、それを研究会の焦点である微生物の起源に結びつけることを試みた。私は三畳紀の海辺の恐竜が最後の食事の糞をして、一トンもの細菌が堆積物にたまったという話を想定した。この堆積物がその後埋もれると、熱的履歴が好熱菌には有利に作用するだろう。話が終わると、聴衆が

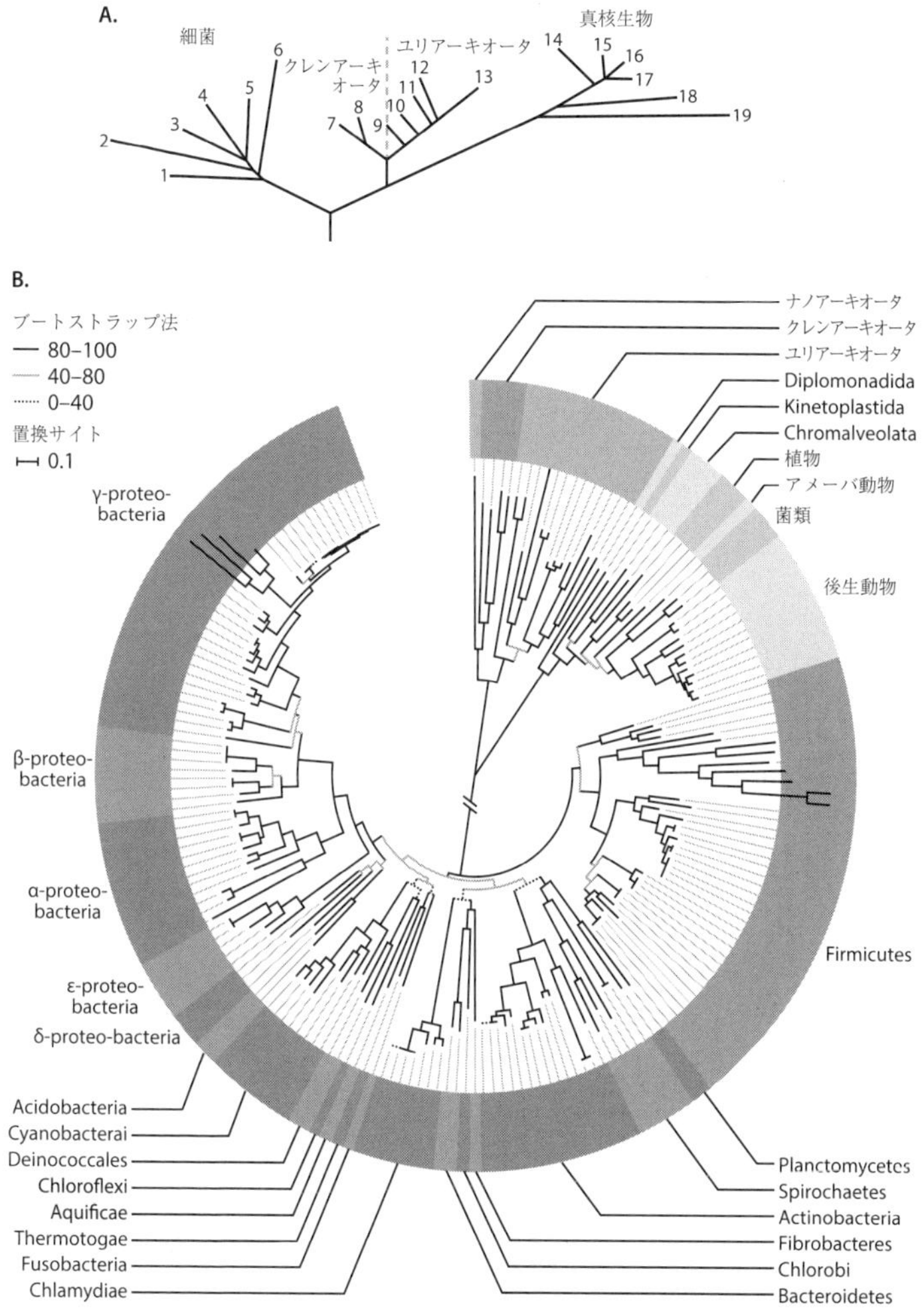

図1・10　A. ユニバーサル系統樹（Woese eta al. 1990より）。仮想される共通祖先に根ざし、19種から取った16S（真正細菌と古細菌）と18S（真核生物）の各rRNA遺伝子配列の比較に基づいている。Woese et al.（1990）は、この系統樹を使って生命を三つの上界（ドメイン）（真核生物、細菌、古細菌）と、古細菌をさらにクレンアーキオータとユリアーキオータという二つの界に整理しなおした。B. ユニバーサル系統樹（Ciccarelli et al. 2006より）。こちらは完全なゲノムが得られる191種のリボソームに対応する31種の相同遺伝子の比較に基づく。

確実に、土中の微生物多様性の起源に関する私の誤解を正してくれた。私はその後腰を下ろして、自分の経歴でも有数のばつの悪い話をしたと思っていたが、私の後ろではフランクがレイ・ウィルドゥングの方を見て、うなずきかけた。[76] レイはそれで自分がしなければならないことを知っていた。

研究会はさらに一日半続き、その間に私は、「浸透」、「発光バクテリア」、「ＰＥＸ遺伝子」、「形質転換」、「形質導入」、「接合」、「RecA」について多くのことを勉強した。また、真核生物《ユーカリオート》とユーバクテリア〔真正細菌の一種〕と古細菌《アーキオバクテリア》の違いや（図１・10）、アーキオバクテリアのつづりを覚えた〔地質学者の「始生代《アーキアン》」のつづり方とは違う〕。発表そのものより、発表についての討議に時間がかけられ、金曜には、会議報告の原稿を書いて、字句や句読点についてフランクの承認を得るまで帰れなかった。金曜の午後になって車で各地のラッシュアワーを抜けて帰り、一息ついた。発表されたことの十分の一も理解していなかったが、フランクが放射性物質年代測定と微生物系統発生という、それぞれがまったく別の言語を使う、明らかに別の科学の分野を一堂に集め、生命の進化のような一個の重要な問い（図１・11）に集中してまとめる様子には感心した。

感謝祭の前にはＤＯＥ本部から、研究会についての最終報告を受け取った。そのときには私は、一二月二日にアナポリスで開催される、日帰りのテイラーズビル堆積盆地関係者会議に出席するよう招かれた。例のごとく三時間かけて車で出かけ、九月と同じ会議室に足を踏み入れた。テーブルにはすでに、発表者が使うスライドのコピーが置かれていた。私の前には二〇人分の発表が積み上げられていたにちがいない。これほどの資料をどこに置けばいいかよくわからなかった。夏のＤＯＥの講堂で出会った微生物学者、ＯＲＮＬのトミー・フェルプスが会を仕切っていた。会の始めに、ティム・グリフィンが、

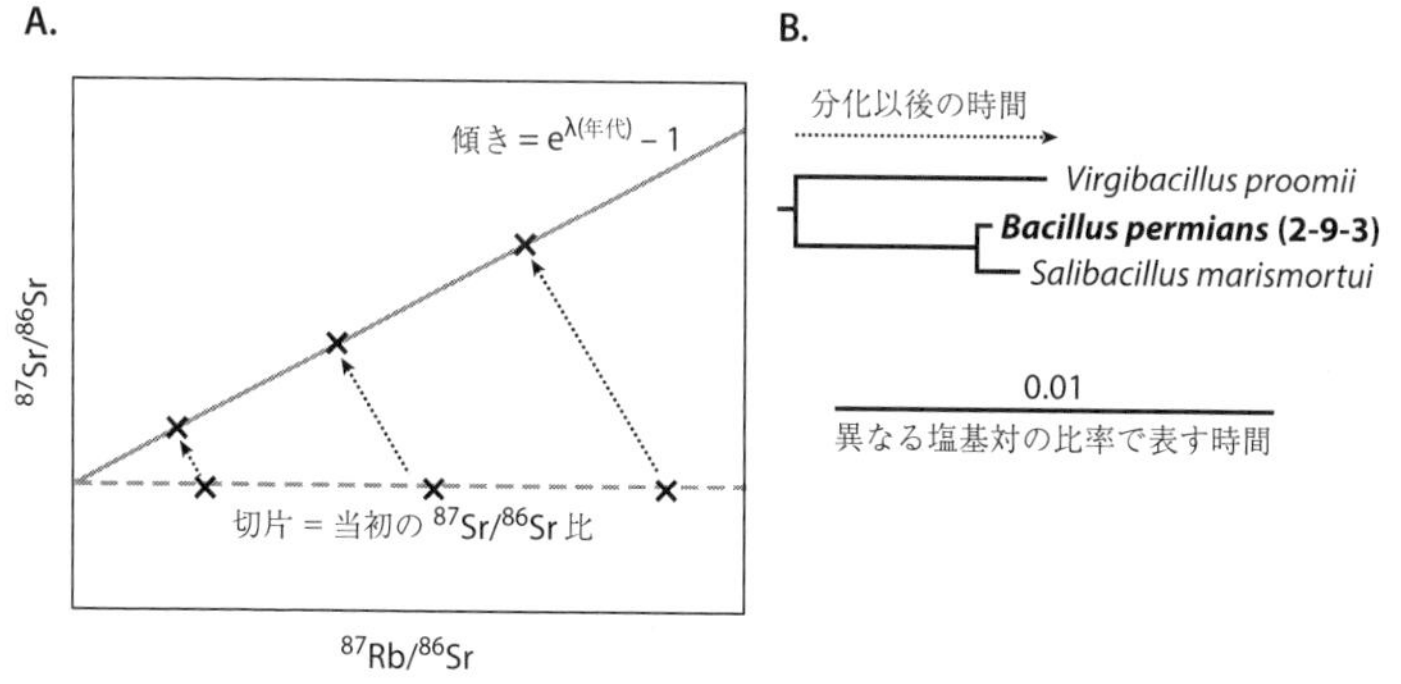

図1・11
A. $^{87}Rb/^{86}Sr$ に対する $^{87}Sr/^{86}Sr$ のグラフ。地質年代学者が岩石の年代を特定するために使う放射性物質時計を支える原理を図解している。各岩石試料の $^{87}Sr/^{86}Sr$ が、先祖の最初の比率から、87Rb/ 86Sr の値によって異なる速さで分かれていく。
B. 地下圏隔離生物の 16S rRNA 配列の系統樹。類似する表層の隔離生物との比較によって、先祖の 16S rRNA 配列から発現する時期の特定を支える原理を図解している。それぞれの種は共通先祖から進化するが、速さが異なる（Vreeland et al. 2000 より）。

テイラーズビル堆積盆地の地質学的歴史を解説するスライドを次々と進めて私たちの案内をした。側壁コアは、もともと湖に積もった泥系の堆積岩を採取したもので、東アフリカの地溝帯に今も存在する、深く、酸素が少なく、断層に挟まれたタンガニーカ湖とよく似ていた。ティムの後、いろいろな発表者がコアがどのように採取され、処理されたかについて述べた。それからトミーが、いろいろな略語（PFTとかIMTとか）でトレーサーについて話し、いろいろな微生物分析法を比較する話をして、さらに略語が出てきた（PLFA、CLPP、MIDI、FAME）。それからこうしたことをいろいろなタイプの試料にどう使われたかを説明した。これもそれぞれに独自の略語がついていた（CS、RP、PC、PP、DM、RS）。略語がノートにあふれ、何が何やらわからなくなっていた。こうしたことがすべて、棒グラフ、主成分分析グラフ、様々な樹状図の力わざで発表された。すべて、掘削泥水で汚染されていないコアがあることを示すものだった。昼食休憩の頃には、私の研究に利用できる何千フィート分も連続した三畳紀堆積岩のコアはないことに気づいていて、だんだん心配になってきた。昼食に出たとき、デーヴィッド・ブーン、D・C・ホワイト、リック・コルウェル、トム・キーフトという微生物学者の面々と出会った。昼食後、デーヴィッドはコアの一つにあった隔離生物、*Bacillus infernus* に関する結果を発表した。私が読んでいた予備知識でも、デーヴィッドの発表は、少なくとも理解はできた。私は *Bacillus infernus* は *Bacillus anthrax*《バチルス・アンスラクス》〔炭疽菌〕ほど危険なのだろうかと考えていた。発表の際、デーヴィッドは、堆積盆地の温度の上限（T_{max}）として、午前中に発表されていた八〇℃という推定を繰り返していた。その結果は *Bacillusu infernus* の先祖が三畳紀の湖底の堆積物とともに埋もれ、二億三〇〇〇万年にわたって生き延びたという事実と整合するとデーヴィッドは述べた。これは堆積盆地の地質学的歴史の間、深部の環境が今と大きくは変わらなかったとた場合にのみ成り立つ。しかし討議の間、私たちは堆積物がガスウィンドウ(77)にどうやってそんな低温で入ったのかと悩んでいた。もちろん、メタンが熱で発生したのではなく、生命起源だというのなら、たぶんトッドが掘削泥水からメタン菌を復元したということは、確かにメタン菌がソーンヒル1号試錐孔で検出されたガスにも関与していることを教えていた。トミーは、メタンの他の炭化水素に対する比率が低すぎるからとしてすぐにこれに片をつけた。生命起源のメタンがたまったものなら、九五%以上がメタンとなる。ソーンヒル1号でのガスプレイには、エタンやプロパンが多すぎて、すべてがメタン菌によるとすることはできなかった。

しかしこの討議に鮮やかな喩えで決着をつけたのはD・C・ホワイトだった。ホワイトは、ブーンの *Bacillus infernus* のようなグラム陽性細菌は、バスケットボールのように皮が厚く、それ以外のグラム陰性細菌は風船のように皮が薄いことを言った。グラム染色法は細胞壁の組成を明らかにしていた(78)。ホワイトはブーンのグラム陽性細菌が、埋もれた有機物から石油ができた、八〇〜一二〇℃のいわゆるオイルウィンドウと呼ばれる温度に耐えて三畳紀から生き残れたことを強く信じていた。「細菌はそんな弱っちいものじゃない」と、熱を込めて討議を締めくくった」。もう午後六時で、フランクはメリーランド州ゲイザーバーグの自宅に帰ろうとしていた。他の面々はホテルのティムの部屋でビールを飲んで、私はトッドから、私の分析に使えるような試料はないことを知った。私は顔つきも口調も不機嫌になってきた。ティムは私をなだめようとして、ワシントン州リッチランドの自分の研究室には切り屑の袋があると請け合った。私の望む試料をすべて提供できるという。

クリスマスの後、私はリッチランドに飛び、ゴールダー・アソシエイツ社の研究室にいるティムのところへ行き、二〇袋ほどの粗い粒子の切り屑と、コアの一部から作った薄片の小さな箱をもらった。それから環境科学研究センター（ESRC）のレイ・ウィルドゥングを訪ね、その助けで新しい大学院女学生、ツェン・シンイの支援の一部にするための研究補助金を得る申請書を出すことができた。ツェン・シンイと私とで、テイラーズビル堆積盆地の三畳紀試料の熱的履歴に関する研究が始まった。三月のあの運命の日々にティム・グリフィンが熱心に採取していた掘削断片は、ブーンの *B. infernus* の起源の秘密を解明する鍵だということになる。

第2章　セロ・ネグロの宝

個体としての細菌は無限の寿命があるのではないでしょうか。無期限に、生気を中断したように休眠できるかもしれないし、中には先カンブリア代からこの状態で生き残ったものがあったりするのかもしれません。大いにそれらしい証拠はありますが、決定的ではありません。

――クロード・E・ゾベル(1)

小さな太古の塩水だまり――地下生命の本拠地? プリンストン大学、一九九三年一月

ソーンヒルの掘削現場で取れた側壁コアの薄片を初めて見たときは、削られた岩の粒の間に空いた孔に後期段階のキイチゴ状《フランボイド》硫化鉄(よく金と間違えられる鉱物)が見えてうれしかった。この形成物は、薄片で見られる鉱物の形として目を引くものの上位に入り、見ようと思えば金細工のようにも見える。名称からわかるように、金色の結晶が球形の細かいキイチゴ状に集まったもので、直径は数ミクロンから数百ミクロンあり、一つ一つはミクロンにもならない硫化鉄の結晶でできている。これは確かに、デーヴィッド・ブーンが分離した好熱性SRB(硫酸塩還元細菌)がこのまったく同じ堆積物の中で何千万

年も活動していて、掘削による汚染ではありえないことを示す動かぬ証拠だった。[2] 続成作用〔堆積した後に受ける様々な作用〕による沈殿物《セメント》、つまり太古の湖底に落ち着いた岩のかけらの粒の間の孔を埋める鉱物は、二相流体内包物を含んでいたが、[3] これは薄片を用意している間にできたのかもしれなかった。熱の歴史を制約できるような流体内包物を見つけるのには、注意深く調製された切り屑の薄片が必要となる。ツェン・シンイはあまり言い聞かせる必要もなく、すぐに作業を始めた。[4] 私は流体内包物に関する専門家で私たちの学科の元大学院生、ボブ・バラスに連絡をとった。バラスはデンバーの米地質調査所（USGS）に勤めていて、必要な測定を行なうために訪れたシンイのアイデアもよく聞き入れてくれた。

その頃はDOE本部から毎週、地下圏微生物学分科会に関する会合の予定や研究審査について助言するファックスが届いていた。環境科学研究センター（ESRC）から得た研究補助金の目的は、流体内包物が太古の細菌を閉じ込めて維持するという、『ジュラシック・パーク』の小説にあるようなこともできるかどうかを判定することだった。まず、ジム・フレドリクソンと私は三月、ユタ州のソルトレーク・シティで小規模な研究会を催して、そこにこのテーマについての専門家を何人か招いた。[5] この会ではジムと私は石英の結晶と岩塩の結晶にある流体内包物の調査を進めることにした（図2・1）。また流体内包物からの細胞やDNAの抽出法について、様々な手法を取り上げて討議した。岩塩の結晶試料を得るために、これまたプリンストン大学大学院出身のデニス・パワーズにも連絡した。デニスは堆積学者として、ニューメキシコ州カールズバッドの郊外にある核廃棄物隔離試験施設（WIPP）のコンサルタントを務めていた。WIPPの現場で地下を調べることができれば、ペルム紀〔古生代最後の紀〕

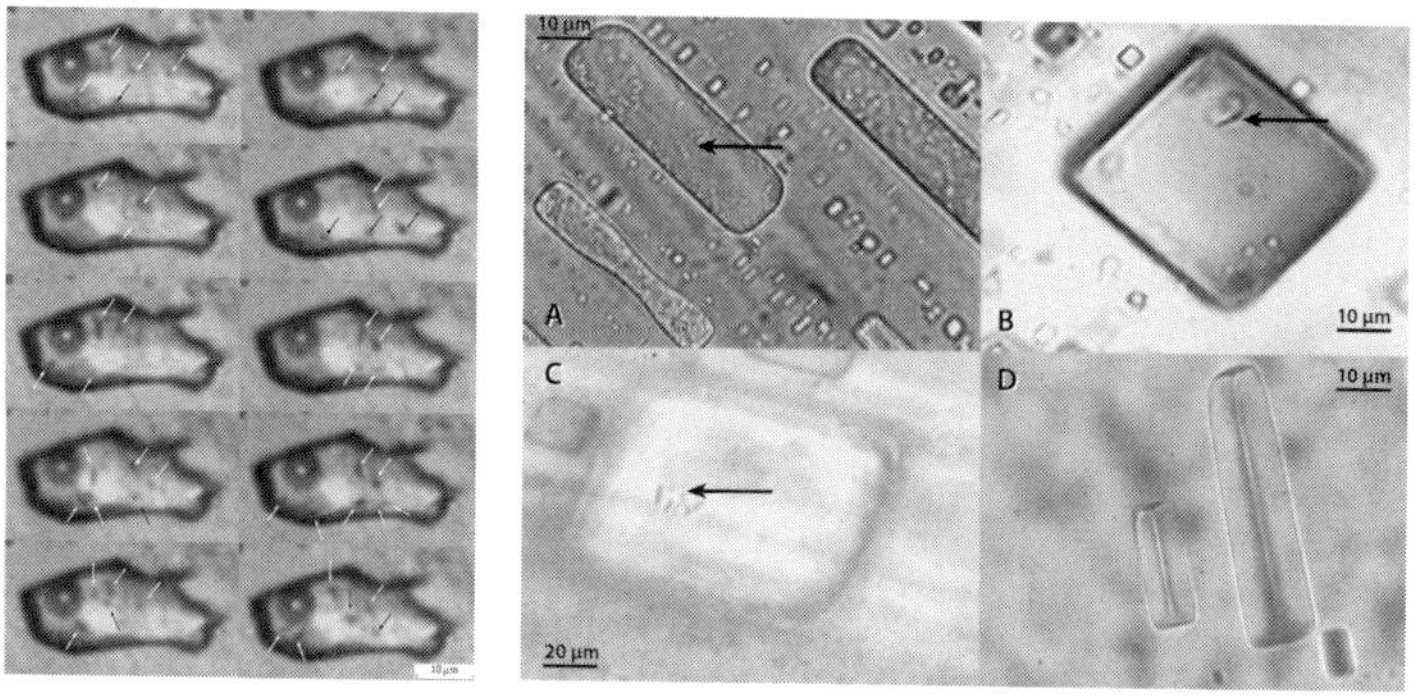

図2・1　(左) 石英の二相流体内包物の中で動き回る細菌の時系列顕微鏡画像 (Naumov et al. 2013による)。キース・バーガーが最初に報告したのも (Bargar 1985) これとよく似ている。(右) (A) 実験室で成長した塩の結晶に閉じ込められた古細菌好塩菌。(B) デスバレー・バッドウォーター岩塩コア、地下8m、9600年前の塩の結晶に閉じ込められたもの。(C) バッドウォーター・デスバレー岩塩コア、9万7000年前の結晶に閉じ込められたもの。(D) 無菌状態で成長した岩塩結晶内部の流体内包物 (Mormile et al. 2003による)。

の一次流体内包物を含む新しい岩石試料が手に入るはずだった。そこに生きた細胞が閉じ込められていたら、それはまさしく二億五〇〇〇万年前のペルム紀後期の生きた化石となる。

一方、シンイは、ソーンヒル1号井側壁コアの鉱物中にあった流体内包物を注意深く調べることによって、この地層の最高温度T_{max}が、八〇℃程度ではなく、一六〇～二〇〇℃あったことを発見していた。私は後に、この流体内包物の一部を、六月にフランクが催した会合のとき、DOEの保健環境研究局（OHER）の当時の局長に見せた。[6] この温度範囲は天然ガスの熱起源説とは整合していたが、ブーンの*B. infernus*の増殖温度上限を超えるだけでなく、実験室で育てられた既知の細菌（実際には古細菌）についての上限一一〇℃も上回っていた。[7] もしかすると、デーヴィッド・ブーンが分離した細菌は、結局は三畳紀のものではなかったのかもしれない。もしそれが真相なら、私たちは映画の『ジュラシック・パーク』を見た直後にトリアシック・パーク論文の可能性に興奮したわけだから、ちょっと恥ずかしいことだった。しかし深海のブラックスモーカー〔熱水噴出孔〕を調べていたジョン・バロスとジョディ・デミングという二人の海洋微生物学者が、その十年前に、二五〇℃以上の温度で成長できる細菌の存在に関する論文を発表していた。[8] *B. infernus* は、そんな「超好熱菌」の子孫なのだろうか。シンイがその結果を得たのは、一九九三年九月にイギリスのバースで開かれる第二回国際地下圏微生物学シンポジウム（ＩＳＳＭ）で私がポスター展示をする予定の数日前だった。この学会はほぼＤＯＥが（したがってフランクが）後援していた。これは私にとっては初めての微生物学の学会で、私はすぐに立地と施設でぶっとんだ。微生物学の学会はいつもこんな途方もないところで開かれるのだろうかと思った。その学会では、私にはそんなものが存在するとは思いも寄らず、ほとんど理解していなかったテーマに、一週間、どっぷり浸った。前年に図書館から借り出した一二冊の本の中には、一九九〇年にフロリダ州で開かれた第一回ＩＳＳＭの学会紀要もあった。[9] その学会に参加した人々の多くが今回も参加していたが、国際的な学界からさらに多くの研究者が来ていた。フランクは出席できなかったとはいえ、ローンレンジャー〔仮面の西部劇のヒーロー〕のようなもので、誰もが誰がフランク・ウォバーがどこにいるかを知りたがった。[10]

私は微生物輸送に関する部会に出て、テイラーズビル堆積盆地で、細菌が地表から地下三〇〇〇メートル近くまで、透水性のある堆積物をくぐり抜けて移動できるかどうかの答えを探した。[11] しかしそこでの話からは、地下圏細菌が、浅い、透水性のある帯水層で一〇メートルを超える距離を移動したことを証明できる人がいないのは明らかだった。最近、ドイツの微生物学者カール・シュテッターによって、アラスカの油田の地下深くに超好熱硫酸塩還元古細菌がいることが発見され、[12] それに触発されて行なわれた、石油層に見られる超好熱菌に関するいくつかの刺激に満ちた発表も聴いた。しかしシュテッターは、油田はフラディング〔石油産出量を上げるための補助として水などを注入して圧力を上げること〕を受けたこともあって、その超好熱菌が石油層原産のものかどうかは確認できなかったと発言していた。同じ発表のとき、エクソンに勤める微生物学者で、エクソンのバルデス原油流出の微生物修復に関する研究を発表したスティーヴ・ヒントンにも会った。(13) スティーヴの研究室がニュージャージー州の私が勤務する大学近くにあることを知って驚いた。スティーヴにカールの発見について尋ね、「フラディング」とはどういうことかとか、石油層での微生物輸送の速さを測定した試みはあるのかと聞いてみた。スティーヴもそれは知らなかったが、石油の生物分解は、たかだか八〇℃までに制限されていることは知っていた。スティーヴに言える範囲では、シュテッターの超好熱菌はおそらく海水のフラディングによって地下圏へ輸送されたものだろうということだった。

次々と行なわれる発表を聞いているうちに、私は自分がまったくの無名で、勉強に集中できる大学院生に戻ったように感じていた。無知の蛮勇で、自分のポスター展示に足をとめてくれた人々にアンケートをすることにして、二択の質問をした。*B. infernus* の先祖は最大一六〇〜二〇〇℃で生き残れたと思うか、あるいは、*B. infernus* は堆積盆地が最高温度に達した後で、地下三〇〇〇メートル近くまで運ばれたものだと思うか。アンケートの結果は、回答者の三〇%はこの細菌が一六〇〜二〇〇℃で生き延びたと思っていて、三〇%はそうは思わず、運ばれたにちがいないと思っていて、四〇%はわからないだった。(14)

放射線は細菌を育てるか——デヴォンコースト、一九九三年九月二三日

翌日は部会全体が細菌が放射性廃棄物とどうつきあうかの問題に充てられ、私はカナダとスウェーデンが原子炉廃棄物貯蔵という構想を検証する地下実験室を設けていることを知った。合衆国のユッカマウンテンで凝灰岩を使う構想とよく似ている。私がこの部会にとくに引き寄せられたのは、第一回ISSMの紀要に並んでいた二本の論文を読んでいたからだった。一つはUSGSの微生物学者デレク・ロヴリーによる第二鉄還元細菌GS15が水素を使って第二鉄〔電子を三個奪われたイオン、Fe^{3+}のことで、赤さびの成分。これが電子を1個もらう〔還元される〕と第一鉄Fe^{2+}となる〕を還元できることを示すもの。この論文のすぐ後に、スイス、ベルン大学の地球化学者、ベーダ・ホフマンによる、還元球状体《スフエロイド》を記述したものがあった。これは赤色層という、第二鉄イオンが多く含まれる赤い地層に見られる緑がかった球状の鉱物のことだ。これができる経緯についての古典的な理論は、有機物が赤色層に埋もれ、深部の温度が高くなると、有機物が鉄の赤さびを還元して、その周囲に酸化第一鉄を多く含んだ緑っぽい浸透物が広がるとするものだった。ところがベーダ・ホフマンは、球状体の中心部には、放射性の鉱物も集中していることに気づいた。ホフマンは理論的に、この放射性の鉱物が、「放射性分解」と呼ばれる過程で水素を発生させることを示した。すると水素が外側へ広がり、非生物学的に第二鉄を第一鉄に還元して、球形の広がりを生む。私はそれまでの何か月かでデーヴィッド・ブーンやトミー・フェルプスから、*B. infernus* とトミーがテイラーズビル堆積盆地で分離した第二鉄還元生物TH23[15]がともに水素を使うことを習っていた。鉄イオン還元地下圏細菌がこうした緑の球状体を作ることはありうるだろう

か。またそれは、そうした生物が、放射性分解によって発生する水素を使って行なうのか。

翌日は学会が中休みで、私は妻のノーラと、英ブリストル大学の地球化学者で、この地で露出するペルム紀＝三畳紀の還元球状体について発表しようとしていたトニー・ケンプと一緒に、デヴォン地方の海岸にある浜辺へ行った。崖に沿って、赤い堆積層や、還元球状体を含む斑模様の層があるのが見られた。私たち浜辺に落下していた岩石から球状体の試料を採集した。その後私は、デヴォン地方名産の固形クリーム（うまい！）を挟んで、トニーに自分の突拍子もないアイデアを説明すると、トニーは喜んでくれた。プリンストンに戻って球状体を切り開いてみると、その中心には放射性物質があることもわかった。私は以前に中性子放射の鉱物に対する作用を調べたことがあり、ベータの論旨の背後にある物理学はすぐにわかったが、放射性分解が細菌を養うという仮説を検証するとなると、地下圏微生物の試料が必要となる。

しかしこの考えを進める時間がなかった。ウィルキンス試錐孔とソーンヒル1号井からの地球物理学的検層記録を受け取ったところだったからだ。フランクは一〇月末にゲイザーバーグでまた現状報告会を開くことを求めていて、[16] 私はこの記録を使って、*B. infernus* の原位置《インシトゥ》環境のモデルを立てた。[17] D・C・ホワイトと実際に話をして、そのリン脂質脂肪酸（PLFA）分析をもっと理解する機会が得られたのはその会合のときだった。この分析は、*B. infernus* が掘削時の汚染ではないことの証明にとっては要に位置するものだった[18]（図2・2）。

報告会から帰ると、留守電にデニス・パワーズからのメッセージがあった。WIPPの地下の現場へ行って、微生物学用の岩塩試料を収集する段取りをわざわざつけてくれていた。私は微生物学用の試料

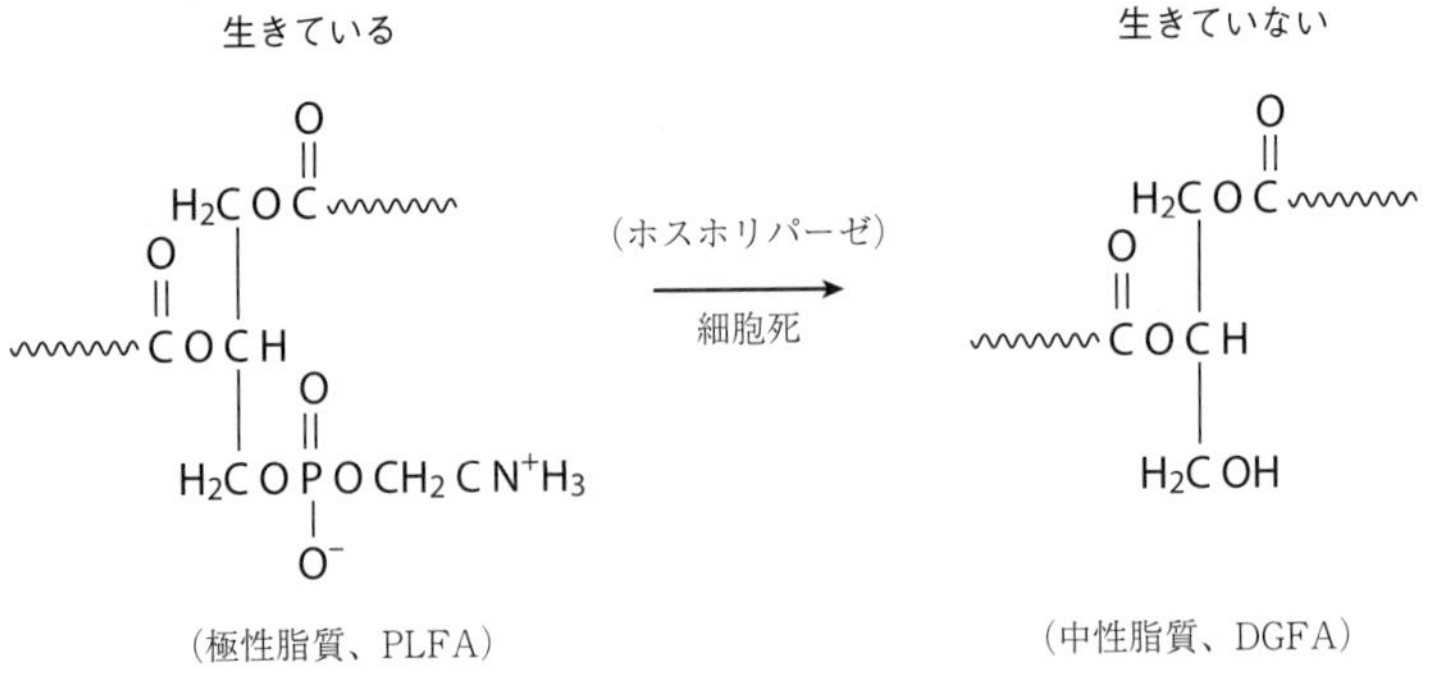

図2・2　リン脂質脂肪酸(PLFA)とそれが細胞が死ぬと変化してできる糖脂質脂肪酸(DGFA)(White and Ringelberg 1997より)。

を採取したことがなく、どうすればいいのかもわからなかったので、ニューメキシコ州ソコロにあるニューメキシコ工科大学(NMT)の微生物学教授、トム・キーフトに電話した。トムにWIPPで試料を採集するのを手伝ってもらえるか尋ねると、トムはすぐに乗ってくれて、感謝祭〔一一月第四木曜日〕の休みの間の出張の段取りをした。

太古の微生物探しに岩塩坑へ
——ニューメキシコ州カールスバッド、一九九三年一一月二六日

トムと話をしてから数週間後、私はカリフォルニア州カールスバッドにある実家の母のところへ行った。父は先ごろ亡くなっていて、母はまだそこに独りでいた。父の遺品を見回していると、色鮮やかなサンタクロース姿のノームで縁取られた原子力委員会(AEC)からの感謝状が目に留まった。父とバート叔父は長年、カールスバッドのすぐ南にあったデュヴァル硫黄・炭酸カリ会社の炭酸カリ鉱山で働いていた。炭酸カリ鉱山は一九五〇年代末、隣接する牧畜業や綿栽培業の町カールスバッドを、郡の賑わら中心に変えた。しかし父も叔父も鉱山を

離れ、自分たちで建設会社を始め、原子力委員会（ＡＥＣ＝現ＤＯＥ）の仕事を請け負うようになり、ＡＥＣがノーム計画の一環として地下核実験を行なうために使う予定の縦坑や坑道を建設した。[19] 私が六歳の頃、母と私は地下の核爆弾が置かれる予定のトンネルに入らせてもらった。爆発実験のときは、妹のトニーと、爆心地から八キロほど離れたところで父の緑の五九年型シボレー・ピックアップに座っていた。他の物見高いカールスバッド市民も大勢いた。地面が震動するのを感じ、轟音が聞こえ、最後に白い煙が一筋、大気中に上るのが見えた。私はちょっとがっかりした。古い白黒のゼニス社製のテレビで見ていたＳＦ映画にあったようなキノコ雲の類は全然見えなかったからだ。念のために言うと、このときはまだ、小学校の一年生になると受ける、ソ連のＩＣＢＭ攻撃から身を守るための、教室で「潜《ダック》って伏せる《アンドカバー》」訓練を知る前だった。[20] だからこの種の小型の地下核実験による降下物をあまり気にすることもなかったのは意外なことではない。

実家に行った翌朝、カールスバッド市街のモーテル・スティーヴンスの外でトムと落ち合った。トムとはテイラーズビル堆積盆地の作業現場を私が初めて訪れたとき、ちょっと顔を合わせただけだった。[21] ピコーズ・ハイウェイをラビング方向へ向かって町を出ると、州ハイウェイ31号線に乗り、旧炭酸カリ鉱山の巻き上げ機《ヘッドギア》[22]を通過して、右へ曲がるとジャルに向かうハイウェイに入った。ピコーズ川を囲む灌漑されて青々とした畑の一帯を後にすると、マカロニウェスタンに出てくるような、カリーチ土壌とまばらなメスキートの木と、地平線まであちこちに見えるポンプジャック[23]以外には何もない、荒涼とした土地に入った。この一帯が放射性廃棄物を埋めるために選ばれたのも不思議ではなかった。放射能が漏れて被害を受けた牛が何頭かいるかもしれないが、その程度ですむところだ。私たちは左へ向かって

WIPP《ウィップ》ロードに乗り、やっと駐車場に車を入れると、そばのベージュ色の建物でデニスと会った。警備の検査を受け、ヘルメットを受け取り、エレベーターで五五〇メートル下の主水平坑道へ向かった。私たちは、ノーム計画の原子爆弾が爆発したのと同じ累層を通り抜けて歩いた。その爆風で開いた巨大な穴からほんの一〇キロ足らずのところだった。WIPPの坑道は巨大で、トラックが通れるほど広かった。デニスは携帯型の、直径五インチの鋸歯付き電気ドリルを持ってきていた。そして自分のお気に入りの場所の一つへ私たちを案内した。ここの場合はペルム紀の海水の蒸気からできた塩の結晶による骸晶《ホッパークリスタル》が見られるところだった。デニスは私たちに、骸晶の肌理と、塩が堆積してからずっと後に起きた地下水の移動による塩の溶解と析出による大きくて透明な塩との違いを見せてくれた。それが見つかったところでで形成されこちらの塩も、古さは同じくらいだったが、骸晶の方の様子は、異論の余地なくペルム紀の海で海水が蒸発してできたものだった。

塩は見事に透明だった。ヘルメットのランプをはずし、それをトンネルの壁に立てかけ、塩の層の中を覗き込むと、光がペルム紀の海底で残った三次元の構造から跳ね返ってくるのが見えた。私は、ペルム紀の海底をダイビングしているかのように、ランプを走らせて塩の層を覗き込んだ。私が小学校で作った空き箱で作った恐竜のジオラマのように、すべてがその場に凍りついていた。この固まった海水の中に、好塩菌がまだ生きていたりするだろうか。私たちが照らしているこの光が、その生物が生きたまま埋もれた二億五〇〇〇万年前以来、初めて探知する光なのだろうか。そんな細かいものがそんなに長い間保存できるとしたら、驚異のことだった。

デニスは掘削のための標的を選んだ。高音を発するドリルで、岩塩を何センチか掘り抜いた。トムは持ってきていた保冷剤と何組かのゴム手袋、変わった形のビニール袋が入ったクーラーボックスを開けていて、自分が手袋を着ける間、ビニール袋を一枚、私に預けた。それを見て、私の顔に「いったい何に使うのか」という表情が浮かんだのにちがいない。「それは滅菌したワールパックです」と、手袋を持参のアルコールで辛抱強く洗浄しながら一言した。手を伸ばして袋を私の手から取ると、器用に袋の上端を切り取り、口を開くと、一方の手で袋を持って、もう一方の手でドリルから塩の円盤を引き出し、袋に押し込み、手首をすばやく振って袋を両手の間で二回転させ、上端のワイヤーによる留め具をひねった。やり方を教えてくれたので、私もすぐに、微生物試料第一号を収集した。トムはトンネル底部の塩を含んだ土もいくらか、汚染の対照用に集めた。私たちは試料を手にしてエレベーターのケージに戻った。この頃には舌には塩の味がし、鼻には塩のにおいがして、皮膚の汗についた塩を感じることができた。塩分が私たちの水分を吸って塩の膜を作っていたのだ。

エレベーターに乗って地上に戻ると、デニスはサラード累層の層序について教えてくれて、坑道と貯蔵室がどう掘られたかを説明してくれた。貯蔵庫が放射性廃棄物で埋まると、岩塩が上にある地層の重みで沈んできて、貯蔵庫を包む。[24] カールスバッドに車で戻るとき、トムと私はハイウェイ沿いにあるラグーナ・デル・ソルという、炭酸カリ鉱山が地下水を捨てた盆地に寄って、現代の好塩菌をいくらか収集した。こうした現代の好塩菌の16S rRNAが地下のサラード累層に埋没していた好塩菌のいずれかと同一ということになると、ペルム紀の岩塩層に、地表から好塩菌を含んだ塩水がしみ込んだ可能性を考えなければならなかった。何と言っても、分子時計によれば、二億五〇〇〇万年の進化によって、同じ好塩菌の種でも、その16S rRNA遺伝子配列にはどこかで突然変異したところが入っているはずだ。沼の岸の泥には塩分の多い表土があって、トムはそこを移植ごてで掘った。その下には色鮮やかなピンクや紫や緑や黒の泥の塊があった。トムは別のワールパックに塩を含んだ層をそっと収めながら、「これは典型的なヴィノグラドスキー・コラムだ(25)」とうっとりとした声を上げた。「わあ、ほんとだ」と、言われていることを知っているかのように私は応じたが、もちろん、ちんぷんかんぷんだった。私たちは獲物に満足してカールズバッドで別れ、トムは車でソコロへ帰った。そちらで試料の一部をジム・フレドリクソンに送るのだという。私は、電子顕微鏡分析を行なったり、私のレーザー $^{40}Ar/^{39}Ar$ 法を使って年代測定を試みたりする試料を手に、飛行機でプリンストンに戻った。

WIPP訪問では二つの印象的なことがあった。デニス・パワーズとバート叔父が、どちらも、坑道を掘る、あるいは掘削する鉱山労働者はときどき、巨大な塩水だまりに出くわすという話をしたことがあり、二人とも、これはペルム紀の海水が閉じ込められたものだと信じていた。こうした塩水流体内包物を大きくしたもの、超大型流体内包物のようなものが、実際に生きた微生物の生態系を宿していたりするのだろうか。WIPPで印象深かったもう一つのことは、実際に地層の状況が見られて、自分で試料を採取したことだった。私は何年も、切り通しとか、南米やアフリカの熱帯雨林の中の露天掘り鉱山とか、地表の地質学をしていた。地下に入ったことと言えば、アマゾンのジャングルで蛭《ひる》だらけの横坑、つまり鉱山の坑道に入って、風化していない岩石をまぐれで見つけたときだけだった。地下の鉱床そのものには私に訴えかけるところはなかったが、私もまったくのばかではなかったので、そこには明らかに微生物の試料採取には有利だということはわかった。テキサコの空井戸を一〇〇万ドルもかけて掘削しなくても、興味深い調査地を選ぶべく、鉱山の下部構造に便乗することができた。すると、何分の一のコストで、あるいはひょっとしたらまったくコストなしに、坑道から、あんな超大型流体内包物のような標的まで、コア採取用の穴をあけることができるのではないか。私は掘削の詳細はほとんど知らなかったが、自分で予想していたよりも早く、状況が変わることになる。

本当にメトセラなみの長寿細菌？——テネシー州ノックスビル郊外、一九九三年一二月四日

ニューメキシコ州から戻った翌週、私はトミーを、テネシー州ノックスビル郊外の新居に尋ねた。スーザンとトミーは森に囲まれた美しい湖の近くに家を新築したところだった。スーザンは町外まで出かけていて、異例の吹雪のせいで、私はトミーとこの家に二日閉じ込められた。食料はセロリとピーナツバターとワインしかなかった。フランクはまた全関係者会議を開く段取りをしていた。二週間後に開催予定の今回は、地下圏微生物学分科会を講評するもので、トミーはテイラーズビル堆積盆地についての一〇枚のスライドを用意するのを手伝ってくれていた。SSPの多くの新入りに対するのと同様、トミーは私の発表がフランクの期待を満足させるものになるよう気を配っていた。フランクの研究主幹（PI）の一人が言ったことがあるが、「フランク・ウォバーの仕事をするのは、地雷原で熊手で雑草取りをするようなものだ」という。トミーは私が地雷原に足を踏み入れないようにしてくれていた。

トミーは、微生物生理学、生存数、地球化学的制約から、インシトゥの代謝率を計算し、さらにそれによって平均的な細胞の更新《ターンオーバー》周期を推定することについて、二日間、徹底した講習をしてくれた。トミーが投稿したばかりの論文の一つでは、サウスカロライナ州の地下一八〇〜三六〇メートルあたりで見つかった生きた細菌[26]の細胞について周期時間が推定されていて、その値は数百年から数十万年にわ

たっていた。トミーは〔細菌などの〕原核生物の染色体は環状で、〔染色体の終端にある〕テロメアがないが、DNA修復系はあることを説明してくれた。[27] これは要するに、原核生物は年をとらないということで、遺伝子を複製できる回数に限界がなく、一個の細胞が原理的には永遠に生きるということだ。ソーンヒル1号井で採集した試料でのインシトゥ微生物呼吸率を、私の分析結果に基づいて推定し、一〇〇万年という平均更新周期に達した。私はぶっとんだ。元の *B. infernus* が、ブーンの研究室で再生されるまでに、それほどの年齢に達していたなどということがありうるのだろうか。

しかし私が受けた二日の講習で最も興味深い面と言えば、トミーが発表したばかりの、放射能にきわめて強い、地下圏隔離生物の発見だった。[28] トミーは、地下圏隔離生物は地球の奥深くに一億年も埋もれていたので、紫外線の影響は受けやすいのではないかと予想していた。ところがこの地下圏隔離生物は、ふつうの大腸菌よりも紫外線に強かった。これはSSPにとっては特報で、地下圏細菌が放射性廃棄物で汚染された地下でも活動していることが予想できた。こうした細菌は地下で紫外線に被曝することはなかったが、自然にあるウラン、トリウム、カリウム40の崩壊によるガンマ線には被曝していただろう。それが興味深いのは、ソーンヒル1号井では隔離生物のほとんどが、頁岩層の自然発生するガンマ線のカウント数が高いところに掘った側壁コアから出ていたからだ。ガンマ線の記録を元に、私たちは頁岩の中で生きていた細菌の年間被曝量を推定できて、その被曝量は放射線に強いことが有利になるだけの大きさであることは明らかだった。放射線で死ぬまでの時間が、地球化学的な制約から計算した細胞の更新周期より短ければ、固有の微生物群集はすぐに数が減ってしまい、たぶん絶滅することにもなるだろう。今や私は、二つの対立する仮説と格闘していた。一つは放射線が地下の生物を養っていたとするもの。もう一つは放射線が地下の生物を滅ぼしたとするもの。私はいくつかもっと簡単な予測を立てることができたが、結局、こうした仮定が地下圏で実際に生じているかどうか、どうすれば検証できるのだろう。

地下圏細菌の起源判定法――メリーランド州アナポリス、一九九三年一二月一六～一七日

地下圏微生物学分科会の会合は、一二月、メリーランド州アナポリスで三日にわたって開かれ、参加者は五〇人を超えた。スライドを紙に印刷したものを五〇部持って来るよう要請が出ていた。私も含めた新入り研究者がSSPの古参のところへ行き、主たる関心を「オリジンズ」現地調査地点と呼ばれるものに向けられる。今度の会合は新入りのオリエンテーションだった。初日の朝早く、私は急いで発表用の資料をコピーしていて、裁断機で親指の先を切った。ガムテープとペーパータオルを絆創膏代わりに親指に当て、プリンストンを四時に出るいつものアナポリスまでの出勤となった。隣の座席には、必要になったときにと持っていた、これまでの研究会発表が詰まったいくつかの携帯用ファイルボックスがあった。初日、SSPの古参がパシフィック・ノースウェスト研究所（PNL）、アイダホ国立工学研究所（INEL）、サバンナ川核施設（SRP）、ネバダ試験場（NTS）での、以前の調査地点の結果を要約した。二日目の焦点は新しいオリジンズの現場での作業で、私たちのテイラーズビル堆積盆地についての発表があり、その後も三時間続いて、補助金をもらったばかりの新しい研究者が、自分たちの研究案の要旨を発表した。最終日は文字通り研究計画の策定で、計画されている現場活動に新たな研究者が確実に組み込まれるようにした。この長い一日の終わり、フランクは集まった人々に、ジム・フレ

ドリクソンとともに私もオリジンズ現地活動の指揮に当たることを発表した。私は仰天したが、あわただしい夕食のとき、ジムがすべてうまくいくよと励ましてくれた。

食後に会議室へ戻ると、フランクとオリジンズ現地調査実施担当の研究者がみな、大きな丸テーブルに着いていた。その後の二時間、フランクは現場活動の時系列と作業項目、それを行なう担当者の長いリストを確認した。私は猛烈な勢いでノートをとった。第一の現場は、フランクが車の移動のときにニューメキシコ州北部に選定していたところだった。セロ・ネグロという、三三〇〇万年前にできた火山岩頸《がんけい》で、それは白亜紀のマンコス頁岩累層に貫入していた。目標は、九〇〇〇万年から九七〇〇万年前の頁岩累層に見つかる微生物が、この海の堆積岩とともに沈殿したもの由来なのか、それとも地表から、比較的近年になって、とくに火山の下へのマグマの貫入が始まった後に、水とともに運ばれたものかを判定することだった。何らかの理由で、この第一地点では後方支援や使用権の手当がつかなければ、第二地点が、コロラド州パラシュート近くの海軍オイルシェール・リザーブ（NOSR）に選ばれていた。DOEが掘削に関与していた、難透水性のガス田の一つだった。

フランクは、セロ・ネグロでの掘削は六月に始めると強硬に主張した。つまり次の作業のためにあと五か月ということだ。ジャックパイル・ウラン鉱山付近で露出している鉱脈から岩石試料、観測用井戸からは地下水の試料を採取、分析しなければならなかった。最初の垂直の井戸と、その次の斜め試錐孔の最適立地を特定すべく、最善の三次元構造図を得るために、火山の山容全体にわたって、重力、磁気、地震の調査を行なわなければならなかった。目標は、火山の貫入による熱変成帯内で、その外で採取したのと同じ堆積岩の層序の試料を得ることだったが[29]、熱変成帯の大きさはまだ特定できていなかった。

最終的な使用権も交渉しなければならなかった。用いるコア採取装置や掘削泥水のタイプの詳細も詰めなければならず、掘削業者の入札を行ない、評価し、選定し、契約を完了しなければならなかった。

DOE、小さなシーボーイエータに降臨
――ニューメキシコ州アルバカーキーの西七〇キロ、一九九四年一月二一日

SSPは超高速運転に入った。フランクが言ったように、「正念場」[30]だった。フランクが新技術に慣れてきたために今ではメールのやりとりが始まり、ファックスによる紙の山はなくなった。フランクの予定に一〇〇パーセント参加することについて感じてもよかった躊躇は消えた。全力でぶつかるか、船から下りるかどちらかだったからだ。一月二一日金曜、私はアルバカーキーへ飛び、ブレント、ティム、トミー、トム、ジムと落ち合い、アルバカーキーから七〇キロほどのセロ・ネグロの現場へ視察と試料採取に行った。ラグーナプエブロ〔先住民保留地〕にあるジャックパイル・ウラン鉱山を訪れた朝はひどく寒かった。鉱山は一九八〇年代の初めに生産を終えていたが、その当時には、世界で最大の露天掘りウラン鉱床だった。一九九〇年一月以来、カワイク族の人々が、採鉱で損害を受けた一〇〇〇ヘクタール余りの土地の環境回復事業に従事していた。管理者の一人の案内で、鉱床の中に車で入った。鉱床の深さ九〇メートルほどの露天掘採鉱場の壁には、地層の断面がまるごと露出していた。私たちがはるか北で、ウランを含んでいたジュラ紀のモリソン累層の白っぽいジャックパイル砂岩層にまっすぐ下に向かって掘ることになる地層だ。掘られた面の一つに、大槌と鑿とワールパックの袋を持って近づき、新旧様々のPIに送るためのマンコス頁岩を数キログラム採取した。すると、美しいグレーの、直径が

三〇センチにもなる少しつぶれた球形の岩の層に遭遇した。これは炭酸塩の凝固物《コンクリーション》だった。私はわくわくしてきた。D・C・ホワイトが、レディング大学のマックス・コールマンと発表した、第二鉄／硫酸塩還元地下圏細菌がこの見事な構造物を生むという論文[31]の原稿を、ホワイトから渡されていたところだったからだ。これは地下圏微生物の活動が絶えず岩石の構造や肌理に作用していることを示す、申し分のない例だったし、嫌気性地下圏細菌が、マンコス頁岩層に、それが堆積して間もないころから存在していたことの証拠だった。私は小さめのコンクリーションを一つ、プリンストンで流体内包物の分析をするために採取した。もしかしたら白亜紀の細菌がまだ閉じ込められていて、取り出されるのを待っているかもしれない。

道路を六キロほど進んだところ、払い下げ地にできたスペイン系のコミュニティ、シーボーイエータの中にセロ・ネグロがあった。右へ曲がってニューメキシコ州道334号線に入り、一キロちょっとで、左手三〇〇メートルほどのところに対になった玄武岩の岩頸が突き出ていた。車を降りて、玄武岩の貫入と周囲のギャラップ砂岩との接触部《コンタクト》[32]に熱変成の跡がないか調べるために、一キロ弱先のセロ・ネグロ山頂まで歩いた。空は砂埃でかすんでいたが、ジャックパイル・ウラン鉱床のぼた山やL－バー鉱滓ダムが、南西数キロのところによく見えた。黄色がかったグレーのマンコス頁岩が、一部をセージの草に覆われて、からからに乾いて広がり、東から北東へと延びていた。さらに東では土は赤っぽくなり、リオグランデの地溝帯の西の縁がかろうじて見えた。けれども北東から南にかけて、平原が、ところどころネズの木が生えた斜面を上って、ギャラップ砂岩の白い崖に達し、そこでいったん上昇を止め、さらに黒い溶岩で覆われた、セロ・ネグロより上の台地に上っていた。溶岩はすべて、西に十数キロのところにある、活動を停止したテイラー山という成層火山から出たものだった。[33] 雪に覆われた三〇〇〇メートルほどの山頂群が台地の上にそびえ、私たちにもはっきりと見えた。春にはその雪が融け、山を下る川となり、その雪解け水が火山系にできた亀裂に入り、ゆっくりと地下深くに下りていく。水はその後、水路を伝って流れ下り、透水性の砂岩による帯水層に集まり、ゆっくりと水帯をたどって傾斜を下り、最後にはセロ・ネグロの地下五〇〇メートルほどのところに達する。流れる地下水はセロ・ネグロの貫入部分に向かう旅の途中で細菌を拾い、細菌はそこで、三三〇万年前、繁殖できるほどに冷えたときから栄えることになる。しかし、それほど水がしみ込まないマンコス頁岩では、熱で滅菌された一帯が、今でも無菌のまま残っている可能性が高い。もしそうなら、貫入地点から離れたマンコス頁岩で見つかる細菌は、三三〇万年前より前からそこにいたことに自信が持てる。[34]

下ではブレント・ラッセルがすでに地球物理学者チームを配置していて、火山岩頸の形状や、マンコス頁岩層とその下のダコタ砂岩層を分ける面の三次元での状況について手がかりを得るべく、磁気測定や低周波数レーダー観測を行なっていた。みな頭の中では、セロ・ネグロは単純な教科書どおりの円柱形の岩頸であることを期待していた。そうであれば、熱的モデルを大きく単純化して、標的地帯の距離も確定し、掘削のための角度も求められる。試料採取の後、私たちはアルバカーキーのベストウェスタンでまた会って、六月までに試錐を行なうために必要な手順をおさらいした。着手か中止かの判断は、もうすぐにしなければならない。掘削契約の仕様書を書くためには、貫入の形状についての地球物理学的に確かな事実が必要だった。とくに、地下水面より下にあるが、セロ・ネグロの周辺の熱変成帯と交わる前のマンコス頁岩の試料を取るための第二試錐孔の角度が必要だった。この初期調査からすると、水平から約三〇度の角度が必要ということになる。層序について知られていたことからすると、試錐だけでも三〇万ドルほど必要になりそうだったが、入札結果を見るしかない。補給品や装備の目録も必要になるし、費用負担をかけずに現場に呼べる人は誰にするかということにもなる。PNLの地質学者フィル・ロングは研究実施計画（SIP）を書く担当で、ティムとブレントに手伝ってもらっていた。

砂岩部と頁岩部はすべて、六通りの方向に亀裂が入っていて、掘削泥水による汚染が大きな問題になる。汚染を最小限にするために、私たちは地下水面にまで掘削するために圧縮空気を使い、地下水面より下では、再循環なしの水、循環ありの泥水いずれかに切り替えることを計画していた。まず垂直の対照坑を掘ることが重要になるのは、角度をつけた試錐孔のための掘削目標を下見するだけでなく、斜めのくり抜きのための水を供給することだった。トレーサーとしては、ペルフルオロカーボン・トレーサー（PFT）という、蛍光を発する微小球と、場合によっては臭化リチウム（LiBr）を使うことにする。ブレント、トミー、ジムは、トレーサーのQA／QCと安全計画の担当だった。ブレントとティムは、掘削の際に国家環境政策法（NEPA）の求める、作業による長期的な環境破壊がないことを確認するための資料を提出しなければならない。(35) 二人の仕事には、供与地知事と使用権を交渉し、掘削作業で先住民の遺跡に影響を与えないことを確認するための考古学的調査もあった。私たちは地元の研究者の数は常時八人になると試算した。これにはシーボーイエータの地元民も含まれていた――供与地知事の十代の息子で、私たちはこの少年を重宝する技術者用輸送係として雇っていた。追加の掘削作業員が六人来る。現場が町から比較的遠いところにあるので、宿泊施設用に何台かのキャンピングカーを借りる必要もある。

現場での打合せから戻る途中、私はデンバーに立ち寄って、ボブ・バラスに会い、ソーンヒル1号試錐孔の流体内包物断面の一部を見せた。ボブはすぐに、透明な岩屑水晶の中に、青い蛍光を出す、石油を含んだ流体内包物が亀裂を装飾しているのを見つけた。それはこの石油が T_{max}、つまり岩石での最高温度に達した後に移動してきたことのしるしだった。ボブは、その石油の組成を分析することによって、それが生物分解でできたか、水で洗われたかを判定できると説いた。(36) いずれの方向でも、ブーンの *B. infernus* がソーンヒル頁岩層に、T_{max} から温度が下がってから、いつ、どうやってやって来たかの説明に向かう大きな一歩だった。今や私たちは、この地下水移動がいつ起きたかという問いに答えるだけだった。ボブはメタンが内包されていることも見てとり、大いに関心を抱いた。それを使うと圧力が推定でき、したがって T_{max} 時の埋蔵深度が推定できるのだという。

一九九四年三月三日の段階では、一月の調査は、マンコス頁岩／ダコタ砂岩断面の「対照用」縦坑コア用に選定した地点には、地下圏玄武岩貫入の影響がないことを示していたことが明らかだった。つまり、私たちはセロ・ネグロから延びるいかなる見えない付随岩脈の熱変成層からも離れたところにいるということだった。これでその地点に配置することを予定として進めることができる。しかし、火山岩頸の形状については調査はまだ決定的ではなかった。そこでゴールダー社が三月半ばに時間領域電磁界（TDEF）調査を行ない、これによって、岩頸には深いところで垂直なコンタクトがあることが示された。貫入の形状がわかれば、そのコンタクトからマンコス頁岩の八〇〜一二〇℃の古等温線までの距離を推定し、第二の掘削地点と角度を修正できる。四月末までには、ティムとブレントが、近くのウラン鉱山の廃棄物を含むL‐バー鉱滓ダムの地下水汚染を監視するために使われていた、セロ・ネグロを囲む井戸の調査を終えていた。掘削会社から五件の入札も受け取っていて、これの評価はフィル・ロングと行なうことになる。[37] ボーリング機械と微生物処理実験施設をセロ・ネグロへ運ぶまで二か月を切っていて、研究者はまだ一月末に採取した露出部の試料を分析中だった。[38]

掘削地点は一つではなく二つ――デラウェア州ルイス、バーデン・センター、一九九四年四月七～八日

セロ・ネグロ調査地の準備が最終段階に達する頃、リックと私は掘削地点となる可能性があるコロラド州北西部のピシャンス堆積盆地に目を向けた。アルゴンヌ国立研究所にいて、フランクと一緒にDOEにいたこともあるティム・マイヤーズが一緒だった。DOEはNOSRの周囲で深さ三キロまで掘る「防衛的掘削」を進めていた。この掘削と油田開発は、NOSR周辺の私有地に掘削現場がある私企業が、NOSRの下にある政府所有のガス田から横取りしないようにする一法だった。これによって深い深度での地下圏微生物の試料を得る、安価な手段ができる。九月、DOEはコロラド州ライフルの西一三キロ余りのところで掘削を始めようとしていた（DOEの地図では1M-8ボーリング孔）。一〇月には、同じ地点で南西に向かって区画18へ斜めに掘ることになっていた（1M-18ボーリング孔）。

リックとティム・マイヤーズと私は、いくつかの理由から、この掘削の機会はセロ・ネグロよりも有望だと思った。まず、この地での堆積岩層の物理的特性と熱的履歴がセロ・ネグロの場合よりも明らかにされていた。ここの地層については、DOEの多坑井実験（MWX）地点となった結果、一〇〇本以上の論文が発表されていた。MWXは一九七九年から八八年にかけて行なわれ、石油会社が天然ガスへ移行するきっかけとなった一九七三年のアラブ諸国による原油禁輸から生まれていた。ここにあるような非常に水を通しにくい地層からのガス流を有意に改善するための水圧破壊法が失敗したこともきっかけだった。一九六九年九月、国防総省とDOEは提携して、私たちが試料採取を提案しようとしていた当の1M-18地点の南西一六キロ、深さ二六〇〇メートルほどのところで、四〇キロトンの原子爆弾を爆発させた。この爆発でガスの流量は三倍になったが、一時的なことにすぎなかった。またメタンの中に大量のトリチウム、つまり^{3}Hができて、ガスの二〇パーセントは爆発でできた水素（H_2）だった。[39] 砂岩層から核爆発でガスを押し出すのは成り立たないということで、MWXが計画された。ガスの商業的生産方法をもっとよく理解するために、現場規模での水やガスの流れやすさを測定し、それを決める地質学的因子は何かを判定するためだった。[40]

次に、1M-8／1M-18掘削地点は水文学的・地形学的に、すでに掘削されていた他の民間ガス田より傾斜の上側にあって、他の掘削作業によって影響された、つまり「汚染された」可能性が低かった。[41] 第三に、テイラーズビル堆積盆地と同じ深さでも、そこで得られた試料とは地質学的状況が異なる試料を得る機会となるし、小さな側壁コアではなく、直径が大きい、長さ九メートルものコアを得る機会もあった。しかしこの掘削地点の何より魅力的な面は、予想される坑底温度が一一五℃ほどにまでなり、これは既知の生命の上限温度（当時の）を少し超えていて、坑の底は有機物豊富な石炭層で、超好熱生物に有機物をもたらせることだった。この試錐孔から超好熱生物が取り出せれば、地下生命圏の限界を確かめることになる。しかしテイラーズビル堆積盆地の三畳紀堆積物のように、ピシャンス堆積盆地の第三紀・白亜紀堆積物は深く埋まっていて、一〇〇〇万年前には、今より四〇℃高い温度まで熱せられていた。私たちはすぐに三か所の標的区域を特定できた。(1)深度の浅い、堆積物の温度がずっと一一

図2・3　1991年の典型的な埃っぽい夏の日、アイダホ・フォールズの北西のINEL調査地に設定されたWO1掘削地点。INELボーリング機械の隣に極低温のアルゴンタンクが立っている。アルゴンガスは掘削用流体として使われた（F. S. Colwell提供）。

〇℃を超えない棲息可能だったところ、(2)中間の深度で、温度が一一〇℃を超えたことがあるが、今はそれより低くなって、棲息可能と考えられるところ、(3)今の温度が一一〇℃を超える、現行の無菌の区域。区域全体が、この一〇〇〇万年以内に、コロラド高原の隆起とともに最高温度から冷えていた。深いところにあるガスが豊富な地層はすべて圧力過剰で、地下二〇〇〇メートルほどで二五〇気圧にもなると予想できるということだった。これは好圧菌を探すのには理想的な土地となる。[42]

ティム・マイヤーズとリックと私は、フランク宛の、この地域をオリジンズの第二地点として進める草案をまとめ始めた。PNLのレイ・ウィルドゥングから、四月七日から八日にデラウェア州ルイスのバーデン・センターで予定されているESRC評価会議に出席するよう強く促すファックスを受け取った後だった。私たちはこの会のときにフランクにこの提案をすることにした。[43] ルイスの町は、デルマーバ半島地方に典型的な海辺ののんびりしたところで、フランクがよく評価会議を行なうところだった。

フィル・ロングが午後一の発表をして、セロ・ネグロ調査の計画と、地表試料と地球物理学的調査の初期調査結果の一部を紹介した。フィルはDOEの大規模な野外調査の運営の経験を積んでいて、三年前にはPNLの地質微生物学水文学実験（GeMHEx）の微生物調査掘削作業も指揮したことがあった。こうした関係者会議での発表には熟練していて、PNLの膨大な資料の裏づけもあった。[44]

フィルの後にリックが会議室の前面に立って、パラシュート調査地点について話し、私とティム・マイヤーズは会衆の中にいて幸運を祈っていた。リックにとってはこれはデジャヴュだった。リックとフィルは、以前、一九八九年のアイダホ・フォールズでのフランクが集めた会議の一つで、提案する掘削案が競合したことがあった。[45] フィルの調査地点はGeMHExで、六〇〇万～八〇〇〇万年前の古土壌と湖底の堆積物を狙っていて、[46] リックの掘削地点は、INEL地下の第四紀スネークリバー平原の玄武岩帯水層の記述を目指していた。地質学的には、両者はありうる範囲の両極にあったが、利点で見るとまったく五分五分だった。フランクは両方に予算をつけた。一九九一年の夏にはリックの調査地点（図2・3）が掘られ、同年秋にはGeMHExの現場が掘られた（図2・4）。これはサウスカロライナ州でのC10以後、初めて微生物を調査した掘削地点となった。

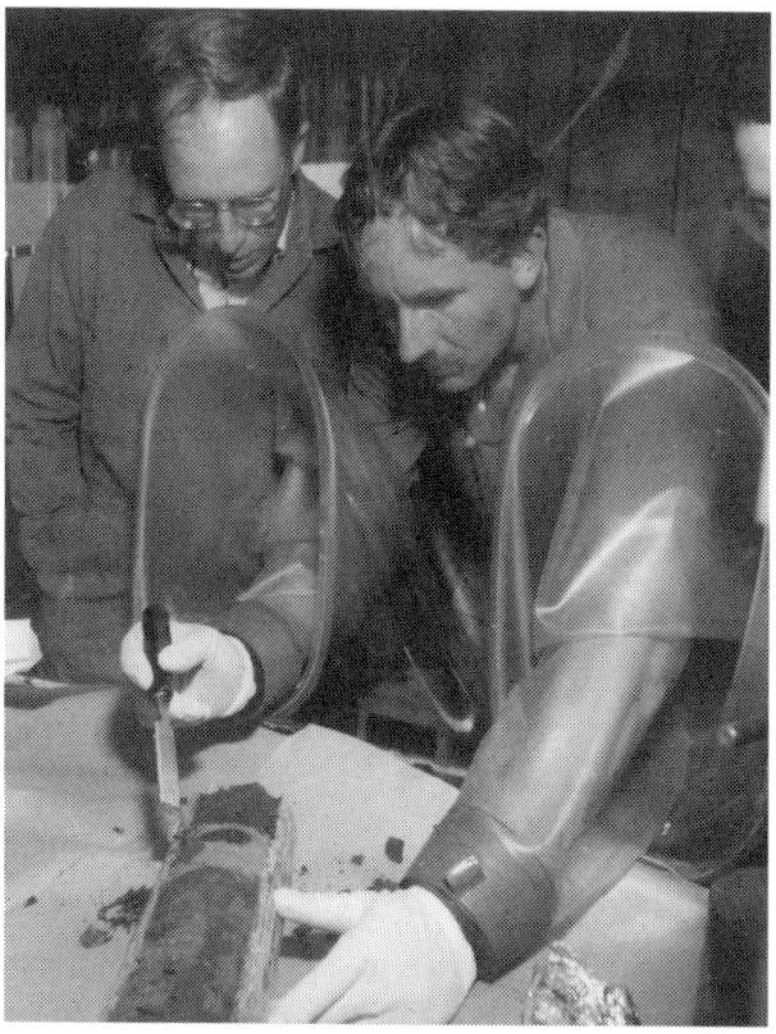

図2・4　GeMEHx 野外実験室でフィル・ロングが見守る中、ジム・フレドリクソンが無酸素グラブバッグの中のコアの外側を削っている。1991 年秋（PNNL 提供）。

四年後の今、リックはまた不利な調査地点の案を発表することになり、1M‐8ボーリング孔から切り出したものや泥水記録を使って、1M‐18ボーリングのコア採取ポイントを選ぶ方法を説明していた。フルーア・ダニエル社はDOEのNOSR掘削作業を請け負った業者で、一〇月には1M‐18の掘削を始めることになる。予定は非常にきつかった。試料採取用のトレーラーをセロ・ネグロからパラシュートへ移動させなければならず、これはセロ・ネグロでの掘削を四か月で終わらせなければならないということだが、セロ・ネグロでのコア採取はまだ始まってもいないのだ。[47] 私たちの案は、フランクにガスバギー核実験を思わせた。これは以前、ニューメキシコ州のガス田で原子爆弾を爆発させた実験で、それがフランク自身の地下微生物への関心に火をつけていたのだ。[48] フランクはセロ・ネグロ用の準備と、私たちがパラシュート・オリジンズ・サイトと呼ぶようになった作業の両方を承認した。SIPを書くのはリックが先導し、ティム・グリフィンは使うことになるコア採取技術はどういうタイプかを決めにかかることになる。リックは、私たちがメールで使う仮称を、スカイダイバーを表すフランス語風の音になる略記として「Les Chutres《レ・シューターズ》」とすることにした。

深部棲息微生物を探す掘削のしかた――ニューメキシコ州シーボーイエータ、一九九四年五月二一日

六週間後、私たちは、シーボーイエータから少し出たところの、セロ・ネグロにつながる砂利道に駐めたキャンピングカーで寝泊まりしていた。ジムと私は、サンディエゴでのフランクとのJASON会議から飛行機で着いたところだった。[49] それぞれが自分の寝床を選んで、私物を押し込んだ頃、突然、土の道をレンタカーが轟音を立ててやって来て、土煙を上げながら、キャンピングカーが止まっているところで急停止した。キャンピングカーから出た人々が驚いたことに、それは赤い髭の下に首の固定具をつけたトミーだった〔註47参照〕。飛行機での事故で問題は抱えていたが、やはり私たちに合流することにしたのだという。私たちはトミーを取り囲むと、歓迎のために地元のバーに向かった。私たちの生活を支える第一のものは、ビボにあるドン・ジョーズのコシーナというカフェ兼雑貨屋兼郵便局で、そこへ行けば必ず、品質の良い豆、米、チリソース、揚げたてのソパピーヤがあった。地元のバーは正面玄関の上にトタン屋根のついた、茶色のレンガ造りの建物にあった。かつてはレバノン人が地元のカイワク族の人々相手に経営していた交易所だった。店内は端から端にバーが伸び、掘削パイプ製のフットレストがあり、バーの両端にはドリルの刃が載っている、鉱山町によくある居酒屋らしい造りだった。奥の壁の前には玉突き台が並んでいた。ヘラジカの頭の剥製が上から見下ろしていて、もちろん、天井の飾りは銃弾の跡だった。何と、供与地知事がやったと言われるものもあった。

翌朝、私たちはさらに東へ一キロ半ほど行き、高さ九メートルの赤橙色のボーリング機械に続く砂利道に入った。その櫓と掘削用具を満載したハーフトレーラーが、最初の垂直試錐孔のための掘削地点の目印だった。砂利道から北へ一〇〇メートルもなかった。長さ一五メートルある白いトレーラーが二台、ボーリング機械の風上側に駐められていた。研究室と試料処理室の役をしていた一方のトレーラーで、私たちはティム・グリフィンと会った。ティムはシーボーイエータの保安官のような姿で、ブルース・ハレットがその代理といったところだった。バッジがないだけだった。ティムが午前中の安全解説とその日の目標をおさらいする間、私たちは他の数人の研究者と立って聞いていた。それぞれに指定された作業があった。ジム・マッキンリーとシャーリー・ローソンというPNLの科学者はトレーサー担当で、別の二人が微生物コア採取のためのコアバレル準備の担当だった。さらに別の一人がコアの地質学的検層の担当で、また別のグループはコアの処理担当だった。

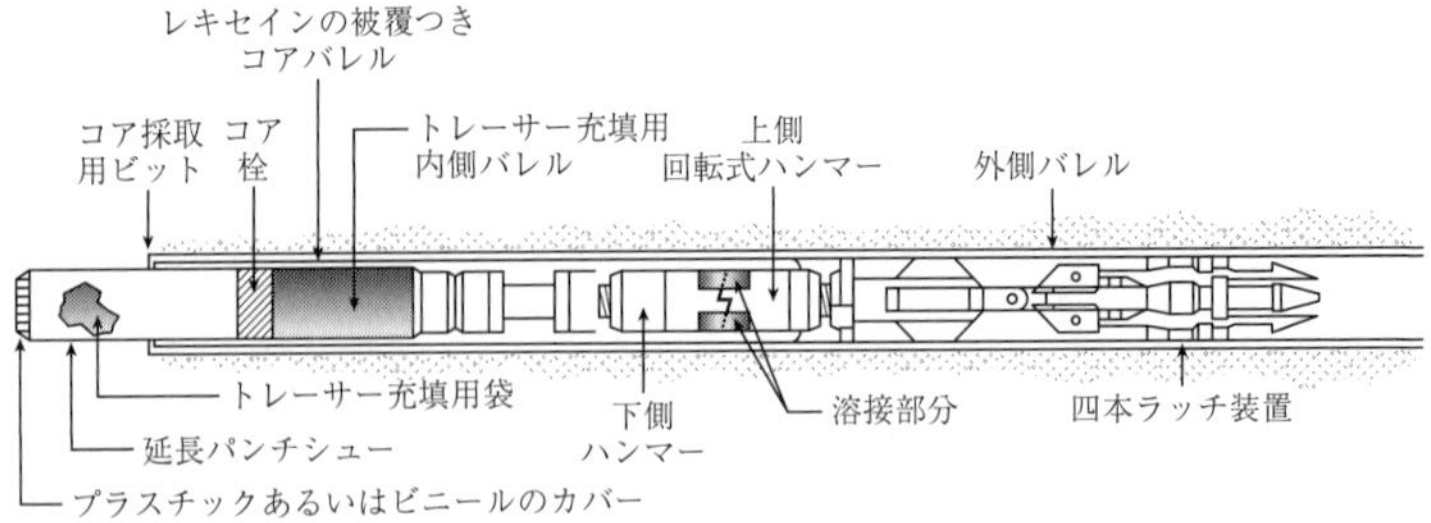

図2・5　三重バレル・ワイヤーライン式コア採取法。1988年にC10で用いられ、その変種が1991年のW01と1994年のセロ・ネグロで用いられた（Fredrickson and Phelps 1997より）。

私たちの予定は一八〇メートル下でのコア採取で、私はすべてのコアが微生物学用に採取されると思っていた。それは私にとって最初の驚きだった。長さ一メートル半の「微生物」コアをグラブバッグで処理するのには、まる一日かかり、掘削員は二四時間でそういうコアを一五本から二〇本生み出せることがわかってきた。掘削員はもっと速くコアを取れるのだが、トミーはコアの回収率を上げるために、遅くするよう執拗に要求していた。トミーがほとんど爆発しそうになったところで、やっと掘削主任が手を緩めた。コアはたいてい、ぴかぴかのアルミ製試料採取装置の中のワイヤーライン式バレルから出てくる。私たちはその軸に沿って、赤や緑の恒久的マーカーで、どちらが上でどちらが下かを示すマークをつけ、コアの写真を撮り、短い解説を書き、箱に収めることができた。しかし微生物コアは特殊な処理を受けた。まず、コアバレル本体が蒸気洗浄される。それから漂白済みの透明なポリカーボネート管がコアバレルの内側に入れられる。ジム・フレドリクソンが、アルコール消毒したゴム手袋をはめた手で、緑の蛍光マイクロビーズ入り溶液を入れた小さなワールパック・バッグをコアバレルの底に優しく押し込む様子を見せてくれた（図2・5）。集合体全体が掘削員に渡され、掘削員はそれをケーブルを使ってドリルの上の管の中に下ろす。

ジム・マッキンリーはシャーリー・ローソンと私に、圧縮空気ホースにＰＦＴが注入されるところを見せてくれた。掘削員がディーゼルエンジンを起動して掘削ロッドを回転させると、ＰＦＴ入りの圧縮空気がロッドに吹き込まれて下りて行った。ジムは、濃縮した溶液を下ろし、コア採取用バレルが滑り降りてきて、コア採取を始める直前に溶液を坑の底に空けるためのバケツを使って、LiBrトレーサーを加えるところも見せてくれた。圧縮空気のスイッチが入れられると、それがLiBr溶液を、コア採取が行なわれている地層に押し込む。圧縮空気ホースが細かい塵や切り屑をボーリング孔のてっぺんからサイクロン分離器に送り込み、そこで切り屑を地面に落とす一方、軽い細かい塵は実験室トレーラーから風下へ吹き飛ばされ空気中に出される。

ジム・マッキンリーは、コア採取が終了した後で浸水性のある砂岩層の地下水試料採取を行なうためのステンレスのブラダーポンプ〔大きなスポイトのようなもので、膨らませたりつぶしたりを繰り返して水をくみ上げるなどする〕を持っていて、それを試錐孔に下ろそうとしていた。それはほんの手始めだった。ジムは、ＭＬＳ（多層《マルチレベル》試料採取装置）と呼ばれる装置を入れるという話もした。[50] これはＧｅＭＨＥｘで、砂岩層と頁岩層の間の地下水組成勾配を測定するために使用していたものだった。ＭＬＳを使うと、微生物によって水素ができる頁岩層と、微生物が水素を消費する砂岩との、溶けた水素ガスの濃度を測定できる。私はただただ感心していた――しかしまだまだ先がある。作業は砂岩のコアをいくつか取り、オートクレーブ〔高圧蒸気消毒器〕にかけ、それを様々な栄養分の溶液に浸し、また試錐孔の元の層序学的位置に戻し、そこで培養するというふうに進む。数週間後に試料を回収して、砂岩のコアの中でどの種類の細菌がコロニーを作って成長したかを特定する。こうした話をすべてノートしてからは、ジム・マッキンリーにちゃんとした井戸を与えれば、そこでの微生物活動を測定する方法を五〇通りくらいは考えつくだろうと確信した。

最初の微生物コアが地表に到着したところで、私たちはすぐにトレーラーの中に入って、それがしかるべき大きさに切り分けられ、ポリカーボネートの覆いが取り除かれるところを見た。私はそれまでグラブバッグを見たことがなかった。これは長さが四メートル半はあり、ビニールでできていた。両側から二本ずつ腕が文字通り突き出ていた。中に充填したアルゴンガスによる加圧のせいだった。一方の端に、長いアルミの円筒形エアロックがあり、そこに真空ポンプと、それの厳格な使用法を書いた紙が取り付けられていた。ポリカーボネートの覆いがついた掘削コアをエアロックの中に入れて、三回空気を抜き、アルゴンガスを入れてから内側のエアロックの扉を開けて中にチューブを差し込み、それとともに処理用具すべてを焼いて滅菌する。覆いを外し、それをエアロックから押し戻し、コアを撮影する。グラブバッグの反対側には大きな赤い高圧水カッターがあり、コアをどう分割するか決めた後、このカッターを使ってコアを「クッキー」にスライスする（図2・6）。クッキーの外側の面は手作業で「はぎ取り」、はぎ取られた断片は集められてトレーサー分析に回される。この処理をすると内部塊が残り、これを各地の微生物学者に広く分配するために、砕いてエンドウ豆くらいの大きさのチップにする。その豆くらいの大きさの断片を二重にしたワールパックの袋に入れ、それを別のアルミの円筒を通して第二の小さめのグラブバッグに送り込む。そこでバッグをパラジウム触媒のペレットが入った瓶に入れ、瓶にアルゴンと水素を充填する（パラジウムは酸素と水素で水になる反応を促進し、瓶の中の酸素を除去する)。瓶を保冷剤入りの発泡スチロールのクーラーバッグに入れて、それを嫌気性生物の分離を行なう何人かの微生物学者宛てに発送する。コアに被せた栓を取って、浸透性の測定と水銀式多孔度測定に回す[51]。すべての試料が第二の、独自のポンプがついたはるかに短いアルミ製の円筒形エアロックを通して送り出される。

私は微生物学にも地球化学にも必要な技能がなく、セロ・ネグロの現場ではまったく役に立たなかっ

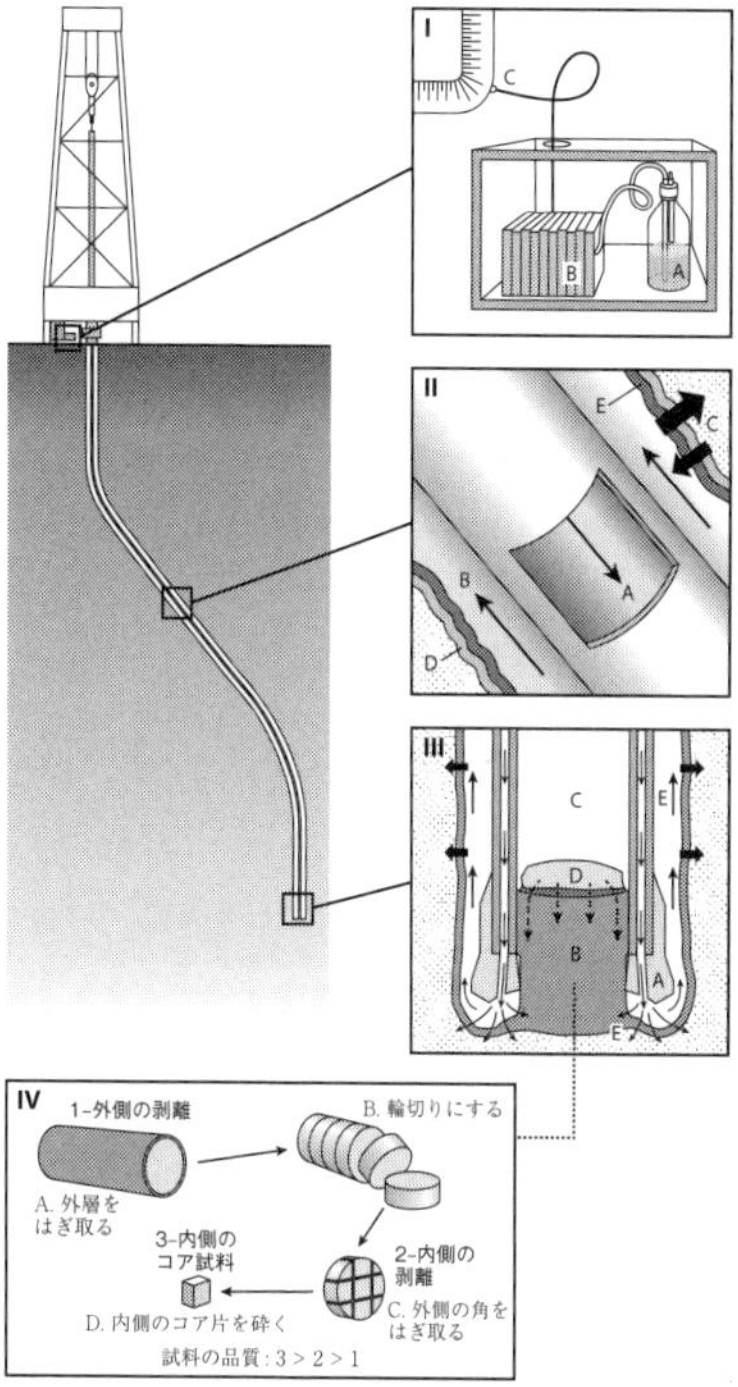

図2・6　微生物用回転式コア採取へのトレーサーの適用。I. 掘削泥水へのトレーサーの注入。A は PFC トレーサーの瓶、B は高速液体クロマトグラフィ（HPLC）ポンプ。II. 掘削泥水の順向循環の流れ。掘削パイプに沿って下に押し込まれ、コアバレルを通ってコアバレルと岩の間を通って戻ってきて、切り屑を地表に運び、そこで切り屑は掘削泥水タンクに収まり、掘削泥水は掘削パイプを伝って戻される。A. 掘削泥水が掘削パイプを伝って送られる。B. トレーサー入りの掘削泥水が掘削パイプの外側の面を戻り、それとともに岩の切り屑を運び上げる。C. 掘削泥水、トレーサー、掘削泥水細菌が地層に浸透する。地層流体と固有微生物が試錐孔の掘削泥水に拡散する。D と E はマッドケーキ層。III. 岩石層に切り込むコア採取用の刃。A. 刃の面から出る掘削泥水で、刃を冷やし、岩の切り屑を除去する。掘削流体は外側のコアバレルと内側のポリカーボネート被覆の間を通り、そのためコアを汚染しない。B はポリカーボネート被覆に侵入する岩石コア。C, D は蛍光微小球の袋で、これが破れてコアの外縁に微小球を放出する。E. コアが切り取られるときに、掘削流体がコアの外側の縁に侵入する。IV. コア A がはぎ取られて外側の層が取り除かれ、B と C は内側のナゲット D を見せる（Tim Griffin 提供）。

た。実際にできたことと言えば、コアの処理を手伝って、大量のノートを取って、勉強することだけだった。しかし現場にやって来たどの研究者も、共有できる何らかの装備を持って来た。トムはソコロの研究室から、蛍光位相差顕微鏡を持ってきていた。私は、コアにあって、生物が利用できる鉄に関連しそうな常磁性の鉄成分を測定できる磁化率ブリッジを持参した。ヴィーテック〔元来は刃物のコーティング技術のブランド名〕も連れて行った。本名はウィトルド・J・グルジマラ＝ブッセといい、学部の夏期講習の学生だったが、ヴィーテックで通っていた。身長一九八センチ、体重一一三キロの筋肉質で、トラックからトレーラーへ、私の腿よりも太い高圧ガスボンベを、一本ずつ脇に挟んで二本運ぶことができた。

私たちは息抜きにビーチバレー、というか砂利バレーを、シーボーイエータへの道路沿いの食堂《デリ》でしていた。いろいろな「協同」研究グループの間の緊張をほぐすのには適した場だった。しかし技能や皮膚がすりむけるのをいとわない熱意にはばらつきがありすぎる。そこで私たちはチームを混成で組んで、平均化した。それでもすぐに、ヴィーテックはどんなスパイクもブロックしたり、ネットすれすれのサーブをしたりできることが明らかになった。ヴィーテックのチームの面々は相手チームへのハンデのために一人一人と抜けて行き、最後はヴィーテック一人だけが残った。それでやっと、他の全員で五分五分の試合ができるようになった。

ボブ・グリフィスはオレゴン州立大学の微生物学者で、やはり現場で夏中暮らす大学院生を連れて来ていた。グリフィスは微生物コアから砕いた試料を取って、リン酸塩やグルコース摂取のための酵素活動を測定していた。実験室トレーラーには、蛍光測定装置を設置していて、私に、これが蛍光塗料との組合せでどう機能するかを説明してくれようとした。私には化学も生物学も素養がなさすぎたので、あまり話にはついて行けなかった。するとトムが助けに来てくれて、私にトマス・ブロックの微生物学の教科書[52]第六版を一冊貸してくれて、その中のある章に酵素分析をまとめたところがあった。トムは私を地球微生物学の優秀な初心者と見て、大いに優遇してくれた。この本をぱらぱらとめくっていると、細菌の細胞内部がどういう仕組みかについて見事なカラー図版や、ヴィノグラドスキー・コラム[53]のカラー写真が目に入った。トムのラグーナ・デル・ソルの堆積物についての判断は正しかった。偉大な故ヴィノグラドスキーについて読みながら、「なるほど」と一人で何度も言っていた。

トムが貸してくれた本のおかげで、私はやっと細胞のDNA・RNA・タンパク質という機構の働き方を理解するようになり、さらに勉強すると、うれしいことに、それまでまったく理解不能だった『サイエンティフィック・アメリカン』誌の特集全体が理解できるようになった。空いた時間には、私たちはオリジンズ計画とSSPの未来について話し合って過ごした。フランクは全員に、SSPは九五／九六会計年度で終了し、それに備えないといけないことを知らせていた。私たちはこの状況の皮肉を嘆いた。SSPがやっと地下圏生命についての重要な問いに答えようかという地点に達しつつあるそのとき、この夏に収集した試料の分析を終える前に、電源コードを引き抜かれるということだ。もしかすると好意的な一般向けの報道機関に支援を求めないといけないのではないかということになって、トムは全国公共ラジオ（NPR）に関心を持ってもらえないか問い合わせることにした。私は『ニューヨーク・タイムズ』のウォルター・サリヴァンに連絡することにした。[54]

トムは、その妻のサンディがNMTの大気物理学者から借りていた電場検出装置も持ってきていた。

それは雷が近づいていることの警報装置となった。テイラー山周辺の地域全体が、夏の季節風の時期には、（文字どおり）髪が逆立つような嵐が太平洋から集中するところで、高さが九メートルもある掘削塔はこの嵐の雷のかっこうの落ちどころだった（図2・7A）。電場検出装置は掘削員に、掘削地域から退避する必要があることを前もって警告してくれた。しかしコア採取は夏じゅう、事件も事故もなく、順調に進んだ。三つの最上部砂岩層――ツーウェルズ砂岩、パゲート砂岩、クベロ砂岩――に貫入し、地下二三〇メートルのジャックパイル砂岩に入ったところで停止した。それから井戸が内張りされ、そこ

A.

B.

図2・7　A. 黄昏のCNV（垂直試錐孔）ドリル設置現場。日の光がセロ・ネグロの二つの頂とギャラップ砂岩の白い崖を捉えている。1994年夏（F. J. Wobber提供）。B. 1994年秋のCNAR（斜め試錐孔）ドリル設置現場。ギャラップ砂岩の崖の上から南のジャックパイル・ウラン鉱床の方に向かって撮影。球形の液体窒素タンクが補給トレーラーと現場研究室トレーラーの間に見える（T. Griffin提供）。

に、それぞれの砂岩帯水層で隙間が空けられた。夏の間、様々な研究グループが現場に入り、帰って行ったが、フィル・ロングとティム・グリフィンは例外で、二人はその間ほぼずっと、セロ・ネグロに常駐していた。

八月の終わりには、ボーリング機械は、最初の垂直試錐孔から一〇〇メートルほど離れた、オリジンズ・プロジェクトの異種比較分科研究を満たすための第二垂直試錐孔でのコア採取も終えていた。ボーリング機械はセロ・ネグロから一キロ半ほどのこの場から、未舗装の道路を四〇〇メートルほど上ったところまで移動し、ギャラップ砂岩の崖から落ちた岩石堆の間に収まった。赤みがかった橙色の装置は水平から約三四度の角度に傾けられ、まっすぐセロ・ネグロに向かい、深いところにある貫入地点を目指していた（図2・7B）。私たちは、頁岩や砂岩にいる嫌気性細菌を除いてしまうかもしれない酸素の影響を最低限にするように、窒素ガスを使い始めた。[55] 地下水面に入りると掘削泥水循環装置に切り替え、試錐孔は下方へ傾けられた。傾斜データは明らかにドリルの刃がセロネグロの南の岩頸の真下にあることを示していたが、これまでいくつかの細い溝と交差しただけだった。垂直試錐孔の方では、ジム・マッキンリーの集団がいろいろなMLSを下ろしたり上げたりしていた。九月の終わりには、白亜紀部分全体に貫入していて、五〇〇メートル近く掘削し、コアを採取した後、この層を掘り抜いてジュラ紀のジャックパイル砂岩に入っていた。それでもまだセロ・ネグロの貫入には入っていなかった。TDEF調査から推定された縦のコンタクト形状が正しくなかったらしく、もっと人参に似た形の貫入だったかもしれない。一〇月も下旬に近づいていて、試料採取器具はただちにパラシュートに回さなければならなかった。そこで私たちはセロ・ネグロ掘削キャンプの撤収を始めた。それでもこの四か月で七六個の微生物コアが採取され、全国の二〇か所の研究施設に配分された。SSPの新記録だった。

シューターが深部コア採取を開始——コロラド州パラシュートの北東一四キロ、一九九四年一〇月下旬

一〇月四日には、ウィリアム・ブロードが、『ニューヨーク・タイムズ』科学欄で、DOEの「巨大」地下圏微生物探査活動についての記事を載せていた。ブロードらしいパンチのある、刺激的な文章で、地下圏微生物が太古のものかもしれないというアイデアを強調し、恐竜の病原体というパンドラの箱を開けるのではないかという問いを立てていた。リチャード・プレストンのノンフィクション『ホット・ゾーン』〔エボラ出血熱を取り上げたノンフィクション〕が出たところで、これはセロ・ネグロの掘削現場では人気の読み物だった。私たちは、自分たちがパラシュートでホットゾーンにドリルで侵入しようとしているのだろうかと思った。もしそうだったら、私たちがコアをグラブバッグ内で処理して気密瓶に入れるために開発した手順は、私たちを地下にあるものから十分に守ってくれるだろうか。しかしブーンはすぐに、自分の *B. infernus* は合衆国北東部の大都市の脅威になるという説を否定した。ただ恐怖にはまもなくまた直面することになる。[56] 私たちはさらにウォルター・サリヴァンの記事が出たことによって二重に栄誉を受けたが、トレーサーの技は厳密だったとはいえ、サリヴァンは私たちの説が本物であることには疑問を抱いていた。サリヴァンからすれば、その説は、一八六〇年代半ばにフランスに落下した隕石に生きた微生物が発見されたという話[57]にも思えた。その発見は高名な科学者や後のノーベル賞受賞者にも支持されたが、まもなく、この隕石の試料がブタクサ科の花粉を含んでいたことがわかって、否定された。それは私のSSPへの信頼を揺るがすような、しゃれにならない意見で、これからの出来事の予兆でもあった。

一〇月下旬、ティム・グリフィンとリックは実験室トレーラーの一台をセロ・ネグロから、州間25号線を通り、州間70号線に回ってデンバーに向かい、ロッキー山脈を横断してパラシュート掘削地まで運んだ。そこは州間道路70号線の北三キロ余りのところにあり、渓谷の底にある、その時期には水のない川を渡るでこぼこの未舗装道路が通じていた。道路は二度のスイッチバックを使って三〇度の斜面を六〇メートル上がる。ティムは現場のブルドーザーと運転手を呼んで実験室トレーラーを道路を引き上げさせたが、トレーラーを渓谷に滑り落ちることなくヘアピンカーブを回らせるのにはどきどきした。プリンストンでは、1M‐8試錐孔の最初のかけらを受け取ったところで、[58] 私たちはすぐにスライドを作って奥の方の流体内包物を調べた。二相の内包物を探し、標的深度を選ぶための T_{max} の推定を得ようとしていた。

二週間後、私たちはコロラド州グランド・ジャンクションに飛び、車で現地へ向かい、安全靴とつなぎを着けてすぐに作業を始められるようにして着いた。[59] ティムがトレーラーで万端整えてくれていて、床は殺菌され、無酸素グラブバッグも膨らませてあった。一二階建てのビルほどの高さがあるボーリング機械は、外部電源、ポンプ、車両、作業員区画があり、峡谷の壁に掘った九メートル×三〇メートルの岩場に危なっかしく押し込まれていた。私たちはヘルメットと手袋を着けて、視察に出た。空気は冷えていたが、断熱つなぎを着ていると暖かかった。私はセロ・ネグロの装置が高いと思っていたが、ここの巨大装置に比べるとかわいいものだった。こちらはぴかぴかの銀色のタワーで、土台の周囲に濃い青緑のキャビンと貯蔵部があった（図2・8A）。作業員はせっせと九メートルのロッドを足場の周囲に運び、

A. B.

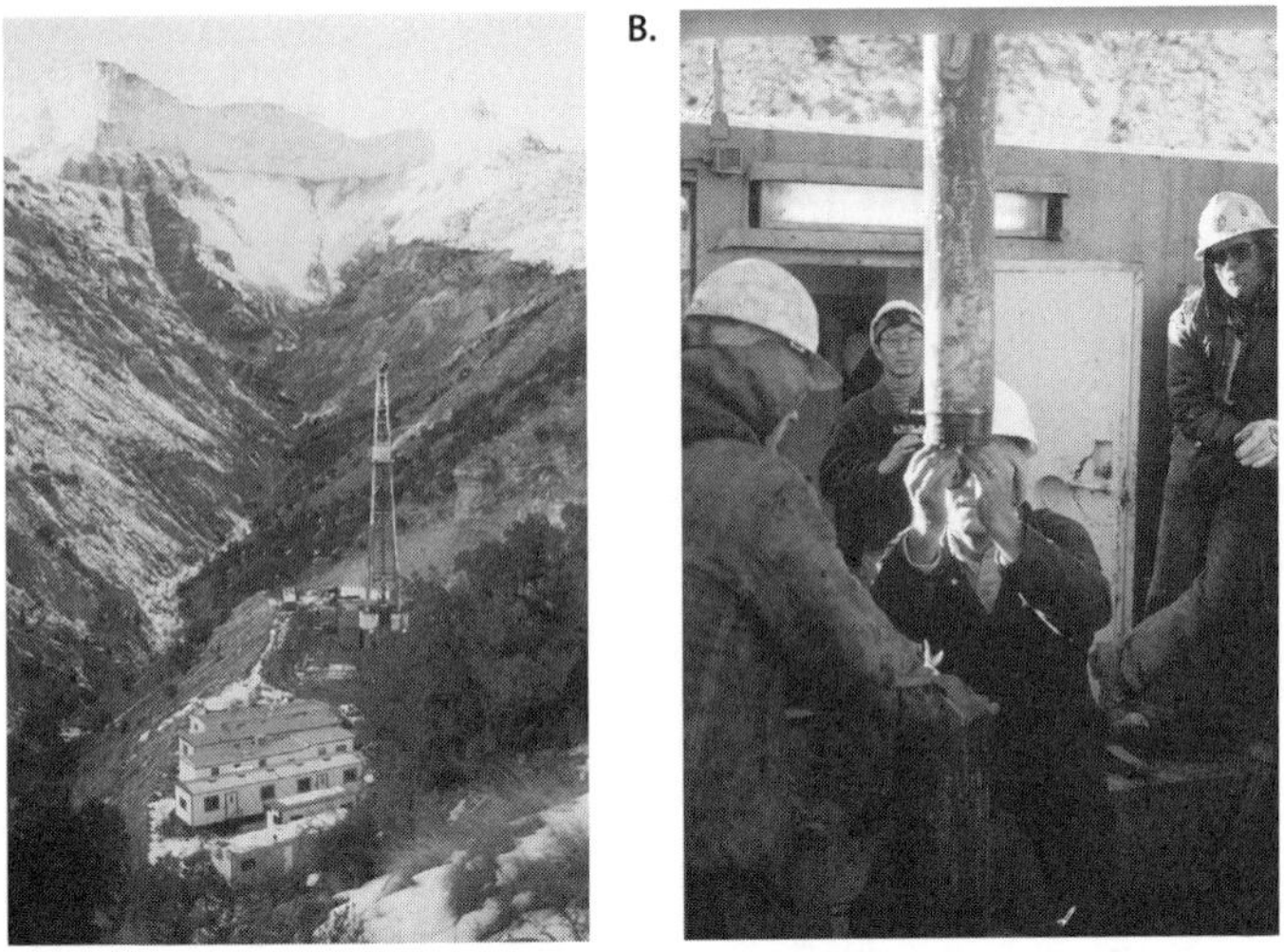

図2・8　A. コロラド州パラシュート近くの 1M-18 掘削現場。渓谷の上方に見えるのは、グリーンリバー頁岩のローン断崖。1994 年 11 月（T. Griffin 提供）。
B. チャン・チュアンルンが見守る中、蛍光微小球のビニール袋をジェル・コアの底に押し込むマーク・レーマン。1994 年 11 月（F. S. Colwell 提供）。

ドリルの刃は足元の地下約七〇〇メートルのところで回転していた。私たちが1M－8試錐孔の掘削記録に基づいて選んでいた最初のコア採取位置に近づいていた。私たちの周りの峡谷の崖に沿って、ウォサッチ累層が露出していた。これは明るい褐色の砂岩がレヤーケーキ状に積み重なったもので、間に太古の古土壌を示すピンクがかった赤い層が挟まっている。これはPNLのGeMHExでくり抜かれた、古さはわずか五倍、深さは一〇倍のリンゴールド累層の古土壌によく似ていた。そうした土の微生物の先祖が、六〇〇〇万年前の地表で形成されたときにそこに棲んでいて、地下一〇〇〇メートル以上に埋まってからもずっと今日まで生きていたりするのだろうか。私たちのコア採取目標はさらに深くなり、地下八六〇メートルのウォサッチ累層モリナ部層をなす、孔の多い、流水性砂岩だった。ソーンヒル1号試錐孔で行なったように、頁岩から砂岩への栄養分の流れが地下の生命《ディープライフ》を好熱生物の温度で何千万年も養っていたことを期待して、頁岩／砂岩遷移部分のコアを採取することになっていた。掘削地点から上方九〇〇メートル、始新世グリーンリバー頁岩による白い崖が私たちを見下ろしていた。その崖の上では、DOEが一〇年前からオイルシェールの採掘を支援していた[60]。

パラシュートでは掘削泥水を使うので、コアの微生物汚染は深刻な問題になる。私たちはまた、コアをインシトゥの圧力で採取したかった。通常のコア採取操作のときに、採取したコアの圧力が地表に近づくにつれて急速に下がり、それによって好圧性の微生物を殺してしまうことを心配したからだ。コアでインシトゥの地層圧力を維持するための装備はあるにはあったが、価格は手が出るものではなかった。ティムはSSPが使ったことのない、ベイカー・ヒューズ社のジェル式コア採取方式を試そうと言った。この方式は、オイルパッチ（石油業界のこと）では一般に使われていて、粘度の高いポリプロピレングリコルのジェルを使い、これをコアバレルの内側に入れて、コアバレルが試錐孔を下りるとき、それを掘削泥水から保護する。コア採取用のビットが回転して岩の中にくい込むとき、岩の表面はコアジェルの基部にあるばねに押し当てられ、穴が開くとジェルがしみ出て岩石コアを覆い、掘削泥水から保護する。この方式は、ベイカー・ヒューズ社が、地層内部の水や炭化水素を損なわず、掘削泥水の汚染もなしにコアを得るために考案していた。ティムはこれが掘削泥水の浸透による微生物汚染も防いで、固有の微生物集団を保存するはずだと考えた。

ティムは自分のコアジェルを見せた。[61] それは基本的に長さ九メートルのアルミの筒に見えた。セロ・ネグロでのコア採取とは違い、この管は、自前の刃先《ビット》を備えた固い掘削チューブに滑り込ませる。ティムがコアジェルを囲んだ全員に説明したところでは、ドリルが標的深度に達すると、すべての掘削用パイプをドリルビットとともに試錐孔から取り出さなければならないという。それからコアジェルのコアバレルを設置して、コア採取用ビットを装着し、これを試錐孔に押し込む。坑は一日一六メートルほど進んでいることからすると、コアジェルを装着するまで二四時間ほどと推定された。ティムの解説の後、私は現地にいたフルーア・ダニエル社の地質学研究員を訪ねた。泥水から集めた掘削屑を調べ、紫外光で炭化水素を探す仕事をしていた人物だった。切り屑はほとんどがウォサッチ累層の粒状の酸化した砂で、六〇〇〇万年前の川で堆積したものだが、昨日堆積したかのような外見をしていた。私はその赤い酸化鉄を見てうれしかった。地下圏好熱鉄還元細菌にとっては優れた電子受容体となるのは明らかだったからだ。この地質学研究員が切り屑を調べるや、紅茶の茶葉を当てるように正確な層位学的位置を断言できることに私は驚いた。

私は自分たちのトレーラーに戻り、ティムや他の面々と一緒にコアの記録を調べた。掘削員に掘削をやめさせてロッドを引き上げにかかるまで八時間ほどあると考えた。問題がなかったとして、引き上げには一四時間かかるだろう。コアジェルを取り付ける直前にPFT用のポンプを始動することにした。私はジム・マッキンリーに、PFTをどう配置して、今度の場合どう動くのかを説明するよう頼んだ。私はジムの後についてまた外に出て、泥水タンクの後ろに行くと、ジムはHPLCポンプを見せた。これはアクリル樹脂の小部屋に収納されていて、小さなチューブで巨大なパイプにつながっていた。そんな小さなガラス瓶がどうやってこれほど膨大な量の泥水の中に検出できる信号を生み出すのだろう。私にはなかなか想像できなかった。その後私はパラシュートに戻って、ティムが安い居住施設として借りていた、バトルメント・メサの廃屋になっていたエクソンの施設に入った。

真夜中、掘削員が掘削ロッドの引き上げを終えて、コアジェルの準備をしなければならないと知らせる電話がかかった。私は暗闇の中をおそるおそる車で現場に戻った。ジムはPFTトレーサーを初期化し、私は作業員がアルミ管を櫓のデッキの上に引き上げているのを見ていた。それから作業員は、研究者が作業ができるように後ろに下がった。マーク・レーマンが緑の蛍光微小球でいっぱいの袋を運び出し、宙づりのコアバレルのところへ持ってきて、いつものように丁寧にワールパックのワイヤーを、コアジェルの基部にあるばねの中に収めていた（図2・8B）。それから科学者が後ろに下がると、作業員がコア採取用ビットをつかみ、それをバレルの端にねじ込み、私が思うに世界最大のレンチにちがいないもので締めた。大きいあまり、二人がかりで操作する必要があった。作業員が九メートルのパイプをデッキに運び上げ、それを一つずつ掘削パイプにつなぎ、試錐孔に下ろそうと格闘する中、私たちは階段を下りた。ジェル式コア採取器具が少しずつ標的に向かって下りていた。それが再び姿を現すまでにはあと一日半ある。

私たちはバトルメント・メサに戻って少し眠り、目を覚ますと遅い朝食をとり、日中は地元の学校を訪ねて、生徒に私たちの作業の話をして過ごした。翌朝早く、まだ暗いうちに、掘削現場からコアジェルが地表に出てくるという知らせがあったので、私たちはつなぎを着て、車で出迎えに向かった。着いたときには作業員が長いアルミのコアバレルを木製の足場に下ろしたところだった。ティム・マイヤーズはコアバレルをまたいで、ハンマーで叩いて中にどれくらいコアがあるかを判断しようとした。ゴツッ、ゴツッ、ゴツッ、カン！　バレルの上の方が鐘のように響いた。管全体にコアはなく、半分ほどだけだった。私は赤と緑のマーカーをバレルの縦方向に走らせた。触るとまだ温かかった。それからティム・グリフィンと私は九〇センチごとに印をつけた。私たちが手に入れたのは九〇センチのコア六本と少しらしかった。すると作業員が私が見たことがある中では最大の回転鋸を持ってきた。六〇センチの回転する刃があり、それが私たちに火花を浴びせながらアルミ管を切断し、すぐに長いパンを切るみたいに、コアを九〇センチずつに切り分けた。私たちはあまり刃からの汚染は心配していなかった。これだけの火花が飛ぶほどの摩擦なら、岩を切り出すコアの端の面は焼灼殺菌していたにちがいないからだ。マーク・レーマンはトレーラーに戻って、これからグラブバッグで処理できるようになるまでコアを保存するために使うポリカーボネートの被覆をせっせと滅菌していた。

トレーラの中で、私たちは岩石コアをジェルとともに滑り出させてアルミ管を外した。ジェルは黒いねばねばになっていた。ジェルをコアの表面から取り除いて試料を処理できるようにするのは、結局、アンクル・リーマスの物語に出てくるタール人形を相手にするようなものだった。滅菌した布でコアからジェルをこすり落とす。ジェルはコアの方からは落とせるが、布の方からは落とせない。すぐに指につき、そこからつなぎにつき、顔についた。体から落とすには灯油を使って落とすしかない。私たちはそれから九〇センチのコアを滅菌したポリカーボネート管に滑り込ませ、それを窒素ガスを充填した管の中で保管しておいて、一本一本別々に無酸素グラブバッグで処理する。

コアの外見はダークグレーで光沢があったが、砂岩から頁岩への見事な遷移を捉えたことは明らかだった。鉱物の亀裂がコアを横切り、幅〇・五ミリほどに開いたくぼみを見せていた。それでも私には巨大に見えた。そのような隙間がこれほど深い、圧力の高いところに存在できるということが驚きだった。岩を抜けて旅をする細菌にとっては、そういう隙間はセントローレンス海路〔大西洋と五大湖をつなぐ運河網〕のようなものだ。それにしても遷移部分が捉えられたのは、これ以上の幸運はなかった。しかし本当の驚きは、泥っぽい砂岩のコアを水圧カッターで厚さ五センチ、直径一二・七センチの円盤にしたときに出てきた。水圧カッターを使って円盤の外層をはいで立方体の塊に削っているとき、その砂岩が内側でからからに乾いているのが見えた。ガス田地帯で掘削しているのだから驚くこともなかったのにと思うが、私の予断では、地下八六〇メートルではすべての孔は相当量の水で埋まっているはずで、湿気があるものと予想していた。実は流体化学的状態を測定する何らかの方法が必要であり、コアの乾燥度は微生物が生きるのには不利に見えるということで、私たちはみながっかりした。好都合の方の面では、コアジェルは明らかにコアを掘削泥水の浸透から守っていた。(62)

どの研究者が何を得たかを記録するために、私たちはトレーラーのグラブバッグとは反対側の壁にホワイトボードをかけておき、それぞれの試料の様子がわかるようにしていた。トレーラーの天窓から入る明るい光の下で、私たちは水圧カッターで五インチのコアの外層を剥いでナゲットにし、それを細かいかけらに砕き、その「等質化」したかけらをワールパックの袋に入れて、広口瓶に収めた。それから袋の入った瓶を保冷剤入り発泡スチロールのクーラーボックスに入れて、試料が各地の研究室に運ばれる間、保冷できるようにした。私たちも試料をいくつかもらい、それを小さなチタン製の円筒に入れ、それを今度はアルゴンガスで一七〇気圧にまで加圧した。これはスクリップス海洋学研究所で好圧菌の培養が専門の微生物学者、アート・イェイヤノスに送る。奇妙なことに、受取人の一人でオクラホマ大学の微生物学者、ジョー・サフリタが、等質化試料は要らないと言っていた。その代わり、長さ数センチでいいから、何もしていないコアをいくつかみつくろって、乾燥剤と、酸素が入っても取り除くためのパラジウム触媒を入れた弾薬箱を送るのでそれに入れてほしいと言っていた。サフリタの弾薬箱入り試料についてはみんなが冗談を言っていた。こいつ、何を考えてるんだ？　私たちが知らないところで、サフリタは実に巧妙なアイデアを得ていた。ウォサッチの最初のコアが完全に処理されると、リックと私は広口瓶でいっぱいの箱を、翌朝には各地の研究室に発送するためにグランドジャンクションまで運んだ。私がリック・コルウェルがフランクの研究部門に入ったときのいきさつを知ったのは、そのグランドジャンクションへ往復の車でのことだった。

SSP第一回火山岩コア採取——アイダホ国立工学研究所、一九九〇年夏

一九八八年、リックがＩＮＥＬでポスドクを始めたときには、川の微生物がどのように石面付着層、

つまり水中の棲息地にある岩石表面に付着する生物膜《バイオフィルム》を形成するかを研究していた一人前の水棲微生物学者になっていた。INELでの研究については、米鉱山局による研究事業の一環として、鉄酸化細菌（*Thiobacillus ferroxidans*）が硫化物をどう酸化するか研究していた。[63] 当時、リックの地下圏生命の理解は他の誰とも同じで、ゼロだった。廃棄物処理の実施が貧弱である結果として地下圏に到達し、それによって帯水層を汚染できた病原体となる微生物や原生動物については知っていた。井戸が掘られるところではどこでも、微生物が地下圏に混入している可能性が高いことも認識していた。その後、一九八八年春のある朝、INELの管理者だったラマー・ジョンソンと、ワシントン州リッチランドのゴールダー・アソシエイツのブレント・ラッセルがリックの研究室を訪れ、フランク・ウォバーのグループと地下圏微生物学をしてはどうかと話した。リックはそれはありえないと思った。リックが望んでいたのは、ただ研究室で仕事をするための静かな場所だった。何かの現地調査はするかもしれないが、全然異なる言葉を話すありとあらゆる分野の科学者や工学者と仕事をするような、超学際的なことをする気はなかった。しかし何か月か後、リックはINEL地下圏微生物学掘削作業を率いていた。火山岩の帯水層に取り組む最初の調査で、サウスカロライナ州の砂岩の孔だらけの白亜紀帯水層から大きく足を踏み出す作業だったし、掘削による汚染についても新たな問題が束になって控えていた。フランクのほとんど絶え間ない問い合わせ、要請、予定について行くため以外の理由はないのだが、リックが他の研究を遅らせてSSPに専念しなければならなくなるのも明らかだった。リックは一九八八年夏に放射性廃棄物管理施設（RWMC）のコア採取を利用して、最初の地下圏微生物試料を採取することができた。[64] その掘削では、コンプレッサーからのHEPAフィルター〔空気中の微細粒子ゴミを取り除くフィルター〕

を通したエアを使って、坑から切り取った岩を引き上げていたいた。コアを採取したのは地下一八〇メートルで、アイダホ州のポテト畑の灌漑用水をすべてまかなう水源であるイースタン・スネークリバー平原帯水層の地下水面に貫入するところだった。このコアはほとんどが七万五〇〇〇年前から六〇万年前の玄武岩で、地質学的に言えば非常に若い火山岩だった。リックが注目したのは玄武岩に挟まれた薄い堆積岩の層で、多数の微生物細胞が見つかったが、SRPのPシリーズ井で採ったコアほど多くはないにしても、本物の兆候に見えるだけの多さだった。トレーサーは使っていなかったが、最初の掘削案をフランクに明らかにするには十分な情報だった。トミーがリックを自分の支配下に引き込んでもとくに苦にはならなかったし、トミーは一九九〇年一月にフランクに認められたINEL地下の若い火山岩帯水層を掘るという研究案の原稿書きを手伝ってもくれた。

予算がつくと、一九九〇年夏、スネークリバー平原玄武岩帯水層のコア採取が始まった。しかしINELでの掘削の前に、リックが以前にRWMCの現場で使っていた空気回転方式をブレントは修正しなければならなかった。酸素が多い空気では、玄武岩に挟まれた堆積層に棲息する嫌気性生物は確実に死んでしまうだろうからだ。C10では使って成功したピンクの掘削泥水や、靴先《シュー》を延ばしたデニソン・コアバレルを使うこともできなかった。トミーとブレントは掘削流体としてアルゴンガスを使うというアイデアを得た。ガスは微生物汚染を除去するための〇・二マイクロメーターのフィルタをくぐることができた。それで汚染源となる細菌は、掘削ロッドにあったものだけとなり、これは蒸気洗浄される。アルゴンは揮発性のPFCトレーサー用には完璧だった。アルゴンは空気より密度が高いので「下にたまり」、試錐孔とコアを無酸素状態に保った。しかしガスは水よりも冷却効果はずっと落ちるので、テープ型温度計をコア採取バレルの内側に貼りつけて、岩芯温度を監視しなければならなかった。コア採取用ビットの摩擦熱が、コアを滅菌されるほどの温度にまで確実に上がらないようにしなければならなかった。この方式を使うと、微生物コアを採取するときにはコア採取がゆっくりになって、温度は四〇度を超えない。臭化物トレーサー用の掘削用水はなかったので、これは一兆個もの蛍光ビーズが入ったワールパックの袋に入れられ、コアバレルのシューにつながれた。コアが採取用チューブに貫入すると、それが袋を破り、ビーズと臭化物が長さ一・五メートルの微生物コアを覆う。

チームの掘削地点はINEL管理地内の、最も辺鄙でひとけのないところに定められた。どの施設からも四キロ離れていて、掘削台まで行くには、ヤマヨモギの生えた火山丘による乾燥地を通る一車線の未舗装の道路を走らなければならなかった。INELを囲む青々とした緑地、巨大な円形スプリンクラーとポンプのある灌漑されたポテト畑は、東と南に二五キロほど広がっていた。チームはできるかぎり汚染の可能性を遠ざけた。ボーリング機械が設置される黒い岩の台にあるものは、北西へ二五キロのビタールート山脈の南縁から吹き下ろす強風がまともに吹きつけていた。あまりに辺鄙で荒涼としたところなので、INELの技師はそんなところまで行って仕事をしたがらなかった（図2・3）。ボーリング機械が故障しても、修理技師に、温かい、快適な、コーヒーメーカーで満たされた作業室から出てもらうよう説得するには、相当の見返りが必要だった。キャンピングカーに設置した移動微生物生態実験室（MMEL）は使えなかった。放射性核種で汚染されたりしたら、トミーはこの研究室を取り返すことはできなくなる。そこでブレントとリックは、ドリル台から風上側にあるトレーラーにコア処理室を設置して、それをNPR-WO1と名づけた（NPRはそれが設置された「新生産反応炉《ニュー・プロダクション・リアクター》」サイトの意味で、WOは「ウォバー」の略だった）。無酸素グラブバッグは、一・八メートルのコアを作業位置に運ぶためのアルミの魚雷管がついて、長さ五メートル近くになっていた。みな、見たいのはただの溶岩流に挟まれた柔らかい堆積物ではなく、火山岩の微生物だったので、火成岩の副次試料の作り方を決めなければならなかった。トミーとブレントはコアを分割し、外層を剥ぐための水圧カッターと、豆粒の大きさの塊に砕いて二重のワールパックの袋に砕いた岩石を入れるための、プラットナー社の鋼鉄製粉砕器を配置した。風で吹き飛ばされる塵がトレーラーの中に紛れ込まないようにするのは分の悪い戦いだが、岩石試料は風を感じることはなかった。リックのチームが丁寧にそれを別のエアロックを通して荷造り用グラブバッグに送り込むからだ。試料はそこで重さを量られ、ラベルを貼られ、広口瓶に入れられる。トレーラーに風が吹きつける中、広口瓶は第二のエアロックをくぐって、保冷剤入り発泡スチロール製クーラーボックスに詰められる。それからトミーは、猛烈な速さで車を走らせ、INEL発送施設まで曲がりくねった未舗装の道路を下ってクーラーボックスを運ぶ。袋を二重にすることで処理は速くなったが、一つのコアを処理するのに、まだ五人の人員と五時間が必要になる。コアを処理する段階の一つは、バッテリー駆動の丸鋸でポリカーボネートのコア被膜に切れ目を入れるという、細かい外科手術を必要とする。これはグラブバッグの袖にある手袋の上にさらに手袋を着けたオペレータによって、グラブバッグの中で行なわれる。驚くことに、指の切断事故は一度もなかった。

NPR‐WO1でのコア採取活動は、一九九〇年の秋、地下二〇六メートルで停止した。その夏に収集された微生物コアは約五〇個で、SSPの当時の新記録だった。トレーサーは完全には機能しなかったが、微生物汚染の可能性は玄武岩五〇キログラムあたり細胞一個程度と推定できる程度には機能した。(65)

これは、その後の何か月かの調査では玄武岩のコアにはほとんど生育可能な微生物が含まれていなかったことを考えると上々の結果だった。場合によっては、微生物の活動あるいは成長がまったく検出されず、これはそれ自体が試料が掘削、取り出し、処理の間に汚染されなかったことを物語っていた。PFCトレーサーは再び奇跡的な結果をもたらした。アルゴンガスがドリルの刃の先の玄武岩層に進入していたことを示したのだ。[66]

深部棲息細菌の暮らし

私たちがグランド・ジャンクションから帰った後で、リックがレ・シューターズに、発送された試料とその追跡番号を知らせるメールを送った。翌日プリンストンに戻る飛行機で、私はこのコア採取と試料処理がすべて、地下八六〇メートルの掘削位置で暮らす、地下深くの小さな友の一つにはどう見えるのだろうと思った。

そいつは水とミネラルの粒のある極小の宇宙の闇の中でつつましい暮らしを立てて、けっこう幸せだった。ときどき、分裂できるだけのエネルギーが得られ、有性生殖はきわめてまれだが[67]、地元のあちこちに、当てになってエネルギー源になる新しい鉄の表面が見つかる。突然、そこは何千年と生きてきて経験したことのないような地震で揺れる。そいつの鉄の表面につながったタンパク質性線毛が細胞膜からはぎ取られ[68]、最後には鞭毛だけでぶらさがる。鉱物の家のまわりを振り回される。そうして揺れが始まったのと同じく突然に、振動が止まる。それが感じるのは流体のランダムな動きと、故郷の地底に引き下ろす間欠的な重力の引力だけ。時間が経つにつれて細胞膜が固くなるので、それとわかるほど冷えていることを知る。化学受容器のいくつかが、それまで何百年と検出していなかった養分を検出して、地底から離れ、鞭毛が食物を求めて旋回を始める。通れなかった孔から自宅の床に文字通り振り出されたにちがいない。新しいごちそうを食べ、電子がその細胞膜をかけめぐっているうちに、事が収まったように見えると、地震が戻ってくる。今度は間欠的な、大規模な揺れで、急に大きく揺れたかと思うと止まる。それを包んで幸せにしてくれていた薄い水の膜が後退を始め、細胞内の圧力を維持するに足る程度に残ったごく薄い水分の層によって鉱物の粒に付着している。さらに奇妙なことに、とっくに活動を停止して休眠状態だった光受容体の遺伝子が、突然活動を始める。激しい酸化剤に対する防御は、メッセンジャーRNAを生産することでもある。先祖から受け継いだゲノムのその部分が突然細胞機構をのっとる。どんどん乾燥し、どんどん冷たくなり、孔にもぐり始めるが、動きが遅くなっていく。細胞膜に氷の結晶ができ始め、細菌は必死に孔のコーティングを終えようとするが、遅すぎる。それは停止する。

私がニューアーク空港に降り立つときにできることと言えば、各地の研究室への旅を、微生物学者が甦らせてくれるときまで死なずにいてくれるよう願うことだけだった。

レ・シューターズの好熱菌探しが冷える――コロラド州パラシュートの北東一四キロ、感謝祭の頃

二週間後、感謝祭をはさんで第二回の試料採取に戻ったが、掘削地点は雪に覆われていた。ところどころ融けた雪で、道路は凍結したスラロームコースになっていた。地下二〇〇〇メートルで採取されたコアが地表に届いたのは夜中で、作業員がシューを外してコアジェルを覗き込んでいる様子で、まずい事態になったことがわかった。何らかの理由で、コアがコアジェルに入らず、シューに捉えられていた岩は七〇センチしかなかった。掘削泥水はおそらくコアを汚染していただろう。それでも私たちはそれを「汚染実例」として処理した。ジョン・ローレンツは、コアがなぜひっかかったかをつきとめるべく、コアジェルの「検視」を行ない、不運にもコアの縦方向に走る垂直の亀裂をまっすぐくり抜いたと推理した。二〇〇気圧の掘削流体がこの亀裂に当たると、両側がコアのシューとこすれるほどに拡張し、摩擦が大きくなって、くり抜き用の刃がそれ以上深く削れなくなったのだろう。ジョンは、ここから渓谷を四キロも下らないMWX試錐孔で縦の亀裂を見たことがあった。作業員が再び掘削するためにロッドを下へトリップし始める頃[69]、強い寒冷前線がやってきた。私たちはジレンマに陥った。

リック、二人のティム、マーク、チュアンルン、ジョン、私は、コロラド州ライフルのジェイ・ステーキハウスでビールを飲みながら、二つの選択肢について話し合った。すぐに掘削地点に戻ってもう一度この隙間からのコア採取を試みるか、あくまでも当初の計画どおり、地下二七〇〇メートル、温度一一五℃の石炭薄層の第三回コア採取を行なうか。それ以外の選択肢はなかった。リックとティムがテイラーズビルで使ったような側壁コア採取器具は使えなかった。掘削作業員は今や一日に約一八メートルで坑を掘り進めていて、三六日後には予定深度に達するだろう。私はもっと深い、熱いコアを目指すことを唱えた。収穫がない可能性もある、リスクのある選択肢だった。その年はすでに、トミー・ゴールドのところで作業している微生物学者チームが、スウェーデンのシヤン環状複合岩体《リング・コンプレックス》で好熱菌を分離していた、これは五〇〇〇メートルとは言わなくても、少なくとも二九〇〇メートルの深さはあって、生命圏の深さの新記録となっていた。[70] 私はそれより深くまで行きたかった。しかしリックは、それでは、細菌が見つかる可能性の高い、現行の棲息可能区域にある砂岩が再入植によるかどうかをテストするというパラシュート掘削作業の第一の目標を達成することにはならないと反論した。何杯ものビールで熱くなった議論の後、二一〇〇メートルでもう一回コア採取を行なうことになった。その頃、セロ・ネグロでの作業を終えたジム・フレデリクソンが応援に飛んで来た。掘削作業員はまた掘削ロッドを引き出し最後のコアジェルを取り付けた。マーク・レーマンが微小球の袋を詰め込む中、私たちはみな、掘削の神様が完璧なコアをくれますようにと祈っていた。作業員がビットをはめ、試錐孔の下へコアバレルが下りて行った。その日のうちに、コア採取器具が試錐孔の底に着くと、私は掘削作業室へ行った。作業がどのように行なわれるか見たかっただけだが、あわよくば前回のコアがひっかかった理由を知りたかった。掘削員の一人がノブや計器の並んだパネルに真剣な顔つきで着いていた。振り返るとにやりと笑った。会うのがうれしいのか、撃ち殺せるのがうれしいのかわからない、クリント・イーストウッド風の笑顔だった。私が入り口のところでためらっていると、冷気がこの比較的快適な区画に流れ込んだ。相手は手袋をはめた手で早く入って来いと合図した。私はそのノブで何をして、そのダイヤルは何をするのかと質問を始めた。「ドリルを動かしてみたいですか」と相手は言った。私はびっくりした。それはごまんという規則を破ることになるんじゃないかと思ったからだ。作業員は一つのダイヤルを下げる方向に回すと、外のロッドが回転を止めた。二つのスイッチをパチンとやって、傍らに立った。私はパネルのところに行って、自分の手袋を取り出した。「最初にすることは、そのスイッチを入れて、ロッドのロックを解除することです。そしたら回転機がロッドに固定されるので、ノブをゆっくり、このへんに来るまで上げるんです」。作業員はダイヤルを指さした。私はその指示に従った。外を見ると、掘削ロッドが回転するのが見えた。「もうコアを採ってるんですか」と私は尋ねた。「いや、今度はそのスイッチでブレーキのロックを解除しないと」と相手は答え、私は顔に困惑の表情を浮かべてそれをした。「で、ロッドはどうやって下げるの」と尋ねると、「それはしません。鉄の全重量で十分以上に押し込めます。実は先生はずっとロッドを引き上げていたんです。刃をぶつけたりひっかけたりしないように」。相手はブレーキの解除のしかた、それをこの岩に対して用いる進入速度あたりに調節する様子を見せてくれて、私も了解した。短いコアの採取経験は、かつての古磁気学調査で、携帯用チェーンソー装着式ドリルでけっこう積んでいた。その頃は三〇センチのコアが取れれば大喜びしていた。今は二一〇〇メートルのコアバレルを機関車なみの大きさのエンジンで動かし、九メートルのコアを採ろうとしている。驚くべきことだった。私はドリル制御盤から下がった方がよいと思って、私たちの最後の一撃を台無しにする前に、専門家の操作に任せた。しかし今度はコアジェルが宣伝どおりに機能した。翌朝早く掘削作業員が最後にコアジェルを試錐孔から引き上げたときには氷点下になっていた。私たちは、ポリプロピレン・グリコールのジェルが、コアを取り出す前に固まってしまわないように、コアジェルの上に電気毛布をかけた。

トレーラーでは五メートル近くの巨大な斜行層砂岩をコアバレルから引き出した。このコアには変わった有機物豊富な薄層、スティロライトがあった。そこではごく深い高温のところに埋もれている間に石英が溶けていた。石英が圧力で圧縮されているときに、有機物から出た酸がそれをを溶かす作用をしたらしかった。リックと私は処理した試料をトラックの荷台に載せて走り出した。今度はヘアピンの回転コースを、ウォーレン・ミラーのスキー映画[71]のように右へ左へと曲がった。凍った峡谷を渡り、未舗装の道路を飛ばしてハイウェイに乗って、グランドジャンクションにある宅配便の店舗に向かった。

翌日、ジム・フレドリクソンと私はワシントン州リッチランドへ飛び、残りの一行は、掘削地点を見下ろす崖のはるか上、アンヴィルポイント・オイルシェール鉱床へ化石採集に行った。ジムと私はまだ、始まっていた元の研究を進めようとして、細菌の墓となった流体内包物を調べた。プリンストンの私たちの学科の機械技師、ジョージ・ローズは、ジムと私が六月にサンディエゴで考えた設計に基づいて、粉砕装置を組み立てていた。キース・バーガーがいくつかの薄片を送ってくれていて、私はこの細菌を含む薄片について、具体的な位置を特定した。私たちは毎晩、石英を砕いてそれに薄めた無菌水をかけて、ジムがポリメラーゼ連鎖反応（PCR）で狙いそうな断片を抽出しようとしていた。しかし結局粉砕装置を壊しただけで、石英はあまりつぶせなかった。トム・キーフトや私が前年の感謝祭のときに収集していた岩塩試料のような柔らかい方の鉱物には、また別の取り組み方を工夫し、適用しなければならなかった。

私はやっとのことで家に帰った。一九九四年のクリスマスには間に合った。フルーア・ダニエル社は、一月の半ばまでには1M‐18の掘削を終える予定だった。私たちは地下二一〇〇メートルのところから、これまでで最高の微生物試料と、そのコアにいたかもしれない細菌の起源について教えてくれるガスや地層流体を得ていた。しかしクリスマスの直前、ジムと私はフランクからのメールを受け取った。六週間後、貴重なコア、セロ・ネグロとパラシュートで得た宝物の分析について、計画を更新するための全体会議を開くから、それを主宰しろということだった。

第3章　バイカー、爆弾、デソメーター

「地球の半径は三九六二マイルくらいじゃないんですか」［アクセル］
「三九六二と三分の二マイルだ」［リーデンブロック教授］
「四〇〇〇マイルとして、その道のりのうち、四〇マイルですか」［アクセル］
「そのとおり」［リーデンブロック教授］
「わざわざ斜めに二一〇マイル進んで？」［アクセル］
「まさしく」［リーデンブロック教授］
「二〇日くらいかかって？」［アクセル］
「二〇日だ」［リーデンブロック教授］
「それで四〇マイルは地球の半径の一〇〇分の一ですね。つまりこの調子でいくと、下りるだけで二〇〇〇日、五年半近くかかりますよ」［アクセル］
「そんな計算くそくらえだ」と、伯父は怒ったような身振りで言い返した。

——ジュール・ヴェルヌ『地底旅行』(1)

地下圏微生物のセロ・ネグロまでの長い旅
——ユタ州ソルトレーク・シティ、マリオット・センター、一九九五年二月二五〜二八日

フランクは私たちに、地下圏微生物学研究事業があと一年ちょっとで終わると予告していた。私たちは、残された残り少ない時間を、セロ・ネグロとパラシュートで採取した試料の分析を終えて、結果を発表するのに使った。フランクは一九九五年中の関係者会議を予定していて、最初は二月二五〜二八日、ソルトレーク・シティのマリオット・センターだった。この会議の最初から、両掘削地点が微生物試料採取に新たな課題をつきつけたこと、私たちの時間と資源はそれをすべて処理するにはあまりに限られていることが明らかだった。

セロ・ネグロでは微生物学者が、玄武岩の貫入から遠いところでも近いところでも、堆積層に一グラムあたり一〇万個の細菌という固有細菌集団を見つけていた。微生物分析のほとんどは、提案されたセロ・ネグロの熱変成帯内の砂岩や頁岩と、その外の砂岩や頁岩との、はっきりした違いを示さなかった。しかし得られた微生物には問題もあった。まず、垂直試錐孔を掘るのに使ったエアが、コアが飽和していないうちにPFTトレーサーを送り込み、汚染の恐れが生じた。さらに事態を悪くすることに、ネガティブコントロール〔目的の対象と比較するための、注目する結果が出ないことがわかっている対象〕となるはずのコアは、四〇〇℃で焼かれたというのに、細菌増殖の兆候を見せているらしかった。トッド・スティーヴンスは、塊の外側の表面を焼いたときには増殖は生じなかったことを発見した。どうやら、そのコア試料は比較的乾燥していたので、グラブバッグの中で切り分けられ、外層を剥がれるときに、

帯電した塵ができたということらしかった。微生物に汚染されたコア外面の塵の粒子が、外層を剥がれた塊の表面に飛び移ったということだ。この二次汚染は、異なる種類の微生物検査どうしのずれにも関与していたかもしれず、夜更けまで続いた熱い議論の焦点だった。このことは、私の頭に、グラブバッグにあるすべての岩と断片の外側の面を、外層剥離の際に調べて滅菌する必要があるという、拭いがたい印象を残した。[2]

しかし固有の棲息種があることをうかがわせる微生物の証拠のいくつかはきわめて説得力があった。会議初日、ジョー・サフィルタは私たちに、砂岩コア、とくに頁岩と接触するコア全体について、硫酸塩還元活動の局所的ホットスポットの放射線写真画像を見せた。[3] ジョーとそこのポスドク、リー・クラムホルツは、原位置《インシトゥ》での硫化物還元微生物活動の写真画像を得ていた。ここへ送った試料は外層を剥離していなかったので、二次汚染の問題には陥っていなかった。弾薬箱で送ったコアはそういうことだったのだ。二人は硫酸塩還元細菌（ＳＲＢ）を分離してはいなかったが、細菌の活動が、砕いた頁岩を砂岩と接触させると高まったこと、この細菌が中温性であることも示せた。[4] 硫酸塩還元活動は、砂岩と頁岩の境界面で最大だった。この硫酸塩還元活動は頁岩では無視しうる程度だった。孔の大きさがふつうの細菌の最小幅である〇・二マイクロメートルをはるかに下回っていたからだ。しかし砂岩の孔はもっと大きかった。データからすると、細菌は広い砂岩帯水層を簡単に移動できるらしかったが、マンコス頁岩を抜ける移動は、幅〇・二マイクロメートルより大きい亀裂に限られる。[5] ＳＲＢは白亜紀の海水にあった硫酸塩の残りを還元していたのではなかった。硫酸塩についての安定した硫黄同位体に関するデータからすると、その硫酸塩は、白亜紀の黄鉄鉱〔硫化鉄＝第一鉄〕を、砂岩帯水層で地下水が蓄えられる区域の有酸素地下水が酸化してできたものであることを示していた。砂岩帯水層を抜けてセロ・ネグロと交差する地下水の年代は、数千年から二万五〇〇〇年にわたっていた。[6] セロ・ネグロが三三〇万年前にできたことからすると、これははるかに若い。テイラー山からセロ・ネグロまでの水の急速な移動は、細菌がマンコス頁岩の部分にまで移動する通路となった多くの亀裂によって容易になっていた（図3・1A）。地下水流の理論的モデルからすると、浸透速度は一年に〇・二メートルほどだった。遅いように思えるが、三三〇万年あれば、地下水は七五〇キロほども移動する。これはセロ・ネグロにできた無菌化領域を横断するよりもずっと遠くまで行ける。

セロ・ネグロでの、斜めに掘った四五〇メートルの試錐孔は、玄武岩岩頸の熱変成帯による無菌化領域の試料を取ったと想定されるが、何らかの理由で、主たる貫入は外して、いくつかの細い岩脈と交差しただけらしかった（図3・1B）。貫入の形状が不確かだったということは、貫入部分のまわりの無菌部分の熱モデルに基づく半径についての予想も不確かになるということだ。この無菌化領域が存在するところを特定するには、研究チームにいる、地質温度計や熱年代分析装置を使う有機地球化学者と地質年代測定学者のメンバーからの情報を大いに頼りにしなければならなかった。[7]

ガスクロマトグラフィ質量分析（GC‐MS）による、マンコス頁岩から抽出可能な有機物質の分析は、そこが九〇℃を超える温度を経験していないことを示した。[8] これは、私たちの流体内包物の頁岩中の炭酸塩沈殿物についての、最大温度はおおよそ六五～九〇℃という結果とも整合する。この発見は、ビトリナイト反射率のデータ[9]と組み合わせると、頁岩部と砂岩部が、約七五〇〇万年前から一五〇〇万年前の間に約七五℃の T_{max} を経た後、一五〇〇万年前から五〇〇万年前の間に今の二〇℃ほどの温度

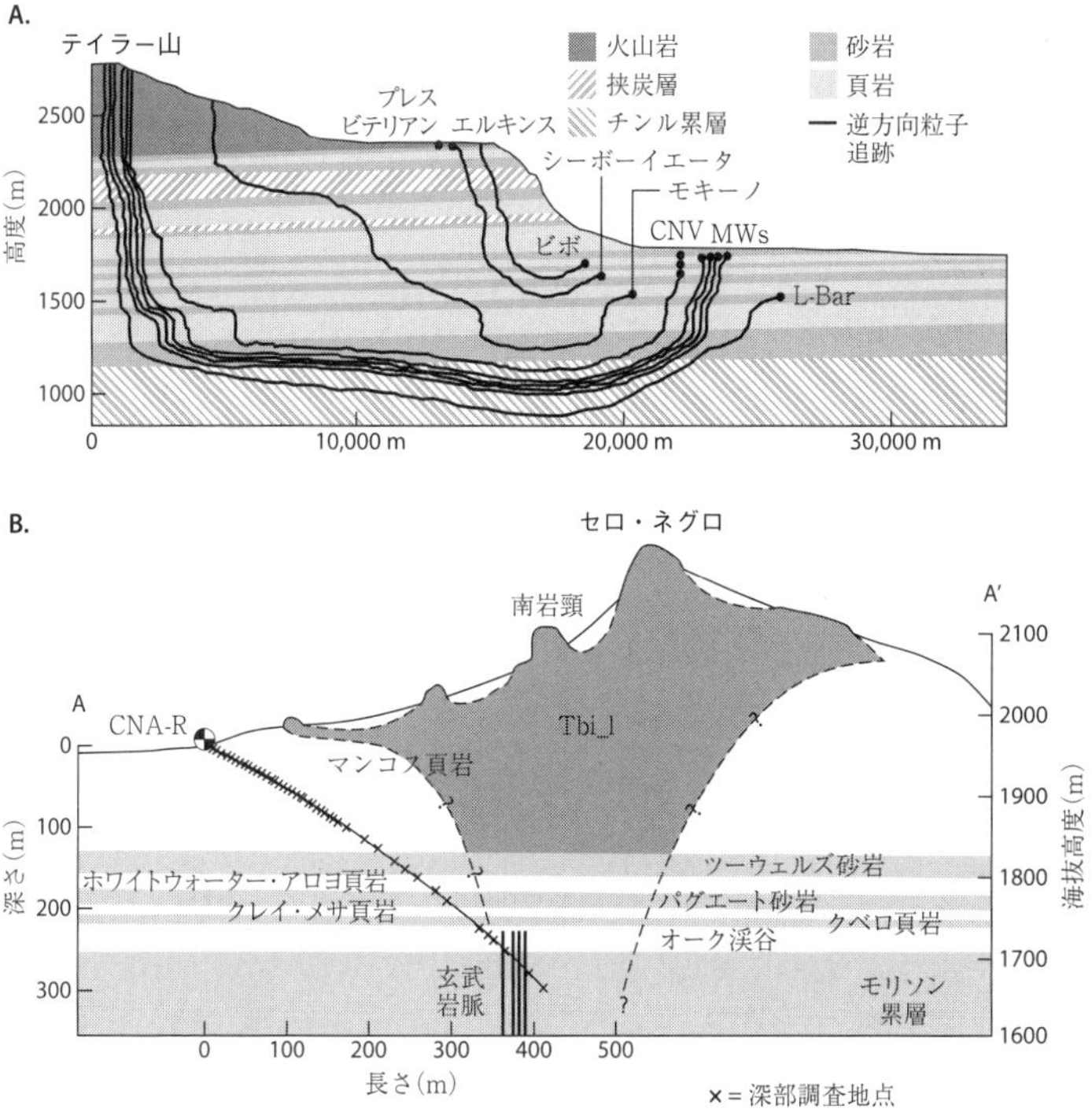

図3・1　A. 活動を停止した火山テイラー山からセロ・ネグロ垂直試錐孔（CNV）までの断面図。他の観測井や井戸の名も含む（Walvoord et al. 1999 より）。逆方向粒子追跡は、いろいろな地層の多孔度や浸透性に基づいて、水の粒子が各井戸に届くまでにたどると予想された経路を示す。セロ・ネグロの場合には、水はテイラー山の山頂から来ている。
B. セロ・ネグロ断面。無菌のセロ・ネグロ熱変成帯から試料を採るよう計画された450mの斜め試錐孔（CNA）を示す。いくつかのクエスチョンマークが、掘削前の数々の地球物理学的調査にもかかわらず、貫入部の形の不確実なところを示す。

に下がったことを示していた。頁岩中の凝灰岩のカリウムを含むイライト粘土[10]に対するカリウム・アルゴン年代測定は、三八〇〇万年前から四八〇〇万年前の範囲だった。[11]こうした年代は、凝灰岩が積もった年代よりもずっと若いが、セロ・ネグロの年齢よりはずっと古く、この年代はT_{max}の年代と合致していた。ビトリナイト反射率データからすると、頁岩の温度を殺菌に十分な約一〇〇〜一二五℃に上げるのに十分な短期的な熱的パルスは、玄武岩岩頸との接触部分から四五メートル以内で起きたらしかった。ビトリナイト反射率データは、熱水が傾め試錐孔の亀裂沿いの頁岩層に浸透したこと、冷たい地下水が、水を通しやすい砂岩への貫入の熱変成帯に浸透したことも示していた。この無菌化領域が四五メートルほどしかないこと、地下水の移動速度が年に十数センチほどであることからすると、水は貫入が冷えた後、三〇〇〇年ほどでこの無菌化地帯を横断したことになる。

微生物学者は微生物を貫入接触部に近いところで検出していて、明らかに微生物は無菌化領域に三三〇万年もかからずに再定住しただろう。細菌は水流の速さと比べてどれほどの速さで移動するのだろう。地下圏微生物輸送の速さを支配する因子は多く、フランクはこの問題に答えるのを専門にする多くのPIに予算をつけていた。微生物はミネラルの粒の表面にぶつかり、しばらくそこに付着し、またはがれて地下水流に乗る。この過程は遅延と呼ばれる。粒に付着する傾向は、細かい物理学的化学的事情に左右される。微生物はふつう負に帯電しているが、鉱物の粒はpHによって、正、負どちらにも帯電できる。その結果、負に帯電した細菌は正に帯電した鉱物粒には強く付着して、そこに長くひっかかる。

しかし状況が違えば、微生物は大量の水よりも速く移動できる。微生物が川を下る筏だとしてみよう。川は比較的まっすぐな水路を流れ下るものとする。筏は川よりも遅い。しかし川の流れが遅くなってミシシッピデルタのような三角州地帯に入ると、水はたくさんの小さな支流に流れ始めて分散し、海に向から水全体の平均の速さはさらに遅くなる。しかし筏は大きくてそうした支流には入れず、本流にとどまり、支流よりも速く流れ、したがって筏の速さは三角州での川の水全体の平均速度よりも大きくなる。マンコス頁岩にある小さな水路は、多くが細菌が入るには小さすぎるが、水と細菌の両方が速く通れるだけのもっと幅の広い亀裂はそこそこの数あった。それでも、^{14}C年代測定法で測るのは、水の平均の速さで、速い水路をたどる水だけではない。その結果、細菌は三〇〇年かからずに四五メートルの無菌化領域を抜けてセロ・ネグロに達したかもしれない。

中性子爆弾、造構造運動、地下微生物移動――プリンストン大学、一九九五年春

微生物が地下水よりも速く移動できる過程は他にもある。多くの微生物には、船のスクリューのような回転する鞭毛がついていて、運動能力がある。鞭毛を回転させるために、微生物は一定の代謝エネルギー、この場合はアデノシン5'-三リン酸（ATP）という、船ならディーゼル燃料のようなものを必要とする。しかし長い旅路では、船も微生物も燃料を使い果たし、どちらも寄港して燃料を補給しなければならない。これまでのSSPの作業からすると、地下生命圏は、微生物がすぐに得られそうなものはすでに食べ尽くしているので、非常にエネルギーに乏しい環境らしかった。しかしトミーは、セロ・ネグロの無菌化領域は新たにやって来る、入植する微生物にごちそうを提供したという仮説を立てた。トミーはこの作用を、食料は破壊せず、生命だけを排除する中性子爆弾にたとえていた。新来の微生物は、死んだ微生物の遺物（アミノ酸、ペプチド、核酸、DNAの断片、脂質）や、頁岩の加熱でできた物質（カルボン酸〔脂肪の成分〕）や、新しい玄武岩のミネラルによってできた水素を摂ることができただろう。それには水よりも速く泳げるだけのエネルギーがあっただけでなく、微生物は生殖もできた。生殖は離散の効果を下げ、移動速度も上げる。デルタ地帯を移動する大船団ができたようなものだ。また、微生物には走化性がある。つまり、必要とする一定の代謝物質があれば、それに反応するタンパク質を持っているということだ。微生物はこれと運動能力との組合せでその物質がありそうな方向を探知して、そちらへまっすぐ泳いで行ける。つまり船には燃料補給所の標識を見て、燃料が切れることのないように進路を決める船長がいるということだ。

　私はトミーの仮説は文句なく素晴らしいと思った。それは実験室での何種類もの細菌の行動を観察した結果に基づいているからだ。トミーはまさしく、その行動を地質学的環境にあてはめ、地質学的時間を加えているのだった。その八年前、フランシス・チャペルは、共同研究していたメリーランド州の微生物学者から、地質学と微生物学の違いは科学の間違った方向と正しい方向の違い、つまり帰納的推理と演繹的推理の違いだと説明されたことがあった[12]。この哲学上の進め方の違いが、地質学者と微生物学者が、地質学的周期や地質学的規模にある微生物の重要性についての相手の考え方を受け入れられない大部分の理由だった。しかしトミーはこの対立する哲学的扱い方の両方を取り入れ、私にわかる範囲では、それで悩んでいるようにも見えなかった。Ｆ・スコット・フィッツジェラルドはかつてこう言ったことがある。「一流の知性かどうかわかる試薬は、二つの対立する考え方を同時に頭に置いて、それでも機能できるようにしておける能力である[13]」。

　ＳＳＰではフランクがこの二つの対立を手当たり次第に結び合わせていて、それがＳＳＰの成功にとっては決め手となっていた。この合体の一例を挙げると、地下圏微生物の生理学的特徴――温度、塩分、pH、放射、栄養欠乏に対する許容度――が、地質学者の推定する環境や地質学的歴史と整合するかを判定するために、その微生物の培養と分離に依拠する部分が多いということだ。地質学者は六〇～一二五℃の温度範囲に感度の高い地質温度計や熱年代分析装置を広く開発していたので、分離した生物の最適増殖温度がとくに重要だった[14]。

熱年代分析装置と地質温度計は、マンコス頁岩が約七五℃という T_{max} に達し、おそらく六〇〇〇万年はその温度にとどまっていたことを示していた。地質温度計の不確定部分を考えると、この推定は、スティーヴ・ヒントンが、油田で検出された微生物活動の温度限界として教えてくれた八〇℃と差があるとは言えない。頁岩の元が白亜紀に堆積して以来、そこでのそれほどの高温を生き延びることができたのは超好熱菌だけだろうが、それを六〇〇〇万年も存続させるに足る資源があったのだろうか。そうなると、微生物学者が分離した中温細菌は、一五〇〇万年前に始まり、コロラド高原やコロラド川の形成になったサンファン堆積盆地の隆起と浸食の際に、地下水によって運ばれた移住者にちがいない。

パラシュート・オリジンズの掘削地点では、温度八〇℃以上、圧力二六〇気圧以上の地下一八〇〇メートル超の地底から、大きな、高品質の、汚染の少ないコアと、水やガスの試料を獲得できた（図3・2A）[15]。私たちは明らかにテイラーズビル堆積盆地の先を行く重要な一歩を進んでいた。テイラーズビル堆積盆地と同様、好熱性の第二鉄還元細菌が集積培養され、分離された。一つはリックのグループによる。それは深さ七九〇メートルのウォサッチ層群の砂岩のものだった。驚いたことに、この細菌の16S rRNA遺伝子配列はデスルフォトマクルム属、つまり硫酸塩還元細菌の一つによく似てい

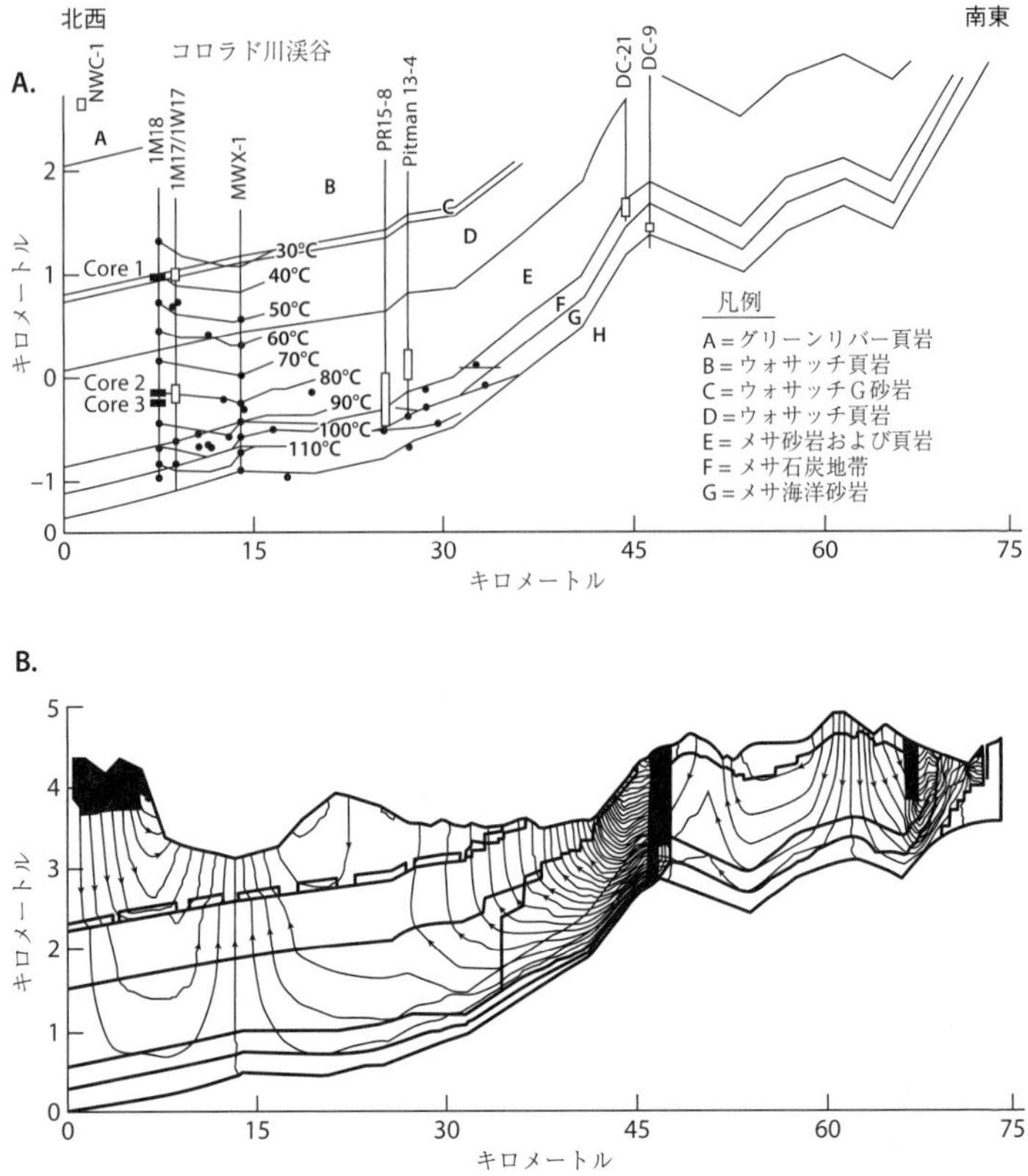

図3・2　A. ピシャンス堆積盆地の断面図。北西から南東。1M -18 掘削地点を含む。3 か所のパラシュート掘削コアの深さと温度が示されている（Colwell et al. 2003 より）。
B. A と同じ断面で、同盆地の体積単位の多孔度と透水性に基づいて地下水流の方向を示したもの（Colwell et al. 2003 より）。こちらの場合には、A のコア 1 から分離された細菌は、パラシュート掘削地点を見下ろすローン高原が起源だったのだろう。粒子がローン高原からコア 1 までのウォサッチ G 砂岩を移動する時間は 50 万年だが、コア 2 とコア 3 までの時間は 120 万年だった。

た。この発見は最初は驚きだったが、マックス・コールマンの凝固物《コンクリーション》に関する論文は、水素濃度が高いときは硫酸塩還元を行ない、水素濃度が低くなると第二鉄還元に切替えるSRBを分離していて、[16]このパラシュートで分離されたものは、追加の水素がなくても増殖していた。興味深いことに、ジョン・ローレンツは同じコアにセンチメートル規模の炭酸第一鉄、つまり菱《りょう》鉄鉱のコンクリーションを確認していた。[17]菱鉄鉱は第二鉄還元細菌が、重炭酸塩の多い培地がある中で生産する鉱物だ。この菱鉄鉱コンクリーションはリックが分離したものによって生産されたのだろうか。トミーは同じコアから、大量の磁鉄鉱〔第一鉄と第二鉄が混在する〕を生産する第二鉄還元好熱菌も分離していた。[18]あるいは、トミーが言うには、「こいつは産業規模で磁鉄鉱のウ×コをした」。しかし二酸化炭素があるところでは、これは六〇℃で大量の菱鉄鉱を生産した。同じ砂岩累層の産物に、私たちは後に直径が一・五メートルもある特大の炭酸塩コンクリーションを確認した。それができるには何百万年もかかっただろう。[19]三〇〇万年ほどしかないのに、人間並みの大きさの球状の構造物が、人間の一兆分の一の一兆分の一のさらに一〇〇万分の一の大きさの微生物によってできるというのが私の頭を悩ませた。

しかし第二、第三のメサ・ベルデ累層のそれぞれ一八五五メートルと一九一五メートルのところから採取されたコアの生物量《バイオマス》密度は検出限界に近く、集積培養できたのは一つだけだった。セロ・ネグロとは違い、パラシュートの深い方のコアは、孔の大きさ（一ミリのものまである）や多孔度（五〜七パーセント）にもかかわらず、明らかに無菌化砂岩層から試料を採取していた。

パラシュートの浅い方のコアに細菌がいて、深い方のコアにはいなかったことをめぐる謎を解明するために、私のところにいたポスドク、ヤオ・チンジュンが、流体内包物とビトリナイト反射率データを使って岩石層の熱的履歴を判定した。どちらのデータも、コア1は一二〇℃まで加熱されたことがあり、コア2とコア3は一四五〜一五〇℃までだったことを示していて、地質温度勾配は、深さ一キロあたり五〇℃にもなった。典型的な大陸地質温度勾配の二倍だ。三五〇〇万年前から五〇〇〇万年前までの、この地層の最大埋没のときにメタンが形成された。チンジュンのデータは明らかに、私たちがパラシュートで採取した堆積物が、極度の熱によって無生命にされたことを示していた。燐灰石結晶についての核分裂飛跡法によるデータも、この地層がこうした温度より下まで下がり始めたのは、この五〇〇〇万年ほど前の、コロラド川がピシャンス堆積盆地地層を削り始めていたときからであることを示していた。[20] 流体内包物は淡水を含んでいたので、チンジュンは、なぜ固有細菌がコア1にはいて、コア2と3にはいなかったのかを理解すべく、ピシャンス堆積盆地の亀裂を抜ける地下水運動の流体モデルを考えた（図3・2B）。一キロ半離れた同じウォサッチ砂岩から採取した水は、それが地表にあったときから一六〇万年経っていることを示した。[21] チンジュンのモデルによれば、ウォサッチ砂岩はその頃七五℃まで下がったことになった。トミーが分離した第二鉄還元好熱菌の最大増殖温度は七五℃だった。これは偶然の一致だろうか。それともトミーの細菌の先祖は鮮新世の間に地中を一キロ半以上も移動したのだろうか。

チンジュンのモデルは、コロラド川の浸食で生まれた起伏の大きい地形がローン高原の地表の淡水を、難透水性のガス層に引き込んだことを示していた（図3・2B）。[22] 起伏の大きな地形にもかかわらず、ガスが豊富な砂岩の周囲の地層は水を通しにくいので、水がしみ込む速さは一年に五ミリほどしかなかった。その速さでは、トミーの細菌の先祖が地表から、一六〇万年後に私たちに見つかるウォサッチ砂岩までの三キロほどの流路を踏破するには、少なくとも五〇万年かかる。[23]

七月の次の関係者会議に備えてセロ・ネグロやパラシュートでの調査を大急ぎで仕上げる間、ツェン・シンイはテイラーズビル堆積盆地の熱と流体の流れの履歴を、核分裂飛跡データも含め、徹底的に分析した。[24]そこでシンイは微生物が採取された層が今の温度に冷えたのは約一億四〇〇〇万年前であることを発見した。[25]その後テイラーズビル堆積盆地となる三畳紀の湖に積もった堆積物は、疑いもなく、コアに発見された微生物に似た微生物を含んでいた。しかし、三畳紀後期に引き続き堆積物が埋もれるとともに、その後、温度はこの岩石層全体が滅菌されるほどまで上がった。シンイは流体の流れを表す数値計算モデルを使って、テイラーズビル堆積盆地は白亜紀の地質構造圧縮期に隆起し、その前に滅菌された岩石地帯に、突発的に、年に四センチ近い速さで地下水が浸透したことを示した。それなら流体内包物にある、水で洗われた油の成分が説明できる。パラシュートとソーンヒル1号試錐孔双方の観察結果は、地下圏細菌の由来が造構造運動起源的《テクトジェネティック》であることを指し示していた。つまりその細菌は、最後の大規模造構造運動があったときに今のニッチを占め、その後ずっと隔離されていたということだ。[26]

私たちの造構造運動起源説が正しければ、*B. infernus* の先祖はソーンヒル1号試錐孔の湖底堆積物に白亜紀に浸透したはずだ。パラシュート掘削地点で得られた証拠は、それが成り立つことを示していた。そうであれば、四〇キロもの流路を下る旅は最低でも三〇〇万年かかったことになる。しかしソーンヒル1号試錐孔で取れた砂岩コアの孔構造を分析すると、孔の最大直径が〇・〇三マイクロメートルしかないことがわかった。これほど小さくては、どんなに小さな細菌や胞子でもとうていくぐり抜けられない。しかしこの孔構造はいつできたのだろう。幸い、孔はカリウム豊富なイライト粘土をはじめ、粘土の鉱物で満たされていた。私たちはレーザー$^{40}\mathrm{Ar}/^{39}\mathrm{Ar}$マイクロ分析器を使って、マイクログラム程度のイライトについて年代測定する技法を開発したところだった[27]。その分析結果は、イライト粘土は約八〇〇〇万年前に結晶化したことを示していた。つまり、粘土がミネラル化して岩石に閉じ込められたのは、微生物が棲息できるほど層が冷えてから六〇〇〇万年後ということだ。それはまた、この細菌がその鉱物の檻に白亜紀から閉じ込められていたということでもあった。*B. infernus* のDNA分析はイライト年代測定と同じ週に終わっていて、その結果はこの細菌が新種、つまり地球表面ではそれまで確認されたことがないものだということを明らかにした。

　私たちは電子顕微鏡や安定同位体による詳細な分析を行なって、ソーンヒル1号試錐孔で細菌が何千万年も呼吸した結果、方解石（炭酸カルシウム）や黄鉄鉱がどれだけできたかを求めることができた。トミーが教えてくれていた式を使って、観察された細菌集団が二倍に増える平均時間は、何と一〇億年の単位になることを計算した。この成長率は実に遅く、下水道の沈殿物にいる細菌の10^{15}分の1という遅さで、細菌は生き延びてはいても、生殖はしていないことをうかがわせていた。微生物がDNAの複製によってのみ進化できるとすれば、こうした推測は、見つかった細菌が、少なくとも八〇〇〇万年前に湖底にいた種の代表で、そのときから大きく変化していないということになる。この細菌はどこから見ても生きた微小化石で、ジュール・ヴェルヌの小説にあるリーデンブロック湾に棲息していた怪物のようなものだ。ただ、それと比べるとはるかに小さい。

ネバダ核実験場地下深くに棲息する微生物用の低速車線での暮らし

私たちは、地質学的制約、地下水の同位体年代測定、水文学的モデル構築を用いて、一定の地下圏環境で微生物が数千万年にわたって生きていたことを明らかにしたようだった。この微生物はどうやってそれほど長く生き延びることができたのだろう。ハンフォードの調査地点で採取されたGeMHExコアの土壌細菌は、赤っぽい古土壌にひっかかり、その後、湖底の堆積物に六〇〇万～八〇〇万年前に埋もれていた。[28] 堆積岩には、地面や湖面で光合成する生物が生産し、その後低い温度で沈澱して埋まった有機炭素が含まれていることが多い。この有機物が利用できるなら、堆積岩の孔の中でも従属栄養微生物が生き延び続けられるだろう。こうした地中の微生物は、水中の酸素がとうに欠乏した後にも、この太古の有機物質を酸化し、硫酸塩や第二鉄などの化学種〔イオンや原子団（基）など、化合物を構成する部分を独自の物質としてまとめる概念〕を還元してエネルギーを得る。第二鉄イオンは、リンゴールド累層や赤っぽい古土壌の、酸化鉄の多い火山岩屑に豊富にあった。セロ・ネグロ、ピシャンス堆積盆地、テイラーズビル堆積盆地でそうだったように、堆積物が、地質学的時間でさらに深く埋もれる間に、第二鉄堆積物は凝縮し、凝固して、透水性や多孔度が下がり、栄養分の供給が少なくなる。結果として、堆積岩での微生物の全体的な代謝率は、周囲を栄養源に直接囲まれている生物以外では、徐々に下がる。こうして、水や養分の供給が少ない環境では、微生物の分布は「斑」になる。微小コロニーや個々の細胞は、こうした「微生物のオアシス」に集まり、オアシスどうしは、生育可能な微生物がいない大量の堆積物によって隔離される。GeMHExコアを含むハンフォード核施設の堆積物では、微生物活動は堆積物一〇〇グラムにはほぼ必ず見つかり、一〇グラムで見つかることも多かったが、堆積物が〇・一～一グラムでは、めったに見つからなかった。[29]

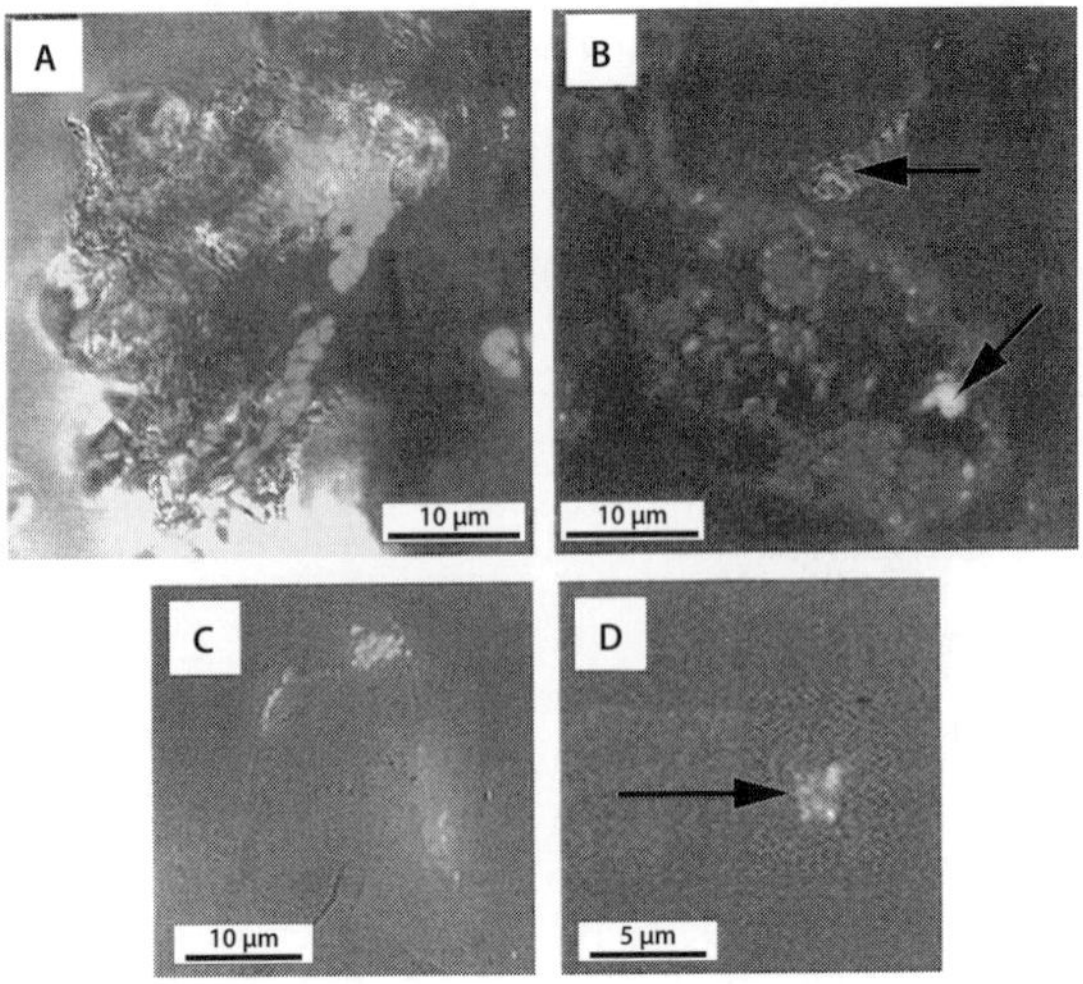

図3・3　スネークリバー平原の地下 118 m の玄武岩の割れた表面にあった細胞をプロピディウム・ヨージドで染色したもの。A, B. レーザー共焦点顕微鏡、C, D. 蛍光顕微鏡。A の画像は珪藻で、B ～ D はクラスターに分布した桿形細菌（Tobin et al. 2000 より）。

分離した地下圏微生物の生物学的特徴は、それが今、本当に飢えていることを示しているようだった。もっと高等な生物と同様、細菌も長期にわたる飢餓の時期には代謝予備能〔代わりのものを使ったり、消費量を減らしたりする機能〕に依存する。順境にあるときに製造して蓄えておく、エネルギー貯蔵用の化合物であるポリヒドロキシ酪酸を代謝できる。余力が枯渇すると、その後は体を小さくし、数マイクロメートルという健康な大きさから。直径〇・二マイクロメートル、質量で言えば一〇〇分の一から一〇〇〇分の一にまで大きさを下げる。この小さな飢えた細菌は、極小《アルトラマイクロ》細菌とか、矮《ドウォーフ》細菌と呼ばれる。栄養が欠乏した環境ではこれが優勢になり、深部地下圏や海洋ではよく見られている。地下圏細菌は、縮小した質量で、コストをほとんど、あるいはまったくかけずに生存能力を維持する才能に例外的に恵まれているらしい[30]。

実験室の培地で培養された細胞の比率も、地下の深度とともに、または水・養分の流率が下がるとともに下がるのが一般的だ。微生物の総個体数密度は、顕微鏡で数えて（図3・3）、またはコアのPLFAを抽出して濃度を測定することによって数えられる。水や養分の流量が比較的高いサバンナ川核施設（SRP）地下の砂の堆積物中で数えた微生物総数の一〇％以上は、実験室で増殖でき、「生育可能」と評価される。[31] この原則の例外は、地下水面より上の砂と粘土分の多い半帯水層で、[32] これは水については驚くほど飽和に遠い。[33]

ハンフォード核施設の地下一八〇メートル、水流が小さいあるいは存在しないリンゴールド累層の不飽和堆積物から採取した全細胞のうち、培養できたのは〇・一％未満だった。リック・コルウェルは、スネークリバー平原玄武岩の堆積岩層間に同じずれを見ていた。[34] いろいろな研究室のいろいろな培地での微生物検査の結果は、多くの場合、互いに一致しなかった。岩には微生物が成長できる小さなスポットがあって、場所が違うと何も成長できないかのようだった。アクリジンオレンジのような蛍光DNA染色を使った顕微鏡での観察では実に多くの細胞が数えられたというのに。[35] 地下圏微生物が培養できないのは、環境に栄養分が少なく、長い時間でダメージが大きすぎて、実験室で栄養を与えられても修復・復元できないことと関係している可能性の方が高そうだった。こうした死んだ、あるいは死にかけた細胞は、地下圏では分解も非常に遅いのかもしれないが、それでもアクリジンオレンジ、PLFA、プロピジウム・ヨージドによる直接計数ではまだ検出できるということかもしれない。[36] 逆に、生物は生きられるが、長い、過酷な飢餓の下でのDNAの損傷により、複製能力を失っているのかもしれない。

西のネバダ核実験場（NTS）の第三調査地点でも、生育可能な微生物は同じように少なかった。[37] D

OEは、最初の地下核実験場だったNTSの北端部分にあるレイニア・メサの中新世の流紋岩のような固まった火砕流、火山灰凝灰岩、溶結凝灰岩に坑を掘るために、アルパインマイナー(38)という装置を使っていた。Uトンネル複合を構成する四つの坑道が台地の地下四五メートルから四〇〇メートルの間の深さで、全長二四キロほどにわたって掘り進められ、地下圏微生物の空間的な分布を調べる機会を提供していた。しかしフランクは、新しい汚染されていない坑道からの試料をアルパインマイナーで得ることは厳しいことを認識した。それでもペニー・エイミーという、近くのネバダ大学ラスベガス校生物科学科にいた若い准教授が、この課題に取り組むことにした。

この坑道が深いと言っても、地下水面はまだ一〇〇メートルほど下で、試料のほとんどは、微生物学用に採取された中では地下水面より上の最も深いところを代表していた(39)。最近になって、地表から流紋岩質凝灰岩を割る断層地帯に沿って下りていった水がいくらかあった。この水はまだ宇宙起源の^{3}Hを含んでいて、したがって、五〇年もたっていなかった(40)。しかしこうした断層地帯から母岩となる凝灰岩を通る水の移動ははるかに遅く、二五万年はかかるだろう(41)。最近の移動は、水の量、あるいはマトリック・ポテンシャル(42)がごく低いためにさらに遅く、岩石の多孔度はほとんど、細菌の幅よりも薄い膜に閉じ込められた空気と水で埋められていた。そのため、流紋岩質凝灰岩にいる集団は、凝灰岩が水に浸っていて、その後の凝灰岩のミネラル成分が沸石に変わって孔の水を吸い取ってしまう一二〇〇万年から一四〇〇万年前にさかのぼることができた(43)。ハンフォード核施設の場合と同様、ペニー・エイミーは生育可能な数は凝灰岩一グラムあたり一個から10^{5}個の生育可能、あるいは培養可能な細胞であることを見た。これはグラムあたり10^{6}〜10^{7}個という個数をはるかに下回る(44)。生育可能細胞の分布には、それとわかるパターンは見当たらなかった。研究者の調べでは、生育可能な硝酸塩還元細菌が硝酸塩を含む凝灰岩で見つかったという事実以外には、化学的構成との相関も見られなかった[45]。凝灰岩ではそうした微生物は生き延びていたらしい[46]。

デソメーター、スライム、SSPの終了——オレゴン州ポートランド、一九九五年七月

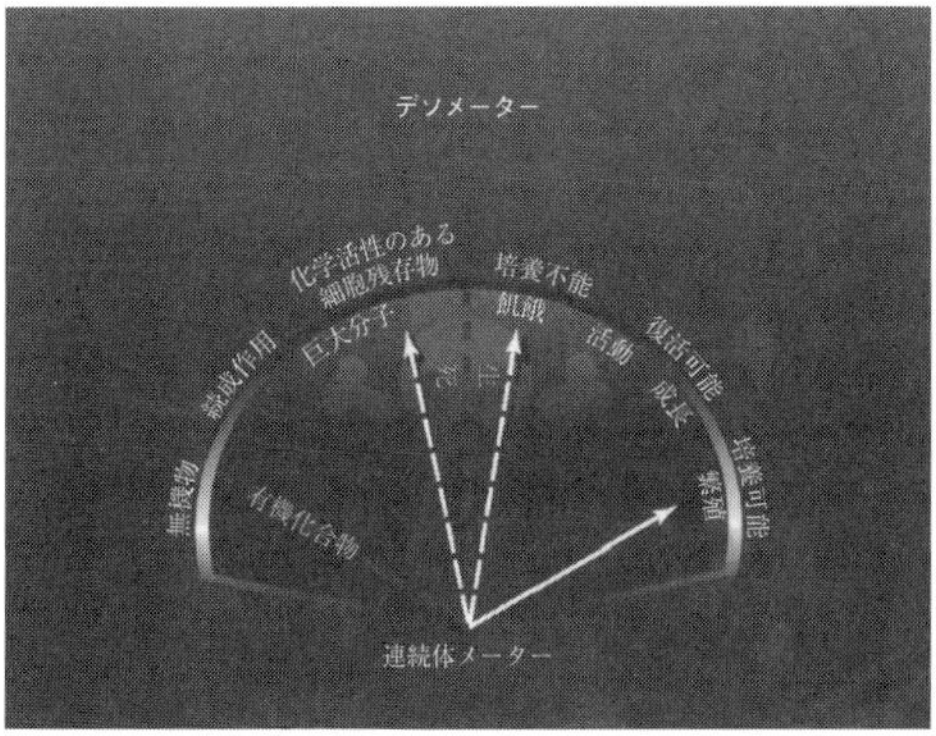

図３・４　デソメーター（T. J. Phelps 提供、1995 年夏、オレゴン州ポートランド）。

微生物学者はこの総数と生育可能数のずれは、いろいろな細菌をすべて育てる方法を知らないせいかどうかについて、また、それを生育可能ではあるが培養不能とすることについて論じた。しかしトミーは培養不能細菌が、「砂漠で錆びていく（自動車の）残骸」のようなものではないかと考えた——外観はまだ残っているが、エンジンはもう機能しない。さらに、トム・キーフトによって提供された細胞総数は、ニールツヴィッキ＝バウアーのグループが行なった蛍光インシトゥ・ハイブリダイゼーション（FISH）の数より多いことがあり、活動している細胞の集団全体に対する割合はずっと少なそうだった。同様に、PLFA濃度による細胞数の推定値は、細胞総数よりも少なかった。こうした所見から、トミーは自作の「生死レベル表示盤《デソメーター》」を作った。どくろマークのついた青いダイヤルが、右の繁殖から、左の無機物化の範囲を動く

（図3・4）。トミーは、研究者がコアに発見していた培養可能な微生物が、どれほどそれがもっと若かった頃に近いかを記述した。細菌が飢え始めると、私たちがみな中年になったときに起きることに似て、増殖や生殖をしなくなる。細菌が慢性的な飢餓の下で縮み始めるとき、それは自分の体を消費する。私たちが老齢に入ると起きることと似ている。死んだ細菌にも、まだ化学的には反応する細胞のなごりがある。錆びるがままの廃車の残骸のように。トミーによる解説はもう少し無機的ではなく、「それは何年もたってもまだ臭う死んだ漁師のようなもの」と言っていた。トミーはそれまでの一〇年に深部地下で採取されたそれぞれを、そのデソメーター上のどこかに置くことができた。

デソメーターを理解するには、地下圏微生物にかかる制約は温度だけではないことを理解しなければならない。地球化学的環境の生物を養える収容力、水流、孔の空間が利用できるかなども重要だ。地下圏環境は炭素、窒素、リン、微量金属などを提供して、微生物がDNAやタンパク質などの細胞の成分を合成できるようにしなければならない。最も重要なことに、微生物が生合成するために必要なエネルギー通貨であるATPを生産できるような、何らかの形の燃料もなければならない（図3・5）。地下圏ではふつうの状態だと想定される、エネルギーあるいはATPが足りないときには、微生物はデソメーターの左側にいる。微生物の生と死の境を支配するのは、微生物へのエネルギー流量と、代謝作用と同化作用を維持するのに必要なエネルギーの均衡だ。独立栄養生物は、存続のために必要な単位時間あたりエネルギーが従属栄養生物よりも多く、好熱菌は存続のために必要な単位時間あたりエネルギーが中温菌よりも多い。地下圏微生物はエネルギーが乏しい環境で生き延びられるように適応した。

テイラーズビル堆積盆地、パラシュート、セロ・ネグロ、すべてをまとめると、パラシュートやセ

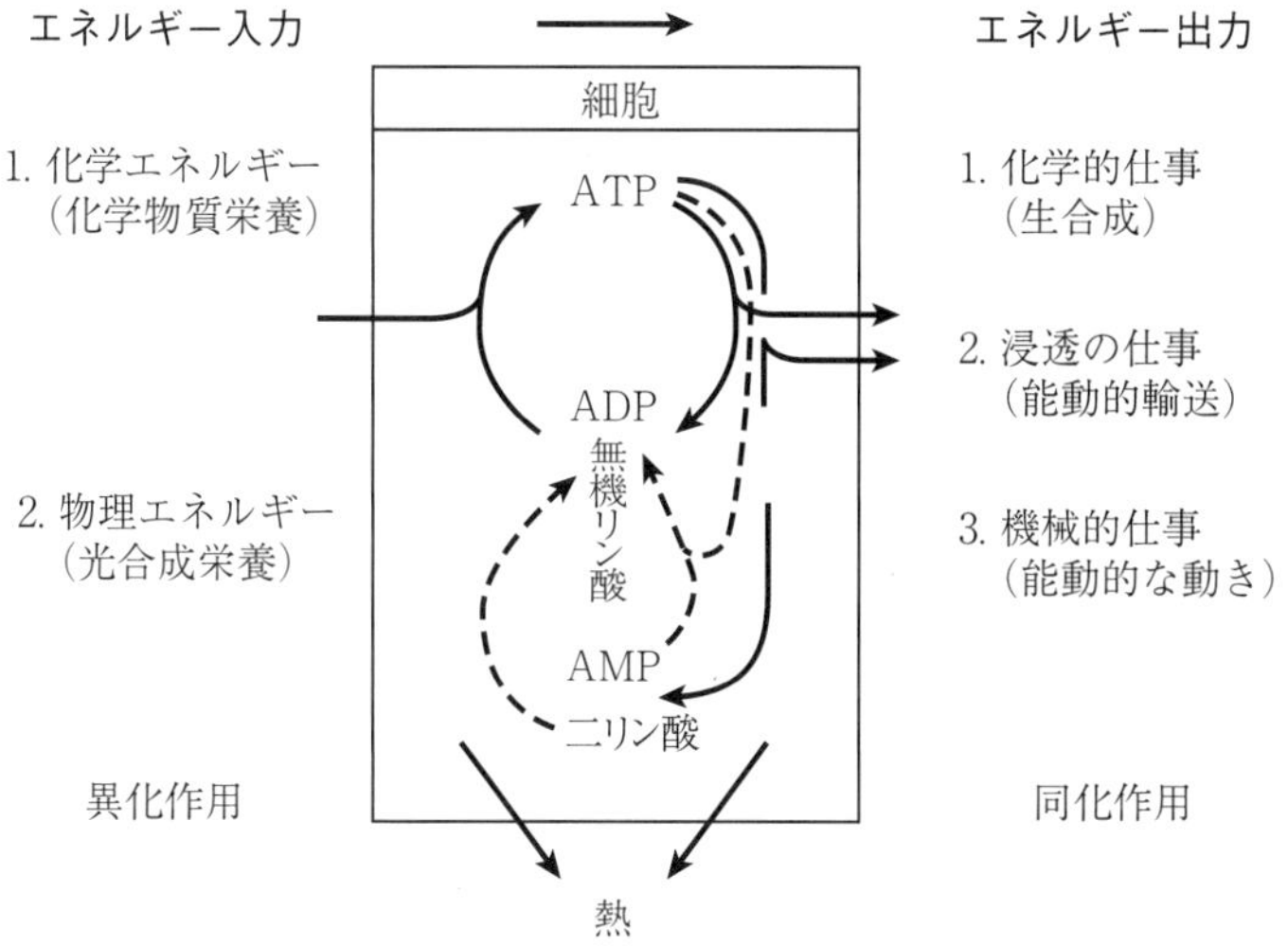

図３・５　生体エネルギー。異化作用、アデノシン５'三リン酸（ＡＴＰ）の合成、同化作用の関係（Thauer et al. 1977 の図１より）。

ロ・ネグロのように構造的に活発な環境では、細菌の移動速度や微生物活動は、テイラーズビルのようなもっと穏やかな地質学的テレイン[47]と比べて高いということらしい。穏やかなところでは、地下圏微生物の移動はとっくに停止していて、細菌はおそらく相対的に休眠状態になるのだろう。地下深くの微生物群集の年代は、高い地形の勾配と造構造作用に伴う亀裂や断層が最大の地下水流を生んだ最後の重要な造構造事象に対応するということはありうるだろうか[48]。流れが地質学的に無菌の岩に細菌を運び、そこですでに定着している微生物と競合せずに、養分を使って急速に成長することを推測したのはトミーだった。これはトミーが一九九五年七月のポートランド会議で言った「バイカー・バー／中性子爆弾仮説」だった[49]。

初めての町で、ビールでも飲もうとバイカー・バーに入るとしてみてください。渇きがいやせる可能性は、体の大きなバイカーをかき分けて、外へ放り出される前にカウンターまでたどり着けるかどうかにかかっています。それは定住しようとする地上から来た細菌が地下圏微生物群集に侵入しおおせるのがいかに難しいかということです。これを、中性子爆弾の攻撃を受けたばかりの町に入るという状況になぞらえてみましょう。町の人はバイカーも含め全員死亡していますが、ステーキはグリルでまだじゅうじゅういっていて、ビールの樽からはまだビールが出ます。パラシュートやセロ・ネグロのような地質学的に滅菌されるほど加熱されたことがある地下圏環境は、中性子爆弾の攻撃を受けたようなものです。微生物が棲息できるまで冷えると、最初に入ってきた微生物がステーキをすべて食べ、ビールをすべて飲んで、新しいバイカーになるわけです。[50]

同じ会議の終わり頃、トッド・スティーヴンスが、ジム・マッキンリーと一緒にそれまでの二年間苦労して得た発見を明らかにした。地殻内無機独立栄養微生物生態系[51]、二人の言うＳＬｉＭＥ《スライム》にエネルギーを供給できる新しい水素源だった。話が終わるとトッドは、いつものように会議室後方に座っているフランクからの問いに答えた。「いただいている資金をどう使っているかをお話ししたかったんです」。

トッドとジムの発見は、未探検の現場での多くの科学的発見と同じように、ＧｅＭＨＥｘ事業に始まる、一連の思いも寄らない事情によってもたらされた。一九九〇年一一月、ＩＮＥＬのＮＰＲ‐ＷＯ１で完了した掘削の後、ハンフォード調査地点のヤキマ・バリケード試錐孔での掘削が始まっていた。この掘削地点は、ハンフォード核保管施設の西側にあり、湖底堆積物とリンゴールド累層の赤っぽい六〇〇万年前の古土壌が重なった比較的厚い層（二〇〇メートル余り）がコロンビアリバー玄武岩の上に重なっているところだった。[52] 提案されていたハンフォード核保管施設の掘削地点は、プルトニウム処理によって生成された核廃棄物を入れた放射性廃棄物タンクの下にある汚染された帯水層からは、水文学的に上向き勾配のところにあった。フィル・ロングは、深さ九〇メートルの地下水面と堆積物の高い多孔度と柔らかさから考えて、[53] SRPとC10のコアにあった微生物汚染の最大の元だった掘削泥水の汚染を避けるため、コア採取用に旧式のケーブル打撃器具を選んだ。トレーサーには、PFCではなく、蛍光微小球と臭化物溶液が用いられた。一九九一年初め、孔は地下水面の下を徐々に進んでいたが、そのとき、掘削地点で爆発が起きた。ある手順のときに、掘削作業員が昼食休憩をとり、井戸を離れる間、坑を厚い鋼板で覆った。戻って打撃用ハンマーを再起動するとき、試錐孔が爆発し、井戸のてっぺんの厚い鉄板を空中に吹き飛ばした。けが人は出なかったが、爆発の元に関する調査が行なわれる間、GeMHExの掘削は停止した。ジム・マッキンリーによって行なわれた初期調査は、無酸素地下水が鋼鉄の内張と反応して水素ガスが発生し、それが鋼板で井戸が覆われている間にたまったということを指し示していた。打撃器具を再起動したことで発生した火花が爆発をもたらしたという。しかしこの中断さえ得るところがあった。こうした結果はPNLグループに、掘削して内張を設置している間に発生した水素を地下圏微生物が消費していることを示唆していた。[54] 目標が水であろうと石油であろうと、商業的掘削はすべて鋼鉄を用いるので、フランクやSSPのグループにとっては、この人為的な地下圏世界への侵入がそこに水素を与えていることは明らかだった。トミーによれば、人間がジャンクフードを食べるように、微生物は水素を食べる。[55]

しかしトッドは、玄武岩中の鉄を含む鉱物がかかわる同様の反応も水素を生むのではないかと考えた。

そうであれば、この水素源は、ハンフォード核施設の地下深くにあるコロンビアリバー玄武岩帯水層に閉じ込められた無酸素群集を維持することができるのではないか。マッキンリーは、博士論文の一部として、その帯水層と交差する井戸に由来する地下水の地球化学的性質を研究していた。このグループは井戸の試料採取を始めた。試料を採取した最も深い井戸、DC6は、ハンフォードの戦前の町の廃墟のすぐ外に位置していた(56)。

トッドは滅菌した堆積物トラップ(57)を開発して、マッキンリーとともに、プランクトン性の微生物を採取し、願わくは固着性の微生物を採取すべく、井戸に取り付けていた。この「菌」トラップから、溶存無機炭素（DIC）を固定してバイオマスにするが、溶存有機炭素（DOC）は使わない、水素利用メタン菌やアセトゲン〔酢酸生産菌〕を培養することができた(58)。マッキンリーはその後、DICの$\delta^{13}C$が非常に明白で、DIC濃度と負の相関があることを発見した。これは、メタン菌やアセトゲンのような独立栄養生物が$^{12}CO_2$の摂取・利用に傾いていることとの、安定同位体による証拠に見えた。もう一つ、地下水は高濃度の水素を含んでいて、サウスカロライナ州の海岸平野の堆積物で記録されていたものよりずっと高かった。トッドは、セロ・ネグロのものも含むコアからとった玄武岩のかけらで無菌の微小生態系実験を行ない、水素ガスは酸素に乏しい水の反応であり、玄武岩中の鉄を含むミネラルで、メタン菌やアセトゲンを養うに足る速さで生成されることを示した。二人はメタンと酢酸塩が、地表からのDOC供給がなくても地下生態系全体を養ったという仮説を立てた。

ポートランド会議が終わると、デーヴィッド・ブーン、トミー、トム、ジム、私は朝食を取りながら、これから何ができるかについて、悩み、心配していた。過去一〇年の間、SSPは、研究者が開発していたトレーサー技法を使う微生物分析用の試料を三〇〇近く採取し、何千もの微生物種を分離し、何百種もの分離生物を記述した。試料のほとんどは堆積岩のものだったが、玄武岩や火山灰の試料が採られたこともある。採取した岩石の年代は一〇万年前から二億年前にわたり、採取された地下水の年代は、一〇〇〇年未満から一〇〇万年超の範囲にわたった。何百年から何百万年にわたるいろいろな環境について、細胞の周期を求め、その移動を維持するためのエネルギー源を特定した。一九二六年のバスティンの問いに答えていたのだ。さらに、私たちは地下四五〇メートルもの深さにいる微生物のバイオマス総量を推定できた。この推定は、地球表面にいる生命のバイオマス総量とほぼ同じだった。[59] SSPの成果のあらましを世間に紹介するために、私を含む少人数のグループが『サイエンティフィック・アメリカン』誌に載せる原稿を仕上げているところだった。[60]

しかし地下九〇〇メートルより下になると、得られる高品質のコア試料はわずかだけになり、その中でもソーンヒル1号試錐孔の試料だけが、固有微生物と考えられるものをもたらしていた。パラシュートの掘削地点では、地下一八〇〇メートル以上の環境を調べて、文句なく超好熱菌を維持できるように見えたのに、一つも検出できなかった。それは約一〇〇万年前に居住可能になっただけで、地下水がまだその深さまで浸透して微生物を植え付けていないからだろうか。あるいは生命は温度が八〇℃を超える深さには存在しなかったのだろうか。深部地下生命圏についてどれほど丹念に論じても、九〇〇メートルよりもずっと深いところでは、これまでにつけたわずかな針跡しかないことからすると、ほとんど無意味に見えた。私たちはコーヒーとパンケーキを挟んで、生命はあの砂岩の中でまた発生したというのはありうるか、また地表のDNA世界から十分な期間隔離されていれば、地下の生命は発生するのかを論じた。トミー・ゴールドは、冥王代にこの地球に生命が発生したのは、地殻の深いところだったかもしれないと推測した。[61] この問題に答えるには、過去に熱で滅菌されてから冷え、地表の地下水から何千万年も隔離されていた地下の深部からコアを採取する必要があった。

しかし、DOEの手厚い支援や、それを可能にするコネなしに、本当に深い地下圏試料を、どうやって得られるのだろう。国際大陸掘削計画がフランクの地下圏微生物学を一九九二年の新たな計画に加えていたが、一個のコアを採取するための支援を得るのにも一〇年かかることもあり、私たちは地質学者の行列の後ろに並ばなければならないだろう。私は試料を得られる可能性がありうる場所は、南アフリカの超深部金鉱だという案を出した。私は、元の院生が今、南アのアングロ・ゴールド・デビアス社に勤めていて、この元院生と一年前から連絡を取っていることを明かした。いくらかの試料を得るのを手伝ってもらえるかもしれなかった。

第4章　隕石に微生物！　どこから来て、どうしてそこにいて、何を求めているのか

「僕は間違っていない」と私は言った。「ケープ・ポートランドを過ぎて、南東へ一二五マイル進んだのだから、外海に出る」。

「外海の下だ」とおじは手をこすりながら言い返した。

「そういうことですよ」と私は声を上げた。「上には海が広がっている」。この事態は教授には文句なく受け入れられたかもしれないが、巨大な水の塊の下を歩き回っていると思うと、私はやはり心配になった。それでも、私たちの頭上にあるのがアイスランドの平原や山々なのか、大西洋の波なのかは、あまり違いはなかった。肝心なのは、花崗岩の構造体がしっかり支えているということだった。


――ジュール・ヴェルヌ『地底旅行』(1)

火星のSLiME、火星から来たSLiME――一九九五年秋～一九九六年夏

スティーヴンスとマッキンリーのSLiME論文は一九九五年秋、『サイエンス』誌で発表された。この略語〔深部無機独立栄養生物生態系〕はすぐにNASAの関心を捉えた。水と玄武岩を混ぜれば生命が使うエネルギーが得られる。これはどんな惑星の地下でも起こりうるだろう。突拍子もないかもしれ

ないが、NASAのエイムズ研究センターにいた地球外生物学者、クリス・マッケイが、この発見は、自分たちで以前に立てていた火星の地下にありうる微生物の生態系を支持するという感想を述べた。[2] NASAの火星探査事業はその探査方針を変え始めていた。火星にかつていた生命の化石を地表に探すだけでなく、その地下にある、かつての火星生命圏の兆候を探すべきなのかもしれないと。NASAはそうした生きた地下火星生物探査の方法について研究会を催すようになった。スティーヴンスとマッキンリーの論文は、地球の生命にとっても重大な意味があった。地球の地殻の七〇%を占める海の地殻もコロンビアリバー玄武岩と同じく玄武岩性の溶岩や岩脈でできている。トッドとジムのSLiMEは海の地下生命圏の基礎をなすだろうか。この時点で、海の地殻生命圏について引き出されていた推測は、海嶺にある熱水噴出孔から得られたものだけだった。

『サイエンス』のSLiME論文に刺激されて、一九九六年中はほぼ一か月おきに、一般向けのメディアに記事が現れるようになった。私たちが『サイエンティフィック・アメリカン』に書いた「地獄の細胞《ヘルズ・セルズ》」という記事〔邦題は「過酷な環境に生きる地底生物学」〕は、トッドとジムの『サイエンス』の論文の後、まもなくして掲載された。『アース』誌に掲載された「足下の生命圏」は、パラシュートの掘削活動を取り上げていた。故人となったが、あのスティーヴン・J・グールドも、『ナチュラル・ヒストリー』誌に「微小生態系」という記事を書いた。[3] 残念ながら、DOEの管理部門の目は引かず、SSPは数々の成果を挙げながら正式に終了し、好熱菌のいる本当に深い地下圏への通路は実質的に閉ざされた。

だがしかし……私は一九八七年以前に南アフリカで地質学現地調査をしていたことがあったが、その後、同国には二度と入国しないと誓った。国民の多くを、土の壁で囲って見えないようにしたあばら屋の町に追い込むようなアパルトヘイト制度は見過ごしがたいというだけの理由だった。しかし一九九四年は、ネルソン・マンデラが大統領に選出されて、政府が変わったところだった。私はＷＩＰＰの地下で高品質の微生物試料がたやすく手に入ることに感心していて、そういえばと、その何年も前にヨハネスブルグの北、トランスバール州の白金鉱山の一つに車ですぐに行けたことも思い出した。トッドとジムがハンフォード井の玄武岩から水を採取したのと同じ深さにある、層をなす苦鉄質の岩を直接に採取できた。[4] しかし私がいちばん関心を抱いたのは深い金鉱だった。熱流の研究結果から、いちばん深いところで岩石温度が五〇～七五℃になり、好熱菌が育つ範囲であることが示されていたからだ。そうした鉱山は、二九億年前のウィトワーテルスラント堆積盆地にあった。世界でも最も高濃度の金鉱が、粗い粒の、丸い岩屑性の黄鉄鉱、しかもキイチゴ形《フランボイダル》黄鉄鉱を含む堆積砂岩から掘り出されていた。フランボイダル黄鉄鉱を生み出したのは、たぶん、生きた硫酸塩還元細菌（ＳＲＢ）だった。最も温度の高い、最も深い鉱床は、ヨハネスブルグの近くにあった。こうした鉱床の金を含む層に関して手に入るわずかな論文は、それをほとんど石炭のような、有機物豊富な薄層と記述していた。そこはウランも豊富で、それは私の放射性分解仮説を検証するのには理想的に見えた。興味深いことに、放射線は有機炭素の非生物的形成や変性に関与したとする論文もあった。[5] かつて私の研究室の大学院生だったデーヴィッド・フィリップスは、こうした堆積物にある雲母を自分のいる $^{40}Ar/^{39}Ar$ 分析室で年代測定して、二〇億年という年代が出てくるのもふつうだと教えてくれたことがあった。この年代は、ウィトワーテルスラント盆地の中央に位置する直径三〇〇キロのクレーター、フレーデフォート衝突クレーターの形成に関係する約三〇〇℃の熱水変成を物語っていた。つまり、この地層が無菌になってから少なくとも二〇億年が経過しているということだった。パラシュートでの私たちの成果を考えると、地下圏微生物生態系が確立する、あるいはあらためて生命創造されるには十分の長さになりそうだ。鉱山の奥深くの歴史的出水事故を描いた一本のハリウッド映画以外に、そんな地下深くの水を記述する情報は見つからなかった。[6] この鉱山が微生物分析に適切な試料をもたらせるかどうか、私にはまったく手がかりなしだった。

当時の私は知らなかったが、私が唱えていたことは、まったく新しくはなかった。最初の地下圏生命探査は鉱山で行なわれた。一七九三年、アレクサンドル・フォン・フンボルトはフライブルク鉱山学校を出たばかりで、プロイセン政府鉱山庁所属監督官としての任期中にフィヒテル山地の金鉱で遭遇した各種菌類や藻類を調べていた。[7] ずっと後の一九一〇～一一年には、ヨーロッパの微生物学者が石炭から採取した細菌の培養を初め、鉱山で一般に壊滅的帰結とともに見られるメタンガスが、実際には細菌によって作られたものかどうかを判定しようとしていた。すでにメタンを生産する細菌が分離されていたのだ。[8] 二人のドイツ人微生物学者が、炭鉱の地下一一〇〇メートルのところに胞子を作るグラム陽性細菌が存在することを伝えている。[9] カリフォルニア大学バークレー校の土壌微生物学者C・B・リップマンも、一方は一九二八年、もう一つは一九三一年の二本の論文で、ペンシルベニア炭鉱の地下五五〇メートルのところで採取した無煙炭の細菌が増殖したことを伝えた。[10] リップマンは細心の注意を払って研究室の汚染源を取り除いた。数々の加熱や植え付けの実験を行ない、その間に、二日にわたって一六〇～一七〇℃に熱した石炭の塊からは細菌を復活させることができたが、やはり一六〇℃～一七〇℃で六日間加熱した場合にはできなかったことを発見したりしている。この顕著な熱耐性のために、また胞子の状態での生命の顕著な持続力があると信じたために、[11] リップマンはこの細菌は元は二億五〇〇〇万年前に泥炭とともに堆積し、少数の胞子が炭化作用をすり抜けて生き延び、採鉱によって棲息地から引き離されて、リップマンの研究室までやって来たのだと唱えた。ペンシルベニア州ベスレヘムにあるリーハイ大学の微生物学者マイケル・ファレルは、すぐにリップマンの発見に反論した。ファレルは同じ炭鉱へ行ったが、もっと浅い、地下一〇〇メートルのところで、亀裂のある炭層と割れ目のない炭層の試料採取を反復して行なった。亀裂のある石炭には、炭鉱の水に豊富に見られるのと似たような細菌が含まれていて、リップマンが見つけた細菌は、採鉱によって持ち込まれたか、地表からの地下水の移動によって進入していたか、いずれかではないかと思われた。ファレルの発見はかつてのドイツでの研究〔フンボルト〕の結論とも整合していた。[12] リップマンはさらに石炭から石油へと対象を移し、[13] 最後には隕石に進んでそこにも細菌を発見し、一九三五年にはこれは地球外起源だと唱えた。石炭の細菌が採鉱による汚染として退けられ、鉱山に太古の細菌を探査する章は終わった。

鉱山での地下生命圏研究が再び試みられたのは、一九五〇年代の終わりになってから、日本の東山油田でのことだった。東山油田は第二次大戦中に建設されたが、廃鉱間近だった。東京大学の微生物学者、飯塚（廣）、駒形（和男）両博士が、地下圏微生物学研究の機会と見て、すぐに石油まみれの第三紀の砂、水で飽和した砂、塩水溜り、深さ一八〇メートルから三〇〇メートルのところに並ぶ、長さ一二キロの水平坑道で掘られた試錐孔の新しい石油試料を採取した。無酸素、有酸素いずれの培地からも、多彩な培養可能な炭化水素利用細菌や菌類が発見された。[14] 二人はこの微生物群がオイルサンドに固有のものだと唱えたが、決定的な証明はできなかった。

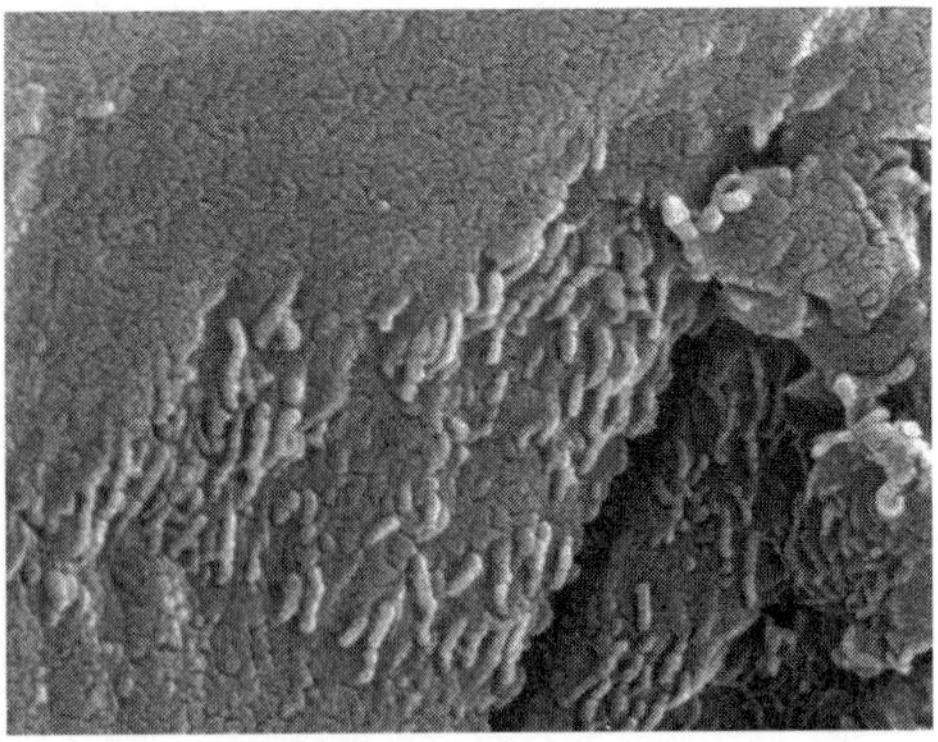

図4・1　ALH84001 隕石劈開面の面走査型電子顕微鏡画像（McKay et al. 1996）。

しかし私はおめでたくも、微生物分析用の鉱山試料をめぐるこうした論争をいっさい知らなかった。元院生のデーヴィッドは、元指導教授（明らかに細菌で少し頭がおかしくなっていた）からの依頼のメールを受けた年以後、アングロ・ゴールド社上層部を、ウェスタン・ディープレベルズ[15]で私に試料採取させるよう説得していた。私は一九九六年九月初めに微生物試料採取のために南アに行かなければならなくなった。ジム・フレドリクソンはそれを分析することに同意してくれた。タイミングは理想的だった。私はスイスのダボスで行なわれる国際地下圏微生物学会（ＩＳＳＭ）の第三回大会に出て、そこでフランクを称える最後の宴を催すことになっていた。その後、チューリッヒから南アへ飛んで行ける。私は何が必要かも正確には知らないまま、手当たり次第に試料採取用品を集め、岩石試料を無酸素で持ち帰るための気密アルミ容器を作った。

八月、飛行機に乗る直前、ＮＡＳＡジョンソン宇宙センターのデーヴィッド・マッケイが、火星からの隕石ＡＬＨ８４００１に太古の火星微生物の化石が含まれていると発表して（図４・１）、世界を仰天させた。[16] 火星の地表に近い地下で四〇億年前の太古の生命を示す可能性があるなら、今も火星の深いところに生命が存在するのはほぼ確実だろう。[17] さらに、火星表面で採取されて地球に送り返される岩石

試料にも、太古の微生物の化石が含まれているかもしれないということだった。(18)

バルト海の下、スウェーデンのSLiME——ISSM'96、スイス、ダヴォス、一九九六年九月

ダボスでのISSM'96は、それまでの二回のISSMとは違い、地下圏微生物試料を得るために用いられる技法よりは、この三年の分析でわかりつつあることの方に関心が向いていた。しかしコーヒー休憩のときの話は、ALH84001と、火星の地下に生命がいる見込みばかりだった。そのため、D・C・ホワイトは二〇〇人ばかりの微生物学者による聴衆の前に立って、バチカンは「神の指は地球より前に火星に触れたのかどうかを判定するために」、火星の地下生命探査のための飛行を支援すべきだと宣言した。他にも多くのSSP出身者が、このダボスの学会で研究発表をしていた。私はテイラーズビル堆積盆地で得られたツェン・シンイの最新の成果を発表し、リックはパラシュートでの成果を発表したが、私の頭の中で最も際立っていた発表は、カールステン・ペダーセンのもので、16S rRNAデータをスウェーデンのエスポ付近にある地下実験室での、様々な亀裂流体の地球化学的構成と比較したものだった。私がそのデータによだれたらたらになっていると、結論にさしかかったペダーセンは、自分が得た「ジオガス」にある水素は放射性分解によるもので、これが独立栄養生物を養ったと言った。ペダーセンが聴衆に言ったところでは、自分にはその微生物系を動かし、それを何十億年もガス欠にならないようにするパラシュートのようなロッキー山脈の造山運動がなかったので、別の源を必要としていた。その見解ではその別の由来の第一候補が放射性分解だった。(19)

私はカールステンが放射性分解についての私の考えについて、私よりも先へ行っていることにちょっとがっかりしたが、カールステンの経歴からすれば意外なことではなかった。地球の三〇パーセントを覆う大陸地殻はほとんどが太古の花崗岩でできていて、有機炭素はほとんど、あるいはまったく含んでいない。カールステンが調べていた環境はそういうものだった。コロンビアリバー玄武岩で見つかったような独立栄養生物が、珪長質火成岩環境[20]でも優勢ということがありうるだろうか。この問いがスウェーデンのイェーテボリ大学にいるカールステンのグループによる研究の焦点で、ストリッパ鉄鉱山の亀裂の入った花崗岩を流れ抜ける水に、初めて微生物を検出していたのもこのグループだった。スウェーデンのような国で、こうした問いが何らかの関心の的になる理由は、スウェーデンの電力の大部分がは原子力でまかなわれていて、原子力産業からの廃棄物は先カンブリア代の花崗岩に掘られた深い地下室に貯蔵しなければならなかったからだ。微生物の活動は、こうした廃棄物貯蔵所の長期的安全性に影響することが考えられる。SKB AB（スウェーデン核燃料・廃棄物管理会社）のこの事業の管理者、フレッド・カールソンはそのことを知っていて、この問題を調べることに関心がある微生物学者を必要としていた。そこにカールステン・ペダーセンが登場した。当時、微生物学でイェーテボリ大学の博士号をとったばかりで、すぐに同大学の一般・海洋微生物学科の教員に採用された。その研究は、国際ストリッパ研究事業が縮小されつつあるときに始まったが、フレッドがアメリカのフランク・ウォバーのような活躍をして、カールステンが研究を始められるように十分な長期的資金を確保した。一九七六年、ストリッパ鉱山は一四四八年以来の現役として機能していて、地下四五〇メートルまで延びる地下トンネル網と、地下八〇〇メートル以上の水が出る試錐孔で構成されている。一九七六年から一九九二年まで、ストリッパ鉱山は、深部の亀裂の入った岩石を抜ける地下水流を調べる学際的・国際的調査の現場

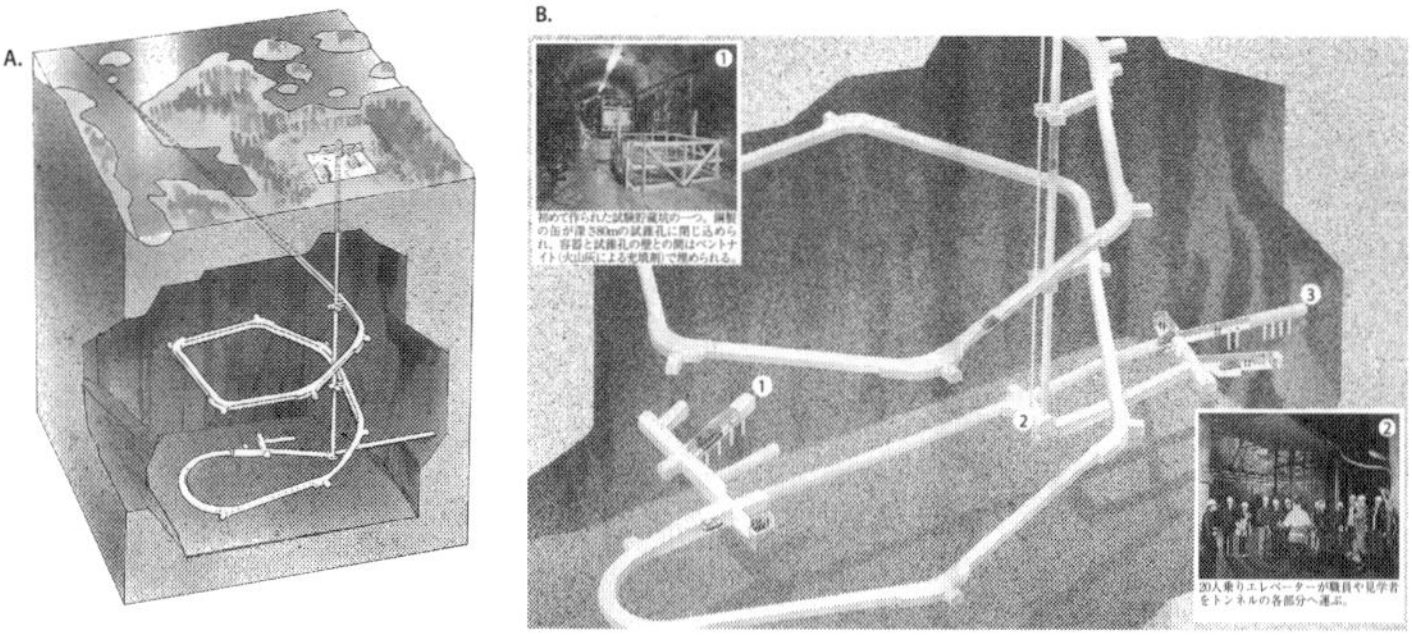

図４・２　A. スウェーデン、エスポ島の地下研究施設。B. エスポ地下研究施設の蟻の巣状図。さまざまな実験施設とエレベータによる通路を示す（Swedish Nuclear Fuel and Waste Management Co. のイラストレーター、Jan Rojmar 提供）。

となっていた。そのような環境に置かれた貯蔵所から放射性廃棄物が漏出する可能性をもっとよく理解するためだった。一九八六年、ＳＫＢは独自にバルト海南東部の沿岸近く、ストックホルムから南西に約二二〇キロに浮かぶエスポ島に試験貯蔵所の建設にかかった。この地点は大きな剪断域や、前代未聞の一七億年前の花崗岩が見られ、理想的、非理想的両方の岩石を比べることができた。ＳＫＢは一九九〇年から一九九四年の間に、地下四五〇メートルまで下りる垂直のエレベータから始め、それから同じ深さまで、車で通れるらせんトンネルを建設した（図４・２）。トンネル入り口は本土にあり、バルト海に入るある河口の下一五〇メートルを通過する。らせんトンネルのすごいところは、それによってエレベーター一本だけのときよりもはるかに多くの岩石が三次元で調べられるということだった。

カールステンのチームは、一九九〇年代の初め、エスポとストリッパで、亀裂地下水に微生物を発見したが、その多様性はサバンナ川核施設の地下帯水層で見つかったものよりは小さかった。この微生物群は、乳酸塩のような単純な有機物質や二酸化炭素も利用しているらしかった。つまり、混合栄養生物ということだ。

研究者が嫌気性のSRBやメタン菌を分離できたのはエスポだけだった。この細菌は、一八億年前に花崗岩が冷えた後しばらくして、地表から地下水流によって亀裂まで運ばれたにちがいない。このカールステンの報告がトミー・ゴールドの関心を捉えた。当時ゴールドはスウェーデンのシリヤン・リングの掘削地点の作業で忙しくしていて、深部の熱い生命圏についてのアイデアを温めていた。

カールステンの普段の通勤は、西海岸のイェーテボリから東へ向かい、森林に覆われた田舎を車で二時間ほど行き、ヨンショーピングを抜けてオスカーシュハムンという風光明媚な港町まで行く。そこで左へ曲がってE22号線を二〇キロほど北へ行き、樅の木の森や青々とした牧草地を過ぎ、何度か曲がった後、北の入り江に向かう脇道に出て、そこで突然、バットマンのバットケイブに入っていくかのように、車でトンネルに下りて行く。バルト海の下を通って島に達し、曲がりくねった道を地下四五〇メートルまで下りる。途中、左手には破砕帯が見え、バルト海の水がトンネルに漏れ出ている。さらに下では、右手に島の雨水がトンネルに漏れてくる亀裂部分と、大量の鉄錆のバイオフィルムが見えた。(21)さらに下りて行くと、右手に氷河時代の水を含む亀裂部分が見えた。最後に島の地表から四二〇メートル下で、研究室の隣に車を駐める。研究室は外から見ると緑の輸送用コンテナのようだったが、中はどんな微生物学者にとっても夢のような野外調査施設だった。研究室の隣に、流体でいっぱいの破砕帯に開けた三つの試錐孔があり、高圧バルブで封じ込められていた。そのバルブから研究室まで、細いステンレスの配管がうねっていて、研究室ではカールステンが汚染の心配のない亀裂地下水を引き込んで、そこで微生物活動を、破砕帯そのもので起きているのを見ているかのように観察した。

日によっては、エスポまでの橋を渡って地上施設へ行く。そこには本格的な微生物学実験室があり、そこからエレベーター一本で現地調査に行ける。もちろん、エスポで行なわれるのは微生物実験だけではなかった。いくつかの実験場は、試験的放射性廃棄物貯蔵所を試すために掘られたところだった。スウェーデンの放射性物質封じ込めの構想は三段階になっていて、まず腐食に強い銅製の容器に入れる。そして水を吸収するベントナイトの粘土の層で覆い、最後に岩盤そのものが容器になる。容器と粘土を突破して亀裂に入り込む放射性廃棄物でも、岩の部分ではその移動を防ぐうえで微生物が重要な役割を演じるかもしれない。貯蔵室内には、長さ五メートル、直径一メートルほどの銅製容器が、ベントナイトのレンガで縁取られた硬い花崗岩の墓の中に棺のように並べられていた。それぞれの銅製容器貯蔵室のトンネルは粘土と岩を混ぜたもので埋め戻される。銅製容器には放射性物質は入っていなかったが、放射性廃棄物で発生する熱をシミュレートするための電熱器が入っていた。何年かの間に容器は一つずつ掘り出されて、どう腐食しているか、地下水が入っていないかを調べられる。カールステンのチームは、その試料を分析して、いろいろな種類の微生物がいるか、いたらどれだけいるかを調べる。

エスポの研究基盤と実験計画は明らかに地下研究施設（URL）が、深部生命圏に関する根本的な問いを取り上げるうえで有利であることを実証していた。元SSP研究者にとっての問題は、アメリカには同様の施設を建設できるような地下深くの研究所がないということだった。アメリカにあったのは、WIPPのような放射性廃棄物貯蔵所だけだった。

第三回ISSM学会最終日の懇親会のとき、トム・キーフトが身を乗り出して私に尋ねた。「一年前のポートランドで話してくれた南アフリカの話はどうなったんだい？」。「明日行くんだ」と私は答えたが、ヨハネスブルグに着いてどうなるかは、まだ定かではなかった。

私がウェスタン・ディープレベルズで集めた試料を持ってアメリカに帰ることができたのは奇跡だった。その朝早く、アングロ・ゴールド社の地質学研究員は親切にも、ローズバンクのホテルに私を迎えに来てくれて、鉱山まで連れて行き、地上に戻ってからは送ってくれた。この研究者はアングロ・ゴールド本社にあるデーヴィッドの ${}^{40}Ar/{}^{39}Ar$ 実験施設に連れて戻り、そこで私はアルゴンガスを使って、自分の一二、三キロの岩石試料が入った二つのアルミ容器から空気を除去した。デーヴィッドのガイガーカウンターで、この黒っぽい「炭素リーダー」、つまり高濃度の金とウランを含む有機炭素の細い帯による薄い黒い層の入った岩を調べた。計数結果はアルミ容器の外でも背景放射線量を超えていた。しかし空港では、南ア航空の保安検査も、アメリカの税関検査でも、私が自分のカートに入れて運んでいたわずかに放射性のある金属容器にはまったくノーマークだった。自分の研究室に戻ると、岩の外層を剥離し、内部の塊をアルゴンで空気を押し出したワールパックの袋と広口瓶に入れて、貴重な水の試料とともに、微生物分析をしてもらうために、旧PNL（最近、パシフィック・ノースウェスト国立研究所＝PNNLに改称された）のジムのところに送った。私はプリンストンで、水と岩の地球化学的構成を調べ始めた。全体として、南アフリカ出張と輸送で、個人的出費は、私のクレジットカードの上限ぎりぎりの五〇〇〇ドルで収まった。

地球と火星の塩に閉じ込められた太古の海洋細菌？——一九九七年春から夏

SSPの仲間の多くと同様、私も支援を求めて急いでいた。ジムと私はNASAの地球外生物学研究が、岩塩流体内包物について始めていた研究に関心を向けないかと考えた。ジムは自分の研究室で直接DNA抽出法を開発していて、ジムのチームは、トムと私が採取したラグナ・デル・ソルの岩塩から、ポリメラーゼ連鎖反応で増幅した16S rRNA遺伝子生産物を抽出することに成功していた。WIPPの岩塩に、古細菌好塩菌を植え付けるとDNAができ、ジムの結果は技法のせいではないことを示していた。太古の塩は、結晶どうしの間にカリウムを含む相があり、私がレーザー$^{40}Ar/^{39}Ar$検査で年代測定して堆積した時代よりわずかに若いという結果が得られ、この試料は堆積してすぐに地下水流に封じ込められたことを示していた。T_{max}にかかる地質学的制約は約五〇℃で、ラグナ・デル・ソルの塩湖が暑い夏の日に体験する最高気温によく似ている。[22] WIPPの塩が好塩菌を含まないことを疑う地質学的理由はなかった。

完璧に機能していたらしいジムが使っていた滅菌や操作の手順は、ドイツの微生物学者でフライブルク大学のドンブロウスキーという人物の手順に沿っていた。ドンブロウスキーは一九五〇年代の終わりから六〇年代の初めにかけて、ペルム紀からカンブリア紀前期までの蒸発残留物から採取された塩の結晶や、深さ二三〇メートルから四三〇〇メートルにわたるコアから生きた細菌を分離し、そのことに関する論文を半ダースほど発表した。[23] ドンブロウスキーのチームは後にSSP方式の特徴となる滅菌と対照の処理をすべて行なっていた。このチームは、塩の結晶を二〇〇℃まで熱すると細菌を育てることができなかった。ソーンヒルコア採取活動のときの、焼いた対照コアの場合と同じだった。周囲の温度が一三〇℃にもなる地下四三〇〇メートルのコアからは細菌を育てられず、これもこのチームの処理手順が掘削による汚染を排除したことをうかがわせた。中生代の間、この塩の層は地殻の中、さらに一〇〇

○メートルほど深く、温度も一六○℃ほどあって、当時の（今も）生命に受け入れられる限界を大きく超えていただろう。ドンブロウスキー実験の目玉は*Pseudomonas halocrenaea*《プセウドモナス・ハロクレネア》という、ドイツのツェヒシュタイン岩塩層やバート・ナウハイム塩水温泉から分離したものだった。ドンブロウスキーはこの細菌をペルム紀の生きた化石と呼んだ。ドンブロウスキーは、自分が分離した細菌について、五年かかる乾燥実験も辛抱強く行ない、プセウドモナス属の他の種と比べた生存力を調べた。つまりドンブロウスキーは、QA／QCと微生物や地質学の論拠を組み合わせて、細菌がこの岩塩に固有のものだという自説の妥当性を調べた。この帰納と演繹の統合は、三○年後、SSPがあらためて考案した。

するとなぜ他の微生物学者はドンブロウスキーの導きに従って、塩に閉じ込められた太古の微生物の分離を続けなかったのだろう。ベルギーの微生物学者が、*Pseudomonas halocrenaea*が、生理学的には同じプセウドモナス属の緑膿菌という、土壌や地下水にはあたりまえに見られる細菌によく似ていて、同じ種に見えることを発見したため、ドンブロウスキーに、岩塩層が地下水で汚染されていないあるいは地下水によって菌が植え付けられていないことを明らかにするよう求めた。[24]ドンブロウスキーは当時使えた器具ではそれができず、岩塩に太古の細菌が地下で保存されているという説はまもなく雲散霧消してしまった——そのあまり、一九八一年のある教科書では、採鉱される岩塩はまったく無菌で、そのため放射性廃棄物を貯蔵するには完璧な環境と記述されるほどになった。[25]

ジムと私がセロ・ネグロとパラシュートの掘削調査にかかりきりになっていたとき、メイン大学の微生物学者で、古細菌好塩菌が専門のシンシア・ノートンが、ビル・グラントとテリー・マゲニティという、いずれもイギリス、レスター大学の微生物学者と組んで、地下一二○○メートルものペルム紀の岩塩から古細菌好塩菌を分離することに成功した。(26) このチームはそれ以前に、塩が結晶化するとき、この古細菌好塩菌が、まるで意図を持っているかのように、岩塩の初期の流体内包物の中に集まることを示していた。(27) ドンブロウスキーが分離した細菌とは違い、古細菌好塩菌は偏性好塩菌だった。つまり淡水の地下水では生きられないのだ。それは嫌気性の従属栄養生物で、そのバイオマスを溶けた有機物質から生成する。(28) 温度が四五〜六〇℃で、高温と塩分濃度のせいで酸素濃度が低い塩水湖で巨大な密度に成長する。その成長率の鍵は、光子を動力とするバクテリオロドプシンのイオンポンプで、これがＡＴＰを生産する陽子勾配を生み、(29) ＡＴＰがCl^-とK^+を細胞内に移動させて浸透圧を維持するポンプを駆動するのに使われる。この好塩菌は走光性まであって、塩水湖の中を、自身のイオンポンプのエネルギー源となる近赤外線をできるだけ多く得るために水面に向かって泳ぐが、水の層によって紫外線被曝から身を守るために、水面に近づきすぎないようにする。しかし先の三人の筋金入りの微生物学者が暗い地下の岩塩坑で見つけた古細菌好塩菌にはバクテリオロドプシンがなく、エネルギー源は有機物質を酸素で酸化することによるしかなかった。このチームは、自分たちが岩塩から分離した古細菌好塩菌が地殻の帯水層から岩塩層に浸透した地下水によるものではないことを、疑念なく証明することはできなかったが、地下圏にいる生きた微生物を長期的に分離することについては、得られている中では抜群の証拠だった。

こうしたイギリスでの最新の発見に照らすと、私たちのＷＩＰＰ岩塩による否定的な結果は、科学の世界で発表する最低基準を満たしていなかった。私たちの結果は、何かあるとすれば、細菌は（おそらく古細菌も）瀕死の状態で二億五〇〇〇万年も流体包含物の中で生き延びることはできず、アミノ酸は10^4〜10^6年で自然に分解されるので、トミーの生死レベル表示盤《デッメーター》では「死」の側にあるということを示していた。[30] もっと新しい岩塩堆積層を見る必要があった。私たちにとって幸いなことに、ニューヨーク州立大学アルバニー校の地質学者で岩塩層の専門家、ティム・ローウェンスタインが、最近、気候調査の目的でデスバレーの岩塩層から、長さ一六〇メートルのコアを採取していた。[31] その岩塩層は、ウラン崩壊に基づく放射非平衡年代測定法を用いて測定した結果、今から二〇万年前のものであることがわかった。そこで私たちがしなければならないのは、様々な時代の岩塩結晶の中に一次流体内包物を探し、そこに微生物があるかどうか確かめ、いたら抽出してDNA分析にかけることだった。この塩の年代がわかり、流体内包物が結晶化当初からのものであることがわかれば、閉じ込められた微生物の年代もわかる。ローウェンスタインは関心を抱いてくれて、一次内包物が入った最高の岩塩結晶を送ってくれた。

今や必要なのは、実験を行なうための資金だけだった。一九九四年、私はマイケル・マイヤーによって行なわれた、火星に生命がいるとすればそれが残っているところとして考えられる塩に関するNASAの地球外生物学研究会に参加していた。[32] 私はジムに、サンノゼ近郊にあるNASAエイムズ研究所での、マイケルも出てくるだろうし、私たちも招かれていた研究会で、私たちの研究についてマイケルに持ちかけようと言った。このNASAの研究会が目指していたのは、火星表面の奥に存在すると信じられている水のある地下に達するだけの性能があるコア採取器具を含む、火星探査計画を練り上げるロードマップ作成に手をつけることだった。NASAは何年も前から、火星試料採取・帰還（MSR）飛行の計画をリストには載せていた。しかしデーヴィッド・マッケイの発見があり、NASA長官のダニエル・ゴールディンの「より早く、よりうまく、より安く」哲学が、エイムズ研究所のMSR飛行にありうる成果を再検討しようという強い動機になっていた。一九七六年には、NASAのバイキング火星飛行が説得力のある生命の証拠を見つけようとして失敗していた。NASAの多くの科学者は、バイキングが生命を発見できなかったことで、NASAの火星探査計画は死んだと確信していた。[33] しかしSLiMEやALH84001はNASAを火星に生命の可能性を探り、できればそれを地球に持ち帰るという道に引き戻した。

今度の研究会は、掘削技術が好きなエイムズ研究所の惑星科学者、ジェフ・ブリッグスの主宰だった。この会は、トミー、トッド、ジム・フレドリクソン、ジム・マッキンリーにとっては、DOEのSSP研究で培ったコア採取技術を紹介するチャンスだった。ロスアラモス国立研究所（LANL）は、ケーブル・プラズマ掘削に基づいた新しい掘削技術ももたらした。これは火星の表土[34]を何百メートルも掘れることを謳っていた。月・惑星科学研究所のスティーヴン・クリフォードが、火星の地殻構造と、水に達するまでに凍った岩石を何千メートルも掘らなければならないことを教えてくれた。この難題が大きい分、思い上がった楽観論が会議を支配した。ほとんど全員が、掘削探査は行なえるし、資金も得られるし、近い将来の話だということに賛成した――そのため、確実にそうなるよう、トミー・フェルプスを送り出すことに全員が賛成した。トミーはありがたいことに受諾した。[35] 火星の試料が地球に持ち帰られれば、火星地下の微生物が事故でNASAの研究室を脱出して、地球の全生命を滅ぼすような伝染病を起こすのではないかという心配が生じる。微生物学者はそんなことはまずないだろうと安心させるとはいえ。この心配を和らげるために、無人のMSR飛行計画には、試料容器が飛行中に割れたりしたら、何と帰還機を太陽に突っ込ませるという安全装置が組み込まれていた。[36] エイムズでの研究会が終わってマイケル・マイヤーに話すと、私たちの岩塩内包物の研究は先方の研究にも関連性があるらしく、そこでジムと私は案を提出し、NASAの地球外生物学研究事業から、流体内包物に関する作業を終えるためのささやかな予算を得ることができた。

私はこの予算を使って、岩塩中の流体内包物の試料を取るための小型ドリルを組み立てた。要するに、髪の毛ほどの幅の小さなダイヤモンドの刃と、倒立顕微鏡〔試料を下から見る造りの顕微鏡〕と、流体内包物から流体を吸い出すための、先端がガラスの超小型ピペットでできている。この方式は、岩塩が比較的柔らかいので、きわめてうまく機能して、プリンストンの学部学生ジャスティン・パヴロヴィッチと私はすぐに、一個の流体内包物の中に閉じ込められていて、ジャスティンが育てていた何十もの好塩菌を見ることができたし、デスバレーの現代の塩の結晶には、やせ細って紡錘形になっていたが、多くの好塩菌を見ることができた。それから極微の流体を抽出し、冷凍し、ジムに、あるいは正確に言うと、ジムの研究室にいたポスドク、メラニー・モーマイルに送ることができた。メラニーは岩塩結晶や流体からDNA抽出物を得ることができただけでなく、その後、九万七〇〇〇年前の岩塩の内包流体から、一つの古細菌好塩菌の一つを育てて分離した。(37)

私たちの研究ではよくあることだが、この発見からさらに問題が立てられた。この一個の古細菌好塩菌が、暗い地下八五メートルのところにある岩塩中の流体内包物に一〇万年にわたって閉じ込められていたとすると、その浸透圧を維持するために必要なATP生産をどう維持したのだろう。溶解した有機物の代謝からだとすれば、その有機物を酸化するのに必要な酸素はどこから来たのだろう。カリウム40の崩壊によって流体内包物の水が放射性分解されることで、ちょうどの量の酸素が供給されていたなどということがありうるだろうか。流体内包物は岩塩中を、低速とはいえ移動する。この移動が好塩菌の代謝用の更新可能な有機物源となりえたのだろうか。それとも好塩菌は自らのバイオマスをリサイクルしていただけなのだろうか。こうした過程は岩塩一キログラムあたり数個の古細菌好塩菌を二億五〇〇〇万年、あるいはそれ以上にわたって維持できるだろうか。

ジムと私がデスバレーの岩塩コアを分析している間、トム・キーフトはPNNLのジムの研究室で在外研究をして過ごしていた。その秋、私の南アフリカで採取した試料がそちらに届いたとき、トムはその園芸の才を使って好熱菌の分離を始め、いろいろな微生物培地を試してどの好熱菌が見つかるか調べた。第二鉄イオン還元培地がすぐに陽性の結果を生んだ。ジムがこの分離生物の16S rRNA配列を求めると、驚いたことに、これはテルムス属の *Thermus SA* という系統だった。テルムス属は好気性であること、無酸素環境では脱硝性ではあっても、第二鉄還元性ではないことが知られていた。私が南アのウェスタン・ディープレベルズの地下調査のときに採取していた最初の水の試料が珍品をもたらした。私は歓喜した。ジムも炭素リーダーの従属栄養細菌のDNAを分離して成果を得ていた。

私たちはすぐに南アの結果と岩塩データについて、七月に行なわれる国際光工学会（SPIE）用に学会論文を準備した。[38] そのときNASAの科学者、リチャード・フーヴァーが、太陽系での生命探査に関する特別部会を主宰していて、私たちや、議論は呼ばなくてももっと有名な他の科学者を招待していた。トミー・ゴールドは、この部会で「深い熱い生命圏」という話をした。伝説のゴールドと面と向かって会い、その一九九二年の論文について話すのは初めてだった。[39] リチャードは隕石に生命を探すのに熱心で、ALH84001の発見の大ファンでもあった。そうなると、当のデーヴィッド・マッケイがこの部会でスティーヴ・ジョブズのようにKeyNoteによる発表を行なったのも意外なことではなかった。学会はＡＬＨ８４００１に関する他の科学者による新しい成果で盛り上がっていた。ＮＡＳＡはその仕事として、他のＮＡＳＡ以外の研究機関にＡＬＨ８４００１を分析し、マッケイの結論の妥当性を調べるための予算を熱心に出していた。しかしほとんどすべての研究は、マッケイのチームが提示した、その隕石に火星の微小生命の化石を含むとする証拠の解釈に疑念を抱く理由を挙げていた。それでもマッケイは元気で、午後にはビールを飲みながら、私たちにＮＡＳＡが始めた「宇宙生物学研究所」という新しい構想について話した。そこで、いくつかの研究案がもうすぐ決まり、何人かの微生物学者を探していると言われた。君たちは関心があるかい？　トム・キーフトはそのチャンスに飛びついたが、私は辞退して、南アフリカに集中できることになった。

第5章　アフリカの奥底の生命

そうした準備を終えると、叔父は「さて、荷物を見るとしようか。これを三つの束に分けて、それぞれが一つずつ背負うんだ。こわれ物だけのことだぞ」と言った。明らかにこの向こう見ずな教授はこの最後の区分に私たち人間は入れていなかった。「ハンスは道具と備品の一部、君、アクセルは備品の三分の一と武器、私は残った備品と精密機器だ」と叔父は続けた。「でも、衣類や梯子やロープは誰が面倒見るんですか」と私は言った。「それは勝手に下りてくるだろう」。「どうやって」と私は尋ねた。「そのうちわかるさ」。叔父は極端な手段が大好きで、ためらいなくそれに訴えた。その叔父の指揮で、ハンスはすべてのこわれ物ではないものを一つの荷物にまとめ、固く縛って、それをただ溝の中に落とした。空気を切り裂く音が聞こえた。叔父は身を乗り出して深みを覗いて、荷物が落ちて行くのを満足そうに見て、見えなくなってからやっと体を伸ばし、「結構。今度は私たちだ」と言った。読者が正しく考える人とだと思ってうかがうが、そんな言葉を聞いて身震いしない人がいるだろうか。教授は器具の包みを背中にくくりつけ、ハンスは道具の入った包み、私は武器の包みをくくりつけた。私たちはハンス、叔父、私の順で下りて行った。それは時折岩のかけらが深みに落ちる音だけが沈黙を破る中で行なわれた。

――ジュール・ヴェルヌ『地底旅行』(1)

鉱山を使わせてもらえますか？　プリンストン大学、一九九八年一月

高名な海洋微生物学者のリタ・コルウェル博士がＮＳＦの新理事長になっていて、ＮＳＦはＮＡＳＡと協力して極限環境生物（ＬＥｘＥｎ）と呼ばれる研究事業を支援することを決めていた。これは政府機関横断事業に予算がついた初めての例だった。微生物学者はＮＳＦに自分の研究を支援してくれそうな部門を探すのに苦労していて、この新たな研究事業に群がった。南アフリカの試料では有望な結果もいくらか得ていたが、微生物学者のチームを連れて再び南アへ行き、地下深くの鉱床で地下生命圏に迫る道が得られるかを確かめ、炭素リーダーでの放射性分解が無機独立栄養微生物を養えるかを確かめる案を出すのは無茶なことに見えた。私たちの案は、イエローストーン国立公園のような定評のある調査地点で研究する熟練の微生物学者が出す案に比べると、見込みが薄いだろう。それでも、国際光工学会（ＳＰＩＥ）の会合の後、ジムと私は、両機関が深部地下圏を極限生物のいるところと考えるだろうかと疑いつつも、すでに得ているデータに基づいて案を提出した。ところが私たちの疑念は間違っていた。一九九八年一月、ＮＳＦの研究補助金が出たのだ。私が微生物研究で得た初めてのＮＳＦ研究補助金だった。

悪い話もあり、私の最初の現地調査のとき面倒を見てくれたアングロ・ゴールド社の地質学研究員は、もう半年、私のメールに返信をくれていなかった。私はウェスタン・ディープレベルズで採取した二つの岩石試料と水の試料から得た地球化学的・微生物学的成果を丁寧に報告していたので、これは私には驚きだった。私が知らなかったのは、ジムの炭素リーダーによるクローンの１６Ｓ ｒＤＮＡ配列の一

つと、レジオネラ菌の配列との間にかすかに類似があって、アングロ・ゴールドはそれを心配するようになっていたことだった。元院生デーヴィッド・フィリップスによれば、会社に必要なのは、鉱山労働者の安全に対して健康リスクがあることを伝える科学者ではなく、ましてや外国の科学者ではないとのことだった。つまり、鉱山側にとってどんな得があるかというわけだ。すばらしい。NSFの補助金を得た今、私たちはウェスタン・ディープレベルズ、その後名称が変わってムポネンとなったところに再び行けることをあてにしていたというのに。それでも、南アフリカというアラスカ州よりもわずかに狭い国では、一〇〇〇を超える鉱山が現役で稼働していた。しなければならないのは、私たちの研究に十分な深さがあるのはそのうちどれかを調べ、礼儀正しくお願いに行くことだけだった。ロブ・ハーグレイヴスが応援にかけつけてくれて、かつて金鉱で働いていたときからの古い仲間の一人で、ウィトワーテルスランド大学の高名な地質学者、モリス・フィリューンに連絡をとってくれた。モリスはルディ・ブーアと面会するといいと教えてくれた。ルディは、ミシガン大学出身の若い聡明な経済地質学者だったが、今は環境コンサルタント業に専念していて、何より重要なことにこちらはメールに返信をくれた。

手づるを得ると、ジムは微生物学に経験のある野外微生物学者を見つけて、このプロジェクトのその方面の監督をさせるべきだと言った。ジムは自身のNSFの補助金で、非常に優秀で熱心な日本の微生物学者、高井研を雇うことにしていた。私はアメリカ微生物学会ニュースに求人広告を流した。「求む、微生物学者。南アフリカの超深部金鉱での野外研究に参加してくれる方……」。有望な若手微生物学者、ドゥエイン・モーザーは、一流の微生物学者、ケン・ニールソンの下で研究して博士号を取ったばかりだった。ドゥエインは海氷、南極の干上がった峡谷《ドライバレー》の湖、マンモスの骨の微生物叢を調べたことがあった。手つかずだった五大湖の深い水底堆積物の微生物群集構造研究のための一連の湖上調査を組織し、ウェストバージニアやケンタッキーの発掘にもできるかぎり参加していた。そのドゥエインが、取ったばかりの博士号を手に、私の求人に応じてきた。

モーザー博士の履歴書もあり、それにはドゥエインは仕事の能力のテストだけでなく、人間としての基礎的サバイバル能力のテストにもなるような状況でも現地調査をしたことがあると書いてあった。その履歴書には、炭酸塩岩の小さな崖の傍らにあるとてつもなく小さい穴から突き出たブーツの写真が添えてあった。ブーツの先にはモーザー博士がいるらしかった。つまり、超深部鉱床で生き延びられるだけでなく、そこでの経験を楽しむ人ということらしい。このウィスコンシンの学校を出たばかりの研究者が、身のまわりのものをすべて、傷だらけのマツダのピックアップの荷台に積んで（あるいはくくりつけて）、ものものしいプリンストンにやって来た。車はエンジンのシリンダーのうち三本が点火し、四本めは中から青いオイルの煙が出ていた。

ドゥエインが私の研究室に入ってきたときには、ブーツですぐに誰だかがわかった。学科や構内を案内して回りながら、二人で品定めしあっていた。ドゥエインには引越し荷物の整理に二日間を与え、それからいくらかの運営費と希望だけを持って、二人で南ア航空のジャンボ機の狭いエコノミークラスに乗り込み、ＪＦＫからヨハネスブルグまでの一七時間四〇分の夜間飛行に出た。目指すはルディ・ブーアだった。翌朝早くボツワナの上空を飛んでいるとき、年中行事の野焼きから立ち上る煙のカーテンごしにヨハネスブルグが見えた。巨大なぼた山の間に散在する、不法占拠者のごみごみした区画に縁どられ、小ぎれいな赤い屋根の家が見えた。観光の目的地にはなりそうにない。

私たちは、ヨハネスブルグの中心にある一等地に収まるコンサルティング会社、プレス・ハワード・アンド・デランへ（PHD）社でルディ・ブーアを見つけた。ルディは熱水地質学から環境回復に転じた意欲ある水文地質学者と言うのがベストだろう。環境回復は、何百年という重金属採鉱の有毒な遺産を考えると、南アフリカの地質学者にとっては引き寄せられる分野だった。ルディは酸性鉱山廃水排水施設の環境回復に関心があり、スワジランドのある鉱山での採鉱場規模の事業に着手していた。私たちの深部微生物研究にも熱烈な関心を抱き、すぐにバイオテクノロジーに波及するする可能性を見てとることもできた。私たちを車で壮大なウィトワーテルランド大学へ案内し、そこの教員クラブでモーリス・フィリューンと昼食になった。モーリスは快活な南アフリカ人《アフリカーナ》で、「若い」ハーグレイヴズや、二人が「大親友」だった昔の話をしてもてなしてくれた。

それからルディは、自分のコネで、アングロ・ゴールドの競合会社の一つで南アの大手鉱山会社ゴールド・フィールズ社や、鉱石の微生物濾過処理法の開発が専門のバイオマイン社との会合を手配した。ヨハネスブルグの専門施設の常として、ゴールド・フィールズもゲートと警備員に囲まれ、そこで手続きをしなければならない。敷地に入ると、広々とした、むしろほとんど空っぽの、現代的オフィスビルに入った。エレベーターで少し上がると、どっしりした楕円形の木製テーブルと、背もたれの高い椅子が占める会議室へ案内された。壁にはよくあるような、様々な新しい鉱山活動を視察する歴代社長のモノクロ写真が並び、ところどころ巨大な石英脈や博物館級の品質の黄鉄鉱を置いた棚があった。部屋は三〇人収容だったが、そこにいたのは六人だけで、巨大なテーブルの一方の側に固まっていた。反対側にいたスーツ姿の鉱山側の三人は、すべてお見通しのようなタフな目つきで、当然のことながら私たちの意図をあやしんでいた。エアコンの不調のせいで部屋は暑かった。たばこの煙が漂い、皮膚にまでしみ込みそうだった。外から、冬の午後の低くなった金色の太陽がけむたい部屋を照らし、熱、ふかふかの椅子、よどんだ空気、時差ぼけが合わさって、テーブルの向こうからどうしても飛んでくる、話に割り込む質問に対する注意力がそがれる。

私はテーブルに置いたＯＨＰで短いプレゼンを行ない、質問が出るほど喰いついてほしいと願っていた。アングロ・ゴールド社の経験で私も用心深くなっていて、割って入られそうな質問の半分くらいは予想していた。しかしプレゼン後の話の大半は意外なことに明るく、私たちはすぐに話を調査期間のことに移した。ルディ、ドゥエイン、私は、リスクをとる会社の中にいることは明らかだった。中でも最も強力なのは、研究・特別事業部長のロブ・ウィルソンだった。私もドゥエインも、打合せが進む間、ロブが場を温めていると感じた。その後、他の二人の鉱山側幹部は退席し、ロブは自分の部屋で鉱山作業についてさらに打合せようと誘い、打合せは夜遅くまで続いた。坑道や階段式採鉱場《ストープ》がどのようにしつらえられているか、空気や水がどう流れるか、採鉱場をどう埋め戻すか、この調査がどう実施されそうか、メモ用紙に略図を描いた（図５・１）。一つ一つの話について、細かい描写が目立った。ロブは明らかに味方だったので、すべてが期待できそうに見えてきた。ロブなら私たちの必要に適した鉱床を見つけてくれて、ゴールド・フィールズ社とプリンストン大学との協定を準備してくれるだろう。

翌日、ルディは私たちをウィトワーテルスランド大学微生物学科長のジェニファー・アレクサンダー教授に引き会わせた。教授は南アフリカの微生物学界では傑出した人物で、アフリカでのＨＩＶの由来について抱く信念は論議を呼んだ[2]。会合が終わるまでには、先方の発注担当者マーガレット・スミスを紹介してもらい、さらには学科の特別教育課程用実験室の実験台まで使わせてもらうことになっていた。それは驚異の前進で、勢いを増しつつあるように見えた。その夜の夕食の席で、私はルディやドゥエインと、ジェニファーとの会合について話し合い、南アフリカでの環境ビジネスの状況について考えた。南アフリカの企業は好熱菌に基づくバイオリーチング〔生物に精錬させる〕技術の特許を取っていたが、環境浄化産業は始まったばかりで、バイオ修復の専門家は当時の南アフリカにはほとんどいなかった。微生物学者のメアリー・デフラウンと話したかぎりでは、環境バイオテクノロジーでの教育・訓練には

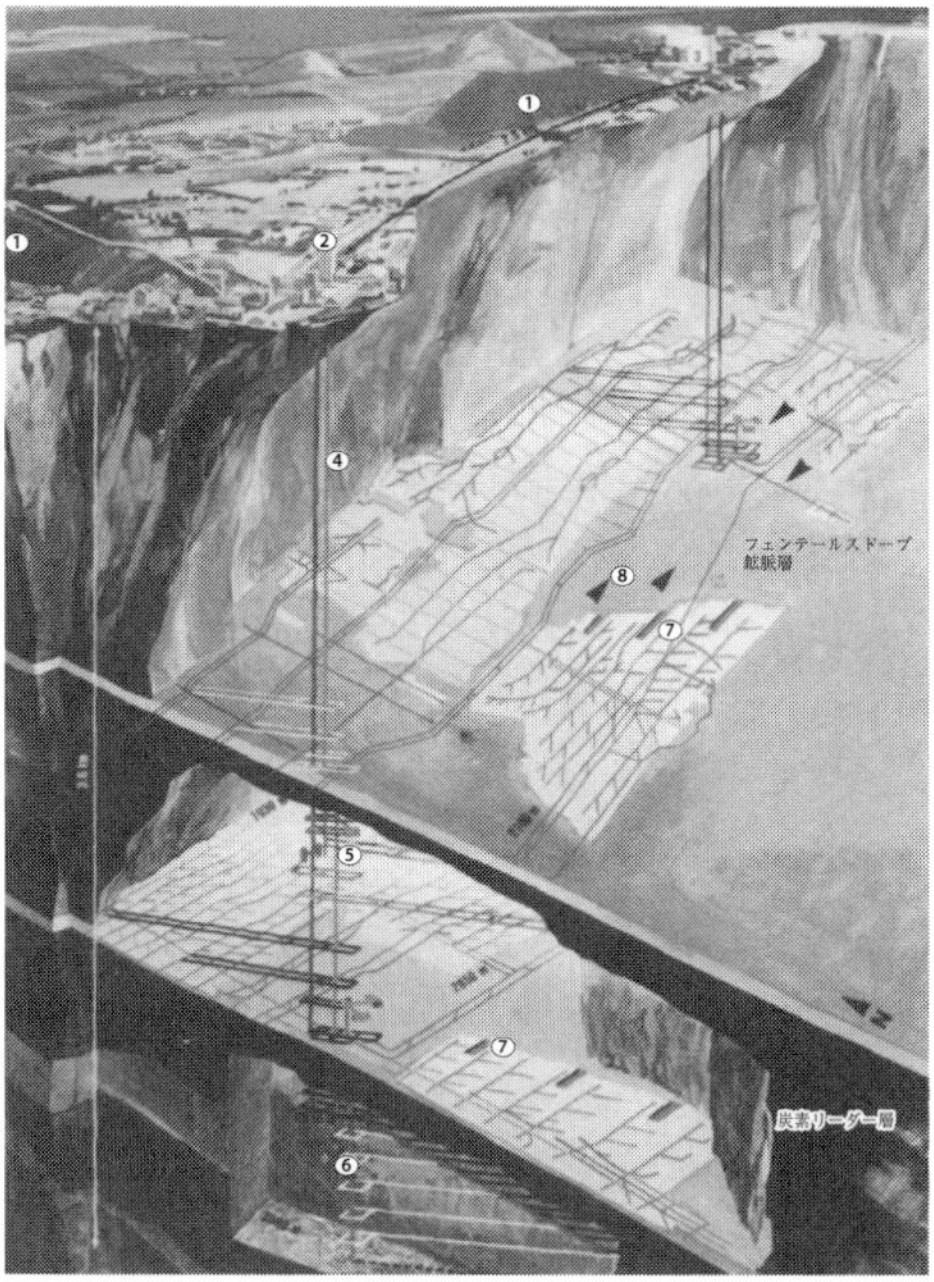

図5・1　ウェスタン・ディープレベルズの二番縦坑（今はタウ・トナ）、３番縦坑（今のサヴーカ）の断面図。縦坑から採鉱区域に延びる水平の坑道が鉱山の各「レベル」を表す。採鉱区域に当たるところに続くトンネルは、「ストープ（階段状採鉱場）」につながる「近道」となる（Oxley 1989 による）。

①地表の廃棄岩石捨て場
②２番縦坑
③３番縦坑
④主坑
⑤副次坑
⑥三次坑
⑦固定用鉱柱
⑧採鉱面の方向

巨大な可能性を見ることができた。(3) 南アフリカの微生物関連部門は人間、動物、植物を宿主とする細菌やウィルスによる病気に集中していた。私の頭には、もしかすると今度の調査は、次世代環境科学者の、有害な金属を正しく処理し、さらには原位置採鉱《インシトゥ》を行なう微生物の能力に関する教育に拡張できれば、南アフリカにはるかに大きな影響を及ぼすのではないかという思いが浮かんだ。しかしルディは懐疑的で、超えなければならない溝はあまりに大きいと思っていた。南アフリカは、圧倒的に貧しく、ほとんど教育を受けていない大多数の人々を、教育を受けた中間層に変えようという壮大な教育実験のさなかにあった。基本的な計算能力でも難しく、環境微生物学のようなもっとわけのわからない分野となればなおさらだった。

翌日、ドゥエインと私は、私の元同僚、クリス・ハートナディに会いにケープタウン大学へと飛んだ。会うのは一九八七年以来のことで、驚いたことに、もう地質学科所属ではなくなっていて、コンサルティング会社の水文地質学研究員になっていた。到着の翌朝、ケープタウン大学のキャンパスがあるテーブルマウンテンの麓まで車で行った。アパルトヘイトの時代には、ケープタウン大学は南アフリカで最高の大学で、アメリカで言えば南カリフォルニアのような比較的リベラルな地方にあり、国際的な名声のある天文観測施設と、世界的レベルの医療センターを誇っていた。スター教員の中には、工業微生物学が専門の生化学者、微生物学者がいて、私たちはその日の午前中にそうした人々と会い、みな関心を示してくれたが、遠いヨハネスブルグ地域での作業には実際には誰も参加はできなかった。みなそれぞれの研究に忙しく、研究資金も乏しかった。その頃のケープタウン大学は金銭的には絶望的な苦境にあった。地質学科の応対は、以前、一九八〇年代に何度か訪れたときと比べると、驚くほど冷淡だった。私たちが行くという知らせは、私たちよりも先に届いていたらしい。ウィトワーテルスランド盆地研究では世界の先頭に立つ地球化学者の一人との会合が始まって二分もしないうちに、私たちは金を析出する細菌で一山当てに来たと言って非難され、その研究室から追い出された。翌日、大学で知り合った微生物学者の一人と喜望峰見学に出かけるドゥエインに、万事うまく行っていると言って安心させた。私は宿に戻ってメールをチェックしたが、南アフリカの鉱業界では逆風が吹いているというしつこくつきまとう感覚が、私の頭に忍び寄っていた。私たちにとっては水を差しそうなことだった。

大いに遺憾なこと——プリンストン大学一九九八年七月

アメリカに戻ってからは、南アフリカの仕事ではどこまでも遅れそうに見えた。五月が六月になり、さらに七月になってもロブ・ウィルソンからは何の連絡もなかった。そして私たちのこれからという研究計画の支援をやめるという困ったメールが届いた。

大いに遺憾なことながら、さほど意外ではないかと思いますが、本日私は多くの同僚とともに余剰人員とされました。研究のことを心配しております……RBW

私はそのときノーラと休暇でアイルランドにいて乗馬をして過ごしていたが、ドゥエインに電話して、またこの件は帰ったら何とかするからと言って安心させた。電話を切ると、すぐにロブに電話して詳細を訊ねた。ゴールド・フィールズ社では、いくつかの国際的事業の成果が芳しくないせいで、大がかりな規模縮小が進行中とのことだった。金の価格が米ドルとランドの為替レートと結びついて変動し（南アの鉱山会社はドルで支払いを受け、従業員の給料はランドで払う）、鉱山会社ができたり破綻したりする気まぐれな金属業界だが、それでもこの規模縮小は少々異例だった。超深部鉱床で用いられる掘削や爆破の技術は人手もかかり、縦坑を掘り下げる費用や維持費は急上昇した。鉱山会社は新政府が鉱山をすべて国有化するのではないかと心配していた。しかしロブは私に、腹案があってそのための作業をしているから、落ち着いていろと言った。

プリンストンに戻ると、ドゥエインが不運を嘆き、経歴に重大な汚点がついたと思っていて、アメリカでは最も深い鉱床のサウスダコタ州ホームステーク金鉱を考えてみてはどうかと私に提案してきた。そこならあまり珍しくはなくてももっと安定した選択肢になるからと。「確かに。調べてみよう」と私は言った。少なくともドゥエインのやる気は維持しないと。二週間後、ロブからメールが届いた。ロブとやはり解雇された何人かの同僚は、タージス・テクノロジーというコンサルティング会社を興していた。これは（とりわけ）自分が解雇された会社を相手にする会社だった。ロブは仕事に戻ったのだ。ゴールド・フィールズ社に私たちの地下調査を認めさせ、八月始めに代わりに契約をしたという。ロブは率直だった。私たちの関係は変化していて、今やその業務には対価が発生した。しかしそれは元のNSF予算でのことでも予想されることだった。何より、他の選択肢は考えられなかった。

そこですぐに、私たちの後方支援を扱わせるためにタージス・テクノロジー社を雇うと、イースト・ドリーフォンテーン・コンソリデーティッド社で作業することをロブから薦められた。そこは最近、E5という縦坑を掘ったところで、これは地下三五〇〇メートルに達していた。生産を始めたばかりで、汚染されていない岩石試料を得る最高の機会だった。

　プリンストン大学法務部とタージス・テクノロジーの弁護士、イースト・ドリーフォンテーン・コンソリデーティッドの弁護士の間で、損害賠償や知的財産権に関する交渉が何週間かあり、私たちはやっと地下へ入る許可を得て、残るは旅支度ということになった。てんてこまいの一週間で野外調査用具を集め、ペンシルベニア大学から来たボランティアのヨースト・フックを連れて、ドゥエインは南アフリカへ発った。私はさらに用具を持って二週間後に続いた。先発の二人が着くと、大いに手間をかけて書類仕事を片づけたというのに、すべての用具が南ア税関で没収された。これは両国間を行き来するときに通関で直面することになる不愉快で困った出会いの最初で、もちろん最後ではなかった。

　私が着くと、二人が赤い、地元ではコンビと呼ばれている、フォルクスワーゲンのようなバスで迎えに来て、ヨハネスブルグのラッシュアワーの道路を苦労して抜け、ハイウェイに入り、深い縦坑の周囲に鉱山会社が建設した多くの町の一つに入った。そこで私たちは、南アの人々の明日の活力の元になるあちこちで見られるステーキとビールのチェーンの一つ、「スプール」でロブと落ち合った。この店は、鷲の羽の頭飾りを着けたアメリカ先住民の族長の頭を大きな看板に描いていた。しばらくして腹がいっぱいになり、翌日の計画を立てると、ロブと別れてイースト・ドリーフォンテーン鉱山へ車で向かった。「跳ね上げ棒《ブーム》」ゲートをくぐり、「独身者区」村に入り、私たちの新しい「家」に着いた。

　翌日は全員で村をさっとジョギングして回ったが、海抜二〇〇〇メートル近くの薄い空気でドゥエインと私はあまりさっとしていないウォーキングになり、クロスカントリーの経験豊富なヨーストは私たちを土ぼこりの中に置き去りにして行った。ヨーストは明らかに私たちの隊のハンスだった(4)。周囲にはトランスバール地方の苦灰石層や縞状鉄鉱層が赤く染まった「コピエ（小山）」をなし、その一つのてっぺんに、巨大なＥ５縦坑の巻き上げ装置が乗っていた。それは少なくとも二〇階建てくらいの高さはあったにちがいなく、カールスバッドの炭酸カリウム鉱の巻き上げ装置は小さく見えたことだろう。独身者区のカフェテリアから道路を渡ると、４番縦坑の巻き上げ機が回転していて、遠くには他の巻き上げ機が靄の向こうに見え、疑いもなく運転中だった。独身者で混雑するミセス・サッキーズでシリアルの朝食をとり、家でパイプシャワーを浴びた後、私は自分たちの住居兼現地研究室を調べた。荷造り用の箱、氷の箱がリビングに並んでいた。敷物に覆われた通路が一方のトイレとシャワー付きバスルームから、別の風呂付きバスルームに走っていた。南アの多くの家にはよくあることだが、暖房もエアコンもなかった。外には見事なバラ、マリーゴールド、パンジー、ユリ――思いつくかぎりの花――が赤い土の通路との境になっていて、ジャスミンの香りが漂っていた。鉱山村の周囲で、高い平原に春が訪れると繁殖する多くの鳥の鳴き声もしていた。

　私たちはロブに、イースト・ドリーフォンテーンの念入りに景観に配慮した管理棟で会い、そこで無数の管理者、地質学研究員、安全管理者と握手した。それぞれをロブが紹介した。みな私たちを不審そうに見ていた。それから私たちは試作実験室を見に、選別施設《グレード・プラント》まで車で下りて行った。会社は大いに手間をかけて、ただの物置だったところを、鉱山の鉱石運搬ベルトコンベアの上に床を張り、壁、流し、施錠できるドア、大きな窓までつけて、実験室に仕立ててくれていた。部屋は広々として、うっすらと岩の埃で覆われ、私たちの器具はまだ入っていなかった。まだ税関の手にあるのだろう。しかしドゥエインは冷蔵庫を買っていた。地下で私は、実験室が収容されているグレード・プラントの管理者、ペーター・プレトリウスに会った。快活で巨体のアフリカーナで、骨が折れるかと思うほどの握手をした。ロブは自分の仕事を終えるとヨハネスブルグへ帰り、私たちはカールトンビルという、ゴールド・フィールズ社が深い鉱山用に建設した町へ、地元のスーパーで食料を買うために向かった。

翌日、ドゥエインとヨーストは、私をイースト・ドリーフォンテーンの病院で下ろし、自分たちは私たちの鉱山用具、つまり標準鉱山仕様のゴム長靴、ベルト、ヘルメット、ソックス、耳栓、つなぎ服、派手なオレンジ色の蛍光塗料の縞が入ったベストを取りに備品棟へ行った。病院は、モザンビーク、ジンバブエ、レソトなどいろいろな国から来た鉱夫すべてを収容する宿舎の隣にあった。鉱山病院の玄関ホールは新参の鉱山労働者の列でいっぱいで、鉱夫は書類に記入すると看護師の小集団に部屋から部屋へと案内されていた。私は自分の書類に記入しながら、糖尿の気があることを隠すべきかどうか考えた。それがわかると地下へ行けなくなるだろうか。私はどうせだめになるなら正直に言っておく方を選び、結局それは良かった。最初の検査が尿検査だったからだ。その朝飲んだ水のおかげで、カップを満たすのは簡単だった。看護師はそれに検査紙を浸し、私を見上げ、「糖尿ですか?」と訊ねた。私は頷いた。「インスリンは服用していますか?」私は血液検査用具を見せて、自分の日課を説明した。「問題なし」と、看護師は私の検査表にスタンプを押して、ホールの向こうの別の部屋を指さした。そこで私は周辺視力を調べる眼の検査を受けた。問題なし。またそう書き込まれ、別の部屋へ行き、そこでは聴力検査が待っていた。イアフォン付きのブースの中で、私は両耳でいろいろな周波数で鳴ったり止まったりする微かな音に耳を澄ませた。その後、この検査を行なった看護師は、左耳の高音部が弱いけど、右耳は完璧ですと教えてくれた。それは一〇年前に耳当てなしに釘打機を使った報いだった。問題なし。検査表が変わり、今度は胸部X線検査のために上半身裸で並ぶ三〇人ほどの黒人の列の後ろについた。そこで私もシャツを脱いだ。ファナガロ語(5)で話す黒人の鉱山作業員志望者で一杯の部屋に、白人は一人だけだった。連中は、「見ろよ、あのやせた年寄りの白人をよ。あんなのと一緒に働くのかい」などと言っていたのだろうか。X線の後、最後に医師の問診に向かった。担当はレスリー・ウィリアムズという女医だった。そこでX線を撮る理由を訊いてみた。「エイズと結核です。鉱山労働者組合がどうしてもHIV検査を認めないので、結核検査で調べています。宿舎は区画が密集しているし、売春は横行していますから、鉱山でエイズが広がったら大問題ですよ」。医師は私に「踏台昇降《ステッピーズ》」(鉱山が地下へ入る人全員に求めている熱耐性を調べる順応試験)用の検査票をくれて、部屋を出ると、外で待っていたドゥエインとヨーストに合流した。

ステッピーズの最大の難関は退屈さだ。安全管理棟まで車で運ばれ、ファンがついた、ドア一つの納屋のような建物に入れられた。中ではパンツ一つになって、貴重品をすべて管理者に預けた。するとその助手が体温計を各人の口に差し込み、体温を測った。それから、地下の高湿度環境をまねた洞穴のようなサウナに入り、他の四〇人ほどの鉱山労働者と一緒に向かい合って、高さ六〇センチほどの二列のコンクリート製のベンチに並んだ。体温を測った助手がしなければならないことを実演した。部屋の端には大きな円形の照明があって、「カン」と鳴り渡る音とともに赤く光り、管理者がベンチに上がった。上がったとたん、別の照明が、大きな「コン」という音とともに緑に光った。みな、頷いたり、首を振ったりして、何のためなんだろうと思っていたが、五秒後、また「カン」と鳴って、四〇人の男が一斉にロボットのディスコのようにベンチの上に上がった。上がって下りて、上がって下りて。私はペースを変えたり、先に上げる足を変えたり、何かしら退屈をまぎらわすことをして、他の人がどうしているかを見ようとして見つめないようにした。簡単なようだが、二五分後には心臓が跳ね上げハンマーのようにばくばくいっていて、カンコンよりも速くなり、そのカンコンが急に止まった。管理者と容器いっぱいのアルコールに浸した体温計をもった少し小柄な助手が駆け込んできた。二人が各人の口に体温計を押し込んでいる間、私は医師がさっき、エイズ検査が足りないと言っていたことを考えていた。一分後、管理者は私たちの体温を調べに戻ってきた。立派な競技者のヨーストは最初の体温に近かった。ドゥエインはやや肥満だが、驚くほど体幹温度は低かった。私はと言えば、かろうじて合格だった。

正午近くなっていて、ステッピーズで空腹になったので、車でカールトンビルへ行き、そこでケンタッキー・フライドチキンを見つけた。経済制裁中はアメリカの企業は南アフリカで商売ができず、KFCも撤退しなければならなかった。しかしまた戻ってきていて、私はファンではなかったが、南アフリカのKFCがアメリカのKFCと違うかどうかは気になった。実際、違っていた。今回は並んでいるのは白人ばかりで、黒人の店員が応対していた。開いた裏口から、棚の上に未開封の箱があるのが見えた。「KFC――南アフリカ用開店キット」と書かれていた。ファストフード・チェーン店を持つことは、南アフリカで生まれたばかりの黒人実業家が中流に上り始めるための一つの方法だったのは明らかだ。空腹で待ちきれず、私たちはカルセドニー街へ行き、チキンカレーのポットパイをテイクアウトできる店――キングパイズ――に入った。KFCよりは伝統的なファストフードで、私はすぐに気に入り、アメリカでも輸入すればいいのにと思った。

私たちが頭にくるようになった多くのことの最たるものは、家に固定電話の線が引けないことであり、実験室の電話線はほぼいつも使えないことだった。メールも使えなかった。国境を越えて誰とも連絡できなくて、どうすれば国際的な調査ができるだろう。実験室の電話がつながらなくなるといつも、私たちはお互いを責めるようになり、ドゥエインとヨーストの緊張はとくに高まった。私たちは苛立っていた。グラブバッグはまだ税関に留められていて、岩石の採取もできなかった。私たちは地下の水の試料も採取したかったが、採鉱で使う、地表から引いている水以外の水については誰も知らなかった。鉱山が乾燥しているとは考えにくい。数か月前に発表されて、南アフリカの金鉱の「裂罅水《れっか》」（岩の割れ目の水）について書いた論文を見たことがあったが、それがこの話について発表された唯一の論文だった。(6) 換気担当責任者のニコ・スプルストラと会ったとき、やっと水の採取についての意思疎通の壁が破れた。スプルストラは、46レベルに水漏れしている試錐孔があって、そこは古いがまだ水が流れていることを思い出し、火曜なら、そこへ連れて行って水を採取させてくれるという。準備に四日あったが、採取用具は荷ほどきをしないまま家にあり、嫌気性生物集積培養を準備するために必要な水素、窒素、二酸化炭素のガスボンベはまだ鉱山の備品棟に届いていなかった。週末は自分たちの鉱山器具の準備におおわらわで、備品の荷ほどきをし、要りそうなものをリュックに詰めたが、実際には何が必要か、手がかりはなかった。

月曜の午前中は、ヨハネスブルグのラッシュアワーの渦に手を焼きながらウィトワーテルスランド（ウィッツ）大学へ行った。そこはヨハネスブルグのあわただしいビジネス街の中の静かなオアシスだった。微生物学科では、カート一杯の試薬やガラス器具を玄関まで運んできたマーガレット・スミスが迎えてくれて、マーガレットはドゥエインが金曜に出していた要望を満たすために必死になって、私たちが微生物培地を用意するのに必要とする薬品を探してくれた。丁重にお礼を言う私たちを、特別研究をする学部学生でいっぱいの実験室を抜けた先にある高圧蒸気消毒器《オートケーブ》のところへ案内した。マーガレットは振盪《しんとう》インキュベーターに興味はありませんかと訊ねた。モーターは動かないけれど、修繕費を出していただければ、鉱山でも使えますよと。レモンを売りつけられる純真なアメリカ人には見えないように、私は考えてみると答えた。学生で混雑する実験室へ出て、そこで私たちはインキュベータ修理に五〇〇ドル出すことで合意した。戻ってドゥエインが吉報を知らせると、マーガレットは満面の笑みを浮かべた。ドゥエインがマーガレットの気をそらしている間に、私たちはジェニファー・アレクサンダーの研究室へ潜り込み、そこの電話で家に電話しようとした。交換手はぶっきらぼうに、電話には前もって予約が必要だと知らせ、電話を切った。テーブルにファックス機があったので、受話器を取り上げ、自宅にかけてみた。「もしもし、君かい?」「あなた」と返事があった。私はウィッツの意地悪な電話システムを突破していた。私はしつこいだけがとりえなのだ。家の方の状況を聞いて、ファックスを切り、二度めの高圧蒸気消毒をしている学生たちをかきわけた。それから車でヨハネスブルクを抜けてタージス・テクノロジー社へ、ロブに会いに行った。ロブは会議中だったので、その部屋の電話を借りて、アメリカのあちこちに、絶対に緊急の「これとあれをタージス・テクノロジーに送ってくれないか」という留守電メッセージを何件か残した。それが終わる頃、ロブが入ってきた。「申し訳ありませんが、私のところの電話が全然だめで」と、私はおとなしく申し出た。「全然かまいませんよ。必要なものは言ってくだされば、私が手配します、ぱぱっとね」と、ロブは力強く首をふりふり言った。「冷凍庫が要ります」と私は答えた。「大丈夫、ウェストゲート・モールへ行きましょう」。私たちはバンに跳び乗ると、ロブの案内でショッピングモールへ行き、翌日採取する予定の試料を貯蔵するための実験室用の冷凍庫を選んだ。途中でロブは、そういえばというように、グラブバッグがやっと明日届くと教えてくれた。何度もお礼を言ってタージスでロブを下ろし、N1号線の午後の混雑を避けるためにウィッツに急いで戻ると、学生たちが培養皿に注入を終えて、オートケーブから引き出そうとしているところだった。学生が培地の準備を終えていただけでなく、ドゥエインはマーガレットをくどいて、もう一台、立派なインキュベーターと、携帯式高圧消毒器を貸してもらえるようにしていた。そこで私たちは、冷凍庫と私たち三人の他に積めるだけコンビに積んで出発した。

第一回降下——イースト・ドリーフォンテーン鉱山、一九九八年九月一日

翌朝、ドゥエインの目覚ましがまだ早すぎるのに鳴りだした。私たちはベッドから這い出し、ナップサックに水やおやつも含めた荷物を詰め、用具を集めた。それから更衣室のある2番縦坑まで車で行き、ニコと落ち合うと、ニコはカードリーダーに自分のカードを通して回転ゲートを開け、私たちを通した。回転ゲートはどの鉱山にもあり、エレベーターのケージ〔格子で覆われた昇降用の台〕に乗り降りする人の流れを一定量に調節する。回転ゲートの短い横棒のせいで、高さ二メートル余りのソーセージ挽き器の端が回っているような感じで、背中にリュックを背負ってこれをくぐり抜けるのは一苦労だった。私たちは鉱山作業員の更衣室にロッカーを割り当てられていて、素早くパンツ一つになり、つなぎと一メートル近いウールのソックスを着け、さらにあまり快適とは言えないゴム長を履き、ベルトを留め、手袋と耳栓をベルトに挟んでヘルメットをかぶった。ともあれ見栄えだけは整ったが、予定からは遅れていて、急いで回転ゲートを通って戻り、バンでニコの車を追って5番縦坑となる隆起のてっぺんのスポットライトがピラミッド形に並ぶところへ行った。ニコはまたカードで私たちを回転ゲートに通し、私たちは自分の坑内作業用ランプをもらって肩にかけ、やはり受け取ったバッテリーはベルトに差し込み、リュックサックのバランスをとると、よろよろとケージに向かった。

地下へ行くことを計画するときは、すべてが「ケージ」に間に合うことを中心に回る。ここのエレベータ・ケージは三層で、人や補給品を下ろしたり地上に戻したりする。ケージは一層の定員が四〇人で、要するに大きな鋼鉄性の箱が、ジェットコースターについているようなローラーで押さえられ、垂直の鋼鉄性レールで導かれる。一つの縦坑には六台ものケージがあって、それぞれが別々に昇降している。作業員を運ぶケージは朝早くから下り始め、午前一一時頃に上がりの作業員を乗せてくる。私たちは朝七時半のケージに乗った――遅出の管理職が乗るケージだった。

外に出ると星明かりの薄暗がりに何筋かの陽光が差し込んで、私は初めて、頭上の巨大な明るく照らされた巻き上げ機を間近に見た。その高さはちょうどピシャンス堆積盆地のボーリング機械ほどだが、胴回りは向こうの一〇倍はあった。冷たい風が私の薄い綿のつなぎに吹き込んで、そこがどれほど寒いか、初めて気がついた。そしてその風が、縦坑に空気が吸い込まれて生じるものだということもわかった。縦坑はすべての人員、装備、一日に一〇〇万リットルもの冷却や埃押さえ用の水が出たり入ったりする玄関口であるだけでなく、換気のために入る一分に一億リットル近くの大量の空気が通る窓でもあった。ケージには蛇のようにからみ合う、様々な色や大きさのホースやケーブルが群がっていた。人間の太腿ほどあろうかという太さの鋼鉄のケーブルが九〇センチものターンバックルを介して、待機するケージの上に取り付けられていた。ケーブルは二〇階建ての高さの灰色の巨大構造物を蛇のように這い上がり、外に出ると、何千メートルものケーブルが巨大な鋼鉄のドラムに巻き取られる「バンク」に向かう。バンク担当の人員が念入りに見守っている。ケージが上り下りすると、ケーブルは驚くほどの速さでしなり、延びるが、すべては制御されていた。ムポネン（旧ウェスタン・ディープレベルズ）では、油くさい細部は完全に黒いブリキの羽目板で覆われていて、高い穀物サイロのように見えていた。ドリーフォンテーン5番縦坑はそのような見てくれに無駄な費用はかけていなかった。それは未開の岩盤に通され、最新の通風技術を用いた「新しい」縦坑だった。実際のところ、5番坑のための縦坑建設が始まったのは一九八二年で、一六年後のこのとき、鉱山はやっと操業を始めるまでになったところだった。三〇〇〇メートル以上の地下まで坑を通すにはそれほどの時間がかかったのだ。地元の大きなカルストの帯水層に坑を通さなければならないとなれば、とくに長くかかった。しかしゴールド・フィールズ社は、鉱石の品位の高さを考えて、投資は操業を開始して二年で回収できると見積もった。イースト・ドリーフォンテーンの快調な日には、地上を出発してわずか三〇分で、三三〇〇メートル以上の縦坑の底に行けるだろう。私たちは実際、ソーンヒル1号井の地底の深さよりも深いところまでエレベーターで下りているのだ。ケージは人が乗るためだけのものではない。操車場には鉄道車両がひしめき、岩石を満載したものもあれば、パイプやボーリング機械などの巨大掘削用具を積んだものもあり、車両が乗るレールはケージのすぐそばまで延びていた。鉱山幹部の一人は、自分のピックアップに乗ったままケージの下にぶら下げられて下りていた。

三層のケージを昇る階段も見え、作業員が各層の安全扉を引き戻したりスライドドアを開けたりしていた。少数の作業員がすばやく飛び出した。私たちは、底に着いてドアの方へとのろのろ進む、もっと静かな作業員の大群に混じっていた。私たちはニコの金魚の糞になって人々の間をくぐり抜けた。集団をなしているのは主に、青いつなぎを着て黄色いヘルメットをかぶった、たいてい背の低い、筋肉質でストイックな態度の黒人の作業員だった。管理職はたいてい、白のつなぎに、明らかに何らかの序列や専門の職務を表す色とりどりのヘルメットだった。白人労働者は騒がしく、悪気のない馬鹿騒ぎをしながら、周囲の騒音を上回る大声でアフリカーンスの言葉を交わしていた。私たちはドアを通ってゆっくりと後ずさりし、リュックサックを脚の間に挟んでケージの壁にもたれると、ドアが閉まり、外からロックされた。

外からは大きな金属的な音が響いて、この「地底《サブテラニウム》」行きが発車するとアナウンスしていて、列車が駅を出てトンネルに入るように、私たちが乗ったケージは襟部《カラー》分から下り始め、胴部《バレル》分に入った(7)。私たちのヘルメットは岩のかけらや埃を浴びた。鉱山の息のような強風が縁から上へ通り抜け、私たちの背後の空虚へ飛び込んで行った。ケージが縦坑のカラーの下に急降下すると、すぐに地表の薄明かりの最後のなごりが消えた。いくつかのヘッドランプが瞬いて灯り、私たちも心配になって自分のランプをつけた。ケージはすぐにスピードを増し、かすかに制動された自由落下で滑り降りると、油を塗ったレールを制動機が引きずった。私たちはみな、ケージの振動と一体で揺れていた。ニューヨークの地下鉄の通勤客のようだが、それより静かで、ときどきガチャンとかキーという音が外からすると、これが落下する地下鉄なのだということにはたと気づく。加速すると鼓膜に圧力がたまるのが感じられ、私はスクーバダイビングをするときのようにエウスタキオ管の空気を抜かなければならず、つまり相当の速さで動いていたにちがいない。それからはるか下で滴る水の音が聞こえ、心臓の鼓動のように、閃光とケージの屋根に水が落ちる音がして、何もなくなる。私たちは坑道の一つを通過し、ケージの停留所を通過したことがわかった。

気温が上がるのを感じるようになると、ケージはスピードを落とし始め、いくつかの停留所を通過した。私たちが下りるところに近づくにつれて重力も増すのを感じた。ケージが行きすぎたと思ったとたん、床がぐんと押し上がり、それからすとんと落ちた。自分が大きなヨーヨーにつながれているようだった。上では何人かの作業員が、最初の反動で足元から床が離れるとき、みんなで思わず「おお」と声を出していた。外側のワイヤー製のゲートが開き、外の誰かがケージの扉を手でぎこちなく操作し始めた。その操作に鉱山管理者で最も大きな男が文句を言い始めた。上層の人々はもうケージの外へ出始めていたからだ。やっとドアが押し戻され、全員が外へ飛び出した。私たちは線路が並ぶ中にある、明るい照明のコンクリートのプラットフォームに出た。頭上の看板が22レベルにいることを告げていた。二〇〇〇メートル下りるのに四分。当時の世界貿易センターの最上階から下りる時間の四倍以上だった。加速と減速、遅れを計算に入れると、最大速度は時速は四〇キロを超えていたにちがいない。私たちは今や海面より低いところ、北米で最も深い鉱山なみの深さにいたが、それでもやっと半分来たところにすぎない。ドゥエインと私はリュックを背負いながら、金を掘り尽くしたらここをどういうふうにテーマパークにしようかと冗談を言った。「そうだな、ここのケージはディズニーランドのタワー・オブ・テラーの強化版みたいだ」と私は大声で言った。

ケージから出ると、私たちと一〇〇人強の坑内作業員はさらに扉や回転ゲートを通り、何度もショットクリート[8]を施したトンネルに入り、さっき下りたのと同じように見える別のケージのところに着いた。この第二のほぼ垂直の途中駅では、気温は二八℃でじめじめしていて、ドゥエインと私は本物のコオロギが、ふつうのコオロギよりも明らかに速く鳴いているのを聞いた。「鳴き声の周波数はまわりの温度に相関するんですよ」と、急いでは待ち、急いでは待ちしているとき、私付きの博物学者のドゥエインが教えてくれた。ケージが到着するのを待つ間、ニコはさっきのヨーヨー現象について、鋼鉄のケーブルが伸びて、テザーのところで一メートルほどもバウンドするんですと解説してくれた。ケーブルのひっぱり強度の限界が、一本のエレベーターで一気に三キロ半の地下までは行けない理由だった。一六〇〇メートルを少し超えると、延ばしたケーブルの重さは荷重制限を超えるほどになる。ニコにケーブルが切れたことはあるのかと聞きたかったが、すぐに実はその答えは知りたくないなと思った。

　第二ケージに乗り込み、縦坑の底、50レベル、地表から三六〇〇メートル、海面下一八〇〇メートルまで進んだ。このような深いところでは熱は急速に蓄積した。50レベルで二人の管理職を下ろした後、ケージは46レベルに戻り、そこで私たちは下りた。そのとき私は、ドゥエインが水道水を採取するために持ってきていたポリタンクの側面が、気圧が高くなったせいでへこんでいるのに気づいた。空気はそれとわかるほど濃く、呼吸も一仕事になっていた。ウェスタン・ディープレベルズのときは、気温の上昇は地熱勾配のせいだと思い込んでいたが、それは間違いだった。ニコはこれは断熱圧縮による加熱だと説明してくれた。換気用の空気が縦坑を下りるのが速すぎて、周囲と熱をやりとりする暇がなく、上にある気柱の重みの結果として、断熱圧縮が生じる。縦坑の底では二気圧以上になっている。二七〇〇メートル以上の深さになると、気温は三〇度を超え、汗をかくだけでは冷却できない。もっと深いところで作業するには、地下に冷却施設を置いて、気温を汗の蒸発による冷却がまだ機能する二八・五度に保つ必要がある。冷却施設は水道水を使い、地表でも冷やしておいて、それをさらに冷やし、トンネルの換気用のダクトにファンの正面から噴射する。何キロメートルもある坑道をうねる通気ダクトから冷たい空気が出てこなければ、比較的小さな坑道では膨大な量の岩石の放射熱で気温が急上昇するだろう。46レベル（三二〇〇メートル）では、現地の地熱勾配は一キロメートルで九・五℃の上昇となり、岩石温度は地表の平均気温一八℃より三〇℃上げる。つまり、何もしていない岩石温度は四八℃になる。これはもちろん、地球の内部からの熱による。深くなるほど暑くなる。イースト・ドリーフォンテーンは比較的「冷たい」鉱山だが、それでも気温は換気がなければ四八℃になるだろう。作業員が採鉱の重労働をしているストープのあるレベルに冷却された空気が入ると、それはストープを下り、二〇〇メートル下の次の階で送風ファン付きダクトに向かって戻って行って、排気される。ファン付きダクトは深さ三二〇〇メートルの縦坑で、小さなアパートなみの大きさのファンが地表の入り口にまたがっている。ファン付き坑での風速は三〇メートルを超え、熱く湿った空気を地表に運び、断熱膨張で水分が凝結する。しかし空気の流れが速いので、水滴は雲になって坑の中に浮かんでいる。突然電力が失われた鉱山の中で、居合わせたいと思わない場所と言えばこのファン付き坑の底で、いたらひとしきり集中豪雨に見舞われるだろう。

停留所から出るニコを、背中に風を受けて追いかけているとき、ニコは通風が止まったら、私たちを殺すのはまず熱なのではなく、むしろ発破による有毒ガス――メタン、一酸化炭素、硫化水素、アンモニア――と（確かにそうだろう）、もちろん二酸化炭素だろうと教えてくれた。「イースト・ドリーフォンテーンでは、2番縦坑に四機の巨大なファンがあって、トンネルを通る空気をすべて吸い上げています」とニコは説明した。私たちは2番縦坑から、イエローストーン国立公園の温泉から昇る蒸気のように、蒸気が何百メートルも立ち上っているのを何度も見たことがあった。ニコのチームは小さなバッテリー駆動の空気ポンプを携行していて、それには、よくあるガス上位二種、メタンと一酸化炭素の濃度を監視する小さなLEDのランプがついていた。ニコは自分が持っていた装置を取り出すと、たばこの箱ほどの大きさの金属製の箱を見せた。上にはワイヤーによる小さなケージがついている。チームは前進中の坑道やストープをすべて監視し、そうしたガスや、やはり重要なことに、ウランの崩壊でできたラドンのガスを掃除して換気で地表に出していることを確かめていた。また塵の量も監視していた。それはとくに鉱石が放射性だからで、鉱山作業員に害が出ないようにするためだった。私たちは放射性の塵についてはあまり心配していなかった。むしろ換気用の空気や埃によって運ばれる微生物汚染の方が心配だった。鉱山の換気装置にはHEPA〔高効率粒子除去〕フィルターがついてなかった。ニコはさらに、「重要な値は爆発限界で、このモニターで推定値がわかります。メタンが鉱山の空気にある酸素と混ざるときわめて燃えやすいんです」。「ここではメタンは出ましたか」と私はイエスという答えを期待して身を乗り出した。そのメタンはメタン菌によるものかもしれないし、ひょっとすると、私たちが探している独立栄養生物かもしれない。「有意と言えるほどはありません」とニコは答えた。私は失望をのみ込んで、「ああ」とだけ言った。ニコは、他の多くの鉱山と同様、イースト・ドリーフォンテーンの作業員は救命パックを携行しているとも言った。携帯式の触媒入りマスクで、作業員が閉じ込められたときに、何時間かは空気から二酸化炭素を除去する。「私たちは避難区画も使います。すぐこの先にありますよ」と振り返りながら言って、線路を渡れというしぐさをした。

私たちは第二エレベーターシャフトから、幹から伸びる枝のように放射状に広がる坑道の一つを歩き始めた。ゲートを通り、ベンチを通り過ぎたとき、その上の壁に上着を掛けた。私たちは、薄暗がりから熱い漆黒の闇の中へと走る通気ダクトの下を、坑道の壁に沿って足を速めた。歩きながら私は反対側の壁を使って、ヘッドランプの焦点を合わせようとしたところに、ガンと音がした。私のヘルメットの側面が通気ダクトの結合部に打ち付けられた。痛くはなかったが、衝撃を受け、ばつの悪い思いをした。目を覚まして注意しろと鉱山が言っているかのようだった。それ以外は驚くほど静かだった。上の階で、通路の坑道を轟音を立てて通るディーゼル列車の音だけだった。その音は雷雲が通り過ぎるようだった。そこは一九九六年に訪れたムポネンのように驚くほど乾燥していて、空気は乾いた岩ぼこりのにおいがした。岩に鉱山用ボルトで留められたワイヤの幕の後ろから岩の壁が覗いていた。ここにはショットクリートはなかった。地質学的構造は、作業員用ヘッドランプの近視眼的視野でも明らかだった。目に見えるほどの水だけが線路の両側の溝を流れ、私たちは明らかに上流に向かっていた。先日のゴールド・フィールズのオフィスでのその後の行方を占うような打合せのとき、ロブは水循環系の詳細な図を描いていた。「雑用水《サービス・ウォーター》って鉱山用語では言うんですが、それを掘削にも、埃押さえにも、エアコンにも使います。作業員も飲みますが、それは想定されていません。地元の水道局の水ですが、この深い鉱山が建設される前に、この地域の灌漑に使われていたものです。水は高いので、鉱山に入れた水はすべて回収して地表に戻されて、錆などを取り除いて、たいていは塩素で消毒して、自由塩素と臭素1ppmにします。同じことはファン付き坑で凝結した水についても行なわれます。この水はすべて一七℃に冷やされて、縦坑に戻されて、パイプを通って流れて、各層のストープの給水バルブから放出されます。この落下する水で水力発電する鉱山もありますよ。坑道は放射状に、わずかに上向きで出ているので、水はすべて縦坑の底の貯水槽に戻ってきて、そこからポンプで途中の地下一〇〇〇メートルのところにある中間ポンプ室（ＩＰＣ）に汲み上げられます。ＩＰＣでは、苦灰石の帯水層に掘った試錐孔が、蒸発で失われた水分をちょうど補える分、雑用水を増やして、第二のポンプがその水を地表まで上げて、再循環が始まります」。つまり、足元の灰色の泥水は、眼前のトンネルを掘り、採鉱する活動から戻ってきて、背後の縦坑の底にある巨大な貯水槽に向かっているところだった。ともあれ、ここでは道に迷わないように、少なくともあまりひどく迷わないようにしよう。

イースト・ドリーフォンテーン５番縦坑は新しいので、深いところにある坑道やストープはわずかだったが、タウトナのような古い鉱山では、坑道が三〇〇平方キロの範囲にわたって広がっていて、採鉱環境を冷却するのに必要な冷水と空気の量は、ここよりはるかに多い。循環システムは微生物汚染には興味深い意味を伴う。空気を冷やすために使われる水は、おそらく微生物汚染が鉱山に入り込むための、主要な輸送媒体だった。私たちの優先順位第一位は、この鉱山から復元される微生物が、地層に固有のものか、鉱山によって持ち込まれた群集の一部かを判定することだった。この状況はそれまでの私の掘削経験とはまったく違っていた。雑用水は殺菌され、鉱山会社が私たちの代わりに微生物汚染の多くを取り除いてくれるということだった。鉱山は雑用水を週に二回検査して、糞便性大腸菌、推定大腸菌、生育可能な好気性従属栄養生物総数を調べる。ウィリアムズ医師によれば、この調査で出てくるのは、ほとんどいつもゼロに近い値だという。水は地表から来るので、好気性生物、たぶん、土や浅い地下水にあたりまえにいるようなものがいて、偏性嫌気性生物はいないことが予想される。冷却は、極地方で見つかるような耐寒性の生物の成長も促し、私たちのまわりにある岩石にいるような中温菌、好熱菌の成長を抑止するかもしれない。雑用水は真水で中性だったので、好酸菌、好アルカリ菌、好塩菌は排除される。もちろん、足元の溝を流れている雑用水に漂う埃には、通性嫌気性生物か、少なくとも酸素に耐性のある固有の好熱性生物ならいるかもしれない。鉱山の循環設備に注入して満たせるほどのトレーサーはこの世にはないので、私たちにできるのは、テイラーズビル堆積盆地のIMT（固有微生物トレーサー）方式を使って、雑用水に存在する生物多様性を規定することだけだった。ドゥエインは雑用水にいる中温菌と好熱菌用の集積培養を試みるが、私たちは、雑用水の16S rRNA遺伝子ライブラリも見なければならなかった。雑用水では特定できない、岩石や試錐孔から滴る水に見つかるどんな16S rRNA遺伝子の痕跡であれば、固有微生物を表すものと自信をもって想定できるだろう。ゴツッ！「うぐ」。別の通風ダクトがあって、今度は私のヘルメットが眼のすぐ上でぶつかったのだ。今度は痛かった。私は考えるのをやめて、今の作業に集中しにかかった。

三〇分も早歩きをして避難区画が近づいてきた。ニコ、ドゥエイン、ヨーストは、私が線路をよたよた歩いて頭をヘルメットから出しているのを追い越して行った。避難区画には、重い金属の扉を開いて入った。そこは実に質実剛健な造りで、コンクリートのベンチ、水のパイプ、圧縮空気、電話、三〇人ちょっとの作業員が楽に座れるほどの空間だった。ニコはドアを密閉して、外の空気を入れないようにできるところを見せた。「こうすると、火が収まらないときは、換気を止めて、酸素不足にして火を止めても、坑内作業員は避難区画で安全にいられるんです」。外の足場で、私たちはリュックから装備を取り出して、この雑用水の水を採取し始めた。それでどんな微生物汚染がこの環境に持ち込まれるかを理解できるようになる。私たちの野外計器の表示は、冷たい表面にすぐに空気中の湿気が凝結して曇った。ガラス瓶にマーカーで情報を書き込むのも同じ理由で苦労した。水はわずか一七℃と冷たく、pHは中性で、塩分濃度は非常に低く、溶けている酸素は豊富だった。「飲めそうですね」とドゥエインは透明なガラスの試験管の中の水を見て言った。「そのために水を消毒するんです。飲むことは想定していないとしても、二リットルのペットボトルを下ろすよりは簡単ですから」とニコが答えた。私たちの化学検査器具は硝酸塩の濃度が非常に高いことを示した。「爆発物のなごりでしょうね」とニコは言った。

二時間ほどして試料の採取を終え、道具をしまって鉱山の中心部へと着実に上っていく歩みを続けた。私たちが出会うトンネルを逆向きに歩いて戻る作業員のほとんどは、パンツ一つに、ゴム長、ヘルメット、ヘッドランプ、手袋だけを身につけていた。それと比べると私たちは、危険物処理班のようだった。さらに数百メートル進むと、トンネルをふさぐ木製ドアのところに出た。私は扉を引いて開けようとしたが、さほど重そうでもないのにびくともしなかった。ニコが私の後ろから両手を延ばしてぐいと動かすと、突然、また背中に風を感じた。「これは通風用の扉です。これを使って鉱山を流れる風の向きを調節するんです」と、ニコは風の轟音に負けない大声で言った。扉を半開きに支えながら、みながそこを通り、さらにサウナのような状況のところに入った。ニコが私たちの横を通ると扉がばたんと閉まり、熱と焦げた岩石の刺すような臭いとともに、静寂が戻ってきた。ほんの何歩か行くと、トンネルの横にくぼみがあった。「これは待避用のくぼみです」とニコは言った。トンネル面の、床から一メートルくらいのところで、錆びた配線に遮られた向こうに古いパイプが見えて、パイプからはごくわずかずつ水が漏れていた。滴が流れているといったところだった。私たちは流量は一時間に一リットルと見積もった。これこそ私たちが望んでいなかったことで、ドゥエインはこの失望を隠そうとしていた。しかしパイプをもっと詳しく調べにかかると、内側にこびりついているように見えていた黒い油のようなねばねばは、どうも掘削ロッドの潤滑剤用の油が残ったもののようではないことに気づき、「これはバイオフィルムかもしれませんね」と、隠した失望転じてあからさまに興奮したように言った。ドゥエインは小さなへらを使って慎重にそれをパイプから分離し、ごくわずかな試料を採取して、それを一・五ミリの遠心管〔試料を遠心分離器にかけるときに使う小型の管〕に入れると、「ウィッツの顕微鏡を使って調べられますよ」と熱をこめて言った。ドゥエインはへらに残った水滴を自分の舌に乗せた。「おや、これはしょっぱい」。「ほんとか?」と私は言って手袋をはずし、指を水の流れに差し込んで滴を取った。確かにそれは見事な海水のような塩辛さで、苦くはなかった。ニコがメタン検出器をくぼみの上に置くと、かすかにメタンが出ていた。私が自分の計器を取り出して塩分濃度を調べると、針は振り切れた。pHは5で、雑用水よりは酸性だったが危険なほどではない。私はほっとした。これは明らかに雑用水ではなかったからだ。ドゥエインは写真を撮り、ヨーストは私たちが観察したことを調査日誌のノートに記録した。

私たちが記録を取っている間、ニコはこれはダイヤのドリル孔だと説明した。鉱山会社が坑道を延ばし、掘削と発破で鉱床の地平に達すると、待避用のくぼみから一〇〇メートルほど先で「援護掘削《カバー》」をするという。この援護掘削は、メタンや熱水を含む亀裂に交差するように意図されていた。そうすると、坑道用の掘削や発破の前にガス抜きや排水ができる。この試錐孔は、フェンテールスドープ時代の溶岩の貫入であるスポティド・ディック岩脈と接触する部分と交差していて、何年か前から水漏れが続いている。みんながニコを見た。「本当に、スポティド・ディックですか」と私は尋ねた。ニコによれば、この岩は外見がイギリスのスポティッド・ディックという砂丘のように見えるので、地質学者がスポティド・ディック・ダイクと名づけたという。私は頭の中で、その地質学者はイギリスを離れてホームシックになっていたにちがいないと思った。ドゥエインと私は再び、どうすれば微生物学用に水を無菌で採取できるかを考え始めた。明らかにまず穴に栓をしなければならないだろう。それから、二年前にピシャンス堆積盆地で私が使った砂のカートリッジを付けるのはどうかと提案した。ドゥエインは納得せず、雑用水と比較するための、DNAを濾過して採取できるきれいな水の試料を求めた。ニコは落ち着かなくなって、「二一時の上りのケージに間に合うようにするなら、そろそろ戻らないと」と言った。私たちは写真を撮り、ヨーストは水の測定結果を書き留めてから、私は荷物をしまい、戻り始めた。坑道を下りながら、ドゥエインと私は援護掘削のことを話した。坑道を進める前に亀裂から完全に排水する援護掘削坑から作業員が水を採取する方法があったら、もともとの水の試料がとれるんじゃないか。しかし即応チームが要るし、シフト管理者と密接に協力する必要もあるだろう。ゴツッ！「あいたあ」。私はヘルメットのランプの向きを直し、また歩くのに集中した。

　エレベーターシャフトまで半分くらい来たとき、通路の後方で鋭い口笛のような音が聞こえた。闇を貫いて、坑道の中央で一つの灯りが急速に近づいていた。「脇に寄って壁にもたれて」とニコが振り返って私たちに合図した。機関車が近づいてくる間に、ニコはファナガロ語で乗員と話し、私たちについて来るよう手を振って合図すると、列車の後尾に向かって歩いて行った。最後尾はケージがついた車両で、私たちはリュックをはずして中に潜り込んだ。ニコはタクシーを止めていたのだ。列車はすぐに着いて、私たちを地下駅のプラットフォームで下ろした。そこには白いつなぎの管理職が多数と、さらに大勢の、それほど身なりの良くない黒人作業員が集まっていた。けたたましい音があって、エレベーターのケージが到着した。上りも下りのときと同じく静かで速かった。坑のカラーの冷たいトンネル風をくぐって上がっていると、その短い旅行の間に、私のつなぎは汗でぐっしょりになっていることに気づいた。私は好熱菌の領域を訪れていたのだ。それくらいで困ることなどなかった。

ワニと城――フォクブルの東三キロ、一九九八年九月一日

2番縦坑東の更衣室に戻り、手早くシャワーを浴びて鉱山の汚れを落とし、乾いた平服を着る喜びを感じ、汗まみれの作業衣を返した。それは丁寧に洗濯される。そこから試料と冷凍庫とインキュベーターを実験室まで運び、荷ほどきを始めた。また手がつぶれそうな握手の後、ペーター・プレトリウスが私たちのガスボンベがやっと着いたと教えてくれた。私は鉱山の備品室へすっとんで行き、一時間後、バンに一杯の窒素、二酸化炭素、水素のガスボンベと、最も貴重な窒素／水素混合ガスボンベをもって喜び勇んで戻ってきた。ペーターの黒人アシスタント、「ジョンナティン」の助けも借りて、ガスボンベを二階の実験室に運び上げた。「こういうときにヴィーテックがいればいいのに」と私は思った。これでグラブバッグ用と、一部の培地用試験管に充填するためのガスはできた。しかしボンベを二階に上げようと格闘している間に、私はアメリカのガスの圧力規格が南アフリカのシリンダーでは使えないことを発見した。うわああ。私たちはカールトンビルに急いで、立派な鉱山器具供給施設を探し当て、いくつかの調節器具を仕入れて戻った。私がその日三度目に実験室まで上がっているちょうどそのとき、タージスのロブの部下の一人、ドゥエイン、ヨーストが無酸素グラブバッグの入った二五〇キロ近くある箱を、ディーゼルエンジンのフォークリフトを使って二階の実験室の窓から入れようと格闘していた。私は何も言わず、ただ見ていて、荷箱が揺れて、落ちておしゃかになりそうになるたびにぞっとしていた。しかし若手は何とかやりとげて、だんだん実験室らしくなる屋根裏部屋にグラブバッグがしっかり収まった。

グラブバッグとともに、他の用具も南アフリカ税関からやって来た。タージス社が相当の保証金を積んでくれていた。しかし荷をほどいていると、非公式の関税がかけられたらしいことが明らかになった。ドゥエインの高価な洞窟探検用のリュックサックとか、電卓とか、そういったものだった。ドゥエインは控えめに言っても激していた。グラブバッグの荷ほどきをし、ガスをつなぎ、外の世界との危なっかしいメール接続を回復し、採取した試料を取り出す作業は夜にかかっていた。それからドゥエインがグラブバッグの真空ポンプをつなぎ、電源を入れると、ブレーカーのヒューズが飛び、実験室はまっくらになった。ヨーストと私が顔をしかめるのを見て、ドゥエインは「僕のせいじゃないですよ。配線はちゃんとしました」と言った。階下でブレーカーボックスを見つけてスイッチをパチンとやると、灯りが戻った。腹ぺこになったことに気づいて、私はみなに晩飯をおごると言った。

N12号線を走って、ハイウェイと言われているものを一キロ半ほど行くと、シマウマ印の「ディルバース」という干し切り肉《ビットロング》の店があり、そこを左に曲がって、フォクブルの町に向かう裏道を進んだ。[9]小さな農地が並ぶ中をさらに二、三キロ行くと、別の金鉱の大型巻き上げ機が左前方に姿を現した。

カーブにさしかかり、小さな干上がった川の排水路に向かって下りて行くと、右手に中世の城が見えた。よくあるアフリカーナの農家ではなく、本物の中世の城だった。「クロコディィリアン屋敷《エステーツ》」という看板の開閉ブーム付きゲートをくぐり、守衛所を過ぎると、胸壁つきの未完成の塔、跳ね上げ橋、濠が右手に見え、左には明らかにレストランらしきものがあり、赤煉瓦の駐車場には十台余りの車が駐められていた。レストランからはアメリカのロックンロールが漏れ出ているのが聞こえてきた。入り口に向かって橋を渡ると、左手の別の濠の水中から、ワニの頭が恥ずかしそうに覗いているのに気づいた。右手のレジには目を引く美人がついていて、その女性がワニの剥製の横を通って席まで案内してくれた。私たちは空腹で、ギリシア風サラダとワニのステーキ、ペリペリとモンキーグランドのソース添えを頼んだ。料理が届くのを待つ間、ちょっとバーに入って騒ぎを確かめたくなった。白人アフリカーンスの好きなラグビーの試合をやっていて、熱狂的に応援するファンがテレビを囲んでいた。みんなアフリカーンス語を話していた。私はバーテンダーの注意を引こうとして、人混みを押し分けてバーに進み、アフリカーンスができなくて申し訳ないと言った。バーテンダーは「ピートと呼んでください。発音はできますか」と答えた。ピートはきわめてカリスマ性のある四〇代半ばの男だったが、眼には悪魔的な光を宿していた。「みんなもこっちへ来なさいよ。何にしましょう。どちらからおいでで。何をなさってるんですか」とドゥエインとヨーストに声をかけた。私たちが自己紹介する間にウィントフックのビールを出し始めた。紹介の後、次の犠牲者がバーに入って来て、ピートはそちらを迎えに行った。一時間してウィントフックをしこたま飲んだ後、ふらふらとテーブルに戻ると、トルコ帽子をかぶり、ヒョウ柄のベストを着た愛想の良いウェイターの一団が辛抱強く待っていた。みな私たちがいないのに驚きもせず、いつもどおりのように対応していた。中世かルネサンス風のたくさんの絹のカーテンや油絵のある装飾付きの部屋に入り、ワニのステーキを食べた。まだビールでふらふらする頭で、テーブルの反対側にかかったマンドリンを演奏する宮廷の道化師の絵を子細に見てみた。その道化師は、先に会ったばかりのピートに見事に似ていた。食事は豪華で、支払いをすませると、レストランの裏にはモーテルがあることと、バーテンダーは実はオーナーのピート・ボータだということを知った。イースト・ドリーフォンテーンのストープにある炭素リーダーに正面から総攻撃をかける計画に参加すべく、翌月に到着し始める科学者の第一波を宿泊させ、食べさせ、楽しませるのに申し分のないところが見つかった。

第6章　水と炭素を探す

まもなく、ハンスは杭を花崗岩の壁に二フィートほど打ち込んでいた。一時間以上作業していた。私はいらいらして身をよじっていた。叔父はもっと極端な手段を使いたがった。私が苦労してなだめると、すでに自分の杭をつかんでいたが、そのとき突然、甲高い音がした。水が壁から噴出して、反対側の岩の面に当たった。ハンスはその打撃でほとんどふっとび、苦痛の声を抑えられなかった。噴出する液体に手を入れてみると私には理由がわかり、今度は私が大きな声を上げた。この泉は熱湯だった。「この水は沸騰してるぞ」と私は叫んだ。「それなら冷めるだろう」と叔父が答えた。湯気が回廊を満たした……まもなく私たちは最初の何口かを飲んだ。「この水は鉄が入っている」。叔父は答えた。「胃にはいいぞ。それにミネラル分も多い。こいつはスパとかトプリタにある保養所に行くようなものだ」。

——ジュール・ヴェルヌ『地底旅行』(1)

鉱夫と大量の水——クローフ金鉱、一九九八年九月六日

一九九八年九月六日、イースト・ドリーフォンテーンの南東九キロ、地下三一〇〇メートル、クロー

フ金鉱4番縦坑の作業員は南東に向かって、やはり炭素豊富な、金を含む一帯、フェンテールスドープ鉱脈の上盤に向かう新たな坑道を掘ろうと掘削し、発破をかけていた。班長のファウニーは、鉱山会社と契約したダイヤモンド掘削チームに、環状の援護孔《カバーホール》を掘るよう求めた。チームは次のシフトのときにやって来て、ドリルを準備し、最初の援護孔を二メートル弱掘った。掘削作業員は戻って高圧バルブつきの内張《ケーシング》をセットするという通常の手順を行ない、また掘削に戻った。援護掘削はドリルの刃が坑道面の奥、四・五メートルに達するまではなめらかに進んだが、そこで直径五センチの孔から水が爆発的に噴き出した。沸騰する熱水のビームが甲高い音を立ててあらゆる方向に噴出していた。水の圧力で坑の中の掘削ロッドがつかえ、内張のバルブを閉じることができなかった。噴出する水は作業員を穿孔装置から追い出し、トンネルの後方への退去を余儀なくさせた。坑道にはすぐに湯気が充満し始め、熱水の強烈な熱はすぐに換気装置の能力を上回った。ファウニーはプロトー・チームを呼んで、[2] 穿孔作業員が穿孔機を孔からはずし、穿孔ロッドを引出し、バルブを閉じて水流を止めるのを手伝わせた。[3] 暑さには慣れているプロトー・チームにとってさえ、穿孔装置を移動させるのは数時間かかる悪戦苦闘だった。プロトー・チームはいくつかのチームがローテーションで入れ替わらなければならなかった。あまりの熱で作業員は五分で消耗してしまうからだ。水は坑道の外にある排水溝に流れ込み始めていて、水の深さは三キロほど後方の4番縦坑給水ポンプの中でもすでに上がり始めていた。水が縦坑の底にある給水ポンプの処理能力を超えてしまうと、電気系統はすぐにショートし、深いところの電気は止まり、坑内作業員全員が閉じ込められる。大惨事を避けるなら、プロトー・チームは急いで作業しなければならなかった。水は膝より上になり、隊員のワセリンを塗った足を熱した。[3] 潜水艦で水漏れを止める水兵のように必死で作業して、穿孔装置を試錐孔から移動させた。掘削ロッドを試錐孔から外すために、そのロッドを別のロッドで叩こうとしたが、重い鋼鉄のロッドを振り下ろすと、噴出する水にあえなく跳ね返される。まるで見えない鎧にくるまれているようだった。唯一の解決策は、バルブそのものを使ってロッドを解放し、それが穴から飛び出しても誰にも刺さらないのを願うことだけだった。ファウニーがバルブに対する攻略を指示する間も、バルブそのものがこのような圧力に耐えられるかどうかは確信がなかった。圧力はファウニー自身がこれまでに、とくにこれほどの深さで見たり聞いたりしたことがあるものよりも高そうだった。地下で二〇年過ごしたファウニーが積んだ経験は豊富だった。坑道面全体が崩壊して、すべてが失われる恐れもあった。しかし他に選択肢はなかった。一メートルほどの長さの掘削ロッドをバルブの把手に通し、四人がかりでバルブのヘッドを押したり引いたりした。バルブがもたなければ、目の前で吹っ飛び、試錐孔を封じる可能性はなくなる。再び力をかけたが、熱が作業員の体力を奪っていた。バルブは何ミリか動いた。どう見ても、鉱床から退避しなければならなそうだった。そうして、排水装置が余分の負荷をこなして、亀裂からともかくも排水することを期待する。ファウニーが一つのチームに離れろと命じ、交替で別のチームにロッドに着かせる。岩の壁で足をふんばって、ありったけの力で引いてバルブを動かす。やっかいなロッドが試錐孔からジェット推進の銛のように飛び出し、坑道の壁にはね返り、ファウニーの顔にまともに当たった。意識を失い、一方の眼からひどく出血するのを、他の作業員が坑道から引きずり出した。ファウニーがケージに運ばれる間、各チームが交替で坑道に入り、バルブを少しずつ動かした。やっと水の噴出を健全な漏水程度まで止めた。しかし水は内張のあちこちの亀裂や、坑道先端の壁にある他の亀裂からも漏れているようだった。医療センターに運ばれるファウニーは、坑道面が破裂して熱水が怒濤のように流れ出し、それまでの実に立派な救助活動が南アフリカの鉱山史上最悪の大災害になってしまうという、吐き気がするような悪夢にうなされていた。

しかし坑道面はもった。その後の七か月の間に、二重のステンレスバルブつき、二・七メートルの特製ステンレス製ケーシングがセメント注入処理班のために設置された。高圧の上塗り装置を使って、セメントを亀裂に三か月間注入した。何両もの車両で運ぶセメントが毎日、一日二四時間、現地に下ろされ、一〇〇トンものセメントが岩盤に送り込まれ、七〇トンの合成接着剤が亀裂に注入された。さらに援護掘削をすると、坑道のすぐ先の岩は比較的乾いていて、試錐孔から熱水は出てくるが、危険な流量ではないことが確認された。しかし援護掘削チームは坑道面の奥四五〇メートルのところ、グレンハルフィーの岩脈に沿った、別の亀裂に交差して、これは一時間に一万二〇〇〇リットルの流量、圧力二五〇バール〔約二五〇気圧〕があった。そのような高圧は、この亀裂が二五〇〇メートル上にあるトランスバール苦灰石帯水層から水をもらっていることを意味していた。一九六〇年代にウェスト・ドリーフォンテーンを崩壊させた大惨事(4)を繰り返すよりはと、坑道を掘り進める計画は停止された。もっと深いところで、高圧の水を含んだ亀裂が現れるかどうかを判定する掘削作業が始まり、それが見つかった。何か月かの探査、掘削、坑道掘りの後、巨大な「水柱」があるのを確認し、これを回避してフェンテールスドープ鉱脈の上盤に達する坑道を掘り、水柱との距離をとった。

チーム集め——プリンストン大学、一九九八年一〇月

皮肉なことにドゥエインとヨーストは、一〇キロほど南東のクローフ金鉱で水との壮大な戦いが密かに行なわれている頃、実験室の編成を続けていて、水を求めてドリーフォンテーン所有の他の縦坑を調べていた。私は秋学期が始まるプリンストンに戻っていて、ナショナル・ジオグラフィック協会が、私が夏に申請していた研究費補助を出してくれることを知った。十人余りの微生物学者チームの旅費を賄うためのもので、そのチームを集めなければならなかった。それぞれの微生物学者はたいてい、特定の種類の生物が専門で、自分専用の培地のレシピがある。[5]私は「培地持ち寄り」野外パーティができるともくろんでいた。今回の研究の第一段階で道を間違えないようにするために、専門が異なる微生物学者をチームに組む必要もあった。私はリック・コルウェルを招いた。SSPに取り込まれる前は、硫黄酸化細菌の研究をしていた人物だ。コルウェルはサッカーをするのにも熱心で、少年チームのコーチもしていた。私たちの宿舎の外で地元の鉱山チームとの即席のサッカーの試合があれば、コルウェルは必ずサッカーに夢中になった。さらに私は、三年前の『サイエンティフィック・アメリカン』での失敗の埋め合わせもしたかった。[6]私は放射性分解での経験と関心を考えて、カーステン・ペダーセンにも加わってもらおうと説得した。ペダーセンは自分の代わりにスヴェトラナ・コテリニコヴァという、私も一九九六年ダボスでのISSMで会ったことがあった女性研究者を送ってきた。スヴェトラナは生まれはロシアで、地下の亀裂のある岩石に関しては私たちの誰よりも経験があって、培地も持ってきた。二酸化炭素を固定する独立栄養生物を検査するためのものだった(放射性の二酸化炭素を含んでいた)。それがコテルニコワが探す最終目標だった。ビル・ギオースも呼んだ。こちらは地下圏微生物学の始祖で、現地試料採取には豊富な知識があり、好熱、好中性、マンガン・鉄酸化、二酸化炭素固定細菌を探すことに熱心だった。メアリー・デフラウンは二つの理由で呼んだ。まず、熱い産業排水によくいる、生体には異物となるような有機物を酸化できる好熱菌を分離することに関心があったこと。もう一つは、細菌を使った南アフリカ環境再生戦略展開についてどんな見込みを持っているかを知りたかったこと。フラグスタッフにあるノーザン・アリゾナ大学の微生物学者でテリー・ベヴァリッジ研究室出身のゴードン・サザムも呼んだ。ゴードンは指導教授と同じく、透過電子顕微鏡（TEM）という、この研究にはぜひとも必要な道具についてきわめて優秀だった。TEMで得られるきわめて高い拡大率によって、細菌による無機物形成が調べられるようになり、ゴードンの希望は、ウィトワーテルスランド堆積盆地の金鉱脈に細菌による金の析出がある証拠を探すことだった。私たちが分離した細菌にそれができるものがあれば、鉱山業界は注目するかもしれない。私はバーバラ・シャーウッド・ロラーも入れたかった。メタンでも他の炭化水素でも見つけられたら、メタンの$\delta^{13}C$と$\delta^{2}H$両方の同位体組成を測定する能力を提供できたからだし、またそれが細菌によって分解あるいは酸化されたものかどうかを決めるためにも必要な能力だった。その安定同位体による取組みは、スヴェトラナの放射性炭素トレーサー実験を見事に補完してくれるだろう。私たちは信頼できるガス試料をどうやって得るかについても苦労していた。私たちの放射性分解説にとっては決め手になる水素濃度の測定に使える試料だ。バーバラは参加できなかったが、代わりにグレッグ・スレーターという大学院生を送り出した。そしてもちろん、トミー・フェルプス、スーザン・フィフナー（今はトミーの妻）、トム・キーフト、ジム・フレドリクソンも招いた。嫌気性生物の栽培能力やトレーサー用の現場計画を考えることについては頼りになる人々で、みな参加を承知してくれた。チームの配置ができると、南アフリカ出張の予定を立て、必要な予防接種、南アのドゥエインの銀行への送金、器具を税関に通すために堪え忍ばなければならない苦境に備えることなどみなに知らせ、最後に、それぞれの研究機関の記念品などのおみやげを持って来るよう頼んだ。何でもいいのだが、作業員や管理者の間ではTシャツがとくに人気だった。私たちはすでに、プリンストン大学地球科学科の、大きなスミロドン〔北米に棲息していたサーベルタイガーの一種〕の顔がプリントされたTシャツを、ニコをはじめ、手伝ってくれた人々に配っていた。

最初、鉱山幹部から縦坑の責任者や管理職はみな、私たちが、鉱石処理施設での放射能汚染を調べる米エネルギー省のスパイではないかと疑っていた。その年には以前、イギリスのスクラップ工場に南アフリカの業者によって売られたスクラップの一部で警報が鳴り、IAEAはスクラップを追跡してドリーフォンテーン金鉱にたどり着いていた。もちろん私たちもガイガーカウンターは携行していたが、炭素リーダーがどれほど放射性があるかが知りたいだけだった。何と言っても私たちが確かめようとしていたのは、放射性分解で暮らす深部生命圏仮説だったのだ。しかし、コア資源管理者のアンドレアス・クヌーツェから、私たちはただの変わった科学者で、「金を食べる黴菌を探している」だけだとお墨付きがあっても、私たちは疑いの目で見られていた。ドゥエインがドリーフォンテーン・リクリエーション・クラブで出会ったイギリスから流れてきた酔っ払いは、私たちがアメリカが高レベル核廃棄物の捨て場所を偵察するために送ってきたスパイだと思い込んでいた(8)。

私たちにとって幸いなことに、チームにはアンナ＝ルイーゼ・レイセンバフがいた。温泉や深海の熱水噴出孔での好熱菌の研究をする微生物生態学者で、南アフリカ出身だった。私たちはレイセンバックがラトガース大学にいたときに出会っていて、乗馬という共通の趣味もあった。レイセンバックが馬に乗っていないときは、潜水艇で海底に潜っているか、イエローストーンを歩き回って、生命の最も古い先祖に当たると信じられる超好熱菌を探していた。その頃は、野外活動がずっとしやすい環境のポートランド州立大学に移っていた。私は今度の調査隊に参加するよう誘ったがそれは断ってきた。代わりにその鉱山へ立ち寄って、私たちの目指していることを宣伝しましょうと言ってくれた。そこで、インド洋で新しいタイプの熱水噴出孔を見つけた帰り道に母国に寄り、イースト・ドリーフォンテーンにいるドゥエインとヨーストを訪ね、私のためにいくつかの試料採取器具を持ち込んでおいてくれた。レイセンバックの家族はまだ南アフリカの鉱山業に関係していたので、いろいろな管理職が、極限生物が興味深くて役に立ちもする理由の説明に辛抱強く耳を傾けてくれたという。イースト・ドリーフォンテーン周辺で何人かと面談した後は、管理職はみな、「あやしげなアメリカ人」にもっと親切にしてねというレイセンバックイの助言を採用してくれた。(9)

岩、水、死神の顎——イースト・ドリーフォンテーン金鉱、一九九八年一一月

しかしこの鉱山の選別施設《グレード・プラント》で私たちの実験室を設営するのは結局大失敗だった。実験室は下で岩を砕く設備からの埃がすぐにたまるのに悩まされ、騒音は筆舌に尽くしがたかった。それだけでにとどまらず、雨季も来ていた。鉱山を取り巻く草を焼き払って灰に覆われた砂漠が、またたくまに見渡すかぎりの緑の生い茂るハイフェルトの草の海に覆われ、草をはむ牛に刈り取られていた。毎日、晴れた青空で夜が明けるが、午後にかけて白い巨大な入道雲が、暗くなった気むずかしいしかめ面をして頭上で不気味に大きくなり始める。午後四時には、この雲が二、三秒ごとに空全体を光らせるような猛烈な稲光と

ともに豪雨を降らせる。この攻撃のすさまじさからすれば、グレード・プラントが毎日停電や洪水に見舞われても意外ではない。私たちは研究室を埃よけのビニールシートで覆っていたが、雨が頭上でシートにたまり、それから、粗末な防御に穴を開けて床に漏れてくる。結局、私たちはグレード・プラントの実験室は、外からの汚染に強い無酸素グラブバッグを収容する岩石処理室としてのみ使うことにした。ドゥエインとヨーストは、はるかに優れた環境制御がある居住区域を、もっと繊細な微生物学的作業のために使うことにしていた。

ドゥエインが現場から、人数が増える共同研究者のメーリングリストに頻繁によこしていたメールでの報告の一つには、器具をグレード・プラントの建物から住居へ移した日のことが書かれている。

向こうの現場監督はペーター・ペトリウスで、先週ヘルニアの手術をして腹にまだ糸があるのに(今朝、私たちにどうしてもと見せてくれた)、作業をして重いものを持ち上げています。ありがたいことにペーターは作業員を六人、こちらの作業に使わせてくれました。この連中はヒーローです。みな、動かしにくい一五〇キロもある無菌操作設備を、筋肉質の太い腕をみしみし言わせ、金属の階段を足先で探りながら運び下ろしてくれました。私は自分で作ったこの生物工学用の巨体が通るのを間近に見て、それが頼りになる赤いコンビのバンにたどり着くのが見えてほっとしましたが、バンはこのとき、公式には盗品だと言われました。レンタカー会社は毎月私のクレジットカードで課金をするのですが、八月に着いて以来、会社の連中と会っていないのです。これを調べないといけません。話をはしょると、この無菌操作設備が宿舎/実験室に着いてみると、幅が一センチありすぎて、ドアを通せませんでした。英語を話さない鉱山作業員チームがどう解決するか考えるのにしばらくかかるようでしたが、結局、ドアを蝶番ごとはずしました。南アでは蝶番には取り外しできるピンはついてないようです。グレード・プラントで取り外してから三時間後、無菌操作設備は新居に設置され、動くようになりました。ただ、何人かがその上のいろいろなところに上がったので、ガラスの側面がもうぴったりはまりません。グレード・プラント実験室へ行って、岩石カッターから二〇トンのジャッキを取ってくるのは、明日の一仕事になる予定です。

そのことで言うと、岩石カッターは昨夜テストしました。これはリック・コルウェルの見事な絵に基づいて、地元で製造された装備です。二枚の巨大な鋼鉄の歯が二〇トンの油圧ジャッキにものを言わせて合わせられると、その行く手にある物は何でも負けます。廃棄物の石英の大きな重い塊で試してみました。喜ばしいことに、この「死神の歯」は、非常に硬い岩でも難なく砕けました。歯は把手を回すたびに前進して、岩はライフル銃で撃ったように一発で割れて塵の雲になり、正確さも見事なものです。これで岩の内部から、形の整った岩の塊を取り出すことができました。ロブ・ウィルソンは、練習すれば精巧な石器や鏃ができるだろうと思っています。つまりたぶんこれを使えば、私たちの作業は先史時代の世界最高の部族と肩を並べる水準に達するんじゃないでしょうか。

これを書いている今、かなり大きな地震の「どん」《バンプ》(10)を感じました。この下からの雷鳴は、ヨーストと私にとっては果てしない魅力の元です。よく、後から揺れ方をいちいち考えて、規模が大きいか小さいか、震源はどこかを判定しようとしています。これまでのところ、外を走っていれば全然気づかない程度、肌が地面につながっているものに触れている（シャワーを浴びているとかトイレにいるとか）ときにはとくにわかりやすい程度のものばかりです。グレード・プラント実験室にいるときは、とくに建物全体が少し揺れるので心配になります。とても変です。今は真夜中ですが、この辺の雄鳥がいっせいに鳴いています。現地駐在員より。[11]

新しい設備ではメールは順調に使えた。安定した電話回線ができたので、当てになるように機能したのだ。リビングはビニールシートの上に置いた装備が詰め込まれていた。試料採取用の瓶は、ジェニファー・アレクサンダーが貸してくれたオートクレーブのおかげで殺菌できた。ジェニファーは二台の培養器も貸してくれていた。一方は回転式で、モーターを交換する費用を出して得たものだ。グレード・プラントよりもはるかに信頼できる電力が得られたので、この集積培養用の培養器も今や頼りになる。さらに、野外調査用キットも、朝のコーヒーを飲みながら組み立てられるだろう。顕微鏡実験室は私の寝室だったところに再設営中で、ドゥエインは、自分の集積培養で育てたものを鉱山作業員に見せて喜ばせていた。グラム染色された微生物が、顕微鏡のスライドで動き回るのを見てもらうのは大当たりだった。

岩石を処理する準備はできたが、水の試料を採取できる場所についてはまだ不十分だった。ナショナル・ジオグラフィック協会後援の調査隊が一二月に到着するとき、多くの微生物学者が地下圏の水の試料を求めるだろう。ニコは地下三五〇〇メートルにある別の水源のことを知っていた。それは5番縦坑と4番縦坑をつなぐ、緊急脱出用坑道にあった。この坑道は長さが四キロほどあり、水源はその中程にあった。唯一の問題は、この坑道は換気されていないことだった。そこへ行くとなると、ドライアイス入りのジャケットを着なければならないだろう。私たちが試してみたいと熱心になっても、私たちが免責の書類に署名しても、熱意はありすぎても熱には弱い科学者の一群を、水の採取のために換気していない坑道に送ることはできなかった。

ドゥエインとヨーストが相当量の裂罅水《れっかすい》〔岩の割れ目に浸透した水〕に遭遇するに至ったのは、ドゥエインが隣のウェスト・ドリーフォンテーン鉱山に問い合わせてからの一連の変わったセレンディピティの出来事による。ドゥエインは私に、ウェスト・ドリーフォンテーン鉱山は明らかに「シェルビービル[12]」だと説明した。向こうでも何から何まで同じだが、やはり違うことは違った。ウェスト・ドリーフォンテーンの私たちにとって重要だった面は、そちらが大量の水と交差していたことだった。実際、ウェスト・ドリーフォンテーンの6番縦坑は、一九六八年に出水の大事故を起こしている、開発業者が掘削していて、上にある優勢な帯水層に近づきすぎたのだ。この鉱山がどうやって救われたかという話は地元ではお気に入りの伝説になり、『ゴールド』[13]という映画の元にもなった。その後の関連する「バンク区画」の排水が大規模な地盤沈下をもたらし、巨大で、致命的にもなる摺鉢状の穴が規則的に現れた。その数年前、そんな穴の一つが鉱山本部事務所から一〇〇メートルもないところに開いて、大急ぎで処理された。差し渡しが何百メートルにもなる巨大なすり鉢が、ウェスト・ドリーフォンテーンの鉱滓ダムの一つの下に開いていて、鉱滓のほとんどだけでなく、支えの壁も大規模に呑み込んだ。その数週間前には、ウェスト・ドリーフォンテーン所属の地質学研究員の一人がこの穴に落ちて、肩を脱臼していた。この事故がドゥエインとヨーストにとってはチャンスをもたらした。地質学研究員は地下で

「仕事」することは認められていなかったが、おかげでドゥエインとヨーストを連れて、水が出ることが報告されていた地下のいろいろな場所を仕事抜きで案内することができたのだ。

初めてウェスト・ドリーフォンテーン2番縦坑に行くと、そこは古い、比較的浅い鉱床だった。床は油が非常に多く、空気はいつもディーゼル機関車の排煙で汚れているように見えることが多かった。2番縦坑には一二層の坑道があり、深さは約一三〇〇メートルで鉄分を含む大量の水源を見せていた。この一部は壁や天井から相当の範囲にわたり、地下に降る雨のようにだらだらとしみ出す水の元になっていた。そんな二〇℃の水を、どうやって何らかの無酸素と思える手法を使って採取できるかは、二人にはすぐにはわからなかった。水が漏れたり流れたりする穴やパイプは使えず、この水の元が何か、すぐには明らかではなかったからだ。上のレベルでは相当の採鉱活動があって、pHは汚染が疑われるほどほど酸性だった。2番縦坑は二年後の廃坑に備えているところでもあり、今は縦坑ピラー〔縦坑にごく近い岩石の領域〔ピラーはストープを掘るときに支柱がわりに掘り残してある部分〕〕で採鉱されていた。

その次のウェスト・ドリーフォンテーン出張のときには、ドゥエインとヨーストは5番縦坑に連れて行かれた。そこの深い二次縦坑で、これは2番縦坑から三キロ以上、列車に乗って達するところだった。地下一八〇〇メートルの26レベルは、12レベルよりも乾燥していたが、あるクロスカット〔鉱脈に対して垂直に掘られた水平坑道〕では非常に豊富な水が屋根から降っていた。水は豊富でドゥエインは、一〇リットルのポリタンクを天井の水が流れ出る割れ目の真下に置くだけで、ほんの数分で一杯にすることができた。明らかに空気による汚染が心配される。水の一滴一滴が大量の空気〔たぶん三メートル近く〕を通って落ちるからだが、出発点ではあった。二人は水から脂質やDNAを濾過して、その一部を様々な培地の溶液に植え付けるのに使った。残念ながら、二人は長い旅路の間に温度計をなくしていたが、温度はぬるい風呂のお湯程度だった（三〇度代半ば？）。pHは3～4で、溶けた酸素は5～6ppmあった。この階層には、どうやら純粋な硫黄が壁を覆って蓄積しているところも数多くあった。硫黄は必ず壁の小さなひびや亀裂にあり、しばしば乾いて羽毛のような外見をしていた。硫黄とともに水があるときは、pHはいつも3～4だった。このpHは、地下一キロ半以上で起きていること以外は典型的な酸性の鉱山排水の兆候だ。

その後、ウェスト・ドリーフォンテーンの地質学研究員がドゥエインとヨーストに、二人が訪れる二週間前、6番縦坑の38レベルで援護掘削をしているときに、水と交差したことを教えてくれた。この援護掘削作業の場所は、「処女」岩石に掘り進めていた非常に短い坑道にあった。そこでは、何キロにもわたって、上下の階層での他の採鉱活動は文字どおり何もなかった。坑道は、それが掘り始められた坑道から内側に四五メートルほどの短い突出部だった。ここで掘られた最初の援護掘削坑が水に交差し、栓をされた。しかし第二の援護掘削坑は、坑道面の奥七〇メートルのところで高圧の水とメタンに当たった。ドゥエインは、これは掘削ロッドが水圧で飛び出して、「腕をなくしかけた」人もいた状況の一つだと教えられた。水はその後ずっと流れていた。当初、流量は一時間三六〇〇リットルと測定され、ドゥエインらが現地を訪れた金曜日には、ドゥエインはまだ毎時一八〇〇リットルほど出ていると試算した。深度は二〇〇〇メートルで、水温は四五℃、検出可能な酸素はなく、腐った卵の臭いがした。ヨーストは携帯式水質検査器具で硫化水素は2ppmと測定し、硝酸塩や遊離塩素は検出しなかった（つまり雑用水ではなかった）。pHは約9でアルカリ性だった（つまりストープの酸性の水ではなかった）。近辺には既知の断層があったが、ドリル孔はまだそこには達していなかった。しかし孔は割れた珪岩の小さな一角に交差していた。したがって鉱山の計画は、水が出るまで試錐孔を進め、それからセメントで封じるということだった。二週間で水はなくなると予想されていたが、そこから水を抜くのにそれほどかかることに調査現場は驚いた。そこでドゥエインは、試料採取器具一式を持って、翌月曜日にまた来る段取りをつけた。ドゥエイン、ヨースト、現地地質学研究員が地表に戻ると、ドゥエインは最高の知らせをもって私に電話した。私たちはどちらも、硫化物は好熱硫酸還元細菌が生成したものにちがいなく、それを確かめるのに思いつく最善の方法は、δ^{34}S同位体の成分を測定することだろうと思っていた。しかしドゥエインも私も、硫黄の同位体試料を採取した経験がなかった。私はリザ・プラットという、自身の研究室で硫黄同位体分析についての研究に集中し始めていた研究者に電話して、２ｐｐｍというのは同位体分析に十分かどうか、ドゥエインが試料を採取したらそれを分析してくれるかどうか、訊ねた。リザはどちらにもイエスと答えてくれて、すぐに自らドゥエインに、硫化水素を取り出すための亜鉛トラップの作り方をメールで教えてくれた。ドゥエインとヨーストが月曜に現場に戻ると、地質調査助手と荷物運びを一人ずつ用意してもらっていて、必要なだけ滞在してよいと言われた。一行は二本の縦坑を下り、それから列車で三キロ進んで第三の坑まで行き、そこで38レベルまで降りて、さらにでこぼこの地中を三キロ近く歩いた。あいにく、延長中の坑道の先端に着いたときには換気がなく、一行は死ぬかと思った。それでも試料採取を終え、一〇リットルの水を持ち帰り、そこからＤＮＡを濾過し、化学分析用に水を冷凍し、培地に植え付け、何より重要なことに、リザ・プラットの研究室で分析してもらう硫黄試料を抽出した。[14]

ウェスト・ドリーフォンテーン6番縦坑は地震がよくあることで知られていて、二人が地下に出かけたときも「どん」をくらった。最初の揺れは6番縦坑付近のストープの一つにいるときで、震源は西へ一〇キロ余りのムポネンのどこかだと言われた。ドゥエインは後で私にメールで「近づいてくる音や感じが不気味なほど長い間して、それから揺れるのはおわかりでしょう。これはもちろん、鉱山の周囲の音を上回っていて、けっこう大きい音です。後で、マグニチュードは3いくらの規模だと教えてもらいました。外へ出るとき、岩が飛び出して、天井や壁の一部がもっていかれたところが何か所見えましたが、必ず鋼のメッシュの固定具で岩を押さえていました。びっくりすることに、天井から岩のかけらが大量に降ってきますが、鉱山にはほとんど被害はありません」と書いている。ウェスト6番縦坑から出る途中で第二のケージを待っているとき、もう一度、大きな音とともに大きな揺れに襲われた。これもマグニチュードは3いくらで、震源はまさしく一行がいる6番縦坑の鉱柱の中だった。イースト・ドリーフォンテーン鉱山で試料採取を手伝ってくれている一人、ラージ・ネアも、同じ地震のときに5番縦坑の地下のストープにいて、「掘削作業員は地鳴りを聞いたとたん機械を止めて、一秒かそこら不気味な静けさの中で待つと、揺れが通り抜けました。坑内作業員は地震波が通過するときに岩が縮むのを本当に感じるんです。それからまた五分ほど黙って顔を見合わせて、それから機械のスイッチを入れて作業に戻るんです」と言った。

ドゥエインは、装備や坑内作業員用の「おみやげ」を求めてプリンストン大学に戻り、水の採取器具の加工をした。ドゥエインは、ソーダ水用シロップの容器を使うことに落ち着いていた。それがステンレス製で、南アフリカのオートクレーブに簡単に収まり、一二リットル入って液漏れがなく、一杯になっても一五、六キロしかないからだった。学科の機械技師、ジョージ・ローズは、水漏れしないキャップと排気用のバルブを製造し、いくつかの差し込みの接続部品を買っていた。それでドゥエインは、無菌の空の容器に濾過したアルゴンガスを充填し、完全に無酸素にすることができた。それに試錐孔の水を入れるには、無菌の管を、ジュースの自動販売機につなぐみたいに差し込みバルブにつなぎ、水が入るにつれて、ときどき排気バルブを通して中のアルゴンを抜くことになる。ドゥエインはこの援護試錐孔用無酸素水採取器具を持って、それを試せることを期待しながら南アフリカに戻った。

地獄への往復、やばい！——イースト・ドリーフォンテーン金鉱、一九九八年一二月

一二月になってチームのメンバーがやってくると、その面々を医学的検査、胸部X線、ステッピーに連れて行かなければならなかった。ヨーストは各人が鉱山用具を持っているかを確かめる担当だった。ナショジオ補助金協定の一部として、他に二人が加わった。私たちはルイーズ・ガブ[15]というケープタウンの報道写真家を雇い、試料採取調査隊の写真を撮ってもらった。ケヴィン・クラジック[16]はフリーライターで、『ディスカバー』誌に持ち込む記事が書けると期待して、参加を志願した。このことはただちにロブ・ウィルソンに対して警報ベルを鳴らした。ロブは二人の地下行きについては、頂点のCEOに至るまで許可を得ること、発表することについては何に対してでも鉱山側の拒否権があることに確実に同意させなければならなかった。しかしロブは、適切に処理すれば、ドリーフォンテーン・コンソリデーティッド社は良い報道を喜ぶだろうと思っていた。当時私たちは、ほとんど何も考えていなかったとはいえ、クラジックの記事が鉱山に対して与える影響については重大な過小評価をしていた。

私たちの目標は炭素リーダーで、これはイースト・ドリーフォンテーンでは珪岩の間で圧縮された一本の炭素の帯をなしていた。地質学者は、この炭素リーダーという物質は、金という面では(ついでながらウランの面でも)、地球で最も豊かな鉱石だと言っていた。試料の中には、一トン当たり五〇〇〇グラムという品位のものもあると言われた(鉱山全体では一般的な値は一トンあたり一〇〜一二グラムといったところ)。私たちが実際に炭素リーダーの試料を採取する場所はストープだった。私たちはニコと、トレーサー(臭化カリウムかローダミン)を鉱山作業員が使う掘削水に入れる方法を話し合っていたが、水は非常な高圧下にあった(三〇〇〇メートル分)。しかし私たちは、掘削水については換気用の空気ほどには心配していなかった。空気によって運ばれる細菌と菌類の胞子負荷は巨大だったにちがいなく、新しく発破をかけられた岩の面が露出すると、胞子はそこに定着する。この汚染源が、埃押さえに使う水と合わさるというのが、炭素リーダー鉱石を汚染する経路としていちばんありうるものだった。シフト管理者と何度か交渉した後、ニコは私たちの試料採取チームは発破の後三時間ほどでストープに入れるよう手配した。これは鉱山作業員を送り込む前に発破の煙を換気するのに必要な時間だった。私たちは最初に入る鉱山作業員と一緒にストープに入り、移動してくる微生物が増殖する前に試料を採取する。

私たちはその午後、ヨーストが鉱山用具をすべて手渡して、全員の割当て作業をおさらいできるように、住居兼実験室に集まった。翌朝早く、私はバンに乗り込んで、5番縦坑の回転ゲートに向かった。鉱山側は私たちを36レベルのストープへ連れて行く列車を手配していた。列車はすぐに着いて、私たちは横穴のある坑道で止まった。私たちはヘッドランプ、手袋、ゴーグルを着けて、兎穴を降りるアリスのように、人が通れるほどの坑道を一人ずつ這って通った。この鉱山の炭素リーダーは三〇度の角度で

A.

B.

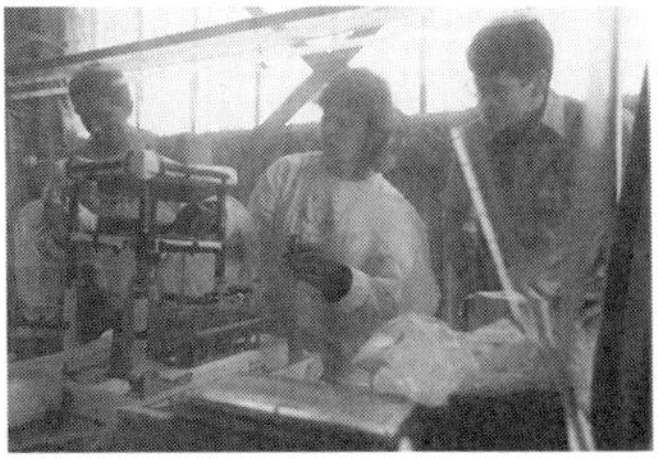

図6・1　A. 炭素リーダーの試料を採取するドゥエイン・モーザーと著者。イースト・ドリーフォンテーン、36 レベルと 38 レベルの間のストープ。B. 鉱石粉砕装置が幅を利かせる作業室で、スヴェトラナ・コテリニコヴァが「死神の顎」を使って炭素リーダー試料を処理し、ジム・フレドリクソンがいくつかの好気性培地に植え付けを行なっているのを、著者が見ている（Louise Gubb 提供）。

下っていて、厚さはせいぜい一センチほどの密な石炭のような帯でしかない。鉱山会社はそれを効果的に掘るために、炭素の薄層の周囲の厚さ一メートル弱の岩だけを掘る。この鉱山では、一日に一度この薄い層のもう少し奥の上り坑道から両方向の外側に向けて発破をかける。この上り坑道は高さ約六〇センチの岩の斜面でしかなく、その斜面に沿って、鋼鉄のケーブルで鉄製のスコップを引き上げた。鉱山作業員は発破で砕けた岩を脇へどけて、スコップで岩を鉱石シュートに掻き出すと、岩は一〇〇メートル近く下の別の階層へ落とされる。一日の周期で、掘削を行ない、爆薬を仕掛け、爆破し、換気して、壁から斜面へ岩をどかして掃除し、天井用の支柱を差し込んで、一巡したらまた最初から繰り返す。私たちはその掃除が始まったところに到着した。中のストープは散らかり、スコップが斜面を上下する音がすさまじく、作業員がホースを壁伝いに下ろして発破による土や埃を取り除き、頭上のケーブル装置で物資が上下している。すべてが狭い区画で行なわれる。埃、騒音、焼けた岩の刺激臭、濡れた面から立ち上る湯気、暗闇、すべてがよってたかって私たちの感覚を曇らせる（図6・1A）。私たちはあぶなっかしい足取りで、頭のすぐ上を走るウィンチ用のケーブルに触れないよう注意して、ときどき、天井を支えるために用いられる油圧ジャッキの一つをつかみ、鉱石シュートを慎重に避けて、斜面を下る。鉱石シュートに落ちれば確実に死ぬ。私は埃のせいで炭素リーダーは判別できなかったが、手がかりとしてガイガー・カウンターを使っていた。それを鉱山作業員がきれいにしたばかりの岩壁のなめらかな部分に走らせると、狂ったようにがりがり言い始めた。ドゥエインが後から上ってきて、オートクレーブ用の袋から鑿と、小さな丸頭ハンマーを取り出す。しかし私たちが動けるようになる前に、私たちをストープまで案内してきたラージ・ネアが上がってきて、私の耳に大声で言う。「ここじゃない。ここには支柱がありません。それをひっぱると、壁全体がこっちへ崩れてきます」。「それは困るなあ」と私は言い返し、支柱が私の体と頭上の八〇〇〇トンの岩とを隔てる唯一のものだという事実について考えないようにした。私たちの目には見えなかったが、ルイーズ・ガブが急いでカメラのシャッターを切り、鉱山作業員を避けながら、こうしたことをすべてフィルムに捉える——私たちのヘルメットについたランプによる、でたらめにさまよう光だけが照明だということを考えると、容易な作業ではない。ストープのてっぺんにいる私たちの上では掘削が始まり、耳をつんざく音が鳴り始めた。私たちはすり足でまた一〇〇メートルほど下り斜面を降りた。そこは掃除されていて、鉱山作業員がすでに天井を支えるための油圧ジャッキをセットしていた。すぐに掘削作業員が到着するだろうから、急がないといけない。私は素早く鉱床の面を調べ、目指す物を見つけた。ドゥエインが私にスプレー缶をよこし、私は炭素リーダーと並んだ珪岩のまわりに二つの大きなオレンジ色の四角を描いた。「トレーサーちゃん、どこにいる?」と私は声を上げた。メアリー・デフラウンが闇の中から蟹のように私たちの上に降りてきて、リュックサックから二本の噴霧器を取り出した。オレンジの四角で囲った面に蛍光微小球の入った方をスプレーし、四角の上にはたっぷりとローダミン染料を撒いた。私たちは高圧ホースの一本を引き寄せて、できるだけ採鉱過程をまねて岩に放水しようとした。細菌と菌類の胞子が岩石の表面についていて、鉱山作業員たちが岩に放水するときに割れ目に入り込んでいたら、トレーサーはその通り道を明らかにするはずだ。しかしホースは届かず、そこでラージは鉱山作業員を集め、ホースから水をヘルメットで運び、岩に投げつけさせた。この大騒ぎのさなか、白のつなぎを着て、鉱山管理職の一人に案内された一群のVIPが後方のストープをそろそろと降りてきていた。一団は私たちの方を指して、管理職はアフリカーンスで、「さっきお話ししたおかしな科学者が、ここの炭素リーダーにいる金を食べるゴキブリを探しているんですよ」とか何とか言っていた。一団はみな笑いだし、それからまたストープを這って下りて行った。私は「今度出てこないといけないのはマッドハッターだけだな」と思った。するとドゥエインが炭素リーダーを掘り始め、私はその下に新しいオートケーブ用の袋を当てがった。ドゥエインが注意深く鑿を当て、リーダーの巨大な塊を掘り起こし、どんぴしゃで袋に落とし、私はすばやく封をして、リュックサックに入れた。ドゥエインは珪岩について作業を続けた。私たちは最終的に二〇キログラムほどの試料を手にして、ストープから出て上りの斜面に向かった。私がメアリーに、私たちが下りてくるときに迂回した鉱石シュートに注意して避けるよう言うと、メアリーは「鉱石シュートって何ですか」と答えた。

私はメアリーの脇をすり抜け、試料を斜面の底まで下ろし、48レベルに出た。トンネルの壁にもたれて一休みし、水を飲んだ。斜面にはもう一時間以上いたが、五分くらいに思えた。水を飲もうとボトルを持ち上げると、手袋からたまった汗が流れ出た。それほど汗がたまっていることに気づいていなかった。エレベーター乗り場に歩いて戻るときには、長靴の中が汗でじゃぶじゃぶなのがわかった。乗り場に着くとベンチの一つに腰を下ろし、長靴を脱いで、たまった大量の汗を捨てた。地表ではグレード・プラント実験室に向かい、そこで初めての岩石試料用に無酸素グラブバッグの用意をした。ドゥエインは、セロ・ネグロやパラシュートで遭遇したグラブバッグ内での二次汚染について話し合った後、それを避けるための巧妙な扱い方を考えていた。私たちが岩石試料を取り出すと、ドゥエインはその表面にすばやく鮮やかなオレンジ色の塗料を噴霧する。それから私たちは岩をアルミの魚雷発射管のようなエアロックに滑り込ませ、排気して水素と窒素の混合ガスに交換する。それからドゥエインと私は死神の顎で処理をして、オレンジ色のついた外側はトレーサー分析のために集め、最後にはオレンジのしみのない内側の塊を回収する。私たちは午後いっぱいから夜まで、両方の種類の岩石を砕き、粗い粒子を何十本ものガラスの小瓶に入れた。雨が屋根に降る音が聞こえ、夜も遅くなっていたが、試料をすべてそれぞれの瓶に入れ、ありうるどんな二次汚染もないように封をしてしまいたかった。グラブバッグから瓶を取り出すと、一行は住居兼実験室に戻り、そこで試料を冷蔵庫に入れた。明日は増殖実験を始めるが、今はクロコダイリアン・エステート、略して「クロック」へ行って、遅い夕食にする時間だった。

ノーラと私が泊まっている部屋に着いてドアをノックすると、ノーラが扉を開けた。その表情から、このつなぎを着たままでは部屋に入れないことがわかった。元はきれいな漂白したつなぎだったものが、今や汗で茶色っぽくなり、鉱山の水、ディーゼルの煙、焼けた石の混じった刺激臭がしていた。ノーラはすぐにそれをそこで脱いでと言った。「下着もよ」と念を押すように言った。それも茶色になっていたからだ。それから私をシャワーに押し込んで、石けんを渡した。「におい検査に合格するまで出てきちゃだめよ」。新しいきれいな普段着に着替え、人間の匂いに戻ってから、私たちはクロックの食堂に集まっていた人混みに加わった。着いたばかりのビル・ギオース、スヴェトラナ、すっかり若返ったケヴィン、ルイーズ、ジム、ドゥエイン、ヨースト、メアリー、その夫のスティーヴがいた。ピートは私たちが来るまでの間、みんなを楽しませ、潤滑油になっていたが、遅くなったせいで、ワニのフィレ、モンキーグランド・ソース添えを食べるときの飲み物は私持ちになった。

翌朝、ドアの外に散らかしっぱなしの鉱山服を後で住居兼実験室に持って行って洗濯しようと回収したが、下着はどうしても見つからなかった。そこで庭の向こうを見ると、ピートが飼っているコッカースパニエルが、私の芳香を放つ、茶色くなった下着を新しい玩具が見つかったみたいに振り回していた。「あれの洗濯はまた今度だな」とため息をついて、クロックへ朝食に行った。

翌日トミーとスーザンの夫婦が到着し、トミーは46レベルの塩気の多い試錐孔まで降りて行くべく、鉱山服を着てドゥエインと合流した。スーザンの方は実験室と、元はリビングだった部屋のあちこちと培養器に散らばった集積培養器具の山を見て首を振った。スーザンはこの散らかったものを片づけることにしたが、手伝いが必要だった。私の方を見ると、「微生物培地を用意したことはありますか」と聞いた。私は「ない」と答え、率直に言って、どう手伝えばいいかもわからず、この実験室の無用の長物になったように感じた。スーザンは私を哀れむように見て、ゴム手袋をよこすと、「じゃあ、これをはめた方がいいですよ」と言い、自分もはめた。そうして私たちは作業を始めた。それまでスーザンと仕事をする機会はなかったが、翌週の間に私を微生物学者にする特訓をしてくれた。砕いた岩石試料から細菌を吸着するときに使うリン酸緩衝溶液をどう用意するか、その溶液をいろいろな培地に空気が入り込まないように差すのはどうするかを見せてくれた。それはグラブバッグの外で無酸素培地を処理するための便利なちょっとした仕掛だった。見せてくれたのは、植え付けのときに汚染しないための、スポイト火炎放射器法だった。要するにエタノールを満たしたスポイトにライターで火をつけ、バルチ管の封をした頭に噴霧して殺菌し、そのバルチ管に岩石抽出物を植え付けるのだ。[17]連続希釈の方法も見せてくれた。私たちは培地に水素を加えるための濾過したガス源を組み立てた。培地とバルチ管がなくなりかけていたので、ドゥエインの古い、植え付けてはいるがもう死んでいるように見える管をいくつかもらって、それをオートクレーブにかけて使った。空気が入り込まないようにバルチ管の口を下にして、六〇℃の培養器に取り付けた。スーザン・フィフナー微生物学者新人養成訓練《ブートキャンプ》の一週間で、私はそれまでの五年間に勉強したより多くの野外微生物学の技法を勉強していた。

その間、ニコは第二回の試料採取の準備をしていて、掘削作業員の一人に、私たちの代わりにストープから炭素リーダーのコアをいくつか採取するよう手配していた。カナダからグレッグ・スレーターが到着して、コアを入れてアルゴンガスを充填できる、ポリ塩化ビニル（PVC）のコア採取器具をいくつか作った。アルゴンは空気より重く、コアをこの容器に滑り込ませることができ、容器を垂直に保っていれば、無酸素環境が提供できる。

翌朝、私はトミー、グレッグ、スーザンと地下のストープへ行って、コア採取を始めた。トミーとスーザンは途中で立ち止まってバイオフィルムを採取し、グレッグと私は先へ進んだ。私たちはストープのトンネル状の入り口にかがんで入り、掘削作業員と合流すると思っていたところへずるずると降りて行ったが、待ち合わせの相手はまだ着いていてなかった。私たちは少し平坦なところの一つを砂を踏んで上り、ヘッドランプを消した。闇の中に腰を下ろすと、換気の風が首の後ろの汗を冷やすのが感じられた。まだストープには鉱山作業員がいなかったので、驚くほど静かだった。漆黒の闇で、目の前の手も見えないほどだった。壁から低周波の鼓動のような音が聞こえた。たぶんあたりを移動している機関車によるのだろうが、わからなかった。下の方でヘッドランプが動き回り、蛍の群れのように瞬くのが見えたが、換気の風でその声は追いやられていた。私はヘッドランプをつけて肩越しに見た。グレッグは岩だらけの傾斜した地面ですやすやと眠っていた。ズボンの裾を揺さぶるとグレッグは目をさました。

「作業員が来たよ」と私は言った。私たちはずるずると降りて行くと、トミーとスーザンも一緒だった。もうローダミン染料のバケツがセットしてあり、そこにポンプを差し、それが染料入りの水を吸い込んで、コアバレルを岩に固定する靴先《シュー》に流し込む。使っているのは圧縮空気を使う空気ドリルで、コア採取用の刃が岩に食い込むと鋭い音を立てた。採取されたコアが穴から水圧でバレルの後端まで押し出され、そこで私たちが殺菌した手袋で素早く取ってワールパックの袋に入れる。それから私たちは塩ビの管についた蓋を取り、バッグを中に入れ、すばやくキャップをつける。コアは最初は円盤状で出てくる。鉱山の壁には、大気圧から、一メートルほどの間隔でその少なくとも八〇〇倍の圧力になるという急激な圧力勾配があり、それが岩に亀裂を入れている。ピンク色の水を、私たちの服も含めてストープの至るところに撒き散らしたが、最後にはおそらく、微生物汚染度の推定という点では大丈夫と思える試料が得られた。すると突然、ピンク色の水がドリルパイプを抜いた端からこぼれ出た。温かい水が別のコア円盤とともに噴き出し始めた。ストープ面から一メートルもないところで亀裂地下水に遭遇していたのだ。あまり高圧ではなかったが、確かに私たちの掘削泥水ではなかった。スーザンと私はすぐに、脂質と生化学検査用の水を採取すべく飛びかかった。岩石と水を手にすると、今日の発破が始まる前に、岩がどれほど汚染されているかを見ることができた。それから一時間の間に、発破をかけて間もない壁を、その日の発破用に爆薬を仕掛けに来る爆発物班が来る前に、一メートルくり抜くことができた。私たちはストープを底まで滑り降りて48レベルに飛び出た。大事な塩ビ容器を持ってケージに戻り始めると、スーザンが立ち止まって坑道の壁から漏れている水とバイオフィルムを採取した。試料採取要員の一人をスーザンのところに残して、トミー、グレッグ、私は坑道をケージの方へ向かって進んだ。私たちが着くころ、坑内作業員が集まり始めているのがわかった。何らかの理由でケージが遅れていた。私たちは鉄道車両にもたれてスーザンを待った。一時間後、集団は疲れて、いらいらして、だんだん怒ってくる坑内作業員が数百人にも膨らみ、みなケージがいつ着くのか知りたがっていた。この頃には管理者集団がスクラムを組んで、坑内作業員が頭上の乗り場になだれ込むのを防いでいた。さらに作業員が乗り場に集まってきて、やっとあの機械のカナリアが鳴く音がして、ケージがこの階に到着することがわかった。それでもスーザンはまだだった。私たちは本気で心配し始めた。ここに置いていくわけにはいかないが、この坑内の迷路で探すのは無理だ。人混みをかきわけて正面の管理者のところまで行くこともできない。やっと、予想外の脇の坑道からスーザンが姿を現し、声高の、だんだんけんか腰になる坑内作業員の群れにあっけらかんと向かっていた。カールした茶色の髪がヘルメットの下からはみ出していて、「モナリザ」のような笑みを浮かべ、私たちがそこへ行くと危険と思っていることをまったく知らずに、試料採取員と話していた。私たちはあわててスーザンのところへ行って止めようと前に出たが、私たち三人がそちらに行く前に、坑内作業員の群れがスーザンの前で分かれた。紅海を分けたモーゼが通るように、作業員は恭しく道を空けて、スーザンと試料採取員は密集する作業員の奥へ入っていった。私たち三人は狐につままれたようになったが、すぐにスーザンの後を遅れないように追って、まもなくケージに入る管理職連に合流した。スーザンは振り返って後ろの私たちを見ると、ケージに這い上がりながら言った。「あら、どこにいたの」。

私たちイースト・ドリーフォンテーンのストープで穴掘りをしている頃、クローフ金鉱の年配の換気技師、コス・クマーロがドゥエインに連絡してきた。「水の問題があって、ニコから私たちのチームが水の試料を採取しようとしていると聞いたんだが、ちょっと来て、異常に深いところからしみ出してくる水を採取してくれないか」という。ドゥエインはステンレス容器をつかんでコンビに跳び乗ると、N12号線をクローフへ向かった。私たちはもう一回炭素リーダーを掘るために地下に戻った。翌日ドゥエインはジムや私に、クローフ鉱山の41レベルで坑道の壁が膨らんで六〇℃の水があふれたことや、これまでで最高の水試料と思われるものについて話した。水の年代を測定するのに使える、希ガスのネオン、アルゴン、クリプトン、キセノンの同位体組成分析用の初めての水試料まで手に入れていた。すぐわかることになるのだが、実はドゥエインは今度の調査で最も意義のある発見をしていた。(18)

一九九九年七月、『ディスカバー』誌はケヴィンのイースト・ドリーフォンテーン調査隊についての記事を掲載した。表紙ではこの記事にふさわしく、「地球の中心への旅」〔ヴェルヌの『地底旅行』の原題〕と書かれていた。私たちにとってはあいにくなことに、雑誌の本文では、表題が「地獄への往復」になっていた。ケヴィンはイースト・ドリーフォンテーンでの試料採取や、SSPの歴史の一端についても正確に描くという立派な仕事をしていたが、『ディスカバー』誌の編集者は一般の読者向けに、鉱山の地獄のような環境の話で装飾することによって、もっとはらはらどきどきするものにしなければならなかった。タイトルと頻繁に出てくる地獄という言葉は、ロブ・ウィルソンが避けたかった間違いだった。ゴールド・フィールズの上層の幹部が不快に思っていることを、私たちはまもなく知る。やばい！

地下圏生命が地球生命圏になる——一九九八年六月

南アフリカの金鉱での採取を進め始める前、地下圏生命圏にとっては変わり目になるような微生物学のある論文が、『米国科学アカデミー紀要』（PNAS）誌に掲載された。この論文は始めて観察に基づく原核生物の地球全体での生物量《バイオマス》の推定を行なっていて、それは人間を含めた真核生物を、数だけでなく、重量でも上回っていると説いた。[19] この論文は、D・C・ホワイトの、原核生物の量をもっと鮮やかに規定したものを思わせた。「あなたの体が細胞一つひとつに投票権があり、政党に投票する体制だったとしたら、細菌はすべての選挙を制する」。その計算には、地下生命圏の質量について、炭素分が4〜5×10^{17}グラムで、樹木が大半を占める光合成圏の質量に肩を並べるという、唖然とするような推定が含まれていた。これに比べると、海洋生命圏は微々たるものだった。

この著者はサバンナ川でのDOE　SSP調査や、スウェーデンでのカーステン・ペダーセンの研究の成果を用いていたが、地球全体にとって意味のあるデータセットは、海の堆積物、とくにブリストル大学のジョン・パークスらのグループによるデータだった。ジョンと共同研究者のブライアン・クラッグは、海洋研究機関統合深海掘削計画（JOIDES）掘削船、レゾリューション号による、一九九〇年に行われたペルー沖で調査レグ112の際に、全細胞数の深さごとの様子と、海底堆積物のコアでの活動を調べるところから始めた[20]。そこで、海底から一〇メートルから五〇〇メートル下という深さでの細菌の数は、海洋堆積物1グラムあたり10^4から10^8個の範囲でばらついていることがわかった[21]。比較のために言うと、農業用土壌には、ふつう、1グラムあたり10^9個を超える細菌がいる。海底が地球の表面積のうち七〇パーセントを占めることを考えると、この研究は、地球全体での地下生命圏の大きさを制約するようになった[22]。

この細菌数の範囲を前提にすると、地球全体での地下圏細菌の質量は、炭素分で10^{17}～10^{18}グラムに対応する。表面の生命圏に推定される質量は、炭素分が約4.6×10^{17}グラムと計算されているので、地下生命圏は、地球の生命圏に対して相当の比率を占めていることになる。PNAS論文の重要性は、書かれていることよりも書いた人にあった。著者のウィリアム・ホイットマン、デーヴィッド・コールマン、ウィリアム・ウィーブは、海洋／土壌微生物学者だったが、地下の試料については研究したことがなかった。地下生命圏について長年にわたる関心を向けてきたわけではなかった。そうした人々が、それまでの一二年に積み上げられていた地下圏のデータを使ったということは、広い科学界の認識ががらりと変わったしるしだった。地下生命圏を調べることがまっとうな企てとなり、微生物生態学の恒常的な一部となったのだ。深いところで生きている細菌の報告は、マイナーな学術誌や一般向けの科学記事に追いやられることはなくなる。

しかし海底堆積物の下にある海洋地殻はどうだろう。最古の海洋地殻については、温度は平均して深さ一キロあたり一五℃高くなり、生命が達しうる最大の深度は七キロ。大陸地殻については、温度上昇は平均一キロあたり二五℃で、生命が存在しうる最大の深度は平均四キロということになる。一九九二年、オレゴン州立大学の地質学者、マーティン・フィスクは、国際深海掘削計画（ODP）による、北太平洋のファアン・デ・フカ海嶺までの航行に加わった。ノルウェーの石油学の研究者でベルゲン大学のハラルト・フネスが乗っていた。ハラルトの指導する大学院生が、アイスランドの沖にあるスルツェイ島の火山性の角礫岩（水砕岩）の玄武岩質ガラスに、奇妙な芋虫のような形の溶解の形を発見し、本人はこれが微生物によって生まれたにちがいないと確信した（図6・2[23]）。唯一の問題は、芋虫状の小嚢

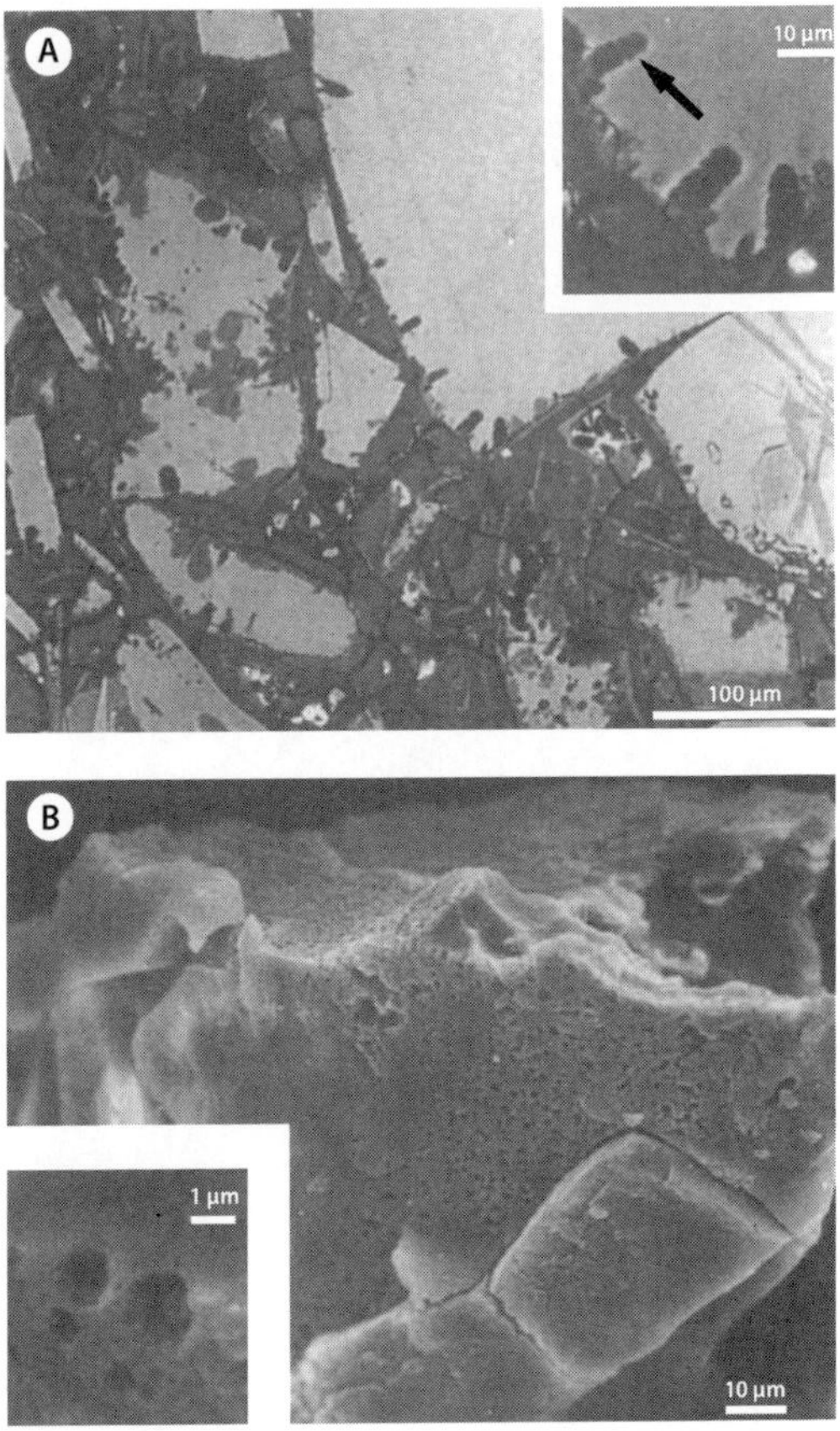

図6・2　海洋玄武岩質ガラス（パラゴナイトという）にあった、微生物による酸化／溶解によるとされた溶解紋。A. 走査顕微鏡画像。明るさが原子量に対応する。はめ込み画像はパラゴナイトにくいこんだ微小なトンネルを見せる。B. 溶けてできた穴が密に並んだところがあるパラゴナイトの二次電子像（Thorseth et al. 1992）。

の内部に細菌がいる明白な兆候はなかったことだった。ハラルトは納得しなかった。しかし、レゾリューション号で試料採取される海底の枕状溶岩の玄武岩質ガラスを見た後、ハラルトはガラスに、同じような、それどころかもっとドラマチックで広い範囲の、細かい、花や管のような溶解紋を見た。ハラルトは、それが何でありうるか、他に誰も手がかりを得ていない（気にしてもいない）ようだったので、この院生が正しいと確信して、顕微鏡の下に、ガラスの中の奇妙なくねる線のようなものを見ようという人をつかまえ始めた。まもなく、船上の研究チームの他の人々は、先のマーティン・フィスクを除いてハラルトを避け始めた。ガラスの中に残された伸び始めの茎のようなものについて、何かがぴんと来たのだ。通常は石油学では不毛なテーマに息が吹き込まれた。このような痕跡化石は、そうした紋のかけらにDNAが存在することがなかったら、生物由来ではないとしてすぐに棄却されたかもしれない。[24]

PNASの論文が出た後、一九九八年のうちに、米国科学諮問委員会が開かれ、ODPの将来と、新しい国際海洋掘削計画が議論された。委員会はトミー・フェルプスを会議に呼び、トミーは会議に参加した初めての微生物学者、DOE国立研究所員となった。この会議のとき、トミーは、本人や他のSSPの研究者が八〇年代後期に開発していたトレーサー手法を紹介して、委員会に、この方法がJOIDESの掘削船レゾリューション号でなら簡単に実行できることを示し、この方法が、ジョン・パークスとブライアン・クラッグが数えていた、細菌が堆積物に固有のもので掘削による汚染ではないことを判定するのに重要であることを力説した。この会議の後まもなく、地下生命圏を研究する科学者の数は三倍規模になる。

第7章　地底旅行者

「茸の森のようだ」と叔父は言った。こうした暑さと湿気が好きな大型植物がどのように育ったのかと想像されるかもしれない。この地下世界の植生は、茸に限られなかった。「そのとおりですね、叔父さん。神の摂理は、この巨大なサウナに地球の中生代の植物相全体を保存してほしかったようです」。

――ジュール・ヴェルヌ『地底旅行』(1)

極限環境での生命――南アフリカ、ウェルコム付近、ベアトリクス金鉱、一九九九年一月

一九九九年一月、ドゥエインとヨーストがグレード・プラント実験室を片づけてしまった直後、ドゥエインにまた電話がかかってきた。今度は、二〇〇キロ近く南のフリーステート州にある、ベアトリクス金鉱だった。そこでは地下七〇〇メートルでメタンを豊富に含む水と交差した。ドゥエインは研究用にもう一つだけ試料を採取することにして、州都ブルームフォンテーンの少し北にあるベアトリクスまで車で向かった。私宛のメールでは、現地の鉱山労働者が「霧の中のゴリラ」と呼ぶ、試錐孔につながるある異様な坑道のことが書いてあった。そこでドゥエインが遭遇したのは、「車のホイールキャップ

なみの大きさの茸」だったという。「まるでジュール・ヴェルヌです」。私の第一の焦点は、好熱菌を探して超深部を目指すことだったが、調査で明らかになったのは、鉱山の中の驚くほどの生物多様性の幅と、深さを増すとともに先細りになる水の量だった。

ドゥエインが南アフリカから帰ってきた後、精算をすませると、調査隊の費用はNSFの予算を大きく超え、ドゥエインの給料がもうすぐ出せなくなることが明らかになった。NSFとNASAは次の極限環境生物（LExEn）研究案の募集を告知していたが、私たちがまだ南アにいる間のことで、締切りまで一か月しかなかった。このときは極限生物の学際的研究のための長期的な立地を探していた。ドゥエインと私は、いろいろな鉱山から裂罅水との交差で試料採取する電話がかかってきたらすぐに現地へ行けるような、小規模の常駐チームを持つというドゥエインの案を進めることにした。そのようなチームとなると、何年か活動を続け、研究者や学生が訪れたり、試料を採取したり、観測結果を記録したりできる現地研究室をまかなえるだけの予算が必要となる。私たちは三人か四人のチームで、四週から八週のローテーションで南アへ行く必要があった。イースト・ドリーフォンテーン・コンソリデーティッド社のロブ・ウィルソンから元気の出る手紙が来て、私たちのチームを支援してくれそうな他のいくつかの鉱山から何度か接触があったようなことを言っていた。今回も、鉱山のメタン菌に関心を抱くようになっていたジェニファー・アレクサンダーも勧誘の対象だった。そこでドゥエインと私はアメリカ側で八大学、DOEの二つの研究所のチームを集めた。チームの大半はすでに南アでの活動にボランティアとして参加したことがあった。今回はいくらかの予算を用意することができるだろう。その後の四週間で、応募案に盛り込めるデータを試料から得ようと急いだ。スーザン・フィフナーは岩と水の試料について、バイオマス密度と細菌の構成についてある程度わかるように、手早くＰＬＦＡ分析を行なった。水の試料についての肯定的な好熱菌集積培養結果も得られたが、１６Ｓ ｒＲＮＡデータはなかった。私は炭素リーダーでの放射性分解の速さを計算するのに必要な式を示す、ビーダ・ホフマンによる論文にも遭遇した。[2] ジム・フレドリクソンは、トム・キーフトが分離したテルムス属ＳＡのガンマ放射許容量を測定して、それには相当の放射性耐性があるのを明らかにしたところだった。これで現地の放射線によってテルムス属の細胞の半分が死ぬまでにどれだけの水素と酸素が生産されるかが計算できる。そこで私はトミー・フェルプスに、テルムス属の集団が二倍になるのに十分な水素量かどうかの推定を手伝ってくれるようメールした。トミーは水素から得られるエネルギーの三％だけがバイオマスに入ると仮定したが、この非常に控えめな増殖収率でさえ、放射で死ぬ細胞に置き換わるのに十分すぎるほどだった。私たちはスーザンとトミーの家で六年前の九三年の冬に始めた計算をやっと完成させていた。放射で損傷を受けたＤＮＡの修復に必要なだけのエネルギーはさらに少ないだろう。トミーはメールで「一度に三部のＤＮＡ（妻＋二人の愛人分）を維持しなければならないふらふらの細菌が立派に維持されるには、成長のための食料が半分足りませんが、ＯＲＮＬ（オークリッジ国立研究所）の扱い方なら、もっと少なくても一〇〇〇個が生きられることを予想するでしょう。こちらの方法の間違いを教えてください。ＴＪＰ」と結んでいた。私には最後の二文をどう解釈すればいいのかまったくわからなかった。テルムスのことを言っているのか、倍数体の *Deinococcus radiodurans*〔放射線耐性ディノコックス〕のことか、自分のことか、そのすべてのことか。[3] しかし私たちの即席の計算は、放射性分解で生成されるエネルギーは、地下圏微生物群集が受ける放射線による損傷を相殺して余りあるという仮説を支持しているように見えた。

応募案は三月一日にNSFに提出し、それが大当たりになった。グループの全員が、予備的な最初の結果の様子を考えて、応募すべきだと思っていたわけではないが、そうしなかったら、ドゥエインはすぐにプリンストンでホームレスになりかねない。フランク・ウォバーなら、「地獄にも万に一つでも可能性がある」と言うところだろう〔本来は、「無理」を表す言い方〕。結果を待つ間、それまでの三か月に集めた試料の分析を進めた。ジムの研究室に入ったポスドク研究員、高井研はてきぱきと、ドゥエインが裂罅水と雑用水について回収したフィルタからDNAを抽出する作業にかかった。ドゥエインは私たちの研究室に積み上がった肯定的な集積培養の棚に集中したが、新しい培地へ移して維持するところが難しかった。培養したものを裂罅水を処理した培地から新しい培地に移したとたん、それは死んでしまうらしかった。八月には、驚いたことに、NSFとNASAが私たちを再び南アフリカに派遣するという知らせを受けた。この補助金には、全額がプリンストン大学の私のところに来て、そこから他大学やDOE研究所に流れるという異例の条件がついていた。そこで八月の残りをかけて、プリンストン大学と他の研究機関との間に請負契約を結ぶ段取りをつけた。

一九九九年九月、研究者、大学院生が、南アの学生と一緒に作業できて、学生が微生物学の技能をいくらかでも伸ばせるようにする現場研究室を設けるという、夢を現実に変える手立ての計画を始めた。南アにいる間に、スーザンは、婉曲的に「これまで不利だった」学生と呼ぶ南アの黒人学生を教育するという構想について話していた。クロックでピートとピエトラの結婚二〇周年を祝うパーティでおいしい年代物のピノテージ〔ピノノワールの赤ワイン〕を飲んでいた。ピートはそれを、まだ建設中の未来の大会議場、キャッスルに保存していた。乾杯の喚声とピートやピエトラやクロックについて語られる物語の喧噪の中で、私たちはスーザンのアイデアについて話し合った。スーザンはNSFの支援でアメリカからマイノリティの学生を連れて行って、南アの学生と交流させることを提案した。スーザンは根っからの教師で、自分を手伝ってくれた鉱山の試料採取作業員に自分の基礎的な微生物試料採取技能を見せるのを明らかに楽しんでいた。突然、七〇人ほどの招待客の中から、ボータ夫妻に対する乾杯の音頭が聞こえ、トミーもスーザンも私もグラスを上げた。南アフリカの人々にはただただ驚く。ひとたび知り合いになれば、どこまでも親切にしてくれるらしい。

今や五年間南アフリカに戻れる資金ができたとなると、南ア側の学生を見つけなければならなかった。前に南アフリカを出る前に、NSFに相当する南ア国立研究財団（NRF）の何人かの研究計画管理官に連絡しておいたので、今回、意見を求めてその人々に接触した。先方には学生を国外に派遣する支援事業はあったが、国内での研修に派遣するためのものはなかった。そこで私は、このプロジェクトを始動する会議を主催し、そこに私たちの活動に協力して、そこから学生養成課程を育てる気がありそうな南アフリカの科学者・工学者を集められるかぎり招くための資金を、NSF国際事業に申請する準備をした。何と言っても、相手は南アフリカの水——あるいは見方によっては鉱山会社の水だった。先方には、その水にどんな種類の微生物がいるか、それを深部での金属採鉱で残された有毒の遺産を浄化するためにどう使えるかに対する関心はあるはずだ。私たちはイースト・ドリーフォンテーンの地底旅行を含めることにした。先方は私たちの前回の調査行を喜んでくれたらしかったからだ。しかしその案を提出できるのは早くても二〇〇〇年の二月で、研究会を開催できるのは、南アフリカの大学での学期間の休みや試験日程との折り合いをつけるために、二〇〇〇年一一月ということになった。残念ながらジェニファー・アレクサンダーはウィトワーテルスランド大学を退職の予定で、そこで研究会を主催することはできなかった。ロブは他の施設を当たってくれたが、自分の出身校の構成員がなぜ関心を示さないのかが理解できず、不満を募らせていた。連絡をとったのは、ブルームフォンテーンにあるフリーステート大学地下水研究所の教員となっていたルディ・ブーアだった。ルディと、フランク・ホジソンという、鉱山会社に対する地下水問題について長年コンサルト業をしていた人物が、研究会を主催することに同意してくれた。南アフリカ側の主催者が固まったので、私たちは案を提出した。

春の間に、裂罅水のフィルターを古細菌の増幅に集中して熱心に分析する高井研の手から、16S rRNAのデータがさらに出てきた。バイオマス総量が低く、古細菌が少なそうだったので、それは簡単なことではなかったが、高井はドゥエインが採取したクローフ熱水試料から*Pyrococcus abyssi*〔深海のピロコックス〕に近い生物の16S rRNA配列を得ることに成功していた。*Pyrococcus abyssi*は嫌気性の超好熱菌で、深海の熱水噴出孔のものが分離されていたが、採取されたところはクローフ試錐孔と同程度の圧力だった。クローフの地下三〇〇〇メートルの亀裂地下水で海底熱水噴出孔のDNAが見つかるというのは、この亀裂に固有の微生物が棲んでいることの説得力のある証拠だった。ベアトリクスの亀裂地下水試料は、ユーリアーキオータ〔ユーリ古細菌〕門の新たな系統をもたらし、これを高井研は「南アフリカ金鉱ユーリアーキオータ群」(South Africa Gold Mine Euryarchaeota Group)ということで、SAGMEGと呼んだ。新しい古細菌の配列は新しく、高井研は古細菌の系統樹を再構成しなければならなくなるほどだった。私はこのデータを――各観測地の地球化学的状況、地質図、断面、現場の写真、肯定的な培養それぞれの顕微鏡画像と併せて——各班が利用しやすいようにウェブサイトに置いた。インターネット上にデータ集積所を構築するのは私には初めてのことだったが、学科のサーバーは、私が全員にユーザネームとパスワードを提供すれば信頼できると確信した。覚えやすくて推測されにくいパスワードを考えるのに苦労したが、やっと一つ思いつき、ユーザーネームはdirbars、パスワードはbiltongにした。イースト・ドリーフォンテーンのN12号線を車で頻繁に通ることがないかぎり、この二つの組合せは推測できないだろう。さらに、現地にいる間ずっと、道ばたにあるシマウマ模様のディルバース・ビルトングの店で実際に干し切り肉《ビルトング》を売買しているのを見たことがなかった。私はナショナル・ジオグラフィック協会に出す報告に入れるデータを収集し、そのデータをイースト・ドリーフォンテーン・コンソリデーティッド社の鉱山幹部に送った。

いろいろな研究班すべてに対するメール連絡に使う通称が必要だった。リック・コルウェルのパラシュートでの活動で使った署名、「レ・シューターズ」のようなものだ。Biomining Buanas〔生物採鉱親方連、buana=bwanaはスワヒリ語の男性に対する敬称〕というのを考えたが、これはあまりに人種差別的、性差別的、搾取的、植民地主義的に思えた。アンナ・ルイーゼが潜水艇で深海を航行するところが浮かび、アンナはさしずめ「潜水艦乗り《サブマリナー》」だなと思った。そこで私は作戦名は「地底旅行者《サブテラノーツ》」とすることにした。春も深まり、ドゥエインは、イースト・ドリーフォンテーンのお気に入りの試錐孔のための、16S rRNA真正細菌クローン・ライブラリを構築するためにPNNLに向かった。高井研は手の空いたときに、新しいクロストリジウム属の好熱菌を分離していた。これは記録のあるどの好熱菌よりもpH耐性が高かった。こうした結果を私はイースト・ドリーフォンテーン・コンソリデーティッド社に、差出人を「サブテラノーツ」として伝えた。しかし一年以上、私の報告に対する返信がなく、私は「また？」という感覚を強くした。その後まもなく、各地の鉱山との連絡役となる態勢も意思も整えたロブ・ウィルソンがゴールド・フィールズ社は参加する気がないことを伝えてきた。前年の『ディスカバー』誌の記事で何度も「地獄」と言ったことが、ゴールド・フィールズの安全性の評判を傷つけたと感じた上層部を怒らせたらしい。みな、私とは違って原稿を見ておらず、自分たちの安全の歴史に対するひどい中傷だと思ったのだ。アメリカの科学者も写真家も記者も自分たちの鉱山には二度と入れたがらなかった。八月、NSFの国際事業が研究会の補助金を出してくれたが、春の間にルディがパーキンソン病を発症し、健康状態が大きく悪化しており、主催者を務められなくなった。

私は二〇〇〇年九月のカレンダーを見ていた。今や、NSFの一年前からのものと合わせて二件の補助金で資金はあり、前よりも相当に多いのだが、調べる鉱山がなく、研究会を主催する南アフリカの大学もない。このことを何とかする必要があった。でないと研究費をNSFに返さなければならなくなる。ルディは、ロブに頼んでフリーステート大学の微生物・生化学・食品バイオテクノロジー学科の学科長、デレク・リットハウアーに連絡をとってもらうといいと言った。そこなら研究会を主催してくれるのではないか。

デレク・リットハウアーはロブと話した後、元院生のエスタ・ファン・ヘールデンとこの件について話し合った。エスタはもともとナタル州ダーバンの出身だったが、並外れた好条件の奨学金があるフリーステート大学で博士号を取る気になった。エスタはリパーゼ（脂肪を食べる）特性を持つ酵母タンパク質に関する博士論文を仕上げる段階になっていた。学科の教員に誘われていて、そうなれば、女性としては二番めの大学の構成員となる。南アフリカの学界ではまれなことだった。ニース大学に留学して酵母タンパクの分析を行なっていたとき、好熱好酸菌を調べている研究グループとのつきあいができ、こうした生物についてほとんどわかっていないことに驚いた。南アフリカでは誰もこの種の研究はしていなかった。そのことがエスタの心に深く刻まれ、フリーステート大学に戻ったとき、その分野で何から始めるかを考えていたところだった。これはまさしく「セレンディピティ」と呼べることだが、急がなければならなかった。研究会開催の予定は一二月で、それまで三か月もなかった。エスタはロブに連絡し、ロブが私に連絡して、すぐに私たちは研究会の準備にかかった。ウィトワーテルスランド大学、ノース大学（歴史的に黒人南アフリカ人の大学）、ナタル大学、ケープタウン大学、ウェストケープ大学などの他の大学の他の微生物学者もきっと参加してくれるとエスタは思っていた。

NSFは私たちに、地球科学の分野への少数民族の関心を増大させる試みとして、とくにアフリカ系アメリカ人などの少数民族の学生を、このテーマの研究を行なうことに引き入れることも求めていた。NSFの地球科学部門が研究会の費用の一部を出していた。そのプログラム管理官のリッチ・レーンは以前、カーネギー研究所の補助金を得た南アフリカ大陸地殻地震断層撮影に参加したアフリカの学生を世話して多大な成果を上げていて、私たちにも優秀なアフリカ系アメリカ人を研究会に入れるよう提案した。問題は、地球科学にはあまりアフリカ系アメリカ人がいないということだった。おそらく両手の指で数えられるだろう。しかしリッチは非常に説得がうまく、最優秀の二人を参加させた――ウェス・ウォードとブレンドリン・フェイソンだった。二人を南アフリカの中央部で行なわれる研究会に出るよう、二か月前になって説き伏せたのだ。

ウェス・ウォードはアリゾナ州フラグスタッフのＵＳＧＳの天文地質学センターで火星撮影の研究をしていた注目される惑星科学者だった。ほとんどスピリチュアルな風貌だが、講義室に響き渡る笑い声のカリスマ的な人物だった。その笑い声をからかわれて、センター創立者でアポロ計画初期の仕事、隕石衝突、地球に衝突しそうな小惑星探しで有名になった地質学者、ユージーン・シューメーカーを引き合いにして、「ジーンみたいだ」と言われていた。これにはいつも、「それはジーンが僕の父だからだよ」と応じていた。もちろんそれは正しかった。ときどき、ジーンと妻のキャロラインは、多くの地質学の学生やフラグスタッフに立ち寄るカルテクの学生を養子にすることがあり、私もその一人だった。つまり私とウェスは義理の兄弟ということになる。

ブレンドリン・フェイソンはＯＲＮＬの一人前の女性地球化学者で、トミーとスーザンをよく知っていた。専門は微生物の作用で石炭から石油を抽出するなどの環境地球化学だった。しかしブレンドリンも太陽系に生命を探すことに長年の関心があり、バイキング着陸船による生命探査実験を率いた科学者、ハロルド・モロウィッツの授業にも出たことがあった。

トミーとスーザンは断固再び南アへ行く気になっていた。メアリー・デフラウンは自身が新たに構える「アフリカ室」の作業をしていて、一日だけだったが参加して、イースト・ドリーフォンテーンでの最初の試料から得られた分離微生物について喜んで発表してくれるという。ゴードン・サザムは、ウェスと一緒にやって来ると言った。バーバラ・シャーウッド・ロラーは都合がつかなかったが、このプロジェクトで研究するよう引き入れた新しい大学院生、ジュリー・ウォードをよこしてくれた。一日半の予定の研究会は見事に埋まりつつあった。

二一世紀の盗賊、バイオパイラシー
——南アフリカ、ブルームフォンテーン、フリーステート大学、二〇〇〇年一二月四日

三か月後の一二月四日、ドゥエイン、スーザン、トミー、ゴードン、メアリー、ウェス、ブレンドリン、ジュリー、私は花の泉《ブルームフォンテーン》に飛んだ。ブルームフォンテーンは学期まっただなかのアメリカ中西部の大学町に似ていた。大学の横を通る町のメインストリート、ネルソン・マンデラ大通りにはKFC、スパー、スティアーズ、マクドナルドなどのファストフード店が並んでいた。地上は古いアフリカーンス様式と、ほとんど白い建物からなる現代的な建築の混合で、夏の花が咲き誇る芳香の茂みで美しく飾られ、黒人、白人両方の学生があちこちにいた。私たちはみな、学科にはいささかびっくりしたように思う。平屋の白いセメントの外壁の建物で、旧式の湿気の多い実験室と、わずかな古いPCの、第三世界の雰囲気を放っていた。しかし、微生物学・生化学・食品バイオテクノロジー学科は、南アフリカで人気の飲み物を醸造するときに用いられる酵母を培養したもののコレクションを保持していた。そのため、保冷室、培養器はたくさんあり、完全装備の脂質実験室もあった。私たちはブルームフォンテーン近郊のベインズ・ゲーム・ロッジという、主にシマウマとダチョウがいる郊外の自然動物保護地区《ゲームパーク》に宿泊した。そこのセレブであるダチョウが宿泊棟／バー区画を歩き回り、宿泊客に羽毛のない左腕を見せていた。あるときバーベキューをしていると、この過度に友好的なダチョウが炉に近づきすぎて、火がついたのだという。何人かの屈強なアフリカナーが、羽に火が付いたまま走り回るダチョウを何とか取り押さえ、地面に押さえつけて火を消したが、羽は戻らなかったらしい。

ロブ、エスタ、デレクは約束どおり、南アフリカの学界・産業界から見事な数の参加者を大学の中央講堂に集めた。第一日の午前中、ドゥエイン、ゴードン、スーザン、ジュリーが前年の成果や、この成果が鉱業にとって有効でありうることについてまとめた。ドゥエインの話は主に、裂罅水から採取された培養不能の微生物について、高井研が論文を提出したばかりの、16S rRNA配列による身元に関するものだった。そのデータは、固有の微生物を運んだのは、採鉱による汚染ではなく、交差する裂罅水であるという考えが妥当であることを示しただけでなく、そうした微生物は、アンナ・ルイーゼが二年前に予想していた、クローフの*Pyrococcus abyssi*など、深海の熱水噴出孔にいる微生物と似ていることも示した。驚くべきことに、ウィトワーテルスランド堆積盆地は二五億年の間、海洋水に遭遇したことがなかった。偏性超好熱菌である*Pyrococcus abyssi*が、どうやって大洋の中央にある深海の熱水噴出孔から、南アフリカ中央の地下三〇〇〇メートルの真水の亀裂まで移動したのだろう。(4)

発表が昼食休憩を挟んで午後になると、バイオテクノロジーへの応用に転じ、BHPビリトンという金属採掘会社の代表がバイオリーチング〔生物による鉱石の精錬〕の分野での自社の大きな前進について話したりした。ブレンドリンは微生物による石炭の液化についての発表をした。その発表のときには、SASOLという、フィッシャー＝トロプシュ過程〔註19〕を通じて工業規模の石炭ガス化を任務とする南アフリカの公共事業会社が耳をそばだてていた。ブレンドリンの発表に続いて、イギリスから南アのウェスタンケープ大学へやって来た傑出した微生物学者ドン・コーワンが、もっと理論的な話をした。こちらは環境にある細切れのDNAから遺伝子を取り出して、それをプラスミドを使って変形し、大腸菌に入れて、発現ライブラリを築くというアイデアを紹介していた。その説明では、研究者が特定の活動、たとえばリパーゼに関心を向ければ、その活動に関する検査をして、このライブラリを吟味することになるという。この方式によって、少なくとも原理的には、微生物を実験室で育てられないという困難を乗り越えられるようになる。午前の最後の発表はメアリーだった。この発表は、イースト・ドリーフォンテーンの熱水の滲出から自分で分離していたゲオバチルス属を記述した上での成果で、好熱菌リパーゼの活動を明らかにしていた。また、トム・キーフトが分離していた好熱菌 *Thermus scotoductus*《テルムス・スコトドゥクトゥス》と、高井研が分離していた *Alkaliphius transvaalensis*《アルカリフィウス・トランスヴァーレンシス》〔トランスバールの好アルカリ菌〕の生理も要約した。[5]エスタはすぐにテルムス属の代謝可塑性に関心を抱き、環境にあるもっと環境に毒となる金属を減らすように調節できるかと考えた。参会の人々が茶菓のあるロビーに移動すると、南アフリカの参加者がメアリーのところに駆け寄り、「私は今までずっと熱くても安定したリパーゼを探していたのに、あなたは鉱山から採取して最初に分離したもので見つけたんですか。とても信じられない」と大声で尋ねた。メアリーは自信をもって輝く笑みを浮かべ、「わかります。ええ、もちろん。それが私の仕事です」と言って、いつもそうだったと言わんばかりに手のひらを上に向けて肩をすくめた。

　休憩の後、研究会の関心の的は生物多様性論争に向かい、部屋の温度はそれとわかるほどに上がった。三か月前、私が問題は片づいたと思ったちょうどそのとき、南アフリカで招待した参加者の一人でナタル州のある大学の微生物学者からメールをもらっていた。南アフリカでは、エスタからの誘いが届いたところだった。先方は、私がイースト・ドリーフォンテーン・コンソリデーティッドで行なった調査のとき、生物多様性条約（CBD）に違反していて、さらには南アフリカの法律にも違反していると責めていた。私はCBDについては無知だった。[6]しかしインターネットを検索してすぐにわかったのは、自然にある試料を国境を超えて採取することについては、ＣＢＤに定めがあって、私たちは「生物窃盗《バイオパイラシー》」の非難を受けていたのだった。しかしこの研究会の目標は南アフリカの研究者が発見や特許保有ができるよう、奨励訓練することだった。それで原理的には法の範囲内だと思った。しかし問題は採取した細菌の所有権だった。それは鉱山会社の財産か、それとも南ア政府のものか。ＮＳＦは、国際的な研究交付金は、上院がまだ批准していない条約でもＣＢＤは遵守しなければならないと明言していた。私が育てようとしていた当のものが、私たちに対する武器として用いられつつあった。ロブ・ウィルソンに対策に当たってもらうよう電話する間、「俺たちは最初はＤＯＥのスパイで、今度は生物盗賊かよ。ああもう」と、私は思っていた。「ああ、それなら鉱山側との契約書を書いた弁護士に連絡してみますよ。あの先生はＩＰＲ［知的財産権］のことは裏も表も知っていますから」。ロブの弁護士は、研究会に出て、ＩＰＲとＣＢＤについて話をすると言ってくれて、このときすでに到着していた。つまり私たちには、午後の議論が激しい言葉の応酬になったときに備えて切り札があった。

最初の発表は、私がバイオ搾取の研究をけしかけているとして非難し、南アの自前のバイオテクノロジー研究機関を設け、それで私たちがＬＥｘＥｎ事業で行なうと提案していた役目に応じるだけでなく、鉱山の細菌を有益な性質があるものを求めて検査する遺伝子発現アレイも行なうことを唱えていた。それは、私たちの支援はいっさい必要ないという、南アフリカのバイオ搾取に対する南アの見方だった。(7) 幸い、その後の発表では、ロブがこの会合用に引き入れた弁護士が、すばやく南アの立法府は実際には、動植物を使ったバイオ化学物質や遺伝子の所有権についてさえ、もちろん地下の細菌のものについても、何の法律も議決していないと言った。また、鉱山微生物の記述や応用から生じる知的財産の所有権は、鉱山会社と学術機関の間で交渉しなければならないことも強調された。会場にいた何人かの人々が何か話し合っていて、明らかに不満に思っていたが、私は呼吸がずっと楽になった。ロブはまたしても私たちに難を逃れさせてくれた。幸い、このやりとりの後に、ウィトワーテルスランド大学のスー・ウェブと、ケープタウン大学のマリアン・トレドゥーという二人の地球物理学者による発表が続き、そこではNSFの研究費による地震地殻断層撮影研究で組んだ二人が南アのNRFによる学生を支援する資金を受け、二人はそれを使って南アの黒人地球物理学学生を「野心的な」研究の一翼として呼び込み、確保した話をしていた。二人の話は、成功談と失敗の例を、ほとんどハウツーもののように語り、その例はその日の夕食のときに大いに議論を刺激した。

ウェス・ウォードの火星表面の地質学的特色に関する話がその日の最後で、それは明らかにこの研究会の当たりだった。南アの学生にとって、火星表面を形成した力について専門家である惑星科学者の話を聞くというのはめったにないごちそうだった。後で学生は黒人も白人も、ロックスターのグルーピーのようにウェスのまわりに群がった。経済制裁の下で育った南アフリカの青年が宇宙探査に関心を示し、ウェスの言葉に、相手が宇宙飛行士でもあるかのように聞き入っているのはうれしいことだった。

その夜、他の人々が食事に出ている間、私はトミー、スーザン、メアリーとベインズ・ゲーム・ロッジにとどまり、群れで歩き回るシマウマに餌をやりながら反省会をした。驚くことではないが、この研究会は南アフリカ国内で競争する大学どうしの綱引きがあることを明かしていた。一方のグループはフリーステート大学と、歴史的に黒人の大学だったノース大学で構成されていた。もう一つのグループは、ケープ州やナタル州の大学からなる。私たちにとっての問題は、エスタやデレクは、それまでこまめに立派に動いてくれていたとはいえ、微生物学での経験は限られているということだった。向こうのグループの方が、技術的に設備の優れた研究所があり、定評のある微生物学者がいた。ウィトワーテルスランド大学の微生物部門――深い鉱床に近いこと、使える資源や学生、名門であること、これまでの協力関係を考えればいちばん論理的な提携先――は、この研究会にはまったく出てこなかった。この研究の長期的な成功はバランスにかかっていて、私たちには南アフリカの補助金交付機関や立法化されたCBDの権利がどう転ぶかについてまったく手がかりがなく、そのときどきに判断をしなければならなかった。フランク・ウォバーのプロジェクトでみなが学んだことがあるとしたら、それは若くて貧しい人々を確実に育てることだった。トミーはエスタを強力に支援していて、私たちはみな同意して、微生物生態学の神様がその決断を祝福してくれることを願った。エスタを世に出すために、私たちはNSFの学部学生研究体験（REU）事業を利用しようとする。スーザンはフリーステート大学で六週間の研究会を行なうという華々しい計画を考えた。そこにはアメリカの十人ばかりの少数民族の学生も呼んで、南アの黒人学生と組んで鉱山から採取した試料を分析しながら、環境微生物学、地球化学、水理学について学ぶ。エスタの博士論文研究のための学生を集めることによって、エスタ自身の予定を進める補助になるだろうし、二つのグループの学生で興味深い文化的な交流の場にもなるだろう。

翌朝、学生教育課程の資金を出すこと、試料の配布を通じて生物多様性条約に沿うこと、今ある分離好熱菌を南アの科学者に要請があれば誰にでも配布すること、私たちはバイオテクノロジーへの応用には手を出さず、それは南アの共同研究者に委ねると約束することという私たちの考えをまとめて、研究会をお開きにした。その日の午後、一行はスー・ウェッブの案内で北に向かい、ブッシュフェルト複合岩体にあるアングロプラット社所有の白金鉱山、ノーザム・マインに行った。ゴールド・フィールズ社は私たちに門戸を閉じたので、ロブはノーザム・マインのコネがある関係者に、私たちのグループに研究会の一環でそこを見学させるよう話をつけていた。ロブは以前、この鉱山で冷却装置の仕事をしたことがあった。ここの地熱勾配がきわめて高いので、超好熱菌探しには有望な目標に見えた。

研究会の他の参加者が北のノーザムに車で向かう間、ロブと私はゴールド・フィールズの幹部と話しにヨハネスブルグへ行った。しかしまず、カールトンビル周辺で、野外実験室を置けるようなところに家探しをする必要があった。過去の二年、このあたりの地域は恵まれていなかった。金価格の低迷は生産削減と失業をもたらし、エイズは大きな打撃となった。とくに鉱山に勤める南アの黒人社会にとっては。一九九八年のカールトンビルのざわめきは、質のよい家屋が安い価格で利用できるとはいえ、閑散とした停滞感と私たちの現場研究室の安全を脅かす犯罪の温床に変わっていた。顔色の悪い、やせた黒人南アフリカ人が道端に並び、不穏な気配を感じざるをえなかった。そこで地元からは少し離れたところを探した。鉱山から鉱山へとN12号線を進んでいると、コンドームの使用が大事と宣伝する大きな看板を通り過ぎた。私は自分の目を疑った。わずか六年の間に、この社会は『プレイボーイ』誌も買えないところから、看板でセーフセックスを説くところに変わったということだ。右へ曲がり、小さな、願わくば安全なグレンハルフィーの村に向かう道に入った。個室三部屋とバスルームがあり、ガレージ、駐車場付きの家が、近くにあるクローフ鉱山から賃貸に出されていた。通りを渡ったところには広々とした、たわしのような草の草原があり、プレトリア層群の変成火山岩(8)の峰を上っていた。裏には手入れされた庭があって、高い壁で囲われ、正面には安全そうな門と塀があった。決め手はグレンハルフィーがクローフ4番縦坑からほんの少しだということで、その坑こそ、私たちの *Pyrococcus abyssi* の系統を生み出した熱い裂罅水源だった。ウィトワーテルスランド堆積盆地（図7・1）やブッシュフェルト貫入岩体のどの鉱山にも二時間から四時間以内で行ける、一帯の中心地でもあった。個室が三部屋と居間があれば、現地チームを楽々収容でき、ガレージはすぐに現場実験室に転用できる。「これだ」と私はロブに言い、ロブの車に乗り込むとヨハネスブルグに戻った。

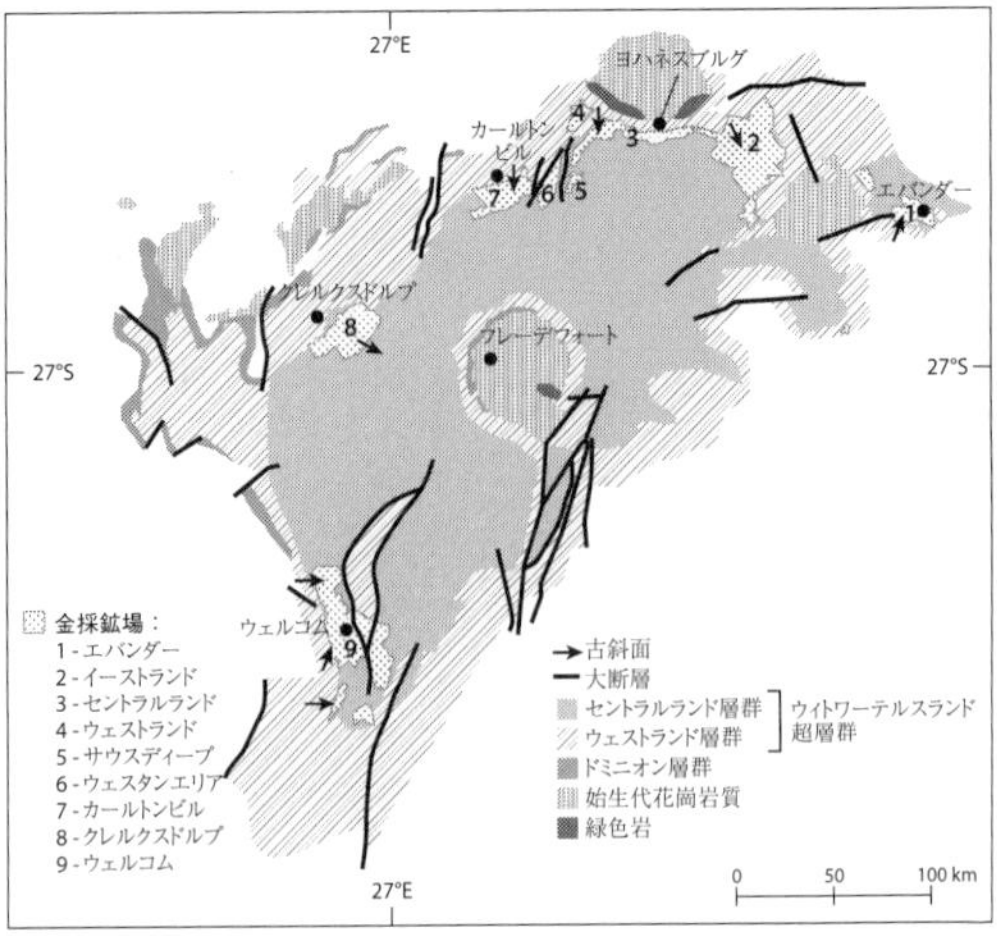

図7・1　ウィトワーテルスランド堆積盆地の地図。露頭部分の境界と、鉱山とフレーデフォート衝突クレーターの位置を示している（Frimmel 2005 より）。

クロープ金鉱はゴールド・フィールズ社の経営で、そこは私のことは「好ましからざる人物」と見ていた。そこで翌日、ロブと私はゴールド・フィールズ社のトップと会い、要するに私たちを鉱山にまた入れてほしいとお願いした。最後には認めてくれたが、公式の了解事項覚書（MOU）を会社とプリンストン大学と、私たちのLExEn案に挙げられている他の八つの参加研究機関の間で交渉したうえでのこととされた。これは私にとってはまるで拷問だったが、他に選択肢はなく、この条件に同意した。

二〇〇一年二月、ドゥエイン、ジュリー、リン・リフン[9]など、多彩な大学院生やポスドクが南アフリカに戻ってきて、地元の業者の手伝いで、新しい現場宿舎の駐車場を、壁、化学薬品戸棚、ギーザー[10]のついたウェットラボに改造した。もちろん、シンクの排水は裏の庭に流れるので、何を流すかは慎重に見定めなければならなかった。南アフリカに送っておいた無酸素グラブバッグを、みなであらためて組み立て、培養器、冷凍庫、オートクレーブをガレージに置いた。トミーはアメリカの地元のホームセンターで仕入れた部品でガス混合装置と脱酸素装置を作っていて、それを南アに発送していた。ガレージの背後の小さな一部屋と壊れた風呂がついた使用人区画は長い間使われておらず、アパルトヘイト時代の遺物になっていた。そこが試料用ガラス管、ピペット、フィルタ、瓶などの器具の理想的な保管所となった。食堂はコンピュータ通信、書庫、顕微鏡施設にした。私たちはある学部学生も入れた。ウィトワーテルスランド大学微生物学科のマーク・デーヴィッドソンだった[11]。掃除や庭の手入れも頼んで、家が学生のたまり場のようになってしまわないようにした。コストと法的いざこざを減らすために、ロブは夫人が自家用車に使っていたサーブを貸してくれさえした。

第一班はメール通信を確立し、何度か庭でのバーベキューを主催して、すぐにベアトリクス、クローフ、さらにはヨハネスブルグのはるか東のエバンダーと呼ばれる金鉱などの鉱山地質学研究員と友達になった。エバンダー金鉱はハーモニー・ゴールド・マイニング社というゴールド・フィールズとは競合する会社の経営だった。その春の最初の探索のときには、こうした鉱山地質学研究員が私たちのチームを古い水漏れのする試錐孔や土砂封じ込めダムを案内してくれた。カールトンビルのホームセンターで見繕ったプラスチック器具でいろいろな大きさの試錐孔の水漏れを止め、殺菌したパイプに水を通して、前のクローフのときに使えると思えたステンレス製のシロップ容器に流した。各チームが持って来た培地、とくに無酸素の培地で別の扱い方をしてみた。汚染や空気にさらされるのを最小限にするため、あらかじめ培地を入れておいたバルチ管を試錐孔まで持参し、小さな注射針と弁で管から直接に充填した。

現場実験室はまもなく賑やかになり、水の試料が採取され、濾過され、保存され、培地のガラス管に植え付けられ培養されていった。しかし、そろそろかなと望んでいた頃、新たな水との交差を知らせる電話が各鉱山から鳴り始めた。とはいえそうした場合、試錐孔の大きさは前もってはわからず、流速はただただ大きすぎて、場合によっては熱すぎて、私たちのかよわいプラスチック器具は使えなかった。幸い、地元の鉱山用セメント企業、セメンテーション・プロダクツ社から、伸縮式のセメント注入用加圧パッカー〔孔を塞いで水流などを制御するための栓〕をいくつか購入できた。[12] この金属製のパイプは、単純にパッカーを試錐孔に入れてひねるだけの巧みな作りになっていて、それであたりまえに一五メガパスカル〔約一五〇気圧〕にもなる高圧の封じ込めができるようになる。こうした装置をいくつかプリンストンの機械製作室に持ち帰ると、ジョージ・ローズがそれをステンレスで組み立てなおし、一部にはプラスチックの内側の被覆管をつけてくれて、それから高温のオートクレーブに入れられるプラスチック製でパッカーにねじ込める多岐管《マニフォールド》を組み立てた。完成品によって私たちは、同時に複数の試料を、空気にさらすこともなく、また水の汚染も避けて採取できるようになった。端につけた巨大なボール弁で流速を調節し、マニフォールドを低速流の試料採取器具にすることもできたので、私たちは最終的には溶解酸素の信頼できる測定結果や、汚染されていないガスの試料を得ることができた。この技は岩の表面での時間を削減した。新しく見つかる交差地点は縦坑から何キロも離れていることが多く、エレベーターケージまで戻るまで岩の表面のところにいられる時間が一時間未満に限られることも多いので、この技は重要だった。パッカーと新しいマニフォールド——八つの接続口《ポート》があるので「たこ《オクトパス》」と命名され、そのうち六つは、使うときにたいてい、そこからビニールチューブが垂れ下がっていた——は、背負うのには相当重かったものの、魔法の呪文のように機能した。試料は現地実験室の冷蔵庫や冷凍庫にたまり始め、チームのメンバーが南アフリカから出るたびに、試料を詰め込んだクーラーバッグを持ち帰った。そうしてその試料を、協同している研究機関に送って分析してもらう。驚くことに、現地実験室では、たまに指を刺すこと以外にはほとんど事故がなかった。最悪の事件と言えば、マークがある日、水酸化ナトリウムの培地補充剤を調合していてジーパンを融かしてしまい、パンツ一つの恥ずかしい格好でヨハネスブルグまで車を運転したことくらいだった。

新しく加わった一人にヨハンナ・リップマン博士がいた。ジム・フレドリクソンが最近の論文を私に見せて、ヨハンナに注目するよう言った。ポツダム大学で、地下深くで採取された岩石コア希ガス同位体分析を行なっていて、この分析によって孔の水の年代を測定することができた。今はニューヨーク州のラモント・ドハティ海洋観測所のマーティン・ステュートの研究室でポスドク研究員をしていたので、マーティンとヨハンナに連絡して今度のプロジェクトに関心はないか尋ねてみた。ヨハンナは関心を示し、私たちのこれまでの調査で採取した裂罅水の年代測定用希ガス試料採取に使う銅管をいくつか提供してくれた。今は実際にNSFの研究費が入ってきて、資金の算段をつけると、ヨハンナは銅管を詰めた箱をもって南アフリカ行きの飛行機に乗った。

何次かの調査は、高井研が新しいユーリ古細菌、SAGMA1を発見していたベアトリクス金鉱に注目した。(13) 一週間の間に、とくに新たに掘られた深さ一キロ余りの3番縦坑で試料が採取された。ところが二〇〇一年八月、ベアトリクス金鉱で恐ろしいメタン爆発があり、一二人の坑内作業員が死亡し、数か月にわたり鉱山は閉鎖された。不幸中の幸いで、学生は当時誰もそこの地下には入っていなかったが、この事故は私にとって、すべての鉱山がイースト・ドリーフォンテーンがそう見えていたほど安全なわけではないことの警告だった。その時点から先、私はアメリカにいても自分の体内時計を南アフリカ時間に切り替え、朝の四時に起床して現場実験室に電話し、全員がそろって地下から上がってきているか確かめるようになった。

グレンハルフィーの家に滞在する外国人の活動が、地元の人々に気づかれないわけがない。医者に間違われることが多く、庭師はときどき、家族の治療を求める友人を連れて来ていた。簡単な怪我ならアルコールとアスピリンを渡すこともできたが、当時、南ア政府は供給したがらなかったHIVの抗ウイルス剤を求めていることが多かった。それから押し込みもあった。たいていステレオ、カメラ、コンピュータを盗まれた。これは警備会社を雇って警備システムを導入するとすぐに止んだ。南アはこうした民間の警備会社に頼るようになっていた。警官がいるところと言えば、やたらとあるねずみ取りで車を「レーダーリング」しているところだけだったからだ。

他方、私はプリンストンとゴールド・フィールド社双方の弁護士の間をかけずりまわって、着実に髪が薄くなっていた。すべての論文を発表前にゴールドフィールド社側に通し、何より重要なことに、同社の鉱山で得られたデータや微生物に基づいて商業的応用は行なわないという条件で鉱山に入るのを認めるというMOUが最終段階になっていたのだ。アメリカと南アでファックスとMOUが飛び交う八週間を経て、私たちはやっとゴールド・フィールズ社との合意を調えることができた。これでクローフにまた入れる。

現地作業は二人か三人のチームがグレンハルフィーの宿舎兼現地実験室を九月までの南半球の冬の間、ローテーションで駐在して円滑に進んでいた。リフンが南アフリカからJFK空港に向かっているさなか、アルカイダによる世界貿易センタービルの攻撃があった。リフンが乗った便はイタリアのローマに行き先変更になった。私はリフンがローマに二日いなければならなくなったことをあまり心配していなかったが、アルカイダの過去の活動からすると南アも攻撃されるかもしれないことや、グレンハルフィーの家に二人の学生だけがいることを心配した。[14] 私はロブに様子を見るよう頼んだが、ロブは南アの人々も9・11の攻撃には衝撃を受けているが、アルカイダのシンパが南アで活動している兆候はないと請け合った。逆にロブがかつて見たことがないほどアメリカ人に対する同情が高まっているという。

聖なるバランス——南アフリカ、グレンハルフィー、クローフ金鉱、二〇〇一年一〇月

二週間して、リフンが無事にプリンストンに戻り、国際線の運行が正常に戻った後、ドゥエインと私は南アフリカに向かい、現地のエイミー・ウェルティと合流した。JFK空港への道筋にあるベラザノ・ナローズ橋を渡るとき、かつて世界貿易センターがあったマンハッタンの高層ビルのシルエットに空いた穴を見た。多くの人々と同じく、その日多くの人々の命が失われたことで私の心はまだ震えていて、ヨハネスブルグまでの機上でも疑り深くなっていた。かすかにでも中東人に見える乗客が立ち上がって席を離れると、誰もが緊張した。しかししなければならない仕事があり、目標は流体との交差が報告されているノーザムのプラチナ鉱山で、前年の一一月の採取結果を、試料のセットを揃えるべく補充したかった。北へ向かう旅のための装備を調えて現場の家に戻ると、家の玄関前の道路にバンが止まっていた。車を外の通りに駐めて家に入ると、玄関に足を踏み入れたとたん、扉が開いて、日系に見える男性がカナダなまりで私たちを迎えた。それはカナダで評判の遺伝子学者、デーヴィッド・スズキで、科学と環境に関する多くのテレビ番組で世界中に知られている人物だった。私は一九八〇年代初めにトロントでポスドク研究員だった頃、熱心に見ていたCBCの番組「ザ・ネイチャー・オブ・シングズ」〔ものごとの本質〕で見たことがあった。そのスズキとテレビ制作チームが南アフリカにやって来て、私たちと一緒にどこかの調査現場に行きたいという。スズキはそれを「ザ・セイクリッド・バランス」〔聖なるバランス〕という何回か連続の番組の一回で取り上げたいと思っていた。ドゥエインは、高井研と自分が初めて *Pyrococcus abyssi* を発見したクローフ4番縦坑の41レベルにある試錐孔現場へ連れて行くことを提案した。デーヴィッド・スズキの評判と、「セイクリッド・バランス」で環境保護・管理を強力に宣伝できることを考えれば、ロブはこれがゴールド・フィールズ社にとっても大いに広報になると同社を説得できた。クローフ鉱山は最大限の努力をして、二日間、撮影チームの仕事に協力した。地下を案内し、万事支障なく進むようにするために、4番縦坑の主任地質学研究員補のアルナント・ファン・ヘールデンをつけてくれた。撮影前夜、私たちはクロックで会い、ピートとピエトラがいつにも増して、私たちの特別な客をもてなしてくれた。ワニのステーキ、ペリペリ・ソース添えとピノテージを挟んで、デーヴィッドのチームに、私たちもこの現場の試料も得る必要があることをはっきりと伝えた。翌朝、4番縦坑の駐車場に装備一式をそろえ、殺菌済みの瓶と運搬用のステンレス容器でいっぱいのリュックサックを持って、回転ゲートに入るのを待ち構えていたが、先方が私たちと撮影チームを通すために開けておいてくれた脇のドアに案内された。チームは多勢の坑内作業員とケージに乗り込んだり出たりする私たちを撮影した。私はただただそれが信じられなかった。鉱山は実はデーヴィッドのチームが撮影するためにケージを止めていたのだ。私たちがやっと41レベルに着いても、まっすぐ現場には行かなかった。アルナントはストープから、今延伸中の坑道まで、いくつかの坑道を経由する道を用意していた。私たちは多細胞のアメーバのようになって坑道を下りていった。デーヴィッドを先頭に、私、ドゥエイン、エイミーの順で枕木を一つずつ踏んで安全に進んでいる間に、照明とカメラの担当者が撮影の準備をしようと、私たちの先を急いでいった。カメラ班に近づくと、私たちはそちらを見ないようにし、バイオフィルムを探すふりをして暗い、硬い岩の表面を見ていた。「映画のエキストラはこんな感じかなあ」と私は進みながらドゥエインに囁いた。私たちがカメラ班を通り過ぎると、あちらはカメラを分解し、照明をまとめ、また次の撮影場所へと先を急いだ。私たちはその後、さらに一〇〇メートル下の、この鉱山で最も深い45レベルまで続く傾斜した坑道に達した。そこへはエレベーターでは行けない。スキーのリフトを転用したような、あぶみ綱で座席を運ぶような仕掛を使った。スキーリフトの乗降台に立ち、リュックサックを正面で抱えると、座席が上がってきて、てっぺんでくるりと方向転換すると下りになり、私たちは一人ずつ右手で棒をつかみ、すばやくサドルをまたいで飛び乗り、足をあぶみ綱に載せ、棒にリュックごと抱きつき、傾斜した坑道を、サドルでがたがたゆらゆら揺れながら下りていく。私たちはこの仕掛に乗る前に、何はともあれ、指を棒のてっぺんには置かないように、でないと座席と鋼鉄ケーブルとをつなぐ車輪で指を切断する危険があると注意された。突然、上の方で叫び声が聞こえ、あぶみ綱は止まり、デーヴィッド、エイミー、ドゥエイン、私はトンネルの中でぶらさがったままになった。不幸なことに、カメラマンの一人がケーブルを掴んでいて、指先を切り落とされたのだ。みんなが指からの出血を必死で止めようとしていた。負傷者は二輪カート[15]に乗せられ、すみやかにケージに戻され、地表の医療センターに上げられた。カメラマンが一人いなくなっても、デーヴィッドのチームは私たちの目標に向かって移動を続けた。私たちが坑道に着いて、端まで下り始めると、すぐに熱が耐えがたくなった。そこはまるでサウナだった。私は試錐孔付近に用具を下ろした。アルナントが温度とメタンを調べ、それからカメラ班に手を振って招き入れた。私たちは荷物を一部だけ出して、坑道のもう少し涼しいところへ大急ぎで後退した。鉱山は換気を始めていたが、まだ十分な時間が経っていないのは明らかだった。幸い、坑道の入り口付近まで戻ると冷たい雑用水の蛇口があって、それで私たちは頭を冷やした。カメラ班は交代で、アンドレアが開いていたバルブの周囲で照明とカメラを準備した。今や水があふれていて、坑道内にさらに熱をもたらしていた。カメラ班が走り回って準備をする間、その一人が私のどこにマイクをセットするかを決めようとしていた。私にとって運が悪いことに、それはヘルメットの下につけることになった。デーヴィッド、ドゥエイン、エイミー、私はそれから水に向かって進んだ。ドゥエイン、エイミー、私は水の採取のための私たちの定型作業を行なった。私たちはオクトパスをバルブに取りつけ、それからエイミーと私は野外測定器を使って温度やpHなどを測定し、バイオ試料や地球化学やガス分析のための試料を集めた。その間ずっと、ドゥエインはステンレスのシロップ容器に水を入れていた。アンドレアは熱に強いらしく、全員を監督して、熱中症になりそうな人を連れて、雑用水蛇口のところへ冷やしに行った。デーヴィッドは私に、納得するまで何度も同じことを尋ねるのが常だった。他の人々が冷却装置を切ろうとしているのに、私のヘルメットの中にマイクがある。それは熱くて頭が沸騰し始めるということだった。しかしデーヴィッドは私についてはそれに執着し、私たちが撮影を終わると、みなが私を連れ出した。私はヘルメットを脱ぎ、撮影チームがマイクを外すまもなく、まず頭をシャワーにつっこんだ。しかしデーヴィッドはすごかった。私よりも二〇歳も年上だったのに、熱にもめげる様子はほとんどなかった。私たちは一緒に二輪カートに乗って帰った。私の頭はまだふらふらしていた。地表では、医療センターでカメラマンの指先がうまくつながったことを聞いた。ドゥエイン、エイミー、私は現場実験室に戻ると、試料を処理し、装置を分解して洗い、殺菌し、明日のノーザム・プラチナ鉱山行きに備えた。それから私たちは車でヨハネスブルグのロブ・ウィルソンの家に向かった。ウィルソン家ではその夜ディナーパーティを催していて、タージス・テクノロジー社の同僚と、デーヴィッドらの制作チームが参加していた。デーヴィッドの撮影隊員は、昼間の仕事に満足しているらしく、私たちに汗まみれで赤くなった顔、ぎこちない指、やはりぎこちない一行の列を映した画像をいくつか見せてくれた。私は昼間の仕事に専念して、テレビのことはデーヴィッドのようなプロに任せた方が良いことがわかった。翌日、デーヴィッドはカナダに戻り、随行の人々は関連映像を撮るためにサンシティに向かった。私たち三人はサーブに乗ってノーザム・プラチナ鉱山に向かった。何時間か後、私たちはサンシティを過ぎて左に曲がり、サバジンビへの道をたどった。

三日後にグレンハルフィーの家に戻ると、私たち三人は新しい問題に取りかかった。リフンとエイミーは、九月にアメリカに戻る前に、ドリーフォンテーン9番縦坑の深さ二七〇〇メートルの新しい坑道を見せてもらっていた。ドゥエインは試料採取のとき、このトンネルには水が出る試錐孔がいくつか並んでいるのを見つけていた。三三〇〇メートル以上真下まで掘られた大口径の調査井も一つあった。ドゥエインは、地下の自噴温泉〔ポンプで汲み上げなくても、圧力で水が孔を上がってくるもの〕のように、黒っぽい水がそこから流れ出ていて、その水の表面はガスの噴出で濁っていることが多かったと言った。地上の温泉の試料採取が専門の微生物学者は、自分たちが採取した細菌が温泉水を送る地下の配管部分から上がってきたのではないかと論じることが多い。しかし現実の地下温泉があったのだ。試錐孔のてっぺんには水がこぼれ出すところに厚い黒いバイオフィルムがあって、トンネルの床の水がたまった水路の下流には、硫黄酸化細菌の白っぽい糸状のものが、絶えず変動する流れで揺れていた。この温泉は地表からは深いところにあったが、私たちは試錐孔の表面にいた細菌がこの水路の元になっている深部の亀裂からのものと想定することはできなかった。それでも、それは私たちの「夢《ドリーム》の試錐孔」だった——私たちのこれまでで最も深い、最も熱い試錐孔で、自噴温泉を使って地下生命圏の試料を採取するという構想を確かめさせてくれる水を際限なく供給しているらしい。

しかし、この試錐孔の六〇〇メートル以上奥まで達して亀裂付近の汚染のほとんどない試料を、どうすれば採取できるだろう。ドゥエインはホームセンターへ行って、汲み出し器用の材料になるものをあさった。造りは単純で可搬、使い物になるほど丈夫だった。それを、一・八メートルほどの硬い塩ビ管と、壁の厚い透明な掃除機用ホースで組み立てた。これなら六〇〇メートル分の水の圧力がかかってもつぶれないだろう。底には水流を管に入れる突起があり、頂部には水が流れ出る突起がついていた。管はホースの締め金でつながれた。内側には、ドゥエインが見つけた中では最大でいちばん重い鋼鉄製のボールベアリングが二つ入っていて、それぞれが少し細い管の中にホースの留め金で押し込まれて収まっている。汲み出し器が穴に下ろされると、水が流れ込み、ベアリングを押し上げ、チューブを満たす。ところが汲み出し器を引き上げると、ベアリングが管をすべり下りて入れ子になった管にはまり、塩ビの汲み出し器全体を密閉して外の水が入らないようにする。溶解していたガスは上側のボールベアリングの下まで上昇する。ドゥエインは最上段の管に小さな穴を開け、小さなブチルゴムの栓を差し込み、スポイトを差し込んで空気汚染の危険なしにガスを抜けるようにしておいた。私がプリンストン大学に戻るときには、トム・ギーリングがドゥエインとエイミーのドリーム試錐孔での試料採取を手伝いにやって来た。トムはウィスコンシン大学を卒業して理学士になったばかりの微生物学研究者で、学部ではイエローストーン国立公園の温泉を研究し、今はPNNLのジム・フレドリクソンのグループで研究している。

しかしドリーム試錐孔に下りるのは難関だった。9番縦坑はかつて、ウェスト・ドリーフォンテーン金鉱がイースト・ドリーフォンテーン金鉱と張り合っていた頃は、そのウェスト金鉱の所有だった。ウェストの5番縦坑からは一キロ半ほどのところだ。ウェストとイーストの両金鉱が合併したとき、9

図7・2　ドリーフォンテーン9番縦坑（今はセメントで封鎖されている）の地下2700 mで溶解したガスの試料を採取するトム・ギーリングとエイミー・ウェルティ。2001年10月。私たちはこの試錐孔をドリーム試錐孔と呼んでいた。深さ3300 mまで掘り下げられていて、地下生命圏の長さ600 mの断面を与えてくれるからだった（D. Moser and Tom Gihring提供）。

番縦坑の建設は止まっていた。ドゥエイン、エイミー、トムはエレベーターで24レベルまで下りた。9番縦坑は生産中ではなかったので、坑内作業員は数も少なくまばらで、エレベーターを乗り換えるのも楽だった。しかしドリーム試錐孔がある38レベルまで行くには、キブルに乗らなければならなかった。キブルは深さが六メートル、直径が三メートルもある巨大な鉄製のバケツで、これが二次縦坑に並んでぶらさがっていて、深い層から岩を引き出すために使われていた。三人と案内係と汲み出し器や通常の採取器具一式だけでなく、汲み出し器用の九〇〇メートルのケーブル付きウィンチとセメンテーション・プロダクツ社にあった最大のパッカーも含めた装備を運ぶのには余裕の大きさだった。このパッカーは直径が九センチほどで、大口径のHQ探鉱試錐孔に封をするために造られていた。私たちはそれを、きれいな試料を得るために、通常のオートクレーブに耐えるプラスチックの部品で改造していた。スピードの点では、キブルとエレベーターの差は、フェリーと水中翼船の差くらいある。しかし八〇〇メートル近く下りて、事実上放棄されている38レベルまで行くのはそんなに長くはかからなかった。坑道を少し歩けば、通常よりもずっと大きい待避用のくぼみに至る。天井は、鉱山で一〇〇〇メートル以上掘り下げるときに使われる長い掘削ロッドが使えるだけの高さがあった。掘削に使われる頂部の枠はまだ残っていて、すっかり錆びていた。待避所の中央付近でごぼごぼ音をたてているのがドリーム試錐孔だった。一行は交代でウィンチにつきながら、その後何時間か用のキャンプを設営した。ドゥエインは何回か試運転をして、汲み上げ器にローダミン染料を入れ、それを試錐孔に入れて四五メートル下ろし、それから引き出した。ローダミンはそのままだった。つまり鋼鉄のベアリングがそれを漏らさないほどぴったり収まっていたということだ。それから試料採取器を二五〇メートル下ろした。鋼鉄のケーブルを一〇〇回もぐいぐい引いて、鉄のベアリングをずらし、中の水と染料を出して、試錐孔の水が入れるようにした。それから汲み上げ器を引き上げて透明な水とてっぺんにたまったガスがあるのを見て、スポイトですばやく取り除くと、減圧したガラス小瓶に移した。地底の水を直接、殺菌した無酸素の小瓶に入れた。ドゥエインの手作り汲み上げ器は魔法のように機能した。そうして試錐孔の水を、湖の試料を取るかのように調べ始めた――汲み上げ器を下ろし、ぐいと引き、引き出し、それからガスと水を小瓶に移す（図7・2）。汲み上げ器を闇の中に、さらに深く下ろし、鋼鉄のケーブルで深さを記録し、最後には六五〇メートルで障害物に当たり、それ以上深くはできなくなった。試錐孔がそこで崩れているにちがいなかった。そうした深さの、それほど高い圧力の下で、試錐孔が長く安定していることはまずない。汲み上げ器を引き上げるとき、黒い液体で満たされていた。水は「黒い」硫化鉄でいっぱいだった。四五〇メートルほど下のどこかで、試錐孔水は色ががらりと変わった。流れの遅い自噴井戸の表面で採取したものは、その深さから引き上げたものとは明らかに同じではなかった。その黒く濁った水で発見されるものに、私たちはみな驚くことになる。

歓迎、科学者御一行様――サウスダコタ州リード、ホームステーク金鉱、二〇〇一年感謝祭

一か月後、現地調査も一〇か月になる二〇〇一年の感謝祭の休みに、私たちは、サウスダコタ州の雪深いリードにあるゴールデン・ヒルズ・インに集合した。私はジム、リック、サバンナ川核施設（SRP）からローレンス・バークレー国立研究所（LBNL）に移ったテリー・ヘイズンも来るよう誘っていた。それでも、同じところでジョン・バーコール[16]の下に集まった何百という物理学者（ハッブル宇宙望遠鏡のチーム）と比べると、私たちは小部隊だった。ラピッドシティからブラックヒルズの山中まで車で行くとき、地元の文化がどれほど田舎風で、開拓時代の遺産に忠実かが印象に残った。リードや近隣の人気のギャンブル・リゾート、デッドウッドにはけっこうホテルがあったが、ゴールデンヒルズ・インがどれかは間違いようがなかった。正面の庇《ひさし》に、「歓迎、科学者御一行様」の大きな赤い文字が高さ六メートルのところに掲げられていた。ホテルの庇にそんな文句があるのを初めて見た。

私たちの会合は物理学者の会合の前日に始まり、各グループがそれぞれの発見を発表した。ドゥエインは汲み上げ器の成功とドリーム試錐孔の重要性について話した。ヨハンナは塩分を含んだ亀裂地下水がとてつもなく古く、それまで見たどの水よりも古いことを示す同位体データを発表した。そのデータには私は圧倒された。イースト・ドリーフォンテーンの、滴る塩からい試錐孔については、$^{40}Ar/^{36}Ar$の比が何万という値になることが言われていた。その比は私の研究室の多くの岩石試料で測定していたものと同じくらい高く、それまでの地下水の分析よりも高く、水は数億年前のものかもしれないことを示していた。希ガスデータはとてつもなく価値があった。それは亀裂地下水が鉱山の空気にさらされた

ことがなかったことを示している。そうでなかったら、希ガスの一つのヘリウムが逃げてしまっているだろう。もっと浅いところの亀裂地下水試料の１６Ｓ ｒＤＮＡ分析は、驚くほど多様な細菌と限られた数の古細菌を見せるが、深いところの水の試料は何ももたらさない。私たちはすでに、核分裂飛跡法による燐灰石結晶のデータに基づいて[17]、この岩石ユニットが今の温度にまで下がったのは四〇〇〇万年から九〇〇〇万年前だったことを知っていた。こうしたごく深いところの亀裂に、亀裂流体に運ばれる地表からの細菌が入植していないなどということがありえただろうか。これは私たちの最終目標となる、生命誕生の過程が現れる地下のダーウィンの小さな温かい水たまりなのだろうか[18]。

この問いに答えるかのように、トロント大学のバーバラ・シャーウッド・ロラーの研究室から来たジュリー・ウォードは、採取した試料の最初のセットに基づいた、メタン、エタン、プロパン各ガスの$\delta^{13}C$と$\delta^{2}H$分析を紹介した。ベアトリクスやエバンダーのもっと浅い鉱床で、１６Ｓ ｒＤＮＡによってメタン菌を含む古細菌の部門、ユーリ古細菌を検出した同じ試錐孔から、微生物が生成したメタンと、ごく低濃度の水素をバーバラは見つけていた。こうした結果は、決定的な証明ではないとはいえ、私たちの放射性分解で維持される独立栄養生物群集説と整合する。しかしカールトンビル周辺の、希ガス年代測定ではとてつもなく古かったのと同じ最も深い鉱床では、バーバラは非生物由来の炭化水素を特定した。その鉱床は、鉱山会社の地質学研究員がみな信じていたのとは違い、ウィトワーテルスランド堆積盆地の始生代海洋堆積岩が熱変成した結果ではなかったし、上にあるメタン豊富な炭素層のものでもなかった。ヘリウム同位体のデータも、これはマントルから来たメタンではないことを指し示していて、トミー・ゴールドの仮説を排除するように見えた。この観測結果は、フレーデフォート・クレーターが直径三〇〇キロもあり、スウェーデンのシャン環衝突クレーターの三六倍も大きいこと、この鉱床から五〇キロほどしかないことを考えると、深い意味があった。隕石の衝突で大陸地殻が割れ、マントルのメタンを解放できるとするなら、フレーデフォート・クレーターを生んだ隕石がそれだろう。しかし、そのメタンや、もっと大きな炭化水素分子は、何らかのフィッシャー＝トロプシュ反応[19]でその場で生じたらしかった。この反応には大量の水素と一酸化炭素が必要となる。ジュリーは、非生物由来の炭化水素のある亀裂には、カナダの深い鉱床で見られたことがあるのと同じく一〇パーセントにも及ぶ高い水素濃度があることを報告した。バーバラはこの水素が超塩基性の蛇紋岩化反応に由来するにちがいないと推測した。唯一の問題は、ウィトワーテルスランド堆積盆地には、バーバラが調べたことのあるテレイン、カナダのアビティビ／グリーンストーン帯のような、大きな超塩基性の火山岩、つまりコマチアイトの系列がないということだった。

たぶん放射性分解が水素源になっていて、そうであれば、今になっても亀裂でフィッシャー＝トロプシュ反応が進むことはありえるのではないかと私は唱えた。フィッシャー＝トロプシュ反応が継続中なら、たぶんヴェッヒャー－ホイザーの「生命の起源」反応も起きているのだろう。そして私たちは、地底深くの亀裂でそれがある証拠を見つけているところだった。[20]カール・セーガンが『悪魔にさいなまれる世界』で指摘したように、「証拠がないのは、ないことの証拠ではない」[21]。私たちは、深いところの亀裂にはDNAがないらしいことを、全面的に生物がいないことの証拠として受け入れることはできなかった。二リットルから一二リットルの水を通したくらいでは、入れ子になった塩ビ管を使っても、16S rDNAによる特定に十分なバイオマスをもたらさないだけのことだからだ。[22]おまけに、バーバラのところのグレッグ・スレーターは、ウッズホールの海洋生物学研究所でジョン・ヘイズから習っていた手法を使い、PLFAの$\delta^{13}C$同位体組成の分析に夢中だった。しかしそのグレッグは、一二リットルの水に含まれるよりはるかに多いバイオマスも必要になると推定した。トム・キーフトと私は、濾過用のマニフォールドを試錐孔本体に直接設置し、何日か流れるようにして、何千リットル、あるいは何万リットルを濾過することを考えた。問題は、圧力や温度をしのげて、フィルターが詰まって破裂しないような濾過装置ができるかということだった。

最も困難な問題は、私たちが採取しているのはプランクトン性の微生物だけということで、微生物の大半は亀裂面上、あるいは宿主となる岩石中の、鉱物面に固着しているというのが定説だった。私たちはすでにトッド・スティーヴンスの「菌トラップ」のアイデアを使っていた。ドゥエインは、鉱物表面を好む微生物を集積培養するために、砕いた岩の入ったカートリッジを水が流れる試錐孔に付着させていた。それは機能するらしかった。ゴードン・サザムは、鉱物表面に多糖類の網を織る微生物コロニーの見事な走査電子顕微鏡（SEM）画像を得た。ゴードンは亀裂面の画像を直接撮影して、そうした深部の亀裂でバイオフィルムがどれくらい広がっているかを見たがった。しかしピシャンス堆積盆地での経験からすると、掘削泥水は必ずこうした亀裂を汚染することがわかっていた。しかし掘削作業員が本当に言うことを聞いてくれて、水を湛えた亀裂が捉えられるのがいつかを近似的にでも知っているなら、掘削泥水を止めてもらうこともできるだろう。すると、掘削作業員が亀裂面をくり抜きにかかったとき、岩石コアは裂罅水の力でバレルから飛び出すはずで、それをすばやくワールパック[23]に詰め込めるだろう。実際、鉱床はこの実験を行なう唯一の場だ。そこではたいてい、逆流モードで圧力をかけて掘削が行なわれ、地表のボーリング機械の場合のような過剰圧の順流モードではない[24]（図2・6）。

そこでこの掘削作業にトレーサーを加えると、岩石の孔にいる微生物を探すことができた。探索の焦点を絞るために、セロ・ネグロでクルムホルツとサフリタが使って成果を上げた硫黄35（^{35}S）放射能写真を使うことができた。しかしそれは、深さ二〇〇メートルほどで採取された、多孔度一〇パーセントの砂岩についてのことだった。このときは、その十倍以上の深さ、多孔度は十分の一の珪岩が相手だった。そのような難透水性の岩に生きた微生物がひっかかっていると予想するのは無理があるように見えた。しかし微生物がそこにいて、放射性分解で栄養を得ているとすれば、ヨハンナはそれが閉じ込められた時代を、その岩石の孔の水に溶解している希ガスを分析して測定することができる。私たちは、岩塩の流体内包物から分離した好塩古細菌や、ラッセル・ヴリーランドがWIPP岩塩から分離していた二億五〇〇〇万年前のバチルスの状況[25]とよく似た状況を相手にしていた。

こうした問題があったものの、私たちは同じ水について、最初の年にすでに相当量の地球化学的データを得ていて、そこから16S rRNAを使って様々な深さにわたる微生物多様性の特徴を記述していた。これはソーンヒルやパラシュートの掘削地点の際にはなかったことだった。私たちは今や、いろいろな微生物の代謝で使えるエネルギーを計算することによって、環境の生物エネルギー状況を評価して、それを、私たちの環境16S rRNAデータと、すでに記述が十分な分離生物のものとの比較から推定される、優勢な代謝と比較できる位置にいた[26]。

翌朝、私たちはみな、車でホームステーク鉱山へ行き、地下二四〇〇メートル以上のいちばん深いところを訪れた。これは北米一の深さだが、南アフリカの標準からすると中程度にすぎない。私たちは多くの採取用具を携行していた。普段着に、鉱山で貸してくれた安全靴、ヘルメット、ヘッドランプ、火災があったときに一酸化炭素を除去してくれるオレンジ色の呼吸装置を着けていた。安全管理者が朝の打合せのとき、ホームステークではメタンガスは問題にならないと言っていた。それを聞いて私たちががっかりした表情を見せたので、ちょっととまどっていた。それから私たちは、鉱山側が、誰が何人入って下りて、上がって来たかを把握できるように、番号のついた小さなメダルの「入坑タグ」をつけられた。南アフリカは二〇年以上前からカードと光学スキャナーに切り替えているというのに、稼働中の金鉱でまだ一九六〇年代の技術が使われていることに私は驚いた。それから私たちは小さな、ぐらぐらするケージに乗り込んで、ロス縦坑を一五〇〇メートルの深さまで下りた。ゆっくり降下して木製のレールをがたがた言わせているとき、子どものときに好きだった映画、『ドクターTの5000本の指』の「ダンジョン・ソング」(27)を頭の中で歌わざるをえなかった。また、このケージが検査されてからどのくらい経っているのだろうとも思った。(28)一五〇〇メートルのレベルに着くと、空気は地上と比べると快適なほど暖かくなって、まさしくTシャツ温度になっていた。私たちはケージからグレーの埃だらけの坑道に足を踏み入れ、角を曲がると一〇〇メートル足らず歩いて、ホームステークの坑内作業員が6番坑井《ウィンズ》と呼ぶさらに小さな第二ケージに乗り込んだ。着いたのは、一五〇〇メートルのレベルの様子と同じように汚れて荒れ果てた感じのところで、六〇年代の初め、ペンシルベニア大学のレイモンド・デーヴィス・ジュニアが初のニュートリノ観測装置を建設したレベルだった。デーヴィスは、つかまえにくいニュートリノを検出するには、検出装置を地下深いところに設置して、邪魔になる宇宙線から遮蔽しなければならないと推理した。そうした坑道の一つを下りたところがデーヴィス空洞《キャビティ》で、そこで実験が

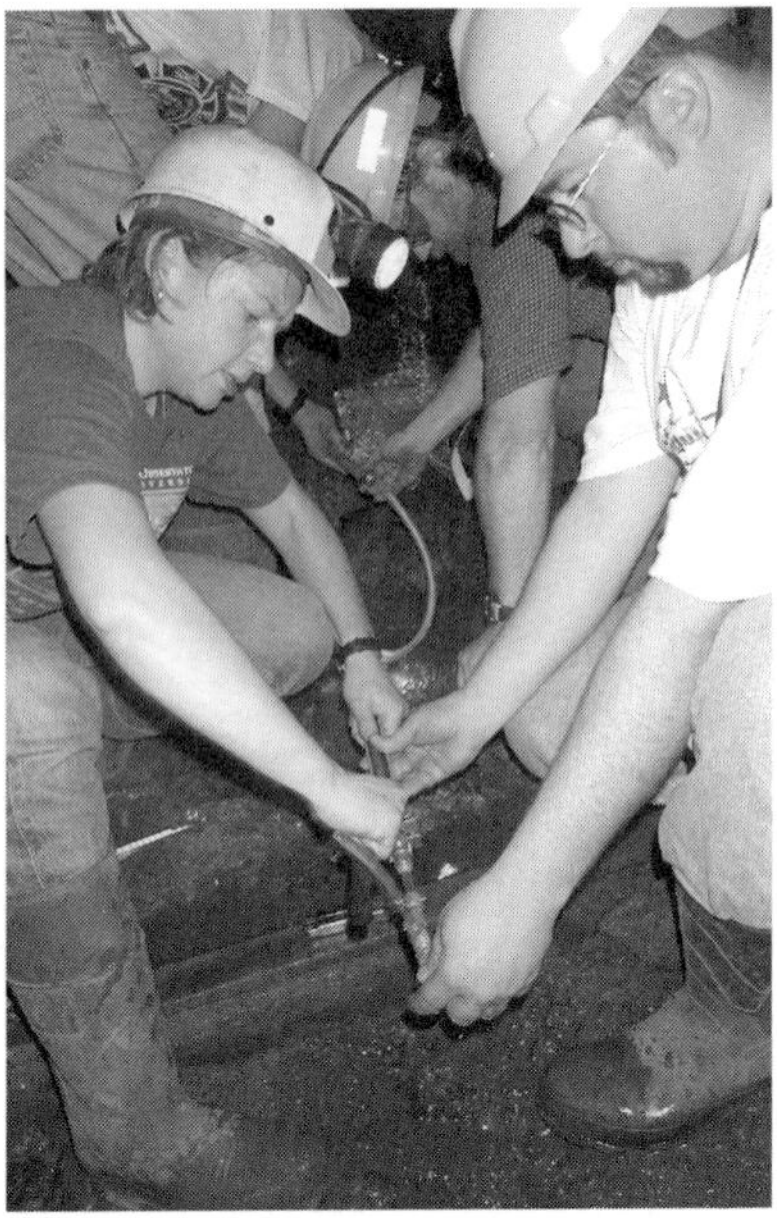

図7・3　手前から奥へ、ヨハンナ・リプマン、ドゥエイン・モーザー、トミー・フェルプス、ジム・フレドリクソンが流れ出る試錐孔水の希ガス用試料を採取している。ホームステーク金鉱の地下2400m、2001年11月。

行なわれた。さらに這って下りると、地下二四〇〇メートル以上という、ホームステーク鉱山の最下段ダンジョンだった。二四〇〇メートルのレベルは長さ一二〇〇メートルほどの一本の坑道にすぎなかった。坑道を歩いていくと、水が安定して流れ出る試錐孔から、豊富なバイオフィルムがあふれているのに遭遇した。典型的な微生物活動の印がすべてそろっていた。ガリオネラという鉄を酸化する微生物のマットに特徴的なオレンジ色のバイオフィルムが大量にあった。これはホームステーク鉱山が変成縞状鉄鉱床にあるという事実を反映しているのかもしれない。白い鉱物の殻がグレーの壁を装飾し、方解石の堆積を示している。つまりはここの水には炭酸塩が多いということだ。トミーは試錐孔から流れ出る水に測定装置をつっこんだ。温度は五四℃あり、私たちは驚いた。南アフリカの同程度の深さで測った水温よりもずっと熱く、地熱勾配が南アの鉱山の二倍近くあることを示していた。坑道の端近くで、主坑から水を流し出す、遠ざかる方向への坑道のあるT字路に着いたが、泥や錆びた通風用の金物が天井まで積み重なっていて、そこへ入れなかった。しかし近づいてみると、試錐孔から出る水とともにこぼれる硫黄酸化細菌の白っぽい黄色のバイオフィルムが豊富だった。それでもpHは中性で、塩分濃度もごく低く、この水は地表から最近になってしみ込んだものらしかった。トミーとスーザンがメタン菌用の培地に植え付けを行なう間、私は黄白色のバイオフィルムをいくらか掻き取り、地球化学分析用に水を採取した。ヨハンナは試錐孔の一つから希ガス分析用の水を銅管に採取しにかかった[29]（図7・3）。興味深い生物が見つかって、実験を行なえる見込みは非常に高そうに思えた。ペンキが少々と生け花がいくらかあれば、この場所は新品同様になるだろう。きしむケージのリフォームをすれば、カールステンのエスポの地下研究施設に匹敵する地下実験室が得られただろうに。しかし私たちは知らなかったが、これが私たちのホームステーク鉱山の地下二四〇〇メートルまで行く最後の旅になった。

私たちは試料を持って地上に戻ったが、その試料がどれだけ貴重になるかを知らずにゴールデン・ヒルズに帰った。翌日、多勢の物理学者がやって来た。私たちの中の何人かがダークマター、弱い相互作用をする質量のある粒子、ニュートリノ、二重ベータ崩壊といったことに関する講演を聴くために残った――テーマのどれも私にはわからない。物理学者のほとんどは、イタリア、日本、カナダにある他の地下実験室で得られた結果について報告していた。デーヴィス・バーコールの発見の後、この三国はニュートリノ検出に飛び込み、もっと大きな検出装置を、さらに深いところに築いた。NSFもDOEもこの研究に関係する宇宙物理学者に、外国の地下研究施設に行って研究を行なう費用を出した。一九八〇年代の初めには、DOEの基礎エネルギー科学部門で地球科学研究を担当するジョージ・コルスタッドが、アメリカにも大深度地下実験室をと唱え、アースラボと名づけられた。しかしこの構想は実現せず、一九八七年には作業チームが解散になった。地下実験室に対する関心が再び高まったのは、米議会が高エネルギー物理学用の超伝導超大型加速器〔SSC〕の予算を取り消した一九九三年のことだった。物理学者はホームステーク金鉱を使えば史上最深の地下実験室ができて、ダークマター探しや二重ベータ崩壊探しで先頭に立てると確信していた。物理学者はアルゴンヌ国立研究所から地下を通ってホームステークに設置した検出装置までニュートリノ線を送り、ニュートリノの性質を測定することができることになる。そうしたことは宇宙の標準モデルと関係していた。少なくとも、ワシントン大学の物理学者、ウィック・ハクストンが発表のあいまに私に説明しようとしていたのは、そういうことだった。連帯しようとしていたのは、科学界を指導する人々だけでなく、政治家もそうだった。サウスダコタ州選出の上院議員で民主党のトム・ダシュルは上院多数党院内総務だった。地下実験室にかかる費用は約一〇億ドルで、NASAの大規模な宇宙飛行計画一つ分に相当し、その種の予算はダシュルの支持があれば議会から直接に下りてくる。ウィックは、地球科学界、とくに地下の生命を追い求める科学者の関心が高まっているので、国立地下科学研究所の予算は確実だと思った。物理学者のそんな楽観的な見通しに、私も少々舞い上がらざるをえなかった。しかしウィックと別れると、トミーが私の膨みすぎたエゴを、こんなことをささやいてしぼませた。「物理学者の連中が自分たちの実験室を僕らに使わせてくれるわけがないじゃないか」[30]。翌日、私たちは物理学者とこちらの計画を話し合ったときには、私が共生的共同研究になりうると期待したことが、行き当たりばったりの結婚のようなものであることはますますはっきりしてきた。しかし地下実験室を持つことの有利さは、みなが執着する気になるほど有無を言わせないものだった。地下九〇メートルから二四〇〇メートルまで合計すると二〇〇キロもの坑道があるホームステーク鉱山は、現場実験のまたとない機会を提供していた。しかし、トミー、スーザン、トムがすぐに南アフリカに向かって、鉱山が長いクリスマス休業で閉鎖される前に最終回の試料採取と現場実験室の戸締まりをしに行くところだったので、この件について話し合う時間はほとんどなかった。

一月の終わりに鉱山が再開されると、私は研究室の研究助手、ステファニー・デヴリンを南アへ派遣して、現場研究室を再開してもらい、デーヴィッド・ブーンのところの博士課程にいたアダム・ボーニンと合流させた。アダムは指導教授のデーヴィッドの生物分離熱を受け継いでいて、夏以来培養器に放置されていた試験管の多くがやっと増殖の兆候を見せ、実験室の顕微鏡でも明瞭な形態を生んでいることに気づいた。そのとき、ウェルコム近くにあるマシモンやメリースプライトの金鉱から電話がかかってきた。どちらも地下二〇〇〇メートルで水が出ていた。すぐ近くのベアトリクス金鉱よりもずっと深い。続く何週間か、ステファニーとアダムはそちらに出かけた。ブルームフォンテーンは一時間の距離だったので、エスタは学生の一人、サウン・クヌッセンを採取の支援に送り出した。そうした長いドライブを繰り返す中、あるときアダムとステファニーは、たまには当然のディナーをクロックでとろうとした。のんびりとした月曜の夜だったが、もう遅く、ピートとピエトラはすでに休んでいた。アダムとステファニーには、レストランは貸し切りのようになった。食事をしていると、車が一台、開閉ブームのついたゲート（守衛の姿はなかった）を音もなく通り過ぎ、土の道路を通ってクロックのバンガローを過ぎ、敷地の裏にある家屋に向かった。誰かが車から出て、ドアまで歩き、ノックした。ピートがベッドから這い出してきた。店の誰かが金庫を持って来たのだろうと思っていた。ドアを開けるなり、銃を持った男がピートの胸を撃った。ピートは衝撃で床にふっとび、銃を持った男はピエトラも撃った。男は外に飛び出し、車に乗り、猛スピードで夜の闇に消えた。レストランにいた人々は誰も気づかなかった。それほど襲撃は静かで素早かった。アダムとステファニーが食事を終えようとしていたとき、警察と救急車がやって来た。客の事情聴取が始まったが、アダムとステファニーはすぐに解放された。ピエトラはかろうじて一命をとりとめたが、ピートはだめだった。私たちの陽気な道化師が亡くなった。

第8章　何度も中断、一度のまぐれ

しかし私の考えでは、この大量の液体はこの地底へ少しずつ漏れてきたにちがいなかった。水は明らかに上の海からのもので、何らかの割れ目をはるばる下ってきたのだ。それでも、この割れ目が今は塞がれているにちがいないことを認める。そうでなかったらこの洞窟全体――あるいはもっと正確に言うと、この巨大なタンク――は、ごく短期間に一杯になっているだろうからだ。たぶん、地下の火と対抗しなければならなくなった後、水の一部は蒸気に変わったのだろう。それで雲が頭上に浮かび、放電して地球の岩盤の中で雷も起きる。私たちが目撃した現象のこの解釈は、私には満足のいくものに思えた。どんなにとてつもない自然の驚異であれ、それは必ず物理学の法則で説明できるからだ。

――ジュール・ヴェルヌ『地底旅行[1]』

地下微生物美術館――南アフリカ、エバンダー鉱山、二〇〇二年五月

現地にいたステファニーとアダムはピートの葬儀にサブテラノートたちのお悔やみを集めたものに生花を添えて献げてから帰国した。ロブはピートの殺人は殺し屋によるもので、人種によるものではないと断言した。マンデラが始めた真実和解委員会は南アの人種間の緊張を減じる点で大きく前進したもの

の、ピートの亡くなり方はやはり心配になった。それで私は事態がもっとわかるまで、しばらく現地活動を停止すべきだと判断した。マーク・デーヴィッドソンとロブ・ウィルソンが代わりにグレンハルフィーの家を見回り、問題やら銃撃やらがあれば教えてくれることになった。現地実験室を置く家を、もっと安全な環境に見つける必要があった。その次の南アフリカ行きの際には、私はデレク・リットハウアーとエスタに、現地実験室を恒久的に先方の学科内に移せないか打診することになる。

その間、私たちはサウスダコタ州リードでの会合で明らかになった問題点に対応していた。私たちは何人かのグループは新しい濾過方式を決めていて、私は部品が届くのを待ってプリンストンに戻った。私が指導する新しい博士課程の学生、ビアンカ・ミスロワクは、南半球の冬の活動に備えて、トミーとトムのところで試錐孔用インシトゥ培養装置の設計作業にかかった。最後に私はクローフ金鉱のアルナント・ファン・ヘールデンやエバンダー金鉱のコリン・ラルストンと、翌年の微生物研究用コア採取についての話し合いを始めた。

エバンダー金鉱の主任地質学研究員、コリン・ラルストンは私たちの微生物調査活動、本人の言い方では「サファリ」に引き込まれていた。ずっと金鉱業界で過ごし、ハーモニー・ゴールド・マイニング社で自身の職種ではトップにまで進んだが、熱心な自然学者でもあって、私たちのチームを地下のいろいろなところ、とくに自分の本拠地である2番縦坑への案内を引き受けてくれた。エバンダー堆積盆地は、もっと大きなウィトワーテルスランド堆積盆地の東にある別個の堆積盆地だが、金を産出する同じ地質学的単位をいくつか含んでいた。グレンハルフィーの住居／実験室からそこへ行くには車で二五〇キロ近く行かなければならず、午前七時の降下ケージに乗るためにはものすごく朝早く出なければならなかった。[2] 幸い、エバンダー金鉱でのセキュリティはカールトンビル地域の超深部鉱床ほど厳しくはなかった。そちらと比べると、鉱山は古く、鉱床は浅くて、深さは二〇〇〇メートルまでしか行かない。エバンダー堆積盆地は東西に走るいくつもの断層とも交差していた。浅さと断層の多さが合わさって、エバンダー鉱山には裂罅水が多くたまっていることになる。堆積盆地全体に九本の縦坑が分布しており、そのうち二本は出水して、コリンは私たちのチームを、9番、5番、2番、8番という、稼働していた縦坑すべてに連れて行ってくれた。私たちは8番縦坑がいちばん気に入った。最も深いからであり、現地の鉱山作業員が、堆積盆地北縁の他の鉱山会社が存在しない未踏の岩石に長い調査用坑道を進めていたからだった。コリンは、私たちの地下サファリを応援して、ハーモニー・ゴールド・マイニング社幹部に対して非常に力のある説得を行なった。微生物学用コア採取のためのボーリング機械の手配ができる人がいるとしたら、コリンがそうだった。ミデルブルト炭鉱という、カルー累層の石炭を掘る、金鉱のすぐ南の深さがわずか七〇〇メートルの炭鉱にも入れてくれた。エバンダー鉱山はカールトンビル付近の超深部鉱床よりも浅く、したがって温度も低いので、その坑道には、アルビノのクモや超大型ゴキブリなど、いろいろな昆虫などの節足動物が住んでいた。鉱山版の都市伝説には、鉱山作業員の弁当箱から走り去るゴキブリというのがよく登場する。リフンはエバンダーの調査地の一つからバイオフィルムを持ち帰ったが、それは何らかの虫《ワーム》が入っているようにさえ見えた。

二〇〇二年五月の初め、私は南アに戻り、またグレンハルフィーの家に入った。そのときは例の新型濾過用具を携行していた。この装置を配置する最初の場所は、二〇〇一年一〇月にデーヴィッド・スズキと訪れたのと同じ試錐孔になる。このとくに厄介なホットスポットを、最初にそれに遭遇して以来ずっと監督していた、クローフ鉱山のヨハン・フォン・エーデンが、上層部はこの漏水する坑道をセメントで永久に埋めることにしたと教えてくれた。そこからもっと試料を取りたいなら、今のうちに下りておかなければならない。スズキの撮影の際に採取した試料からはごく少量のDNAが得られたので、希望的に言えば、私たちのいう「大量濾過」が機能してくれるだろう。実は、大量濾過といってもDNA用とPFA用の二種類があった。ロブからサーブのキーをもらい、現地の住居を開き、あらためてメール接続を確立した。

翌日、ヨハネスブルグの空港でリザ・プラットとエリック・ボイスを迎えた。その後の二日で健康診断やステッピーを受けたり、坑内での賠償免責承諾書を出したりした。過去四年の健康診断は、私の右耳の聴力と左眼の視力がだんだん悪くなっていることを示していた。ステッピーの成績もだんだん悪くなっていた。ゴールドフィールズ社は私の健康の履歴について、私のかかりつけ医よりもよく知っていて、このとき私は地下に行く基準を本当は満たしていなかったが、私が賠償免責承諾書にサインさえすれば、私の問題ということになった。リザとエリックはそれぞれの健康診断を優秀な成績でくぐり抜けた。クローフはリザが女性なので専用のステッピーを用意したが、リザの方はタフさで相手を驚かせたという。地下に下りる許可証をもらって、私たちはサーブに乗り込むと、構内出入口の開閉ブーム付きゲートに向かい、グレンハルフィーに戻る道路に出た。(3)

その翌朝、私はクロックに出向いてピエトラを訪ねた。ピエトラは一人でテーブルの一角の席にいて、私にこちらに来てくれる？ と言った。ピートが亡くなってから、直接話をして、自分でお悔やみを言い、約四〇人の外国の科学者をもてなしてくれたことに感謝するのはこれが初めてだった。そうしてピエトラはその夜にあったことを教えてくれた。二発目は実はピエトラの頭をかすめていた。文字どおり間一髪で命をとりとめたのだ。夫妻の一人娘は、襲撃の際クローゼットに隠れて難を逃れた。今はクロックとキャッスルを売りに出して、自分の農地に帰ろうとしている。ピエトラは9・11テロ攻撃についてのお悔やみを言った。わけ知り顔のアメリカ人に南ア人から向けられていたからかい、不安、酷評が相当に和らぎ、代わりに心からの共感になったように見えた。

昼近く、ヨハンから電話がかかってきた。41レベルの試錐孔へ行く許可が出たが、換気装置が動き始めたばかりで、中はまだ熱くては入れないという。私たちが試料採取するパイプの寸法を教えてくれたので、ウェスターナリアのホームセンターを回って、大量濾過器を装着するのに必要になりそうな金属の付属器具を買うことができた。残りの時間は、掃除、殺菌、濾過装置の準備で過ごした。ヨハンは坑道が安全に入れるようになるまで何日かかかるだろうと言っていた。私たちはコリンに連絡して、立ち寄ってコア試料を取ったり裂罅水の試料を採取したり、ビアンカのインシトゥ培養器の設置場所を偵察したりすることについて鉱山管理者と話せるかを確かめた。ハイフェルト・インに着くと、リザがコリンや何人かの地質学仲間や同僚に、自分が南アでしてきた仕事について話していた。夕食に出る前に、クローフのヨハンに電話して私たちの訪問希望がどうなったかを確かめると、翌々日に来なさいということになったと教えてくれた。翌日朝のケージに間に合うようにグレンハルフィーに戻るのは、ダッシュになりそうだった。

リザの話を聞いていた中にいたピーター・ロバーツという鉱山の若い地質学研究員が、翌朝私たちに合流して、コリンと一緒に2番縦坑の深さ一六〇〇メートルの21レベルまで案内してくれた。ケージを

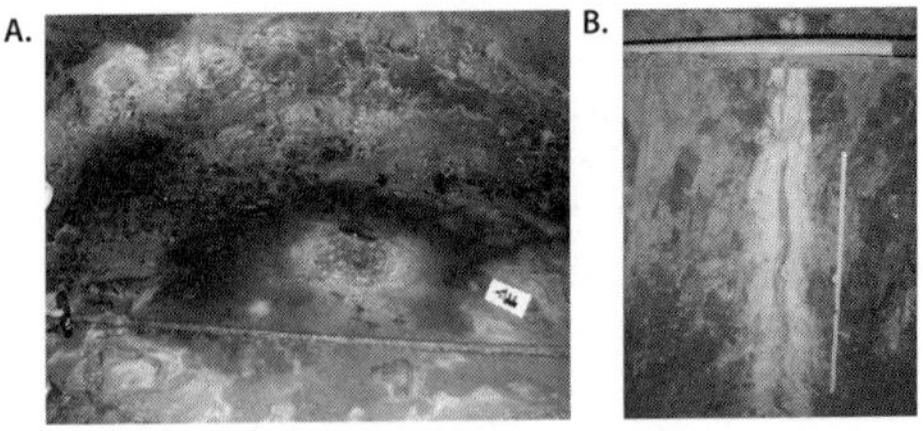

図8・1　南アフリカの鉱山にあるバイオフィルムの写真。A. キンバリー頁岩からのpH3の酸性漏水（著者撮影）。B. pH10のアルカリ性漏水。

出たら東へ三キロ余り歩いて、ドゥエインが一一月に訪れたときに大興奮した坑道に着く。私たちが坑道を下り始めると、コリンは、私たちが大断層の一つと交差すること、その断層はエバンダー堆積盆地を切り裂いていて、坑道にこれほどの水が流れ込む理由になっていることを説明した。その指摘では、この水の一部は頭上の採鉱活動で流れ込んだかもしれないと言ったが、それは私たちにとっては大した問題ではなかった。私たちが目をみはったのは、試錐孔から流れ出したバイオフィルムだったからだ。試錐孔は硫黄分豊富なキンバリー頁岩を貫通していて、pHが3という酸性の水が流れていた。[4] 試錐孔は大きく、直径は一〇センチほどあったが、バイオフィルムでつまっていた。私たちはヘッドランプを使って順々に試錐孔を覗いた。それは試錐孔の入り口から二〇センチ程度入る間に茶色から明るいオレンジ色に変わり、それからさらに深いところでは鋼色のグレーになった。試錐孔のバイオフィルムは、壁から閉じたカーテンのように垂れ下がり、坑道の床の水たまりに達していた（図8・1A）。バイオフィルムは内側で黒、縁では茶色と遷移し、さらに外側の縁では明るい黄色の結晶に飾られるというふうに領域が分かれていた。灰色の糸状のマットが水たまりの中央に現れていて、それが外側へ向かって徐々に鮮やかな赤いオレンジ色の粒状のものの輪になり、それが突然、花びらのような形の黄色っぽいのやピンクやベージュの糸状のマットになる。坑道をさらに下ると、ウィトワーテルスランド珪岩に行き当たり、そこでは水のpHが9から10に上がり、石灰質の鍾乳石が頭上のにじみから天井を飾っていた。ここでは試錐孔から垂れ下がるバイオフィルムは中心が白っぽい糸状のものが、外側へ進むにつれてピンクの舌状のものになる。この舌状のものは大きく、腿の筋肉ほどの大きさがあることもあった。ピンクは外側へ向かってだんだん半透明のオレンジ色がかった赤の膜になり、それが三層のサンドイッチ状のバイオフィルムに行き当たる。サンドイッチは岩に当たる部分が黄色、中央が茶色っぽい層で、どちらも白い霜のような炭酸塩で覆われている。やっと坑道の端に着くまでに、こうした複数の色のマットを十余り通り過ぎた（図8・1B）。それぞれがジャクソン・ポロックの絵のようだった——数々の色が跳ね、黒っぽい、硬い岩に縁取られている。幸い坑道のメタン濃度は無視しうる程度で、リザは何枚もフラッシュをたいて写真を撮ったが、どれも坑内用ヘッドランプで見た美しさは捉えていなかった。私たちは水を採取し、ドゥエインが終端の試錐孔に残してあった実験の結果を回収し、荷造りして地表に戻った。一行七人は、コリンの案内で坑道を戻る道にある水たまりを慎重に避けていたが、私は自分がジュール・ヴェルヌの『海底二万里』に出て来るクレスポ島沖の海底森林を、ネモ船長に率いられて進むアロナクス教授のようだと思わずにいられなかった。やっと坑道入り口に達すると、私はコリンの方を向いて言った。「ここは柵で囲って微生物博物館にして入場券を売るといいぞ。バイオフィルム一つ一つで学生の卒論になる。それぞれに名前をつけて、簡単でも学術的記載をすべきだね」。コリンは大賛成した。誰がこんな暗闇に生命が隠れていて、これほど驚異の色と美しさを生んでいたなどと思っただろう。地上に出ると、私たちはコリンの事務室で紅茶とサンドイッチを挟んで今後何か月かのコア採取計画を話し合ってからサーブに飛び乗り、三時間でグレンハルフィーへ戻った。

夥しい濾過とくり抜き――南アフリカ、クローフ金鉱、二〇〇二年五月～一二月

翌朝、リザ、エリック、私の三人は、ファウニーの案内で、クローフ4番縦坑を三キロ余り歩いて試錐孔へ行った。暗い坑道でつまずきながら、試錐孔が見える前からやかんの汽笛のような音が聞こえた。気温は一〇月のときと同じような熱さだったが、現地の他のことはすべて変化していた。その頃にあったパイプやバルブはなくなっていた。撮影のカメラマンが照明に使っていたスチールの梯子は腐蝕が進んで錆びたパイプの山にすぎなくなっていた。金属で覆われた岩の壁から突き出る漏れやすい巨大なバルブのついたスチールのパイプのせいで、この一角は潜水艦の魚雷室のように見えた。ファウニーは私たちに、すべて移動しましたと言った。明らかにヨハンはその通知を受け取っていなかったのだ。今回、私たちは、直径八センチほどの付属品がついた鋼鉄の耐圧バルブから水を採取するものと考えられていた。私たちはそれに適合させられるものを何も持っていなかった。私たちは何か所か測定し、用具を荷造りして、地上に戻った。現地実験室では、私たちの配管用部品は41レベルの巨大バルブに合うほど大きなものはなかった。ウェスターナリアの「チキンとおいしいもの」という店で昼食にした後、私は自動車部品店で必要なものを見つけた。長さ一メートルのホース止め付きラジエーターホースだった。何度かアルコールと漂白剤で洗浄して、それをリュックに詰め込んだ。翌朝、再び41レベルに行った。今度はシフト長のクリスが一緒だった。クリスは以前の事故で足を痛めており、幼い顔つきで、愛嬌のある性格だったが、坑内作業員に話すときには、また出会った作業員には必ず話しかけるのだが、よどみなく上司モードに切り替えていた。クリスが何人かの作業員にファナガロ語で呼びかけると、相手はす

ぐに走ってどこかへ行き、二輪の荷車を二つ持って来た。私たちはそこから試錐孔まで王族のように乗り物で送られた。

試錐孔はまだそこで私たちを待っていて、耐えがたい熱の中でシューシュー音を立てていた。前日よりも熱かった。私は、ぴかぴかのステンレス容器に装着する二つのフィルターで濾過装置を作っていた。それぞれが一分に四リットルを処理し、一二〇℃でも難なく対応できた。しかし手に入れたホース止めの付属品は、この試錐孔から噴出する二〇〇バールの圧力に対応できなかった。私は流れを調節するために、フィルターの上流側にボール弁を取り付けた。フィルターの下流側には、濾過した水の総量を記録するための流量計を接続した。それを通ったところに逆止弁を加えた。何らかの理由で流れが止まったら、空気やすでにこの場にある水による汚染を防ぐために、逆止弁を効かせる必要があった。最後に、フィルターが詰まったときのために、上流側に水を通すための圧力調整器を加えた。こうしたことは、濾過装置が破裂したりフィルターを汚染したりするのを防ぐためだった。組立は実験室なら朝飯前でできたが、試錐孔のある湿気の多い状況では、使っていたパイプがすぐに柔らかくなって、ホース止めが絶えず緩んだ。作業は全然はかどらなかった。リザが私を捕まえて涼しいところへ引きずって行く一方で、エリックとリザが接続を完成させにかかった。最後に、ファウニーが長さ一メートルもあるレンチを持って来てそれをバルブに当てた。私はそのレンチを掴むと、バルブを開けた。熱い水がチューブからあたりに飛び散り始め、出口や流量計からも出てきた。エリックとリザはせっせとねじを締め、漏れを止め、私は流量を測った。私はバルブを開け、流量をフィルターの推奨最大流量の毎分八リットルに上げた。濾過装置は振動を始めたが、もっていた。私たちは周囲に岩を積み上げ、装置が倒れないようにした。私は水の試料採取にかかりたかったが、リザは熱中症になると反対した。「試料は明日、フィルターを回収に来たときに取りましょう」とリザは言った。私たちは用具を詰めると帰路に向かった。私たちはみなずぶ濡れだったが、二輪カートは速く、ケージの最終便に間に合った。カートに乗って戻る間に一リットル半の冷たい水を飲み干し、冷えてしまった。ゲートで待っている作業員の群れからすると、ぎゅうぎゅう詰めになりそうだったが、いい意味で重みのあるシフト長のフリップがリザをつかんでケージの奥に乗せ、自分の脚ほどもある腕で乗り込んでくる他の作業員でつぶされないように守った。私はすし詰めのケージの前でフリップの仕事を見たことがあった。二本の腕でケージのてっぺんに上がり、足をドアの向こうに押し込み、二〇人余りの作業員をケージの奥半分に詰め込んで、さらに二〇人が入れるようにしていた。今度は私たちの味方になってくれるのがうれしかった。

グレンフィールドの住居に戻ると、この二日の傷の手当てをした。私は保冷剤を頭に乗せ、アスピリンをのんだ。リザは足にできたいくつかの靴擦れに絆創膏を当てた。エリックは問題を起こしそうになっていた膝にサポーターを当てた。鉱山幹部は早朝の移動を認めていたが、私たちに乗れたのは遅いケージで、発破の前の午後の速い便で上がってきた。フィルタ一つについて毎分四リットルとして、それぞれのフィルターは私たちが外すときまでに約六〇〇〇リットルの水を通していることになる。細胞密度がミリリットルあたり一〇〇〇個とすると、五〇億から一〇〇億個の細胞が得られてDNA配列決定に使える。これは16S rRNA分析やPLFAの$\delta^{13}C$分析には余裕で足りる量だ。今度もファウニーが現地へ連れて行ってくれたが、残念なことに今回は二輪カートがなかった。私たちが着いたとき、PLFA用の濾過装置は吹っ飛んでいたが、DNA用の濾過装置は無事だった。双方の流量計を確かめると、DNAフィルターには五〇〇〇リットルが通ったらしかった。ファウニーはレンチでバルブを閉じた。私たちはフィルター容器をはずし、急いで出口と入り口に栓をねじ込み、空気による汚染がないよう密閉した。それから水とガスの試料採取を終えて、濾過装置の部品を集め、すべてをリュックサックに入れて帰路に着いた。濾過用の部品は重かったが、私は一二リットルのスチール製シロップ容器を持ち帰らずにすみ、代わりに試錐孔が仕事をしてくれたのがありがたかった。三日連続で地下に入った後で、私たちは軽いめまいに襲われ始めた。たぶん二酸化炭素濃度の高さか、熱さか、その両方のせいだろう。焼けるように暑い部屋まで出かけて行くのは終わりでほっとしたとだけ言っておこう。

突然、前方、少し上の方から「ずん」という音が聞こえた。実際には、鉱山の発破は音で聞こえるよりも体で感じることができる。爆発の鈍いズシンという響きとともに、鉱床中の圧縮波がトンネルを伝わり、鼓膜を動かす。規則的な間隔で、さらに「ずん」を感じた。鉱山は発破を始めていた。ファウニーは気に留めることもなく、全然気にしていないようだった。歩き続けると、爆発は近くなり、足下の岩が揺れるのを感じた。それから静寂。始まるのが突然なら、終わるのも突然だった。私たちは道を塞ぐ爆風避けのところに来た。近くには電話と空の箱があった。ふだんは爆発物が保管されている箱だ。ファウニーはこの道の先では発破の予定がないことを確かめ、「いつもの」大丈夫という答えを受け取った。ファウニーは壁を回って前に進んだ。私たちはちょっと躊躇したが、それに続いた。一〇メートルも行かないうちに、埃が舞う、強い刺激臭の霧の中に入った。間違いなく、爆発によるアンモニアだった。ここまで来ると、前に進むのは大いにためらわれ、爆風避けの後ろの「安全地帯」まで後退した。ファウニーは刺激臭のある靄に入って行き、そのヘッドランプはすぐに見えなくなった。数分してまたヘッドランプが見え、靄から全身が現れ出た。「これはほんの少しだ、行きましょう」と言って、また靄の中へ戻って行った。私たちはみな、大きく息を吸って、靄の中に飛び込んだ。反対側の空気は春の風のようにうまかった。さらに三〇分ほど進んで、ケージに着いた。二次ケージのてっぺんに着くと、ファウニーはケージ担当の縦坑番に電話した。受話器を置くと、ファウニーは少し時間があると言った。私たちはみなセメントの上に腰を下ろして水分をとり、ケージを待った。やっとグレンハルフィーの住居／実験室に戻ると、濡れたフィルターを取り出し、それを殺菌したジップロックの袋に入れ、冷蔵庫に入れた。濾過装置は少し修正して、設置を易しくする必要があったが、全体的には驚くほどうまく機能していた。リードでの打合せのときに確認した第一の問題は解決していた。

八月には、コリンは微生物学とガス分析用の岩石コアを得る段取りをしてくれていた。2番縦坑の最下層、24レベルの坑道からコアを採取することになっていた。金を含む鉱脈にまでコア採取用の穴を開けることになる。これは私には、三年半前のイースト・ドリーフォンテーンのストーブのとき以来、久しぶりのことだった。このコア採取がとくに難しいのは、高純度の窒素ボンベ、真空ポンプ、ポンプ設備、地下発電機が必要だったからだ。ヨハンナ・リプマンはコア採取用の気密のステンレス容器を出してくれていて、その容器の使い方も教えてくれた。マークと、私の研究室にいた学部学生、T・J・プレイ、それと私は、コリンに掘削地点まで運ぶ時間を与えるために、掘削の一週間前にこの装備を届けた。翌週、地下に行くときには、すべてが無事でありますようにと幸運を祈り続けた。24レベルはケージ一台では下りられず、21レベルからは第二ケージから短い坑道を下り、鉄のそりに乗った。明らかに傾斜に沿って岩石を引き上げるためのものだった。六人が楽に座れるほど大きかった。三〇度の傾斜を三五〇メートル以上滑り降りるリュックを背負った三人と、追加の試料採取装置を持った二人の合わせて五人は余裕で収まった。深さ二〇〇〇メートルの24レベルに着くと、掘削作業員はすでにコア採取の作業にかかっていた。雑用水の高圧ホースを使ってダイヤモンドの刃を冷やし、それで足下から約二〇メートル下を削っていた。マークはローダミン染料液をホースに入れようとしたが、圧力が高すぎて、大半は飛び散って自分にかかった。それでも何とかいくらかは掘削泥水に入れることができた。コアが出て来ると、それを無菌のオートケーブ用バッグに敷いた上に置き、すばやく三つのグループに分けた。一つはすぐに殺菌したワールパックのバッグに入れるグループ。これは殺菌して窒素を充填した弾薬箱に入れる。そうして保冷剤の入ったクーラーボックスに入れる。次はすぐに殺菌したワールパックのバッグに入れ、ドライアイス入りの小ぶりのクーラーボックスに入れる。もう一つは、ステンレス容器に入れる。私たちは発電機のスイッチを入れて真空ポンプを動かし、容器につないで三回空気を抜き、それからその容器にあらためて窒素を入れる。その後、それぞれの容器のガスを抜いて密封する。これは魔法のように効いて、一時間もたたないうちに、非常にきれいなコアが手に入っていた。四年前にイースト・ドリーフォンテーンのストーブから得た砕いたコアよりもきれいで無傷だった。コアはステンレス容器の中で真空下に維持され、何週間かのうちに、孔にあったガスが容器の中に漏れる。この試料があれば、ヨハンナが孔のガスについて、希ガスの安定同位体と放射性同位体の組成を測定し、孔の水の年代をある程度限定できる。私たちはドライアイスに入れたDNA用のコアを慎重に処理し、内部のローダミン染料に汚染されていないコアの断片を特定した後で分析する。弾薬箱に入れたコアは、^{35}S放射能写真のために使われた。こうしたデータを合わせると、裂罅水の中のメタンや水素の起源や、そのガスの年代がわかるので私たちは興奮し、その後の二か月ほどにわたって、この種の試料がもっと欲しくなった。私たちはリードでの打合せのときに特定した第二の主要問題を片づけていた。(5)

エバンダー鉱山の二度めの地下旅行の後、マーク・デーヴィッドソン、T・J・プレイ、私の三人はプリンストンに戻り、そこでマークは大学院に入学した。九月の現地要員だったリン・リフンとヨハンナ・リップマンが、私たちと交代して鉱山に入った。この二人以上に訓練ができていて、次に起きたことを処理できる態勢にあるチームはいなかった。私が地下圏生命研究に取り憑かれて以来の法則だが、運命はコイントスで変わる。二人が現地へ行って一週間後、そこにムポネンの主任地質学研究員のデーヴィッド・カーショーから電話がかかってきた。フェンテールスドープの変成火山岩の地下二七〇〇メートル、104レベルの熱水とガスがたまった亀裂に交差したところだという。そこへ行って試料採取する気があるかどうかを問い合わせてきたのだ。翌朝二人は地下に入った。リフンは大規模濾過装置を固定し、ヨハンナは希ガス試料を採取した。バルブには相当の圧力がかかり、温度は六〇℃もあった。それはその深さでの周囲の岩の温度よりもずっと熱く、明らかにこの水が深さ四〇〇〇〜五〇〇〇メートルのところから来ていることを示していた。ボーリング機械はまだ現地に置いてあった。二人は雑用水も採取して、試錐孔の水が掘削によって汚染されていないかどうか調べた。二週間にわたり、ムポネンは二人に試料採取をさせてくれて、その間に温度や圧力は下がった。最後に、鉱山はその亀裂を掘り抜き、巨大な石英の鉱脈を明らかにした。サブテラノートにとっては、それほどの深さの、初めて交差して汚染の機会がほとんどないようなところの裂罅水を捉えるのは最大のまぐれ当たりだった。しかしその幸運がどれほどのものかに気づくのは、リフンが16S rRNA遺伝子配列クローン・ライブラリを運営してからのことになる。

その間スーザン・フィフナーの南アでの学部学生研究会用の支援のためのNSFへの申請が通っただけでなく、クリスマス直前の一週間の研究会にアメリカから相当数の学生を集めていた。エスタの方も多勢の参加学部学生を集めていて、その多くはノース大学の「以前は不利だった」人々（黒人南ア人の婉曲表現）だった。エスタは理想の学会開催場所を知っていた。プレトリアの東郊外の農業地帯にあるファーム・インだった。合わせると二五人ほどの学生と、九人の指導者と私の妻ノーラが参加することになった。しかしそのような多勢を安全に連れて行けて、誰もが採取と測定に参加する機会が得られるほど十分な採取場所がまとまってあるような地下がどこにあるだろう。エバンダー鉱山のコリンもこの研究会に参加したがっていて、2番縦坑のレベル21にある坑道、とくにバイオフィルム豊富な「微生物博物館」を提供してくれた。私たちはみな、そこは野外研修には絶好の場所になると思った。

あるサブテラノートの妻の一日――南アフリカ、プレトリア、ファーム・イン、二〇〇二年一二月一六日

エスタは南アの大学界に、私たちが一週間の教育／訓練研究会の一環として、二〇〇二年一二月一六日に一日の講習会を催すことを案内する招待状を送った。午前中は、私たちの各研究グループが、微生物学、地質化学、地下水年代測定、様々な鉱山の水、ガス、同位体化学について解説を行なった。これは南アフリカの伝統的なわら葺き屋根の屋外の集会室で行なわれた。昼食時には、学生によるポスター展示や、前年にエバンダー、クローフ、ムポネンの各鉱山で撮影されたテレビ番組の動画の紹介があった。トム・キーフト、メアリー・デフラウン、ゴードン・サザム、トミー・フェルプスも姿を見せて、スーザンを手伝った。

翌朝の午前四時は、まだ漆黒の闇だった。学生と指導者はエスタが輸送用に借りた三台のバンに分乗してエバンダー金鉱に向かった。ノーラと私は自分たちのレンタカーで後を追うところだったが、間際になって部屋の鍵の返却のために屋内に戻らなければならなかった。何分もしないうちに戻って来たが、一行のバンはすでに出発していた。私は車に飛び乗り、ノーラの運転で後を追ったが、コリンはものすごい速さで飛ばしていたにちがいない。何度か角を曲がっても、まったく姿が見えなかったからだ。私はすぐに、現場にはいつも携行するすり切れた南アフリカの道路地図を出して室内灯を点けてエバンダーまでの道を探し始めた。走っているのは農地を通る小さな二車線の道路で、私は正しい方向に進んでいると思っていた。問題は、道路には標識が全然なく、まったくの見込みで道をたどらなければならないことで、暗い中ではそれが難しかった。私たちはN17号線と思う道を横切り、また別の細いアスファルトの道を進んでいると、突然、舗装していない道路に変わった。その頃には夜は明けていたが、厚い雲がかかっていた。この時期にしては珍しいと私は思った。だからあんなに暗かったのだ。ちょうどそのとき、車の燃料の警告が出た。私たちは草原のただ中の土の道路で、あたりに町もないのに、ガス欠になろうとしていた。それからの三〇分は、あたりに家のない土の道路を、燃料計の赤いランプを気にしながら走り続けた。突然、坂道のてっぺんに出て、見下ろした先にR580号線とセクンダの町が見え、すぐそこにガソリンスタンドがあった。そこまで行くと公衆電話が使えて、コリンの事務室に電話をかけることができた。向こうは現地に着いたところで、私たちを2番縦坑まで案内するようピーター・ロバーツを送り出していたが、そこはもうすぐそばだった。

私たちは間に合って、きれいな白のつなぎと長靴に身を固めた。全員がピンクのヘルメット、ブルーのヘッドランプ、オレンジ色のゴム手袋を与えられた。地下へ行くときにこれほどのきちんとした服装をしたことがなく、つなぎがきれいなうちに集合写真を撮っておかなければならなかった（図8・2）。それから私たちは一二人ずつのグループで2番ケージに列になって乗り込んだ。21レベルの坑道入り口に着くと、三チームに別れ、三か所の試錐孔に向かう。デレク・リットハウアーは、水の流れ出る試錐孔の試料を取るのはここが初めてで、私は保湿について立派な講義をした。しかし水は快適な三〇℃で、坑道内の気温は二九℃だった。トミーとトムは別の試錐孔を加圧パッカーを使って人力で操作していた。スーザンは坑道を行ったり来たりして、グループの各学生のところへ行き、掘削班長のように、学生ごとにこの試料を取りなさい、あの試料を取りなさいと大声で指示していた。スーザンは、この坑道で最大のバイオフィルムから試料採取することがねらいの第三グループの監督もしていて、あらゆるところに同時にいるようだった。最後にはすべての試料が六つの種別のリュックに入っていることを確かめ、地上に向かった。スーザンは各学生が、ブルームフォンテーンに行って集積培養実験で使う生物試料を採取したことを確かめた。地上に出ると快晴になっていたが、私たちの白いつなぎは汗と土で茶色になっていた。管理者用のシャワー室が女性用に用意されていて、ノーラ、メアリー、スーザンは、ほとんどが黒人南ア人の十人ほどの女学生とそこを使った。

図8・2　第一回学生地下試料採取実習。2002年12月、エバンダー2番縦坑にて（Evander Gold Mine 提供）。

男たちはいつもの鉱山作業員用集合シャワーに入った。急いでシャワーを浴び、バンに乗り込み、エバンダー金鉱が昼食会を催してくれた地元のレストランに向かった。昼食会はしばらく続いて、肉の多いアフリカーナのオードブルの中からノーラと私は何もつけていないトーストと野菜の一口料理を奪い合うように食べた。受け入れてくれたハーモニー・ゴールド・マイニング社にお礼を言って、私たちはブルームフォンテーンまでの六時間の車の旅を始めた。N1号線に着く頃には晴れていたのが、いつになくすごそうな季節風の前線になっていた。クローンスタットを通過する頃には、ソフトボールほどの大きさもある雹に見舞われていて、ハイウェイを往来する車はすべて、わずかにある屋根付きの側道に入って嵐が過ぎるのを待っていた。私たちも路肩に車を寄せると、ノーラが南アフリカでは竜巻は起こらないのかと尋ねた。私はノーラが車の窓から顔を出して見上げるのを見ていた。「あれは何?」と妻が上を指さした。見上げると、じょうご形の雲が上空を通過するのが見え、車やノーラに雹が降りかかった。変わった小型竜巻が草原の奥へ向かったとたん、嵐は過ぎて私たちはハイウェイに戻った。真新しいメルセデス・ベンツをブルームフォンテーンまで運転する任に選ばれていたコリンは、あいにくフロントグラスを割られ、屋根もフードもでこぼこだった。私たちがウィンブルグに達する頃には日差しが顔にまともに当たるようになっていた。太陽は強烈で、ノーラはサングラスをかけていたが、窓を開け、頭を出して下を見て、自分がどの車線を走っているか確かめなければならなかった。ブルームフォンテーンに入る頃、太陽は沈んだ。ファーム・インを出て一六時間の旅路だった。エスタは学科でさらにアフリカーナ風のオードブルの豪華な宴を用意していたが、学内で未成年に酒を出すのは止められていて、ウィントフックもピノテージもなしだった。トム、メアリー、ノーラ、私には、これはとどめの一撃だった。私たちはそこを出て、おいしいシーフードと豊富な南アフリカのワインを求めてロック・ローガン・ウォーターフロントへ向かった。翌日と翌々日は学生と過ごし、いろいろな微生物学実験の手法を見せたり、学生が地下で見たことについて話し合ったりした。その後、アメリカの学生は飛行機に乗って帰国した。トミー、スーザン、トムも、ノーラとともに出発した。私は最後になるグレンハルフィーの家に戻った。前の週には、トミーとトムが家具のほとんどを家の前に出して、人々に持って行ってもらっていて、うれしいことにすべてもらわれていた。エスタとデレクはブルームフォンテーンから何人かの学生をトラックに乗せてやって来て、そこに実験室の器具を乗せ、ガレージと裏の小さな使用人区画を空にした。一行がブルームフォンテーンに戻ると、私はグレンハルフィーの住居兼実験室に鍵をかけた。それは、私たちが水の試料や岩石のコアを、地下六七〇メートルから三三〇〇メートルにわたる一八〇か所以上の地下の調査地で採取する二年間役に立ってくれた。採取量は、大陸地殻のそれほど深いところの微生物試料としては、それ以前に採取されていた量の三倍以上になった。

次世代のサブテラノート

――南アフリカ、ブルームフォンテーン、フリーステート大学、二〇〇三年六月二〇日

六か月後、トミー、スーザン、私の三人は、さらにアメリカの様々な大学の学部生を連れて、再びフリーステート大学へ行った(6)。南アフリカでは冬の六月、私たちは六週間の地下圏微生物学での学部学生研究体験(REU)を行なうところで、ブルームフォンテーンの現地実験室を準備し、稼働させるために、早くにやって来ていた。トミーは一階のエスタの実験室の一つで無酸素グラブバッグが使えるよう

にし、スーザンと私は地下室で、すべての野外用具、培地用化学物質、パッカー、フィルター、試料を収納する冷凍庫を整えた。すぐ隣の部屋には、鉱山用のつなぎ、長靴、ヘルメット、手袋がすべて入っているクローゼットがあった。そこは理想的で警備もしっかりした現地実験室だった。キャンパスは学生にとって安全で、キャンパスから歩いて行けるところにある宿泊施設も安全だった。二階にはオートクレーブ、冷凍室、冷蔵室、培養室があった。エスタのグループは大きくなっていて、拡大する実験室スペースには、新しい設備が登場しつつあった。現地の国立研究財団（NRF）から、私たちが送った分離生物の一部に現れるタンパク質の研究について補助金を得ることができて、そのため、そうした酵素に基づくバイオリアクターの開発を進め、役に立つ「極限環境微生物酵素《エクストリーモザイム》」のために鉱山試料のスクリーニングを続けることになった。もちろん、エスタは自分の研究をエクストリーモザイム探しと呼んでいた。

　翌日、私たちは三チームの学生と教員スタッフと三台のバンでフリーステート大学を出た。朝の四時半の出発で、最も近い金鉱まで一時間半の道のりだった。一時間行くと、デレクとエスタの乗ったバンは右へ別れ、ベアトリクス金鉱の2番縦坑に向かった。二台のバンを私とスーザンが運転して、こちらは北のバージニアの町に向かった。暗い中、斜面をくねって進み、もうざわめいている鉱山町に入ると、車はメリースプライト金鉱の外ゲートに着いた。打合せのために待っていた鉱山の地質学研究員が跳ね上げゲートを通してくれて、私たちは一人ずつ、用具を持つと、駐車場とオフィス区画を分ける窮屈な回転ゲートを通った。義務づけられているコーヒーつきの安全講習の後、長靴を履き、安全パックをくくりつけ、ヘルメットをかぶり、ヘッドランプを確かめ、自分のリュックサックを持って、午前七時のケージに乗るために縦坑に向かった。一五人構成の私たちのグループは、巻き上げ機のたもとで一緒に外に出た。下部カルー累層の玄武岩に覆われた台地で、ちょうど夜が明けるところだった。私たちは鉱山用のつなぎ姿で、坑に吹き下ろす前に私たちに当たる冷たい風に震えていたので、ケージが到着する前に聞こえるコオロギの声のような音を歓迎した。ケージ係が扉を開けて早番の作業員を出した後、私たちは一・五メートル×二・五メートルの鋼鉄のボックスに押し込まれ、用具はとにかく入る隙間に押し込んだ。係が私たちを中に閉じ込め、私たちは風が坑に吹き込む間、辛抱強く待っていた。学生は不安そうな笑い声をたてていた。坑番が私たちを降下させ、すぐに真下の地下二〇〇〇メートル、ベネズエラのアンヘル滝の二倍以上という底に向かって加速した。鼓膜がぱこぱこする高まる圧力の下で、冷たい空気が急速に温まっていた。暗闇の中の降下はケージがレールに当たったり、ときどき高圧通風バルブを通過するときに耳をつんざくきいっという音がする以外は静かだった。

数分後、私たちは明るく照らされた、49レベルの喧噪の停留場に出た。それぞれのヘッドランプを点灯し、荷物を背負い、学生を数え、レールをまたぎ、機械部品、ドリルなど、硬い岩に大きな穴を開けるのに必要なものが満載された列車の車両を過ぎて進んだ。案内の人を追い、ショットクリートで覆われて、スチールのメッシュの格子で留められた鉄筋で強化された壁を過ぎ、さらに地下の貯蔵室、発電所、機械工房を過ぎて、縦坑から放射状に伸びる多くの暗い坑道の一つに潜り込んだ。コンクリートの枕木を踏んで進むと、背後の空気は冷たく、わずか二七℃だったが、岩の温度は四五℃だった。岩がむき出しの坑道は乾燥していて、頭をめぐらせるとヘッドランプの光線の中に、二九億年前の河川堆積物の、下に向かって傾斜した堆積岩層が入れ替わる石ころだらけの層が現れる。ゴツッ！　私の頭が換気ダクトに当たり、また地質学よりも自分が歩いているところに集中しないとと思い出した。

当時の南アフリカでは数少ない女性地質学研究員のジャネット・ラーキンは、その日の朝、あたり中に地図や岩石や報告書がぐらぐらするほど山積みになったものがあるオフィスで、鉱山の地図上の、縦坑から一キロ半ほど離れたところにある横断する地層を指した。私たちはそこへ水柱の試料を取りに行こうとしている。「水柱《ウォーターピラー》」とは、ところどころ五センチほど開いた断層に水がたまっている断層の一帯のことだった。鉱山側が過去にもっと浅いところでそれに遭遇したところでは、水をポンプで吸いきっておいてセメントで塞ごうとしたが、できなかった。ラーキンは、この水が鉱床の上を流れているサンド川のものだと確信していた。(7) しかしさらに深いところでは、会社は鉱山が水浸しになる可能性を考えて、避けて通っていた。あいにく、水柱は最も深い坑道と、隣接する、最近鉱山が購入したばかりの高品位の鉱石との間にあった。ヨハネスブルグから49レベルと50レベルで水柱を掘り抜くという指示が来たとき、鉱山の技術者や地質学研究員は、自分たちの活動を慎重に計画していた。予想されたとおり、坑道を掘っているときに掘削機が断層に当たると、水とメタンガスがドリル孔から噴出した。水は一時間に一万リットルあり、それ以上は坑道を掘ることはできなくなった。そこでジャネットは、まず現場研究室のアダム・ボーニンに、試料を取りに来るよう連絡したのだった。ジャネットは私たちの活動を地質学界の口コミで知っていた。噴出は一年以上前のことで、私たちが今回行ったときも水とガスはまだ試錐孔から衰える様子もほとんど見せずに流れ出ていた。

歩き続けると、空気の湿度がそれとわかるほど高まっていて、線路の両側にある溝を水がちょろちょろ流れていた。私はヘッドランプを天井に向けて立ち止まった。「なにごと?」と、後ろからぶつかったスーザンが尋ねた。「水柱が近いと思うよ」と私は答えた。頭上から前方へ一〇〇メートル近く、鍾乳石がぎざぎざとうねり、ランプの光で瞬いていた。繊細できらめく、乳白色のストローが連なったような美しい回廊で、坑道側壁のこぢんまりした掘削時のくぼみには、長さ一メートルほどにもなっているものがあった。鍾乳石は岩の天井に亀裂が走っているところで成長しやすい。スーザンと私は、学生が追いつくのを待って、地下の星空を眺めていた。

「星」の部屋を過ぎて進むと、トンネルの中で通風の扉が行く手を遮っている曲がり角に出た。ジャネットの助手がアフリカーンス語で呪い始めた。それはおおざっぱに訳すと、「どんな××××馬鹿野郎がこの××××坑道につながる××××通風扉を閉めたんだ。あっちが××××みたいに焼けるじゃないか！」鉱山の下の方の階層を冷やすために、シフト長が水柱のある熱水で温められる坑道につながる通気扉を閉めていたのだ。ジャネットの助手は正しかった。通気扉をこじ開けると、熱波が私たちを襲った。前方の闇の中で滝のような音がしているのが聞こえた。レール沿いの坑道の床はますます濡れてきて、まもなくレールの両側で、縦坑の底にある汲み上げポンプまで流れるようになった。レールをたどって角を曲がると、レールは濁った水たまりの水面下に消えていた。ヘッドランプで水たまりの反対側を探ったが、温かい水たまりの上には靄がかかってよく見えなかった。私は立ち止まり、pH検査器を出して水の酸性度を測ってみたが、まったくの中性だった。深さがわからないので、私はおそるおそる足を踏み入れ、一歩ずつ、レールの枕木を探った。濁った水の表面に、細菌による白い糸状のものと泡が浮いているのが見えた。次の一歩を踏み出すと、腿の中程まで水にもぐった。枕木のありかがわからなくなって、蟻地獄のような泥の中に沈んだ。スーザンが引き戻してくれて、私たちは水たまりの縁まで戻った。残念ながら、リュックにカヤックは入っていなかった。トンネルの壁に細い岩の段がついているのを見つけて、そこに足をかけて、背中を水たまりに向けて、針金のメッシュにつかまり、横歩きで水たまりの上のトンネルの縁を進んだ。スーザンと学生についてくるよう合図した。全員が縁に足をかけてゆっくりと進み続け、水が滴る亀裂を次々と横切った。足下には白やオレンジや黒のバイオフィルムがこの水たまり全体に大量に浮かんでいるのが見えた。

一〇〇メートル近く進むと、水たまりの端に達してまたレールの脇に戻ったが、泥が深く、膝まで沈むようになった。幸い、直径六〇センチほどの、未使用の金属製通風ダクトがレール上に放棄されていて、その上をよちよちと、さらに三〇分ほど歩いた。卵が腐ったような硫化水素の臭いがし始めると、ジャネットの助手がメタン測定器を引き出して、測定値を読み取り、安全を確認すると、私たちに進むよう手で合図した。試錐孔に近づくと、水の轟音が激しくなった。試錐孔は三つが一列に並んでいた。ゼラチン質の滲出物、硫黄酸化細菌によってできたスノタイトと呼ばれるバイオフィルムが金属の枠から下に三〇センチほども垂れ下がっていた。スーザンの監督する学生グループはそこで止まって試料採取用具をリュックサックから取り出し始めた。

私たちのチームは最初の二つの試錐孔を通過して、さらに一〇〇メートル近く奥の坑道の端にある最後の試錐孔まで行った。私たちが見つかる限りの乾いたところに荷物を下ろしている間、胸の高さの金属の枠はごぼごぼとガスと熱水を出していた。私は学生に聞こえるように大声で、それぞれの道具を出して、研究室でリハーサルした手順をとるよう指示した。学生は一人一人に特定の課題が与えられていた。水の化学成分を測定するとか、微生物試料を採取して滅菌した無酸素ガラス小瓶に入れるとか、脂質分析用の水を一二リットルの大型ステンレス製容器に採取するといったことだ。私は滅菌した伸縮式パッカーをオートケーブバッグから取り出して、それを試錐孔に差し込み始めた。すぐに水があちこちに噴出し始めたが、私が端にある把手をゆっくり回すと、パッカーが膨張して孔をふさぎ、水は細いジェットになってパッカーの端から噴出するしかなくなった。そこで私は「オクトパス」をパッカーの端にねじ込む。他の学生が六つの試料採取用チューブやフィルターをマニフォールドに取り付けている間、私たちは端のバルブを閉じて水がオクトパスの八本脚に通るようにして、水、ガス、同位体の地球化学分析や微生物分析のための水試料の採取を始めた。オクトパスをパッカーにつなぐパイプが圧力で外れて開き、噴出する水が私の顔に当たった。一人の学生が救援に駆けつけ、二人で亀裂地下水のシャワーを浴びながら、オクトパスを固定していた。その間に学生たちは測定や試料採取を終えた。ヘルメットから水を滴らせながら、私はこのとき頭の中で、オクトパスをすべてステンレス製の設計に変更することとメモをとっていた。重くはなるだろうが、圧力や温度には強くなるだろう。試料採取を終えて、パッカーを引き抜き、試料をリュックサックに入れて、忘れ物がないか二重に確かめ、ケージに向かって長い道のりを戻り始め、途中でスーザンのチームと合流した。そちらのオクトパスは無事で、試錐孔にいくつかの鉱物を含んだ実験用カートリッジをつなげていた。これを一週間置いてから回収する。

ジャネットは私たちに、戻って来るまでこの貴重な実験器具を盗むような人はいないと請け合った。スーザンのチームは水やバイオフィルムの試料をリュックサックに詰め、私たちは全員で長い戻り道に乗りだした。一時間後、坑道から縦坑の明るい光のところに出た。一二時の上りケージに詰め込まれるのに間に合った。突然ケージが一〇メートル近く落下した。坑番は私たちと一緒になってあわてていた。

私たちは、二〇〇〇メートル以上あってゴム紐のように伸びる鋼鉄のケーブルの端で、闇の中、上下しながら、「きゃー」とか「ああ」とか言っていた。その後ほどなくして私たちはゆっくり、日の当たるところに向かって上がり始めた。初めての地下旅行ではらはらしたものの、みんな明るい日光の中に出るとほっとして、シャワーを浴び、衣類を乾かし、食べるという態勢になっていた。食事はメリースプライト金鉱が太っぱらにも豊富に提供してくれていた。地質学研究員や技術者も昼食に加わり、採取した試料で何がわかると期待されているのかを聞きたがった。それでメタンや硫化水素のガスの出どころや、水がどの年代のものかわかるのか？とか、いつもの質問、微生物はどこで生まれたのか？とか。

「で、あのいまいましいメタンはどこから来るんだ？」と、メリースプライトの主任技術者で、現地の刊行物『マイン・ニューズ』誌の編集もしているディーニーが尋ねた。私は野菜のパティを揚げた何かを三本目の水の残りと一緒に急いで呑み込んで答えた。「フィルター試料から取ったり、去年採取した亀裂地下水で生きている微生物を育てたものから取ったりした16S rDNAデータは、メタン菌、つまりメタンを生産する古細菌がいることを示したんだ。メタンにある安定同位体の$\delta^{13}C$と$\delta^{2}H$の成分は、このメタン菌でできるメタンと合致するし、地球化学者は水に含まれる二酸化炭素がメタンに変換されるんじゃないかと言ってる。僕らがこういうことを知っているのは、バーバラ・シャーウッド・ロラーの仕事からで、どうも、この地域の二〇〇〇メートル以内の深さの金鉱ではこういうことがあたりまえにあるらしいんだ」。「なるほど、つまり先生は南アフリカ史上最悪の鉱山火災の原因は、そういう微生物だと言っているわけかい？」と、ディーニーは疑わしそうに私を見た。「まあそういうことだけど、明るい方もあるよ。掘削泥水にはメタン栄養生物《メタノトロフ》がいっぱいいるから」と私は答えた。ディーニーの顔に困惑の表情が広がった。「メタノトロフというのは、酸素をやると、メタンを食べて二酸化炭素に戻す細菌で、酸素もここの掘削泥水にはたっぷりあるから、掘削泥水を破砕帯に通してやれば、高い濃度のメタンを減らすことができるはずだ。原理的にはね」と私は解説した。「ふうむ、誰かがそのアイデアで稼げるのかもしれませんね」と、ディーニーは答えた。明らかに、亀裂にいるそういう菌を調べれば何かの利益があるというアイデアが気に入っていて、私たちはまた新たな改宗者を得た。

　空腹を満たし、水分補給もして、私たちはバンに戻り、メリースプライトを出て、バージニアの町を出た。明るい昼の光の中で、朝の暗い内に通り抜けた丘陵地が、実は鉱滓ダムだったことがわかった。日に照りつけられた白い、草も生えない土のダムは、バージニアの町より数百メートルも高くなり、数キロにわたって広がっていた。そうしたダムの一つが豪雨で崩れ、バージニアの町に六億リットルの有毒な鉱滓が流出し、一七人の死者を出したこともある。[8] 衛星画像では、鉱滓ダム、あるいは尾鉱ダムは、南アフリカ全土の鉱山縦坑の孔から噴き出すいやなおできのように見える。それぞれが鉱石精錬所からの有毒な金属を含んでいる。フリーステート大学に戻ると、私は容器の水をＤＮＡや脂質の分析のために濾過し、ガスを抜いた無酸素培地に生物学試料からスポイトで取った水を植え付けた。五時間後、ベアトリクス金鉱へ行ったチーム——デレクとエスタ、私がプリンストン大学で指導する学部生の一人、ジェシカ・ガーヴィン、地元の学部生メリンディ・テボホ、エスタのところの二人の大学院生——がやって来た。一行は墓場の話に出て来るゾンビのようだった。苦しいのが好きみたいなマッチョの鉱山地質学研究員の案内で、通常の装備の他に一・八メートルの梯子をかついで、うんざりするような三〇℃を超える温度、一〇〇パーセントの湿度、試錐孔に向かう間ずっと吹き付ける風の中を一キロ半歩いていた。ドリル孔は天井にあったので梯子が必要だった。半年前に最初に水と遭遇したときには、一時間に一〇〇万リットルの勢いで流れていたという。今は何とか処理できる一時間四万リットルになっていたが、通風があまりよくなかった。試錐孔の試料をすべて採取し終えるころには、長靴が汗でいっぱいになりそうだった。どうやら帰り道で、梯子のような装備や衣服がいくつか、一つ一つ落とされ、置き去りにされたらしい。結局、一二リットル容器二つなど、すべての試料はメリンディが引き受けることになり、他のみんなが遅れるのを尻目に、メリンディは疲れ知らずに進んだのだという。研究会ではその後、メリンディは「ザ・マシン」と呼ばれた。

続く数週間、学生はDNAを抽出し、増幅し、配列を求め、採取した水の試料で生きていたのが「誰」かを特定するために使われる16S rRNA遺伝子を見た。しかしほとんどの場合、配列はばらばらで、せいぜい科レベル、運が良くても属に割り振れる以外には確固とした結論に達することができなかった。学生は、フリーステート大学にある大きなウォークインの培養室を使って微生物を育てる方法も学習した（そこはきつい冬の道を歩いた後に温まるのにもちょうどよかった）。

私が階下にある現地実験室のスーザンの集積培養培地の手伝いをしている間、スーザンは定期的にメールをチェックしていた。「すご〜い！宇宙生物学センターが手に入ったわ」と大声で言うと、手を挙げて蚊を追い払うみたいに空中で振った。「冗談でしょう。ありゃまあ」と私はスーザンの肩越しに覗いて告知を読み、唖然とした。信じられなかった。きっと天使が私たちの方に下りてきたにちがいない。しかしこれで私たちは野外活動をできるだけ早く北極圏へ移し、氷の下の生命を探さなければならなくなった。

黒い岩脈をくり抜く――南アフリカ、クローフ金鉱7番縦坑、二〇〇三年七月三〇日

しかし出発する前に、もう一つのプロジェクトを終えなければならなかった。私はクローフ鉱山のアルナント・ファン・ヘールデンと仕事をしていた。アルナントはデーヴィッド・スズキの撮影のとき4番縦坑で手伝ってくれた地質学研究員で、私たちの現場チームがグレンハルフィーの家で過ごしていたとき、アルナント本人と妻のレネーの夫婦とは親しくなっていた。アルナントは過去二年にわたり、試料採取する質の高い（難所にある）亀裂地下水との交差のいくつかに私たちを案内してくれた。クローフ鉱山で取れたデータはこの地域の深さ三〇〇〇メートル超の亀裂地下水を見事に代表していた。[9] 水温が約六〇℃になるこれほどの深さでは、亀裂の微生物集団の中で硫酸塩還元好熱細菌が優勢らしく、メタン菌はいなかった。希ガスと宇宙線起源の同位体分析から、地下圏棲息地の年代は三〇〇〇万年前から一億年ほど前にわたっていた。[10] 放射性分解説によれば、酸素と過酸化水素が生産されるのだが、亀裂地下水にはいずれも検出されなかった。一つありうる説明は、こうした酸化剤は岩石マトリクスにある硫化物を硫酸塩に変え、それが破砕帯に拡散して、硫酸還元細菌に消費される。しかしこの仮説を検証するには、流体が満たされた亀裂に隣接する岩石のコアを必要とする。そのようなコアで答えられる問いにはこんなものもある。そうした微生物はいったいどこで暮らしていたのだろう。それは亀裂地下水に集中していたのか、亀裂の表面なのか、岩石マトリクスの小さな孔の中か。しかし健全な鉱山地質学研究員なら、誰も高圧の亀裂水地域のコアを採取しようと計画したりはしない。事故の可能性があるからだ。アルナントは最善を尽くしてくれたが、4番縦坑の上司に掘削作業を引き受けるよう説得するこ

とはできなかった。

その五月、アルナントは7番縦坑の主任地質学研究員に昇進していた。クロコディーリアン屋敷を見下ろす鉱山だった。そこでボーリング機械を使って私たちのためにコアが採取できるよう、器用にもボーリング機械の操作を覚え始めた。アルナントは、七月末頃に7番縦坑ブラック岩脈高圧破砕帯からコアが取れる可能性は九五パーセントと言ってきた。私たちは稼働中の鉱山でコアをいつ得られるかを予測しようとすることに伴うリスクは承知していたが、そこへは前にも行ったことがあった。水素濃度が最高の最古の水の試料は、二年前に付近の同じ破砕帯で採取されていて、同じ破砕帯から採取したコアに微生物が含まれていれば、それは少なくとも一億年前のものということになる。亀裂の位置はわかっていて、そこまでの距離は小さく、わずか二〇メートル弱だった。主任地質学研究員になったアルナントはコア採取用の装置を握っていて、掘削の日程を調整できた。鉱山作業員は二年前にすでに破砕帯に貫入し、セメントを入れ、坑道を通していたが、アルナントは坑道から離れたくぼみに装置を残しておくことができ、セメントで固めたところから離れていて確実に汚染がないような断層に交差する角度で掘削ができると言った。私は自分の研究室の大学院生、ビアンカ・ミスクロワとマーク・デーヴィッドソンに、飛行機を予約して装備を持ってフリーステート大学まで来てくれるよう頼んだ。

コア採取の日取りは七月二七日に定められた。ビアンカとマークは、装備を準備し、アルナントのところへ運び、二四日には掘削現場に持って行けるように、二〇日に着いた。二四日は金曜日で、掘削は月曜に始まる。私は帰国しなければならなかったので、二人だけになる。マークとビアンカは、ヨハネスブルグの空港に着いたとたん、七月二六日土曜の夜に鉱山作業員のストライキが予定されていることを知った。それでは計画はだめになる。それでもアルナナント、マーク、ビアンカはあきらめず、ストが中止になることを期待して待った。マークとビアンカはフリーステート大学に寄り、そこでエスタ、スーザン、学生に手伝ってもらって、野外装備の準備をした。マークはすでに前年、エバンダー金鉱でコア採取の経験があった。今回はコアがバレルから引き出されると、汚染微生物が岩石マトリクスに侵入したかもしれない地域を特定するために、ローダミン染料と微細合成ゴム小球の液につける。またDNA分析用に、すぐにコアをドライアイスで冷やされたクーラーボックスに保存する。エバンダーのときと同じように、コアの一部は孔にあるガスの同位体分析を行なうために高度の真空容器に移され、一部は無酸素弾薬箱に移されて冷蔵保存される。後者のコアは岩石マトリクスで生きている微生物を検出することを意図した実験で用いられる。こうしたいろいろな試料を採取するということは、クーラーボックス、発電機、真空ポンプ、高圧ガスボンベ、真空の容器など、地下での亀裂地下水試料採取で用いられる現場用具を持って行くということだ。アルナナントはこうした用具を掘削地点まで運ぶために専用の列車の手配をしてくれた。奇跡的に、ディーゼル発電機、真空ポンプ、真空の容器は、フリーステート大学に九か月放っておかれた後でも機能した。少し手間をかけると、なまのコアを無酸素で保存するために使う弾薬箱も立派に使えた。ローダミン染料と蛍光微小球もあった。ビアンカとマークはばかでかい、戦車のようなレンタカーをいっぱいにした。残った余地は伸縮式パッカー一個分だけだった。残る不確定要素は試錐孔の枠の大きさだった。どのパッカーを持って行けばよいか。二人は直径四六ミリのものを選んで、ドラマの『じゃじゃ馬億万長者』のような満載の車で、クローフ金鉱に向かった。マークとビアンカは、日曜にストが予定されている中、金曜にアルナナントと掘削チームに会った。すべては決行に見えた。鉱山作業員は、掘削泥水を使わずに、亀裂まで残り一メートルを掘り抜けると請け合っていた。それによって亀裂表面の汚染がなくてすむ。亀裂面を保存するコアが得られるのはきわめてまれなことだが、掘削流体で汚染されず、亀裂面に微生物の着生があるかどうかを調べられるものとなると、それまでまったく得られたことがなかった。そのようなコアは地表からの掘削で得るのは無理だった。一〇年前のピシャンス堆積盆地でのジェル・コアでの経験はそのことを教えていた。今回は本当にまたとない機会になりそうだった。しかしその頃、安全管理者が発電機の防火性能〔内部で火花を発して可燃ガスを燃やさない性能〕を疑問視しているようだった。アメリカにいる私にひっきりなしに電話とメールが届いた。防火性能の証明書はありますか。残念ながら、私たちの立派な発電機は、一年前に他の鉱山での掘削作業で使われたものだが、防火性能がまったくなかった。どうすればいいだろう。アルナントは換気でメタン濃度は下がるから、それはおそらく心配ないだろうと請け合った。それで7番縦坑の中にこの装備は下ろされた。二七日月曜、マークとビアンカはヨハネスブルグに車で向かっていたとき、ぎりぎりでストライキが回避されたことを知った。二人はすぐにクローフ金鉱に戻った。

幸運に恵まれ、二人は翌朝アルナントと一緒に7番縦坑に下り、二五分ほど歩いて、ブラック岩脈掘削地点に着いた。ここはありがたいことに涼しく、アルナントが約束していたように、換気も十分だった。装備は安全で異常なく、くり抜きはすでに進んでいた。二人は、線路脇での掘削作業から角を曲がったところに装備をセットアップした。何と、作業員はトンネルの壁から四メートル掘ったところでガスと水の層に交差したが、水圧はそれほど高くなかった。掘削作業員はこの最初の亀裂を掘り抜いて、二〇メートル弱先にあることが確かにわかっているブラック岩脈に対応する本物の亀裂まで進んでみることにした。一方、ビアンカとマークはコアバレルから出てくるコアを採取し始め、それをDNA用、微生物用、孔内ガス用の試料に分けた。マークは例の発電機のスイッチを入れる態勢になる前に、メタン濃度計の測定値を確かめた。「メタンの測定値は大丈夫そうだ、ビアンカ、スイッチを入れていいよ」とマークは言った。ポンプはしばらくごぼごぼ音を立ててから、ブ〜ンとうなり始め、圧力計の針が下がり始めた。「孔内ガスの試料が一つ取れて、まだ大丈夫よ」とビアンカが言った。

プシュー！一メートル弱でで作業員は高圧水域に当たった。破砕地帯のコアはコアバレルから飛び出し、トンネルの中を飛んで泥の中に落ちた。「ああ、例の亀裂面は見えなさそうだ」とマーク。亀裂地下水が長さ二メートル弱の枠から、温度五五℃、毎時二万四〇〇〇リットルで滝のように流れ出し、湯気がトンネルに充満し始めた。掘削作業員は自分でもメタン濃度計を調べ、換気がガスを孔から外へ流し出していることを確かめた。残念ながら掘削はそこで停止しなければならなかった。その流量では掘削は継続できなかったが、三・六メートルの亀裂をねらう衛星孔をくり抜こうとボーリング機械の向きを変えた。作業員は水があふれる試錐孔の端に、必要なら水を止められるように、バルブを取りつけた。バルブがつくと、ビアンカとマークは最初の孔からガスと水の試料の採取を始めた。今度、二人は水の化学成分に注目していた。しかし言うまでもなく、パッカーは小さすぎた。「言ったでしょ」とビアンカは言った。二人は予備の大口径プラグを試したが、それは圧力で割れてしまった。つまり同位体分析用のガスの試料はなく、DNA分析用の大型フィルタ・カートリッジもない。

ボーリング機械が新しい位置に着くと、翌日、コア採取を終えるべく掘り進める準備ができた。しかし翌朝、レールに少し近すぎてはみ出していたボーリング機械に列車が当たった。この事件の詳細はよくわからない。しかしアルナント・「決して負けない」・ファン・ヘールデンは、ビアンカとマークがコアを採取するのを助けるために、事情を話してボーリング機械を別の掘削地から引っぱってきた。列車の運転手がそれを定位置に動かす手配、準備、掘削開始にまた一日を要した。マークとビアンカはまた戻って、貴重な真空容器のコアを一・八メートルと三・六メートルの間の何か所かで取った。作業員は、三・六メートルの割れ目に近づいてくると、掘削水を止め、少し掘り抜くと、「プシュッ」——破断表面を保存したコアが出て来てマークとビアンカのオートケーブ・バッグに入った。すばやく表面を削り取って、それを小さな試験管にホルマリンと一緒に保存した。コアをドライアイスに乗せて二人は地表に戻り、ビアンカはクーラーボックスをテープで密閉し、車で空港まで行ってその夜の便で疲れ果ててつつも大得意で発った。

一方、マークは、すべての用具をフリーステート大学の現場実験室に戻さなければならず、それは翌日地表に出て来ることになっていた。マークは大学で状況をエスタと話し合った。DNA試料、希ガス水試料、溶解ガス試料がないので、コアの結果を裂罅水と比べるという、亀裂のコア採取での主要な目的だったことができない。エスタが救援に来てくれることになり、デレクやメリンディ・「ザ・マシン」と一緒にパッカーとオクトパスを直径がもっと大きい試錐孔やバルブつきの試錐孔の大流量を扱えるように改造した。一同は、アルナントと七月三一日の金曜日に下りて、水の試料採取を全うすることを計画した。アルナントは亀裂を閉じたがっているセメント注入処理班を押しとどめた。しかし計画は掘削作業員組合がスト決行を決めたため保留になった。幸い、掘削作業員がいなければ、セメント注入処理班もセメント注入はできない。私たちは何とか別の弾は避けていた。翌週、ストが終わると、エスタのチームは仕事にかかった。一行は一週間以雑用水が流れ出ていた掘削現場へ下りて行き、XLサイズの試錐孔にパッカーをはめ始めた。しかし高い水圧で、パッカーは試錐孔に固定されない。通風ダクトから鎖を引いてきて、それをパイプとパッカーに巻き付け、縛って固定しようとしたが、鎖は試錐孔を密閉できるほどにはきつく締められなかった。最後に、メリンディが鉱山用ベルトをはずし、一方をパッカーの端にしばり、反対側を試錐孔に縛って、パッカーを試錐孔に締め付けた。水はまだあちこちで噴き出していたが、パッカーは固定されていた（図8・3）。

図8・3　デレク・リットハウアー、マイダー・フォースター、エスタ・ファン・ヘールデン、ベルトでフィルターを試錐孔に固定してブラック岩脈断層の裂罅水を通したメリンディ・（ザ・マシン・）テボホ。クローフ鉱山7番縦坑の地下3200 mで撮影（アルナント・ファン・ヘールデン提供）。

一リットルのステンレス管に収納されたフィルター・カートリッジ二つが急いでオクトパスに取り付けられ、チームは各フィルターで超高速の水の濾過を始めた。濾過が行なわれている間、第三のホースをオクトパスにつなぎ、ホースの反対側を水を入れるバケツにつないだ。ホースの端からガスの泡が次々と出てきた。チームは小さなプラスチック製のビーカーをバケツに沈めてさかさまにし、口の方をガスの泡の上に持っていった。ビーカーがガスで満たされ始める。ビーカーの底の側はバケツの外に出ていて、バルブのある針がついている。真空のガラス小瓶を一つ一つ、その栓の側を針に押し当ててバルブを開ける。最後に、ホースをバケツから引き出してそれを三〇センチほどの長さの両側に留め具のついた銅の管につなぐ。水が管を通って噴き出し、レンチを使って銅の管の両側をつぶして希ガスを含んだ水を封じ込める。これは水の年代を決定するために使われる。四時間後、希ガス試料とDNA検査用フィルターを携えて、エスタのチームはケージに向かった。「お茶の子さいさいでしたよ」と後でデレクがメールしてきた。

第9章　氷の下の生命

In Sneffels Yoculis craterem kem（スネッフェルス・ヨークルの火口を）
Delibat umbra Scartaris Julii intra（スカルタリスの影が撫でる七月が始まる直前、）
Calendas descende, audas viator,（その火口へ下りて行けば、勇気ある旅行者よ、）
Et terestre centrum attinges ...（おまえは地球の中心に達することができるだろう。）
Kod feci. Arne Saknussemm（私はそのようにした。アルネ・サックヌッセンム）

——ジュール・ヴェルヌ『地底旅行』(1)

火星氷雪圏と北極圏の鉱山——プリンストン大学、二〇〇三年九月

その六か月前、二〇〇二年に終了したＬＥｘＥｎ〔極限環境生命〕研究なしには、南アフリカでのプロジェクトを更新できる見込みはほとんどないことを、私は知った。トム・キーフトは、ＮＡＳＡ宇宙生物学研究所（ＮＡＩ）に他の研究機関に対する研究案公募があることを教えてくれていて、その締切が二〇〇三年三月第一週だった。アフリカでの研究会から帰るとすぐ、火星によく似ている地下の調査地点を調べる、つまり要するに地球の極地に存在する深くて冷たい生命圏を調べる案を書き始めた。

私がプリンストン大学の大学院生だった頃、当時学科長だったシェルドン・ジャドソンと、そこの院生だったリザ・ロスバッカーが、初めて火星表面の下に、全球的に連続する凍った岩の氷雪圏が存在し、大深度にまで伸びていることを唱えた（図9・1）[2]。二人は火星表面の多くの特色が、この氷雪圏の一部が融けたり再び凍ったりすることと関係していると考えた。微生物の生態系が岩や氷の硬い層の下に存在していたりするのだろうか。放射性分解はそれがありうることを示唆したが、この問いに答えるには、地球の氷雪圏の下にある試料を採取する必要があった。永久凍土の下を調べることには、その凍土の下の亀裂地下水なら、現代の地表水にわずかでも汚染されている可能性を排除できるという利点もあった。永久凍土は通り抜けできない、と私は考えていた。地球で永久凍土が厚く連なっているところと言えば、南極大陸か、北極圏の高緯度地方しかなかった。南極大陸には永久凍土を貫通する鉱山も試錐孔もなかったので、選択肢にはならなかった。グリーンランドやアイスランドには連続した永久凍土や鉱山がなかった。残る見込みとなると、アラスカの北側斜面、カナダの高緯度の北極圏、シベリアに、永久凍土を貫通する鉱山がいくつかあるだけだった。

バーバラ・シャーウッド・ロラーは、ミラマー・マイニング社のコン金鉱や、ドミニオン・ダイヤモンド社のエカティ・ダイヤモンド鉱山という、どちらもカナダのノースウェスト・テリトリーズ準州イエローナイフの近くにある鉱山に当たってみるといいと教えてくれたが、どちらにも連続的な永久凍土はなかった。私は、テキサス州ヒューストンにある月・惑星科学研究所のスティーヴ・クリフォードに電話することにした。スティーヴには、一九九六年のNASAエイムズ学会で会って、火星での掘削を論じたことがあった。スティーヴがコーネル大学にいたときに発表した火星の水文地質学に関する理論

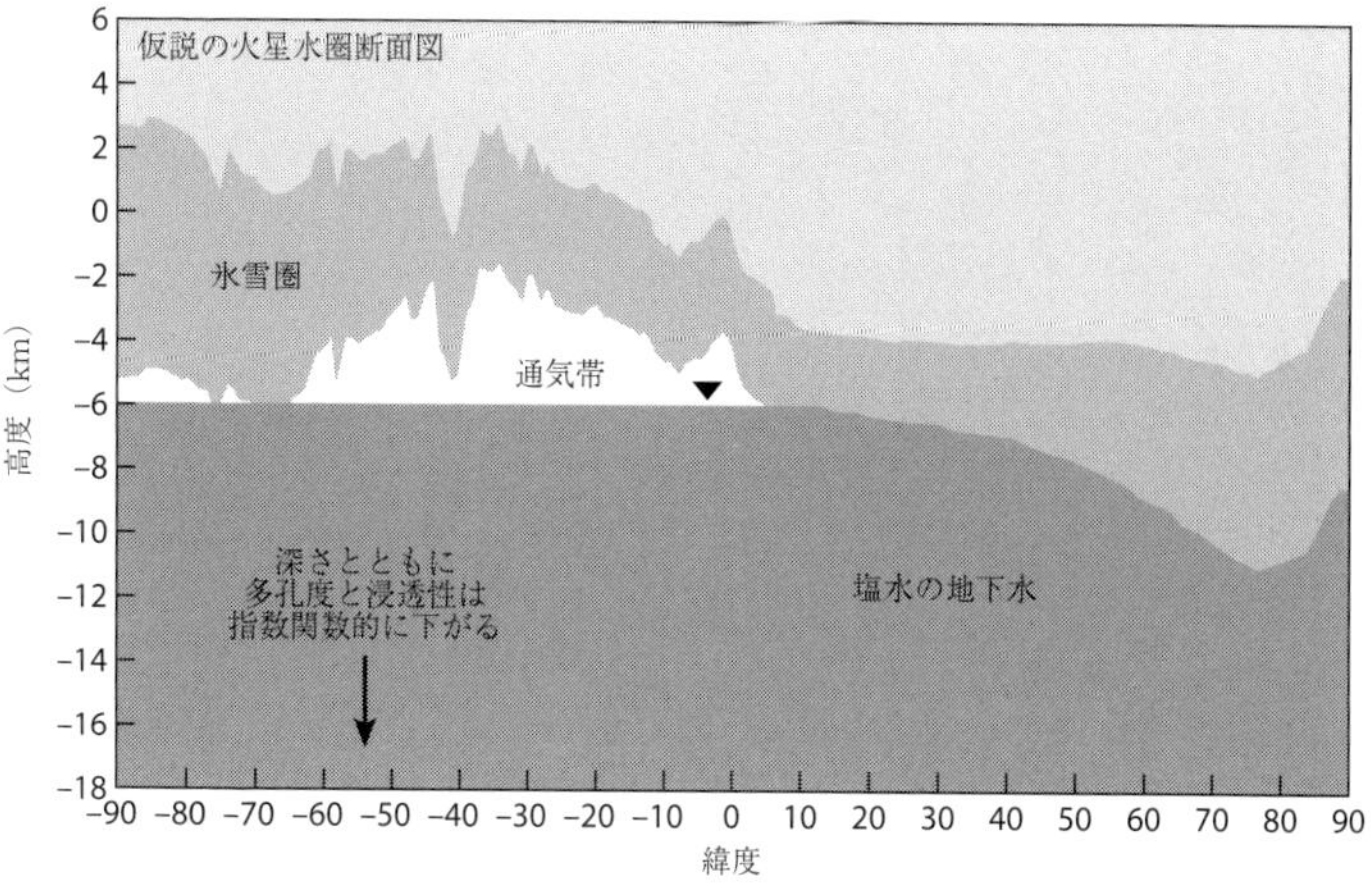

図9・1　火星の氷雪圏／水圏西経 157 度の線で切った火星の南極から北極までの理論的な断面。地理学的特徴、緯度（年平均気温）、地面の氷、地下の塩水の関係を示す（Clofford and Parker 2001 より）。年平均気温が高い低緯度では氷雪圏の厚みが低いが、それでも３〜４キロの厚さがある。塩水の量によって、低緯度氷雪圏は通気帯〔地表面と地下水面の間の領域〕の下になることがある。そこには深い洞穴があるだろう。

を述べる論文を私は読んだこともあった。今度もメタン抱接化合物《クラスレート》[3]に関する興味深い理論的研究を発表したうえで、理論から、火星の地下に埋蔵されている水の輪郭を得るための、火星探査ローバー用の地中レーダー（ＧＰＲ）を積極的に開発する方に切り替えていたところだった。[4]私はスティーヴなら、北極圏内のどこへ行けば深い永久凍土が利用できて、ＧＰＲの手法を試験できるところがあるか知っているのではないかと思った。私はスティーヴにこちらのＮＡＩに出す案に加わってくれないかと頼むと、それに応じてくれて、バフィン島のナニシヴィク鉱山に問い合わせるのがいいと教えてくれた。そこは北極圏を北へ八七〇キロほど行ったところの鉛・亜鉛鉱山だった。この鉱山は前年に正式に閉鎖されていたが、スティーヴが連絡してみると、数年は貯蔵用に開けておくことになっていると教えられたという。スティーヴは北極圏を一三〇〇キロ近く北上したリトル・コーンウォリス島に位置するポラリス鉛・亜鉛鉱山も提案したが、こちらは前年に完全に閉鎖されていた。それまでの何年か、金属価格が下がっていたため北極圏内の鉱山は閉鎖を余儀なくされていて、私たちが思い立った頃は、あいにくな時機になっていた。見込みは厳しそうだった。その後、二月二〇日、締切の二週間前、スティーヴから、アルバータ州エドモントンにあるエコー・ベイ・マインズ社が操業中の、ルピンという名の金鉱について知らせるメールが届いた。あちらのコンサルタントをしている友人が、そのことを知らせてくれたのだという。ルピンはすでに、厚さ四〇〇メートルの連続した永久凍土の下にあった塩水の流体の化学的状況を調べる研究者を地下に受け入れたことがあった。ルピンは私たちのＮＡＩに提出する案にうってつけに思えた。[5]計画でも目玉になるのは、永久凍土からその下の亀裂帯水層まで掘り進め、その途中の微生物コア試料を採取することで、火星表面での同様の活動で遭遇しそうな困難やありうる結果が評価できる。

結果がどうなるかを待っている間、私たちは南アフリカの地下圏放射性分解の速さについて定量を始め、それが多くの試料で採集したバイオマスを維持するに足りるか確かめようとした。亀裂地下水で見つかった水素濃度を生み出すのにどのくらい時間がかかるかを求める照射実験をリフンが行なっている間に、私はリフンのアイデアに反する理論がないか確かめるために必要な運動論的パラメータを見つけようと文献をあさり始めた。

放射性分解が地下圏細菌の長期的持続可能性に寄与するかもしれないという説が最初に発表されたのは、一九四〇年のこと、ロシアのウラディーミル・イサチェンコによる。[6] イサチェンコはソ連のバクー付近の油田の地下一キロ半で遭遇したピンクの水を説明しようとしていた。ピンクになっていたのは紅色硫黄細菌、具体的にはクロマチウム属の種が大量にいたことによる。この属は酸素を発生しない光合成生物で、暗闇で硫化水素を酸化できる。問題は、硫化水素を酸化するための酸素が必要というところで、イサチェンコは、地下生命圏では「ラジウムやメソトリウムのX線で水を分解」することによって酸素が発生しうると説いたヴェルナドスキーの論文を引用している。[7] しかしその後のロシアでの研究は、このピンクの水を、フラディングの際に油田にこの菌が混じったためとして片づけ、放射性分解は忘れられた。[8]

塩水での放射性分解にかかわる三〇余りの反応について適切な反応速度を私たちに教えてくれたのは、一九八〇年代後期から九〇年代初期にかけてのデンマークとユーゴスラビアの放射線化学者の論文だった。[9] 意外なことに、こうしたデータは、生成され酸化剤で優勢なのは過酸化水素であることを示していた。過酸化水素は非常に反応性が高く、すぐに硫化物を酸化して硫酸塩にしてしまう。エリック・ボイスは、ウラン埋蔵地での放射性分解による硫黄分の酸化を説くロシアの論文を見つけた[10]。これでたいていの塩水試料に酸素や過酸化水素ではなく硫黄分が高濃度で見られる理由を説明できるかもしれない。これは、地下で地質学的時間を経ても微生物が持続可能であるという問題の鍵になった。この場合には、水素のような電子供与体が必要なだけでなく、電子受容体も必要だ。リザはこれが化学的な経路として成り立つかどうか、またそれが明瞭なδ^{34}S同位体の足跡を生み出したかどうかを実験的に判定しにかかった。

私たちは、放射性分解エネルギー源説でいい線を行っていることを南アフリカで確信したが、SLiME〔地殻内無機独立栄養微生物生態系〕説は、スティーヴンズとマッキンリーが一九九五年に唱えてから七年以上、まだ日の目を見ていなかった。二人が嚆矢となる論文を『サイエンス』に発表して半年後、ユージン・マドセン、フランシス・チャペル、デレク・ロヴリーが、『サイエンス』誌にきわめて批判的な、意味や現実性を疑う論評を発表した[11]。その後の一九七九年、メタン菌とアセトゲン〔酢酸生産菌〕という、スティーヴンズが集積培養したSLiMEの一次生産者が、スティーヴンズが分析した地下水には痕跡程度しかいないことを示す、16S rRNA遺伝子配列に基づく報告が出た。実際、コロンビアリバー玄武岩帯水層の微生物群集は、多様で豊富な従属栄養が優勢に見えていた[12]。これは筋が通らなかった。食物連鎖の土台にある一次生産者が群集の中のごくわずかしか占めていないということがどうしてありうるだろう。これは一九九八年のアンダーソン、チャペル、ロヴリーによる後追いの論文で指摘されていた。三人は玄武岩からの水素生産が、短期間のバーストしか示さず、実際の生産速度は微生物生態系を維持するには足りないことも示していた。[13]この両陣営の不一致は、スティーブンスとマッキンリーがおとぎ話を売り出しているという非難とともに広まることにもなった。ところが二〇〇〇年には、スティーヴンズとマッキンリーが、十分に有意と考えられる速さで水素生産が生じつつあることを明瞭に示す広範にわたる実験結果で反撃したが、それでも地下水中で一次生産者が相対的に少ないことを説明できなかった。[14]二〇〇二年、チャペルとロヴリーはアイダホ州の温泉でメタン菌が優勢な地下微生物群集を発見したことを報告した。二人は、16S rRNA遺伝子配列に基づいて、メタン菌は水素で支えられていることを唱えた。二人はさらに、水素源は近くのスネークリバー平原のまだ若い玄武岩流の酸化によるものではなく、地殻運動で発生した水素ではないかと推測していた。[15]後者は、最初に二十年以上前に日本の研究者が地震のときに起きると唱えていた比較的わかりにくい作用で、石英の粒が水の中で割れるたびに起きると信じられていた。[16]当時の私の地球物理学界の同業者は、この日本の説はばかげていると考えていた。[17]水素発生を巡るこうした論争は学界にいる私たちの多くに、地下深くにいる生命が地質学的な時間、地表から届く有機炭素なしに存続できるかどうかという難問を残していた。しかし私にとっては、言われていることは明瞭至極で、放射性分解が地質学的な時間にわたって観察されている地下圏微生物群集を維持するのに十分なエネルギーになることを言おうとすれば、確実なデータがなければならないということだった。

その間、トム・ギーリングは南アフリカ中に分布する鉱山から集めた二〇〇を超える試料を代表する様々な集団の16S rRNA配列をすべて集めていた。その配列を並べて関係を巨大な系統樹に整理し、非常に顕著なことを発見した。ときどき、地下一キロ半以上の、四〇〇キロも離れた亀裂地下水試料のクローン・ライブラリーに同じ細菌の種が見られることがあった。しかしそれは浅いところの亀裂地下水、鉱床の空気、採鉱のための水がまったくないところだった。この真に地下旅行者《サブテラノート》的な種の１６Ｓ ｒＲＮＡ配列は、独立栄養のデスルホトマクルム属の好熱分離菌の配列に最も近く[18]、そのため私たちはそれをデスルホトマクルム様生物（ＤＬＯ）とあだ名をつけた[19]。デスルホトマクルム属は硫酸塩還元細菌（ＳＲＢ）ＳＲＢで、この特性は放射性分解によるとする説と整合するようだったが、関係は、硫酸塩還元ができることを認めるに足りるほど近くはなかった。多くの例で、ＤＬＯは傍流の成分だったが、リフンの大当たりの場合には、ＤＬＯは微生物群集の九五％以上を占めていた。これは、アイダホ州の温泉にいたチャペルとロヴリーの無機独立栄養生物群集の中のメタン菌以上に優勢だった[20]。しかしこのＤＬＯは無機独立栄養生物だっただろうか。そして私たちは、硫酸塩が放射性分解で発生しうることを証明できるだろうか。

地球、火星、エウロパの放射性分解で養われる地下圏生態系
――ワシントンＤＣ、カーネギー研究所、二〇〇三年一二月

リフンは博士論文を提出してからワシントンＤＣにあるカーネギー研究所へ移り、ポスドク研究員になって、ダグ・ランブルとワン・ペイリンという安定同位体地球化学者二人の研究室に入った。ＤＬＯが支配的な試錐孔で取れた鉱物や亀裂地下水の硫黄同位体分析を行なうためだった。ダグは研究室での硫黄同位体分析のレパートリーを広げ、δ^{33}Ｓとδ^{36}Ｓにも対応できるようになったところだった。この二つの同位体を使えば、質量非依存同位体分別と呼ばれる現象を見ることができた。この現象はウィト

ワーテルスランド堆積盆地など、始生代の岩石には広く見られることで、硫酸塩の元を特定するのに使えた[21]。その同位体があることは放射性分析を示す動かぬ証拠だった。溶けた硫酸塩と硫化物の$\delta^{34}S$についてリザが行なっていた作業のおかげで、リフンはDLOが硫酸塩をインシトゥで還元し、同時に同位体成分を分別していると確信していた。溶解した硫酸塩と硫化物の^{33}Sと^{36}Sを分析し、その値を亀裂鉱物に見つかった重晶石〔硫酸バリウム〕と黄鉄鉱〔硫化鉄〕の同じ同位体の値と比較する。結果は明らかに、硫酸塩が硫化鉄由来であることを示していた。その頃、リザのところの博士課程の学生、リリアナ・レフティカリウが、過酸化水素が硫化鉄を酸化して硫酸塩にすることを実験的に確かめた[22]。こうしてパズルのピースが収まると、一〇年にわたる断続的な作業の結果、やっと放射性分解による硫化鉄の酸化が現地で生じていることが確認できて、とうとう私たちは、放射性分解がSRB候補によって用いられていることを発表した（図9・2）[23]。熱力学的分析と放射性分解モデルを組み合わせると、この環境は少なくとも一ミリリットルあたり五万個の細胞を維持できることが推定できた。DLOが無機独立栄養生物かどうか、まだ明確にはわかっていなかったが、もしそうなら、細胞は四〇年から三〇〇年ごとに入れ替わる。

　黄鉄鉱の放射性分解酸化が生じるのは亀裂鉱物だけのことではなく、黄鉄鉱と水があるところなら岩石マトリクス全体で生じ、ウィトワーテルスランド珪岩には黄鉄鉱が幅をきかせている。私は同業者の大半と同じく、当時はこうした岩相単位の中には細菌は存在できないと見ていた。すべて多孔度は一パーセント未満で、細菌にとっては〇・〇一パーセントの多孔度は十分に大きかった。もしそうなら、ウィトワーテルスランド珪岩にあったフランボイド硫化鉄は、非生物学的にできたのかもしれない。あ

図9・2　細菌にできることを描いた漫画。「Candidatus Desulforudis audaxviator」。リン・リフンの『サイエンス』に載った論文（2006）に基づく。「リプリーの信じようと信じまいと」のウェブサイトに掲載された（図版内日本語訳「ある細菌。南アフリカの鉱山の地下 3200 m に暮らし、なんと放射性の水を食べて暮らしている」）(c)2016 Ripley Entertainment Inc.

るいは、SRBがそれを生産したのだとしたら、岩石に孔がもっとあった何十億年か前にできたものだ。岩石マトリクスに生命がないのは、マトリクス内で発生する水素と硫酸塩がすべて亀裂に拡散して、DLOやその仲間に呑み込まれてしまったということになる。しかし想定はつねに確かめないといけない。そこで私はマーク・デーヴィッドソンを無駄かもしれないことに送り出した。エバンダーで採取した岩石コアの中に硫化物還元生命が見つかるかどうか確かめてみるよう指示したのだ。マークはまじめに私がしろと言ったことをした。もっとも、不平をこぼすことがなかったわけではない。マークは慎重に^{35}S放射能写真を準備し、私たちが驚いたことに、コアの内部にホットスポットがいくつかあるのを見つけた。掘削泥水に加えたローダミン染料は、掘削泥水は岩石コアには数ミリ以上には浸透していないことを明らかに示していた。マークはウェスタンオンタリオ大学へ行って、ゴードン・サザムの走査電子顕微鏡（SEM）を使い、グレッグ・ワンガーに手伝ってもらい、二日かけて、割れたばかりの岩石に、^{35}Sが生命の兆候を示す表面を見つめつづけた。ほとんどあきらめかけたとき、二人は突然、くっつきあった細菌に遭遇した。極小の桿形の細菌の細胞で、$Ag^{35}S$〔硫化銀〕と硫化鉄のラズベリー状の集積の中に収まっていた。それは縦〇・五マイクロメートル、横〇・一マイクロメートルほどで、明らかに超微生物細胞と言える（図9・3）。マーク、グレッグ、ゴードンと私は圧倒された。SEMの画像を水銀多孔度測定データと照合すると、細胞の直径は〇・一五マイクロメートルという最大の孔の直径をちょうど下回る程度だった。[24] マークは一グラムあたり一万のSRBがあると推定したが、いくら試みても、この岩石試料からは16S rRNAを分離して増幅し、それがDLOに類するものかどうかを確かめることはできなかった。それでも、十分に時間をかければ、極微のものとはいえ、微生物が養分を

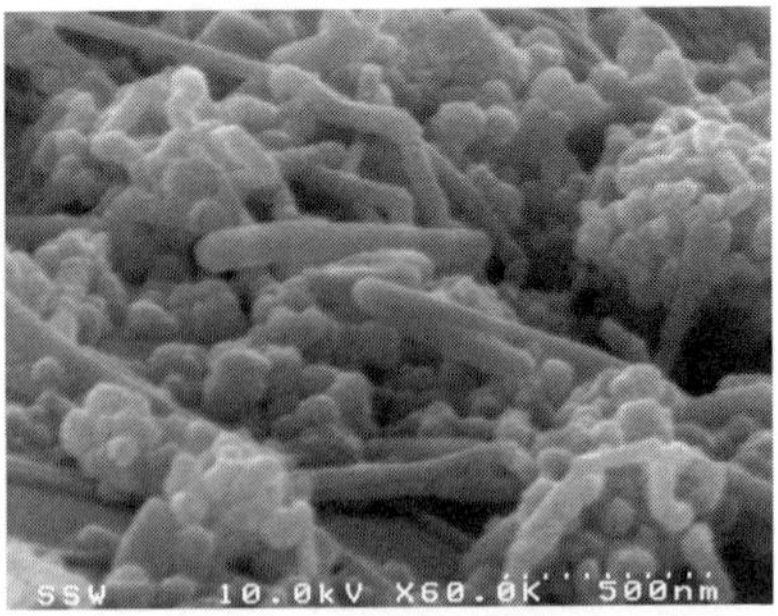

図9・3　エバンダー金鉱の地下2000 mで採取した岩石コアにいた超小型桿形細菌（写真提供 Gordon Southam and Mark Davidson）。

求めて岩石に侵入できることは示唆していた。

私たちの無機栄養生物を放射性分解が支えるという説の証拠は、火星や、木星の衛星エウロパにも地下圏生命がいるかもしれないという説にも明らかに影響がある。一九九九年夏、一週間もおかずに二本の論文が発表された。一つは火星の氷雪圏の下にありうる微生物のバイオマスの範囲を推定するもの[25]、もう一つはエウロパの凍結した殻の奥の海にいるかもしれないバイオマスの範囲を推定するもの[26]だった。どちらの論文も、いずれの環境にも酸素が厳しい制限となり、生態系の酸化剤を補給しなければ、火星の氷雪圏の下で、あるいはエウロパの海底の熱水噴出孔でどれほど水と岩石が反応して水素が発生しようと、自由エネルギーはすぐにゼロに達することを言っていた。どちらの惑星状天体でも、酸素は表面の氷あるいは大気の光分解によって生産されるが、地表の酸素が何キロも深いところへもぐるのに必要な仕組みは複雑で、地質学的には進み方が遅い。火星は活発な地殻運動を示していなかった。エウロパの表面は地質学的には火星よりもずっと若かったが、木星による潮汐力は、エウロパの氷の地殻にひび割れを起こすだけで、再循環させて奥の海に送り込むことはない。このことにより、可能性のある酸化剤としては二酸化炭素だけが残り、二酸化炭素は火星に存在することが知られていた。地球では、無機独立栄養生物が水素と二酸化炭素を利用してメタンや酢酸を生産する（それぞれメタン菌古細菌、アセトゲン）。一九九九年には、まだ火星大気にはメタンは検出されておらず、メタンは数百年の間には紫外線によって大気中で分解されてしまうので、それが存在しないことは地殻内無機栄養活動は非常に限られていることの証拠として用いられた。

火星からの隕石に知られている化学組成と、スティーヴ・クリフォードの多孔度推定値を用いると、火星について、酸素や過酸化水素の放射性分解生産速度が深さに応じてどうなるかを計算するのは簡単なことだった[27]。火星の地殻に含まれる放射性元素は南アフリカよりもはるかに少ないとしても、火星の岩は、重力が小さく、隕石の衝突で起こされる亀裂が多いせいで、多孔度ははるかに高いので、放射性分解の速さは劣らず高い。計算によると、火星の凍った氷雪圏の下での放射性分解は、南アフリカの地下深くの亀裂に見られるものと同じくらい豊かで多様な生物量を維持することができるはずだ。同じ論法が、エウロパの海にもあてはまり、同様の結論が出てくる[28]。

深くて冷たい生命圏――テキサス州ダラス、ヒルトンDFWレイクス・エグゼクティブ・カンファレンス・センター、二〇〇三年一月一一～一二日

NAIの補助金が届いて関係機関全てに配分されるまでに数か月かかっていた。どうやらカナダのトロント大学にいるバーバラのところへ行く分は、NSFのときよりもNASAの方で異論がはるかに大きく、遅れた理由の大部分はそれだった。私自身も遅れた。NAIから研究資金が出ること知った後、私は二〇〇三年九月にエコー・ベイ・マインズに連絡したが、ルピンは閉鎖されていることがわかった。同社と別のTVXゴールド社は、ネバダ州リーノーに本社を置くキンロス・ゴールドUSA社と合併していた。今はキンロス社がルピンの運営を担当していて、そこがこの鉱山を再開するかどうかを決定しなければならなかった。(29) 地下圏微生物学で補助金を受けるのは三度目だったが、行ける地下圏がないという はめに陥っていた。二〇〇三年のアメリカ地球物理学連合の学会直後、ルピンの再開発事業を担当するマイク・タンジーという人物が私に連絡して、私たちを受け入れることができると知らせてくれた。マイクは、米地質調査局のフィンランド版、地質学研究センターのティモ・ルスケーニエミ博士に連絡をとって、現場活動の調整をするようにとも言った。ティモはルピンで何年か前から進行していた、先カンブリア代の盾状地岩石での塩水形成に対する凍結の影響調査のプロジェクトリーダーだった。フィンランドには連続した永久凍土の堆積はないが、カナダには広大な永久凍土の堆積があり、ルピンは永久凍土の下で作業する世界で唯一の現役鉱山だった。ウォータルー大学の地球化学者で先カンブリア代盾状地塩水の専門家、ショーン・フレープが、ティモと連携して同位体データを提供していた。その研究資金はオンタリオ・パワー・ジェネレーションという、オンタリオ州政府所有の電力会社から出ていた。こうした政府企業が示す関心はすべて、高レベル核廃棄物を地下圏の貯蔵所に貯蔵する可能性から派生していた。そのような長期貯蔵と隔離が今後の氷河期や永久凍土形成や消滅によって成り立たなくなるのではないかということが懸念されていた。ティモとショーンは連携してルピンの地下へ行き、水の漏れる試錐孔をビデオカメラで検査し、ガスを発生する亀裂のありかを特定した。それから、私たちが南アフリカで使ったのとよく似たマーゴット型のパッカーをはめ、その場に残しておいた。ティモとシャウンの研究グループは二〇〇三年二月以来毎年そこへ行って、試錐孔の化学組成、ガス組成に変化がないかを監視していた。マイクの導きに従い、私は一月の終わりにメールでティモに連絡し、ルピンの水文地質学となれば「この人」とマイクが教えてくれたことを言い、合同の調査ができないか尋ねた。

ティモは承知してくれたが、すぐに動かなければならない事情を説明してくれた。キンロス社がそこにいるのは、第一に残った鉱柱を採鉱したうえでルピンを閉鎖するためだった。猶予は一年もなかったし、キンロス社には何回も現地で面倒を見てくれる余裕がないかもしれない。

この知らせが届いたのは、ちょうどリザがNAIチームの全員が初めて顔を合わせる会合をダラスで開く予定で集めた頃だった。この会合でテリー・ヘイズンは、DLOのゲノム配列決定を試みてそれが放射性分解によって暮らす水素利用SRBなのか違うのかを明確に示すべきだと唱えた。PNNLが、リフンによって試錐孔に取り付けられた大容量フィルターから十分なDNAを分離できたら、それをDOE合同ゲノム研究所に通して、アセンブル〔断片をつなぎ合わせて長い配列を再構成すること〕と注釈〔配列の生物学的特徴を特定すること〕の作業ができるよう話をつけるという。このとき私には、これがどういう結果になり、どれだけ時間がかかるか、全然わかっていなかった。リザと私は六週間後のルピンでの試料採取に必要なことを動かすのにかかりきりだった。これは二つの点で難関だった。私たちは濾過装置をティモのマーゴット型の栓、つまりパッカーにどう取り付けるか、バルブを開くとどれだけの水圧と流量になるのか、何より重要なことに、バイオマス密度がどれほどか、正確にはまだわかっていなかった。

当時は深くて冷たい生命圏についてはほとんど何も発表されていなかった。一九一一年、ロシアの微生物学者V・L・オメリヤンスキーが、一九〇八年に発掘されたマンモスの一頭の周囲にある土から採取した細菌を増殖させたことを発表した。一九四二年には、二人のカナダ人微生物学者は、カナダの永久凍土堆積物の中に生育可能な細菌を発見した。しかし低温生物学が本格的に始まったのは、一九九〇年代、世界的に有名なロシアの微生物学者ダヴィド・ギリチンスキーが、シベリア北東部にある一〇〇万年前の永久凍土の深くて冷たいところにいる生物の調査を始めてからのことだった。[30] 一九九八年、ギリチンスキーは他の微生物学者と、永久凍土堆積物は絶滅した生命を貯蔵しているだけでなく、生育可能な好冷嫌気性細菌を宿してもいることを示す共同研究[31]を始め、地下二〇メートル近くまでのコアにグラムあたり10^8個の細胞を発見した。このグループは、こうした細菌は、永久凍土のマイナス一二℃というインシトゥ温度でもで活動できると推測した。一年後の一九九九年、『サイエンス』誌に載った二本の論文が、ロシアが支援した南極のボストーク湖の氷河の下をねらった掘削作業で採取された地下三六〇〇メートルの氷一グラムに10^2～10^4個の細菌が見つかったことを伝えていた。[32] 氷は一〇〇万年にわたって隔離されていた凍った湖水のものと信じられ、エウロパに似た環境かもしれないと述べられた。南アフリカの似たような深さで私たちが測定したバイオマス密度と比べると、これは一〇分の一から一〇〇分の一だった。ルピンの亀裂地下水にいる微生物の密度は、シベリアの永久凍土で見つかったものなみか、それともボストーク湖の氷で見つかったものなみか。

ボストーク湖論文が発表された翌年、カナダの科学者がエルスミア島の氷河の底にある岩だらけの氷に活発な好冷無機栄養生物がいる証拠を見つけた。[33] 火星の極冠の底にも微生物活動が生じているかもしれないということだった。しかしそれを発見するには、NASAは氷山の一つの上に、氷を融かしながら一〇キロほど進めるボーリング機械を下ろす「だけ」でよい。ダラスでの会合の一か月前、マイナス一五℃の氷の中、同位体でラベルされた養分を活発に摂取していることを示す論文が発表された。この特筆すべき結果は、その温度でも、閉じ込められた生きた細胞に養分を少しずつ運ぶことができる、厚さわずか数ナノメートルの薄い水の膜が存在することをうかがわせていた[34]。こうした論文はいずれも、ルピンの永久凍土層の中でも活発な微生物の代謝が起きているかもしれないこと、私たちがコアや水の試料について行なったのと似た実験を行なえる必要があることを示していた。

私たちにとって幸いなことに、ミシガン州立大学に置かれ、有名な環境微生物学者のジム・テイジェが率いる別のNAI研究所が、シベリアの永久凍土微生物について、ギリチンスキーと何年か共同研究をしていた。ジムのところのポスドク研究員、コリーン・ベーカーマンズは火星に好冷生物がいる可能性を論じる論文を発表したばかりだった[35]。私たちはルピンの水試料から好冷菌を分離する補助にコリーンの腕を必要としていた。リザがコリーンに電話して、ルピンへの調査旅行に加わるよう説得した。

世界最北の鉱山――カナダ、ヌナヴート準州、ルピン金鉱、二〇〇四年五月一三日

二〇〇四年五月、リザと私は、アルバータ州エドモントンでティモに初めて会った。顔合わせの後、リザと私は地元のドラッグストアへ行って、ルピンでの装備の殺菌に使う漂白剤、洗浄用アルコール、過酸化水素水を買いに行かなければならなかった。それからコリーンがミシガンからやって来て夕食をともにした。モニク・ホッブスもトロントから飛行機でやって来て合流した。モニクはオンタリオ・パワー・ジェネレーションに勤めていて、資金もそこから出ていたが、自身も、イアン・クラークが亀裂流体の年代測定をするための希ガス同位体分析用の試料採取を手伝った。私たちはその夜、二〇人ほどの鉱山作業員とともに、改造したボーイング727に乗ってエドモントンを出た。出発したのは午後一一時四五分、メインターミナルから少し離れた、キノロス社自前の、二週間に一度の便で使っていた小

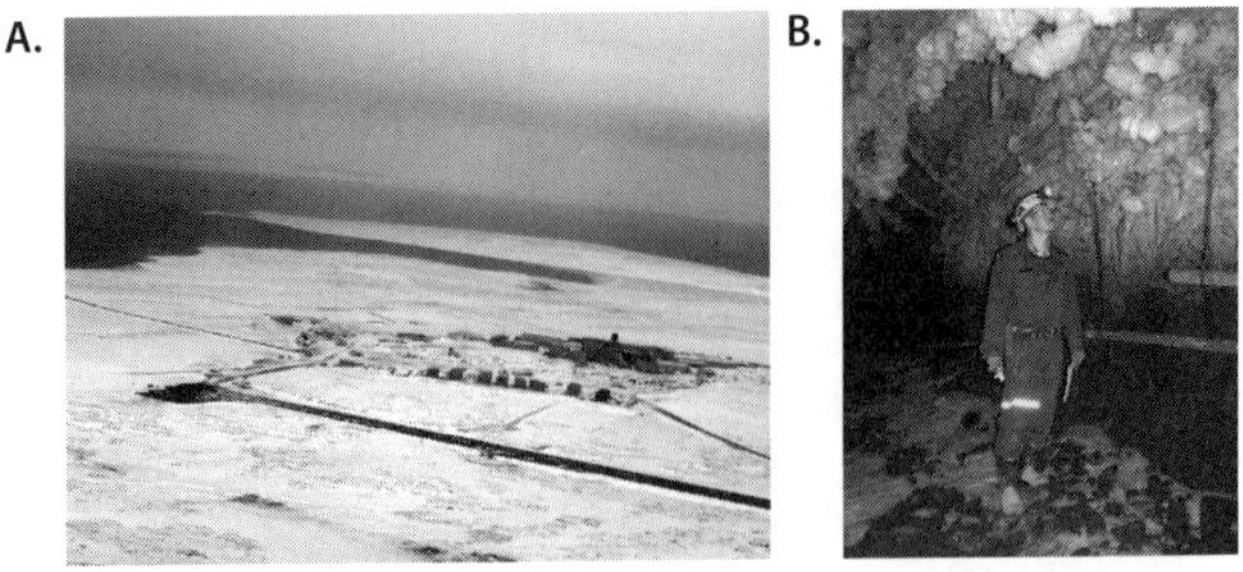

図9・4　A. 空から見たルピン金鉱（Lisa Pratt 提供）。B. ルピン金鉱の氷の坑道。大きさ比較用にティモ・ルスケーニエミが立っている（Lisa Pratt 提供）。

さなゲートからだった。私たちは後部座席に座った。前半分は仕切られて、荷物や冷凍保存品用だった。三時間の夜間飛行で氷だらけの雪に覆われた飛行場に着いた（図9・4A）。飛行機の扉を出たとたん、鼻毛が凍った。マイナス二〇℃にはなっていたにちがいない。私たちは居住区域の入り口までの短い距離をバスで行った。雪が降っていて、わかったのは巨大な暗い建物に、内部につながる玄関口の上に一つだけ明かりがあることだけだった。セキュリティチェックを通る間、バッグはアルコールを徹底的に調べられ、それから私たちは建物に入った。内部には一時間後のエドモントンへ帰る便で出発する鉱山作業員全員の荷物が積まれていた。その作業員は二週間の勤務期間を勤め、二週間の休みで帰宅するところだった。

ルピンには四四〇人収容の宿泊施設がある。ここの「宿泊施設《アコモデーション》」というのは、きちんとした、メルキュール・ホテルのような、浴室と快適なベッドがついたシングルルームのことだった。小さな診療所があり、医師が常駐していた。メール利用のために使える二台のコンピュータがクローゼットのようなスペースに隠れていた。非番のときに運動をしたい人々のためにスカッシュコートがあり、給料が十分でなくてももっと稼ぎたいという人のためには玉突きの台があり、骨まで温まりたい人のためにはサウナもあった。確かに風の吹くマイナス四〇℃の気温、ほとんどいつも暗闇の中では、元気よくジョギングをしようとは思わないだろう。ルピンでの活動のハイライトにして社交の中心は食堂だった。一日二四時間、週七日、年三六五日営業しているこの食堂は、心のこもった料理と、果てしない種類のお菓子などのおやつを出した。アルコール飲料はまったくなく、ダブルのチョコレートがかかったマフィンが、とくに二週間交代の終わりにもなると、きわめて魅力的だった。ティモは自分のチームの備品すべてを保存している貯蔵室を見せてくれた。四年前からの作業で、相当の種類の道具、パイプやチューブなど、張り巡らされた配管で私たちが必要としそうなものがほとんど何でも備蓄されていた。持ち込みのクーラーボックスもそこに移した。割り当てられた部屋に私物を置き、食堂で再びティモと合流して、早い朝食とその週の作業の打合せとなった。私たちが現地で与えられていたのは一週間だけで、ティモがすでにパッカーをつけていた試錐孔すべてから毎日試料採取する必要がある。

朝食後、ティモは鉱山幹部に私たちを紹介し、私たちは自分たちのやり方を説明した。地下へ行く前の安全訓練は通常一日半かかるが、ガイドとしてティモがいるならと、一時間半の講習と、救急の人工呼吸器についての通例の訓練に簡略化された。そしてティモは私たちを「ドライ」へ連れて行き、そこで私たちはロッカーと断熱のつなぎ、長靴、手袋、ヘルメット、ランプ、バッテリーをもらった。身支度をし、採取器具をリュックに入れて、ティモの後についてエレベーターに向かった。途中で発電所と、金を分離し精錬して地金にする工場の見学をした。ホームセンターほどもある倉庫も見せてもらい、ガムテープからめったに見ないような配管器具まで何でもそろっていることがわかった。五人でケージまで歩くと、それは通常のエレベーターの大きさで、南アフリカのジャンボサイズのものとは違っていた。

ティモは1100の横にコードを打ち込み、私たちは広々としたケージに乗り込み、私たちだけで1100レベルまで乗って降りた。私はその便利なことにびっくりした。ケージが五五〇メートルの永久凍土を抜けて下りると温度も下がった。ヘッドランプを点灯するとみなの息がそれぞれの顔の前に浮かんでいるのが見えた。一一〇〇メートルのレベルでケージを下り、凍ったプラットフォームに立った。そこからはおなじみの錆びた金属のボルトの頭が突き出ていた。しかしそれは黄色っぽいオレンジ色の、ソーダ水のストローのような形の小さな鍾乳石をまとっていた。二〇〇メートル近く歩くとらせん形の坑道に出て、少し上り傾斜のところを歩き、別の坑道に入った。聞こえる音と言えば、つま先にスチールが入った長靴が坑道の床に当たる音だけだった。光は自分のヘッドランプのものだけで、それが暗褐色と青のつなぎに塗られた明るい蛍光塗料の帯を光らせていた。私たちはハローウィンで見られる蛍光塗料の骸骨のようだった。らせん坑道から数メートル歩いて「マーブの工房」と呼ばれる暗い待避所に入った。ティモは手を上に伸ばして蛍光灯を点けた。明るくなった待避所は巨大で、あらゆる工具や建設用備品が詰まっていた。ティモの目を追って壁の一方の側を見ると、最初の試錐孔があった。その隣には、私が見た中では最大の硫黄酸化バイオフィルムの山があった。それは岩の壁にはりつき、てっぺんは水を撒き散らしていて、小型間欠泉のようにときどきごぼごぼと水を噴き出した。滝のように流れる糸状のねばねばの層の奥には、ミリメートル単位の閉じ込められた生物起源ガスの泡があった。岩にも目をみはった。縞状鉄鋼層のような細かい層があるが、何度も褶曲して波打つ明暗のリボンのようになって壁を走っていた。ティモは工房の裏に回り、そこで別のスイッチをひねると、換気ファンが回り始めた。階段から下がっていた大きな黄色の管が巨大な蛇のように甦り、坑道を這ってティモがいるところへ下りようとするかのように小刻みに揺れ始めた。「この先は若返りの泉へつながる坑道です」と、ティモはウィンクしながらいたずらっぽく言った。私たちはバイオフィルムの山に戻り、私はそれを熱心にすくって遠心管に入れ、密封した。モニクはデジタルの圧力計をティモの試錐孔パッカーの一つにねじ込んだ。

若返りの泉への旅――カナダ、ヌナヴート準州、ルピン金鉱、二〇〇四年五月一四日

ティモのパッカーは簡潔の粋だった。それを設置したのは一年とちょっと前、このチームが鉱山で最初の偵察調査を終えた後だった。最初に着いたとき、水が試錐孔からあふれて若返りの泉坑道へと流れ込んでいて、その坑道を鉱山側は入り口のところでせき止めていた。そうして採鉱目的で坑道が必要になったときは水をポンプで汲み上げ、用が済んだらまた水を流し込む。鉱山にとって、水がどこから来るのかは謎で、どこからともなく湧くということで「若返りの泉」と名づけられた。ティモのチームは水の出どころを、深さ八八〇メートルから一一〇〇メートルの層で鉱山活動と交差する巨大なずれ地帯と判定したが、鉱山の坑道はそれより深いところにはなかった。ティモは、試錐孔を自分のパッカーで閉じさせてくれれば、水の出どころを確定できると鉱山幹部にかけあい、先方もそれを認めた。

パッカーごとに圧力計とボール弁がついていて、試錐孔の奥には岩に密着させる圧縮リングがはめられていた。試錐孔が閉じられると、中の圧力は徐々に上がり、元は岩の中で止まっている水も上がり、亀裂の中を上昇し始める。その後、圧力は約六〇バールまで上がった。一バールの圧力は高さ一〇メートルの水の圧力に等しいので〔約一気圧〕、六〇バールとなると、水の最頂部の高さは頭上六〇〇メートルになる。ティモによれば、それだと水位は永久凍土の最下部よりも下になるので悩んだという。

モニクはボール弁を開け、デジタルの圧力計の数値が上がり、五三気圧あたりで止まった。これはボール弁の上にあった古い錆だらけの測定器の値と一致する。モニクは弁を閉じて、測定器を外し、ティモは手を伸ばしてまた開けて、発泡スチロールのカップに試料を採取すると、pHと塩分濃度を測定した。pHは8～9で南アフリカの亀裂地下水と似ていた。ところが塩分濃度はずっと高く、南アフリカの同じ深さで遭遇したのよりは海水の方に近かった。水温は一〇℃しかなかったが、それでも気温よりは温かかった。私たちは手袋をはずしてゴム手袋をはめ、生物試料を集めた。それからバケツをかぶせる要領でガス分析用のガスの採取を始めた。バケツの底に流れ込む水は乳白色をしていた。泡がビーカーに集まるにつれて、水は透明になった。リザと私は南アフリカではこういうものと出会ったことはなかった。私たちは低温、高い塩分濃度、炭化水素ガスと関係することが何かあるにちがいないと判断した。

パッカーの形状とパイプ出口の口径と雄雌の別を把握したので、フィルターを取りつけにかかることができた。まずきれいな作業台が必要だった。おまけに手が凍え始めていた。ノートをとるにも指がほとんど動かなかった。ティモにフィルターを組み立てる場所を尋ねると、工房の外の別の坑道にある避難区画まで案内してくれた。そこには重い鋼鉄の扉がセメントの壁にはめ込まれていた。ティモがそれを引いて開けると、セメントの床をこすり、納骨室を開けるような音がした。ティモが入り、蛍光灯を点灯した。中は広々とした部屋で、テーブルと椅子がいくつか、小さな食卓セット、コーヒーポット、冷蔵庫があり、コンクリートの床はきれいで、岩の壁は石板のようだった。南アフリカの避難区画と比べると、これはリッツホテル並で、明らかに鉱夫の昼食室に使えた。「足りないものといえばサウーナですよ」[36]と、ティモはヒーターを指導させながらにやりと笑った。この避難所には、ドアの隙間から外に押し出してドアを気密にすることができる目張り剤のチューブがあった。新鮮な空気を補給するための高圧の空気ボンベの棚もあった。避難所は軽く三〇人は入れて、火事の際に地下にとどまらなければならなくなっても、ここでならパーティができそうだった。

そこは昼食にはうってつけの場所で、手を温めるとみながそれぞれのサンドイッチや果物を取り出してヘルメットを脱いだ。私はテーブルの一つの表面を拭き始めた。空気は避難区画の中では風もなく温かい。トンネルの、地表から来る冷たい換気された空気の外にいるからだ。私はワールパックにくるまれた、DNAやPLFA試料用に使う予定の膜フィルター容器を取り出した。私は今回の調査のために南アフリカから持って来ていたオクトパスの一つにフィルターを取り付ける。しかし私はオクトパスを一つしか持っておらず、五日で五つの試錐孔の試料を採取する予定なので、滅菌膜フィルターを毎日容器に装着しなければならなかった。私はつなぎのいちばん上のボタンをはずし、ベンチに腰を下ろした。ゴム手袋をはめるとその手とテーブルにアルコールを垂らした。小型のライターを使って卓上に火を付けて殺菌する。炎は私の手袋に飛び、すぐ火がついた。数秒間、手を温めて同時に手袋を消毒する見事な方法じゃないかと考えていたが、炎が手首の毛をちりちり言わせ始めたので、あわてて手を振って火を消した。手を守るのに気を取られている間にテーブルの火が燃え広がってテーブルそのものに火が付きそうになっていた。すぐにテーブルの上に漂白剤を撒いて、火を消した。見上げるとリザがカメラで私をねらっていて、他の面々は笑いながら昼食中だった。私はこれは通常の手順にすぎないようなふりをしようとした。静かにフィルターをピンセットで容器に取りつけ、封をし、別々のワールパックの袋に入れた。オクトパスをオートケーブ・バッグから取り出し、フィルター容器をつけ、バッグをオクトパスに固定して試錐孔まで運ぶときの保護にした。

私たちは荷造りをし、ヘルメットをつけてマーヴの工房に戻った。リザと私は工房ですぐに使えるワイヤをいくらか借りて、オクトパスを取りつけ、ティモの試錐孔パッカーからぶらさげた。それからボール弁をそっと開き、フィルター容器がチューブから飛ばされて床に落ちない範囲の最大流量になるまで圧力を調節した。マーヴの工房で試錐孔につける最初のフィルター一組を確保すると、私たちはティモの後について、若返りの泉へ向かう暗い坑道に入った。水をせき止める一部が壊れたダムを這うように越えて、坑道の入口に出た。換気は二時間前から動いているのに、すぐに甘い脂のような臭いがして、リザはこれはメルカプタンよと断言した。基本的にメタンに硫黄が結合してCH_3SHになったものだ。頭上で振動する黄色い大蛇と足下で流れる水の絶え間ない湯気とともに、私たちは試錐孔を次々と通過して数百メートル、ティモの後を追った。各試錐孔で立ち止まっては圧力を確かめる。ティモはビール樽の栓を開けるバーテンダーのようにバルブを開くと、泡を含んだ裂罅水が流れ出た。坑道の端には床に試錐孔があり、そこから泉のように水が坑道に湧き出ていた。そこでティモは私たちを小さい副坑道に連れて行き、また一〇〇メートルほど進んで最後の試錐孔まで行った。その途中で天井から漏水しているところも通過した。ティモはそこに発泡スチロールのカップを当てて、安定的ながらゆっくりと滴る水を採取した。坑道のはずれでは、床の試錐孔からの水による小さな泉があり、周囲には黄色とオレンジの繊維質のマットがあった。リザと私がエバンダー金鉱で見たのとよく似ていたが、こちらは温度が三〇℃も低かった。それが若返りの泉だった。

金鉱の鉱山作業員が凍った岩を一一〇〇メートルも掘った底に埋もれた自噴泉を、日差しの明るい亜熱帯のフロリダ州エバーグレーズにある神秘の泉にたとえる理由は私には理解しにくかった。親友で宇宙物理学者のリチャード・ゴットが教えてくれたところでは、鉱山作業員は長い間、一般の人々より地球の中心に近いところで過ごすので、受ける重力加速度がわずかに大きく、そのため作業員にとっての時間は地表の住人よりも進み方が遅いのだという。作業員の一生の間には、合わせると何マイクロ秒かにはなるとゴットは試算した。つまり一生を鉱山の底で暮らす作業員がいて、何十年かして地表に出て来たら、この世は二三世紀になっていたというようなことではなさそうだ。

私たちが通過した試錐孔はすべて同じ剪断帯に交差していたが、その塩分濃度やpHは少しずつ違っていた。それが生み出す微生物の組成は同じだろうか、それとも試錐孔どうしで違いがあるのだろうか。私たちは明日戻って来て、この試錐孔に別のフィルターを取り付ける予定だった。私たちはマーブの工房まで戻り、ティモは照明と換気を止めた。

別のルートを通ってケージに向かい、かつて避難区画だった別の暗い入り口を通過した。「中には何があるんですか」と私はティモに尋ねた。ティモは向きを変えて私たちをその入口に通した。ヘッドランプで見えたのは、巨大な修理工場だった。北極圏内の地下一〇〇〇メートルのところにあるという事実以外は、自動車修理工場のような特色がすべてあった。発破による岩の破片をすくい、地下の精錬所に運ぶための積込装置が何台か駐まっていた。油だらけの床と汚れたベンチの面が放置された道具や交換用パーツで覆われていた。タイヤチューブやタイヤが床に散らばっていた。しかし高さ五メートルの岩の天井から垂れ下がって、換気の風でゆっくりと揺れ、かちゃかちゃ音を立てる長い鎖から、不気味な成分が下りて来ていた。半分解体された車両の間を歩き回っていると、天井から水滴が落ちてはヘルメットに当たった。私たちが静かに動き回るときに聞こえる音はそれだけだった。どうしたって、映画『エイリアン』に出てきたノストロモス号の貯蔵区画を、暗がりから何が飛び出すかと思いながら、放置車両の向こうをヘッドランプで調べているような感じになる。「作業員はみんなどこにいるんですか」と私はティモに聞いた。私たちはもう六時間も地下にいるのに、他の人々を全然見かけなかった。「みんな一三〇〇メートルのレベルに下りているんですよ」とティモは答えた。ルピンには、私たちのいるところの上下に多くの階層があって、すべて坑道、避難区画、機械工房、修理工場があったが、そのほとんどは空で、暗く、凍えるほど寒く、水が滴る音と通風口からのわずかな風以外には音もなく、廃坑のようだった。私たちは向きを変え、修理工場から出ると、ケージに向かった。ティモが縦坑番に電話すると何分もしないうちにケージが現れた。

地上に出て来ると、初めて日の光に気づいた。太陽が水平線の上に昇ったところだったのだ。ケージ室の暖気の中に入ると眼鏡が曇った。ティモと私は濡れた採鉱作業用のつなぎ、靴下、手袋、長靴を脱ぎ、ワイヤ製のかごに掛け、ひもを引いて、ヒーターが温風を噴き出している天井に上げた。「それでここを『ドライ』って言うんですね?」と私はティモに聞いた。それからシャワーを浴び、着替えて、食堂で女性陣と合流した。昼食の後、私たちは厚手の赤い北極地用パーカと手袋を着けて外に出て、太陽がまた水平線の下に消えるまで、日光を浴びた。建物はすべて赤で、積み上げられた雪に囲まれていた。私たちは氷に覆われたコントウォイト湖の湖畔に立っていて、遠くの対岸には小さな黒い斑点が識別できた。イヌイットの小屋だった。それ以外は一面白い海だった。山もなく、ただただ白い海だった。凍った湖面には、ところどころ氷上道路を示す旗が立っているが、今日は何も通っていなかったし、次の冬になるまでもう何も通らないだろう。ルピンは南へ七〇〇キロほどのティビットへ伸びる冬用道路《ウィンターロード》の北端で、これは二月初めから四月半ばまで運用される。[37] 今頃になると氷は薄くなっていて、一八輪のトレーラーは安全に渡れない。

剃刀のように厳しい風が北から吹き下ろしてきて、頭上の主要棟の上ではカナダとヌナブト準州の旗がばたばた言っていた。ルピン鉱山はヌナブト準州にあって、周囲はすべてイヌイット所有の土地だが、一九九一年のヌナブト土地請求協定の前に独自の証書が与えられていたため、ルピンの操業はまだオタワの連邦政府の管轄下にあった。空はラベンダー色で、太陽がつかのま現れた後で沈み始めると、水平線はロマンチックなオレンジとピンクになった。風が吹きすさぶ地面を薄い雪の層が覆い、地面にはコアの入った箱、ダンプトラック、荷箱などが散らばっていた。赤い建物のまわりを歩いていると、縞状鉄鉱層が露出しているところにぶつかった。足下の地下一〇〇〇メートルで見たのとよく似ていたが、この露出層の表面には、氷河が削った跡の鱗状の文様があった。少なくとも一万年前は、ルピンは氷河の氷に埋まっていたのだ。直観には反することに、それは足下の五五〇メートルの永久凍土がその当時はなく、その後の氷河の後退でできたということを意味していた。氷河の氷の底が融ければ、その水の一部が一〇〇〇メートルの深さまでしみ込んで、塩水と混じり、それとともに好塩細菌を運んだかもしれない。

主玄関に戻るとき、数百万リットルの軽油を蓄える巨大な燃料タンクが見えた。これで発電所と車両の分をまかなう。扇風機のついた風門の灰色のホーンから湯気が出ているのが見えた。その湯気が凝結してできた氷で風門は詰まっていた。ガレージを囲む吹きだまりの一つを見ていると、それが突然動いた。二羽の白い大きなホッキョクウサギが私たちから五〇メートルも離れていないところにいて、突然白い背景の中から変身するかのように浮かび上がったのだ。四本の脚をすべておろすと跳ね始めた。そのウサギは巨大で、私は写真を撮ろうと急いでカメラを取り出したが、見上げるともう白い背景の中に見えなくなっていた。最初に思ったのは、あれはどうやってあんなに大きくなったのかということだった。一年のうち九か月は、あの辺に食べるものはない。あの体重を維持するためにいったい何を食べているのか。そう思いつつ、暗くなる前にそろそろ主棟に戻るのがいいだろうということになった。

その次の二日間、私たちは他の鉱山作業員と同じ、安定したペースに収まった。朝起きて、メールをチェックし、朝食を摂り、弁当を詰め、ドライへ行って鉱山服に着替え、下りのエレベーターに乗り、寒くても不快ではない坑道で一日仕事をし、上って来て、熱いシャワーを浴び、散歩をし、夕食を摂り、床に就く。夕食のときだけが一一時間勤務明けの四〇人ばかりの作業員と言葉をかわせるチャンスだった。みな男性で年齢は幅広かった。たいていは仲間内で固まっていたが、何人かを会話に引き込むことができた。その点では、研究チームに若い女性がいると助けになる。作業員のほとんどはカナダ人で、イヌイットやアメリカ人もいた。南アフリカの鉱山労働者と同じく、長い時間、家族と離れて暮らしている。ルピンは文明から離れているが、作業員はそこで働くのを好んでいた。アイスロードの北端で、長い周期で昼と夜が入れ替わるこの地は、鉱山労働者仲間の中でも特別なところだった。鉱業界でもめったに遭遇しない変わった環境だった。何より大事なことに安全だった。作業員の中には、ネバダ州の鉱山から移ってきたばかりという人もいたし、ルピンの仕事が終わるとそちらへ行くという人もいた。アメリカの鉱山はカナダの鉱山よりずっと安全ではないというのが大方の合意だった。インフラ整備が貧弱で旧式で、避難区画もなかった。誰も国境を南へ越えてアメリカで働くのを楽しみにはしていなかったが、他に選択肢がない場合も多かった。

みながそうした岩の層からどうやって金を採鉱するか尋ねてみた。ホームステークの金鉱に潜ったこともある私は賛成した。南アフリカでは、坑内作業員が幅一メートルほど、傾斜が三〇度ほどのストープで、ドリルで掘ったり発破をかけたりしながら堆積岩中の鉱脈を追って行く。こちらでも南アのように金は堆積岩にあるが、そうした岩石層は激しく変形しており、金の層も垂直に走っている。作業員たちはアリマック昇降機を使うと教えてくれた。岩石をくり抜いて進む巨大な油圧式の芋虫だ。これはギアがかみ合って動くエレベーターで、二メートル四方の掘削台が芋虫のように、鉱脈に沿って垂直なトンネルを這い上る一方で、鉱石を砕き、岩が下のトンネルに落ちてくる。[38] 昇降機は油圧装置の傑作で、これによって、ほとんどどこからでも造作なく岩を回収できるようになった。しかしながら私はアリマックを改造して汚染されていない生物学的試料を採取できるようにする方法は思いつけなかった。おまけに、ティモは微生物試料を、蛇口をひねるだけで取れるようにしてくれていた。その週の間に私たちはいくつかの階層を訪れ、生物試料、ガス試料を採取し、培地に植え付け、フィルターをセットした。

ルピンの氷の坑道――カナダ、ヌナブト準州ルピン金鉱、二〇〇四年五月一八日

最終日、私たちは最後のフィルターを回収して永久凍土の掘削地点候補を確かめた。ティモは改造ディーゼルトラックでらせん坑道を下りるのがいいと判断した。この坑道は、傾斜が一五度もある、きついらせんの道路で一三〇〇メートル下りていた。鉱山作業員の一人が運転席に乗り込み、ティモと私はピックアップの荷台に乗り、女性は車内に押し込まれた。運転手はほとんどためらうこともなく車を傾かせ、角を曲がり、雪道を進んで大きなゴムの帯で覆われた坑道入り口に向かった。通過するとき、運転手はヘッドライトのスイッチを入れた。すると前方に坑道とまっすぐ突込んでしまいそうな壁が見えた。運転手はトラックを右手の大きな坑道に入れ、ティモと私は運転手がギアを落としてトラックが前に傾くたびに、前の方へよろけた。暗灰色の特徴のない岩の中、らせん道路を下り始めたが、下へ進むにつれて、ヘッドライトや自分のヘッドランプが頭上できらきらと反射するものを捉えた。突然、道路をはずれてある坑道に入ると、車はそこで停まった。ヘッドライトで、氷の結晶や雪が、何とも言いようのない美しさ、大きさ、色、多彩さで天井から垂れ下がり、トンネルの壁の上側を飾っているのが見えた（図9・4B）。

トラックを降りて床から伸びる氷の石筍の間を歩いた。そこは地下九〇メートルの、この鉱山でいちばん寒いところだった。この深さでも気温はずっとマイナス七℃。鉱山の深いところから温かく湿った空気が坑道を自然に上昇してくるが、そのとき凍った坑道の岩を通り抜け、そこで水分が凝結し、こうした巨大な雪片になるのだ。空気は上昇して天井に当たり、そこで次々と見事な氷のシャンデリアを作る。私たちは、スティーヴ・クリフォードが火星で起きていると唱えた蒸気拡散説(39)が現実に現れているのを見ていた。

トンネル内で聞こえる音は、トラックの音と、歩くと足下で氷が立てる音だけで、私たちはトンネルの床に貼ったビニールシートに向かった。そこがティモが目指していたところだった。驚いたことに、そのシートの中央に小さな水たまりができていて、ティモは発泡スチロールのカップを差しのべて液体をすくい、自分の測定装置をそこに差し込んだ。水温はマイナス七℃だが、塩分濃度が高く、また、酸性だった。コリーンは自身の培養実験用に少量を採取した。私の頭は疑問だらけになった。この酸性の水はどこから来たのか。火星の地下でも似たような水が見つかるのか。塩分濃度や酸性が、過去六〇〇年の永久凍土内で水が分別結晶化した結果だと推測したくなった。これはティモの頭にもあった問いの一つだった。しかしティモは、ルビンが一九八〇年代の初めに最初に掘削されたときには、ドリルが岩石の奥で凍りつかないするために塩水が用いられたことを注意した。ビニールシートの塩水はゆっくりと地層に染みこんできた掘削用の塩水かもしれない。酸性なのは、単純に岩石層にある硫化物が、塩水とともに注入された空気で酸化した結果かもしれない。ティモは、漏水はヒ素濃度が高いことも警告した。一〇〇ppm以上あり、飲料水の許容量の一万倍にもなる。

トラックに戻るとき、私たちは自分のヘルメットのランプが氷のシャンデリアで金色を生み出す様子に目を奪われた。電気で点灯したみたいだった。ティモは一時的にこの鉱山が閉鎖されるたびに、坑道が氷で詰まってしまい、鉱山を再開するには氷を掘って坑道を掃除しなければならなくなることも明かした。私はそういうことが火星でも起きている、あるいは過去に起きたにちがいないと思った。衛星画像では、洞窟、つまり溶岩チューブが報告されていた。宇宙飛行士かロボットがその洞穴に下りて行けるかもしれないが、すると通路が氷で塞がれている地点に達するかもしれない。あるいは私たちが今くぐっているような氷の結晶の世界が見られるかもしれない。きっと永久凍土をくぐって洞穴に向かって這っていると、塩水の漏水が洞穴の床に漏れているのと遭遇するだろう。ひょっとしたら分厚いバイオフィルムができているかも。一九六四年のSF映画、『火星着陸第一号』が思い出された。私たちはまたトラックに乗って、通路をさらに下った。らせん状に下りながら、ところどころで止まる。下りてバイオフィルムの兆しがないか探したが、何も見つからなかった。地下三八〇メートルに達してやっと、小さなバイオフィルムがトンネルの壁の割れ目から這い出しているのが見られた。そこは永久凍土の下端の少しで、まだ氷点下だったが、ちょうど無機栄養生物がコロニーを作れるくらいの温かさだった。

私たちは永久凍土層の底の真上の、480レベルのトンネルに入った。ティモは自分たちが一年前に掘った試錐孔と水採取装置を私たちに見せようとしていた。その装置には、密閉された試錐孔につながるチューブで接続されたいくつかのプラスチックの水差しがついていた。安定して水がぽたぽたと水差しに入る。これはまさしく、リザと私がNAIに提案することを願っていたもので、ティモはそのための経験を積んでいたのだ。私たちは採鉱の影響を避けるため、らせん坑道からさらに離れたところに、また永久凍土の中の上の方に掘削地点を選んだ。ティモの試錐孔から得られた驚きの結果は、その試錐孔の終端では水に遭遇しなかったことだった。永久凍土の下で、通気帯〔地下水面より上の部分〕と遭遇していた。これには驚いた。スティーヴ・クリフォードは火星の永久凍土の下、もっと高度があるところにも通気帯があることを予測していた。永久凍土の下の水は北半球のもっと低いところへ流れていくだろうということだった。(40) しかしティモの解説では、すぐにこの通気帯も採鉱でできたのだと思うと言われた。その推理は次のようなものだった。私たちは地下四八〇メートルの霜が降りる洞窟に立って、地下五五〇メートルに達する試錐孔を見ている。その深さでは、コントウォイト湖の水面よりずっと下になる。ティモは湖をスルータリクと呼んだ。[41]「何ですって？」と私は尋ねた。この言葉を聞いたことがなかったのだ。ティモは、コントウォイト湖は表面こそ年に九か月凍っているが、深いので、底が凍ることはないと説明した。夏の間に船で湖を横断しながら自分たちで行なった地球物理学的測定に基づいて、コントウォイト湖の下には永久凍土はないことが確かめられた。これは水がルピン金鉱にある永久凍土の下の割れ目にしみ込み、水は永久凍土の底まで上がってくるということだった。しかしそうはなっていない。少なくとも今のところ。ここの亀裂系が水を通しにくいことが、鉱山の亀裂と湖とがつりあうまでに時間がかかる理由を説明するかもしれない。ルピン金鉱はカナダの永久凍土が一体につながっている地域の内側にあるが、湖が多く、それがスルータリクとして機能するために、スイスの穴あきチーズのようになっている。同じ現象は火星の早い時期、大気が今より多く太陽が暗かった時期にも起きていたにちがいない。[42]それなりの深さがあるクレーター湖なら、スルータリクの役目をして、いずれクローズドタリクになり、それから火星が古く、冷たくなるにつれて、クレーターの底まで凍り、火星の薄くなる大気に昇華する。ルピンは初期火星の研究にとって完璧な類似物となっていた。

　私たちはトラックに戻り、下への旅を続けた。[43]らせん坑道をさらに二周するかしないかで、自分たちが永久凍土の底より下にいるのがわかった。坑道の床が泥に変わり、トラックがずるずるすべり始めたからだ。運転手は８８０レベルで私たちを降ろし、向きを変えて地上に向かった。私たちは残っている最後のフィルターを回収するために坑道に入った。ティモの試錐孔は、オリンピック水泳競技用のプールほどの大きさの深い水たまりの向こうにあったが、三〇メートルほどのテフロンのチューブを孔につなぎ、坑道にバルブを置いた。私たちはそれを一晩開けておいて、フィルターに流しつづけていた。そこでバルブを閉め、フィルターを取り、それをワールパックに入れ、エレベーターで地表に戻った。夜には夕食を囲んで、リザ、ティモ、コリーン、私で、トレーサーを使って微生物試料採取のために凍った岩を掘り抜く手順をどうすれば簡単に調節できるか話し合った。しかし、このような低温では、PFCを水に溶かすのはハードルが高いだろう。私はアルゴンガスを圧縮して掘削用流体にしてみてはどうかと提案した。私は、凍った岩を横方向に掘るのであれば、ガスでも岩のかけらを外に出して刃先を冷やすことができるだろうと考えた。ティモは、トンネルの掘削による汚染を避けるには、横に少なくとも一〇〇メートル掘らなければならず、塩水だまりに当たる可能性があるとすれば三〇〇メートルと計算した。私たちの計算では、二つの試錐孔が必要だった。一つは亀裂と交差するもの、もう一つはその亀裂を掘り抜くもの。そうして水中と亀裂表面両方の細菌を汚さずに取れるようにする。掘削水を使わないのは、汚染されていない塩水亀裂流体を収集するのに有利だった。さらに、火星について言われている掘削方針は、水がないため、火星大気を圧縮して掘削流体にすることだったからだ。議論は夜更けまでかかり、ナプキンにとったメモが大量になった。私たちは、無酸素グラブバッグとオートクレーブを鉱山の化学実験室に設置することにした。みなルピン金鉱、職員の支援、ティモの実績に魅了されていた。NAI本部に出した現地調査報告で、私たちは、NASAの火星氷雪圏の下に生命の可能性を探る技術を試験するには、ルピンがどれほどうってつけかを謳った。「先生が鉱山を焼きかけたことも忘れずに言ってくださいよ」と、ティモはテーブルの反対側から、髭で隠せないほどの笑みを浮かべて私を見ながら言った。みなで大笑いになった。翌日、私たちはクーラーバッグに試料を入れてエドモントンに戻り、そこから試料をアメリカ、カナダの各研究施設に分配した。

私たちは、今度は二〇〇五年のルピンでの掘削活動の準備を急いだ。しかしどんなボーリング機械を使うのだろう。鉱山にあるものを使わないのなら、おそらくそれを一台と残りの装備を、イエローナイフからアイスロードで運ばなければならないだろう。つまり、使う用具をすべてイエローナイフに集め、二〇〇五年一月の段階ではトラックに積めるようにしなければならない。そしてアメリカからイエローナイフにカナダ税関を通して装備を輸送するには、NASAには補助金をその二か月前には出してもらわなければならない。私たちは、ルピンでの掘削費用に充てるためにNAIに追加で一〇万ドルを求める必要もあり、その要請をすぐに出さなければならなかった。ティモはキンロス社に連絡して、提案された掘削作業について、地下三〇〇メートルでの現地の復旧費用の見積もりを出してもらっていた。会社は、自分たちが採鉱を考えている区域に掘るのなら、この考えを支援してくれることになった。ティモは、ボート／ロングイヤー社が、これができるLM37ボーリング機械を現地に持っていて、また、地表での掘削用に使える、短い一〇メートル前後の試錐孔掘削用の「バズーカ」も持っていることを知った[44]。私はNASAエイムズ研究所のジェフ・ブリッグスに連絡していた。夏にエルスミア島で永久凍土を掘るのに使っていたボーリング機械があると言っていたからだ。私はこれがNASAのボーリング機械の数百メートルに及ぶ掘削能力を試す良い機会になると考えた。しかしびっくりしたことに、ユリーカ近くのエルスミア島で試験が成功したときには、数メートルしか貫通していなかったという。私たちの試料を得るには、NASAのドリルに頼るより、LM37の方にすることにして、申請の準備にかかった。しかし一〇月には、ルピンでのティモの連絡先から、キンロス社は、地盤の状況が貧弱なため、鉱柱の採鉱は断念することを決定しつつあるという知らせを受けた。それから、私とリザがルピン掘削用の予算期間を終えたところの一二月のクリスマス直前、ルピンは閉鎖というメールが届いた。マイク・タンジーは、誰もがショックで呆然としていて、新しい仕事を探すか、ただ袖をまくって片付けを始めるかになったと言っていた。装備が引き出され、翌一月にアイスロードへ輸送するための荷造りがされることになっている。ティモは自分の用具を片づけに現地に来いと求められているという。その知らせだけでは足りないかのように、前回の調査で収集したフィルターからのDNA増幅がうまくいっていなかった。フローサイトメーター〔微小な粒子が混じる流体を細い管に流して粒子を光で分析する装置〕が水試料の細胞を検出できなかった。つまり、その亀裂地下水でのバイオマス密度が、南アの亀裂地下水よりも一〇〇分の一以下の濃度しかないらしい。あれだけ手間をかけたのに、披露できるようなことがなかった。クリスマス明け、私たちはまた集まって、六つの試料を準備できるだけのフィルターの注文を始めた。私たちは鉱山が永遠に閉鎖される直前の三月にルピン再訪を計画していた。

私たちがルピンに着いたときには、本当に廃坑になっていた。食堂には私たちしかいなかった。今回私たちは、一時間約六リットルという高い流速を処理できる高圧の接続部がついた中空のファイバーフィルターを設置し、水が流れ出る試錐孔に三日間放置した。一週間後、エドモントンへ戻る昼の便があった。上昇を始めると、ルピンの赤い建物が周囲の白からくっきりと浮かび上がって見え、それがだんだん、夢だったかのように消えていった。雲の層に近づくと、空の白さが下のツンドラの白さと見分けがつかないくらいに入り交じった。靄に突っ込むと、地平線まで広がる雲海の上に出た。それから二時間、私たちは飛行機の影が虹色の輪に縁どられて雲海の上を踊るのを見ることができた。最後に雲海のはずれに達し、再び下のツンドラが見えたが、今回は常緑樹に覆われていた。私たちが出発してから何週間か後、最初にルピンを訪れてちょうど一年後にリザが行き、試料を採取し、カメラマンを同行して人間が見る最後のルピンの若返りの泉を撮影させた。ティモがマーブの工房の灯りを消して、一行はケージに向かった。ルピンは春の目覚めの見込みのない、長い冬眠に入り、水位は徐々に上がって坑道にあふれ始めた。

ジュール・ヴェルヌが新しい地殻内無機独立栄養生物の命名を助ける
――カリフォルニア州バークレー、ローレンス・バークレー国立研究所、二〇〇四年春

リザ、ティモ、私が北極地方で苦闘しているとき、PNNLはリフンの大量のフィルターから、何度か試みて大分子量を抽出することに成功していた。そちらからDOEの合同ゲノム研究所に送られたDNAは、そこで配列決定用の三〇万塩基の塊に切り分けられていた。二年の間に三〇〇〇塩基ずつの配列をつなぎ合わせてゲノム断片を作り、最終的に連続して二三〇万塩基でできるDLOの染色体DNAにする。[45] DLOのものではなさそうな配列も少しあったが、これは配列の一パーセントにもならなかった。このDNAのループには16S rRNA配列は一つしかなく、それはトム・ギーリングのDLOの16S rRNA配列に一致していた。

配列の他の部分のアノテーション作業はディラン・チヴィアンに委ねられた。私たちの研究に参加している熱心な生物情報学者だ。ディランはてきぱきとH_2酸化のためのタンパク質をコードする遺伝子をいくつかと、硫酸塩還元経路の全体を特定した。ATPを生産する代謝経路はこの硫酸塩還元経路だけだった。DLOは明らかにSRBだった。私たちはそれを突き止めていたのだ。この微生物が生き延び

られたとするなら、その唯一の道は、放射性分解でできた水素と硫酸塩を食物にするしかなかった。しかし最初の深部地殻微生物の遺伝子からディランが解読できた情報は、意外性に満ちていた（図9・5）。DLOは窒素固定の経路をちゃんと持っていた。それは私たちには衝撃だった。窒素固定はエネルギー的には非常にコストがかかり、大量のATPを必要とする。地下世界に関する既存の通説では、エネルギーは限られていた。窒素を固定して、タンパク質用のアミノ酸を合成するためのアンモニアを作れるだけのエネルギーが放射性分解でまかなえるだろうか。ディランはDLOが独立栄養生物であることも確かめた。それ自体は意外ではないが、DLOはアセチル・コエンザイムA経路を使っていたのは意外だった。これはメタン生産古細菌〔メタン菌〕に見られるものと同じで、細菌に見られるものとは似ていない。すると遺伝子のいくつかの部分は水平伝播（HGT）によって、地下深いところでDLOと共存していそうなメタン菌から伝わったのだろう。[46] これはドゥエインとギーリングがドリーム試錐孔で見つけていたこととも整合した。ディランはごちゃごちゃになった無意味な符号の短いゲノム断片、CRISPR配列と呼ばれるものもいくつか見つけた。これは生物のウイルス感染に対する防御になるようにできている。DLOは地下三〇〇〇メートル近くでウイルスの攻撃にさらされていたのだろうか。ウイルスはDLOを溶解して、そこにいられるDLOの数を調整していたりしたのだろうか。HGTにも関与して、DLOが新しい形に進化するのを助けたのだろうか。ディランは別々の細胞から取った複数のゲノムのコピーを調べ、このゲノムは各細胞でほぼ正確に複製されていることを発見した。ほとんどクローンだった。これはこのDNAで表される一〇〇億個の細胞が一個の先祖に由来し、ほとんど変異していないということらしかった。これは細胞分裂が三〇〇年に一回起きるという私たちの推定とは整

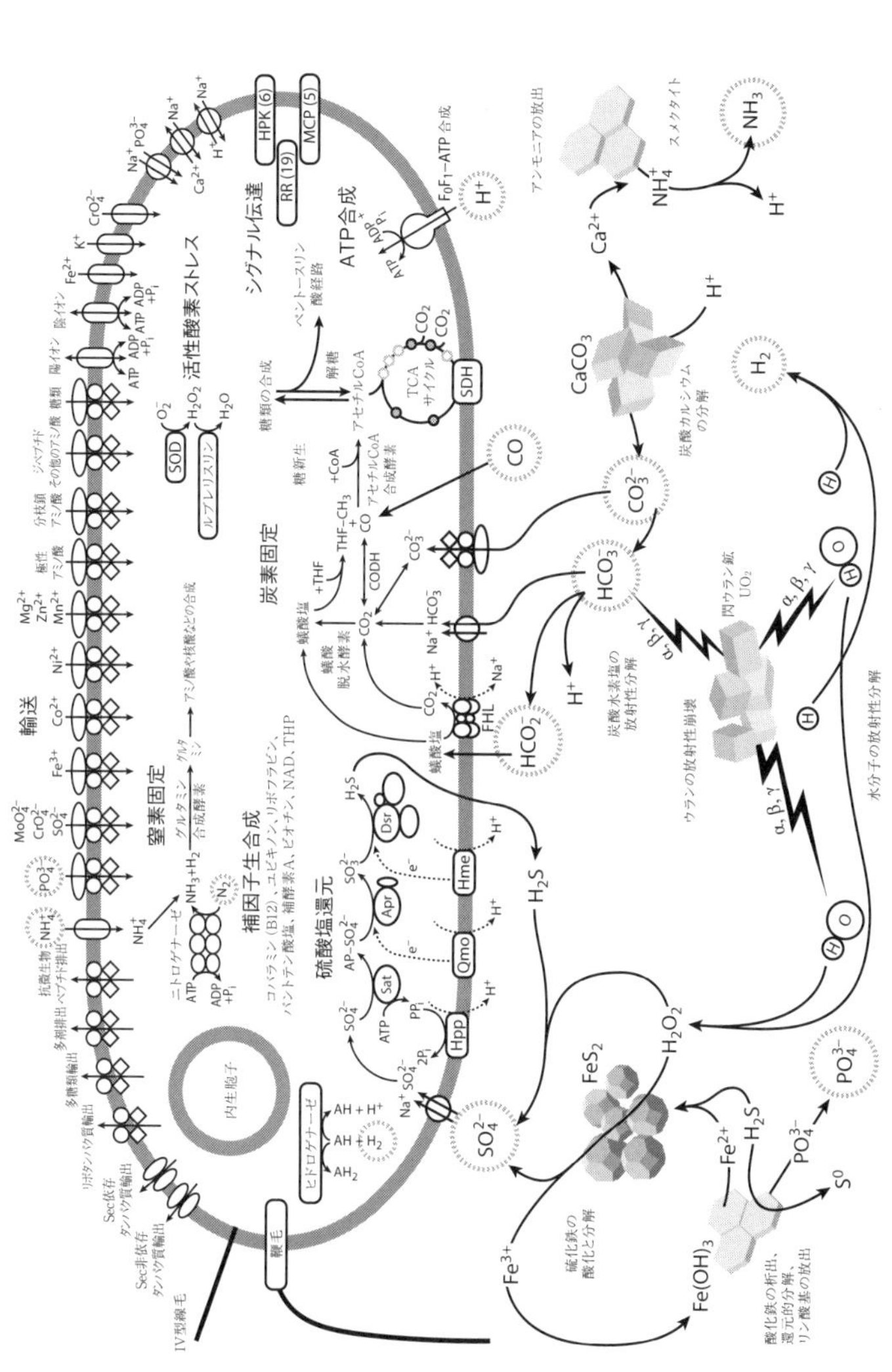

図9・5　いろいろな代謝作用、同化作用の概略図。「Candidatus Desulforudis audaxviator」の遺伝子に符号化されたもの（著者による）。

合せず、それはもっと近年になって成長したということを意味するらしい。ディランが解読すればするほど、私たちは熱くなった。DLOは鞭毛やガスの空胞膜の遺伝子も持っていた。これはDLOが潜水艦のように浮力を調整しながら自力で水中を泳げるということで、亀裂の中で好都合の方へ進むのには決め手となる作用だ。ディランは信号伝達に関与するタンパク質の遺伝子も見つけた。言い換えればそれは餌を求めて移動するということだった。何か、たぶん重要な養分あるいは他の微生物からの信号を探し、「あそこに食べるものがある」と見るのだ。こうした活動全てにエネルギーが必要で、使えるエネルギーは放射性分解だけだった。私がこのときまで受け入れていた深部生命圏は瀕死の状態だという考えはどこかへ飛んで行った。この深くて熱い環境には化学勾配があり、微生物がそこを探っていることは明らかだった。

DLOは私たちインディアナ・プリンストン・テネシー宇宙生物学研究協会の目玉になった。唯一の問題は、この生物に実名が必要ということだった。私はそれまで生物に命名するなどしたことがなかったので、DLOにまだ使われていない名前を考えるためのメーリンググループを作った。ディランは最初、「*Desulfotomaculum zarathustra*」を提案した。*Zarathustra* はニーチェの隠者の名で、アフリカを舞台にした映画『二〇〇一年宇宙の旅』の冒頭の音楽、リヒャルト・シュトラウスの、「ツァラトゥストラはかく語りき」のタイトルにもなっている。これは確かに「*Desulfotomaculum Mponeng*」よりは創造性のある名だ。私にとって幸いなことに、ノーラは学部で哲学の授業を取っていて、『ツァラトゥストラはかく語りき』の本を本棚に置いていた。私たちは腰を下ろして斜め読みを始めた。すべて超人についての重い内容は、庭の手入れには役立ち、神は死んで、ダーウィン進化論がごく少々あるが、何やかやあっても、明らかな地下圏微生物とのつながりはまったくなかった。ニーチェのことを、エリート主義者で、核心はナチスで、ワグナーふうのアイン・ランドの先駆けと見る人もいた。それで私たちは「ツァラトゥストラ」はたぶん、生物種の名として選ぶには、問題なしとは言えないかもしれないと判断した。地下からナチの細菌を呼び出したなどと言われたくはなかった。エスタとデレクにも連絡して、DLOをよく表しそうなコーサ語あるいはズールー語の言葉はないか尋ねてもみた。エスタは「トコリシェ」という、いたずらばかりする、眼のない、こびとのようなズールー神話の水の妖精を挙げた。それだとDLOはズールーの地下ゾンビ細菌のようになる。それでも「*Desulfotomacuum tokolishe*」にはきれいな響きがあった。しかし種の名にはラテン語化した言葉が必要で、ズールーのいたずらな妖精ではそれができなかった。いっぽうチヴィアンは、リボソームに関係する三一の遺伝子連鎖から解像度の高くなった系統樹を作り、その系統樹は明らかにDLOは新種であるだけでなく、属レベルでも新発見だということを示していた[47]。そこでラテン語の属名も考えなければならなかった。当然、「*Desulfo*」から始まるものになる。硫酸塩を還元するのがDLOなのだから。ゴードン・サザムはDLOの美しい走査電子顕微鏡写真を送ってくれていた。その形は直径〇・二マイクロメートル以上ある桿状だった（図9・6）。私はインターネットの翻訳サイトで「桿状」をラテン語に置き換え、「*rudis*」を得た。「*Desulforudis*」は正しそうで、他の生物名には使われていなかった。しかしまだ種名が要る。ディランはヨーロッパの学会から飛行機で戻ると、ジュール・ヴェルヌの『地底旅行』に目を通し、一六世紀の錬金術師、アルネ・サックヌッセンムが羊皮紙にアイスランド語のルーン文字で書いた文章に遭遇した。リーデンブロック博士は、それを私たちとは逆に、まずラテン語

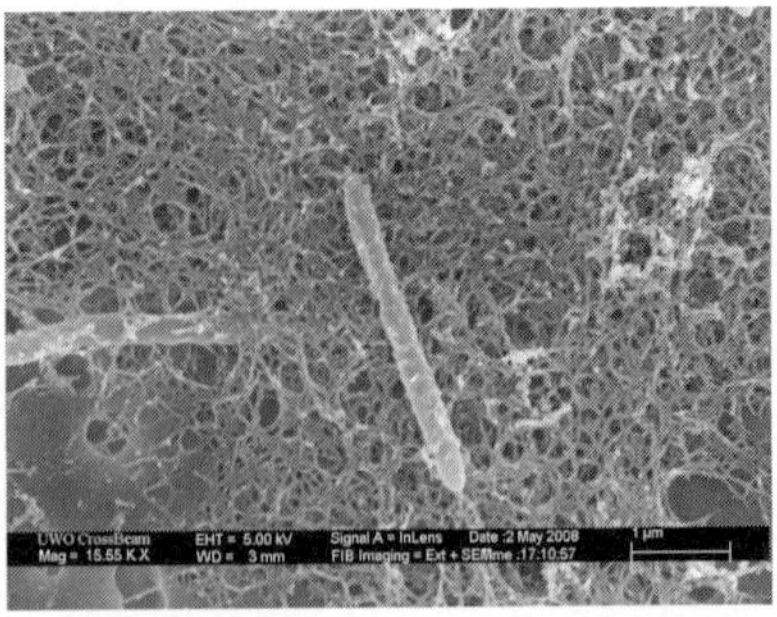

図９・６　「Candidatus Desulforudis audaxviator」の走査電子顕微鏡画像。ムポネン104番試錐孔で大量の糸状物質とともに採取したフィルター試料に捉えられたもの（Gordon Southam 提供）。

に訳している。「In Sneffels Yoculis craterem kem / Delibat umbra Scartaris Julii intra / Calendas descende, audas viator, / Et terestre centrum attinges ... / Kod feci. Arne Saknussemm」。訳すなら、「七月が始まる直前、スカルタリスの影がスネッフェルス・ヨークルの火口をなでるとき、その火口へ降りてゆけば、勇気ある旅行者よ、おまえは地球の中心に達することができるだろう。私はそのようにした。アルネ・サックヌッセンム」。きちんと訳すなら、*audax viator* は「大胆な旅行者」を表す。これは、ゲノムによる運動性の化学栄養能力の確認とそれが南アフリカの地下に広がっているらしいことと申し分なく合致した。「*Candidatus Desulforudis audaxviator*」は、自らが生き延び、さらには反映する地下世界を大胆に探検する者ということだった〔*Candidatus* は、まだ培養に成功していない段階での暫定的な種であることを表す〕。私たちは二〇〇六年六月、『サイエンス』誌に論文を投稿した[48]。

ハイ湖への旅——カナダ、トロント市、オンタリオ・パワー・ジェネレーション本社、二〇〇五年一月

私たちは北極地方での実地調査活動の希望を捨ててはいなかった。前年の一二月、ティモはリザと私に、二つの有望な鉱山を検討していると教えてくれた。ルピンよりさらに北のウルフデン・リソーシス社が運営するところだった。一月にはティモ、ショーン・フレープ、モニク・ホップズなどとトロントで会い、掘削の選択肢について話し合った。ウルフデン社はハイ湖での大規模掘削事業にかかっていて、ウルの地下ランプを再開しようとしていた。その掘削活動に便乗できるかもしれない。どちらも夏の間だけ開いている簡素な宿営地だった。私たちの掘削を始められるのは、早くても二〇〇六年夏になる。ウルは最も有望だが、ティモは私たちが地下で使えるボーリング機械を一つ見つけなければならず、最も近いのはイエローナイフのようだった。ウルはアイスロードよりさらに先なので、この装置はC130ハーキュリーズに載せて空輸し、作業が終わったらやはり飛行機で搬出しなければならない。これには六万カナダドルかかる。リザと私はNAIに出す掘削案を進めたが、どの鉱山が最終目標になるかについて確かなことは決まっていなかった。必要な合意を結び、装備を現地に間に合うように配置するのであれば、早急に予算の手当をする必要がある。ウルの宿営地は四月の終わりに開業したが、五月の初め、ウルフデン社から、旧地下ランプを塞いでいる氷の量を過小評価していて、最も深いところまで私たちの予定に間に合うように修復するのは無理だと言ってきた。そこで私たちはぎりぎりで目標をハイ湖に変更した。こちらは現地にボーリング機械がある。ウルフデン社の現地を担当する地質学研究員、イアン・ニールは契約を修正して、インディアナ・プリンストン・テネシー宇宙生物学研究協会のための追加の試錐孔を約一五万ドルで含めるようにした。トミーとスーザンの支援で、私は六月の第一週には研究実施計画（SIP）を完成させた。それから私たちは六週間かけてコア採取に必要な装備一式を発注し、エドモントンに発送し、カナダ税関を通し、イエローナイフのディスカバリー鉱山サービス社行きのトラックに積み込んだ。この会社は二週間に一度、水上機のツインオッターでハイ湖まで補給品を運んでいる。

エドモントンからイエローナイフまでは、ノースウェスト・テリトリーズ準州が運営する飛行機で二時間だった。出発して二〇分もしないうちに、直交する格子状の道路で区画ができる農地や森のパッチワークの世界から、目印もなく広がる森、湖、蛇行の激しい川ばかりの景色になった。左側にはロッキー山脈の雪を戴く峰々が遠くに浮かび上がっていた。正面には濃い白い雲が地平線から地平線へと伸びていた。まもなく私たちは、上空の太陽の光を奇妙に屈折させ、下の陸地をスポットライトのように照らす靄に呑み込まれた。一部が緑藻で覆われたケトル・ポンド〔氷河が残した氷の塊が地面に埋もれて溶けた後にできる池〕、すき取られて後退する高木限界、蛇行する川に縁取られた小高い牧草地が眼下を通り過ぎた。これは典型的な後氷期ツンドラだった。道路も、送電線も、フェンスもない。人間の痕跡も見当たらない中、イエローナイフ郊外の空港に着いた。

イエローナイフは、最後の氷河期の氷河から顔を覗かせる始生代の花崗岩と緑色岩をまたいでいる。巨大なグレートスレーブ湖の北東の湖岸にある文明のオアシスで、北へ七〇〇キロ近くの閉鎖されたルピン鉱山まで行くアイスロードの起点だった。かつてイエローナイフを支えていたコンとジャイアントの金鉱は今は名前だけで、めぼしい鉱石は掘り出されてしまい、閉鎖されている。両鉱山の巻き上げ機が、音をたてない物見やぐらのように町からそびえ立っている。しかしこの地域全体はまだ、ダイヤや金や準貴金属の探査や採掘で活気があり、イエローストーンは今なおそうした活動の補給の要所だった。人口は季節変動がある。夏には北西航路巡りに集まるエコ観光客が集まる。冬には日本のカップルが、オーロラビレッジのような専用の宿営地にお忍びでやって来て、オーロラの下、先住民のティーピーのような小屋に泊まる。私たちは一晩、イエローナイフの「市街地」のはずれにあるエクスプローラー・

ホテルに泊まった。現地調査用具を空港で受け取り、それをローカル線の水上機基地となっているバックベイまで車で運んだ。ツインオッター機に用具を詰め込み、私たち五人――ティモ、その仲間のフィンランド人地質学者マッティ・タリッカ、スーザン、コリーン、私――は乗り込んで、カンバス地の座席でシートベルトを締めた。私たちは正副二人の操縦士のすぐ後ろに座っていた。コクピットと客席を仕切るものは何もなかった。客席まで届くエンジンの轟音を和らげるために耳栓をもらっていた。昇降段が格納され、ドアが閉じられ、燃料ホースが外されると、地上スタッフの一人が係留索をはずし、それを水上機のフロートにかけ、手を振って私たちを見送った。エンジンが始動すると、パイロットが穏やかにふかし、巨人が湖をわたるように入り江に進み出た。岸から一〇〇メートルもない水路の中央に出ると、パイロットはエンジンスロットルをめいっぱい前に押し、飛行機は身を震わせ、私たちは座席に押しつけられる。私は耳栓を入れた。飛行機はがたがたと突進し、フロートが次々と波に当たり、そのたびに衝撃が大きくなった。入り江の反対側にある木造の小屋の群れに向かって進んでいた。何百メートルも先ではない。するとフロートが水の抵抗から解放され、私たちはミサイルのように空中に打上げられた。

飛行機がグレートスレーブ湖上空を旋回するとき、南岸にはいくつかの小屋があり、ところどころ船で縁取られているのが見えた。私たちは北へ向かい、湖を後にした。二〇〇六年七月二一日、ルピンが閉鎖されて一年後のことだった。私たちが最後にルピンに行ったのは二〇〇五年三月だった。そのときは湖は完全に凍っていて、トレーラーの列が絶えず湖の中央を北へ移動しているのが見えた。今度は地形の本当のありさまが見やすかった。さらに北へ飛ぶと、イエローナイフを囲む樹木が遠くなり、始生代の断層地帯や原生代の岩脈群でできた長い直線状の岩の裂け目の向こうに消えた。さらに北へ行くと、樹木に置き換わっていた緑の牧草地がまばらになり、白いなめらかな花崗岩の表面へと変わった。ヌナブト準州は大陸の盾状地というより、湖で区切られた群島のようなものだった。真水はすべて、湖のものでも川のものでも、地表を流れていた。夏の雪融けの時期には、小さなくぼみにはすべて水がたまって湖になり、そこから水が流れ出していた。この国では、水は地下にしみ込まず、川も、南ではおなじみの支流による複雑なレース模様が発達することはめったにない。ほとんど凍ってときどき雪が融ける陸地のヌナブト準州西部では、川は斜面を流れ下って海に流れ込み、蛇行するほど長くとどまってはいない。ときどき、近年になってできた地滑りによる崖の面に出会うこともある。こうしたサーモカルスト[49]地形は、気候が温暖になって下の永久凍土が融けるにつれてよく見られるようになり、氷で保持されていた土壌を崩壊させる。上空を飛ぶとその景観の形は火星最古の表面の峡谷系と崩れた地形を思わせた。しかしこの北極地方の視点からすると、初期の火星は今の北極地方と同じく、ほとんどの間、凍っていたにちがいない。軌道の傾きや、隕石の衝突、火山の爆発などによる温暖化での変化から、ときどき氷が融けることがあり、地表から一メートルもない表土に集中して短期的な流れを作る。

　ハイ湖は縦一キロほど、横が二〇〇メートルほどの湖で、ヌナブト西部に広がる一〇〇〇〇もある湖の一つと変わらない。北極圏内に深く入ったところで、さらに北へわずか四〇キロでコロネーション湾があり、この湾は西のアムンゼン湾を経てボフォート海につながる。しかしハイ湖は衛星写真でも、グーグルアースでも、その西岸に広がる二平方キロのオレンジ色のしみですぐに見つけられる。このオレンジ色のしみは、湖本体ほどの大きさがあり、ヌナブトでも群を抜いて最大のとてつもなく巨大な鉄の鉱脈の露頭《ゴッサン》だった。(50)この露頭部ができるのは硫化鉄鉱石が地表で酸素にさらされたときだ。硫化鉄酸化細菌はすぐに硫化鉄の露頭に住み着いて、黄鉄鉱を水酸化第二鉄にし、これがオレンジ色となる。また水中には硫酸ができて、これは流れて川や湖を酸性化する。(51)ウルフデン社の地質学研究員はその写真画像に基づいて調査要求を出した。そこでウルフデン社はハイ湖へ行って鉱床を試掘し、縦方向のマップや、埋蔵されている大量の銅や亜鉛の濃度のマップを作った。同社は八万メートル分のコアを記録して、十分採算に合うと判断した。ハイ湖はまもなく、露天掘りの鉱山として出発した。鉱石は北に数十キロの深い海べりの港に輸送され、そこで船積みされた鉱石は中国に送られることになっているが、道路も港もまだできていなかった。しかし温暖化のせいで、北西航路は一年の大部分で氷に閉ざされることがなくなり、計画は経済的に成り立つようになると見られていた。そうなれば、北極地方の鉱山はルピンやイエローナイフからハーキュリーズで空輸する必要がなくなる。補給品は船で運んでから、数十キロ南へトラックで運べばよい。

第一段階、永久凍土をくり抜いて水を採取する
——カナダ、ヌナブト州ハイ湖、ウルフデン採鉱キャンプ、二〇〇六年七月二三日

少なくともそういう構想だったが、当面、ウルフデン社の採鉱キャンプは暫定的にハイ湖の南西岸に置かれていた。キャンプが見えてくると、十余りの小屋とテント、巨大な燃料ドラム缶の集積にすぎないようだった。水上機は南の岩がむき出しの峰を越えて進入し、湖に着水した。フロートが水に当たると、パイロットがスロットルを引き戻し、私たちは座席から前に放り出されそうになった。ツインオッ

ターは何百メートルも行かないうちに止まった。私たちはぐらぐらする木製のドックに進んだ。ツインオッターを係留する分の長さだけ水面に張り出していた。南で飛び立ったときからずっと快晴だった。扉を開けて機外に出ると、まず蚊の歓迎を受けた。私たちに会えて実にうれしそうだった。ウルフデンの地上作業員も出迎えてくれて、用具を後部から下ろすのを手伝ってくれた。私たちはアルゴンと窒素の高圧ボンベを貯蔵庫の一つに運び、私物は石油ストーブで暖房された白い四人用テントの一つに運んだ。それから歩いて本部事務所へ向かうと、最初の仕事はキャンプ地オリエンテーションだった。キャンプを管理する女性、トリシュ・トゥールが二台のバッテリーつきトランシーバーを渡し、使い方を解説した。私たちは鉱山キャンプから離れたところで作業することになるので、私たちが救助を求めるときは、これが唯一の手段となる。回線の一つはメイジャー・ドリリング・グループ・インターナショナル社につながり、もう一つはグレートスレーブ・ヘリコプター社につながっていた。私たちは熊よけスプレーと熊よけ爆竹を渡され、使い方を教わった。「何があろうと、爆竹は空に向けてください。熊をねらってはいけません。そんなことをしても怒らせるだけです」と、トリシュは注意した。事務所に集まっていたウルフデンの他の従業員はくすくす笑い始めた。掘削地点やコア置き場付近で熊を見たら、まず一報を入れること、そうしたらヘリコプターを飛ばして追い払うということだった。トリシュは、熊が餌を求めてキャンプ地本体に入ってきたときのために、空気式の警笛の使い方とその置き場所も教えてくれた。もちろん、ときどき通りがかりに立ち寄ることがある好奇心の強い熊、狼、狐、クズリに餌をやることも、撃つことも厳禁だった。トリシュは北極地型のプレイリードッグ、シクシクへの餌やりも禁じた。

オリエンテーションが終わると、食堂での昼食を囲んでヘリコプターのパイロットと会い、私たちの野外用具を貯蔵区域から掘削地点や、コアを処理するコア置き場まで運ぶ打合せをした。[52] 現場の輸送はすべて背負って運ぶかヘリで運ぶかだった。車両は許可されていなかった。スーザン、コリーン、私はコア置き場とトレーサーが使えるようにする担当で、ティモとマッティは掘削地点の準備担当だった。昼食後、私たちは倉庫棟で会って、コア置き場行きの箱やボンベを大きな縄製の網に入れた。それを大きな鎖にひっかけ、鎖をヘリに取り付ける。それがすむと、スーザン、コリーン、私は向きを変えるとキャンプから離れた斜面にダッシュし、一〇〇メートルほど先の峰を越えてコア置き場に着いた。私たちが着くのと同時にヘリも荷物をぶら下げて到着した。パイロットはコア置き場入り口のすぐ横に荷物をそっと下ろし、私はそれを鎖から外し、頭上で手を振ってパイロットに発進可能を伝えた。するとパイロットは備蓄エリアへ戻った。そこにはティモとマッティが掘削地点まで運ぶ荷物を集めている。数分後、ヘリが荷物を機体にぶら下げ、ここから一キロ足らず南の、始生代の暗灰色の火山岩の峰の向こうへ向かった。峰の端あたり、こちらから六五度の傾斜のボーリング機械が見えるところでホバリングしていた。何分かホバリングした後、燃料ドラム缶の荷物をぶら下げて出発し、備蓄区画まで空のドラム缶を届けた。

テリーがコア置き場の隣の倉庫でディーゼル発電機の動かし方を教えてくれて、私たちはコア置き場の方で発電機のスイッチを入れた。置き場は施設で二番めに大きい建物で、二四時間続く昼の光を入れるための大きな窓がついていた。石油ストーブが一台だけ、倉庫の隅に置いてあり、それが暖房だった。テリーはストーブを実際に使えるようにする扱い方を実演してみせた。スーザン、コリーン、私は無酸素グラブバッグとガスボンベで装置を組み立てにかかった。グラブバッグが組み立てられ、アルゴンガスで膨らむと、私は手袋をつけて、バッグの内側の消毒にかかった。スーザンとコリーンは、コアを切り分けたり砕いたりしてエンドウ豆サイズの石にするために使う様々な処理用器具を漂白剤とプロパンのバーナーで火をつけたエタノールの炎で消毒し、ワールパックの袋に押し込んだ。二人は道具類をアルミホイルで包み、それをグラブバッグに入れ、そこで私がそれを取り出して、高圧蒸気消毒済みの茶色の紙の上に並べた。コア手術室が開業となった。

　掘削用のトレーサーを準備するためには、掘削地点まで歩かなければならなかった。虫除けをスプレーし、防虫ネットをかぶってから外に出た。長い距離ではないが、まず、高台にあるアイスウェッジ・ポリゴン[53]の水たまりを、膝まで水につからないようにして渡らなければならなかった。この「かかとひねり」の沼を通過すると、次は高さ一〇〇メートル弱の、「膝破り」の渓谷を上って岩棚に出る。それを伝って一五〇メートルほどでボーリング機械に着く。ティモとマッティは、コアを記録し、掘削水試料を採取するのに使う小さな二人が入れる小屋で、コアを入れる箱と二人が使う装備を整理していた。ティモはこれまでの六週間を使って、ウルフデン社が過去何年かですでに掘削した数百か所の試錐孔を調べ、私たちにとって最善の試錐孔を特定していた。地表からあらためて掘るには予算が乏しかったので、永久凍土からその下の水への遷移を捉えるために浅い試錐孔を深くすることを選択したのだ。この試錐孔はコアを処理場に運べるよう、キャンプの近くになければならない。汚染を避けるためには、すでに開けられている他の試錐孔からは水力学的には上り勾配のところになければならない。さらに、延長した試錐孔は、永久凍土の下で、かつ、水を含んだ亀裂があるのがほぼ確実な断層地帯を貫通する必要もある。この選別を通った唯一の試錐孔が、03-28試錐孔だった。それはキャンプ地を見渡す峰の上、鉱山所有地の南西の隅に位置していて、深さはわずか三〇〇メートル、ハイ湖の西端を南北に走る大きな断層地帯に斜めに向かっていた。将来の採鉱計画図はこの試錐孔を、巨大な露天掘りの採鉱場となるところの南に置いていた。試錐孔は、私たちが延長を終えれば、将来起きるかもしれない地下水汚染に備えた環境監視用に使うことができた。ハイ湖の年平均気温はルピンよりも五度低かったので、永久凍土の底は、岩の熱伝導率にもよるが、地下約三五〇～四五〇メートルとティモは推定していた。この試錐孔が六五度の角度がつけられていることを考えると、ほぼ二〇〇メートル分のコアを採取することになる。

私たちは、メイジャー・ドリリング社の掘削チームの責任者、ブルーノに会った。ブルーノはきわめて有能らしく、私たちの要望、とくに掘削水に塩を用いないという要望に合わせてくれた。一週間前にはボーリング機械を現地に運び上げていた。コア置き場のすぐ西にある小さな池に、ボーリング機械まで、湖の真水を汲み上げるための排水ポンプを部下に設置させてもいた。二台のディーゼル駆動の温水器を並べて水温を八〇℃にセットしていた。湖の微生物を取り除くための、〇・二マイクロメートルのフィルターに通して水を濾過することはできなかったが、これだけ高温なら、細胞膜の脂質を溶かして殺菌するのには十分だった。水の濾過を試みてフィルターが詰まったりしたら、湯も止まり、その段階で掘削ロッドは試錐孔に凍り付いてしまうだろう。それはあまりにリスクが高かった。

掘削作業員は試錐孔を塞いでいた氷を掘り出していて、私たちが到着する前の五日間、真水の湯を試錐孔に流して、前年にこの試錐孔が掘られたときに地層に浸透していた塩分である塩化カルシウムを洗い流していた。温度の下がった水は地表に戻るとホースで斜面を下って鉱滓集積場に入り、隣接する湖からずっと離れたところにあるため池に送られる。バフィン島のイカライトにあるヌナブト準州政府の厳しい環境指針の下で、鉱山は掘削に使ったいかなる流体も湖水付近に放出することはできなかった。

ブルーノは約束どおり、ボーリング機械の真下の掘削水配管にTバルブを設置していた。それからスーザンと私はPFC用の高速液体クロマトグラフィ（HPLC）ポンプを設置し、それを配管につなぐ作業にかかった。私はそれまでPFCの作業をしたことがなく、スーザンがPFC溶液を送るHPLC管を、いろいろな套管《ブッシング》によってパイプねじにつなぐのを手伝いながらほとんどノートばかりとっていた。スーザンは、PFC溶液の試料を採取して、掘削水で薄まる前の濃度を測定するために使える第二の弁を設置して作業を終えた。掘削要員がコア採取のときに使おうとするポンプの流率と、スーザンのHPLCポンプの最大流率をふまえて、コア採取作業を完成するときに必要となるPVC溶液の濃度を試算した。ブルーノは掘削水が古い試錐孔に詰まった氷を掘り抜いた後、ドリルの刃をワイヤーライン式コア採取器具で使われるものに替えると約束していて、私たちはそれを私たちの管がコア採取用チューブの内側に収まることを確かめるため、念のための検査をした。それはちゃんとはまった。ブルーノは三つともやってくれていた。

スーザンは瓶入りの合成ゴム製蛍光微小球と小さなワールパックの袋を持って来ていて、私は検温テープを持って来ていた。メイジャー・ドリリング社のワイヤー式コア採取器具を見て回り、袋をどう取り付けて、検温テープをどこに入れるか見きわめをつけた。孔の奥のコアで温度を監視する必要があったのは、コアが刃先の摩擦で二五℃超に温まらないようにすることになっていたからだった。そのような高温では、コリーンとスーザンが培養して分離したいと思っている好冷微生物は死んでしまうだろう。好冷SRBが死んでしまうと、私がしたいと思っていた^{35}S活性の測定も成り立たなくなる。基本的には、私たちは掘削ロッドを0℃から二五℃の間に保たなければならず、期待と祈りをこめて、刃先の貫入速度を調節する。スーザンはHPLCポンプを鉱山で借りた発電機につなぎ、ポンプをテストするためにスイッチを入れた。「シューッ」、「ポン」、「もうやだ」という音がした。最初の二つの音を立てたのはポンプで、最後のはスーザンだった。発電機の配線を直す必要がありそうだったので、トランシーバーでブルーノを呼んだ。三〇分後、ブルーノが息を切らせて掘削地点へやって来た。発電機の中に手をつっこんで、少し配線を修理した。スーザンはHLPCポンプのヒューズを交換した。すべてのスイッチを入れ、ノブを少し回すと、ポンプのピストンが、ゆっくりした「カッタン、カッタン」と繰り返し始めた。「ありがとう」とスーザンは笑みを浮かべ、ブルーノにハグをした。

作業を終える頃には交替の掘削員が到着していた。その朝飛行機で発ってからの長い一日だった。スーザンと私は背後の高台のてっぺんに上って光景を写真に撮った（図9・7）。午後七時で、太陽は北西に回っていて、私たちが立っている尾根が足下の谷に影を落としていた。南東に二〇〇メートルもないところにオレンジ色の岩と土の帯が二つの小さな池の間に伸びていた。私たちはあの帯に地下五〇〇メートルほどで交差する予定で、ボーリング機械はまっすぐそこを指していた。その向こうに緑色の斑がある、水平に広がる灰色の高台があった。地平に灰色っぽい黒の台地が容易に識別できた。空気が澄んでいたので、ほんの数キロ先に見えたが、少なくとも二〇数キロはあったにちがいない。ふわふわした平べったい雲が頭上を流れて、その影が峰と小川をうねって横切った。見える限り、人間の造作の

図9・7　ヌナブト準州ハイ湖のウルフデン採鉱キャンプ。2006年夏期。東方を望む高台から撮影。中心部左下の岩の上の小屋がコア処理場。中央にヘリパッドがあり、その近くにパイロット区画がある。右には燃料のドラム缶。本部の建物と作業員区画は湖に近いところにある（著者撮影）。

跡は目に入らなかった。あるいはありそうになかった。穏やかに招いているように見えた。夏ならここでキャンプすることは想像できる。魚を釣って食糧にできるし、毒蛇や毒虫の心配もない。不快なのはあのうるさい蚊くらいだった。地球にまだ、資源を掘り出す人間のせいで枯渇しきっていない部分が存在するということに、ある意味ほっとした。しかしこの先の一世紀で、北西航路に一年中氷がなくなるようになった頃、このあたりは不動産として一等地になるのだろうか。この僻地が、ボーフォート海沿岸のカジノのある海辺のリゾートに続く舗装道路で小さな鉱山町につながる農場に整備されることになるのだろうか。きっと、二〇トンのダンプが通行する坂道で行く、何百メートルも下にある巨大な採鉱場は見えなくなるのだろう。風は私たちの背後で北寄りに変わっていた。その方向を見ると、私たちのキャンプの目印になる青い屋根の白い小屋のすぐ北に、広い沖積平野があった。そこはまず明るい黄色の丘が左に延び、オレンジ色の谷があって、赤土の峡谷に変わり、そこで運んできたものを、金属的な青緑色の穏やかな湖の西岸に堆積させる。この不毛の火星のような荒野で育つものといえば、積み上がるコアボックスの白い山だけだった。周囲の灰色の岩を飾る緑の灌木はオレンジ色の端で止まり、あえてそこに根を伸ばそうとはしていなかった。私たちがコア採取を終えれば、この地形をもっと詳しく調べる時間があるかもしれない。地上探査車のオポチュニティが火星のイーグル・クレーターに降り立ったのは二年前のことだった。一年もしないうちに、オポチュニティはブルーベリーと呼ばれる赤鉄鉱のコンクリーション、石膏、ジャロサイトと呼ばれる第二鉄塩鉱物を発見した。この塩は、地球の黄鉄鉱のゴッサンでふつうに見られるもので、火星のテラ・メリディアナ平原には三〇億年前の昔、ハイ湖を思わせるような酸性の湖、あるいは少なくとも酸性の地下水があったことを示唆していた。そのような環境では生命は育たないとする論文も書かれていた。私たちは火星に見つかったのと同種の鉱物をこの北極地方のゴッサンで見つけるのだろうか。私たちはきっと見つけよう。

そのとき二人とも「スィック、スィック」という音を聞いた。スーザンと私が見下ろすと、つがいのシクシクが私たちを見上げ、シクシクと鳴き声をたてた。「もう夕飯だから帰っておいでと言っているみたいだね」と私は言った。ゆっくりと斜面を下りて鉱山キャンプに向かった。シクシクにはお構いなしだったので、向こうはびっくりしていた。キャンプ地の礼儀として掘削員の後に夕食とシャワーをすませると、ティモ、マッティ、私は自分たちのテントに潜り込んだ。熱いほど温かいが、臭いの強い石油ストーブが待っていた。

第二段階、永久凍土をくり抜いて水を採取する
——カナダ、ヌナブト州ハイ湖、ウルフデン採鉱キャンプ、二〇〇六年七月二四日

翌朝、朝食を囲んで、ティモは夜番の作業員と話した結果の掘削予定について知らせた。作業員は最初のコア採取にかかったところで、今パイプを止めて、私たちのポリカーボネート管に必要な、もっと

大きい内径の刃を取り付けているところだった。昼までには最初の微生物コアを取り出せるようになるだろう。そのため、準備を仕上げて掘削流体にトレーサーを入れる時間は十分あった。スーザンとコリーンは掘削地点へ行き、私は残ってブルーノの工房にしつらえたコア吸い取り施設を確かめた。孔の水から、ヨハンナが南アフリカで行なったのと同じ方式を使って、組成を測定し、願わくば年代が決定できるだけのガスが得られるかどうか確かめたかった。発電機、ポンプ、アルゴンガス調節器、バルブを確かめてから、私は斜面を駆け上がって掘削地点へ向かった。スーザンはすでに、掘削ロッドに掘削水が送り込まれるのに合わせてPFC溶液をラインに送り込み始めていた。私たちは、何らかのクリオペグ[54]に当たって掘削水がどれほどそれと混じったかの推定が必要になった場合に備えて、コア採取作業の最初から最後までPFCトレーサーの注入を絶やさないことにした。

　掘削作業員はドリルの刃がついたパイプをほとんど下まで下ろしていたので、スーザンと私はコアバレルを準備した。スーザンは、長さ九メートルのポリカーボネート管の内面にゆっくりとメタノールを注ぎ、私は管を回転させて内側を殺菌し、その管を二人でコアバレルに滑り込ませた。それからスーザンはコア用チューブの端のところで地べたに座り込み、黄色い合成ゴム製蛍光微小球が詰まったワールパックの袋を取り出し、それをコアチューブのいちばん下のコア取り入れ口に押し込んだ（図9・8A）。それから取り入れ口を締め付けて、ワールパックの袋のワイヤをチューブと取り入れ口の間にはめ込んだ。私は検温テープをコア外被《ライナー》とコアバレルの間のわずかな隙間に押し込んだ。私たちはコアバレルのそれぞれの端をつかみ、直立させ、掘削員のところへ運ぶと、掘削員は一方の端をケーブルの着脱部分にひっかけ、コアバレルを立てて、その下端が孔の開口部の上に来るようにした。それからコアバレル

A.　　B.

図9・8　A. スーザン・フィフナーが蛍光微小球の袋を NQ3 コア採取用バレルに装着している（著者撮影）。B. コリーン・ベーカーマンスが無酸素グラブバッグでコアの試料を切り分けている。2006 年夏期、ハイ湖（スーザン・フィフナー提供）。

を孔の底まで下ろし、そこでしかるべき位置に固定した。掘削員はドリルのモーターを始動した。これほどの近さでドリルの轟音があると、ヘルメットに着けられていた耳当てを下ろさざるをえない。おかげで、頭にかけたネットのまわりでぶんぶん言っている蚊の音に耐えなくてもよくなった。

掘削員は一日に三〇メートルほどの速さで変成火山岩を掘り進んでいた。つまり断層地帯に達するのはおよそ七日後ということになる。私たちはコア一〇本採取するだけの蛍光微小球を持って来ていたので、それまで二一メートルごとに、あるいは六本おきに微生物コアを採取することになる。掘削員の掘り抜きの速さに基づくと、微生物コアが採取されるのは一六時間に一回ということになる。作業員が今採取している微生物コアは、約二時間後に用意できるだろう。それで伝導率測定やPFC分析のための掘削用水試料を、ボーリング機械の基底にある水ための缶から採取する時間ができた。私は陰イオン・陽イオン分析のための、フィルターを通した掘削用水試料と、有機酸分析や、有機炭素の総量／溶解量のための試料も採取する必要があった。コア採取が始まってすぐ、私は水ための缶からDNA、RNA、脂質を分析するための水の試料を採取しにかかった。スーザンと私は、同じ水ための水を集積培養のために採取して、あらかじめ窒素を充填してあった殺菌済みの小型ガラス瓶に入れた。最後に、蛍光微小球と細胞数の分析用にも採取した。こうして集めた試料を、自分でキャンプ地本部から運び上げた保冷剤入りクーラーバッグに入れた。スーザンは、コリーンがコア用のクーラーバッグを調えるのを手伝いにコア置き場へ下りて行った。二人がそのクーラーバッグを持ってきたのは、ちょうどコア採取が終わったところで、ワイヤーライン式コアバレルが地表に引き上げられるところだった。掘削員は私たちに微生物コア採取チューブを渡してくれて、ティモが別のコアバレルを掘削員に渡した。スーザンと私はコア管からライナーごとコアを押した。水浸しのワールパックと検温テープがこぼれ落ち、私はそれをすぐに読み取った。よし、温度は二五℃を大きく下回っている。私たちはすぐに、用意してあった小さなベンチの上にチューブを運び、それを四つの七五センチの区画に切り分け、切るたびに鋸の歯を殺菌した。スーザンはチューブの両端に殺菌済みの蓋をはめた。それからスーザンとコリーンは、できるだけ無酸素と低温を維持するよう、アルゴンガスと保冷剤を入れてあったクーラーバッグにチューブをそっと入れた。二人はそのクーラーバッグを持って谷を下り、沼を渡ってコア置き場へ運ぶ。無酸素グラブバッグが待っている。

掘削されるコアの最後の部分はコア取り入れ口にくい込んだコア部分で、ライナーの外側にあったため、たぶん最も微生物に汚染されているので、私はそれを孔のガス分析用に選んだ。微生物コアを切り分けた後、私はすぐにこの部分を長さ一〇センチの断片に切り分け、コア検査小屋の真空にしたステンレス容器に入れた。それからこれを下の真空ポンプ基地まで走って運び、そこでガスを抜き、高純度アルゴンガスで何度か洗浄し、その後、缶の上にある銅管を密封した。これで岩から出て来るガスは容器中に閉じ込められ、分析を待つことになる。

コア小屋に戻ると、スーザンとコリーンがすでに先の四つのコアをグラブバッグの中の殺菌した茶色の紙の上に移していた。私はグラブバッグに腕を入れて、外科手術の準備をする医者のように、殺菌済み合成ゴムの手袋をグラブバッグの手袋に重ねてはめた。手をエタノールで消毒し、それから小さな回転する器具でライナーを一つずつ取り除いた。それぞれのコアの写真を撮り、記録をとってから、殺菌した槌と鑿を使って、コアを砕きにかかった(図9・8B)。それから細かくしたコアを別々のワールパックの袋に入れた。作業を終えると、八時間で七〇件の試料の注文を満たしていた[55]。微生物コア採取開始から一一時間経っていて、あと五時間のうちに、試料を保存し、器具とグラブバッグを完全に殺菌し、次の微生物コア採取バレルを調え、何かを食べて、いくらかでも眠らなければならない。人手不足は深刻だった。ドライアイスや保冷剤の入ったクーラーバッグを桟橋まで運び、それを凍るほど冷たいハイ湖に沈め、浮き上がってぷかぷか流れて行ってしまわないようにひとまとめにくくった。来週、次の交代要員がさらにドライアイスを持って到着するまで、試料をできるだけ冷やしておくためにできる最善のことだった。

空は灰色になっていて、コア採取二日目は完全に曇り空になった。北からの風が湖沿いの白い山頂で雪を巻き上げていて、空気は到着以来初めて蚊が動かないほど冷たかった。掘り進める速さは一日三〇メートルをわずかに下回る程度になっていた。その朝早く、ティモとマッテはコア8号を回収し、処理していた。そのときまで、マスター・ドリリング社の作業員は、硫黄分豊富な熱変成した領域の割れた火山岩でも、一〇〇％のコア回収率を達成していた。残念ながら、私たちの第二の微生物コアだった9番のコアは障害が大きくなった。一・八メートル入ったところでコアバレルがひっかかった。掘削パイプを引き上げてから、三〇分ほどコアバレルをハンマーで叩いて、やっと、半分融けて完全によじれたポリカーボネートのライナーを引き出すことができた。私たちは困惑したが、疑わしいコアを処理するより、次のコアバレルを準備して、それをあらためて次回、第二の微生物コアを得る試みに投じることにした。そのときはひっかかることもなく採取を終えたが、回収のときワイヤーラインが切れた。幸い、掘削員は孔の底からコアバレルを釣り上げることができた。午後一〇時頃、正午に採取が始まった第二の微生物コアの処理を始めることができた。午前六時、このコアの処理を終えたが、三時間で次のコア試行を始めなければならない。幸い、このときのちょっとした混乱以外には、コア採取は順調に進み、その後の数日で、二一時間作業し、三時間の休みで仮眠と食事をとるという日課に収まった。三人ともゾンビと化し、体がおぼえていることだけでコアを処理した。北極地方の長い昼と夜の間、実験室に持ち帰って切り分ける新しい微生物コアを求めて峰を上り下りし、沼を越えた。四日目にもなると、スーザンは私が指示したことを終えかけていて、私のすべきことを教えてくれるたびに、私は「そうだね」と答えていた。

第三段階、永久凍土をくり抜いて水を採取しない
——カナダ、ヌナブト州ハイ湖、ウルフデン採鉱キャンプ、二〇〇六年七月二九日

五日目、掘削員が永久凍土の下に出たと思うと言ってきた。このことは、温水循環を何時間か止め、刃を試錐孔の底から何十センチか上げてからまた下に下ろすことによって発見した。永久凍土の中にいるときは、この動きは一部が凍った掘削用水の抵抗を受けるものだが、永久凍土地帯より下に下りると、抵抗はまったく感じられなくなるという。掘削員は長さ五〇〇メートル近くの掘削ロッドを使って、永久凍土の底をねらって氷上の釣りをしているようなものだ。ティモはブルーノに相談して、ワイヤーライン式コア採取管を外して掘削パイプに温度測定器をつけて下ろすことにした。孔の底で七～八℃と表示された。明らかに永久凍土は抜けていた。ブルーノは掘削員に掘削パイプを引き上げるよう命じたので、掘削員は掘削パイプのいちばん下まで栓を下ろし、入っている水ごと掘削パイプを引き上げた。これは「湿式」引き上げで、掘削用水が凍る前に試錐孔からすばやく地表へ排水するために行なわれる。掘削員はすぐに試錐孔の深さ三二〇メートルまで、永久凍土地帯での試錐孔の安定を維持するための内張を下ろした。内張は岩の層の残留掘削塩水が試錐孔に流れ込まないようにもし、永久凍土で融けた水が流れ出して試錐孔をふさがないようにもする。それがすむと、私たちはブルーノが工房で作っていた巧妙な一八リットルの汲み出し容器を使って掘削用水を除去しにかかった。私たちはそれを試錐孔に下ろして、その後の一二時間のシフトの間に一九回引き上げた。水温は三℃に下がっていて、塩分濃度は私たちが使っていた淡水をはるかに上回るところまで上昇した。永久凍土を抜けてその下の水を含んだ断層帯に入る試錐孔を開けることに成功した。淡水を使う掘削計画はうまくいっていた。もし火星へ有人飛行を行なって氷雪圏を掘り抜くことにするなら、明らかにブルーノはそこに加わるべきだ。

　コア採取が終了し、水の試料採取も順調に進んでいることに満足して、私たち三人はきちんと眠ることにした。コリーンは女性用テントに向かったが、スーザンはコア置き小屋の床に倒れ込み、私はテーブルの一つの上で眠り込んだ。翌日は私たちが眠っている間、さらに四つの汲み出し試料が採取された。ティモは伝導率測定器を使って試錐孔の水位、水温、塩分濃度を測定した。塩分濃度は溶解固形物全体で約四五〇〇ppmに上昇していて、掘削用水に使う湖水の一〇〇倍も高かった。汲み上げ容器は滅菌されていなかったが、それでもティモとマッティは、この汲み上げられた水を脂質とDNA分析用に濾過した。さらに二人はPFCと化学分析用の試料も採取した。この二四時間の間に二人は約四〇〇リットルの水を孔から取り出した。永久凍土の下の地下水面を下げて、凍らないようにし、汚染された掘削用水を除去するためだった。この処理をする間に、試錐孔の水は掘削による岩屑を取り除かれ、上昇する塩分濃度は、本当の永久凍土の下の地層水が断層地帯の亀裂を通じて着実に試錐孔に注ぎ込んでいることを示しているらしかった。孔の底の伝導率測定器は水位が地表から四四五メートル下にあることを探知した。ティモは塩分の入った水が試錐孔に一時間に約一リットルの割合で入っていると推定した。

翌日、私とスーザンが目を覚ますと、ティモとマッティが小屋の外のピクニック用テーブルで朝食中で、髭ぼうぼうのままむすっとした表情をしていた。私たちが自分のパンケーキと卵を持って加わり、腰を下ろすと、「試錐孔に測定器を持って行かれた」と、ティモが言った。二人の測定器は試錐孔にひっかかってしまい、回収できないのだという。一二〇メートル下にあって、氷にひっかかっているにちがいない。その朝早く、掘削作業員は水を使わずに氷をドリルで除去しようとしたが、できなかった。永久凍土より下の水か大気中の水分か両方かの水蒸気が試錐孔のいちばん冷たいところで凝結して氷の栓を作ったのだと思われた。これ以上雑用水の試料は採取できず、すでに得ている試料も掘削用水でひどく汚染されている。今の段階でできることは、二〇〇七年早春の掘削作業計画を立てて、メイジャー・

ドリリング社が掘削設備を新しい作業地へ移動させなければならなくなる前に氷の栓を取り除くのを試みることだけだった。ドリルによる氷の除去がうまくいけば、試錐孔をパッカーで隔離して、長期的な永久凍土より下の微生物群集の監視が行なえるだろう。

ダン・マッゴーワンとアダム・ジョンソンという、私やリザの研究室の大学院生が前日、一週間分の水試料採取を始めるために飛行機で到着していたが、二人はもう荷造りをして予定よりもはるかに早く帰国しようとしていた。ダンはルピンの第二試料のDNA分析について途中経過報告をしてくれた。細菌が優勢な微生物群集は検出されていたが、メタン菌はなかった。この発見は、ショーン・フレープの研究室で得られたメタンの同位体データとも整合するようだった。[56] 優勢な系統は、南アフリカの同程度の深さで見つかったのとよく似ていた。16S rRNA遺伝子ライブラリは嫌気性硫黄酸化生物とSRBがこの群集には優勢だということを示していた。永久凍土の下にリフンが南アで見ていたのとよく似た硫黄循環環境があるということになる。しかし私たちをしびれさせたのは、この亀裂地下水にはミリリットル当たり一〇〇個ほどの細胞しかないということだった。[57] 南アの同じ深さの亀裂地下水でふつうに見つかったのや、ペダーセンがスウェーデンの亀裂地下水で見つけていたのと比べると一〇〇〇分の一の密度だ。それでもこの密度はボストーク湖の氷のコアで報告されたものには匹敵する。[58] これは、重要な栄養分か電子受容体の流れを厚い氷河の氷と永久凍土が制限しているということなのだろうか。そうだとすると、初期火星の氷雪圏の下にあったかもしれない生命圏について推定された規模はどれも再計算が必要になるだろう。あるいは、もしかして大半のバイオマスは鉱物の表面に付着していて、温度が高いほどそうなるということか。何と言っても、シベリアの永久凍土の堆積物にはグラムあたり10^8

個の細菌細胞があり、[59] グリーンランドの表面から三〇〇〇メートル以上下の氷床の基底にあるシルト氷にはグラムあたり10^7個の細菌の細胞が見つかっている。[60]

この問題に答えるために、スーザンは私たちがハイ湖で採取したコアの分析に集中した。加熱のおかげで、掘削用水に含まれる細胞は、通常ミリリットルあたり一〇〇万単位で予想されるところ、ミリリットルあたり一万未満だった。蛍光微小球とPFCのトレーサーも機能していて、コア表面の掘削用水による汚染で一〇〇〇分の一までの減少を明らかに示していた。コアの直径が小さくて剥離できないので、当初のPLFA分析はコア全体をつぶすことによって行なわれた。結果、このコアは岩一グラムあたりおよそ一〇万から八〇万の細菌細胞相当だということを示しているらしかった。そのうちどれだけが表面の汚染によるかを推理するために、スーザンはコアを脂質を抽出するのに使っているのと同じメタノール＝クロロホルム溶液に短時間浸し、それからコアを砕いてあらためて抽出した。結果は目をみはるものだった。一つの試料を除くすべてがグラムあたり約一万という検出限界以下で、その例外コアでさえ、一グラムあたり三万しかなかった。[61] $^{35}SO_4$の放射能写真から、スーザンが表面の滅菌処理をした後でもコアの内部で硫酸塩の還元が生じていることを明瞭に探知できた。しかしそのコアのDNAはまったく増幅できなかった。[62] コアが永久凍土のものか、永久凍土の下のものかは問題にならなかった。この結果は、永久凍土の打撃を受けた岩でのバイオマスが低く、永久凍土より下の水のバイオマスも低いのだろうということを示す。

おそらくそこで止まっておくべきだったのだろう。しかしティモは測定器を試錐孔から回収したがっていて、私たちはまだ試錐孔にパッカーを下ろして地表に水を引き上げるというアイデアをあきらめていなかった。何と言っても、火星への有人飛行時もそういうことをしなければならないだろう。四五〇メートル下から水を汲み上げられるだけの試錐孔用電気ポンプはなさそうだった。あったとしても、水を凍らないようにしつつ、上まで続くチューブを密封しておく方法ははっきりしていない。ショーン・フレープが鉱山会社にパッカーを提供するコンサルティング会社に連絡して、この問題の解決策があるかどうか問い合わせたが、永久凍土の下から長期的に水の試料を採取しようと思った人はいないということだった。私は米陸軍の寒冷地研究・開発研究所に助言を求めて連絡してみた。[63] こちらにも案はなかったが、答えが見つかったら教えてくれと言っていた。何時間もメールや検索で成果もなく過ごした後、そもそもしておくべきだったことをした。スーザンとトミーに話したのだ。二人はLBNLの研究員で、トミーとスーザンともテキサス州での二酸化炭素注入実験を一緒にしたことがある、バリー・フライフェルドに連絡するよう勧めた。このバリーがU字管《ユーチューブ》という試錐孔の深いところにある水の試料採取用器具を開発していた。この巧妙な装置は二本のソーダ水のストローを長くして、それを試錐孔の底で合体させて一本にしたようなものだった（図9・9）。二本のストローが合体するところに小さな逆止弁がついている。この装置を地下水面あるいはパッカーより下に沈むまで下ろす。水は二本のストローを、最大の高さに達するまで上がってくる。この最高の高さが地表からはるか下、試錐孔用ポンプの限界より下という地層が多い。バリーはストローのそれぞれのてっぺんに二枚の弁をつけ、一方は高圧ガスボンベにつなぐ。もう一つは出口用の弁になる。それから両方の弁を開けて、ガスを入れる。本人はドライブレグと呼ぶストローに対するガス圧は下の逆止弁を閉じさせる。すると二本のストローの水が上がってきて、開いた出口バルブにつながる、バリーの言う試料レグのストローから、二本のスト

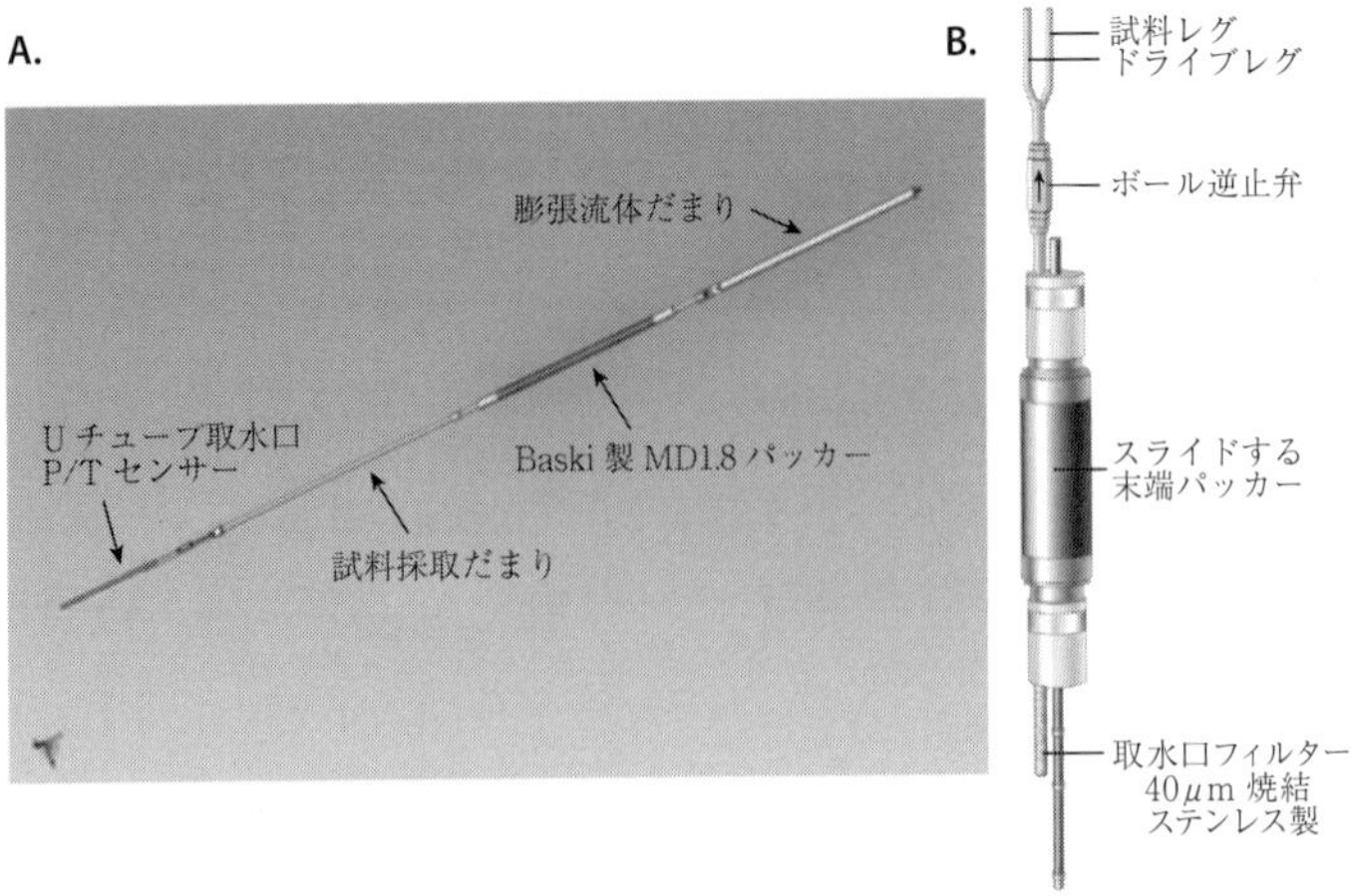

図9・9　A. ハイ湖、試錐孔底装置。構成は下から上へ（図では左から右へ）。B. Uチューブ試料採取器の図解。試料収集貯水部がUチューブの「U」の部分をなす。これは今も現地にあり、試錐孔の中で凍っている（Freifeld 2008より）。

ローをガス以外のものが流れていないようになるまで出てくる。バリーがガスを止めると、下の逆止弁が開いて水が二本のストローを上がってまた押し出されるのを待つ。バリーはそれを電話口で説明して、論文を送り、少しずつ解説してくれた。シンプルで、優美で、発電機も要らない。

　バリーはそれまで北極地方を調べた誰も解決できなかった問題の答えを得ていた。Uチューブに二つの修正を加えるだけでよかった。まず、電熱保温《ヒートトレーサー》テープを二本のストローの外側につけて、水が凍って詰まるのを防がなければならなかった。もう一つ、被覆した光ファイバーケーブルをストローの一方に縦に走らさなければならなかった。このケーブルは温度変化に感度があり、一メートル弱の解像度で、レーザー光をケーブルを下へ進む間に散乱して上に戻って来るレーザー光を検出することによって温度を測定できた。この分布型温度センサー（DTS）が私たちの応用の決め手だった。私たちはヒートトレーサー・テープに十分な電力を与えてチューブが凍り付かないように、それでも二五℃は越えないようにしなければならない。私たちは前もってUチューブ上のどこがホットスポットで、どこがコールドスポットかはわからなかったので、非常に細かい温度「針」を並べていた。最後に、Uチューブの下に、圧力変換器、温度センサー、伝導率測定器をつける。TROLLは試錐孔センサーで、温度、伝導率、圧力を監視する。その圧力変換器は水がどれだけの速さで試錐孔に流れ込むか、したがって掘削した断層区域の透水性を知らせる。バリーがUチューブを作って配置し、試錐孔を永久凍土の下の観測所にするための資金をNAIに戻って要請するのはリザに任された。

Uチューブと永久凍土

——カナダ、ノースウェスト準州イエローナイフ、エクスプローラ・イン、二〇〇七年七月二三日

二〇〇七年七月二三日、私が最後にハイ湖へでかけてから一年近く経っていた。その間、リザはバリー用の資金を確保し、バリーは初の永久凍土Uチューブのために必要な備品を得ようとLBNLの調達部門とやりあっていた。そうしてその備品をハイ湖へ輸送した。バリーと私はイエローナイフのエクスプローラ・インで落ち合った。何人かの学生もいて、私たちだけで飛行機は満杯だった。翌日は快晴で、用具をツインオッターに詰め込むと、北のハイ湖に飛んだ。イエローナイフを出て約一時間、ノートパソコンから眼を離して見上げると、飛行機が両側の地平線にまで延びる薄い雲の中にまっすぐ飛び込んで行くのがわかった。意外にもパイロットは上昇せず、視程を得るために降下した。その対策はしばらくうまくいったが、すぐに低くなりすぎて、『博士の異常な愛情』のスリム・ピケンズの言う「こ

れ以上低く飛ぶなら橇なみに鈴が要るぞ」ということになりそうだった。(64)パイロットは地形に沿って飛び、谷の茂み、湖、岩だらけの峰を出たり入ったりし、左右に旋回してそこここの岩棚を避けた。翼の先が地面に触れて、私たちは風車のように放り出されて悲惨な結末になりそうに見えた。しかしこのパイロットは実に優秀で、二時間の間、谷に入っては出ていった。私は自分たちがどこにいるのか、パイロットがどうやって自分のいるところを知るのか、さっぱりわからなかった。突然、ボーリング機械の櫓が突き出ている峰を越えたかと思うと、眼下にハイ湖が見えた。そしてパイロットは飛行機を湖に下ろした。到着。ドックに向かい、パイロットがエンジンを切ると、私は耳栓をはずし、外のドックに下りた。私はパイロットの方を向いてお礼を言うと、パイロットはそんなことを言われたことがなかったようで、感動していたとは言わないまでも、ちょっと驚いていた。

ウルフデン社を引き継いだジニフェックス社勤務の新しいキャンプ管理人が迎えてくれた。私はこの管理人に滞在を認めてもらったことに感謝し、イエローナイフからの飛行がどれほど幸運だったかと話した。管理人は私に、このキャンプの運営は運の問題ではないことを説明した。「私たちはこのくそ沿岸地帯にいて、このくそ沿岸の天気で、だから飛行機がイエローナイフを離陸する前にこのくそに着陸できるようにしておくんですよ。でないと一万ドルの損害です」。言いたいことはわかった。北極地方で鉱山キャンプの管理人をするのは明らかにストレスのかかる仕事ということだ。キャンプを成り立たせて経営するために多くのプレッシャーがかかり、スケジュールに遅れ、今度は科学者の面倒を見なければならないのだ。

沿岸性気候の希望の兆しは、蚊には住みにくいということで、私たちは防虫ネットや防虫手袋を着ける必要はなかった。私たちは食堂へ行って、ヘリコプター操縦士のクリスと、バリーの装備や発電機を掘削地点まで吊して運ぶことについて打合せをした。クリスは私たちをネイソーの連中と呼んでいて、[65]滞在中はその通称がついてまわった。ヘリの調子が悪いが、翌朝までには修理するとクリスは言った。私たちは掘削地点まで歩いて上がった。峰のところは去年ここを出たときとあまり変わっていなかった。ボーリング機械の台はまだあり、木製の小屋がデッキにひっかかっていて、櫓は峰の方にのしかかるように傾いていた。前の年にコアの記録のために使った小さな木造小屋は、今はバリーがＵチューブの孔底測定器群《ボトムホール・アレイ》（ＢＨＡ）の監視に使っていた。翌朝、クリスはバリーの備品を峰まで運び上げ始め、掘削員は動力を機械につなぎ、ポンプや湖からのホースをボーリング機械につないだ。あいにくブルーノはおらず、掘削に関する賢者の助言はくれなかったので、新しい掘削員とあらためて友好を結んだ。バリーと私はＢＨＡを木箱から取り出し、地面に並べにかかった。その一部がクローム色の、弾丸の形をした測定器、ＴＲＯＬＬだった。別のところには長さ一・八メートルのゴムで覆われたパイプがあり、これは膨らむパッカーだった。さらに別のところには二・七メートルの銀色の円筒があり、そこにはパッカーを膨らませるのに使う、ポリプロピレン・グリコール、要するに不凍液のタンクがあった。もう一つ、銀色のパイプがあって、それが配線を保護するために装置全体を覆っている。バリーと私がＢＨＡの組立を始めると、チームの他の面々は二台の木挽き鋸に載せられたパイプの五か所のリールを調えた。[66]このリールは長さ一八〇〇メートルのステンレス管用で、そのうち二つのリールはＵチューブ、つまり試料レグ用とドライバーレグ用で、三つめはＴＲＯＬＬの上に乗る膨らむパッカー用。残りの二つはヒートトレーサー・テープ用とＴＲＯＬＬのケーブル用だった。同時に、クリスは私たちの頭上を飛んで銀色の一九〇リットル入りヒータータンクを三つ吊り下げて運んでいた。掘削員が掘削用水を温められるようにするためのものだった。私は蛍光染料を水に加え、氷を貫通した後の、永久凍土より下の水の掘削用水による汚染を追跡できるようにした。水温を確かめると九〇℃あり、取水口の孔の湯気がドリル台の上に立ち上った。午後二時には、掘削員は三メートルのロッドを一九本つないで試錐孔に下ろしていたが、刃先はまだ氷にはぶつかっていなかった。バリーは今度はTROLLをUチューブ装置につないでいた。TROLLの先に水のフィルターを取りつけ、浮遊する泥がUチューブを塞がないようにした。アダムとランディはヒートトレーサー・テープを取り出すと、色つきのテープを二五メートルごとにつけて、BHAが試錐孔に下ろされたときの深さがわかるようにした。BHAは午後六時に完成して、私たちは夕食に向かった。

その後、歩いて現地に戻ると、掘削員が少々騒いでいた。孔の一二八メートル下で氷を突き破って、水の循環がなくなったという。熱湯を循環させて掘削ロッドが孔の内張に凍って貼りつかないようにしているので、これはいいことではなかった。結果を待つ間、バリーはBHAのチューブをパッカーに接続して、パッカーを膨らませた。完全には膨らませず、何も漏れていないか確かめた。それから接続をTROLLとTROLL動力伝達ケーブルに分け、出力をノートパソコンで確かめた。TROLLは目覚め、データを送り始めた。BHAはローレンス・バークリーからの長い旅を乗り切ったらしい。その間、掘削員チームは水の循環を回復して、索に新たに掘削ロッドを加える作業を再開した。私たちはやっと下に降りて眠った。

翌朝はいつものように三時半頃に起きた。どうやら私の南アフリカでの概日リズムは、二四時間ずっと昼の北極地方にも影響されていないらしい。コーヒーはまだまだ先だ。今度のキャンプ料理人は朝のコーヒーを、夜番が朝食にやって来る直前の七時まで出してくれなかった。それで私は掘削地点まで上って行って、夜番のところで仕事ぶりを見た。するとまた作業が止まっていた。どうやら一晩中氷を掘っていて、何かが刃先にひっかかったらしい。それが何か確かめるためにロッドを引き上げ始めていた。「ティモの伝導率測定器だろう」と私は夜番の掘削員の一人に言った。七時になって食堂で一杯めのコーヒーを飲んでいると夜番の掘削員が姿を見せ、私の前のテーブルに黒いケーブルを放り出した。それを調べると、測定器がなく、ワイヤーのすべてでもなかった。孔にはまだケーブルがあるにちがいない。どういうわけか測定器が孔のずっと下でひっかかって、ケーブルが凍って孔全体にわたって側壁に貼りついたにちがいない。これはまずい。掘削員は昼番がロッドを試錐孔に戻し始めていると教えてくれた。

朝食後、アダムと私はコア置き小屋に上って前年に残しておいた水試料採取用の実験機材の荷ほどきをした。トランシーバーががりがり言い始めた。掘削チーム主任からだった。問題が起きていた。私たちは北から吹きつけるみぞれ交じりの嵐の中、現場へ上って様子を見た。主任は氷の掘削を再開した後、ドリルのパイプがその場で凍りついたと説明した。地下二一〇メートル余り、永久凍土の半ばあたりで、まだまだ内張があるところだ。どうして凍結したりしたのだろう。ヒーターの一つがこれまでの一二時間の間に、掘削パイプを上げたり下ろしたりしているうちに、ときどき故障していて、試錐孔を循環する水が完全に温められていなかったことに気づいたのはバリーだった。温度は刃先とロッドが内張に凍って貼りつかないようにしておけるほど上がっていなかった。今は湯がロッドを循環できず、一分経過するごとに、放水地点がロッドの上の方に上がり、掘削パイプ列を永久凍土に固く封じ込める。掘削チーム主任はすぐにドリルの刃先を緩めようとした。ドリル用モーターの回転数を調節して、ロッドをつないだ。ドリル台は振動したが、ロッドは動かなかった。主任はもう一度試み、今度はドリル台が私の足下で小さな地震のようにずれた。ロッドが動くのが見えたと思った。「もう一度やりましょう」と私は言った。主任はエンジンの回転をさらに上げ、ロッドをつないだ。今度はボーリング機械が持ち上がり、跳ねたが、ロッドはやはり動かなかった。他の人々は壊れた温水器を修理していて、ホースを掘削ロッドに押し込み始めた。主任はロッドの下に十分な熱をかければつないだ掘削ロッドを解放できると思っていた。しかしその表情から、そう楽観もしていないことがわかった。バリーと私はＢＨＡの作業を続け、掘削チームは掘削ロッドに湯を流し込んでいた。ときどき掘削員チームはドリルのモーターを始動してはロッドを動かそうとしたが、きつくひっかかっているらしい。

六時間後、私たちは下に降りて、フレープの研究室から来た一団を迎えて夕食になった。一行は別の試錐孔で氷の下まで融かそうとして時間をかけたが、これまでのところうまくいっておらず、テーブルに自分たちの設計の概略を描いた。八五〇ワット〔一馬力強〕のポンプにつないだ銅管を温め、氷が解けるとポンプは排水して試錐孔のさらに下へ沈むという。バリーは図解を見て、首を振った。それではうまくいかないことがわかっていたのだ。バリーというのは、能力と自信がn乗《パワー》されていた。現場で一緒に作業する最後の三日で、私はバリーが自分のしていること、しなければならないことを正確に知っていることを納得した。「それほどの動力《パワー》を孔に下ろしても動かせない」とバリーははっきり言った。私は掘削チームにボーリング機械での状況を説明して、永久凍土の下の水を採取するために唯一期待できるのは、掘削パイプを解放することで、これには塩化カルシウム〔融雪剤〕を掘削用水に加える必要があることを伝えた。フレーブの学生は誰も孔に塩を入れたがらなかった。汚染でδ³⁷Clデータがめちゃくちゃになるということだったからだ。それは微生物学にとってもいい話ではないが、すでにバリーのUチューブをここまで持ってくるのに一五万ドル以上使っていて、それを使う現場から去る気はないことを言った。おまけに私は二〇〇メートル以上の掘削ロッドを恒久的に孔に凍り付かせたままだったのだ。ジニフェックスがそれについていくら賠償を求めてくるかわからなかったが、私のクレジットカード限度額をはるかに超えるだろうとは思っていた。Uチューブがきちんとセットされて機能すれば、塩化カルシウム水は時間をかければ排出できると言ってなだめようとした。それには翌年また来なければならないかもしれないが。私たちには他に手立てがなかったので、トランシーバーで掘削チーム主任を呼び出して、五人の落胆した顔を前に、融雪剤の添加を始めるよう伝えた。

翌朝、風が南からになって温かくなった。晴天で、蚊が逆襲しようと出て来ていた。三日も血を吸っていなかったのだ。早めの朝食の後、現場へ行った。掘削チームは一二時間融雪剤を入れていたが、一時間に数十センチずつしか進まなかった。氷が掘削ロッドを凍り付かせる速さに私は驚いた。私たちはリール用に大きな把手を作り、すでに一二メートルにもなったUチューブ装置を、ワイヤーラインを使って引き上げる方法について主任と話し合った。掘削員チームが掘削パイプを解放するのを待つ間、私は露出している堆積物を調べることにした。今回の調査で当初から明らかだったことの一つに、ゴッサンは活動層の下の永久凍土にまで延びていないことだった。衛星画像で見えるような鉱物の変成はすべて地表から一メートルもないところに限られる。その深さの酸性の土の下では、苦鉄質の変成岩がまだ新しく、変化していなかった。ゴッサンは上のコア置き小屋側の湖に始まってハイ湖に流れ下る沖積水路を形成した。その水路には、赤い、水酸化鉄の泥のような基質と混じった新しい岩の目の粗い塊があった。火星のイーグルクレーターで探査車オポチュニティが報告していた、「ブルーベリー」と呼ばれる球形の赤鉄鉱コンクリーションは見つからなかったが、粗い粒子の赤鉄鉱や磁鉄鉱は、風化した岩石の外殻に豊富に見ることができた。ブルーベリーができる仕組みを概念的に立てると、地下水の移動がからんでいて、似たような形の赤鉄鉱コンクリーションはユタ州南部のナバホ砂岩層で報告されていた。つまり、ブルーベリーに地下水がどうかかわるかについては、あるいはオポチュニティ・チームは正しいのかもしれない。しかし、スティーブ・クリフォードによる火星の氷雪圏モデルについての私の直感的理解は、氷雪圏の下のみに地下水を認めていた。

しかしハイ湖ではゴッサンに対応する地下水がなく、雪解け水と、今日のような乾燥した日に挟まれた夏の雨による泉からの活発な地表水だけだった。土の割れ目は主要水路の至るところにあった。ときどき緑藻の小さな斑も見えたが、ゴッサンにはそれ以外の植生はなかった。水路の縁には、地衣類や菌類の厚い、黒い絨毯が織り上げられ、数ミリほど土の中に食い込んでいた。ねばねばした鋸の歯のような構造があり、それが実は水路の堆積パターンを形成していて、この絨毯があるところには土の割れ目はなかった。私は慎重にナイフを使って菌類のマットの一部を切り出し、それを遠心管に押し込んだ。地球の表面が始生代にはこんなふうに見えていたのかなと思った。藍藻類が酸素を大気圏に送り込み始めると、硫黄分や鉄を酸化する細菌がここにあるような堆積物を地球全体で生み出すようになったにちがいない。たぶん火星もかつては似たような生物によるマットがあったのだろう。

午後八時半、夜番の掘削チームがトランシーバーで私を呼び出した。掘削ロッドが解放されたというので、私は確かめに掘削地点へ上って行った。まだ掘削パイプからワイヤーラインを使ってホースを取り出そうとしていた。やっとすべて取り出すと、チームは、これから二時間、塩化カルシウム入りの湯を掘削ロッドに循環させてから、掘削を再開すると言った。私は午前四時半に戻り、その頃には作業員が氷を三〇メートルほど掘り抜いていた。午前一〇時、掘削は二八五メートルまで進んだが、ティモの伝導率計関連のものは見つかっていなかった。私は真夜中には永久凍土の底に達するなと推定したが、午後九時、深さ三五〇メートルのところで、水ポンプも油圧ポンプもいかれた。夜番は必死に修理作業をしたが、孔に塩水が入っているのでロッドが凍ることは心配する必要はなかった[67]。午前七時、晴れた日曜の朝、掘削チームは深さ四〇〇メートルに達していて、それでも固い氷に遭遇した。正午には深さ四四三メートルで、永久凍土の底の釣りをしていた。まずロッドを一メートル近く引き上げ、一時間保持し、それからロッドを落として氷にぶつかるかどうか調べるのだった。午後早くに四九〇メートルに達する頃には、抵抗は検出されなくなった。私たちはとうとう氷を掘り抜いたのだ。

私たちは二時間水を循環させて、まだ穴の底に落ちているかもしれないティモの測定器のワイヤのかけらをすべて上げることにして、ロッドを引き上げにかかった。私は塩分汚染の別個のトレーサーとして、蛍光を発するフルオレセイン染料をもう一回分加えた。午後一〇時には、ロッドが試錐孔から出されていた。すぐにかからなければならなかった。私たちは孔から水を掻き出してはいなかったが、ロッドが引き上げられた後、水位は相当に下がっていて、私は深さ一二〇メートルあたりに空気中の水分が凝結して氷の栓ができて（前年の夏にあったこと）Uチューブの配置を妨げるのを心配していた。私たち七人と掘削チームの一人はUチューブをそっと取り上げ、ボーリング機械の表面に運び、先端を装置の方へ送り込むと、別の掘削員がそれをワイヤーラインに留めた。私は梯子を急いで昇って「カラスの巣」へ行き、Uチューブの上端をつかむと、バリー、アダム、ランディがそれを下から押し上げる。主任がワイヤーラインのたるみを直した。バリーはUチューブを試錐孔の開口部から下ろし始める栄誉を得た。掘削チームは、Uチューブの上端が試錐孔に達するまで、ワイヤーラインを繰り出した。Uチューブをパイプレンチで固定すると、ステンレスの管、つまりTROLLを接続し、ボーリング機械の背後の壁に巻き込んであったヒートトレーサーのワイヤが私たちのところに送られていた。私はワイヤーラインを外し、パイプレンチを外した。Uチューブは今やステンレスの管からぶら下がった状態で、私たちはステンレス管を使ってそっとUチューブを標的まで下ろし始めた。アダムとランディはチューブとワイヤをボーリング機械の後ろから引き出した。色つきテープからパッカーが四九〇メートルに達したことがわかった時点で止めた。パイプとスチール線を使ってUチューブを試錐孔のてっぺんにくくりつけた。

ここが正念場だった。私は高圧の窒素ボンベをパッカーのステンレス管につないだ。バリーが発電機のスイッチを入れると、ヒートトレーサーの加熱が始まった。それから木造の記録小屋に入ると、永久凍土層の温度をDTSで測り、TROLLでパッカーの下の圧力を測った。私はガスをパッカーに送り込んだ。下で膨らんでくれることが望みだ。それから別の高圧窒素ボンベをステンレス管のドライブレグにつないだ。小屋の窓越しにバリーの方を見ると、バリーは親指を上げて見せたので、私は弁を開けてドライブレグにガスを送った。窒素ガスが管に流れる音が聞こえた。TROLL温度はマイナス〇・

六℃を示していた。これは冷たいが、融雪剤入りの水にとっては氷点下ではなかった。バリーがTROLLの圧力が二四〇〇キロパスカルから一五〇に下がったと叫んでいた。逆止弁が閉じた兆候だった。私は排出口バルブを保持して、それを巨大なプラスチックの瓶に向けると、突然、緑の蛍光を発する濁り水がバルブから噴き出し始めた。私は瓶を次々と満たした。緑の水を一一リットル採取したところで、試料採取管がぶしゅぶしゅ言い出したかと思うと、乾燥した窒素が最後の数滴をびゅっと押し出した。バリーがやって来て、ドライブレグへの窒素ガスを止め、私は試料バルブを閉めた。今度はUチューブを再び満たすための水が試錐孔内に必要だった。私はバリーが言っていた通りに作業した。私たちはここにUチューブを、冬の間チューブが凍ってしまう心配をせずに残しておくこともできた。高圧の窒素ガスを満たしておいて乾燥したままにしておけるからだ。

その後の三日間、一同はさらに五つの、合計六〇リットルの試料を採取し、緑色の蛍光染料が淡い黄緑色になりはじめると、突然、水が取れなくなった。TROLLの温度は六℃という前年の温度に近いところまで上がっていたが、上側二五〇メートルのチューブの温度はまだマイナス二℃未満だった。バリーは発電機からの出力を最大にまで上げた。今や一メートルあたり二〇ワットがワイヤを流れていて、それは温度をわずかながらマイナス一・八℃まで動かした。しかし、TROLLは地層水が塩化カルシウムを薄めるにつれて水の塩分濃度は下がっていて、その氷点は今やマイナス一・三℃になっていた。バリーはその後、温度縦断面のモデルから、深さ一四〇〜二〇〇メートルでは、熱伝導率は周囲の岩の五倍あると計算した。[68] コアの記録によれば、それは鉱山が硫化物地帯を掘り抜いていた深さだった。硫化物は熱伝導率が高く、私たちが出す熱をチューブから奪って岩に移す。それに対しては、私たちは備えていなかった。

ヒーターテープを断熱材で囲っていれば、この方法もうまくいっていたのだが。しかし断熱材は持って来ていなかったし、メイジャー・ドリリングがボーリング機械を撤去する前に断熱材を入手するすべもなかった。しかしバリーはDTSから、現地の熱伝導率構造と古温度履歴を決定できるほどの見事な量のデータをダウンロードしていた。北極地方で記録された中では最高の試錐孔温度データ集だった。さらに重要なことに、私たちは永久凍土を掘り抜くに至ったときにうまくいかないことや、火星で機能させるのに必要なことも知った。次の二日間、私たちはすべての用具を荷造りし、次のイエローナイフへ戻るツインオッターの便に乗った。あいにく、またしてもまともな微生物試料はなかった。出発前、ビデオ撮影担当者がアニメの火星人マーティをあしらった方向標識を作って食堂の外側の柱にぶらさげた。「火星まで七八〇〇万〜三億七八〇〇万マイル」(図9・10)。

冬の間、ショーン・フレープから、塩素の同位体δ^{37}Clについての分析が、私たちが細心の注意を払ったにもかかわらず、二〇〇六年に採取したものさえ、元の試錐孔を作るために使われた掘削用塩水で汚染されていることを示すという報告があった。それでも、私はバリーのUチューブがグリズリー以外に守る者がなくてもあそこにあるかぎり、あきらめることはできなかった。私は自分たちがチューブを引き上げ(試錐孔は氷で詰まっているので難しい)、断熱し(これは簡単)、またそっと戻す(あまり易しくはない)ことができると思っていた。それについては掘削作業員は必要なく、力仕事と宿営地があればよかった。一月にはサンダーベイにあるジニフェックスの事務所へ出向き、二〇〇八年の夏に私たち用のスペースを貸してくれるよう申請したが、断られた。ウルフデンのときのような私たち「ネイソー連」を助けようという気は、こちらにはなかった。

北極地方の永久凍土の下に隠れた宇宙を解明しようと四度の夏を経た後、私たちは凍った岩を掘削する場合の手強さに健全な敬意を育てていたが、相当の知見も得ていた。第一に、永久凍土の下のバイオマスの可能性は、永久凍土ではないところの似たような深さのところで見られたものよりずっと低いということ。これが現地の氷詰めの岩ではエネルギーや養分の流れが少ないことのせいかどうかの答えは出ていない。もう一つは、ウォバー語を借用すれば、ロボットあるいは人間の火星飛行が永久凍土を数キロ掘り抜いて、火星の生物を含む十分な量の液体試料を採取する「雪玉のチャンス〔「ほぼゼロ」を意味する言い回し〕がある」ということ。凍った岩をくぐって液体を取り出すことの難しさとバイオマス密度が低いことの組合せは、かつて一九九六年、NASAの最初の火星掘削研究会に参加したときには、私たちのレーダーにはかかっていなかった。

図9・10　ジニフェックス社のハイ湖採鉱キャンプに残された火星人マーティの標識。2007年夏（Liza Pratt 提供）。

第10章　地下の線虫

突然、巨大な首が突き出てきた。プレシオサウルスの首だった。巨獣は瀕死の重傷を負っていた。巨大な甲羅はもう見えなかった。長い首だけが立ち上がり、倒れ、また立ち上がり、また崩れ、巨大な鞭のように波を起こし、半分に切断された芋虫のようにくねっていた。水が相当遠くまで散っていた。私たちは何も見えなくなるほどだった。しかしまもなく、この恐竜の断末魔も終わり、動きが弱くなり、よじれも収まってきて、蛇のように長いものが、生命のないもののように静まった水面に横たわっていた。

――ジュール・ヴェルヌ『地底旅行』(1)

火星は深く掘らない――カリフォルニア州NASAエイムズ研究センター、二〇〇八年三月二三日

二〇〇八年三月、NASA宇宙生物学研究所（NAI）はNASAエイムズ研究所で、火星にあるかもしれない深部生命圏探査に関する研究会を開いた。そこで私は凍った岩を数百メートル掘り抜くことに失敗した話をまとめた。この研究会の雰囲気が、一二年前にジェフ・ブリッグスが主宰した研究会とまったく違っていることに私自身が驚いた。ケーブルプラズマ掘削のような新技術によって、氷雪圏の掘削は可能だろうといった素朴な楽観論は消え、逆に、各発表はドリルの刃先、打撃法、回転方式など単純な話に集中していて、そのいずれも二メートル以上の深さには達していなかった。この深さは宇宙線の破壊的影響力が有機物生物指標《バイオマーカー》に及ばないための最低限の必要条件となるだろう。[2] 提案されている新しい、安い、速い、うまい選択肢は、新しい衝突クレーターに地上探査車《ローバー》を送り込むことだった。新しい隕石の衝突は、火星の表面で、マーズ・グローバル・サーベイヤー軌道周回機によるそれまでの一〇年の活動で調べられていた。[3] もしかすると、深さが一〇メートル、ひょっとすると一〇〇メートルに達するクレーターも見つかるかもしれない。しかし核爆弾でも使うのでなければ、何キロという氷雪圏の下に達して、私たちが知っているような生物が現存しているのを探すことはできないだろう。[4]

いくつかの深部掘削方式の解説に続いて、将来の惑星保護（PP）問題がキャシー・コンリーによって発表された。コンリーはジョン・ルメルの後のNASA惑星保護局長だった。このPP問題の大筋も、一九九六年の会合で話されていたことからすると大きく変動していた。当時は火星から『アンドロメダ病原体』風の火星の病原体が持ち帰られて地球が汚染されることとの懸念に力点があった。しかし二〇〇六年、全米研究評議会（NRC）は、地球、とくにNASAの宇宙船による火星の汚染に関する報告を出した。[5] この報告は、NASAが宇宙船を滅菌するために用いていた手順や微生物汚染検査についてきわめて批判的だった。同報告は惑星保護局を火星探査計画の道筋の中に入れた。計画には他にも多くのロボットによる野心的な地表探査があったが、かつてバイキング計画について用いられた程度の滅菌を実行するための十分な予算もつけていなかった。火星探査計画分析グループはこの報告に、もっと具体的に、地球の極限環境生物の生理学の理解に基づいて応答した。火星では、地球の微生物が密航して生き延び、繁殖までできる「特別な領域」があるという。また、火星で生命を探すことは、「私たちが知っているような生命探しなので、その「特別な領域」は、火星の生命が今なお存在するかもしれないところということでもあった[6]。NRCの報告は、その特別な領域は、宇宙船が非常に高い滅菌条件に適合しないかぎり、実効的に立ち入り禁止にすることを勧告した。火星の氷雪圏より下の部分は明らかに特別な領域であり、人間によろうとロボットによろうと掘削調査が氷雪圏を貫通できるとしても、汚染されたり、悪くすれば火星の生命圏を地球の微生物の侵入でだめにする危険があったし、今もそれは大きすぎると見られている[7]。

最後に、ニューメキシコ工科大学の宇宙生物学者ペニー・ボストンが、超小型ロボット探査機を使って火星の洞穴の様子を記述することができるのではないかという提案を行なった。確かに洞穴は存在する。火山のカルデラにいくつか見つかっているからだ（図10・1）。実際、アメリカで最も深い洞穴はハワイ島にある溶岩チューブ〔溶岩が固まるときにできる隙間が続いたところ〕だ。火星は太陽系最大の死火山オリンポス山があり、火星の重力が小さいため、安定した溶岩チューブが深部まで延びることができるだろう。惑星保護の問題を措くとすれば、洞穴は宇宙飛行士に格別の機会をもたらす。その発表を聴きながら、私はルピン金鉱の氷の坑道のことを懐かしく思っていた。火星を深く掘ることに関する合理的な

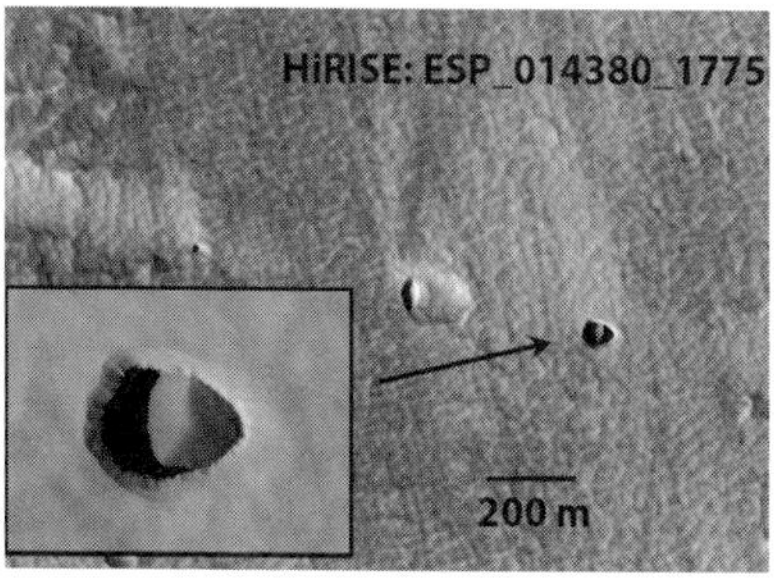

図10・1　火星のアーシア山――南緯2.27度、東経241.90度――の北東、地殻がふくらんだところにできたとされる陥没孔。HiRISE画像、ESP_014380_1775. 画像はNASA/JPL/University of Arizona (from Cushing 2012) による。

悲観論をふまえれば、ペニーが正しいことを認めなければならなかった。

火星宇宙生物学者、レチュギヤ洞窟に入る

——ニューメキシコ州カールスバッド南西三〇キロ、一九九四年二月

一九九〇年一月、ペニー・ボストンは、フロリダ州オーランドーで、第一回国際深部地下圏微生物学会に出席していた。[8] 地下圏微生物学に関する資金提供者や研究活動を探していた。クリス・マッケイとペニーは、火星の氷雪圏の下にあるかもしれない生命圏についての理論を研究していた（二人はコロラド大学ボールダー校の大学院出身だった）。クリスはNASAエイムズ研究所に入って地球外生物学を熱く追っていた。ペニーはコロラド州ボールダーにあるNASAの請負業者コンプレックス・システムズ・リサーチ社の研究部長になっていた。このときの学会では、ミハイル・イワノフという、長年、ロシアの油田・ガス田の微生物を研究してきた人物に会った。オーランドー学会は、ペニー自身の地下微生物に関する考えを進めるうえで有意義で、一九九二年には、ミハイルとクリスとともに、火星の地下生命の可能性に関する論文を発表するに至った。[9] ペニーは地下圏生命の考えに魅了されていたが、深部生命圏への迫り方としては別の経路を選んだ。

洞窟は地球にもあり、火星のノアキス代にできたことも疑いない。[10] 洞窟形成の標準的な理論は、雨の中の炭酸が地下の石灰岩にしみ込んで、徐々にそれを溶かすと見る。ノアキス代の火星は二酸化炭素が相当に豊富な大気があったと信じられている。火星大気を、地表に水が存在できるほどに温めるための十分な温室効果が得られるには、そのことが必要だ。炭酸の多い地表水は炭酸の多い地下水となり、し

たがって洞窟ができる。溶岩チューブという形の洞窟もある。これは玄武岩質の溶岩が表面は冷えて固まっても、内側ではまだ溶けていて、流れ下り続けることでできる。上側の殻が崩れなければ隙間が残り、これが溶岩チューブとなる。火星の重力は小さいので、洞窟と溶岩チューブは大きく、広くなることもできる。ならば、洞窟の微生物学を調べればいいのではないか。

ペニーは本格的な洞窟探査を一九九四年二月に始めた。[11] レチュギヤ洞窟への五日間の旅だった。レチュギヤ洞窟はアメリカでは最も深い石灰岩洞窟で、カールスバッドの南西三〇キロほどのところのカールスバッド洞窟群国立公園にある。レチュギヤ洞窟が知られるようになったのは、一九八六年、アマチュア洞窟探検家が、当時は深さ二七メートルのピットから入る比較的乾燥した小さな洞窟だったところで、そこに積み上がっていた石をかきわけて掘り当ててからだった。二〇世紀の初めには、肥料用にコウモリの糞が採取されていた。この採掘洞窟は、ガダループ山脈の南および東斜面に延びる峡谷沿いに無数にあった。私の家族はそうした洞窟には慣れ親しんでいた。第二次世界大戦中、父はシッティング・ブル滝そばの洞窟の中でフォードのトラクターを分解して、コウモリの糞を採取するための機械に作り直した。そうした洞穴がすべて地下の洞窟につながっているわけではないが、くだんの洞窟探検家たちは、積み上がった石から、あるいはその奥から風が吹くのに気づいた。それがレチュギヤ洞窟の端だった。たまった礫を取り除くと、最終的には全長二〇〇キロ以上にわたる巨大な室、池、通路が地下五〇〇メートルにまで達しているトンネルが見つかった。レチュギヤの壮大な石膏シャンデリアや方解石のムーンミルク[12]はカールスバッド洞窟群のものに匹敵する、あるいはそれを凌ぐものもあるが、レチュギヤはまだ一般に公開されていない。私は子どもの頃、カールスバッド洞窟群に行って、こうした複雑な地形が、戦略的に配置された照明によって浮かび上がる様々な色の水たまりの周囲にうねるのを、たくさん見たことがあった。洞窟は美しく、二〇世紀フォックス社がジュール・ヴェルヌの『地底旅行』を映画化したとき、その一部として撮影したほどだった。私はそれがどうしてできたか本当には知らないまま、目をみはり、ナイアガラの滝よりも高い、ビッグルームの天井に達するまで延びる巨大な石筍を見上げたものだ。私たちの洞窟巡りを案内するレンジャーはいつも、こんな洞窟ができるのには何百万年もかかると言っていた。その当時の洞窟形成の標準的な理論によれば、雨水の中の炭酸が地下の石灰岩にしみ込んでそれを徐々に溶かす。レチュギヤもカールスバッド洞窟群も、チワワ砂漠の北端にあり、ほとんど雨が降らない。降れば激流となって、谷からカールスバッドに流れ込み、その街路を水浸しにする。どちらの洞窟もペルム系のカピタンリーフ・コンプレックスの内側にある。現代のオーストラリア沖合にあるグレートバリア・リーフにも匹敵するものだ。洞窟入り口の峰に立って、南の、テキサス州南東部の平らで荒れ果てた平原を、ペルム紀の塩や炭酸塩の堆積物ごと見渡すと、自分が珊瑚礁にいて、ペルム紀の海底を覗き込んでいるように思ってしまう。

地質学者は巨大なレチュギヤ洞窟群が発見されるとすぐにその重要性を認識した。レチュギヤは細かい粒の水がしみ込みにくい堆積岩の下にある、背礁相と呼ばれる特徴の層にある。[13] 乏しい地下水が下の炭酸塩のところまで浸透するのを、この堆積岩が妨げた。地下水面の深さは四六〇メートル近くあり、米南西部の乾燥した地域としては珍しいことではなく、空気がその深さまで浸透していることを意味する。南方、東方での油田掘削はすべて硫化物の多い広い油田がカピタンリーフよりも深いところに存在することを明らかにした。石油を分解するSRBは、さらに深いところにあるペルム系の蒸発残留硫酸塩を還元し、[14] 硫化物のガスを生み出し、それが上のカピタンリーフに上がってきて空気と出会う。硫化物のガスは酸素と結合して硫酸を生み、これがその下の炭酸塩を溶かす。水がしみ込みにくい堆積岩の天井が、レチュギヤの華麗で繊細な洞窟《スペレオセム》石膏シャンデリアや硫黄堆積物を保護した。[15] これは上から浸透した炭酸の多い地下水がこの洞窟を形成したのではないということだ。石膏〔硫酸カルシウム〕は水に溶けやすい鉱物で、淡水の地下水には塩と同じようにすぐ溶ける。硫酸が炭酸塩の洞穴を作る主たる因子とする、いわゆる硫酸洞窟形成説が最初に唱えられたのは、一九六八年のデーヴィッド・モアハウスによる。モアハウスはアイオワ州ドゥビュークのクレバス洞窟という、鉛や亜鉛の硫化物が採鉱された地域にある多くの炭酸塩洞窟の一つを調べた。洞窟の水のpHは中性だったが、観察すると、自然の洞窟の大きさは岩石中の硫化物の量に比例していること、室や通路は深いところの方が大きく、地表近くでは小さくなることがわかった。これは標準の炭酸による洞窟形成説とはまったく合わない。水には高濃度の硫酸塩が含まれていて、洞穴の壁は水酸化第二鉄で覆われていた。モアハウスは、この洞穴で成長した、第一鉄を酸化して第二鉄にするガリオネラ属の細菌による大きな錆色のマットが、硫化物を酸化して硫酸を生成するのに関与したとまで唱えた。一九八一年、エーゲマイアーという洞窟学者がワイオミング州のロワーケイン洞窟[16]を調べ、同様の結論に達したが、こちらの場合には硫酸塩の由来は硫化物を含む鉱物ではなく地下水とされた。エーゲマイアーは硫酸生成に細菌が関与しているというところまでは行かなかったが、ケイン洞窟とカールスバッド洞窟群との類似は指摘していた。

　レチュギヤが生合成で地下世界を構築できることの壮大な例となるなら、微生物はその形成でどんな役割を演じたのか。一九八〇年代、藻類、菌類、細菌類は、ムーンミルクのような、洞窟にある小規模の堆積物の特色に寄与していると考えられている。この種の小規模現象を分類するために、「生物《バイオ》カルスト」という言葉が定義された。[17] 炭酸塩を作るには、生物は有機物を酸化して二酸化炭素を作らなければならない。それが炭酸塩の元になる。細菌は地下水流に乗って、あるいは寄生体や内部共生生物として何らかの好洞窟性《トログロフィリック》のトビムシ、[18]甲虫、蜘蛛、コオロギの類に便乗して洞窟に入る。コウモリによって運ばれたり、グアノの堆積物で洞窟の表面にたまったりすることもありうる。さらに、洞窟自体が呼吸できるので、風がそこに流れ込んで細菌と菌類の胞子を運ぶこともある。天気で外部の気圧が下がったり上がったりすると、洞窟は空気を吐き出したり吸い込んだりする。この風がレチュギヤ発見のきっかけになった。では生物はレチュギヤのどのあたりまで進んだのだろう。

一九九四年二月、ペニーがクリス・マッケイとキム・カニンガムに同行して人生を変える調査旅行に行ったときに浮かんだ第一の問題がそれだった。ペニーはこの調査に備えて、ボールダーで三時間の垂直上昇／下降岩登り講習を受けた。レチュギヤ探検がどれほど難しいか少しも思っていなかった。でなかったら、その程度の技能や経験で探検を試みたりはしなかっただろう。五日間地下にいる間は、自分は生き延びて地上に戻らなければならない、出たら決して戻ってこないと思い続けた。何とか自力で帰還はしたが、肋骨を折り、片方の目は鉄／マンガンの洞窟の土が入って腫れ上がって閉じていて（ふわふわした洞窟土に微生物がいることの最初の手がかりだった）[19]、足首はくじき、ピザほどもあるあざがあちこちにできていた。しかし傷が癒えるにつれて、自分が見たものの美しさや驚異の様子が甦り、そのとりこになった。自分はあそこで仕事をしたいので、安全に洞窟の旅ができるような学習をしなければならないことを認識した。三年後、ＮＭＴの生物学科の教員になってソコロに移った。そこでトム・キーフトに出会った。もっとも、二人とも一九九〇年オーランドーの転機となる地下生物学シンポジウムに参加し、発表もしていたのだが。ソコロへ移ったことで、その近くを南北に走るリオグランデ地溝帯沿いに分布する若い溶岩流にある多くの溶岩チューブの微生物学を調べる機会も得られた。

ペニーと同業で、アルバカーキーのニューメキシコ大学にいたダイアン・ノースロップ、デンバーのUSGS所属のキム・カニンガムは、レチュギヤの鉄、マンガン、硫黄を含む炭酸塩の壁の多くが糸状の微生物マットや菌類で覆われていることを発見した。それは、入り口から二キロ余り、深さは四六〇メートルのところまで、壁の至るところに黄色、赤、栗色のマットを斑状に形成していた。温かく湿った空気が洞窟系の底にある湖から昇ってきて、上の通路や広間の冷たい天井で凝結するところで、マットは最も豊富だった。それはすべて、コウモリ、昆虫、入り口からの洞窟の呼吸にも届かないところで起きていた。レチュギヤ内部には独自の局地的気候があった。微生物学者は無機独立栄養生物を見つけ、それが洞窟大気にある二酸化炭素と窒素を固定し、方解石や苦灰石にある還元された鉄やマグネシウムを金属酸化物のけばにし、硫黄を硫酸にしていた。その硫酸がさらに金属豊富な炭酸塩を分解し、さらに無機独立栄養生物の養分を提供する。こうして腐蝕で形成されるマットが洞窟の床に落ちてくる。床のけばけばの厚みと範囲は、グアダルーペ山脈、アメリカ、オーストラリア、トルクメニスタンの他の洞窟で見つかったものより何桁か大きかった。この研究グループは、従属栄養細菌と菌類は、バイオカルストに関する通説のモデルが予想するのとは違い、地表からしみ込む分解された有機物の炭素で生活しているのではないことを発見した。こちらの従属栄養生物は無機独立栄養生物が提供する有機物を食べていた。また、このグループは、太古の鍾乳石の多くが微生物による糸状組織のまわりにできていることを示す証拠も見つけた。レチュギヤは独自の内部地下生態系があって、無機独立栄養生物に維持されており、それは入り口が発見されるよりずっと前から成り立っていた。たぶん何百万年以上前から。三人の洞窟探検微生物学者がその発見を発表したのは、スティーヴンスとマッキンリーが無機独立栄養生物SLiMEの発見を発表する数か月前のことだった。[20]

好洞窟性無機独立栄養生物が生態系を維持したか？
――ルーマニア、モビル洞窟と、メキシコ、クエバス・デ・ロス・クリスタレスおよびデ・ビラ・ルス

その後まもなくして、他にも独立栄養生物が洞窟生態系を支えていることを伝える論文がいくつか出てきた。レチュギヤが発見されたのと同じ年には、ルーマニアのドブロジャ地方での建設作業のとき、偶然、ほんの地下二〇メートル弱のところに隠れていた洞窟が掘り抜かれた。発見した人々はそれをモビル洞窟と名づけた。しかし微生物学者がこの動物を徹底調査するようになったのは、一九八九年にニコライ・チャウシェスクによる支配体制が倒されてからだった。この洞窟に独特の面は、地表から隔絶された何百万年の間に進化したらしい、好洞窟性動物の多様な群集を目にすれば直ちに明らかになる。洞窟のいちばん奥で、科学者は湖に遭遇した。表面には小さな甲殻類が浮かんでいて、これが食物連鎖の頂点にあり、湖底の無機栄養生物、属の名をそれぞれベギアトア、チオプロカ、チオトリックス、チオスピラ、チオバチルスという硫黄酸化細菌に支えられていた。[21]この洞窟の水面下の部分を調べるために、ダイビングができる微生物学者が湖に入り、モビル洞窟系の奥に、隔離されて空気がたまった「鐘状空気だまり《エアベル》」がいくつかあるのを発見した。この空洞にある空気は酸素が少なく、二酸化炭素と

メタンが豊富だった。そこにある水は硫黄酸化細菌の厚いマットで覆われてもいた。酸素が少ないので、甲殻類はここで暮らしてそこの細菌を食べることができなかった。しかしそのマットには、細菌を食べる雌雄同体の線虫がいて、細菌が作る豊富な繊維を食べていた。(22) 微生物マット平方メートルあたり一〇〇万を超える線虫だった。好気性の原生動物や後生動物が無酸素あるいは硫黄環境で生きられる可能性は、一九八〇年代も終わりになるまで報告されていなかった。モビル洞窟のエアベルはそのような生態系の生きた例となった。(23)

南アフリカでは洞窟には出会わなかったが、南アの鉱山労働者からは、トンネルを掘っていたら巨大な岩の隙間があったという話はいろいろと聞いた。人間が入って這い回れるほどの大きさの隙間だ。二〇〇〇年には、メキシコの地下二〇〇メートル近くで作業員が坑道を掘っていて、聖堂規模の洞窟に達したという話も聞いた。この作業員たちはナイカという町の小さな銀・鉛・亜鉛鉱山で作業していた。レチュギヤの南約五五〇キロのチワワ砂漠南端に接するシエラマドレ山脈にある鉱山だった。石灰岩の空隙には長さ一二メートルに達する巨大な透明石膏《セレナイト》が詰まっていた。発見者の一人はこの結晶はきらきらと光を反射して、月の光が重さと実質を備えたように見えたと述べた〔セレナイトはギリシアの月の女神セレーネーに由来する名〕。ペニー・ボストン、トム・キーフト、クリス・マッケイが集まって、この洞窟、クエバ・デ・ロス・クリスタレスの調査に出かけた。この巨大なセレナイトの流体内包物に細菌が閉じ込められていないか、ペニーがレチュギヤで遭遇していたのと同類の細菌がいる兆しがないか、確かめるためだった。ナイカの結晶洞窟とペニーが以前に調べた洞窟群の大きな違いは、ナイカの気温が五八℃、湿度が九五パーセントもあるというところだった。短時間入るのでさえ、空気を氷の塊を通して循環させて冷やすボディスーツを身につけなければならなかった。しかし巨大結晶の洞窟は、巨大な晶洞のような、まったくの無機的過程でできたものらしかった。[24]

こうした所見すべてから問題が立てられる。無機独立栄養硫黄酸化細菌が、洞窟が崩壊するときに生じる洞穴とカルスト地形を形成する主たる作用だったのだろうか。これに対する答えを得るための最適な場所は、当の過程が進行している洞窟だった。クエバ・デ・ビラ・ルス、つまり「照らされた家」洞窟は、メキシコ南端のタバスコ州にあり、そのような活発な硫黄環境洞窟だった。そこはタピフラパの村から二キロ余りしかなく、誰でも簡単に出入りできた。生物学者はそこで一九六〇年代以来、魚類の種を整理していたが、微生物の試料採取が始まったのは、チャプマン大学の微生物学者ルイーズ・ホーズが一九九七年にやって来てからのことだった。試料は、超好酸菌がpHが〇・一のところで生きており、その後スノタイトと呼ばれるようになる、複雑なレースのような糸状のものを形成していることを明らかにした。スノタイトは洞窟の端の、ふさわしくもスノタイト・ヘブンと名づけられたくぼみに集中していた。ホーズはますます学際的になる他の研究者と作業して、二〇〇〇年、洞窟の相当の浸食が、硫化水素を酸化する微生物を介して進行したと説いた。[25]硫化水素の軽い同位体の値は、ＳＲＢがそれを生産し、たぶん、北西へ五五キロほどの油田の中にもあることを示唆していた。

二〇〇五年、ガエタン・ボルゴニーという、ベルギーにあるヘント大学の線虫学者がカンザス州で行なわれた線虫の学会に来ていた。ガエタンなどの線虫学者が集まって、遺伝子配列が決定された全線虫類の系統を整理し、それをこの小さな線形動物の進化的展開の理解とすり合わせようとしていた。それは大混乱だった。ガエタンは、線虫類の生物季節学的発達を、系統発生的進化パターンとともに解決する一つの方法は、もっと極端な極限環境にいる線虫類を見ることではないかと唱えた。おそらくそうした線虫類はそれぞれの極限ニッチ環境から生まれたりそこに適応したりしているだろう。ガエタンはデーヴィッド・アッテンボローの番組『プラネットアース』でメキシコのクエバ・デ・ビラ・ルスと、そこの無脊椎動物、脊椎動物の複雑な生物多様性についての回を見たことがあり、好酸性の線虫ならそこに生まれるのではないかと考えた。(26) この洞窟は硫化水素濃度が非常に高かったが、モビル洞窟もそうで、線虫類が繁殖していた。ガエタンの試料取得についての問合せに応じて、ルイーズは、非常に長い、丸まった生物の写真を送り、ラウラ・ロサレス・ラガルデに連絡をとるといいと勧めていた。ラウラはクエバ・デ・ビラ・ルスで長く過ごし、この洞窟についてよく知っている地質学者で、ガエタンに洞窟でいくつかの地点を回ってもらう案内役を引き受けた。クエバ・デ・ビラ・ルスをテレビで見てから四か月もかからずに、ガエタンはメキシコへ行って試料を採取した。ガエタンは一人でやって来た。ヘントの同僚は、pHがほとんどゼロ〔強酸性〕のところで虫を見つけようなどと思うのは正気の沙汰ではないと言っていた。そうした否定的な判断もガエタンの後押しをするだけだった。

ジャングルを抜けて、クエバ・デ・ビラ・ルスへの入り口から立ち上る湯気に向かって歩くのは、『インディ・ジョーンズ』の映画のセットに入るような感じだ。乳白色の川が洞窟から流れ出ていて、リオ・アスフレ川の濁った茶色の腐植酸の多い水と合流した。ガエタンとラウラは、硫化水素による腐った卵の強烈な臭いを発する洞窟入り口に向かって下る階段を降りた。そこから二人は中に入り、一キロ余り進んで、いくつも天窓のように開いた孔の下を通った。見上げると自分たちがいるのはジャングルの地下三〇メートルくらいでしかないのがわかった。見下ろすと、洞穴を流れ抜ける乳白色の川を魚が何匹も泳いでいることに驚いた。ラウラは、乳白色は硫黄の単体粒子のコロイドによるもので、水源の硫化水素が空気中の酸素によって酸化されてできると説明した。洞窟の壁では細菌が硫化水素を酸化して硫酸にし、それが石灰岩を溶かしていた。水の流れが石灰岩の水路に遭遇するたびに、ガエタンは硫黄酸化細菌がなす白い糸を見ることができた。洞窟の壁はそれまで自分が見たことがあるものとは違っていた。巨大な恐竜が病気になるとこんな肌になるかと思うようなものだった。黒と灰色が網のように織りなす縞で隔てられて、白い膿のようなあばたで覆われていた。

図10・2　クエバ・デ・ビラ・ルスのガエタン・ボルゴニー。2006年（Gaetan Borgonie提供）。

縞模様のところどころで、スポンジのようなものが育っていた。蛇のような糸状の小さな流れがときおり炭酸塩の皮膚から出てきて、床までうねりながら流れていた。ラウラはガエタンを湯と硫化水素が出て来るいくつかの鉱泉に案内した。そうした鉱泉の周囲には、とかげの皮膚のようなものが成長していた。黒い縞は、石灰岩を覆う灰色のゼラチン質に挟まれて育った菌類のようだった（図10・2）。白い斑を近くから見ると、それが一ミリほどの、ほとんど宝石のような角柱形の結晶が集まってできていることがわかった。[27] 結晶群のいくつかは完全に白い粘液で覆われていて、鉱物が感染を避けようとしているみたいだった。しかし最も繊細な特色は結晶から垂れ下がる毛髪のような長いループで、それがスノタイトだった。首飾りのパールのような水滴の飾りがついていた。小さな虫が飛び回り、スノタイトに止まっては何か食べていた。ラウラはpH試験紙を何枚か使って水滴のpHを測定した。値は0から1の間で、そこは洞窟の中でも酸性が高い地点の一つだった。ガエタンは慎重にリュックを下ろすとゴム手袋と遠心管を出して、細菌が豊富なスライム状のスノタイトを採取した。「線虫ちゃんおいで」と思いながら、スライムを試験管に入れ、その上に泉の水を少し入れた。ガエタンはうれしそうに、新しくできたスノタイト、大きくて古いスノタイトを収穫して遠心管に入れた。酸性バイオフィルムにありそうな型はあらかた採取できて満足すると、ラウラの後についてクエバ・デ・ビラ・ルスの出口へ向かった。

ガエタンは、ヘント大学生物学科線虫分科に戻ると、すぐにスノタイトの分析にかかった。上席の正教授として、CTスキャナーなど、使える器具をあれこれ活用できた。スノタイトの外側の層は線虫類の新種に覆われていて、これは *Mesorhabditis acidophila*〔好酸性のメソ杵線虫〕と名づけられた。[28] スノタイトは中空の管で、壁は糸状の硫黄酸化細菌、アシドチオバチルス属で構成されていた。長さ〇・五ミリ、幅一五〜二〇マイクロメートルの幼生と成体の線虫類が管の内外を覆っていた。管の中心にある流体は強酸性で、ガエタンが見たところ、この酸性の核にいるのは「耐久」期にある線虫だけだった。[29] 飛んでいたダニはスノタイトの外側の層だけを覆っていた。おもしろいことに、線虫類がまったくいないスノタイトには、ダニもまったくいなかった。ガエタンは観察結果から、このダニは線虫を食べていて、線虫の方は細菌を食べていると推理した。ダニは以前に考えられていたのとは違い、細菌は食べていない。線虫はダニが入ってこない酸性の中心部に隠れることができて、外側の層に出て来ると元気を回復する。捕食者を逃れて酸性の避難地に隠れるのだ。クエバ・デ・ビラ・ルスは、ガエタンの知的好奇心を刺激するところがあり、今度は極限環境線虫というテーマをもっと深く掘り下げにかかった。確かに掘るのだ。

二〇〇六年。ハイ湖でコア採取をした夏の後、私はガエタン・ボルゴニーからメールをもらった。「オンストット教授、私は線虫学者で、先生の論文を拝読しました……線虫はきわめて耐久力のある動物です……それほど深いところの土の試料を得るにはどうすればよいでしょう」。私は最後の一文に目をみはった。メールはたいてい、南アの金鉱へ下りて行くはらはらどきどきの旅を求めるジャーナリストや映像作家からばかりだったが、これは研究者、とくに生物学者が試料を採集しに地下へ潜りたいと言ってきた初めてのメールだった。私はリフンが五年前にエバンダー金鉱8番縦坑11レベル——あるいは13レベルだったか——で採取した虫の入ったバイオフィルムの試料を思い出した。解凍すると、そのバイオフィルムには芋虫のような形のものがあるのが見えた。私はボルゴニー博士に、私たちも線虫のようなものを採取したのではないかと思うと返信した。ガエタンからは、私には答えられないような多くの質問の返信が来た。一二月には、線虫用の培地の準備にかかっていて、私たちは二〇〇七年四月にエスタのところで会う計画になった。エスタは私たちに、生物多様性条約のことを忘れないでと言ってきた。私たちは現地調査へ行く前の間に、私たちが見つけた線虫をどうするかについては理解しているという必要な提出文書を用意した。ガエタンの研究室はもちろん、線虫を国内外へ移動させる国際的な許諾を得ていたが、南アの線虫学者用に培地を残すことを確認する必要があった。私はエバンダー金鉱8番縦坑の主任地質学研究員、ウォルター・シーモアに連絡し、11か13のレベルまで私たちを連れて行ってくれるか問い合わせた。先のコア試料採取のときには多大な助けをしてくれていて、線虫を探すというアイデアには非常に熱心だった。

地下の線虫探しが始まる――南アフリカ、ブルームフォンテーン、二〇〇七年四月二一日

南半球の快適な秋の土曜日、私はブルームフォンテーンの小さな飛行場でガエタンと合流した。そこからフリーステート大学微生物学科に立ち寄り、ガエタンのつなぎ、長靴、ヘルメットなどを用意し、エスタに電話した。翌日にはフォックビルまで車へ行き、地元の手近な宿で一晩泊まった。私たちはすでにタウトナ金鉱の18レベルまで下りる計画を立てていた。そこでガエタンを地下三六〇〇メートル以上の、ごぼごぼ言う、臭い試錐孔を紹介しようというのだ。

タウトナの警備は過去の経験と比べると、想像を超えて厳しかった。鉱山監督自身による講習を二時間受けさせられ、そのため地下へ行く日程がますます難しくなった。この一〇年の間に、ザマザマ〔盗掘者〕による不法採鉱が盛んになったことも警備強化と講習の理由の一部だった。タウトナの至るところに、タウトナのマスコットである鉱夫姿の「ライオン」が、ザマザマが残した兆候に注意喚起するイラストを載せた看板が立っていた。ザマザマは昼間の間は地下で、通風ダクトに隠れて過ごし、発破の後の夜に出てくる。坑道の中で大雑把な金の抽出を行なって、まとまった量になると鉱山の外に持ち出して共犯者に渡し、食糧を持ち込む。その結果、私たちは食物の持ち込みを許されなくなっていた。

講習が終わると私たちは用具をつかんでエレベーターに向かった。16レベルまで行くのに、途中でエレベーターを二度乗り換え、そのたびにエレベーターは小さくなった。16レベルでエレベーターを出ると、二キロあまりの坑道をたどって岩壁につけられた鉄の扉に着いた。その扉を開けて、九〇メートル下までまっすぐ下りる階段吹き抜けに出た。他の人たちの後について階段を下りるとき、考えることと

言えば、これが地球で最深の階段吹き抜けにちがいないということだけだった。底に着いて、18レベルに出る別の扉を開けると、トンネルから噴き出す熱風が吹きつけた。さらに五キロ近く歩くと、側壁に小さな扉があり、開けると部屋になっていた。三〇メートル四方もありそうな部屋全体に広がる臭い、汚れた水たまりの端に、ごぼごぼ言う試錐孔があった。他のみなが汗びっしょりでぐったりしている中、ガエタンは熱心に試錐孔から水の試料を収集していた。pHはおよそ8で、硫化物濃度はとてつもなかったが、温度は四八℃だった。私はこの温度は真核生物の限界を超えていると思ったが、線虫は以前から熱泉で報告されていることを後で知った。ガエタンが十分な水の採取を終えると、この部屋の土や、階段に戻るまでのトンネルの床についても複数の試料を採取すると言った。歩いて戻り、三〇階分の階段を這い上って16レベルに着いたときには、私は体力を使いきっていた。ガエタンがこの遠足にどんな反応を示すか知りたかったが、タウトナの暗い、じめじめした奥でもまったく緊張していないようだったし、立派な体格なので、鉱山を昇降するときのエレベーターではたいてい起きる押し合いへし合いでも有利だった(30)。

翌日、私たちはエバンダー金鉱へ向けて出発し、エスタのチームはブルームフォンテーンへ帰った。車での道すがら、ガエタンは線虫のタフさについて説明してくれた。二〇〇三年二月一日、スペースシャトルのコロンビア号が六一キロの上空で空中分解したときのこと。コロンビア号では様々な生物種を含む生物学的実験が行なわれていた。ガエタンの解説では、実験に加わった生物は乗組員とともに全員死亡したが、線虫だけは残ったのだという。NASAの調査チームは*Caenorhabditis elegans*という、実験動物では代表的な線虫が入っていた容器が散らばっているのを見つけ、何か月か後に、調査監督委員会の許可を得て、NASAエイムズ研究所の科学者が容器を開けることができた。ガエタンによれば、その小さな線虫が生きていて元気だったのを見て、それについては科学者は喜んだという[31]。四〇年を休眠状態で過ごし、その後目覚めて餌を食べた線虫の話もしてくれた。驚くべきは線虫か、四〇年もの実験をすることにした線虫学者か、私にはよくわからなかった。ガエタンは線虫が酸素濃度が低くても生き延びる力についても解説した。それによると、線虫類は南極のあちこちにいて、南極のツンドラの極度の乾燥を生き延びるために、無水生活状態に入るという。ガエタンによる二時間の講義を聴いた後、私は、線虫類はどんな苦しい環境でも生き延びることができることを納得した。結局、線虫類が宇宙空間からの大気圏再突入の熱でも生き残れるなら、地球の奥でも見つかると予想できないわけがない。エバンダーに着くと、私はまっすぐ8番縦坑まで行った。そこの事務所でワルターに会い、ワルターは翌朝の予定を説明してくれた。

午前九時、三人で11レベルへ下りた。私たちは明るいプラットホームに出て、八年前にリフンが試料を採取した現場を難なく見つけることができた。フェンテールスドープ時代の玄武岩変成岩の黒い岩陰に、鮮やかなピンクのバイオフィルムが垂れ下がっているのが見えたからだ。頭上には長さ三〇センチのストロー形炭酸塩の鍾乳石が壮大に並んでいた。近くで観察すると、それぞれのバイオフィルムは水が漏れる試錐孔の下に垂れ下がっていて、その中心には硫黄酸化細菌による白い糸状のものの束があった。それぞれのバイオフィルムはオレンジ色のゼラチン質で囲まれ、それがまた、厚い、黒い錆のような膜で囲まれていた。オレンジ色のゼラチン質には、小さな、黒い、棒のようなものがあって、私はそれが線虫だと思った。「線虫がいたぞ」と大声で言って、ガエタンとワルターに手を振った。ガエタンは私が予想していたほど昂ぶってはいなかった。「違いますね、それは蠅のさなぎです」と、ガエタンはにべもなく言った。しかしクエバ・デ・ビラ・ルスにも蠅はいたので、こちらにも線虫はいるかもしれない。バイオフィルムには、以前には見られなかった独特の虹色があった。ワルターが私たちの求めで天井の灯りを消すと、バイオフィルムはきらきら光った。その中にある何らかの鉱物の析出物にちがいない。私たちはさらにいくつかのバイオフィルムを見つけ、ガエタンは遠心管に採取しにかかった。私の方は試錐孔から滴る水の採取を試みた。黒とオレンジ色の縞模様のゴキブリが壁の割れ目から姿を見せて、何ごとの騒ぎかと確かめるように試錐孔の方へ這っていった。これまでにも、エバンダー金鉱の地下五〇〇メートル以上のところまでは、無数のゴキブリを見たことはある。「巨大なゴキブリが弁当箱を持って行った」の類の話も鉱山作業員から聞いたことがあるが、私はこのゴキブリがエバンダー金鉱に豊富にあるバイオフィルムを食べて生きているのかと考え始めた。pH、塩分濃度、温度の測定はできるかぎり進めた。pHはふつうで8・5〜9、塩分濃度はごく低く、予想通りだった。このすべてはゴキブリが見つめる中で行なわれた。私はゴキブリに、「君の衣装は私の大学のスクールカラーと同じなのを知ってるかい」と声をかけた。ゴキブリは触角を私に向けると、あわてて坑道の床の方へ急ぎ、私の足下のどこかへ行った。その間、ワルターは上からストロー形のものをいくつか取って私たちにくれた。私たちは短時間で狩りを終え、ワルターと一緒に地上に戻り、オフィスで一緒に昼食にした。

その後私たちはハイフェルト・インに戻った。ガエタンはすぐに自分の部屋に入って顕微鏡の準備をした。三〇分もたたずに、ガエタンが私の部屋の扉をノックした。「隊長、こっちへ来て見てくださいよ」。ガエタンの部屋に入ると、ガエタンはすでにスライドグラスをテーブルの上に並べていて、顕微鏡の接眼レンズの方を指さした。焦点を調節して見ると、いた。線虫だった。オレンジがかった泡立つゲルの中のただの小さなカンマ記号に見えたが、曲がったり、動いたりして、またそういうのがたくさんいた。ときどき形が一瞬膨らんだ。何かを食べているかのように。桿状や球状の細菌が細かいブラウン運動をするのを高倍率で見るのには慣れていたので、それと比べるとこの虫が大きいことに目をみはった。「それだけじゃないんですよ」と、ガエタンは水の入った遠心管を私の前で振って見せ、私は小さな泡が、上に浮かぶのではなく、下へ沈むのに気づいた。「あそこの水に緩歩類がいたんですよ」とガエタンは元気に宣言した。私はそれまで緩歩類という言葉を聞いたことがなく、「それは何ですか」と尋ねた。「クマムシとも言いますが、最小の昆虫みたいなものです。実際には空気の泡をつかんで潜っては細菌を食べて、泡の空気を呼吸するんです。こいつらもタフな生物で、ありとあらゆる極限環境にいます。こいつは『エスタ虫』と呼びましょう」とガエタンはうれしそうに言った。それはお菓子屋にいる子どものようで、私はガエタンが獲物に喜んでいるのを見てほっとした。

その夜のハイフェルト・インのレストランでの夕食のとき、ガエタンは線虫についてさらに話をしてくれた。動物や人間に感染する線虫がいるなど、夕食時にはふさわしくない話もあったが、話が恐ろしくなるほど、ガエタンの眼は輝き、笑みが大きくなった。そのうち、ここで見たことをどう理解するかという真面目な仕事の話に落ち着いた。線虫は硫黄酸化細菌バイオフィルムに閉じ込められていた。本人がクエバ・デ・ビラ・ルスで見たのと同じだった。pHが高かった、というか、線虫類にとって高かったのは今回だけ。私はずっと、線虫類はクモやゴキブリと同じく坑内作業員の装備に付着して運び込まれたものだと思っていた。バイオフィルムはそれ自体美しいが、それは通風装置の風で運ばれた微生物で汚染されているかもしれないからということで、その細菌の記述をするのはほどんど気にしていなかった。私はガエタンに、私たちが行ったのは地下一三〇〇メートルほどだとしても、11レベルで見ていた水はトランスバール苦灰岩の帯水層から、フェンテールスドープ超層群の変成玄武岩を通って下りてきたもので、苦灰岩帯水層は重炭酸塩が多いことを説明した。だからあの場所で炭酸塩の鍾乳石がたくさん見られるのだし、pHもあんなに高いのだ。帯水層の水は明らかに硫化水素が多く、酸素は少ないにちがいない。たぶん、好気性無機栄養生物は地下水とともに地下へ移動するのだろう。その後、鉱山が試錐孔を掘ってこの地下水にぶつかると、稀少な、生き残りの好気性無機栄養生物が、硫化水素を含む水が試錐孔から出て鉱山の空気に触れるところで爆発的に増殖する。これが非常にエネルギー豊富な酸化還元勾配〔電子のやりとりがしやすいところ〕をもたらす。私たちは以前にも、深さ三〇〇〇メートルのところに新しく掘られた採鉱場で急速に成長するバイオフィルムを目撃したことがあった。ガエタンは同じことが線虫、たぶん休眠状態にある線虫にありうるのかもしれないと答えた。それが試錐孔にやって来て、この細菌だらけで少量でも酸素がある宴席に遭遇すると蘇り、摂食と生殖を始めて、それとわかる前から線虫の群集ができている。「すると帯水層のところで生き延びているかもしれないというのなら、それはどのくらいの長さ、生きていられるんでしょう。生殖しないといけないんじゃないですか」。ガエタンはこの部分に非常に熱が入って、線虫には単為発生の雌がいて、無性生殖ができると説明した。しかし線虫の中には雄の配偶者との有性生殖しかできないものも、両方できるものもある。深部生命圏では有性生殖を必要としないことが有利になることを私は理解できた。そんなところで配偶者を探すのは、生命を消耗する探索になり、死ぬ前に種を広げる可能性がなくなる。

翌朝、私たちは試錐孔周辺やトンネルの土と雑用水の試料をさらに採取しに行く往復調査行をを手配した。これは線虫がバイオフィルムの外で生きられるかどうかを判定する唯一の方法だった。私がハイ湖でUチューブと格闘する夏の間も、ガエタンから線虫に関する新情報が定期的に届いていた。エバンダーやタウトナの土の試料には線虫がまったく見つからず、タウトナの硫化水素の臭いを発する熱水には生きた線虫は見つからなかった。エバンダーバイオフィルムにいた線虫についてpHの範囲を調べ、pHが8・5のときがいちばん快適だったが、地上の線虫を実験室の培地で調べると、そのpHでは死滅した。バイオフィルムの線虫の餌の好みを調べるために、寒天皿を用意し、半分はバイオフィルムにいた細菌による餌場で覆い、残りの半分は実験室のふつうの細菌、大腸菌で覆った。疑いもなく、何度繰り返しても、線虫はバイオフィルムバクテリアだけを食べるのではなく、大腸菌側にも現れた。一方、私たちはエバンダーで滲出していた水の^{3}Hと^{14}Cの同位体分析結果を受け取っていて、それからすると、水は新しいものではなく、相当古かった。線虫が水とともに来たのだとしても、それは確かに、他の採鉱レベルからの採鉱による汚染ではなかった。しかし九月には、ガエタンは他の鉱山で線虫探しをするための地下サファリをしに南アフリカへ来られるようになった。すでに走査電子顕微鏡写真、透過電子顕微鏡写真、18S rRNA配列決定、完備した形態学的記載を終えていた。現地で保存してあった線虫のいくつかを解剖して、チューブ形の胃から細菌を取り出し、16S rRNAによって、線虫が捕らえられて死ぬ前にどんな細菌を食べていたかを判定していた。

「あっちからこっち、こっちからあっち、おもしろいことはあちこちにある」

――南アフリカ、トランスバール州、ノーサン白金鉱山、二〇〇九年一月

ガエタンはヘント大学に二〇〇八／九年度にサバティカルを申請していて、しぶしぶながらも認められた。ガエタンは、エスタのところの大学院生に手伝ってもらい[32]、試錐孔に取り付けて線虫サイズの生物を細菌から分離して採集できるフィルターの設計にかかった。二〇〇九年一月、ガエタンは、エスタとそこの学生の一人デレク・リットハウアー、サイエンスライターのマーク・カウフマンとともにノーサム白金鉱山を訪れることにした[33]。そこでガエタンは線虫がいる天井からの鍾乳石を採取して、それが三〇〇キロも離れたエバンダー鉱山にいたのと同じ種であることを発見した。これはみなを困惑させ、エスタは私にメールを送って、スース博士を引用していた。「あっちからこっち、こっちからあっち、おもしろいことはどこにでもある」[34]。当然、私たちはまだ、ガエタンが現地で発見した動物群による衝撃から脱していなかった。私たちは何百キロもある破断岩石で隔てられた深い亀裂で「*Candidatus Desulforudis audaxviator*」に遭遇していたわけだが、それは運動能力があって、泳ぐことができた。ガエタンは線虫は泳がないと教えてくれていた。線虫が三〇〇キロも這うと予想するのは妥当だろうか。線虫がどれだけの速さで這うのかはわからなかったが、おそらくそれを測ったことがある線虫学者はどこかにいるという確信はあった。鉱山による汚染が線虫の出どころとしては最も可能性が高いともまだ思っていた。ガエタンと他の私たちは、この点を解決する唯一の道は、亀裂地下水そのものに線虫を見つけることだという点で一致した。以前使っていた方式を改良して、線虫を捕らえるために何千リット

ルもの水を濾過しなければならなかった。

二〇〇九年二月には、ガエタンは新しいフィルターは優れものらしいと伝えてきて、それを数か月にわたる濾過にかけるため何か所かの試錐孔に設置を始めたという。二〇〇九年七月には、とうとう夢の線虫を発見した。それは試錐孔の水に取り付けたフィルターにあって、それをエスタの実験室で甦らせることができた。そのときまで、ガエタンはときどきいずれかの試錐孔で線虫を見つけることはあったが、その救急治療室手順をもってしても、増殖させることはできないでいた。ベアトリクス金鉱の地下千数百メートルの試錐孔から取ったフィルター試料に、ガエタンの忍耐強い介抱に反応する線虫がいた。少しずつ餌をやると、とうとう卵を産み、ある日、その卵が孵って、美しい線虫の子が生まれたのだ。

ガエタンはその七月、私を南アフリカまで呼び寄せた。ガエタンが得た地獄の虫、*Halicephalobus mephisto*、と名づけられた線虫を私に紹介するし、それを記載して『ネイチャー』に投稿したいと思っている論文に目を通してくれという。まず、ガエタンが線虫救急室に改造していたエスタの実験室の一つにある双眼顕微鏡の下で件の線虫を見せてくれた。それは揺れ動く黒いカンマ記号のようだった。ガエタンはその線虫の走査電子顕微鏡写真を見せた。立派な姿で、長い尻尾が延び、先端は曲がっていた。狭くくびれたところがあり、一〇マイクロメートルの食道中球があった。口の入り口、本体、その奥の各部分の長さの比が1対3対4という完璧な形で、細菌を食べるのには申し分のない口だった。それから唇がある——全部で一〇あり、六つは内側の突起、四つは外側の突起——これは不規則な円形の口の周囲から首の方へ延びている。この *H. mephisto* は見栄えがいいが、このハリセファロブス属には命取りになる奴もいますよとガエタンは警告した。「馬に寄生して、手に傷がある状態で厩舎を掃除してい

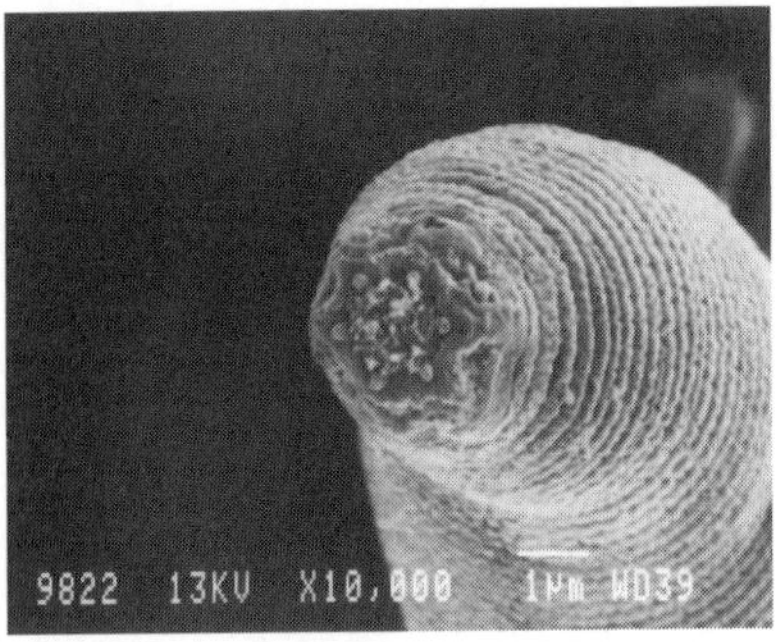

図10・3　Halicephalobus mephisto。2009年、ベアトリクス金鉱の地下1600 mの亀裂地下水から分離されたもの（走査電子顕微鏡画像はGaetan Borgonie提供）。

た人が何人か、皮膚の傷口から感染した例があります。線虫は指数関数的に増えて、三日で体中の臓器に侵入してしまい、この人たちは死亡しました。治療法はありません」と、ガエタンは教えてくれたが、父親が子どもを自慢しているようだった。私自身、馬を持っているので、この紹介で背筋がぞっとした。私は双眼顕微鏡から離れ、自分の手に傷口がないか確かめにかかった。ガエタンはさらに、この線虫が成長する温度や餌の好みについて解説した。いちばんいいところを最後にとっておいていた。この線虫は単為発生、つまり無性生殖をする。「*mephisto*」という名は中世のファウスト伝説で悪魔を指す言葉から借りていた。「光を好まぬ者」といったところだ。ガエタンと私は腰を下ろして原稿や、この*H. mephisto* が鉱山での汚染ではないことを納得するために用いたデータに目を通した。[35]

二年後にやっと論文が『ネイチャー』に載ったとき、編集者は表紙で*H. mephisto* を「地獄からの虫」と呼び、この線虫の顔の走査顕微鏡画像を添えていて（図10・3）、私たちや鉱山側もおもしろがった。公共のメディアがこの成果を伝えようと一斉に集まり、この成果はまもなく映画の『トレマーズ』になぞらえられた。この映画はネバダ州の小さな町の人々を組織的に襲うはるかに大きな虫が登場するが、七二時間というニュースの寿命の間にネットメディアやブログ界の記事が世界中を回るにつれて、*H. mephisto* の報じられる大きさはどんどん大きくなり、最終的には五メートルにもなった。クジラの胎盤にいる線虫には長さが八メートルになるものがあるにはあるとはいえ。
しかし長さ〇・五ミリの *H. mephisto* の発見でさえ、オンタリオ湖を白鯨が泳いでいるのを見つけたようなものだった。線虫のような多細胞生物がこれほど酸素の少ないところで生き延びられるということには、火星や、とくにエウロパの地下生物にとってとてつもない意味がある。宇宙生物学者が、光分解、放射性分解でできる酸素濃度が低すぎて複雑な生物は無理ではないかと言っているところだ。地下生態系の生物の複雑さはＳＳＰの当時に私たちが信じていたよりもはるかに複雑らしい。カルスト帯水層の場合には、そうした複雑な生態系やもっと大型の住民の余地は、微生物が生産する硫化水素によって生まれ、その硫化水素は、他の微生物によって酸化されるのだ。

エピローグ

一九八六年のＳＳＰでのコア採取活動の前は、発表されていた地球の地下バイオマスの結果は、培地で増殖できる分に依存していて、その値はふつう、岩石一グラムあたり、あるいは水一ミリリットルあたり細胞一〜一〇個もなかった。こうした数は地球地下バイオマスの最低線の推定値と考えなければならないが、二つの例外がある。第一はオルソンらが発表した、地下一五〇〇メートルほどのマジソン石灰岩帯水層を掘った試錐孔から汲み上げた水の細胞数。[1] もう一つはウィルソンらによる、オクラホマ州ルーラの一〇メートル弱の深さで採集された堆積岩のコアについて細胞数を数えた報告。[2] それ以前から、他にも、エクゼルツェフ、[3] ミシュコフ、[4] クズネツォフほか[5]というように、地球の地下について細胞数を数えた報告がある。いずれもロシアの科学文献にあるものだ。こうした数は水や堆積物コアに基づいており、細胞数は一グラムまたは一ミリリットルあたり10^3〜10^9個にわたる（図11・1A）。ＳＳＰが活動した一〇年の間に、三〇〇個の微生物コア、数十件の水の試料が採取され、それだけの数の細胞数、ＰＬＦＡ濃度が測定され、発表された（図11・1B）。このデータは、一九九四年のパークスらによる、海底地下の沈殿物について報告された生物量が減ることとも整合する傾向を明らかにした。[6]

　一九九六年にＳＳＰが終わってからは、堆積物、氷、水の細胞数を含む一六四本ほどの公刊された深部地下研究結果がさらに一三〇〇件のデータポイントを加えて地球のバイオマスの構図を埋めている（図11・2）。こうした研究は六大陸すべてにわたっていた。それが明らかにしたのは、グラムまたはミリリットルあたり細胞が10〜10^9個という、きわめてばらつくバイオマス密度だった。岩石でのバイオマ

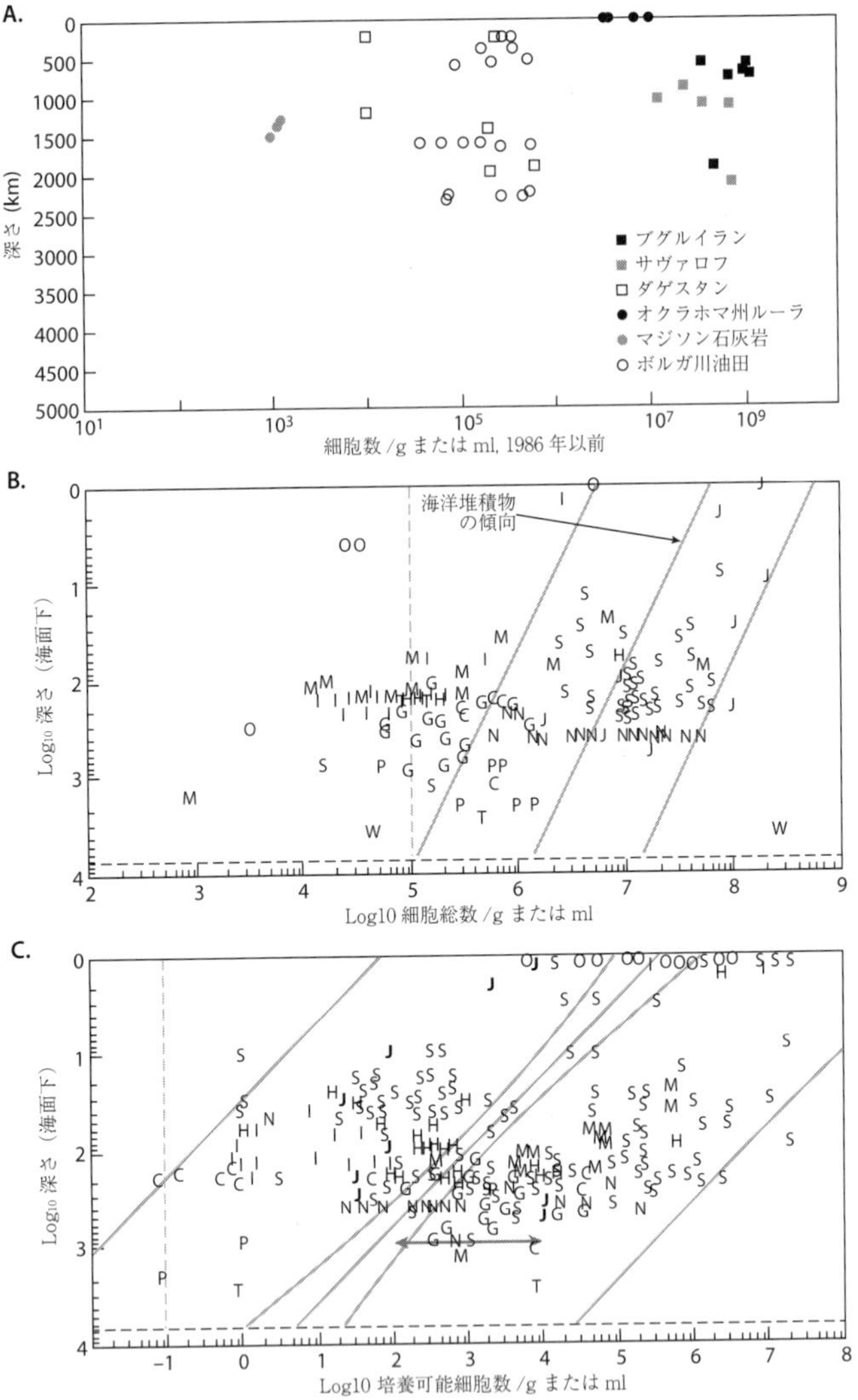

図 11・1　A. 1986 年以前の深さに対する細胞数のグラフ。B. 細胞数と深さ。アクリジンオレンジによる直接計数で求められたもの（Onsott et al. 1999 の図 1 より）。C. 培養可能細胞数と培地の連続希釈検査で求められたものとのグラフ。太字は岩石試料、細字は水の試料

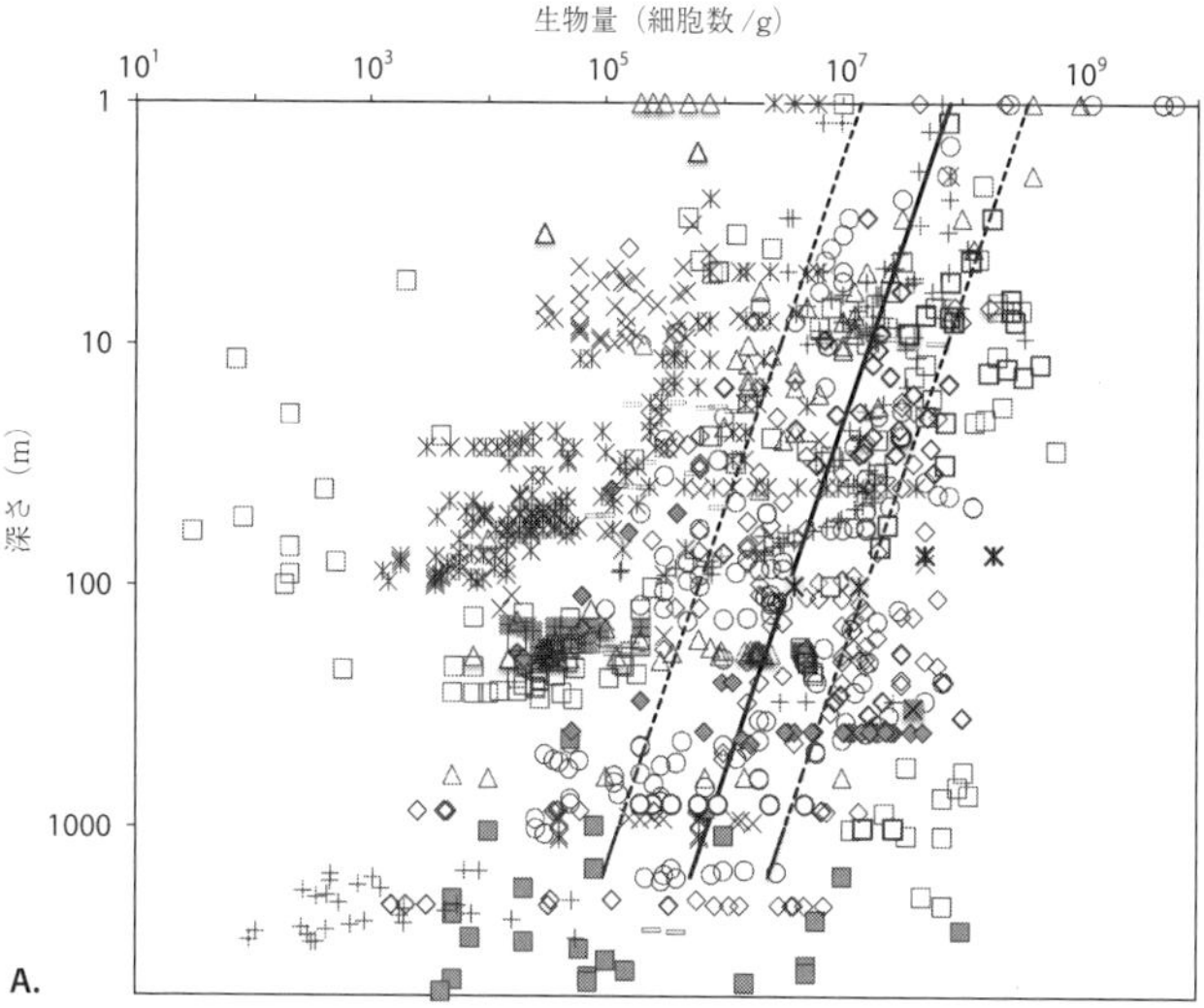

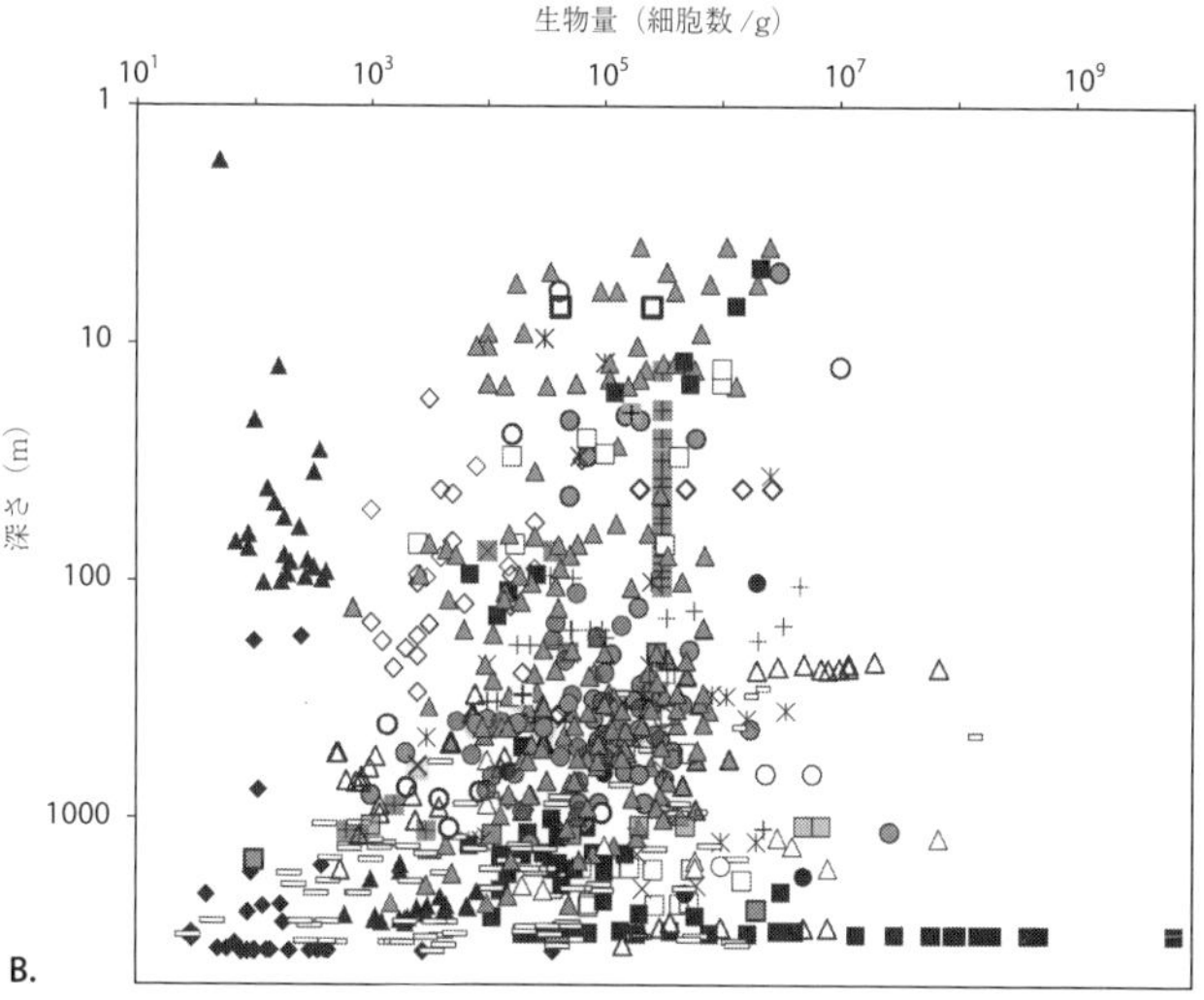

図 11・2　A. 岩石コアの細胞数。2014 年末までの文献からまとめたものに基づき、深さの関数として表している。B. 水試料の細胞数。2014 年末までの文献からまとめたものに基づき、深さの関数として表している。

ス密度は深さが増すにつれて下がった。意外なことに、データ集合は、パークスらのもっと新しい報告[7]にある海底の下の堆積物のバイオマスが、こちらは多孔度がはるかに高いにもかかわらず、やはり減るのと整合する。しかし地下水での細胞密度はそのような深さによる低下は見せない。考え合わせると、データは地下バイオマスが地球にある有機炭素の相当部分を占めていることを追認していて、地下生物圏の領域が明瞭になりつつある（図11・3）。

本書のしめくくりにした二〇〇九年の *H. mephisto* の発見は、二一五年の探査を経ても、地下生命圏はまだまだ多くの驚きを残していることを明らかにした。それ以来、遺伝子配列決定技術の進歩によって、深部地下圏の生物多様性について、さらに詳しい記述ができるようになっている。そうした手法は地下生命圏が未定義の門を相当に含んでいて、生物の系統樹に新たな枝となることを明らかにしている。この未発見の生命は、最近、宇宙物理学用語を借りて、微生物ダークマターとも呼ばれるようになった[8]。二〇〇〇年以来、海洋地下生命圏の探査が大いに強化され、海洋掘削の必須の部分になってきて、多くの海洋科学研究によって支援されている[9]。

SSP活動のときには、微生物バイオマスのうち活発なのはほんの一部だということは、FISH装置を使って明らかになった。今ではDNAをrRNAと比べて、どの生物が活発でどれが不活発かを決定できる。新しい技術によって、特定の遺伝子が発現しているところを特定できるようにもなった。mRNAの様子を調べるメタトランスクリプトミクスという手順による[10]。また、深部地下の微生物群集に現れるタンパク質をメタプロテオミクスという手順によって調べる。菌類など、他の単細胞真核生物も、深部地下圏で見つかっている[11]。深部地下圏ではウイルスも確認されていて、今度はそれが深部地下圏の

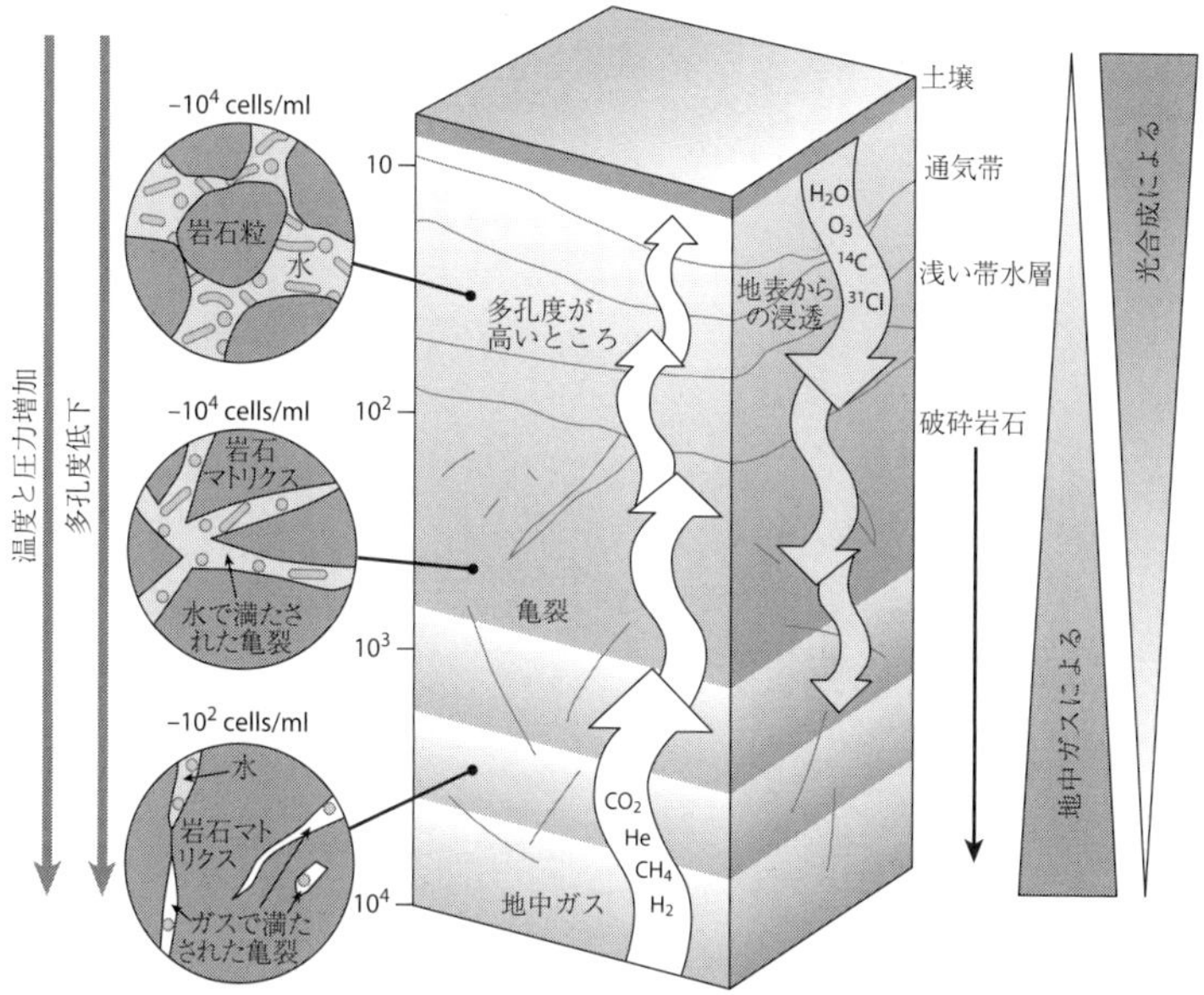

図 11・3　地球の地下生命圏。多孔度と透水性は深さとともに下がる。非生物学的過程でできる地中ガスは上へ移動するが、深さが減るとともに減少する。新しい気象水、酸素、根の圏内にできる栄養素が下へ移動し、深さとともに減る。この二つの流れが水・ガス・鉱物の相互作用と組み合わさって、微生物群集を維持している。しかし透水性と地質学的構造は深さの関数として異質なので、微生物の量と多様性は深さに比例して減ることはない。この図では、生命圏は中温帯（15℃ ～ 40℃）、高温帯（40℃～ 80℃）、超高温帯（80℃から 120℃）に分かれる。超高温帯は複雑な有機分子は安定しているが、既知の生物は存在しない領域（著者が作成して、国立科学財団への報告、“Earthlab” で発表した図に基づく）。

生態系で果たす役割がもっと詳しく理解されて明らかになるだろう。[12] 地球化学の論拠から細胞の更新率を推定するのではなく、今や地下のバイオマス更新率を、アミノ酸ラセミ化という方法によって直接に測定できる。[13] 私たちはとうとう地下環境で測定されている地球化学や同位体による信号がゆっくりとでも今日の微生物の代謝でできているものかどうかを特定できるようになっている。こうした手法の応用は、多くの意外なことを明らかにし、未解決の謎を増やしもした。しかしSSPの頃からある二つの問いがまだ解決していない。

第一の問いに答えるには、(1)地下微生物の年代と、(2)生命は地下で新たに発生しうるかということ。

地下微生物と地表の親戚との間に信頼できる系統発生的関係を確立し、そこから分岐して以来の時間を推定しなければならない。これは一九九二年のSSP分子時計部会での最終目標だった。そのときから、分子時計モデルはさらに精巧になり、生物の三上界《ドメイン》〔真核生物、真正細菌、古細菌〕の多くの生物のゲノムの配列が求められ、時計の進み方の範囲を絞る進化史上の出来事の地質学的な照合が確立している。[14] 多くの分子時計研究の目標は、始生代の、変異率の推測がまだまだ根拠薄弱な時期について、原核生物進化史上の出来事の地質学的年代を決定することだ。ところが、そのような時計の、もっと短い時間の年代決定への応用はまだ再検討されていない。16S rRNA配列のはるかに広範なデータベースは、一九九二年当時に想像できた以上に存在している。そろそろこの疑問に戻って、認められている地下圏細菌に分子時計を応用することから得られる年代が、地下に棲息していた可能性のある時間について知られていることと整合するかどうかを判定する時期になっている。

第二の、もっと重要な問いは、かつてトミー・ゴールドが唱えたように、生命が地下で生じうるかということだ。南アフリカでの調査は深部地下圏で生物が非生物学的に生まれたものを探そうということで始まったが、準備不足もあって見つけることはできなかった。しかしこの探査は、先カンブリア代の地殻の深いところに太古の水があるところならどこででも行なわれている。この問いへの答えは太陽系での生命探しに最大限の影響を与えるだろう。この問いに答えが出なくても、地下微生物学はすでに火星、あるいはエウロパのような大型衛星の地下で存在しうるとすればどういう経緯かについての見通しをもたらしている。実在の地下生命を探す可能性だけでも、多くの科学者の期待が集まる注目の的だが、こうした環境にはなかなか手が出せず、NASAの惑星探査計画に使えるアプローチや限られた予算にとっての課題として立ちはだかっている。

この地球の地下深くでこの数十年で見つかった様々な生物群集の多様性は、ジュール・ヴェルヌが小説にした想像の地下世界には及ばないとしても、その発見は日の当たらないところの生命についての私たちの認識を変えている。地下生命圏がどれだけ大きいか、どこまで広がっているかという問い自体は今でも意味があるとはいえ、今日の地下生命探しはそういう話ではない。むしろ私たちの想像力の限界を見出すという話になっている。私たちの手かせ足かせになり、深部生命圏や生命一般の認識を邪魔する障害を取り除くことは、決して終わることのない課題だ。私たちはいつでも驚けるようになっていなければならない。私たちの地下の生命《ディープライフ》探しでは、多くの驚異が私たちを待ち受けているからだ。

付録A　地下生命探査年表1

一七九三年　アレクサンドル・フォン・フンボルト（Humboldt 1793）、ドイツのフィヒテル山地にある金鉱山で藻類や菌類のいろいろな種を記載。

一九一〇〜一一年　ガレ（Galle 1910）、石炭試料から、メタンと二酸化炭素を生成する細菌を増殖。

一九一一年　オメリヤンスキー（Omelyansky 1911）、一九〇八年発掘のサンガ＝イウラッフ・マンモスのいた永久凍土の土から細菌を培養。

一九一四年　シュレーダー（Schröder 1914）、やはり石炭試料から細菌を増殖するも、こちらはメタンを生産せず。

一九二二年　フォン・ヴォルゾーヘン・キューア（Von Volzongen Kühr 1922）、アムステルダム付近の「地中の奥の方の層」、つまり深さ一〇〜三七メートルの更新世堆積物で、微生物による硫酸塩還元を発見。

一九二六年　バスティンら（Bastin et al. 1926）、イリノイ州とカリフォルニア州の硫黄分が多い油田の九四二メートルに達する深さから採取した水試料から、硫酸塩還元細菌を増殖。この著者は、細菌の祖先がオルドビス紀やペンシルベニア紀に堆積物とともに積もったか、掘削のときに持ち込まれたかを考察している。

一九二六年　ギンスブルク＝カラジチェヴァ（Ginsburg-Karagitscheva 1933）、自分は一九二六年にバクー付近、一〇〇七メートルの深さの泉や井戸から採取した水試料から発酵作用のある嫌気性菌が増殖されたことを報告したと主張。

一九二八年 リースケとホフマン（Lleske and Hoffman 1928）、ウェストファーレン炭鉱の深さ一〇八九メートルで採取した石炭から細菌を増殖し、地下水でこの深さまで運ばれたと主張。

一九二八年 リップマン（Lipman 1928）、「数百フィートの深さ」から採取した岩石や鮮新世堆積物から細菌を増殖。

一九三〇年 バスティンとグリア（Bastin and Greer 1930）、イリノイ州の地下二七五～六〇〇メートルから採取した油田の水の細菌を増殖。

一九三一年 リップマン（Lipman 1931）、ペンシルベニア州ロカストサミット炭鉱地下五五〇メートルで採取した石炭試料から細菌を増殖し、これは二億五二〇〇万年から二億九〇〇〇万年前のペンシルベニア紀に堆積物とともに埋もれたと主張。

一九三二年 ファレルとターナー（Farrell and Turner 1932）、ロカストサミット炭鉱の地下一二〇メートルで独自に試料を採取し、水を湛えた亀裂と交差する炭層の細菌だけが増殖し、乾燥した亀裂のない炭層のものは増殖できなかった。二人はリップマンの太古の細菌が埋もれたとする説を否定。

一九三五～四〇年 イサチェンコ（Issatchenko 1940）、バクーの北東、アスフェロン半島にある油田の地下一五〇〇～二〇〇〇メートルのピンク色の水について報告し、この現象は、酸素非発生型光合成生物のクロマチウム属の細菌細胞によるものとして、放射性分解による酸素発生の可能性に言及。

一九四二年　ジェームズとサザランド（James and Sutherland 1942）、カナダの永久凍土の細菌増殖を報告。

一九四三年　ゾベル（ZoBell 1943）、ルイジアナ州ミシシッピ川デルタのグランデ・エカイェ硫黄鉱山の深さ四五〇メートルで採取した石灰岩と石膏の塊から好塩菌を分離。

一九四四年　ゾベル、カリフォルニア州ロサンゼルスの「無菌」掘削した油田の深さ二一三四メートルで得た水から細菌が増殖できず。これは油田ＳＲＢの固有性の疑念を高める。

一九四六年　コックス（Cox 1946）、ゾベルによる細菌が石油を造ったとする説を批判し、細菌は固有かもしれないという証拠に異議を唱える。

一九四九年　ミラー（Miller 1949）、テキサス州の硫黄を含む岩塩ドームの深さ二一四メートルと二四七メートルの間で採取された三畳紀岩塩コアの内部にＳＲＢを発見。

一九五〇年　クズネツォフ（Kuznetsov 1950）、トルクメニスタンのチェレケン半島にある油田とバクーの南、アゼルバイジャンのテレク＝ダガスタン油田で採取した油田水による微生物の細胞数を報告。深さについては言われていない。

一九五一年　エクゼルツェフ（Ekzertsev 1951）、ボルガ川堆積盆地のサラトワ油田、深さ五六〇〜二〇九〇メートルで採取した堆積岩の掘削コアで初めての細胞数を報告。

一九五一年　ゾベル（ZoBell 1951）、ベントゥラ・アベニュー油田の深さ一三〇〇メートルから四四〇〇メートルの生産用水で取れたＳＲＢに言及するが、それが固有か汚染かは判定できず。

一九五五年　モリタとゾベル（Morita and ZoBell 1955）、海底から〇・四〜七・五メートルの太平洋海洋堆積物に生育可能な細菌が集中していることを報告。

一九五七年　スミルノヴァ（Smirnova 1957）、赤い色素を持つセラチア菌の培地を使い、四〇〇メートルまでの深さの掘削コアについて、最初のトレーサー実験を行なう。

一九五八年　メシュコフ（Meshkov 1958）、コーカサス地方の北にある堆積盆地の古生代の地層にある油を含む層の水で始めて細胞を数える。ロシア語での油田水微生物に関する他のいくつかの報告は、一九五七〜五八年に登場する。

一九六〇年　ナウモヴァ（Naumova 1960）、コーカサス地方の北、ダゲスタン油田で炭化水素を分解する細菌を分離。

一九六〇年　ライザーとタッシュ（Reiser and Tasch 1960）、カンザス州のウェリントン岩塩坑の深さ一九三メートルで採取した塩から細菌を分離。ドンブロウスキーと同様、二人はこの細菌が、ペルム紀に塩が積もってからずっとそこに閉じ込められていたのではないかと思っている。

一九六一年　リンドブロムとラプトン（Lindblom and Lupton 1961）、オリノコ川デルタの深さ五〇メートルで採取した嫌気性細菌を培養し、そこに存在する有機物質の特徴について述べる。

一九六二年　テレジナ（Telegina 1961）、アゾフ半島のガス田、深さ二二八メートルのものとされる水の炭化水素分解を分離。

一九六一〜六二年　アリトフスキーら（Al'tovskii et al. 1961）、微生物群集地下水組成変化を、コーカサス地方の北斜面で地下に吸収され、さらに北で泉としてわき出す砂岩帯水層での水理学的経路上の位置の関数として初めて検証。標本が採取された井戸の深さは二一〇メートルから二一二三メートルにわたる。

一九六二年 メフティエヴァ（Mekhtieva 1962）、中部ボルガ川油田のものとされる水から細菌を増殖。

一九六二年 クズネツォヴァ（Kuznetsova 1962）、地下水の細胞数を、やはりコーカサス地方の北斜面で地下に吸収され、さらに北で泉としてわき出す砂岩帯水層での水理学的経路上の位置の関数として報告。

一九六三年 ドンブロウスキーら（Dombrowski et al. 1963）、ほとんどは欧州、合衆国、カナダの岩塩坑の、深さ二三〇メートルから四三〇〇メートルまでのペルム紀からカンブリア紀にわたる年代の地層で採取された塩からの細菌の分離を報告。ドンブロウスキーは、この細菌を、塩が堆積するときに埋もれたものとしている。

一九六五年 飯塚と駒形（Iizuka and Komagata 1965）、東山油田の深さ一八〇〜二七〇メートルで採取された堆積物や水の試料、八橋油田で汲み上げられた油田塩水試料からの細菌と菌類について報告。

一九六五年 ボグダノヴァ（Bogdanova 1965）、同じ地層から採取した、剥離したコア、焼いたコア両方からの集積培養の結果と、試錐孔水の集積培養結果の初めての比較を発表。井戸はカスピ海低地地方のボルガ川下流堆積盆地の第三紀堆積層に掘られた。試料の深さは八七〜五〇四メートル。

一九六六年 杉山（Sugiyama 1966）、日本の新潟平野南部で深さ六〇〇〜三二〇〇メートルまで地質調査の掘削をした際に採取した中新世堆積物のコアを剥離して分析。この調査は深部地下圏での菌類の分布を調べる初めてのもの。

一九六六年 ジンガー(Zinger 1966)、石油とガス埋蔵物に関するボルガ川下流堆積盆地の地下水に基づく細菌増殖結果を報告。

一九六七年 ゾベルの一九四〇年代末の努力以後、久々のアメリカでの地下圏微生物調査で、デーヴィス(Davis 1967)は、炭化水素生分解を調べ、カリツォ帯水層での淡水油田のSRB増殖を報告。しみ込む地点からの距離と、六五〜一二七七メートルまでの深さの関数として調べる。

一九六八年 モアハウス(Morehouse 1968)、アイオワ州の炭酸塩洞窟について硫酸洞窟形成を唱え、鉄酸化細菌が関与したのではないかと説く。

一九七〇年 ロザノヴァとフディヤコヴァ(Rozanova and Khudyakova 1970)、油田の固有地下圏細菌の可能性を退け、その存在を油田のフラディングによるものとする(このときまで、ロシアの地質微生物学者は油田の固有地下圏細菌説の最後のとりでだったが、この論文がこの時期の区切りとなる)。

一九八〇年 ドッキンスら(Dockins et al. 1989)、モンタナ州フォートユニオン累層の地下水にいた細菌について報告。この頃、地下水化学と細菌活動の関係についての関心がアメリカで再び高まり始める。この著者は、$\delta^{34}S$同位体分析に基づいて、水中の硫黄分が生物起源であるとも論じる。

一九八〇年 ホワイトローとリーズ(Whitelaw and Rees 1980)、イギリスで最初の地下圏細菌についての研究で、表面に近いチョーク帯水層の深さ三〇〜五〇メートルで採取した二つのコアから得た窒素循環集積培養について報告。

一九八一年 オルソンら（Olson et al. 1981）、モンタナ州マジソン石灰岩帯水層の深さ一一二四七〜一一七八九メートルのSRBとメタン菌の細胞数を直接数えた結果と、集積培養の結果を報告。USGS内で、細菌が帯水層の地下水化学構成を変えるという説が受け入れられるようになった。

一九八一年 初のグリーンランドの氷雪コア採取が氷床を二〇三七メートル下まで掘って完了。コア採取の目標は気候調査だったが、コアは、二〇〇四年に始まる深くて冷たい生命圏の微生物研究を補完する試料を提供することになる。

一九八二年 USGSのオレムランドら（Oremland et al. 1982）、カリフォルニア湾の、三〇年前にゾベルが切り上げたところを選んだ深海掘削計画のレグ64での海底堆積物で微生物活動の調査開始。

一九八三年 ウィルソンら（Wilson et al. 1983）、EPAの支援で第四紀堆積物のコアを地下五メートルまで採取し、微生物群集を検査。

一九八三年 ベリヤエフら（Belyaev et al. 1983）、ボンデュシスコエ油田の深さ一六七五メートルで採取した砂岩コアからメタン菌を分離し、メタンの同位体構成に基づいて、油田のメタンガスは熱によるのではなくメタン菌によって生成されたと説く。

一九八〇〜八六年 一九八〇年、ベルギー核エネルギー中央研究所、モルの町の深さ二四〇メートルの、三四〇〇万年前のブルームクレイ層に位置する地下実験施設建設を開始。欧州初のURL。カナダ政府は一九八三年、マニトバ州ピナワにホワイトシェル地下研究施設の建設を開始。スウェーデン核燃料・廃棄物管理会社は一九八六年、バルト海沿岸の島エスポに地下実験室建設を開始。エスポのURLはその後、カールステン・ペダーセンによって、地下圏微生物群集の構成や活動を記述するという点では図抜けた成果を挙げるようになった。

一九八六年 サバンナ川核施設内でP24、P28、P29コア採取。エネルギー省のSSPによって始められた最初の地下圏微生物調査。第三紀から上部白亜紀にわたる地下八〜二六五メートルの粘土と砂が採取された。この調査の結果は *Geomicrobiology Jouranl* 特別号（vol. 7, 1989）で発表。

一九八六年 スウェーデンのシャン環状構造での掘削開始。トミー・ゴールド提唱の石油／ガス試掘として。掘削事業の一部としての微生物学は行なわれなかったが、深さ六七〇〇メートルの試錐孔から好熱分離菌が復元されることになる。

一九八六年 何人かのアマチュア洞窟探検家、ニューメキシコ州南部の瓦礫を掘り抜いて、地下四八九メートルまで達する総延長二〇〇キロもの洞窟群を発見。後にレチュギヤ洞窟と命名される。

一九八六年 ルーマニアのドブロゲアでの建設事業で偶然に地下二〇メートルに隠れていた洞窟が掘り抜かれる。発見者はそれをモビル洞窟と命名。

一九八七年 USGSのチャペルら（Chapelle et al. 1987）、メリーランド州パタプスコ帯水層の二五〜一七〇メートルのコアを採取し、微生物量を分析。

一九八八年　ＳＳＰ、サウスカロライナ州のＣ10掘削地点で、白亜紀ケープフィア累層のコアを地下三六五〜四七〇メートルで採取。深部微生物学に充てられた最初のコア採取作業。ＳＳＰが開発したトレーサー技術と採取手順が地下圏微生物試料採取で初めて実施される。

一九八八年　コルベル＝ベルケら（Kolbel-Boelke et al. 1988）、地下三〇メートルで採取されたコアの更新世の砂から微生物が集積培養されたことを報告。

一九八九年　コルウェル（Colwell 1989）、一九八八年に掘削されたＩＮＥＬ管理地内の地下七〇メートル、更新世のスネークリバー玄武岩にはさまれた堆積層について、微生物調査結果を報告。

一九九〇年　地下圏微生物学に関する初の国際学会、ＳＳＰの後援でフロリダ州で開催。

一九九〇年　ペダーセンとエケンダール（Pedersen and Ekendahl 1990）、スウェーデンの地下八六〇メートルの先カンブリア代花崗岩に掘った井戸から微生物が得られたこと、その量を報告。

一九九〇年　ＳＳＰ、地下一八七メートルのスネークリバー平原玄武岩のコアを採取し、アルゴンガスを使った新しいコア採取方式やトレーサー方式を開発。同年、ＳＳＰはＰＮＬのヤキマでコア採取を始め、その後中新世の湖底堆積物と古土壌を一九〇メートルの深さで採取。

一九九〇年　パークスら（Parkes et al. 1990）、ＪＯＩＤＥＳによるペルー沖のレグ112の際、海底の下の堆積物で微生物バイオマスの測定開始。

一九九一年　エイミー、ＳＳＰの支援で、ネバダ核実験場のレイニア・メサ深さ四五〇メートルの地下坑道で中新世火山灰の微生物量、構成を調査。最初の成果はAmy et al. 1992で報告される。

一九九二年　ＳＳＰ、バージニア州ソーンヒル・ファームでのテキサコ社の試錐に便乗し、深さ二七〇

○メートルの微生物コアを取得。

一九九二年 ゴールド（Gold 1992）、「深くて熱い生命圏」を発表し、カーステン・ペダーセンの未公刊の研究を引く。

一九九二年 ペダーセンとエケンダール（Pedersen and Ekendahl 1992）、ストリッパ鉄鉱山の深さ一〇四〇メートルの地下水から微生物を得たことを報告。

一九九二年 ソーセスら（Thorseth et al. 1992）、火山ガラスの複雑な溶解の特色を未知の微生物が開けた孔によるとし、ファン・デ・フカの拡大中心の海底地下玄武岩でそれを見つけ始める。

一九九三〜九四年 スティーヴンス（Stevens 1993）、チェンとケロッグ（Zheng and Kellogg 1944）、ワシントン州とアイダホ州のコロンビアリバー中新世玄武岩の地下圏微生物学調査開始。

一九九三年 ノートンら（Norton et al. 1993）、イギリスの深さ一二〇〇メートル、ペルム紀の岩塩から、好塩古細菌を分離。

一九九三年 ステッターら（Stetter et al. 1993）、アラスカ州プルドー・ベイの深さ三〇〇〇メートルの油田から超好熱古細菌を分離し、石油微生物学復活の舞台を準備。

一九九四年 SSP、ニューメキシコ州セロ・ネグロの白亜紀深さ二四〇メートルの頁岩／砂岩、コロラド州パラシュートの暁新世／白亜紀深さ二一〇〇メートルのコア採取する深部地下圏微生物学を支援。

一九九四年 セウチクら（Szewzyk et al. 1994）、シヤン環状構造の試錐孔で深さ三五〇〇メートル以上の水から好熱菌を分離。

一九九五年 スティーヴンズとマッキンリー（Stevens and McKinley 1995）、コロンビアリバー玄武岩の独立栄養生物について、SLiMEに関する論文を発表。

一九九五年 カニンガムら（Cunningham et al. 1995）、ニューメキシコ州レチュギヤ洞窟での独立栄養生物由来の洞窟形成発見を発表。

一九九五〜九六年 ラリドンとジャントン、パリ盆地とカメルーンの油田でさらに好熱菌を分離したことを報告。西シベリアの油田の調査など、世界中の油田での微生物調査が報告され、深い油層に固有と見られる門レベルの新区分が見つかる。

一九九六年 マッケイら（McKay et al. 1996）、ALH84001の調査結果を発表。NASAエイムズ、火星地下生命圏試掘に関する最初の研究会を開催。

一九九六年 オンストットら、南アフリカの超深部金鉱の深さ三一〇〇メートルで最初の微生物試料を採取、分析。

一九九六〜九七年 ホワイトシェル、エスポ、ハデス地下研究施設の深さ二〇〇〜四五〇メートルで採取された水と粘土の試料から得た微生物量と群集構成が報告される。

一九九八年 ホイットマンら（Whitman et al. 1998）、地球地下生命圏について発表し、深部生命圏の意義を確立。

以後、多くの深部生命圏研究が発表されるが、本書ではほんのわずかだけを取り上げた。

一九九八年　米国科学諮問委員会、トミー・フェルプスの勧告に基づいて、将来の深部微生物学海洋掘削調査についてエネルギー省トレーサー手順の適用開始。

一九九八年　リヴキナら（Rivkina et al. 1998）、シベリアの古い永久凍土堆積物を深さ三〇メートルまで掘って採取したコアの微生物状況について報告。

一九九八〜九九年　ボストーク湖周辺の氷の多い表土から三四〇〇メートルまで掘る試錐が完了し、プリスクら（Priscu et al. 1999）とカールら（Karl et al. 1999）がこの氷の微生物内容について報告（それでもボストーク湖の底の水採取は二〇一四年まで行なわれず）。

二〇〇〇〜一一年　ODPレグ201、初の深部微生物学が目的の海洋掘削航海となり、ペルー沖で、一〇年にわたり論文を積み重ねる。

二〇〇〇年　ヴリーランドら（Vreeland et al 2000）、WIPP岩塩のバチルス分離を報告。この著者は、それが二億五〇〇〇万年間隔離されていたと信じる。

二〇〇二年　チャペルら（Chapelle et al. 2002）、アイダホ州の温泉での地下圏生態系を確認。水素で養われるメタン菌が多い。この水素は別の、珪酸塩圧砕変成作用という仕組みによる。

二〇〇二年　オーファンら（Orphan et al. 2002）、SRBとメタン菌が海底堆積物で同居する生物群を発見。これはメタンの無酸素酸化を説明する。メタン菌はその代謝経路を逆に動かす。

二〇〇五年　二件の深部試錐プロジェクトの微生物学研究開始。一つはチェサピーク湾衝突クレーターに注目。そこから採取された深さ一二五〜一六六〇メートルの堆積岩コアをコッケルら（Cockell et al. 2012）が分析。もう一つはチェルンプー掘削プロジェクトで、これは深さ四八

○○メートルまでの、おそらく微生物学用に分析されるものとしては最も深いコア試料に相当する変成岩のコアを回収する。

二〇〇六年　リンら（Lin et al. 2006）、放射性分解で維持される地下圏生態系の存在を証明。

二〇〇八年　チヴィアンら（Chivian et al. 2008）、深部地下圏の、放射性分解で維持される、単独種の生物群の最初のメタゲノム〔生物群のゲノムの集合〕を発表。

二〇〇九年　ボルゴニー、最初の深部地下圏中型動物を発見（Borgnie et al. 2011）。

付録B　DOE、SSP会合年表

一九八四年　フランク・ウォバー、エネルギー省からの四万ドルでSSPを創設。三期計画を構想し、コア採取を用いて地下圏微生物学を記述する第1期から始める

一九八五年五月　ペンシルベニア州立大学。フランク・ウォバー、同大の土壌微生物学者ユージン・マドセン、ジャン＝マルク・ボラグ、フランクの生まれて間もない地下圏環境グループの形成につながる研究会を主宰。

一九八六年二月二四〜二五日　ジョージア州オーガスタ。フランク・ウォバーとジャック・コーリー、フランクのSSP微生物学者と、ジャックのSRP環境地質学者が集まり、ジャックのSRP地下飲料用帯水層TCE汚染除去のための掘削作業に便乗して微生物学用コア採取を議論。

一九八六年六月　DOEサバンナ川研究所。六月第一週までに、すべての受給者が課題を割り当てられ、SRPでの一日の会議に集まり、今やカールによってディーププローブと命名された掘削作業について話し合い、翌週にはコアが採取され、発送される。

一九八六年九月二二〜二三日　メリーランド州ジャーマンタウンDOE本部。フランク、第二回ディーププローブ関係者会議を開催し、Pシリーズ掘削作業の結果を振り返り、SSPの長期的戦略計画を発表。

一九八七年二月一七〜一八日　ジョージア州オーガスタ。フランク、いろいろな大学やDOE研究所から外部の専門家を招き、Pシリーズ井の未発表の結果とそれを得るために用いられる方法に

ついての批判的評価と、第四次孔に備えたこの方法の改善についての助言を求める。この計画／講評会が終わるまでに、勧告は明らかになる。試料にありうる微生物汚染を示す指標の役をする、掘削装置に対する添加剤を表すために用いられるようになった「トレーサー」に時間、資金、思考をかける必要があるということ。

一九八九年一月　フロリダ州タラハシー。フランク、第一期研究者を集め、C10試料を現場から受け取って六か月もないうちに、その試料に関する最終報告を発表させる、新しく西部で行なうDOEの新たなコア採取計画を発表。

一九八九年三月　ユタ州ソルトレーク・シティ。フランク、掘削技術の産業界移転と、放射性核種と有毒金属汚染というDOEの冷戦の遺産を修復するための科学的基盤を提供する地下圏微生物学用に、新たな掘削地点を開発する公式目標を伴う計画会議で「遷移計画」を導入。

一九八九年六月　ネバダ州ラスベガス。フランク、ネバダ核実験場の坑道にいるかもしれない微生物試料採取を探る会議開催。

一九八九年八月　ワシントン州レドモンドフランク遷移計画の内部審査を実施。

一九八九年九月　アイダホ州アイダホフォールズ。フランク、アイダホ研究センターに研究者を集め、PNLのGeMHEx掘削地点と、INELのスネークリバー玄武岩掘削地点のいずれを計画の遷移期間中に掘削するかを決定するための「基本方針運営委員会」の会合を開催。結局フランクは両方を行なうことに決定。会議後、フランクはついでのように提案要請RFPを告知。この二つの掘削現場に参加したい大学所属も含めた研究者は、一九九〇年一月までに正式な提案を提出しなければならないとされる。

一九八九年一〇月 ノースカロライナ州マンテオ。フランク、DOE本部に計画を提出するに先立って、遷移計画方針と予算を仕上げるために第二回の会議を催す。

一九九〇年一月 フロリダ州タラハシー。第1回国際地下圏微生物学シンポジウム(ISSM)開催。

一九九二年一月一四〜一六日、 ネバダ州ラスベガス。フランク、深部微生物学研究者関係者会議を開催。研究者全員が採取した試料について、INL、PNL、NTSから採取したばかりの試料に対して行なわれた実験も含め、結果報告を行ない、地下圏細菌と起源に関する仮説を立てる。この会合の終わりに、近くテキサコ社の掘削に便乗する機会があることを伝え、そのソーンヒル1号試錐孔に試料採取に行く研究者を集める。

一九九二年九月三〇日 メリーランド州アナポリス。進化時計研究会。フランク、地下圏微生物学者がその微生物がどれだけ地下にいたかを求めるために配列情報を使おうとすれば何をする必要があるかを判断すべく、地質学者、地球化学者、水理学者の集団と、分子生物学者の集団を一堂に集める。

一九九二年一二月二日 メリーランド州アナポリス。第二回テイラーズビル堆積盆地関係者会議。フランク、九か月前に三畳紀堆積物から採取したコア試料の分析にかかわる研究者を集める。この会議で、デーヴィッド・ブーンが嫌気性バチルス属の新種を明らかにし、*Bacillus infernus* と命名したいとする。

一九九三年六月 メリーランド州ジャーマンタウン、DOE本部。フランク、SSPのグループを集め、三畳紀テイラーズビル堆積盆地での新発見の結果を、ガラス保健環境研究局長の前で披露。

一九九三年九月　英、バース。第二回国際地下圏微生物学シンポジウム。手法だけでなく、大陸、海洋両方の深部地下圏微生物学の新発見も取り上げられた、初の真に国際的な学会となる。

一九九三年一〇月二七日　メリーランド州ゲイザーバーグ。フランク、第三回テイラーズビル関係者会議を開催。

一九九三年一二月　メリーランド州アナポリス。深部微生物学会合。新ＰＩを迎え、深部微生物学研究についての報告をまとめ、六月のセロ・ネグロ掘削準備の作業計画を決める三日間の集会。

一九九四年四月七〜八日　デラウェア州ルイス。フランク、環境科学研究センターの評価会議に参加者を集める。

一九九四年六月　カリフォルニア州ラホヤ。フランクのＳＳＰを評価するためのＪＡＳＯＮ会議。

一九九五年二月二五〜二八日　ユタ州ソルトレーク・シティ。オリジンズ関係者会議。

一九九五年三月　テネシー大学ノックスビル。ＳＳＰの他の分科会関係者会議。

一九九五年七月　オレゴン州ポートランド。ＤＯＥのＳＳＰ、オリジンズ深部地下圏微生物学関係者会議最終回。

一九九七年一月　アイダホフォールズ。スネークリバー平原帯水層の核施設によるＴＣＥ汚染修復に向けた「テストエリア・ノース・プロジェクト」を立てるためのＳＳＰ終了後の会議。

訳者あとがき

本書はTullis C. Onstott, *Deep Life: The Hunt for the Hidden Biology of Earth, Mars, and Beyond* (Princeton University Press, 2017) を訳したものです（文中、〔 〕で括った部分は訳者による補足です。また、参照されている文献からの引用部分は、とくに断りのないかぎり、本書訳者による私訳です）。著者のオンストットは、プリンストン大学地球科学科の教授で、もともとは放射性物質による年代測定が専門の地質学者ですが、その著者が地下にいる微生物研究から、さらには火星の生命を探ろうかという壮大な試みへと足を踏み入れていくことになります（もっとも、地球外生命は、さらに元をたどれば著者が科学を志すきっかけとも言うべき存在だったようですが）。本書はそうなるに至る道筋を、その途上のトラブル、騒動、事件、もちろん積み重ねた工夫や失敗や、場合によっては「やばい」話も含め、赤裸々に描いた、科学者自身によるノンフィクションとなっています。

地下と言えば、夏は涼しく、冬は暖かい、むしろ快適なところといったイメージもあったりしますが、著者を初めとする研究者が実際に入って行く鉱山のような、非日常的な深さの地下はむしろ高温で（鉄が溶ける何千度にもなる中心に向かっていくのだから、考えてみればそれも当然なのですが）、場合によっては生物が生存しうる限界を超えた温度にもなる——にもかかわらず、そこに生物がいます。さらに、高温にかぎらず、逆に低温、塩分、酸、圧力など、いろいろな面で「極限」状況下に生物（単細胞の細菌から、多細胞の線虫や、やはりいるかという最強のクマムシまで）がいて、それを探し、調べることが、生命の起源にかかわるテーマになります。すると他の惑星や衛星にも同様の極限環境があることが考えられ、そういうところに生命を探すという話につながっていきます。

しかも、そういう地球外に生命圏があることが考えられるなら、火星などの探査に地球から出かけていくにあたっては、現地の生命環境を、地球から持ち込むもの（外来種）で汚染する可能性を考えなければならないという、言われてみればなるほどなのですが、現実の宇宙で生命を研究するということはそういうことでもあるんだと、あらためて気づかされることもあります。科学は何かを明らかにしていく歩みでもありますが、何かを明らかにすることによって、気にしなければならないことも増えていくということでもあるようです。

地下圏生命探しの実際と、その背景、探すための工夫、確かにそうだと言うためにクリアしなければならないハードル、それをくぐり抜けることによってわかること、わからないことという本書の主題は、今述べたような展開も含め、刺激的な科学の話になっています。しかし、それにしても、科学者、とくに研究グループを組んで、フィールドに出て調査をするような科学者集団が、いかに多くのことを考えなければならないかというのも、本書の「おもしろみ」の一つでしょう。本書の話は、本来の研究テーマそのままでは研究費がなかなかとれず、そのために他の分野に乗り出していかなければならないという、ありがちな事情から始まるわけですが、逆にそれは、学際的な先進的分野の開拓にもなります。他方、そういう研究の背景には、たとえば核廃棄物の地下貯蔵とその影響や対策という現代的な問題もあったりします。もちろん、経済界、学界など、さまざまな領域の利害もからんできて、何かに関心を抱いてそれを調べるという科学の本体も、それを現実の世界で行なうとなると、様々な人間世界の事情を整理したり、ある意味では便乗したりして進めなければならないということでもあります。そんな科学者の世界を著者は渡って行き、後進の科学者を育て（自らも新規参入の分野で成長し）、送り出していきます。そういう話を積み重ねることで、研究の成果の紹介にとどまらない、科学のなまの現場の一つを活写したのが本書です。

本書の翻訳は青土社の篠原一平氏の勧めと出版に至るまでのご尽力により実現することになりました。記して感謝いたします。また装幀は岡孝治氏に担当していただきました。これもお礼申します。なじみのない概念や道具もあちこちに出てきますし、大部な本でもありますが、そうなるだけの話でもあります。描かれる世界にいろいろな意味で目をみはっていただければと願います。

訳者識

二〇一七年八月

索引

か行

さ行

た行

な行

は行

ま行

や行

ら行

わ行

英数字

註

序論

1. Lipman 1931, 183.
2. Kuznetsov et al. 1962.
3. Alexander 1977, 23.

第１章　トリアシック・パーク

1. 中性子を測定するための中性子密度検層装置は、中性子散乱断面積〔照射された放射線に対してできる影のようなもので、おおよそ照射された物体の大きさや量に対応する〕が大きい水素原子に対して非常に感度が高い。その結果、中性子検層記録から、岩石中の水素ガスと水の量の推定値が得られる。地震波検層装置からは地層密度、ひいては有孔度〔ポロシティ＝対象の中で孔／空洞が閉める比率〕が得られる。抵抗がわかれば土の成分が推定できる。ガンマ線検層装置は放射性のカリウム、トリウム、ウランから出るガンマ線を測定し、それによって岩石の組成を求め、また岩の層に送り込まれてコンプトン効果で非弾性的に散乱されるガンマ線によって、地層密度が判定できる。自然電位検層も用いられる。これは地層に含まれる水の塩分濃度に感度がある。もう一つ、温度測定器もついていて、現時点での環境温度を測定する。
2. 「ガス・プレイ」とは、メタン、エタン、プロパン、ブタンなどの揮発性の炭化水素濃度が高いことを表す言葉で、掘削泥水が地表に戻ったときに循環装置に抜けるガスから測定される。掘削泥水の流速と合わせて、ガスプレイが発生した地点の深さが導かれ、同じ深さの削り屑の岩質と照合される。こうしたデータが後で試錐孔検層記録データと照合される。
3. 米エネルギー省（ＤＯＥ）のフランク・Ｊ・ウォバーが支援した、サウスカロライナ州コースタル・プレインの地下 200 m 余りのところでの砂岩／頁岩の列に関する微生物・地球化学調査は、この二種類の堆積岩のコンタクト、つまり接触面は、高い密度の生育可能な細菌を生んだらしいことを示した。*Geomicrobiology Journal* (1989) の特別号を参照。米地質調査所（ＵＳＧＳ）の生物学者による、コースタル・プレインのもっと浅い（地下 60 m ほど）の堆積物に関するその後の論文も同じ結論に達した。つまり砂岩／頁岩の界面は、地下微生物活動と、したがって生物量（バイオマス）が最も高いところということだ。McMahon et al. 1992.
4. 砂岩／頁岩の界面を見つけることは、地層固有の放射能を測定する自然ガンマ線検層を使えば簡単にできた。粘土分含有量〔粘土は頁岩を構成する〕が多いとガンマ線量も大きくなる。これは粘土分ではカリウム量が多いこととも関係している

が、この三畳紀の堆積盆地では粘土が有機物の多い酸素のない湖底にたまっていて、ウランの酸化物は無酸素の環境で析出するのでウランの量も多いからだ。それに対して砂岩は粘土分が少なく、ウランもはるかに少ない。

5. ゴンドワナ大陸は、南米、アフリカ、インド、南極、オーストラリア各大陸で構成される超大陸。ゴンドワナ大陸は、インドの一地方でそこに住んでいたゴンディ人という名による。つまり「ゴンディ人の土地（ランド）」という意味。「ゴンドワナランド」と呼ばれることがあるが、この「ランド」は余計ということになる。パンゲアはゴンドワナ、北米、ユーラシア各大陸を含む超大陸。ジュラ紀の半ばには、北米とユーラシアからなるローラシア大陸がゴンドワナ大陸から分かれ始めた。

6. 孔径検層装置はその名のとおりのこと、すなわち試錐孔の形と直径を測定する〔深さによってでこぼこがあると、地層に隙間がある＝その部分の土砂が流出していることを示唆する〕。

7. ペルフルオロカーボン（ＰＦＣ）は炭化水素の水素をすべてフッ素に置き換えたもの。自然界にはきわめてまれで、海の循環調査や大気圏の追跡調査での流体標識物質（トレーサー）として開発された〔自然発生するものではないので、それが検出されたら、それを放出したところから流れてきたものと推定できるという意味で標識〕。毒はなく、炭素・フッ素の結合が強固なので、化学反応しにくい。電子捕獲型検出器によるガスクロマトグラフィでの検出限界は 1ppb〔十億分率〕。これを使うことには、水に溶けにくく、揮発性が高いという二つの問題点がある。過去に微生物試料採取に用いられたＰＦＣはペルフルオロメティルシクロヘキサン（ＰＭＣＨ）とペルフルオロジメチルシクロヘキサン（ＰＤＭＣＨ）だった。少々手間はかかるが、掘削泥水のＰＦＣ濃度は 2ppm〔百万分率〕にすることができ、検出限界の 2000 倍という余裕でコアに掘削泥水がどの程度しみ込んだかを調べられる。McKinley and Colwell 1996.

8. 側壁コア採取器具には２種類あった。回転式側壁コア採取器具には、くり抜き用の刃先が一つあり、これがコア採取器具に対して垂直なコアに向かって回転し、側壁をくり抜き、逆回転して中央に戻り、ロッドでコア試料を保持用のバレル〔中空の円筒〕に押し込む。この作業をコア採取地点ごとに繰り返す。この装置を地表に引き上げ、コアがバレルから取り出される。打撃式の側壁コア採取「ガン」というのがもう一つで、こちらはコア採取地点ごとに別々のコア採取「弾」があって、それぞれに起爆装置がついている。発射されるとコアバレル〔コアを取り込む中空の円筒形の管〕が側壁に貫入する。コアバレルには鎖がついていて採取装置につながり、地表からコアの入ったコアバレルを引き上げるのに使われる。

9. トミー・フェルプスはオークリッジ国立研究所（ＯＲＮＬ）の微生物学者、リック・コルウェルはアイダホ国立工学研究所（ＩＮＥＬ）の微生物学者、トッド・スティーヴンスはパシフィック・ノースウェスト研究所（ＰＮＬ）の微生物学者。

10. 何千年も使われてきた技、打撃式掘削では、コアバレルがハンマーで地下の地層に打ち込まれ、コアバレルの中に堆積物を入れて引き出す。それとともに孔の周囲に内張（ケーシング）をして孔を安定させるが、これは回転式コア採取ほど速くは

ない。
11. 付録Aには、地下圏微生物学調査が始まった当初からの研究年表を示してある。
12. 低酸素環境とは、水中の酸素濃度が大気中の酸素と平衡する水にあるものよりはるかに低いもののことを言う。米地質調査所は低酸素水を酸素濃度が1ℓあたり0.5 mg未満の水と定義する。室温の空気と平衡状態にある水の場合、酸素は1ℓあたり8.7 mg含まれている。塩水や温水では、溶けている酸素濃度はもっと低い。
13. 地下圏生命の発見年表は付録Aに示した。Bastin et al. 1926. 石油と結びつく塩水で細菌を調査したのはバスティンだけではない。やはり1926年には、ロシアの女性微生物学者T・L・ギンスブルグ＝カラジチェヴァが、アゼルバイジャン（当時はソ連）のバクー近くにある油田地帯の地下330 mに達する自噴泉〔掘ると汲み上げなくても圧力で水が噴出する地下水〕で採取した硫化物豊富な水／石油試料に硫酸塩還元細菌を確認した。残念ながら、この成果はロシアの無名の刊行物で発表された（T. L. Ginsburg-Karagitscheva 1926）。
バスティンがイリノイ州の油田で採取した塩水に硝酸塩を還元する生物がいることを書いてから8か月後、ニーヴとバスウェルがある論文を発表した。2人は油の腐敗ではなく、微生物による方解石の析出に注目した。ところが、やはり油田で硫酸塩還元細菌が硫化水素を生産する証拠を見つけたGahl and Anderson (1928)は、バスティンの元の発見を追認した。ロシア人微生物学者によるロシア語の学術誌での発表はその後も数多く出て、石油を含む地層にいる細菌だけでなく、そもそも石油を生み出すのには細菌が関与していたとする説にも目を向けていた。この地下圏微生物学に関するロシア語文献は、『地質微生物学入門』(Kuznetsov et al. 1962)と、『石油微生物学』(Davis 1967)の2点の本にまとめられている。細菌が石油の発生に関与しているかもしれず、石油は〔海ではなく〕大陸の有機物資源でできたとする説は、ロシア人微生物学者と、石油は海洋の堆積物でできたとする、厳密に地質学的なモデルを好んだ、ほとんどはロシア人ではない地質学者との論争を招いた。地質学者は油田の水にいる「固有」細菌という説をまさにこの理由で論難した。硫化水素と乏しくなった硫酸塩が、石油埋蔵地の掘削で遭遇した水の中に存在していて、こうした化合物は厳密にその後の汚染の結果ではなかったのだが。ロシア人微生物学者は、細菌が微生物によって生成される硫化水素を消費もすることを最初に認識した。この発見が最初に報告されたのは1935年、ヴォロディンがアブシェロン半島の地下1800 mの「ピンクの水」を伝えたときのことだった（Gurevich 1962に要約されている）。ピンク色は、無酸素光栄養生物で、硫化物を酸化するクロマティウム属の細菌によるものだった。1970年、Rozanova and Khudyakovaは、ピンクの水の細菌を、油田が洪水に襲われたときにもたらされた結果として否定した。
14. ZoBell 1945. この論文は、『タイム』誌での、石油を食べる細菌を「油田のイタチ」と呼ぶ新たな発表を生んだ。ゾベルは油井の深さ2100 mの塩水試料でのSRB発見も伝えているが、他の油井や鉱山にはそれがいないことも記している。ゾベルはロシアの先駆者と同様、炭化水素を生産する細菌の証拠も見つけつつあったので、またコックスは石油の地質学的起源を強固に信じていたので、ゾベルが伝えた

ＳＲＢがない石油埋蔵地とそうでないところがあることは、伝えられる細菌の存在が汚染であることの証拠と取られた。Cox 1946は、石油微生物起源説の否定論をうまくまとめている。40年代の末から60年代の初めまで、ゾベルも細菌に対する高い圧力の影響を調べたが、アメリカの地質学界に関するかぎり、油田の地下圏細菌は掘削と開発の間の汚染の結果で、石油とガスの起源や成長とはほとんど関係なかった。

15. エネルギー情報局のウェブサイトによる。1949年以前に掘削されていた油井は含まれていない。"Petroleum and Other Liquids," http://www.eia.gov/dnav/pet/hist/LeafHandler.ashx?n=PET&s=E_ERTW0_XWC0_NUS_C&f=A.

16. フランクはこの会合を、地下圏微生物群集の年代を確立する、現場サイトを中心に築かれる別の計画の土台として用いた。しかし生育可能な群集とその地下圏環境の物理学的・化学的性質とには明瞭な相関が欠けていた。リン脂質脂肪酸（ＰＬＦＡ）を使うのは、微生物の量の貴重な尺度となったが、決定的な特徴は、微生物群集の組成と環境条件の両方によって決まった。からみ合う両者をほどくのは、まだ全然できていなかった。ＭＩＤＩ、バイオログ、ＡＰＩ - ＮＦＴといった他のツールも使われるようになっていた。ＭＩＤＩは、デラウェア州ニューアークにある会社、マイクロビアル・アイデンティフィケーション・インク〔微生物識別社〕のことでで、1991年に起業して、高速脂肪酸式識別方式の先駆者だった。そこは、Ｄ・Ｃ・ホワイトのグループが行なっていた、もっと安価な分析方式を代表していた。バイオログ社はカリフォルニア州の会社で80年代の創業、培地や、ＳＳＰで言えば環境から得た試料の細胞を、高速な表現型スクリーンにかける器具一式を生産していた。ＡＰＩ - ＮＦＴの試験紙（bioMérieux）は培地の細胞をいくつかの試薬にさらす。比色反応に基づいて、微生物の正体が特定できた。こうした方法は、感染症の病原体となる細菌に基づく広大なデータバンクにある細菌の種を特定できたが、地下圏微生物の特定に使うのには限界があった。それ以前の6年の分析では、答えよりも疑問の方が蓄積された。

研究会の会場には50人ほどの研究者がいて、地質学者、水文学者、地球化学者がほとんど一方の側に座り、微生物学者がもう一方の側に座っていた。デラウェア州ルイスで開かれたＤＯＥオリジンズ研究会の結果をまとめたのはＰＮＬのエリン・マーフィで、地質史に基づいて現場を分類する理論的基礎、現場の水文学的特徴、古環境の履歴、微生物進化過程を解説した。堆積物がまずたまるのが、海洋性微生物を含む海洋性の状況だろうと、土壌細菌を含む古土壌だろうと、それは地質学的時間を経て深いところに埋もれることになる。圧力と温度が増すと、堆積物は続成作用を受けて、透水性や多孔度が変わる。非透水的な層については、微生物群集はそこにひっかかり、高まる圧力や温度に適応しなければならない。現地のエネルギー源に頼らざるをえなくもなる。そうした細菌が生き延びれば、元の土壌あるいは海底の群集の生きた子孫ということになる。他方、サバンナ川の帯水層のような、水を非常に通しやすい層の場合、何万という孔の体積分の地下水が、砂の多い岩を流れたかもしれない。これは古気候、この場合は長い間にどれだけの降水があったかに依存する。結果として、微生物の移民が、何億年か前の堆積物とともに

埋もれた元の微生物群集に置き換わっているかもしれない。こうした微生物群集の栄養分は、上に乗る光圏に由来したものが、地下水流とともに微生物のところに届いたものかもしれない。この2通りの筋書きから、2種類の最終微生物群集（エンドメンバー）が生じる。一方はその場で長い時間をかけて進化した微生物群集。もう一つは微生物輸送を経て、長い距離にわたり、ただそれほど長くない時間で淘汰された微生物集団。前者にいる微生物は後者にいる微生物よりも由来がはるかに古い可能性がある。

発表者の話のたびに大いに議論があり、発表者の考えや試料採取地案をこの脈絡に置くことが試みられた。リックは「深部地下圏微生物学仮説」という発表をするとき、トミー・ゴールドが報告したばかりの古細菌と、スウェーデンのシヤン環状複合岩帯（リングコンプレックス）という隕石衝突による構造の、深さ6100 mのマントル石油の発見について長々と話し始めた（『ニューヨーク・タイムズ』紙に記事を書く科学記者のウォルター・サリヴァンは、ゴールドのシヤン・リング研究について、1987年3月22日の紙面「天然ガス田が見つかったと思われる」で伝えている）。地質学者はシヤン・リングの元になったクレーターは直径が約52 kmで、3億7700万年にできたと推定している。衝突の大きさは大陸地殻を下のマントルまで引き裂くほどだったというのがトミー・ゴールドの考えだった。こうした亀裂はマントル中の炭化水素やヘリウムを安定させ、通り道となって、地表に湧き上がらせた。掘削作業では確かにいくらかのメタンが検出されたが、それと一緒にあるヘリウムには、同位体の構成にそれが地殻中のウランの放射性崩壊でできたものであって、マントルのものではないことを示すしるしがある。リックにとっては、このマントル石油が深部地下圏群集をいつまでも維持できるというのは筋が通っていた。

リックが発表を終えると、会場はしんとして、古い言い回しにあるピンが落ちる音も聞こえるほどで、何人かの囁き声がいくつかあるだけだった。リックが席に戻ると、やはりＰＮＬの地質学者でフィルと共同研究しているシャーリー・ローソンに向かって、自分の言ったことが何かまずかったのかと尋ねた。「トミー・ゴールドってあなたは言ったのよ」とローソンは囁いた。この研究会にいた地質学者は全員がゴールドの石油非生物起源説を否定していたし、何人かは微生物学者リックがそのようなことを説くことさえ迷惑がっているようだった。無免許地質学運転で捕まったリックは、その研究会の後、ゴールドの考えを推さなかった。ゴールドのＳＳＰへの進出範囲はそこまでだった。

しかし6か月後、トミー・ゴールドは「深くて熱い生命圏」という論文を『アメリカ科学アカデミー紀要』で発表し、深部地下生命圏の証拠の概略を述べた。「生命圏（バイオスフィア）」という言葉は、地球の、生物が実際にいるいないにかかわらず、生存可能な領域のことを言う。フランスの博物学者、ジャン＝バティスト・ラマルク（1744～1829）が唱えたものだ。この用語は、ロシアの地球化学者、ウラディーミル・ヴェルナドスキーによる『生命圏』という本が出てから広く用いられるようになった（1926年のロシア語原書のフランス語版）。ゴールドは、Ｋ・ペダーセンという当時は微生物学界では無名の人物が書いたスウェーデンの目立た

ない技術報告を挙げたが、ＤＯＥによるＳＳＰや、ＵＳＧＳが発表した論文はまったく引いていなかった。ＳＳＰの作業はトミー・ゴールドの帰納的思考過程にも影響を及ぼしていないようだった。ゴールドは生命が深部地下圏で発生することもできたとまで説くようになった。

17. 私見では（間違っているかもしれない）、フランクは多くの点で、海軍研究局潜水戦闘部長で、ウィリアム・ブロードの著書、『足下の宇宙』に描かれた「スウェーデン人」、チャールズ・モムセン・ジュニアのようだった。「モムセンは［海軍を深海研究に引き留めるために］規則を破り、圧力をかけ、指示を無視し、金を使う、たった１人の戦争をしていた」(p. 56)。フランクはＳＳＰの初期、深部地下生命圏研究をＤＯＥで生かしておくために同じ手をいくらか使っていた。しかるべき立場にいた２人の人物の同じように深い確信が、海と地殻の地下生命圏探査の歴史に重要な転機を生んだ。

18. 本書第２章を参照。

19. 後にデーヴィッド・ブーンがソーンヒルの試料から培養することになる得意なバチルスの種に与える名を先取りしていて興味深い。

20. 合意の一部として、テキサコとＤＯＥはお互いの活動に対する損害について法的責任を免除する免責条項もあった。また、フランク指揮下の現地研究者は全員、学術的発表は除外という条件を含む秘密保持契約に署名していた。

21. トミーは環境回復で用いられる水平掘削技術の進み具合を調べる、ＤＯＥ環境管理局の４人編成チームに入っていた。この部局はときどき、ＳＳＰを支援するＤＯＥ生物学環境研究局と競合することがあったが、後には両部局は協同した。

22. ＳＲＰは1950年代に建てられ、実費プラス一ドルという運営契約でデュポン社が管理していた。300平方マイル〔800 km^2 弱、東京都区部よりひとまわり大きい程度〕に広がる５基の重水炉を動かして、核兵器用の濃縮ウランやプルトニウム、原子炉用の重水を生産していた。本書でも後で登場する素粒子ニュートリノ（第７章）は、1956年、ＳＲＰで発見された。1980年代の半ば、ＳＲＰはＮＡＳＡのの深宇宙探査、たとえばカッシニ＝ホイヘンス探査機用のプルトニウム238の生産を開始していた。冷戦期にはドラム缶１万本をゆうに超える超ウラン元素廃棄物が生産され、今はニューメキシコ州カールスバッド近郊の核廃棄物隔離試験施設に収容されている（第２章）。

23. 当時、ジャック・コーリーは、ＳＲＰの中の沈澱池だったMエリアでの、ＤＯＥが始めたばかりの事業の下にあった環境浄化事業に深くかかわっていた。沈澱池はおそらく汚染物質を下を流れる地下水の帯水層に漏れていて、科学者はその汚染の範囲がどれほどか、南西の下流にあたる、たとえば人口10万人のサバンナなどの地域の水資源を汚染していないかを判定するために何度か監視井を掘っていた。しかし、最深部の帯水層が汚染されているのがわかるのを恐れて、30 mより深く掘ることを心配していた。ＳＲＰのトリクロルエタン（ＴＣＥ）が地下200 mの飲料水を提供する帯水層にあって、徐々にサバンナに向かって移動していたらどうするのか。ＴＣＥは1970年に四塩化炭素が禁止された後、一般に用いられる溶媒／洗浄液だった。ＴＣＥは先天性の障害との関連があり、その後の1986年にはカリ

フォルニア州では飲料水についての懸念から禁止されていた。環境浄化事業やＤＯＥには何ができただろう。ＳＲＰの周囲に深さ200ｍ近くのせき止め井戸を掘って、水を施設から流れ出ないようにするか。これにはアポロ月着陸計画の４倍に当たる1000億ドルがかかり、それでもそれぞれに地下水汚染上昇流がある数多くのＤＯＥ研究施設の一つにすぎなかった。ジャックは卒中から回復していたところで、自分のせいで子どもや孫が汚染された水を飲むことになるかどうか考えていて、フランクの案に関心を寄せた。360ｍまでボーリングしそうな基本的な水理学研究の第三期に入っていた。フランクはその深さにいる細菌を刺激して有毒な有機物を浄化するようにできるのではないかと説いていた。細菌が除去するＴＣＥが1%だけでも、ＤＯＥの浄化コストを10億ドル減らせる。井戸の施設の何か所かをカットすることによって、フランクがコアを得るための20万ドルが節約できるかもしれない。

24. 参加者は、サバンナ川研究所環境科学班のホレース・ブレッドソー、ヴァン・プライス、カール・フライアマンスから、ＳＲＰの地質学と水文学について知っておかなければならないことすべてを教えられた。受講者の中には、デーヴィッド・ボークウィル、ビル・ギオース、ジョー・サフリタといった、環境保護庁の支援でごく浅いところの帯水層の砂を分析した微生物学者もいた。前年の５月に、フランクの生まれつつあった地下圏環境微生物グループの形成につながったセミナーを主催した、ユージン・マドセン、ジャン・マルク・ボラーグといったペンシルベニア州立大学の土壌微生物学者もいた。翌朝、この班はＳＲＰのいろいろな場所を車で回り、なすべきこと、方法、場所、開始時期、担当者についての円卓会議を開く会議室に戻ってきた。フランクは前夜、自分がこれを二段階の調査と見て概略を描き、第一段階は１年余りで、Ｐシリーズ井と呼ばれるものの設置時期と重なるものとした。第二期については複数年度の予算がかかる長期的な地下圏調査地点の可能性があることをにおわせた。水試料採取の目標区域はタスカルーサ帯水層という地元の飲料水源だったが、微生物学者はこの区域に達してくぐり抜ける３か所からコアを採取して、それぞれ同じ地層から確実に試料を採取したいと思っていた。古典的な微生物三重試料採取法だった。しかし、このときまでには深さわずか８ｍの試料を見ていた微生物学者にとって、400ｍもの深さの試料を採取するのは、月の試料を採取するようなものだった。およそ１年半前、カール・フライアマンスとＤ・Ｃ・ホワイトがＳＲＰ地下の堆積物にリン脂質バイオマーカーを調べ始めていた。トミーのＤ・Ｃ・ホワイトのところでのポスドク研究には、カールの導きで、脂質研究のための地下コアを、1984年の終わりにＳＲＰ何か所かの監視井から回収することが含まれた。それは掘削による汚染については何も考えていない、場当たり的な試料だった。トミーはＳＲＰでの何か月かの掘削体験を財産にして、新しい掘削のときに汚染ができるだけ少ない試料を得る方法を考えた。会議では、トミーの掘削作業による汚染をつかむ方法についての発表の後、議論が続いた。この第一期のコア採取については、掘削用水に自然にあるイオンの種類を測定し、地下水や、コアから抽出される液体のものと比較することになる。徹底した地球化学的作業が、ＰＮＬの熟練野外科学者によって行なわれることになった。ギブアンドテ

イクの中で、放射性物質でラベルした有酸素／無酸素の活動量測定、細胞数、ＰＬＦＡ分析、地球化学的構成、炭素使用量などの分析の詳細なリストがまとめられた。

25. Ｄ・Ｃ・ホワイトは自分の研究室をＯＲＮＬやテネシー大学ノックスビル校へ移す作業中だった。この二つの研究機関の初の共同重点研究者（Distinguished Scientists）の１人に任じられたのだ。今も同様な共同任命が何度か行なわれ、州知事直属講座と呼ばれる。最近の例では、ＳＳＰ研究者のテリー・ヘイズンとフランク・レーフラーがこれに任じられている。

26. ＳＲＰは、プルトニウム濃縮の他に、敷地に野菜畑を維持していて、スイカ、トウモロコシ、ダイズ、大麻を栽培し、放射性核種を分析している。

27. これは何から何まで真実というわけではない。ある面では、ＳＳＰの研究者は自分たちでは知らないうちに、東京大学植物学科の、菌類と酵母が専門の大学院生、杉山純多の足跡をたどっていた。1960年代半ばに、修士論文の一部となった、地下3700 m、温度80～90℃の後期第三紀の堆積物から回転式掘削で採取したコアの微生物学研究に基づいた論文を発表した（Sugiyama 1965）。杉山が用いた掘削泥水の分析、アイスバッグでのコアの急速冷却、無菌状況でのコア外層の剥離による実験室での処理は、トレーサーの無酸素処理だけがないだけで、ＳＳＰで行なわれていたのと基本的に同じだった。

28. 中身の詰まった、手つかずのコアは今も昔も芸術品だ。何百 m、何千 m ものドリルパイプにちょうどの圧力、ちょうどの回転速度、ちょうどの掘削泥水流量を必要とした。掘削用水は、土、つまり「切り屑」をすべて坑から押し上げ、それを地表の巨大金属沈澱タンクに貯める。

29. こうした道具――デニスン・コア採取器具、シェルビー管式試料採取装置、ピッチャー・バレル、リン酸バレル――は管、あるいは「ブーツ」を着ける方式をとった。コア採取用の刃を下に向けて延ばし、坑の底に達したとき、管が地層に数センチ貫入してからその上で刃先が回転を始めるようになっている。この方式は、コアの掘削泥水汚染を防ぐ。それからコアを滑らせて長さ九〇センチの蒸気洗浄したコア採取管に送り込む。この管は刃先まで流れる掘削泥水を堆積物から分離し、切り屑を拾い、コアバレルの外側のドリルパイプを通って上まで流れ出す。上の作業員はくり抜くときに貫入した深さを記録して、管を確実に満たして、ドリルを止め、コア用の管に堆積物が残っていることを期待して、コアバレルの引き上げを始める。砂の多い地層では、デニスン・ピッチャー・バレル式コア採取器具の靴先（シュー）にある「コア・キャッチャー」が、コアが地表に達するまで保持している。Phelps et al. 1989.

30. スーザン・フィフナーは、ちょうどオクラホマ大学のマイク・マキナニーとジョー・サフリタの下で理学修士課程を終えたところで、現場試料から細菌を増殖する技術も磨いていた。

31. 使われたのはエチレンオキシドで殺菌された手袋で、これは頻繁に取り替えられ、グラブバッグのグラブの上からはめて二次汚染を減らした。

32. 一般的に、コアが地表に届いてから72時間以内にそれぞれの実験室で実験が始

まった。分割した試料は、ＳＲＰの実験室にいるＰＮＬの研究者によって、孔にあった流体抽出に使われ、その後、地球化学的構成が測定され、掘削用水と対比される。こうした地球化学的検査は試料内にある掘削用水汚染の0.1％を検出できたが、結果は研究者がそれぞれの実験を始めてから何週間も経たないと手に入らなかった。ほとんどの試料は高品質だが（数週間後）、現地品質保証／品質管理（ＱＡ／ＱＣ）は、大急ぎで実施された1986年の野外活動のときには重大な欠陥があった。

33. 若すぎて『冒険野郎マクガイバー』というテレビ番組（1985～1992）を見ていない人々のために言うと、これはガムテープと万能ナイフといろいろなクリップやピンで世界を救うのが得意な科学者にして秘密情報員の話だった。

34. こうした試料からの結果がわかる前から、フランクはその夏を、その後５年で取り組み、支援される必要がある26種類の課題が含まれる深部微生物学研究事業を計画して過ごした。見事な豊富さや多様性は、ＤＯＥチームがどれほど努力しても汚染はあったのかという問いをもたらしていた。ジョー・サフリタは、調べた試料の中に、腸内細菌や、ペニシリン耐性のある細菌がいたことを報告したが、それは全ての試料にいたのではなく、掘削泥水にはなかった。それでも、ペニシリン耐性は、ペニシリンの使用が普及した後に普及した新しい属性だとあまねく考えられていることからすると、そういうものがあることは意外だった。あまのじゃく役を演じて、掘削活動の結果だけでなく、フランクの説く深部微生物学研究とその計画も批判するのは、ＰＮＬのレイ・ウィルドゥングに任された。レイは抽出化学畑の出身で、超ウラン元素を調べており、線量計を開発し、ＤＯＥやその前身のＡＥＣにはフランクよりずっと長く在籍した。こうしたとほうもない発見を追認するためには、新しい試料採取技術や、もちろん新しい現場が必要となる。会議に出席した科学者には、ネバダ州やテキサス州の独自の現場について話す人や、こうした道具を地下圏微生物学を規定するために用いることについて話す人もいた。

35. 「通気帯」とは、地下水面より上にあって、雨水が浸透して地下水面に達し、帯水層の地下水を補充する領域（岩と土）のことを言う。

　1970年代半ばには、地下水の品質問題が登場して、ＥＰＡの科学者に、水を生む岩石層に微生物が棲息している可能性を再評価する刺激になった。科学者は微生物が地下水の化学的特性を変える可能性を認識していたが、真に地下圏の微生物を探知することは、井戸を掘るときに持ち込まれた汚染因子によって混乱することも認識していた。細菌は鉱物粒の表面に付着しているものだということも認識していた。すると、科学者は地下水試料の微生物組成が現場の微生物群集を代表していることを、どうやって確信できたのだろう。さらに悪いことに、水没した井戸の内張の表面に住みついた細菌は、当の井戸の掘削や内張のときに導入されたものかもしれない。そういう細菌は地下水から栄養を取って繁殖できて、メキシコ湾の石油採掘台周辺にできる生態系とよく似たものになるだろう。科学者は、地下水試料から回収された細菌が帯水層堆積物で暮らしている何かの細菌に似ていることをどうして確信できるのだろう。McNabb and Dunlap (1975) は、汚染されていない地下圏試料を得ることの難しさを指摘した。その論文は、地下圏での微生物活動の可能性

と、地下水を汚染から復活させるうえでありうる役割についてＥＰＡに提出されたもっと詳細な報告の要約である（Dunlap and McNabb 1973）。この報告には、地下圏微生物学についてそれ以前に発表された研究の網羅的なリストもある。

36.「深さも細菌に作用する二次的生態学的変数である。温帯各地では、こうした生物はほとんど上の方にいて、だいたいは上の数センチのところにいる」（Alexander 1977, p. 23）。

37. フランクはいろいろな大学やＤＯＥの研究所から外部の専門家を招き、Ｐシリーズ井の未発表の結果や、それを得るために使われた方法を批判的に検討してもらい、そうした方法を「四次孔」の準備に改善する方法を勧告してもらった。この計画研究会／総評の終わりには勧告は明らかだった。もっと時間、費用、検討を「トレーサー」にかけなければならない。これは試料が微生物汚染されている可能性の指標として用いられる、ボーリング機械に添加する物質を表すために用いられた言葉だ。大量の掘削泥水にローダミンを加えると、それがコアに浸透するのを追跡できることを示す検査がいくつか行なわれていた。ブルックヘブンのトレーサー技術センターの化学者グンナー・セヌムは大気圏の標識として開発されたＰＦＣトレーサーがローダミン染料よりも感度がいいと説いたが、それは柔らかい堆積物に用いられたことはなかった。ビル・ギオースは蛍光微小球のような物理的なトレーサーを強く唱えた。ＵＳＧＳはこれを、ケープコッドで細菌移動を、あるいは掘削泥水で使える特定の細菌の系統さえ、追跡するために使っていた。ロスアラモス国立研究所（ＬＡＮＬ）のジョン・ローリーは、コアが採取されるたびにドリルパイプを除去する必要のない、したがって掘削作業員がコア採取を停止してからコアがMMＥＬで切り分けられるまでの時間を有意に短縮できるワイヤーライン式コア採取器具を検討するよう推奨した。さらに、「四次孔」の位置を決めるのにも、ＳＲＰ周辺の水文学や地下水年代のもっと包括的な分析を必要とする。会議の終わりにフランクは参加者をいくつかのチームに分け、1987 年 12 月、つまり「今から 10 か月後」までに行なわれる掘削に間に合うよう、問題のそれぞれに答えを出させた。ＰＮＬのジョン・ザカラには、深部地下圏微生物学を他のＤＯＥの現場、とくに乾燥した西部以外のところに科学的根拠を考える仕事を与えた。

38. クリステンセンのエンジニアは、掘削作業員、ＳＲＰ、トミーらとＣＰシリーズ〔商品名〕ワイヤーライン式コア採取用シューを改良して、コアが通常の岩石コア採取のときのようなドリルの刃の裏側ではなく、実際にはドリルの刃の正面で採取されるようにしようと熱心に作業した。シューをドリルの刃の位置あるいは後ろに置くことで、高速のくり抜きと貫入率が可能になったが、掘削用水がくり抜かれた堆積物の内部に混入しやすくなった。ドリルの刃の前数センチでコア採取する延長シューをつなぐことが考えられテストされて、コアの掘削用水汚染を劇的に減らした。コア採取用延長シューは今日でもコア採取用に選択できる付属品となっている。

39. この場合の「勾配」は、水力学的勾配のことを言う。地下水は最初の試錐孔の方へ、微生物試料が採取される予定の試錐孔から離れる方向へ流れていた。最初のコアは、微生物用の目標を特定するために選ばれていた。450 m 分のコア、つまり

300 個のコアから集められるコア試料全てについて微生物分析を行なうことは、兵站的に不可能だったからだ。

40. グレーブズ・エンビロンメンタル・アンド・テクニカル・サービシス社（グレーブズＥＴＳＣ）は、プロフェッション・サービシス・インク（ＰＳＩ）を買収していて、そこがＳＲＰのためにＰシリーズ井でのコア採取を含む、環境的掘削を行なっていた。

41. Ｃ 10 以後のＳＳＰの熱心な掘削事業では、磁気微小球の代わりに、ミクロンサイズの黄緑色の蛍光ビーズを使うようになった。この微小球がコアの内側部分で観察されれば（蛍光顕微鏡検査で調べる）、掘削流体とそこにあった微生物サイズの粒子がコアに浸透していることの指標となり、汚染されていることがわかる。

42. 大腸菌系の細菌は桿状の、グラム陰性、胞子形成をしない最近で、35 ～ 37℃で乳酸発酵できる。この細菌は標準的な培地で簡単に増殖でき、そのため水の清浄度を評価するのに用いられる。

43. 掘削泥水中の特定の細菌を使うというアイデアは、新しくも珍しくもない。ロシアの微生物学者スミルノヴァは、1950 年代、掘削泥水にセラチア菌という赤い色の付いた細菌を植えつけた。これは実験室で容易に見分けられる。スミルノヴァはこの微生物を添加した掘削泥水を、深さ 3 ～ 30 m で採取した砂の直径 75 mm のコア、70 ～ 200 m の深さで採取した粘土のコア、100 ～ 400 m の深さで採取したドロマイト〔苦灰岩、石灰岩のカルシウムが一部マグネシウムに置き換わったもの〕のコアについてテストした。岩の孔が多いほど、セラチア菌が浸透する深さが大きくなった。孔の多い砂はセラチア菌が完全に浸透していたが、年代が古い、緊密に固まった、孔の少ないドロマイト、砂岩、粘土岩にはセリア菌は 1 ～ 7 ミリしか浸透していなかった。Smirnova 1957.

44. 1950 年、クロード・ゾベルは、シェル石油社の支援を受けて、深さ 400 m まで、無菌で油井を掘ることを試みた。目標は、油田で観察されていた油井の内張の腐食に固有微生物が関与しているかどうかを判定することだった。掘削作業中、掘削泥水中にいるかもしれない土壌微生物を不活性化するために、掘削泥水にアルカリ性の鉱物を加え、pH を 11.5 まで上げた（強アルカリ）。殺菌剤も使い、ガスバーナーも使ってドリルロッドや内張をできるかぎり滅菌した。当時の微生物検査は、今はあたりまえに用いられている培養を行なわないＤＮＡ分析とは違い、すべて培養に基づいていたので、これは効果的な方針だった。1300 m と 4400 m で採取されたコアには、地表の汚染源として予想される中温菌、好気性従属栄養生物は検出されなかったが、生育可能な硫酸塩還元細菌を培養することができた。

45. ローダミンＷＴ染料（ＷＴは「ウォータートレーシング〔水標識〕」のこと）は水溶性の有機塩で、スペクトルの紫外領域で蛍光を発する。安価で検出しやすいが、わずかに突然変異率を高める。

46. ディック・コイはミシガン州で無酸素グラブバッグや無酸素容器専門の小さな会社を創立している。Ｃ 10 グラブバッグは地下生物地球化学研究にとっては、専用無酸素容器として、その後 20 年のつきあいとなった。

47. ＳＲＰ付近のサウスカロライナ州海岸平野堆積物の層序は次のとおり。(1) 始新

世のタバコロード累層、(2) 始新世のドライブランチ累層、(3) 始新世のマクビーン累層、(4) 始新世のコンガリー累層、(5) 白亜紀後期のピーディー累層、(6) 白亜紀後期のブラックックリーク累層、(7) 白亜紀後期のミデンドーフ累層、(8) 白亜紀後期のケープフィアー累層。ケープフィアーはダンバートン堆積盆地の三畳紀の堆積岩と古生代の火山岩と変成岩の上に不安定に乗っている。Sargent and Fliermans 1989 による。

48. 『ニューズウィーク』誌や『オムニ』誌に記事が出始めたので、フランクは世間がやっと、こうした地下深くに生命を探す奇怪なＤＯＥの連中に関心を持つようになったことを認識していた。

49. 6か月後、フロリダ州タラハシーで行なわれた研究者会議のときには、コア分析は、Ｃ 10 でのＱＡ／ＱＣに基づく追加の努力が報いられて、精度は 10^5 から 10^6 に上がったことを示していた。この基準によれば、汚染されていないのは、詳細な分析用に選ばれた試料のほんの一部だけだったが、それでもこの試料にはまだ、Ｐシリーズ井で層序学的に対応するものとよく似た、好気性従属栄養生物の様々な群集を含んでいた。活発な従属栄養細菌が堆積物 1 g あたり何千万もいるというのは実験室で増殖できるものに基づく数字で、これは適切な培地で刺激されれば、汚染された帯水層を回復させる強力な力を示すということを意味していた。しかしこの顕著な発見から問題も生じた。ＳＲＰでの地下堆積物に見つかった大量で多様な群集はまぐれだったのか。ＳＲＰの現場での井戸掘りやポンプ活動は何らかの形で地下の集団を濃縮したのだろうか。はたまた、科学者は最初の地下生命圏探査で運がよかっただけなのだろうか。白亜紀の堆積物に見られる豊富な微生物植生は、地表の環境がもっと厳しい、他の西部の汚染されたＤＯＥの調査地点にはいないのかもしれない。この点で全員がフランクと一致していて、それは良いことだった。会議の終わりには、フランクが翌年、深部微生物学研究をＳＲＰから他のＤＯＥの調査地点へ移すための予備的計画を披露したからだ。

会議が終わった後、トミーとスーザンはジョン・ザカラとジム・フレドリクソンと落ち合って、生物学科の通りを隔てた向かい側のレストランで夕食にした。ジムはＰＮＬに在籍して1年もたたないうちに、レイ・ウィルドゥングとジョン・ザカラがＳＳＰとＰシリーズ井に取り込んだ。フランクはいつも、自分の計画に熱を入れてくれて、専門的生産性をあてにできると思えるような若手研究者を探していた。ジムはどちらも満たしていた。口頭でも文章でも意志を伝えるのがうまく、フランクの計画をフランクにはできない微生物学の専門的水準で代表することができた。フランクはジムの率直さと冗談を言い合える能力を評価していた。ジョンもジムもフランクと冗談を言い合って、フランクの性格のあれこれをからかえるように見えた。フランクもずけずけとやり返した。この集まりはジムがトミーとスーザンに会う最初の機会だった。ジムはＰシリーズとＣ 10 コアの作業はしていたが、現場でそれの採取を手伝ったことはなく、トミーの名はまったく挙げずに論文を何本か書いていた。フランクは２人が現場での試料採取を手伝うことを約束していたので、トミーはそのことを怒っていた。トミーは上機嫌とは言えず、自分たちがＣ 10 でオーバーワークになったことだけでなく、現場で立て替えた金がまだ戻って

こないことにも文句を言っていた。もう６か月になるのにフランクはまだ１万ドルを返しておらず、今や西部でさらに掘削活動を移して増やすと言っていた。おそらく、ジョンやジムの本拠地であるハンフォードだろう。ジョンは懐疑的で容易に信じなかった。「金を出したってどういうこと？ １万ドルをどのポケットから出して使ったの」と、フランクはトミーが何かのＤＯＥの研究費のことを言っていると思って尋ねた。トミーはうんざりして、自分の財布をひっぱり出し、それを一同の前のテーブルに叩きつけると、その財布を指して言った。「そのポケットだよ」。

50. 移動ブロックとは、上のモータードライバーを下のドリル用パイプの頂部に接続するブシングを回転させる、宙づりのモーター。

51. ウィル・ハッパーはプリンストン大学サイラス・フォッグ・ブラケット物理学講座教授で、1991年から1993年まで、ＤＯＥ科学局長を務めた。ハッパーは1970年代の補正光学の発達の先駆者で、もっと新しいところでは、地球温暖化社会による主張を声高に批判している。

52. 重水は、水素の重い同位体である重水素（デューテリウム）の多い水で、重水の化学式は、H2OではなくHDOのようになる。

53. 側壁コア採取器具は従来のコア採取よりもずっと速くもあった。これはマーコ54号では１日あたり５万ドルという作業費用からすると、無視できない因子だった。ＰＦＣトレーサーに加えて、小さな、細菌ほどの大きさの蛍光ビーズを使うことも検討されたが、テキサコの地質学研究員は蛍光ビーズが自分たちの切り屑、つまりドリルの刃先から出てきて、泥水が泥水タンクに戻される前にそこから濾過された豆粒ほどの大きさの岩のかけらの分析を邪魔することを望まなかった。テキサコの地質学研究員はこの切り屑を現場の顕微鏡で調べ、自分たちが掘削している層がどういうものか、また紫外光の下で蛍光があるかどうか確かめることができた。石油そのものではなく、石油に対応する芳香族炭化水素がごく微量見つかると、紫外光の下で蛍光が発せられる。

54. Chapelle et al. 1987.

55. メタン菌は古細菌で（細菌ではない。細菌類にはメタンを生産するものはまだ知られていない）、何通りかの経路と二酸化炭素、一酸化炭素、蟻酸塩、酢酸塩、メタノール、トリメチルアミン、ジメチルスルフィドまで用いてメタンを生産する。地球の地下圏生命探査と火星地下圏生態系についての推測で重みを占めるのは、独立栄養メタン菌が用いる次の反応だ。$4H_2 + CO_2 \rightarrow CH_4 + 2H_2O$

56. この委員会は、原核生物の分類を定めるための主たる典拠となるバージェイ細菌分類便覧の下部組織で、元は生理学的・形態学的属性に基づいていたが、今では遺伝子データを組み込んでいる。デーヴィッド・ヘンドリクス・バージェイは、1930年代の初めにペンシルヴェニア大学衛生学研究施設を率いた細菌学者で、1923年に最初のこの便覧を公刊した。

57. フランクはＳＳＰを1984年、予算４万ドルで始めた。このささやかな額の中から、ＦＳＵのデーヴィッド・ボークウィルとコーネル大学のビル・ギオースを支援した。２人は前身のＥＰＡからの支援で、オクラホマ州ルーラ付近の浅い帯水層の深さ８ｍのところや、中西部の他の更新世から鮮新世にわたる帯水層に固有細菌

と考えられるものを報告する論文を何本か発表していた（Wilson et al. 1983; Balkwill and Ghiorse 1985）。フランクはジョー・サフリタという、有毒有機物質の嫌気性細菌による生分解が専門のオクラホマ大学の若手微生物学者も支援した。

58. 何千と分離された細菌が、デーヴィッド・ボークウィルの、フランクによって公式にＳＭＣＣとして承認され、支援されている－80℃の冷凍庫を満たし始めていた。結果は分離した細菌の大半は確立している分類群（たとえばこれまでに記載されている属）に収まることを示していたが、多くはそうした区分の中の新種だった。さらに、そうした新種の中には、それまで入れられていた分類群のものとされていなかった性格を有しているものがあった。商業部門はとくに保存されている培地に関心を抱いていた。新しい遺伝情報源であり、これまで商業的に有用な性質があることでひっかかっていない微生物源だったからだ。詳細に調べられたＳＭＣＣのわずかな生物については、意外に高い比率で価値のありそうな代謝能力を有するものがみつかった。商業的に使える代謝の特徴には、有毒な有機化合物を分解する能力（環境汚染の生物的浄化）、多糖類のような細胞外高分子（食品添加物、界面活性剤などに応用できる）、二次代謝産物（製薬会社やバイオテクノロジー会社には大いに関心の的となる抗生物質など）、新奇な代謝産物（青の色素を生産して、繊維業界で染料として使えるかもしれない、ＩＮＥＬ試錐孔で見つかった細菌）を生産する能力といったものがある。生体内に金属を蓄積する能力（生物環境浄化）や高温で活動する能力（熱に強い酵素生産）を示すものもある。ある大手製薬会社はすでに地下圏細菌3200種を、新しい抗菌生産物の生産について検査しているし、ある大手バイオテクノロジー会社は分離された2000種について、有益な二次代謝産物を生産するかどうか調べている。他にも独自に検査にかける前に、保存されている系統について追加の情報を求めるようになった会社もある。そのためフランクはＳＭＣＣ分離菌の代表的な部分集合を、ＤＯＥ本部の上層部に問い合せてくる製薬会社への技術移転について報告を上げながら、もっときちんと規定する努力を始めることにした。

59. Onstott et al. 1998.

60. Boone et al. 1995.

61. 1971年の古典的ＳＦ映画『アンドロメダ病原体』をリメイクした2008年の映画に初登場した。リメイク版では、*B. infernus*が地球を（少なくともロサンゼルスを）致死的なアンドロメダ病原ウイルスから救う。*B. infernus*は、ラブシーンにさえ登場する（ありがたいことにこの映画で唯一のシーン）。残念ながらこの映画では*B. infernus*の出どころは、三畳紀の地溝盆地ではなく、深海熱水噴出孔とされている。大好きなリドリー・スコットがプロデュースしているので、あまり事実確認が足りないと批判はできないが、どんなプロデューサーに対しても、ＳＦ映画にもっと地下圏生物を登場させることを促したいと思う。

62. 微生物学では、「通性（facultative）」とは「選べる」という意味で、通性嫌気性微生物とは、好気性、つまり酸素を電子受容体として使って生きることもできるし、酸素を使わず、別の電子受容体を使って生きることもできる生物ということだ。*B. infernus*が発見されるまで、バチルス属にとっての代替電子受容体は硝酸

塩だった。「偏性（obligate）」は「必ず」という意味で、偏性嫌気性とは、酸素があるところでは生きられないということ。私たちが知るかぎり、メタン菌は偏性嫌気性。

63. 最初に発表したＰＮＬのザカラは、私がまったく知らなかった有機物と生分解の話をした。私に考えつけたことと言えば、フェルプスが言っている「GeMHEx」〔次章〕コアの火山岩の砕屑の年代を $^{40}Ar/^{39}Ar$ で求められるかもしれないということだった。$^{40}Ar/^{39}Ar$ 年代測定法は 1970 年代に生まれ、50 年代に生まれた K-Ar、つまりカリウム・アルゴン年代測定法に基づいている。カリウムは主に ^{39}K という同位体でできているが、12 億 5000 万年という半減期の放射性同位体、^{40}K もある。^{40}K の放射性崩壊でできる娘同位体が ^{40}Ar だ。このアルゴン 40 は安定した希ガスがで、大気圏中のアルゴンの主成分である。鉱物や岩石の年代をカリウム・アルゴン法を使って測定するには、鉱物や岩石を二つに分けて、一方のカリウム濃度を測定し、他方の ^{40}Ar 濃度を測定して年代を計算する。$^{40}Ar/^{39}Ar$ 年代測定法では、原子炉で鉱物や岩石に中性子を照射する。中性子は ^{39}K に衝突して ^{39}Ar を生む。そこで照射した鉱物や岩石を取り出して、$^{40}Ar/^{39}Ar$ の比を測定して年代を求める。この方式の大きな利点は、鉱物や岩石をレーザー光で加熱することによって得られ、大気汚染を減らせるところだ。$^{40}Ar/^{39}Ar$ の年代を細かい区画で図示することさえできる。

64. 午後の講演は、ローレンス・バークリー研究所の地球物理学者アーニー・メージャーによる、微生物輸送と地球物理学的画像化の話で始まった。メージャーの後はエリン・マーフィというＰＮＬの女性が発表し、地下水流と微生物活動を同位体を用いて追跡するという話で私は夢中になった。マーフィは学際的らしかった。最後の発表はレイ・ウィルドゥングという、やはりＰＮＬの賢者のように思える科学者で、環境科学研究センター（ＥＳＲＣ）の話をした。

65. エリン・マーフィは地球化学者で、ＰＮＬに勤めるようになってすぐに、GeMHEx 案の手伝いを始めた。アリゾナ大学のスタン・デーヴィスの下で博士号を取った。加速器質量分析装置（ＡＭＳ）を使い、放射性炭素 ^{14}C を使った地下水の年代を測定していて、地下水が地下圏にあった時間の範囲を同位体法で求める方法をものすごくよく知っていた。ＡＭＳは小型の線形加速器を使って高エネルギーのイオンを個体の標的、この場合は炭素に送り、飛び出したイオン、この場合は ^{14}C をイオン計数質量分析装置に届ける。この方法は標準的な、^{14}C からゆっくりと放出される低エネルギーのベータ粒子を数える ^{14}C 分析法よりも感度が高い。そのため、必要な試料が少なく、トリノ聖骸布のような人工物の年代を決めるときには重要になる。1989 年、アリゾナ大学のＡＭＳ施設はトリノ聖骸布が中世のものであることを明らかにして長年の謎を解き、、そこに見えるのがイエス・キリストの像ではなく、偽造であることを確認していた。

66. ジョージ・Ｆ・ピンダーはプリンストン大学土木工学科長を務め、その後バーモント大学へ移った。マサチューセッツ州の地下水汚染訴訟ウォバーンで果たした役割は、映画『シビル・アクション』で目立つように描かれている。

67. ＳＲＰのＰシリーズ井試料で発見された分離生物の中には好気性メタン資化菌

〔メタンを栄養にする菌〕がいた。このタイプの細菌は酸素を電子受容体に使ってメタンを酸化し、二酸化炭素を出す。メタンと二酸化炭素をバイオマスに組み込むようになると貪欲で、その50%を吸い取り、成長も非常に早い。しかし1980年代初め、この微生物はＴＣＥやクロロフォルムを分解することで環境回復力があることが認識された。この細菌がメタンの酸化に使用する酵素は、ＴＣＥにも反応して不活性化でも安定したタンパク質構造を形成する。これはメタン資化菌にとっては良くないが、成長し続けるかぎりは、メタン資化菌がＴＣＥを掃除して不溶性の滓にする。Ｐシリーズ井の試料が採取された後、ＯＲＮＬの研究員トニー・パルンボとＦＳＵの大学院生でＯＲＮＬで研究していたディーン・リトルが実験室でメタン資化菌を分離し、それがＴＣＥを分解することを明らかにした。しかしＳＲＰの地下圏帯水層では、どうすればそれを増やすことができるのだろう。スーザン、トミー、Ｄ・Ｃ・ホワイトは、Ｐ井のコアを調べているとき、生育可能な地下圏生態系に対する主要な制約は、リン酸塩が乏しいことであることを発見した。この不足がバイオマスの成長を、ひいては東部海岸平野の多くの地下圏帯水層の全活動量を制約した。理由はリン酸塩が粘土質の鉱物に緊密に拘束されることだった。試験管での実験ではリン肥料を追加すると養分の制約は軽減されるが、リン酸陰イオンはひっかかりやすく、拡散が難しいので、大規模な地下圏での実現は難しかった。その後まもなく、テリー・ヘイズンらが、ＤＯＥ環境管理科学研究（ＥＭＳＰ）の資金を使い、ＳＲＰでまとめた、メタンを注入すると塩素系溶剤の生分解を刺激するという実証実験を行なった。フェルプス、フィフナー、ヘイズン、ルーニーなどは、メタン注入を、自分たちでフォスターと呼んだ気体性のリン酸トリエチル（ＴＥＰ）を、メタンとともにリン酸イオンを拡散する手段として開発することで補完した。注入の方策がメタンとＴＥＰについて開発されれば、窒素の制約を軽減するのにアンモニアを加えるコストは取るに足りない。テリーのチームは、水平掘削技術を使い、ＳＲＰでＴＣＥ蒸気の下を掘削することができた。それからメタン／ＴＥＰ／アンモニアのガスを、それが上に移動してもメタン資化菌に消費されることで水平方向に遮蔽された井戸に通した。メタン資化菌の劇的な増殖が起きた。それが増えるほど、ＴＣＥは減り、ＳＲＰの外ではもはや脅威になるほどの下り勾配は残らないほどだった〔中から外へ向かって下り勾配があれば、それに沿って中のものが外に出るが、勾配がなければ正味の移動はない〕。計画は機能した。メタン／ＴＥＰ／アンモニアの注入は、従来の塩素処理した溶媒を空気に蒸発させる方法より8%ほどコストが余計にかかるが、塩素系溶剤の除去は30%以上増える。フォスターを使ったガス性栄養分の注入はその後、多くの生物学的環境修復事業者によって何百という現場で用いられてきた。ヘイズンが率いたＳＲＰがまとめた実証試験は初の現場規模の生物学的環境修復事業となり、その元にはフランク・ウォバーのＳＳＰの活動があった。フランクは約束どおり、ジャック・コーリーの心配に対する解決策を出し、ＤＯＥの出費を抑えた。フォスターは、ＳＳＰが元になった他のいくつかの開発とともに、1996年のＲ＆Ｄトップ100に入った。

68. バチルスのように見えた桿状の物体は石英の、沸点以上の温度で閉じ込められていた流体内包物の中に見つかった（Bargar et al. 1985)。流体内包物は、鉱物の中

でごく微量の流体を閉じ込めている極微の空洞で、そこから鉱物、この場合は石英が析出している。流体内包物の直径はミクロン未満から数十ミクロンまでにわたる。結晶格子の欠陥や、鉱物、有機物質、場合によっては細菌が成長面に付着することで内包物ができ、それからその周囲に結晶が成長することがある。この場合には、地表に向かって上昇する熱水が二酸化珪素で飽和していて、熱水が冷えるとともに、二酸化珪素が水に溶けきれなくなり、急速に石英が析出した。流体内包物は熱水流と、内包物の周囲に結晶が成長したときの熱水の成分のタイムカプセルのようなものだ。桿状の物体が細菌なら、流体内容物がさらに冷えて溶液から二酸化珪素がさらに析出するときに、その二酸化珪素でくるまれたのだろう。

69. Norton and Grant 1988.

70. Sidow et al 1991.

71. Zvyagintsev et al 1985.

72. 1992 年、ラウル・カノが、1500 万年前の琥珀の中にあった昆虫から細菌のＤＮＡを無傷で回復することができることを示した。汚染を避けるためにとった手間と分子の証拠からすると、中新世のＤＮＡが保存されていたらしい。この証拠は、自然環境でのＤＮＡ分解の速さに関する確立した化学的根拠に反していた。それができたことが元になって、マイケル・クライトンの小説やそれに基づく映画、『ジュラシック・パーク』が生まれた。後に 1995 年、琥珀の内包物から生育可能な細菌を復元し（Cano and Borucki 1995）、外から入ってくる養分から完全に隔離された細菌が生き続けられることを圧倒的に証言することになる。マックス・ケネディによる、太古の微生物が保存されているかもしれないことに関する網羅的な総説が出ている（Kennedy et al. 1994）。

73. 16S rRNA（リボソームＲＮＡ）の遺伝子は、基本的に系図学遺伝子。16S rRNA 遺伝子配列を分析するのは、それまでに記載されていた種について、分類上の近縁度を判定するための強力な新方法だった。生きた微生物のＤＮＡが進化の記録を保持している系図学遺伝子だという説が最初に唱えられたのは、エミール・ザッカーカンドルとライナス・ポーリングによる（Zuckerkandl and Pauling 1965）。しかし問題は、既知のすべての生物にあって、進化が適切に遅い遺伝子はどれかということだった。1972 年、イリノイ大学のカール・ウース研究室にいたスティーブ・ソジンとミッチ・ソジンという兄弟が、原核生物の進化の記録として 5S リボソームＲＮＡ遺伝子を使うことを唱えた（Sogin et al. 1972）。当時、任意のＤＮＡのヌクレオチド配列を実験的に決定するのは、二次元ゲルと放射性標識をつけた ^{32}P を使った、単調で時間のかかる作業だったが、リボソーム遺伝子の 5S という部分はヌクレオチドが 120 個ほどしかなく、実験的に扱いやすかった。1977 年になると、ウース研究室は 16S rRNA 遺伝子の配列決定に進んでいて、メタン菌の 16S rRNA 遺伝子配列は、他に配列を決定した分離細菌のものとは非常に異なっていることがわかっていた（Balch et al. 1977）。1987 年、カール・ウースは 16S rRNA 遺伝子を使った系統樹を発表し、原核生物は真正細菌《ユーバクテリア》と古細菌《アーキーア》という二つの界から成ることを示した（Woese 1987）。1988 年、国立衛生研究所（ＮＩＨ）は、米議会の予算で、国立バイオテクノロジー情報センター（ＮＣＢＩ）を設立

し、そこに16S rRNA遺伝子配列の一部、あるいはすべてが蓄積されている。90年代初期になると、ほとんどの微生物研究室は分離した微生物について16S rRNA遺伝子の配列決定に熟練していた。ＮＣＢＩのデータベースは、世界的な指紋ファイルのような働き、つまり各国の警察が簡単に利用できて容疑者に前歴があるかどうかを調べられるというようなものになった。要するに、16S rRNA遺伝子配列をＮＣＢＩのデータベースと照合すれば、ある微生物の種がすでにどこかで発見されているものかどうかがわかるということだ。その配列がデータベースにあるものと一致するかどうかは、基本局所配列検索ツール（ＢＬＡＳＴ）によって判定される。

74. 「制限酵素断片長多型」は、微生物のＤＮＡから増幅したリボソームＲＮＡ遺伝子を、配列決定する費用をかけずに分類する安価な手段。ｒＲＮＡプローブは、リボソームのｒＲＮＡの断片と相補的な短いｒＲＮＡ断片を含む蛍光染料。細胞壁を浸透しやすくして、このプローブがリボソームに浸透し、リボソームの16S rRNAの目標区域に結合する。これによって、特定の分類群に属する細胞の数が数えられる。遺伝子間スペーサー（イントロン）は、タンパク質を符号化している遺伝子どうしの間にはさまったらしいＤＮＡのランダムなかけらで、サンドラが話していたのはこれのことだった。

75. Girard and Onstott 1991.

76. レイ・ウィルドゥングはＰＮＬの環境科学研究センターの上席研究者で、フランクとも密接に連繋して仕事をしていて、現場調査活動実施について賢明な助言も批判的支援もしていた。私たちの中の銀髪のオビワン・ケノービといったところだった。

77. ガスウィンドウは、堆積した有機物が熱触媒的にメタンに変化する温度範囲のこと。この温度はふつう、150～200℃ほどになる。

78. 細菌や古細菌の細胞壁は糖とタンパク質が混じったものでできている。厚いペプチドグリカン層のあるものはグラム陽性細菌、ごく薄いペプチドグリカン層のものはグラム陰性細菌という。ＤＯＥの採取現場から分離されたものを調べた結果からは、深度地下圏採取物では、グラム陽性細菌が優勢であることが明らかになりつつあった。ハンス・クリスチャン・グラムというデンマークの細菌学者は、1884年にグラム染色法を開発した。２種類の染料を顕微鏡下のスライドグラスに置いた細菌の群れにかける。第一の染料はクリスタルバイオレットという、すべての細菌の細胞壁と細胞膜に浸透する染料で、それを見た目にもわかる紫色にする。クリスタルバイオレットと反応してそれを大きくし、動きにくくするヨウ素が加えられる。ヨウ素の後に、グラム陰性細菌の外側の膜を溶かしてクリスタルバイオレット／ヨウ素複合体を解放するが、グラム陽性細菌の厚いペプチドグリカン層は完全に漂白してしまわないアセトンを加える。この脱色段階の後にサフラニンという、環状の窒素と炭素の塩化物のカウンター染料を加えると、それが全ての細菌と結合するが、脱色されたグラム陰性細菌を赤く染める。グラム染色法の手順はインターネットでも簡単に見つかる。

第2章　セロ・ネグロの宝

1. Claude ZoBell から Paul Tasch 宛の、太古の細菌の生育可能性についての質問に答えた手紙より。1951 年 3 月 29 日付。Reiser and Tasch 1960 に引用されたもの。
2. *Desulfotomaculum putei* (Liu et al. 1999). この論文は、*B. infernus* と同じ側壁コア試料から、好熱硫酸塩還元細菌を分離したことを伝えている。
3. 先に第 1 章の註 78 で触れたように、鉱物が成長するとき、結晶の欠陥や結晶表面に吸着した物体が空隙を生み、そこに鉱物が成長する流体が閉じ込められることがある。この成長が非常に高温で起きて、水の密度が室温のときよりも低いと、鉱物が冷えるときに閉じ込められた水が収縮し、蒸気の泡が残り、流体内包物に、液体の水と水蒸気という二相が生じる。薄片ではふつう、水蒸気の泡は、水分子のブラウン運動のせいであちこちにぶつかることになる。実は、バーガー菌〔註 5〕は石英の流体内包物の中であちこちぶつかっていた。重さのせいで、水蒸気よりも衝突はゆっくりしていたが。
4. ツェン・シンイは国立台湾大学出身の聡明で野心的な大学院生で、元大学院生でやはり聡明だったロ・チンファの高弟。ロ・チンファは、シンイに $^{40}Ar/^{39}Ar$ 地質年代測定で博士号研究をさせるべく、プリンストン大学に入れるよう推薦していた。シンイは初年度、長石の放射線損傷を調べることから始めたが、私はアナポリスの研究会に出た後、シンイを説得して、博士論文の方向を、テイラーズビル堆積盆地の熱の履歴、および堆積盆地一般の古水文学と、流体内包物が地下圏微生物の起源の範囲を絞れることに関する研究に変えさせた。
5. 参加者の中にＵＳＧＳメンローパークのキース・バーガーがいた。この会合でキースは、イエローストーン国立公園で採取した掘削コアにあった石英の結晶の中で動き回る、注目すべき細菌のような形のもの（私たちはそれをバーガー菌と名づけた）を見せてくれた。キースはこの、本人が内包物体と呼ぶものは、薄片 20 個のうち一つにしかなく、薄片にあっても、流体内包物 20 個に一つにしかないと教えてくれた。この頻度は、サウスカロライナ州のＣ 10 試錐孔で採取された地下水にあった微生物細胞の密度に照らして、だいたいそんなものに見えた。しかし閉じ込められたときの流体の温度は、生命が生存しうる温度の上限を大きく超えているらしい。
6. フランクは保健環境研究局長デーヴィッド・ガラスと研究者会議を催し、ソーンヒル１号井の結果について報告する地質学者として私の出席を求めた。私は手に入れたばかりの薄片以外に見せるものはほとんどなかったので、ガラスにはキイチゴ状黄鉄鉱と薄片の中の流体内包物を見せるだけでいいじゃないかと思った。その朝早く、ニコン製岩石顕微鏡をジープの後部座席に入れて出発すると、メリーランド州ゲイザースバーグのコートヤード・マリオットへ向かい、そこでテイラーズビル堆積盆地の残りの人々と会った。私たちは、デーヴィッド・ボークウィルによる地下圏微生物系統保存施設についての解説や、製菓業のマーズ社が、ボークウィルが蓄えている何千という分離生物のスクリーニングに関心を示した話など、この研究の様々な面についての発表を検討した。ボークウィルの発表は、ガラスに見せることができる系統保存の商業的可能性の証拠としてフランクをいたく喜ばせた。ＤＯ

E本部まで車で行った後、私たちはフランクと一緒に本部棟に入り、顕微鏡を金属探知器とセキュリティチェックを通すのに一苦労した。セキュリティを通過すると、約6か月前に入ったのと比べるとずっと小さい木製の壁の講堂に入った。その部屋の中央にガラス局長と助手がいた。助手はアリ・パトリノスですと自己紹介した。その後の2時間あまり、微生物学者たちは、テイラーズビルの目玉となった *B. infernus* など、ＳＳＰの最新の展開をいくつか紹介した。私は何とかかんとか、塩分に強い好熱の嫌気性硫酸塩還元微生物についての解説をひねり出し、ガラスに顕微鏡で極微のキイチゴを見せた。その会合の後、顕微鏡がセキュリティを通って手許に戻るのを待つ間、軍艦のような灰色に塗られた果てしない廊下を通り、窓もない小さなオフィスを通り抜けて、やっとフランクのオフィスにたどり着くと反省会をした。午後2時には道路に出て自宅に向かっていたが、そんな通勤はそれで最後というわけではなかった。

7. このときは、微生物の成長について知られていた最高温度は、古細菌のある種についての110℃だった（Stetter et al. 1986）。
8. Baross and Deming 1983. ホワイトは私に、超好熱菌の存在を示すかもしれないリン脂質脂肪酸（ＰＬＦＡ）の証拠に関する、ジョン・バロスと発表したばかりの論文の抜き刷りも送ってくれた（Hedrick et al. 1992）。
9. カール・フライアマンスと、当時はやはりＳＲＰに勤めていた微生物学者のテリー・ヘイズンは、ウェスティングハウス・サバンナ川会社やグレーブズＥＴＳＣ社やフランクの支援を受けた学会を主催したことがあった。そのシンポジウムはもともと、フランクの活動にかかわった人々の努力を明らかにするもので、何十もの発表の中には、新たなＣ10のデータなどの成果を展示する機会でもあった。しかしそのシンポジウムはロシア、フィンランド、イギリス、ドイツ、デンマーク、オーストラリア、フランス、カナダの何十人もの研究者も引き寄せた。ロシアからの参加者の1人に、当時は新しい地下微生物学の分野の年長研究者だったミハイル・イワノフがいた。ミハイルは同業のクズネツォフとリャリコフとともに、1950年代から70年代までの、合衆国ではまったく流行からはずれていた時期のソ連地下圏微生物学研究を率いていた。イワノフには、ロシアの高名な微生物生態学者で石油微生物学の経験も積んだセルゲイ・ベリアイェフが同行していた。独自に地下圏微生物学についての競合する研究事業を持っていたＥＰＡやＵＳＧＳの科学者も参加していた。サウスカロライナ州コロンビアのＵＳＧＳ水資源研究所属の水理地質学者、フランク・チャペルは、メリーランド州の地下130ｍで生育可能な細菌が存在することを報告していた。そのコアは、Ｐシリーズ井と層序学的には同じ堆積層から抽出された。Ｐシリーズ井は、基本的にはウォバーのＳＳＰチームを総ざらえして、ＵＳＧＳの1988年度優秀業績賞をもたらした。当時、チャペルはメリーランド大学の微生物学者と研究していたが、今はデレク・ロヴリーという、ＵＳＧＳのバージニア州レストン支所にいるきわめて優秀な微生物学者と組んでいる。ウォバーのＳＳＰがＣ10を準備・実行する間、チャペルはそれよりずっと小規模の人員と予算で、同じ州の同じ帯水層を同じ深さまで掘り、深部地下圏微生物相発見一番乗りを争う学術レースと呼べるものをしている研究者は、すぐにその成

果を発表した。このときの会合では、ロヴリーとチャペルは、(1)主要な電子受容経路に対応する地下水中水素ガス測定結果を使い、(2)その地下水中で二酸化炭素を発生する有機物質の微生物による呼吸の地球化学的測定と放射性トレーサー測定を比較し、(3)第二鉄還元細菌による鉄分豊富な地下水の生成についての結果を発表した。USGSメンローパークの水理学者ロン・ハーヴィーらのグループは、ケープコッドにあるマサチューセッツ州ファルマス近くの、3.5 kmにわたって広がる450か所の井戸の多層試料採取装置群にある微生物輸送研究を行なった、浅い、汚染された帯水層について報告した。USGSとDOEの研究者間の会合で起きた一番乗り争いにもかかわらず、フランクはUSGSの成果が基本的にSSPの方式と観察結果の妥当性を示していたことに満足した。二つのまったく別個の研究者集団が、基本的に同じ結果に達していたら、どちらも正しい方向に進んでいるにちがいない。USGSの科学者はSRPの関心の範囲に、自分たちで予定の西部のもっとハードルの高い環境での掘削活動に組み込める方法をいくつか持ち込んだ。

10. フランクは新しくできた国際大陸掘削計画の第1回会合にも携わっていて、深部微生物を、その計画にとっての重要な学術的テーマとして資料を提供していた。
11. この会合はUSGSのロン・ハーヴィーとバージニア大学のアーロン・ミルズによって運営されていた。ロンはケープコッドでの現場で何年かこのテーマで研究していた。アーロンはフランクの研究部会の一つの支援で、デルマーバ半島の現場で作業を始めたばかりだった。DOEの立場からの問題は、修復能力のある微生物を汚染されたところへ届けることができるかということだった。
12. Stetter et al. 1993.
13. 1989年3月24日、アラスカ州プリンス・ウィリアム海峡でエクソン・バルデスの原油流出事故があり、ヒントンの研究の大部分は浮遊する油や海岸にたまった油の生物分解戦略に向かっていた。
14. *B. infernus*の先祖が200℃でも生き残り、成長もできたかもしれないと信じる人々には、D・C・ホワイトと、「心を開いておこう」と書いたジェイ・グライムズ、スーザン・フィフナー、トミー・フェルプス、「可能性は高いけど、そういう身の上でなくてよかった」と書いたチャン・チャンルンがいた。*B. inferunus*の先祖が200℃では生きられず、上から運ばれてきたにちがいないと信じる人々には、強固に「ありえない。」と書いたテリー・ビヴァリッジがいた。残りの確かなことは言えないとした参加者には、「そうかもしれないしそうでないかもしれない」と書いたデーヴィッド・ボークウィル、サンドラ・ニアツウィッキー＝バウアーと、「短期的にはあるかもしれないが、そのデータはまだ出ていない」と説いたジム・フレドリクソンがいた。しかしフィル・ロングは、天然ガスも閉じ込める多孔度／透水性が低い岩石を細菌が2 kmもくぐり抜けて運ばれたことに「非常に懐疑的」だった。
15. Liu et al. 1997.
16. この研究会のとき、私はこの研究にインディアナ大学の地球化学者、リザ・プラットを誘おうという提案もした。リザはニュージャージー州の三畳紀累層に湖底堆積頁岩の有機物組成に関する論文を発表したところだったからだ。私たちは側壁

コアにある有機炭素の濃度を知っているだけだった。特定の有機化合物についてもっとわかれば、*B. infernus* が2億3000万年の間にそうした化合物を消費できたかどうかも判定できるだろう。リザは不活性の（死んだ）脂質の構成も、D・C〔・ホワイト〕によるリン脂質組成と合致するかどうかを見るために決定することができた。

17. これは脂質が *B. infernus* のような微生物の死んだ先祖のものかどうかを教えてくれる。この資料は私のいる学科の博士課程出身で、私が博士課程にいたときにベネズエラで会ったことがある、リック・フィアブーヘンの助けのおかげでもたらされた。リックはヒューストンのエクソン社の大幹部で、検層記録を見せてもらえるよう、糸を引いてくれた。

18. D・C・ホワイトは抽出用溶剤を用いて細菌の細胞膜成分を、細胞の他の成分や岩石基質《マトリクス》から分離した。それからそれを揮発性にして、脂質の骨格をなす炭化水素の化学的構成がガスクロマトグラフィ質量分析（GC-MS）を使って決定できるようにする。その、まだリン酸基が結合して残っている、つまりは生きた細菌の脂質と、リン酸基を失った脂質である糖脂質、つまりは死んだばかり、あるいは不活性の細菌を分析する。脂質の組成は生物の生理的状態と、分類学的な身元の両方を反映している。脂質の量は近似的なバイオマス密度にも換算できる。

19. ノーム計画はプラウシェア地下核実験の初回だった。これは1961年12月10日、カールスバッドの南東40 km、深さ361 mでの核爆発だった。爆弾は小規模の3.1キロトンだったが、縦坑を通って地上まで届く亀裂ができた。爆発後には幅200 m、高さ50 mの空洞ができ、その底では塩が溶けていた。この計画が目指したことの一つは、中性子で引き起こされる反応でできる放射性同位元素の量を測定することだった。機密指定解除された合衆国の核実験映像34号、https://www.youtube.com/watch?v=DFJ2MyWlXgs を参照。

20. カールスバッドは、当時、戦略航空軍団のB52爆撃機航空団の本拠地で、24時間警戒体制にあったウォーカー空軍基地や、アトラス大陸間弾道ミサイル航空団から60 km余りしかなかった。ウォーカー空軍基地は1947年のロズウェル事件の舞台でもあったが、この頃は誰もよく知らなかった。

21. トムはニューメキシコ州に大学院生のとき。博士論文のためにカールスバッド洞窟群の奥を調べに来ていた。そこでこの州に惚れ込み、カリフォルニア大学バークレー校の優れた土壌微生物学者、メアリー・ファイアストンのところへポスドク研究員として2年間行った以外は、ニューメキシコ州を離れていない。ポスドク研究の後は同州に戻り、ソコロののニューメキシコ工科大学生物学科の教員になった。

22. ヘッドフレームとかギャロウズフレームとかホイストフレームとも呼ばれるヘッドギアは、鋼鉄の格子構造物で、囲われていることもあり、鉱山の縦坑の上に置かれ、エレベータ用のケージを保持する鋼鉄製ケーブルを下ろしたり引き上げたりするホイールを支えている。

23. 馬ポンプとか恐竜とも呼ばれるポンプジャックは、シーソーのような動作で油井から石油を機械的に引き上げるもので、テキサス州南西部やニューメキシコ南東部の光景にはあちこちで見られる。

24. デニスは、ここで微生物を調べる試料を採取したのは私たちが初めてではないと言った。デニスの友人の微生物学者でテキサス大学エルパソ校のラッセル・ヴリーランドも、微生物を増やすことを期待してＷＩＰＰで試料を採取したことがあった。

25. セルゲイ・ヴィノグラドスキーは19世紀のウクライナ系ロシア人微生物学者で、初めて無機栄養細菌（代謝エネルギーを無機化合物から得るということ）を発見した。とくに言えば、有機化合物を酸化するのではなく、無機化合物、この場合は硫化水素を酸化してエネルギーを獲得するベギアトア属細菌だった。

26. こうした計算はトミーが書いたばかりで『マイクロバイアル・エコロジー』誌に載る予定の2本の論文（Phelps, Murphy et al. 1994; Phelps, Pfiffner, et al. 1994）に基づいていた。微生物細胞数（t_{cell}）が2倍になる時間は、次の式で計算できる。

$$t_{cell} = C_{cell}\ m_{cell}/(V\ Y_{growth})$$

t_{cell}は年、Vは、地球化学的制約から、堆積物1kgあたり、1年あたりの反応物モル数で推定した維持するための代謝率、Y_{growth}は反応物1モルあたりの乾燥重量バイオマスをグラムで表した増殖収率、C_{cell}は堆積物1kgあたりの微生物細胞の密度、m_{cell}は細胞1個あたりの乾燥重量をグラムで表した平均細胞質量。バイオマス密度に含められる細胞が生きていて分裂していれば、この値は平均年齢となる。逆に細胞が活発に分裂しておらず、維持モードで修復するだけだと、この計算値はすべての細胞バイオマスが入れ替わるのに必要な時間〔更新周期〕を表す。たとえば、トミーはサウスカロライナ州のミデンドーフ帯水層で取れた培養可能な細菌の数は、堆積物1kgあたり、4×10^8コロニー形成単位と求めた（数の科学的表記になじみのない読者のために一例を挙げると、地球の年齢は4.6×10^9年で、これは4,600,000,000年、つまり46億年）。エリン・マーフィは、微生物呼吸による二酸化炭素生産率は、堆積物1km、1年あたり、二酸化炭素1.1×10^8モルと推定した。トミーは呼吸される二酸化炭素1モルあたり、細菌1g、細胞1個あたり10^{13}gのバイオマスという増殖収率を想定した。この数を先の式に入れると、2倍になる時間は3640年と推定される。Phelps, Murphy, et al. 1994.

27. テロメアはTTAGGGという塩基配列が繰り返される長い列で、真核生物の染色体の端にある。複製の際にはクロモソームは端から端まで完全には複製されないので、テロメアは何の符号にもなっていないジャンクＤＮＡとしてふるまい、複製のたびに失われる。ところが時間が経つと、このバッファーが短くなり、複製について老化ということになる。テロメアがないと、染色体は融合してしまい、遺伝子の損傷になる。したがってテロメアが短くなることは、老化や老化による病気と関係があるとされている。

28. こうしたことは、ＳＲＰの試料から分離された生物に対して行なわれた、紫外線や過酸化水素による実験に基づいて推定された（Arrage et al. 1993）。微生物の放射に対する抵抗力は、一つの微生物培地の一定比率の細胞を殺すのに必要な放射線の総量として表されるのが通例だ。たとえば、私たちが知る中でも放射線に強い細菌の一種に *Deinococcus radiodurans* というのがいる。この *D. radiodurans* が実験

室で3000グレイ（300キロラド）の放射線に被曝すると、細胞の37%ほどがまだ生きていて、生殖できる。ジョージア州サバンナ川の地下にある地下圏帯水層で採取された細菌の系統にとっては、全集団の63%を殺すのに必要な照射は約70グレイだった（Arrage et al. 1993)。シュルンベルジェ検層器具による地下圏ガンマ線照射量を計算するための式は

$$R = 1.27 \times 10^{-12}\,\mathrm{GAPI},$$

で、Rは1g、1秒あたりの照射率をグレイで表したもの、GAPIはＡＰＩ単位でのガンマ線流率を（1tあたりラジウム60ナノグラムに相当)、自発的ガンマ線検層器具で測定したもの。ソーンヒル1号試錐孔については、GAPIは200で、これによると、照射率Rは、1g、1秒あたり2.5×10^{10}グレイ、あるいは1g、1年あたり10^3グレイとなる。*B. infernus*あるいは*D. putei*が同様の放射抵抗力なら、63%致死量を9000年で浴びることになる。三畳紀岩石での細胞密度は増殖（註26の更新周期を参照）と、放射による死亡とのつりあいを表していなければならない。つまり

$$dN/dt = (-N \times D) + (N \times G)$$

で、Nは1gあたりの細胞数、Dは放射による死亡率$= 8 \times 10^3 \times 0.45/70$、Gは増殖率。

三畳紀堆積物での細胞密度が定常状態にあるとするなら、$dN/dt = 0$で、1年あたり$G = 5 \times 10^5$、つまり更新周期は2万年ということになる。これはＳＲＰの下の堆積層群でトミーが推定した更新周期よりも長い（註26参照）が、深く埋もれた三畳紀の堆積物での代謝率は、ＳＲＰの比較的浅い堆積物の場合よりもはるかに低くならざるをえない。放射による細胞死は地下圏生物にとっては無視できない淘汰因子だった。ただ、私が後に知るように、地下圏で細胞を死なせる仕組みには他にもいくつもあり、とりわけて言えば高温がある。

29. 熱変成帯は、貫入する火成岩の周辺での変成岩帯のこと。熱変成帯の熱伝導モデルでは、接触時の最高温度は貫入温度と貫入された岩体の周辺温度の中間で、岩帯の周辺温度との距離に応じて下がる。セロ・ネグロの場合、セロ・ネグロの接触地点と、マンコス頁岩の、セロ・ネグロが貫入している間にT_{max}が80℃から120℃を超えなかった部分との距離を地上で求める必要があった。
30. 共通の理解として、「ウォバー化」はゴムの硫化のようなものと考えられた。くぐり抜けるのは苦しいが、終わると強く、弾力的になっている。ＳＳＰ研究者に団結心とその結果、長年の友情を築く効果もあった。元陸軍大尉のフランクはたぶんそのことを知っていたのだろう。
31. Coleman et al. 1993.
32. 地質学で言う「コンタクト」は二つの異なる地質学的単位が地表と地下で接する位置のことを言う。互いに重なる二つの堆積岩どうしの単位の場合のコンタクトは、堆積が起きなかった時期の時間差を表す。コンタクトが断層を表す場合もある。その場合、地質学的単位はもともと形成された位置からずれており、形成され

た後のある時点で並んだことになる。貫入火成岩、たとえば岩頸の場合は、貫入するものとそれを囲む岩体のコンタクトは、火成岩の冷えた縁と岩体の側の焼けた領域となる。

33. 成層火山は典型的な円錐形をしている。噴出した溶岩の粘性が高いことによる。火山はふつう、溶岩と火山灰が積もったもので構成される。死火山のテイラー山の場合、円錐の上の方は最後の大噴火で吹き飛ばされていて、最後の氷河期のときには氷河が深い谷をえぐって山体の中にまで及び、そのためもはや完全な円錐形は保っていない。

34. 古磁気学の言い方では、この種の試験は「接触試験」と呼ばれる。接触試験は同じ論法を使って、岩石中に記録されている古磁気の方向が、熱的変成を起こした隣接する火成岩体よりも前か後か、噴出か貫入かを決定する。これはおおむね微生物学的な問題の地質学的な扱い方だった。

35. 文書はＥＰＡに提出され、掘削活動の環境への影響、それが周辺自治体の飲料水供給を脅かさないかについて明らかにする。

36. 続成作用による凝固物の流体内包物に閉じ込められた石油は、それが閉じ込められた時点までにその石油に起きたのが生物学的な作用か水文学的な作用かの記録となる。石油の成分は微生物分解によって変化し、低分子量の炭化水素の方が重い方の炭化水素よりも選択的に分解される。このパターンを石油流体内包物に検出できれば、地下圏生物が移動と石油の流体内包物への閉じ込めの直前の地質学的過去において活発だったことを意味するだろう。「水で洗う」とは、石油と地下水が混じること。低分子量の炭化水素は重い炭化水素よりも水に溶けやすいので、地下水と石油が何度も混じると、石油の組成が変わり、重くなる。このパターンが石油流体内包物に見られれば、地下水が地質学的な過去にその地層に侵入したということで、地下圏微生物を T_{max} の後にそこまで運んだかもしれない。

37. ブレントは、ニューメキシコ工科大学（ＮＭＴ）で博士号を取ったばかりの、リオグランデ地溝帯の西側側面に点在するこうした火山岩頸の専門家、ブルース・ハレットも雇っていた。私たちはこうした地層の堆積学に関する専門家も必要で、私はその任に理想的な地質学者を思いついた。私と同じ頃に同じ学科で大学院生だった堆積学者で当時は近くにあるロスアラモス国立研究所にいたジョン・ローレンツだった。ジョンはサンフアン堆積盆地では自分の気に入らない岩に遭遇したことがなく、すぐにこの事業に加わることを承知した。

38. その２か月は米西部中で面談をすることで埋まった。空港や機内で読むために、その頃刊行されたばかりの、フランク・チャペルの『地下水微生物学と地球化学』という本を携行していた。私は熱心にこれを勉強した。私に理解できるちょうどの水準の微生物学だったからだ。それで私は地下水化学や水文学、生物環境回復の重要性がよくわかるようになった。

39. この実験はルリソン＝マンドレル核実験で、これは原子力委員会によるプラウシェア計画の一環だった。その後は 1973 年５月のリオ・ブランコ実験が続き、そのときは３発の 33 キロトン爆弾が同時に爆発した。1M-18 掘削地点の北西約 50 km のところにある、メサベルデ累層でのことだった。プラウシェアの全部で三

度の核爆発—— 1968 年のガスバギーと、ルリソン＝マンドレル、リオ・ブランコ——は 10 ～ 20%の水素を生み、これはＤＯＥの報告からは明らかに地層水の放射線照射によって生まれたものだった。この広まった観測結果のおおもとは、1979 年１月のＨ・Ａ・テュースによる報告だった（University of California Radiation Laboratory report UCRL-52656; http://www.osti.gov/scitech/servlets/purl/6276057）。これが公開されたのは、後の 2006 年）。

40. ジョン・ローレンツはMWX実験に大いに関与したことがあり、セロ・ネグロで堆積物と破砕構造の両方についてについて地質学的解釈を示すという二つの仕事に役立った。

41. これはグーグル・アースの画像を見れば、今でも言える。掘削地点は険しい南西向きの斜面の高いところにあり、物理的に大きなボーリング機械を得ることが可能になる。

42. 好圧菌（バロフィル、あるいはピエゾフィル）は、数百ないし数千気圧のレベルの圧力（最も深い海淵の底なみの圧力）で活発な微生物。偏性好圧菌は高圧での生存に適応しているため、低圧では機能を停止する。圧耐性微生物は高圧でも生きられるが、圧力が低い方が最適に機能する。

43. フランクは十余りの外部審査員も引き入れていた。その１人がトロント大学のバーバラ・シャーウッド・ロラーで、その頃、カナダの深い鉱山で採取したメタンの $\delta^{13}C$ と $\delta^{2}H$、水素の $\delta^{2}H$ について論文を出したところだった（Sherwood Lollar et al. 1993）。私はその論文を読んで、水素の同位体分析をする人を初めて見た。その同位体分析は、水素の由来と、たぶん細菌がそれを消費するかどうかを教えてくれる点できわめて貴重だと思った。これはシャーウッド・ロラーが初めて先カンブリア代の盾状地岩石の非生物起源炭化水素を報告したものだった。興味深いことに、その研究で非生物起源メタンが最も豊富なガスの試料は、オンタリオ州ティミンズのキッドクリーク鉱山のもので、私の父は 60 年代にそこで働いたことがあり、私も家族と一緒にティミンズに住んでいた。

44. フィル・ロングはＮＡＳＡのヒューストン・ジョンソン宇宙センターでポスドク研究をして、花崗岩と玄武岩の実験石油学の研究をしたことがあり、その後ＰＮＬに移り、ＤＯＥの玄武岩内廃棄物分離事業（ＢＷＩＰ）の仕事を約 10 年していた。ＢＷＩＰはＤＯＥによる、高レベル放射性廃棄物をコロンビアリバー玄武岩に貯蔵しようという計画だった。米議会は 1987 年 12 月、急に変更をして、すべての貯蔵作業をユッカ山地に集中する決議をした。フィルは自分がやってきたことすべてが突然に意義も意味も失ったため、そのことを格別におぼえていた。チームは立派な水文学を行なっていたが、議会の採決を聞いたとたん、その研究の時宜が消滅した。年間約１億 2000 万ドルの予算があった事業を 90 日で停止することになった。そうしてフィルはグループの全員用に仕事を何とか確保し、1988 年４月には、当時ＰＮＬを運営していたバッテルのところで仕事を始め、元の仕事場の灯りを消し、通りを渡って１ブロック歩いたところへ行って新しい仕事を始めた。1988 年夏の末、Ｃ 10 のコア採取が行なわれている頃、レイ・ウィルドゥングと当時の上司、リック・スキャッグスがフィルの研究室へやって来て、当時サバンナ川地区で

行なわれていた地下圏微生物学研究の地球科学の面の研究に関心はないか、またハンフォード地区に設けられる新しい掘削地点のための案を立てる先頭に立つ気はないかと尋ねた。フィルのＰＮＬでの仕事は主に浄化活動で、それはあまりおもしろい仕事だとは思っていなかったので、ＳＳＰの仕事は大きなチャンスだったが、当時はそれがどれほど自分の職業人生を変えるか、まったく気づいていなかった。初めてフランクに会ったのは、1989年1月、タラハシーのフロリダ州立大学での会合のときだった。

45. 二つの掘削地案は、ＤＯＥの冷戦当時の活動で汚染されていた地下圏区域に隣接はしていたが、その地点自体はまだ手つかずで、行きやすいところだった。岩石のタイプや年代の点でＳＲＰとは違っていた。ワシントン州東部とアイダホ州の高地の砂漠にあり、ハンフォードとＩＮＥＬの地下水面の深さは200 m だが、C 10の場合は地下水面は40 m だった。ハンフォードの堆積物は600万～800万年前の湖底に積もったもので、ＩＮＥＬの岩石は第四紀の苦鉄質火山岩の玄武岩だった。ＰＮＬとＩＮＥＬはともに科学者も職員も優秀だったが、ＰＮＬ人の方がＩＮＥＬ人よりも数が多く、地元びいきは、また誰もがＰＮＬの方が有利と思っていた。提案の価値は、その年の以前の会議で工夫された、複雑な重みづけ方式がある込み入ったポイント制で評価された。発表が終わるたびに、出席者がその地点について、20余りある必要な基準に従って、賛成反対を評価した。その日の終わりには、ブレント・ラッセルがＰＮＬとＩＮＥＬの数字を集計して、両案は同点の249点とされた。すべての眼が、最後列に座っているフランクがどうするかとそちらに向けられた。フランクが一方に決めるために念入りに工夫した評価方式が本人に向かって逆噴射したようだった。フランクは首を振って両手を挙げると力をこめて「両方掘ろう」と言った。

46. 古土壌は太古の土壌面がその後堆積物によって埋もれて保存されたもの。これは堆積にギャップがある、つまり海水面が下がって堆積物が露出し、風化を受けたときに現れる。したがって古土壌は太古の気候の貴重な記録となり、太古の大陸表面温度、気候の進み方、大気中の二酸化炭素と酸素の量を求めるのに使われてきた。

47. 残念ながら、トミーはノックスビルに飛行機で戻るときに頭に大けがをして、このデラウェア州ルイスでの会合には出席しなかった。そのときにはけががどれほどひどいか、私たちは知らなかった。飛行機が着陸して、乗客が立ち上がって頭上の荷物を下ろしていたとき、誰かがトミーの頭上の収納扉を開けると、金属製のブリーフケースがトミーの後頭部の頭蓋骨に落ちて、重大な陥没を起こした。トミーは何週間か入院し、その後もオークリッジ国立研究所（ＯＮＲＬ）で頭蓋圧に苦しみ、回復に数か月かかった。航空機の客室乗務員が着陸と同時に頭上のお荷物が飛行中にずれているかもしれませんのでお気をつけくださいと告知するようになったのは、この事故の結果だった。

48. フランクはＤＯＥに勤め始めた頃、ガスバギー核実験に関する報告を調べたことがあった。1968年、ＡＥＣはエルパソ天然ガス社と共同して、低透水性の白亜紀の砂岩からガス井の生産量を改善する方法を調べていた。そのため、ＡＥＣは19キロトンの核弾頭を、ニューメキシコ州ファーミントンから約80 km のところに

あった低生産量の天然ガス井の深さ360mのところで爆発させた。比較対照すると、広島に落とされた原子爆弾はＴＮＴ火薬16キロトン相当だった。実験はプラウシェア計画を構成する何度かの地下核実験の一つだった。この例では、狙いは天然ガスを含む岩体を砕いてガス井に流れ込むガスを増やすことだった。基本的に合衆国政府は原子爆弾による水圧破砕（フラッキング）をしていた。実験はこの技術が機能しうることは証明したが、時間がたつと、ガス生産量は当初計画されていたよりは低くなるようだった。フランクは微生物がいて同じ天然ガスを消費しているのではないかと考えた。微生物がそれほど深いところで炭化水素を酸化しているのなら、もっと有毒な有機物汚染を分解するかもしれないし、逆に放射性物質を収容する地下貯蔵室の保全を危うくするかもしれないと推理した。

49. フランクは、サンジエゴでの地下圏微生物学の会合を設定していた。ＪＡＳＯＮソサエティがラホヤのＧＡテクノロジーズで、ジーン・マクドナルドの指揮で催されるからだった。ＪＡＳＯＮソサエティは、国防総省とＤＯＥに助言を提供する一流の科学者、ノーベル賞受賞者、全米科学アカデミー会員のグループだった。ウィル・ハッパーはＪＡＳＯＮソサエティの一員で、ジーン・マクドナルドは生命の起源に関心を抱く化学者だった。Ｄ・Ｃ・ホワイト、ジム、レイ、エリン、ＰＮＬの他の科学者の一団が姿を見せた。なぜ私たちがこの会に出て、なぜ私がそこにいるのか私にはよくわからなかったが、全員がフランクから、言って好いこと悪いこと、偉い先生方の面倒な質問に答えるために準備することについて、指示を受け取っていた。フランクは将来のＳＳＰの予算について心配するようになっていて、現地調査研究から資金を削ろうとする試みに歯止めを掛けるためにできることをしようとしていたらしい。トミーはまだ事故から回復途上だったので、ＤＣと私がテイラーズビルについて話した。ジムはトッド・スティーヴンスが玄武岩について行なっていた研究の一部を紹介した。水素生成についてのことだったが私はわからなかった。部屋が混雑していたので、私たちは発表が終わると出て行かなければならず、ジムと私は、その時間を使ってバーガーの微生物内包物からＤＮＡを抽出するために使える流体内包物を置く台のデザインを仕上げた。ジムは、玄武岩での水素生産を何が起こせると思うか私に尋ねた。私はまだ微生物の酸化還元反応を理解しようと苦労しているところで、単なる無機反応で水を分解できることもわかっていないので、まったくわからないと白状し、私にわかる非生物的水素生成過程は放射性分解だけだと言った。会合の後、私たちは掘削地点に飛行機で向かった。垂直の対照サイト、セロ・ネグロ垂直試錐孔（ＣＮＶ）でのコア採取が始まろうとしていたからだ。

50. 試錐孔そのものには円筒形の内張（ケーシング）が入っていて、岩に押しつけられ、水が試錐孔に入れるようなスリットがついている。ポンプ装置は二股パッカーと呼ばれる、二つの栓（パッカー）が入ったものを使った。一方のパッカーは膨らませられる風船でできていて、それがポンプを保持するパイプにはめ込まれている。圧縮空気や水で膨らむと、パッカーが膨らんで水力学的に試錐孔の内張を密閉する。この場合、一方のパッカーが砂岩層のてっぺんを封じ、もう一方のパッカーは砂岩層の下側をふさいで、砂岩帯水層の水だけが穴の外へ汲み出される。ブラ

ダーポンプは、内側に膨らむ風船と、上端と下端に一つずつ、計二つのボール式逆止弁がついた鋼鉄製円筒。試錐孔の中にあって、水が周囲の水圧によって下側の逆止弁を通って押し込まれ、風船の中に流れ込み、それによって風船を満たす。円筒に圧縮空気を送り込むと、圧力で風船をつぶし、それで下側の逆止弁が閉じ、上側の逆止弁を開いて水が地表へ押し上げられる。水の汲み上げは、この周期を繰り返すだけだ。この装置の部品は徹底洗浄できるので、微生物や溶解したガスの試料を採取するのには最適な方法となる。ＭＬＳは静力学的つりあいによる方法で、ポンプは使わず、蒸留してガスを抜いた水が、2枚の膜のフィルターにはさまれた、小容量の円筒を用いる。穴を下ろされるパイプにはこうした円筒が重なっていて、膜で分離されているそれぞれの円筒がＭＬＳを試錐孔の内張に押しつける。ＭＬＳは試錐孔に収まり、何週間かの間、膜のフィルタに閉じ込められた蒸留水が膜の外の地下水と浸透によって入れ替わる。それからＭＬＳが除かれ、入れ替わった地下水は膜のフィルターの間からスポイトで取り出され、気体性、水性の成分が分析される。今回の調査の場合には、ＭＬＳのいくつかには、細菌が通ってＭＬＳ内の岩のかけらに定着できるほどの孔の大きさがある膜フィルター2枚の間に砕いた砂岩や頁岩が詰められた。これは砂岩と頁岩の界面での微生物構成の勾配を捕捉する手段となる。ＭＬＳの詳細な解説については、Takai et al. 2003 を参照するとよい。

51. フィル・ロングのグループはセロ・ネグロのコアを、岩石中の孔の大きさ分布を測定する会社に送った。この情報は、水銀式多孔度測定と呼ばれる手順で求められる。石油会社が油田の砂岩の多孔度と透水性を評価するために、採取したコアに対してふつうに行なわれる分析だ。要するに、直径2.5 cmの円筒状の岩が容器の中に置かれ、それから水銀が圧力をだんだん上げながら注がれ、136気圧まで上げられる。低圧で円筒に加えることのできる水銀の量は大きめの孔の体積の目安となる。高圧で加えられる水銀の量は、ごく小さな孔の体積の目安で、この孔の中には細菌の大きさよりもずっと小さいものもある。

52. Brock and Madigan 1991.

53. 同前, 図6.19.

54. 私がトミーに大いに助けてもらってテイラーズビル堆積盆地について書いた論文が*Eos*に載ったばかりだったが、これはアメリカ地球物理学連合の業界誌で、ＤＯＥ本部に対しては、『ニューヨーク・タイムズ』ほど大きな影響力はなかった。あるいは私は素朴にそう信じていた。

55. 斜め試錐孔でのコア採取は、窒素ガスの循環が失われ、窒素が試錐孔の周囲から噴出し始め、内張をしなおさなければならなくなると、時々中断された。坑が確実に正しい角度で進むようにするために、定期的にロッドも引き出して、傾きを測定するジャイロスコープのような装置で坑の角度を確かめなければならなかった。

56. 本書第5章を参照。

57. 1864年5月14日、フランスのオルゲーユの町近くに隕石が落ちた。C1炭素質コンドライトという、相当に複雑な有機分子、とくにアミノ酸が豊富な隕石だった。1962年、バルトロメオ・ナジーらが電子顕微鏡を使って、構造的に組織された有機物を発見し、ナジーはそれを隕石由来のものと考えた。結局その構造は花粉

か菌類の胞子だった。この隕石が長期間、無菌ではない状況に晒されていたことを考えれば意外ではない。

58. この断片は、ロレーン・ラフレニアというという、フルーア・ダニエル社の地質学研究員によって私たちのところに送られた。

59. リックはすでに、2人の助教、マーク・デルウィッチとマーク・レーマンとともに来ていた。トミー研究室のポスドク研究員チャン・チュアンルンがコアの処理を手伝いに来ていた。ジョン・ローレンツはＬＡＮＬから、ロレーン・ラフレニアはフルーア・ダニエル社のワイオミング州キャスパー支局から来て合流した。ＰＮＬからはジム・マッキンリーがＰＦＣトレーサーの準備にやって来た。

60. コロラド州地方の石油が豊富な頁岩からの石油生産が始まったのは、1970年代のアラブ諸国の禁輸の後だったが、80年代の初めに石油価格が下がると事業は破綻した。エクソンはコロラド州パラシュート付近のコロニー・シェール石油事業に大きく投資していたが、1982年5月2日のブラックサンデーに事業を中止し、2000人以上の労働者を解雇した。ＤＯＥは合成液体燃料事業を通じて、大規模な、現地でのシェールからの石油開発を奨励し続けたが、ロナルド・レーガン大統領は1985年にこの事業を廃止した。

61. ベイカーヒューズ社が販売したジェル・コア採取システムはジェルを満たした管を使い、同社はそれをコアジェルシステムと呼ぶ。

62. ガス化学については、掘削泥水から捉えたガスに頼っていた。これを真空にした血液採取に使うような小さな管に注入し、テキサスＡ＆Ｍ大学に送ってメタンのδ^{13}C分析をしてもらう。周囲のガス井についてのフルーア・ダニエル社からのガス組成データも得たが、どれも水素のことは言っていなかった。天然ガスにある水蒸気に接触する鋼鉄が水素を作るらしいため、水素ガス測定は信頼できるとは考えられていなかった。ティム・マイヤーズは1M-18の検層記録をたどって、正確な温度推定値や、詳細な物理的性格を示そうとしていた。ロレーン・ラフレニアは近くの井戸、1M-17から、地下1800 mで取れた地層の流体試料を得て、それをジム・マッキンリーに送って地球化学的、同位体的分析を行なってもらった。私たちはテキサコのソーンヒル1号試錐孔の試料と比べてはるかに良い試料を得ることができた。

63. 米鉱山局は、鉱山事故が続いた後の1910年に設立された。採鉱の環境への影響について研究するところで、奇妙なことに、ヘリウムの生産、保存、販売、流通も担当していた。1995年に廃止され、その機能はＤＯＥ、ＵＳＧＳ、土地管理局に移管された。

64. ＲＷＭＣは、51基の原子炉建設で生じた放射性核種、有機溶媒、酸、硝酸塩、金属廃棄物が貯蔵されている、放射性廃棄物捨て場だった。ＩＮＥＬは米海軍原子力潜水艦用の原子炉を開発し、若い潜水艦乗りのための原子炉訓練施設も管理していた。この理由のために、ＩＮＥＬは、潜水艦隊司令官のハイマン・リッコーヴァー提督の直轄地と考えられることが多かった。ＲＷＭＣの有機溶媒は、下にあるシェイク川平原玄武岩帯水層に漏れている。これ以上の汚染を避けるために、超ウラン元素廃棄物が掘り返され、カプセルに入れられ、ニューメキシコ州カールス

バッドのＷＩＰＰへ運ばれ、恒久的に貯蔵される。

65. 微生物学者の大半が10ｇ未満で調べていたことを考えると、これは偽陽性の可能性を5000分の１に下げるほどの確かさだ。Colwell et al. 1992.

66. 掘削が始まる前、トミーはジム・マッキンリーがＰＦＣトレーサーを扱えるように訓練をしていた。掘削流体がガスだったので、ジムはボーリング機械の脇に設置するＰＦＣ気化装置を考案しなければならなかった。これはＳＦ映画でときどき見られる蒸留装置のように見えた。ジムが数か月前にセロ・ネグロで見せてくれたのも同じものだった。

67. この場合の有性生殖は、二つの原核生物の間で、性繊毛という極微のタンパク質の細管を通じてＤＮＡを一方的に送り込む（動物で言う本物のセックスではない）。

68. 線毛は細菌の細胞壁を抜けて延びるタンパク質の糸。グラム陽性、グラム陰性どちらの細菌にもある。線毛は鞭毛より短いが数は多く、細菌が鉱物表面に付着するのを助ける役目をする。それで線毛は付着繊毛とも呼ばれる。

69.「掘削ロッド（あるいはパイプ）をトリップする」とは、掘削作業員の間での隠語で、掘削ロッドを引き出したり下ろしたりすること。

70. Szewzyk et al 1994.

71. ウォーレン・ミラーは、1970年代から90年代末までの、東海岸でもスキーができるとあてにできた頃、陽気で過激なスキーやスノーボードの映画を何本か監督し、制作し、ナレーションもした。

第３章　バイカー、爆弾、デソメーター

1. 地球の中心まで下りて行く速さについて言い合うアクセルとその叔父リーデンブロック教授の会話〔邦訳には、ジュール・ヴェルヌ『地底旅行』朝比奈弘治訳、岩波文庫（1997）などがある〕。

2. ボブ・グリフィスの酵素活動測定と集積培養からすると、頁岩には微生物活動はほとんどなく、そこで見つかった生育可能な微生物は海洋性微生物ではなさそうだった。

3. Krumholz et al. 1997.

4. デーヴィッド・ブーンは、シェワネラ属の細菌の、中温第二鉄還元系統ＣＮ32を分離できた。これはセロ・ネグロ掘削の目玉となり、ＰＮＬでの将来の研究の主題となる。

5. Fredrickson et al 1997.

6. 地下水の年代測定は、ＮＭＴの水文学者フレッド・フィリップスと、そこの大学院生ページ・ペグラムによって、溶存無機炭素（ＤＩＣ）の^{14}C年代測定で行なわれた。Walvoord et al. 1999.

7. 地質温度計は古温度、つまり地質学的過去の温度の代理として作用する何らかの測定を参照する。地質温度計の基礎は、たいてい、鉱物あるいは鉱物集合内の、元素あるいは同位体の分布と結びついている。それが温度に敏感なアレニウス関係と呼ばれる法則によって支配されているからだ。熱時間測定器は放射性測定器具の一種で、岩が特定温度より下で経過した時間を記録する。

8. トミーはレイの手伝いのおかげで、マンコス頁岩資料の有機的熱成熟度の記述について、インディアナ大学のリザ・プラットを引き入れることができた。リザはすでにテイラーズビルの試料について無償で私を手伝ってくれたことがあったが、今度は垂直試錐孔や、またセロ・ネグロの無菌化領域と思われるところの最高温度、T_{max} を確認するための分析を行なう予算を得ることができた。
9. ビトリナイト反射率は言われているとおりのもの。ビトリナイトは堆積物に積もる樹木や草のセルロース分や、岩石化した有機物としての石炭のこと。無煙炭は入射する可視光を大量に反射するのでぴかぴか光る。反射する光の率で表されるビトリナイト反射率は、無煙炭では高いが、瀝青炭となるとずっと低い。つまりビトリナイト反射率は、無煙炭が温度の低い瀝青炭から温度が高くなって、また副次的には時間とともに、無煙炭ができるときの温度と相関する。ビトリナイト反射率（Ro）は一般に、T_{max} が60℃から125℃のとき、0.5%から1.5%になる。この範囲は好熱菌や超好熱菌の最適温度増殖範囲に収まり、滅菌、あるいは「古低温殺菌」の便利な尺度となる。Hallett et al. 1999.
10. 粘土の鉱物の化学的成分は非常に多いが、すべてアルミ、珪素、酸素のシートを含む。このシートにはさまれた元素や分子、たとえば水は、粘土の鉱物を区別する。イライトの場合には、その内部シート部分では K^+ が優勢な陽イオンだ。先に見たように、^{40}K は一定の速さで崩壊して ^{40}Ar になり、それがカリウム・アルゴン年代測定法の基礎となる。^{40}Ar は150℃になるまでイライトに定量的に保持されるので、粘土が形成された時期を決めるのに使える。イライトは、シートの間に他の元素を含むスメクタイト粘土から進行的に形成され、その速さは50 〜 150℃の範囲内の温度による。イライト／スメクタイト混合物のK-Ar年代は、熱的履歴に対して年代と温度をまとめて範囲を絞る。この方式は頁岩の粘土には有効だが、再加工された、古い岩石イライトを含まない場合で、含んでいると年代はずっと古くなる。これを避ける一つの方法は、変成した凝灰岩の粘土の年代を測定することで、幸いなことに、ロッキー山脈の白亜紀堆積盆地は、頁岩と頁岩の間に大量の凝灰岩を含んでいる。
11. レイは、コアのどこで貫入の熱的影響を受けたかを調べるべく、頁岩のカリウムを含むイライト粘土についてK-Ar年代測定を行なうために、ジョージア大学（アセンズ）のクローフォード・エリオットも引き入れた。Elliott et al. 1999; Hallett et al. 1999.
12. 地質学と微生物学の正反対の科学哲学についてのもっと整った説明は、1993年刊のチャペルによる優れた著書、Chapelle, *Ground-Water Microbiology and Geochemistry* にある。
13. "The Crack-Up," *Esquire*, February 1936 より。
14. こうした器具によるデータとしては以下のようなものがある。(1) スメクタイト／イライト組成、つまりスメクタイトは高温にさらされた方がイライトになりやすく、その平均年代はK-Ar年代測定によって求められる。(2) ビトリナイト反射率データ。(3) 流体内包物分析データ。(4) 燐灰石による核分裂飛跡年代。核分裂飛跡年代測定は、^{238}U の自発的分裂に基づく。分裂するときに破片が結晶に傷跡をつけ

る。周囲の温度によって、結晶の傷は部分的に、あるいは完全に焼きつけられる。飛跡は結晶を酸に漬けることによって、顕微鏡で画像化される。分裂飛跡の数は、特定の結晶についてウラン濃度が決定されれば、焼き付きの年代計算に使える。飛跡の長さは焼き付きの速さ、したがって冷却の速さに置き換えることができる。ウランを含む別々の鉱物の焼き付き温度は違うが、燐灰石の場合は、地層のオイルウインドウ〔ガスに分解されて天然ガスになるのではなく、石油として存在する温度〕と近いところにそろう。このデータは堆積物がオイル／ガス・ウィンドウを経たか、いつ経たかを求める助けになった。この技の発達の大部分は、石油会社によって支えられた。

15. 第三の砂岩岩体は高濃度のメタンを含み、静水勾配圧が 207 気圧であるのに対して 256 気圧以上という過剰な圧力に達していた。ティム・マイヤーズは試錐孔の検層を、私たちが掘削してから 3 か月後に終えた。最善の推定では、3 通りの深さでの今の温度は 43℃、81℃、85℃だった。ロレーンも 1M-17 井の深さ 2000 m の水試料を手に入れることができた。
16. Coleman et al. 1993.
17. Lorenz et al. 1996.
18. Roh et al. 2002. トミーが分離した生物の 16S rRNA 遺伝子は、それがサーモアナエロバクター〔好熱嫌気性菌〕属のものであることを示していた。地球の裏側のスウェーデンで、ドリル孔の 3000 m の深さで見つかったのと同じ属だった。
19. Wilkinson and Dampier 1990.
20. Kelley and Blackwell 1990.
21. この年代は、水中の塩素 36（^{36}Cl）の量を測定して導かれた。塩素には安定した同位体が ^{35}Cl と ^{37}Cl の二つある。大気中では、雨水にある塩素が宇宙線の放射を受ける。そこにある低エネルギーの中性子は水蒸気が大気中にあるとき、^{35}Cl を ^{36}Cl に変える。^{36}Cl は放射性同位体で、半減期 25 万年で崩壊して ^{35}Cl に戻る。雨水が地下に浸透すると、^{36}Cl が崩壊してその濃度は下がり始める。AMSを使った ^{36}Cl 濃度測定は、地下水の年代を最大 250 万年前と上限をかける。地下水についての 160 万年前という年代は、新しい大気圏水ではなく、古大気圏水が混じっていることを示す、ウォサッチ砂岩水の δ^{18}O と δ^{2}H の多重試料によっても支持される。どうやら 160 万年前は、コロラド高原は今日ほどの高さはなかったらしい。
22. Colwell et al. 1997, 2003.
23. さらにメサ・ベルデ累層まで進むには、コアはゆうに 100 万年を超える必要があったし、その砂岩本体は高濃度のメタンガスと塩分濃度の高い水を保持していた。その砂岩を浸透した古大気水はほとんどないらしい。私たちは、ローン高原に重なるグリーンリバー累層の温泉水にいる細菌のいずれかが、ウォサッチのコアで見つかった鉄還元細菌を含むだろうかと考えた。DOEの研究補助金の最後の残りで、私たちは 1995 年 6 月、ヤオ・チンジュンのモデルが、地下水再供給が起きているはずだということを示したパラシュート掘削地点の北にあるローン高原の温泉へ現場試料採取旅行に出かけたが、温泉の試料に見つかった細菌はトミーの細菌とはまったく別だった。

24. 燐灰石やジルコンのような鉱物にあるウランが自然発生的核分裂を経ると、原子核の断片は鉱物マトリクスに反跳して結晶構造に傷を作り、その傷は鉱物の磨いた面を酸に浸した後、顕微鏡で画像化できる。面積あたりの飛跡の数を数え、ウラン濃度で割ることによって、年齢が求められる。分裂飛跡は鉱物を加熱すると焼き付くので、この年代は、鉱物が焼き付き温度より下だった時間を表すことになる。微生物学者にとって幸いなことに、燐灰石の焼き付き温度はだいたい 100 〜 120℃で、生物の限界の最高温度に近い。分裂飛跡の長さも、焼き付き温度区間を抜けて冷える速さを制約できる。したがって、分裂飛跡法による燐灰石年代から、微生物が住めた年代の上限が得られる。
25. Tseng et al. 1995.
26. Tseng et al. 1998a, 1998b.
27. 分析は当時私の研究室のポスドクだったハーヴィー・コーエンが、ヒューストンのエクソン社のデーヴィッド・ペヴィアの支援で行なった。
28. Fredrickson et al. 1995.
29. Stevens and Holbert 1995.
30. 地下圏微生物が栄養的には難しい状態にあったことを示すさらなる証拠は、その細胞膜の構造を調べることで見つかる。一部の地下圏最近のＰＬＦＡの特徴は、典型的な土壌微生物群集に見られるものよりも高い代謝ストレスがかかっていることを示した。この原則の例外は、グラム陽性の放線菌で、これはどうやらまったくストレスを受けていないらしい。Kieft et al. 1994.
31. Sinclair and Ghiorse 1989.
32. 帯水層はたとえば砂岩などの岩の層あるいは累層で、多孔度と透水性が高く、水が流れやすい。他方、半帯水層は頁岩などのような岩石累層で、透水性が低く、水の流れが制約される。ＷＩＰＰにあった岩塩のような、完全に透水性のない岩の累層は、完全に水をブロックし、難透水層と呼ばれる。
33. この場合、飽和はすべての孔が水で埋まっていることを意味する。不飽和は多孔度の一部が空気またはガスが満たされていることを意味する。
34. そのデータは、堆積物１ｇあたりの培養可能な細菌の密度が、１ｇあたりの細菌総数よりも何桁も少なく、この堆積物はわずか数十万年前のものだということを示していた。Colwell 1989.
35. アクリジンオレンジはＤＮＡの蛍光染料で、1980 年代から 90 年代の初期には微生物を数えるために最もよく使われた染料。
36. Tobin et al. 2000. プロピジウム・イオジドはＤＮＡと結びついて、紫外線を当てると赤く光るが、背景が鉱物で青い蛍光を出すので、結果的にピンクの細胞が見える。
37. ＩＮＥＬと GeMHeX の調査地点で採取された試料が 1991 年に処理され、フランクが資金を出して、ＮＴＳ第三調査地点を支援した。ＬＡＮＬのラリー・ハースマンは、1986 年のジャーマンタウンでの研究者会議のとき、フランクの関心をこのサイトに向けさせた。ＤＯＥはＮＴＳの高レベル核廃棄物用の貯蔵場開発に重点的に資金を出していた。

38. アルパインマイナーは坑道を掘る機械で、たいていは電動のキャタピラーで動くトラクターで構成され、20 ～ 30 t もある。正面に、岩にくい込む回転するカッターの輪がついた爪と、岩屑をアルパインマイナーの背面に載せられたコンテナに捨てるコンベヤベルトに移動させるシャベルがついた口がある。アルパインマイナーはカッターヘッドに水を吹きつけて火花や埃を減らす。カッターヘッドは大きくて殺菌することはできないが、噴霧する水は原理的にトレーサーを加え、濾過滅菌することはできる。大きい塊は微生物学用の試料にできた。

39. ペニー・エイミーはオレゴン州立大学でリチャード・モリタの下、海洋微生物学で博士論文の研究をした。研究の焦点は細菌が飢えることに関連する分子生化学的過程だった。1990 年からの 4 年間、ペニー・エイミーとその博士課程の学生デーナ・ハルデマンは、この地点での微生物試料を採取し処理する手法を開発した。

40. トリチウムは水素が宇宙線が当たることでできる。その半減期は 17 年。ところが、1950 年代と 60 年代には、大気圏での核実験による放射能が大気中に高濃度のトリチウムを含む水を生み出し、それが雨となって落ちていた。この雨水のトリチウムの急増は、地下水にも検出することができ、地下水が土にしみ込んで地下圏に入ってからの時間を測定する方法として用いられた。

41. Amy et al. 1992.

42. マトリック・ポテンシャルは土中の水の表面張力を定めるために用いられる測定値。この表面張力は地下水面の水を通気帯まで引き上げ、毛管水縁と呼ばれる遷移地帯をなす。毛管水縁の水の量と高さは、水が文字どおりストローで吸い上げられるような負の圧力に相当する。マトリック・ポテンシャルは、たいてい－ 10 ～－ 30 キロパスカル、つまり気圧の 10 ～ 30％程度の負の圧力に相当する。

43. Amy et al. 1993.

44. Haldeman and Amy 1993.

45. ただこの硝酸塩の由来は説明されていない。Russell et al. 1994.

46. たぶん、驚くべき発見の一つは、岩石試料やコア試料が何日、何週間、何か月、単純に冷蔵庫で保存されると、生育可能な細胞の密度は上がり、直接数えた数に近づくが、バイオマス密度は変化せず、生物多様性は減るということだろう。これはつまり、環境にある岩石成分を引き出して、飢えた固有超微生物の修復と成長を促すように変化して、その成長は他の微生物の犠牲の上に生じるということだ。Brockman et al. 1992.

47. 地質学用語では、テレインとは特定の種類の岩体や岩体群が優勢な領域、あるいは特定の地質構造的環境が支配的な領域のことを言う。

48. 同構造破砕帯または断層とは、一回の造構造期にできた破砕帯や断層のこと。岩体の中の破砕帯の中には、浸食や減圧による構造的な負荷の解放で生じるものもある。これは地表から下への微生物輸送を強化するが、地形的な勾配が存在しないと、地下水が深いところまで浸透する可能性は低い。造山期の湧昇、褶曲、断層の際の地形的な勾配は、変形の際に活発な断層沿いに、地殻の深いところへの流体の侵入をもたらす。

49. 7 月半ばにポートランドで行なわれた最後の研究者会議で私たちがまた会う頃に

は、私がここまでにまとめた結果の詳細のほとんどが文書化されていた。会議のとき、フランクは学際的な研究成果の発表の後押しを続け、研究者が将来の予算が不確かなことを心配してこの研究をあきらめることのないようにと励ました。ＳＳＰ会議の恒例で、発表は貴重なコア試料用ツールの幅広さを反映していた。分離生物の recA や Trp といった特定の遺伝子配列を調べて地表の系統と地下圏の系統とで進化上の有意な違いを検出できるかどうか確かめる研究者もいた。分離生物の完全なゲノム配列が本格的に行なわれるのは翌年になるだろうし、低バイオマス試料からの環境ＤＮＡから特定の遺伝子を増幅したものの信頼できる抽出はまだ生まればかりだった。16S rRNA 遺伝子については利用できるデータベースがなかった。このときの最善の低バイオマス試料は、集積培養と分離だった。セロ・ネグロでは、分離生物は、生育可能な集団を特定するための手段として、試料からバクテリオファージを捉えるために使われることさえあった。これは地表の土壌には機能したが、セロ・ネグロのコア試料からはファージはできなかった。サンドラは、非常に保守的な 16S rRNA 遺伝子に隣接する遺伝子間の隙間、イントロンに注目した。地下圏細菌のいずれかが実際に進化という意味で新しいと呼べるかについて、論争、解説、ただの口論が起きた。地球表面に存在するものについて、十分な配列データがなかったからだ。ジョー・サフリタは、深部地下圏環境が地表の環境とそれほど違わず、それは良いことだというこの論証をさらに進めた。ジムは他の人々と、16S rRNA 遺伝子用のセロ・ネグロ試料の一部から、直接ＤＮＡを抽出する試みを初めていた。この手法が土について報告されたところだったからだが、きわめてＤＮＡ量が少ないことが障害だった。ジムは例のラグーナ・デル・ソルの塩の結晶から抽出したことについて報告し、流体内包物は太古のＤＮＡの貯蔵庫の役をする可能性があることを唱えた。しかしＷＩＰＰ岩塩の 2 億 5000 万年前の流体内包物でさえ、これは太古の好塩菌だと明瞭に言い切れる 16S rRNA 遺伝子の有意な差は検出できるだろうか。

50. ＤＯＥとその前身のＡＥＣは、そうとは知らず、地下生物圏との一方的な核戦争をしていて、ガスバギー、ノーム、ルリソン＝マンデル、リオ・ビアンコ・プラウシェア核実験では、ネバダ試験場で 50 発あまりの核爆発が行なわれた。きっと何億という微生物がこうした核爆発で消滅していただろうが、できた水素は、生き残っておそらく変異もしていた細菌にとっては、貴重なエネルギー源となった。皮肉なことに、その後深部地下生命圏の発見を導いたのはＤＯＥだった。そのＤＯＥは最近、砂漠研究所のドゥエイン・モーザーに、ネバダ核実験場の地下圏微生物学を研究する予算をつけた。

51. 無機独立栄養（chemolithoautotrophic）微生物は、エネルギーを無機化学物質（chemo）――たとえば硫酸塩――や岩（litho）――たとえば岩石中の鉄分の酸化で発生する水素――から得て（troph は栄養物という意味）、そのエネルギーを使って二酸化炭素を固定し、自分のバイオマスにする（auto）〔他の生物を食べるのではないということ〕。

52. この連続部分は、コロンビア川を見下ろすホワイト・バフスに沿いによく露出している。近くのサベジ・アイランドであった、最近の灌漑が誘発した地滑りによ

る。灌漑で地下水が下がり、この累層が乾燥し、崖の面がもたなくなった。そのことが私はまだ地表の植生によって汚染されていない累層の露出をもたらしたので、ＳＳＰの研究者によって、ただちに微生物学試料が採取された。Brockman et al. 1992.

53. この例での高い多孔度とは、岩石体積の40%が水と空気で占められているということ。地表についてはこれはふつうの値で、そこから深くなるとともに値が下がる。ＳＲＰのミデンドーフ帯水層では多孔度は地下200 mで25%だった。

54. Bjornstad et al. 1994.

55. 1992年末にはGeMHExの掘削は終了していて、地下水面より下の深さ180 mまでの水で飽和した区域で間隔の狭いコアを30個採取した。Kieft et al. 1995; Fredrickson et al. 1995.

56. ハンフォードと隣接するいくつかの町は、1930年代後期には農業が盛んな町で、1500人ほどの住民がいた。その後、1943年3月9日、30日の猶予で町から出るよう言われた。町は新たな秘密の兵器施設の運転センター用に接収されたハイスクールを除いて整地された。近くのリッチランドの住民には知らされないまま、合衆国政府は、最初のプルトニウム型原子爆弾、ファットマンを製造するためのプルトニウム生成炉を3基設置した。ファットマンは第二次世界大戦末に長崎に投下された。これは冷戦中も継続され、プルトニウム生産量は増え、プルトニウム処理による放射性廃棄物は地下のタンクに貯蔵された。70年代初期には、タンクからその下の囲っていない帯水層へ漏れていることが明らかになった。この帯水層はコロンビア川に水を流している。そこでコロンビアリバー玄武岩帯水層に井戸が掘られ、一帯の飲料水や灌漑に用いられる水源が汚染される恐れがないかを調べた。幸い、それはなかった。

57. 地下圏微生物試料を採取するとき、地下水にいた細菌は、「プランクトン性」と分類される。これは海洋微生物を記述するときに広く用いられる言葉だ。「固着性」という語は、岩石や堆積物などの鉱物表面に付着した微生物を表すために用いられていた。コア試料を採取することによって、両方を検査できた。しかし試錐孔の水試料だけを採取する際は、プランクトン性群集は固着性群集とは異なる可能性があるので、プランクトン性群集を表すものとして必ずこういう記述を重ねなければならなかった。

58. 独立栄養アセトゲンは、水素と二酸化炭素を代謝する細菌（古細菌ではない）。$4H_2 + 2CO_2 \rightarrow CH_3COO^-$（酢酸基）$+ H^+ + 2H_2O$という反応を用いる。おもしろいことに、独立栄養アセトゲンとメタン菌〔古細菌〕が用いる経路はよく似ているが、これまでのところ、メタン生成ルートを用いる細菌はなく、また逆もない。この細菌と古細菌の境界を横断することがなかった二つの経路の進化についての優れた総説が、Martin and Russelll 2006にある。Stevens et al. 1993.

59. Onstott et al. 1999.

60. 1995年3月、ジムと私はテネシー大学ノックスビル校での別のＳＳＰ会合で再び会った。ＳＳＰ解散が迫っていて、私たちは最後に一度目立つところで発表することを考えていた。人気の媒体に記事が出れば、私たちを何とか救えるかもしれな

いと期待していたのだ。ジムと私は『サイエンティフィック・アメリカン』にＳＳＰについての記事を持って行くことを考え、先方もそれを採用した。私たちは、トミー、エリン・マーフィ、リック、ジム・マッキンリーと記事のアイデアを話し合った。ジムがＳＳＰによる地下生命圏の探査の歴史に的を絞り、エリンが微生物輸送を取り上げ、トミーはインシトゥの細菌の起源、リックとマッキンリーはトレーサー技術、私は地質学との全体的な関係を話すということになった。何か月かのうちに、何とか原稿を出すと、『サイエンティフィック・アメリカン』は何枚かの見事な図解をつけてくれた。その後、印刷の直前になって、編集者から、著者名は６人も出せず、２名だけにするよう連絡があった。私はこの記事は実際に６人全員の共同作業で、実際の内容について私はほとんど貢献していないことを説明しようとしたが、編集者は譲らなかった。謝辞もつけられなかった。ジムと私は電話で方針を話し合い、結局、編集側の条件をのむべきだろうということになり、他の共著者に連絡した。裏切り者になったような気持ちになり、埋め合わせをしないとと思った。

61. Gold 1992.

第４章　隕石に微生物！ どこから来て、どうしてそこにいて、何を求めているのか

1. 花崗岩が連なる通路で大西洋の下を進んでいることに気づいたアクセルの反応。
2. Boston et al. 1992. 私はクリスの感想に励まされた。私が学部学生だったときの指導教授、ジーン・シューメイカーは、ＮＡＳＡのエイムズ研究所で気にするに値する科学者はクリスだけだと言っていて、ジーン・シューメイカーの高い評価というのはめったにあることではなかった。そのクリスがこれは意義のある発見だと思うのなら、それは私にとってはありがたいことだった。
3. Gould 1996. 1997 年の『サイエンス』に２件の感想も出た。
4. 苦鉄質岩とは、マグネシウムと鉄が多い岩、あるいは同等のことだが、橄欖《かんらん》石、輝石、角閃石が多く、鉱物相として石英がない岩のこと。玄武岩（火山岩）と斑糲《はんれい》岩（深成岩）が苦鉄質岩の例。この種の岩石と対になるのが、珪長質岩、つまりマグネシウムと鉄が少なくて、珪素が多く、鉱物相としてたいてい石英を含む岩石だ。流紋岩（火山岩）と花崗岩（深成岩）が珪長質岩の例。
5. コックス（Cox 1946）は揮発性の炭化水素から放射性分解で石油ができたことを示す研究を総説したが、こうした反応は、実験では水素が放出されるが油田では高濃度の水素が観察されたことがないため、無関係として退けられた。今では高濃度の水素が見られないことの理由は、微生物が高い親和性で水素を利用しているからだということがわかっている。ズンバージら（Zumberge et al. 1978）は、ウィトワーテルスラント金鉱脈の炭素の薄層が 10 倍から 100 倍の石炭の遊離基を含み、この遊離基は三酸化ウラン（$U_2 O_3$）の放射によることを伝えている。
6. 1974 年、ロジャー・ムーア主演の『ゴールド』という映画があって、60 年代末のウェスト・ドリーフォンテーン鉱山での出水大事故を描いていた。
7. von Humboldt 1793. アレクサンドル・フォン・フンボルトは早い時期に洞窟の生物を記述した生物学者の１人でもある。1779 年、ベネズエラ旅行のとき、フンボ

ルトはグアチャロ洞窟を訪れ、アブラヨタカ（*Steatorinis caripensis*）という、洞穴に巣を作り、コウモリと同じくエコロケーションで夜間に餌を取りに群れで出かける夜行性の鳥を記載した。そのグアチャロ洞窟探検は、ジュール・ヴェルヌの『地底旅行』でも触れられている。
8. 最初は A. Bechamp (1868) によって行なわれた実験に述べられている。
9. Lieske and Hoffman 1929; Lieske 1932. この初期の研究の優れた総説が、Farrell and Turner 1932 にある。
10. 両論文は、Bastin el al. の『サイエンス』に載った論文（1926）の直後に発表された。C. B. Lipman 1928.
11. Lipman 1931. 無煙炭の試料は、ペンシルベニア州ポッツビル付近のロカスト・サミット炭鉱の深さ 600 m のところでリップマンのために採取された。
12. Lieske and E. Hofmann 1928; Farrell and Turner 1932.
13. Lipman and Greenberg 1932.
14. Iizuka and Komagata 1965.
15. これはムポネン金鉱の旧称。
16. McKay et al. 1996.
17. 実は、トミー・ゴールドは、熱い生命圏に関する論文（Gold 1992）で、微生物が生きている兆候は、火星の隕石にも見つかるのではないかと唱えていた。
18. イギリスのレディング大学で催された大会前の会合で、ジムと私は、この研究の著者の 1 人クリス・ロマネクから ALH84001 に関する調査の詳細を得た。このチームは隕石中の炭酸塩コンクリーションに火星の化石を見つけていた。当時私はそれで十分、このチームが大仕事をしたことを納得していた。
19. スティーヴンスとマッキンリーはすでに、マイクロコズム実験のときに、花崗岩はほとんど水素を作らず、おそらくはしかるべき型の十分な鉄を含む鉱物が足りないからだということを示していた。放射性分解ははるかにゆっくりした速さで作用する。
20. 珪長質岩については註 4 を参照。
21. カールステンがエスポなどの微生物を撮った写真は、*Strolling Through the WOrld of Microbes* (2004) という著書で見られる。
22. Dennis Powers, 私信、1993 年 6 月 7 日付。
23. Dombrowski 1960, 1961; Dombrowski et al 1963 及びそこで引かれている自身の論文 ; Dombrowski 1966. 太古の生命を探して塩の堆積物を調べたのはドンブロウスキーだけではなかった。Ralph Reiser and Paul Tasch (1960) は、カンザス州ハチンソンのケアリー塩坑の地下 194 m で採取したペルム紀の塩で同様の実験を行なっていた。この塩坑は当時、ＡＥＣが将来の放射性は器物貯蔵所として調査していた。2 人はメキシコ湾の中新世の岩塩ドームからニューヨーク州のシルル紀の塩にわたる岩塩試料も分析した。生育可能なグラム陽性の双球菌はほとんどなかったが、岩塩の流体内包物には双球菌は観察した。しかし他の研究室ではドンブロウスキーの発見を再現することができなかったので、岩塩層の細菌が固有のものだという仮説を支持する役には立たなかった。

24. De Ley et al 1966. この著者はＤＮＡ／ＤＮＡ分子交雑法と生理学的記述を使って *Pseudomonas halocrenaea* が決して新しくはなく、おそらく汚染であることを明らかにした。ＤＮＡ／ＤＮＡ分子交雑法は、ゲノム配列決定の時代以前に開発された、二つの微生物のＤＮＡゲノムが互いにどれほど似ているかを比較する手法だった。これは、似た塩基対配列をもったゲノムは、変性させると、オリゴ核酸配列がＰＣＲ反応で標的ＤＮＡと結合するときに似た形で交雑するはずだという前提に基づいている。

　ドンブロウスキー論文が『ネイチャー』や『サイエンス』のような有名な学術誌で発表されなかったこともマイナスだった。ドンブロウスキーはありふれた細菌をｍℓあたり 108 個の細胞という高い密度で復元し、蒸発残留岩塩坑つまり天然塩田で優勢な本物の古細菌好塩菌ではなかったという事実も、*P. halocrenaea* の独立栄養生物起源に否定的な論拠だった。この高い密度は、好塩菌が光栄養性で、日光から直接ＡＴＰを生成する事実にもよる。

25. Larsen 1981.

26. Norton et al. 1993.

27. Norton et al. 1992.

28. 私が推薦する微生物学の本 13 冊のうち 1 冊は好塩菌についての権威ある総説、Russell Vreeland and Larry Hochstein, *The Biology of Halophilic Bacteria* (1992) だ。

29. バクテリオロドプシンは高度好塩菌の膜に見つかるタンパク質で、光子を吸収するとき、膜を通す陽子ポンプとして動作する。このポンプ動作は陽子勾配を若返らせ、ＡＴＰを生成できる。

30. De Ley et al. 1966.

31. Lowenstein et al. 1999.

32. 1994 年 8 月、私はワシントンＤＣでのジョージ・ワシントン大学で開かれた、太古のＤＮＡ試料と岩塩に関するＮＡＳＡの研究会に参加した。セロ・ネグロとパラシュートやテイラーズビルで忙しかったが、私たちはトムと私が秋に採取していた塩の試料を何とか調べていた。光学顕微鏡を使い、現代のラグナ・デル・ソル岩塩の流体内包物が微生物の細胞、おそらく好塩菌を含んでいるのをはっきり見ることができ、ジムはこの試料にＤＮＡを検出していた。ジムはＷＩＰＰの古い結晶に何かを検出しようと苦労していた。しかしＤＮＡ抽出のときの岩塩の処理は難しかった。専門家を見つける時期に来ているようだった。当時地球外生物学プログラム・サイエンティストだったマイケル・マイヤーがこのＮＡＳＡの研究会を運営していた。マイケルはイムレ・フリードマンの弟子だった。フリードマンは南極の岩石内生物《クリプトエンドリス》、岩石表面から数ミリ下の薄い層となって住んでいる細菌や菌類の群集研究の先駆者だったことをマイケルから教わった。私はそれまで「地球外生物学」という用語は聞いたことがなく、ＮＡＳＡが好塩細菌に熱心な理由を知りたかった。ＮＡＳＡエイムズ研究所の科学者ジャック・ファーマーは、その問いに、バイキングによる軌道から撮影した、太古の塩の堆積物に見えるものを含む火星のクレーターを明らかにする画像に関する学会を始めることで答えた。こうした堆積物

はとっくに蒸発したクレーター湖によって残されていただろう。この中の最も注目すべきは、グーグル・マーズの南緯7.9度、西経334.8度のポラック・クレーターのホワイトロックで、これはバイキング画像から、高いアルベド、つまり可視光の反射率の堆積物が中央にある。後にマーズ・グローバル・サーベイヤーがこの地形は塩ではなく、クレーターの中央で土塁を形成する珪酸塩の類にすぎないことを示した。しかし塩の堆積物は、オデッセイ・オービターの赤外線分光分析で火星のいろいろな領域で発見されている（Osterloo et al. 2008）。そうした塩の堆積物が今でも火星の微生物をその結晶マトリクスに宿しているということはありうるだろうか。岩塩坑の結晶に保存される好熱性古細菌は、過去数十年の間に唱えられ、否定されてきた。しかし研究会のとき、岩塩からとれた生きた好塩菌の集積培養に基づく新結果が、ＷＩＰＰの岩塩についてラッセル・ヴリーランドによって示された。ラウル・カノも、ドミニカ共和国の琥珀に閉じ込められた内部共生細菌から抽出されたＤＮＡ（『ジュラシック・パーク』の論拠）を示す証拠を提示した。まとめると、こうした発見は水の活動が低い極微の鉱物堆積物のポケット内にＤＮＡや細菌が長期的に生き残っていることを支持する強力な論拠となった。その塩の堆積物がその保存状態の点でＷＩＰＰの調査地のようなものなら、火星の好塩菌がその中で凍結されたことは容易に想像できるだろう。深いところで30億年冷凍されていて甦ることができるのだろうか。ラッセル・ヴリーランドの成果はそれが明瞭にありうることを示しているようだった。

33. 多くのＮＡＳＡの科学者は、バイキングが生命を発見できなかったことは、ＮＡＳＡがこれ以上火星のロボット探査をすることを世間が支持する説得力のある理由を消したと思っていた。ジョンソン宇宙センターのある高名な科学者が、ジェット推進研究所の男子トイレでこのことを教えてくれた。

34. 惑星地質学の用法では、表土は地表の最上層で、何億年にもわたる隕石の衝突でできた様々な大きさの岩石流の非等質的な混合物でできている。

35. この研究会で、ＭＳＲ用の岩石サンプル採取を始める最初のミッションが採用になったところだということも知った。これはアテナ計画で、コーネル大学のスティーヴ・スクヮイアーズが指揮する。提案された地上探査車の一部は岩石を５センチほどくり抜くことになる。このミッション用に、何らかの形の惑星保護対策を考え、組立はわずか１年後だというのに、形にしなければならなかった。私はスティーブに電話して、アテナ計画に手伝いは要るかと尋ね、必要と言われた。電話の後、何らかの宇宙飛行計画を始動しようとするときに起きることについて、また持ち帰られた火星試料の扱いをめぐってＮＡＳＡ内部で噴出した内輪もめについて手早くおさらいした。私の参加はすぐに、またあっさりと終わった。私がヒューストンのホリデイ・インで地球外物質用整理分析計画チーム（ＣＡＰＴＥＭ）にアテナによる汚染と固有バイオマーカーとを区別するためにトレーサーを伴う宇宙飛行の方法についてプレゼンを行なった後だった。それは、火星にいるかもしれない生物の兆候があったら、火星から戻った試料の惑星科学者に対する配布を妨げかねない重要な部分だった。偽陽性は避けなければならなかった。私はスティーブの助言で実際にはいずれのトレーサーも提案しなかったが、ＣＡＰＴＥＭはＭＳＲでト

レーサーを使うことを拒否した。探査船の組立て部屋に始まり、火星軌道への投入に至るまで、いろいろとある微生物汚染源のことを考えれば選択肢は明らかだった。テキサコのソーンヒルで用いられたようなＩＭＴ方式がわかりやすい方法だった。しかし会合にいたトッド・スティーヴンスが後で説明してくれたところでは、ＮＡＳＡには「ここで考案しなければならない」という哲学があるのだという。当然のことながら、ＩＭＴは惑星保護（ＰＰ）手順として再登場したが、今度はＭＳＲ計画の議論で「ウィットネス・プレート〔基準となるものさしといった意味〕」と呼ばれている。

36. ウィスコンシン州ミルウォーキーの五大湖研究センターの微生物学者ケン・ニールソンが、ＮＡＳＡのジェット推進研究所に、ＭＳＲの準備に際してＰＰと生命探査計画を向上させるために採用された。ＮＡＳＡ本部は惑星保護官ジョン・ルメルを採用した。その役割は、地球を火星にありうる黴菌《バグ》による流行病から地球を保護するために設けられる計画を検討して承認することだった。

37. Mormile et al 2003. 1998 年と本書が刊行されるまでの間に、他にも多くの研究室が、積もった岩塩からの古細菌好塩菌分離に成功したことを報告している。こうした研究の詳細なまとめはオーストリアの微生物学者、ヘルガ・シュタン＝ロッターによって、*Encyclopedia of Geobiology* (2011) で公刊されている。遺伝子固有の進化の速さを絞るために、多くの分離生物が全ゲノム配列決定の第一の標的になるはずだ。

38. 発表原稿については Hoover 1997 を参照。

39. 明らかに私は、ゴールドが深くて熱い生命圏があるとする推論のしかたを誤解していたが、ゴールドはそれを穏やかに訂正してくれた。深い熱い生命圏を示すゴールドの証拠は、マントルの非生物起源炭化水素が細菌によって食べられていることを本人は信じていたものの、そのことではなかった。その深い熱い生命圏を示す証拠は、石油地質学者が石油に見つけた脂質バイオマーカーで、それをトミーはマントルの深い地下圏細菌だと信じていた。私がトミーが言っていることについて考えるのに少し時間がかかった。地下圏細菌が岩石中の有機物による生物痕跡を変えられることを理解するためだった。私たちの南アの炭素リーダーは、有機物豊富な層に埋まっていたウラン鉱物による放射性分解で養われる地下圏細菌の層だったりするのだろうか。私はこのことをリチャード・フーヴァーと話し合うと、フーヴァーは私たちの炭素リーダー試料をマーシャル宇宙センターの走査電子顕微鏡で調べて、生きていても死んでいても細菌の兆候が見られるか調べてみようと言った。

第５章　アフリカの奥底の生命

1. リーデンブロック隊がスネッフェルス火山の火口に最初に下りるところ。

2. ジェニファー・アレクサンダーが登場する、Edward Hooper, *The River: A Journey Back to the Source of HIV and AIDS* を参照。この本は、アレクサンダーが 1992 年に『ランセット』誌に発表した、エイズ・ウイルスと、アフリカで広がったポリオ・ウイルスに関連があるという仮説にも基づいている。

3. ＳＳＰはなくなっていたが、フランクはまだ、基本的に、自身が 10 年前に考えて

いた第二期を発展させて、汚染されたＤＯＥ各地のバイオ修復と直接取り組む研究計画を展開していた。フランクはＤＯＥの環境管理科学研究（ＥＭＳＰ）を通じて、ＳＳＰの作業から得られた知見を提供する仕事をしていた。ＳＳＰの調査が直接の影響を及ぼした研究の一つに、ＩＮＥＬの北試験場の施設直下にある、スネークリバー玄武岩帯水層で生じたトリクロルエタン蒸気に注目するものがあった。北試験場の格納庫は元はアメリカの原子力飛行機の本拠地だった。

原子力飛行機計画は、米空軍の手動で 50 年代半ばに始まった。考え方はごく単純で、ターボジェットエンジンの燃料を化学物質ではなく、原子炉の熱にするということだ。空気がエンジンに入り、熱せられ、後ろから噴出される。この計画は可搬式原子炉を使い、屋外の試験を行なった。排気ガスは明らかに放射能を帯びているからだ。50 年代の末には、重さ 300 t、長さ 60 m の原子力機試作機用に巨大な格納庫が建設され、長さ 6500 m の滑走路が計画されたが、開発は 1961 年、ジョン・ケネディ大統領によって中止された。Susan Stacy, *Proving the Principle: A History of the Idaho National Engineering and Environmental Laboratory 1949-1999* という驚くべき本は、これを含めたＩＮＥＬで行なわれた原子力計画の興味深い話をしている。

リック・コルウェルはある作戦に便乗して、トリクロルエタン（ＴＣＥ）蒸気の中心に位置するＴＡＮ 37 の井戸の設置のときにコアを採取した。フランクが催した第１回現地会議のとき、リック・コルウェルはこのサイトの地下水の水文学、ＴＣＥ蒸気、その履歴で話を始めた。リックはメタン分解生物がＴＣＥを補代謝《コメタボライズ》している可能性に言及した。私は相変わらずでＴＣＥのことは何も知らず、メタン分解生物についてもほとんど知らず、補代謝のことなど聞いたこともなかった。聴衆の中の誰かがリックに、ＴＣＥのシス／トランス比は測定されたことがあるのかと質問した。その質問をした若い女性にリックは知らないと白状した。質問した方が、それは、好気性細菌はトランス型よりシス型の方を好むので、ＴＣＥが現地で生分解されているかどうかを判定する手早い方法だと説明し、その測定をすべきだと提案した。細菌を地下に注入してＴＣＥのような有毒な有機物を浄化するバイオオーグメンテーションが専門のメアリー・デフラウンから力強いコメントがあった。デフラウンは多くの汚染か所でこの方式を専門に使っている会社、エンヴィロジェン社の上席微生物学者だった。実際、ＴＣＥを分解できる特定の細菌で特許もとっていた。フランクはトイレ休憩のときに私をメアリーに引き合わせた。メアリーは明るかったが仕事となると実務的だった。フランクは自分の微生物輸送研究についての審査会議のときに外部顧問としてメアリーを招いていて、その意見の直截さに感心した。だめなものはだめと言う人で、ＤＯＥもそうすべきだと思っていた。環境修復の話になると、メアリーは私の指導教授になり、エンヴィロジェンはプリンストン大学から１号線一本で行けたので、教えを請いにその研究室を何度も訪れた。メアリーは、スティーヴンスとマッキンリーが説くように玄武岩にメタン菌がいるなら、その玄武岩にはメタン資化生物もいる可能性が高いことを解説してくれた。するとその菌がＴＣＥ蒸気をエポキシ化して、その過程で自らは死にながら、除去し、ＴＣＥの源となる地点での汲み上げも、抽出も、再注入も必要ない。SSP 研究

者の助けもあって、メタン資化生物はサバンナ川の地下で活性化されて、ＴＣＥ蒸気を分解して大いに成果を挙げた。メタン資化生物が自らを犠牲にして環境浄化をするのはとても気高いことに見えると感想を言った。するとメアリーはけらけらと笑って、「この子たちに選べると思うの？」と言い返した。1950年代半ばに井戸にＴＣＥが最初に捨てられた時から蒸気中の有機物が分解されたかどうかを判定する方法には、鉱物学的な兆候を探すこともあり、その役目は私に与えられた。私はすぐに、炭酸塩析出に関心を抱くだけでなく、良い意味で取り憑かれた地質学者、ケン・トービンを雇った。ケンはスネークリバー玄武岩にＴＣＥの長期的微生物呼吸の地質学的証拠を探し始め、顕微鏡を、玄武岩の亀裂沿いの「犬歯状結晶」の岩石学と炭素同位体に向けた。ケンは、紫外線蛍光と^{14}C顕微鏡放射能写真を組み合わせ、活発な従属栄養細菌について、有機物蒸気の微生物による酸化でできた方解石に対する位置をマップすることができた。

4. ハンス・ビエルケは、アクセルとリーデンブロック教授を案内する背の高い、ストイックなアイスランドのガイド。
5. ファナガロ語はアフリカーンス語と英語が少し混じったズールー語のピジン。鉱山労働者の多くは南ア各地のいろいろな部族出身で、それぞれ異なる言語を話していたので、南アの鉱業界ではこの言葉が広く使われていた。だんだん使われなくなり、英語の方になりつつある。
6. Duane et al. 1997.
7. 「カラー」は強化されたコンクリートのデッキで、縦坑の巻き上げやぐら、つまり上部構造を支える。南アの典型的な鉱床の深さはカラーの高さから測った深さ、つまり参照高度からどれだけ下かで表される。「バレル」は縦坑のカラーの真下、内張をした部分。
8. ショットクリートは水分量の少ないコンクリートで、ホースから射出され、壁に吹きつけられる。坑道はしばしば針金の粗いメッシュで覆われ、メッシュは鉄筋でできた岩石ボルトで固定される。ショットクリートはこのワイヤのメッシュの上に吹きつけられる。これは巨大なストレス、つまり圧力勾配にさらされる岩石面をその場に保持するためのものだ。ストレスは坑道の壁や天井の岩を割る。
9. 南アフリカのビットロングはアメリカで言うビーフジャーキーのようなものだが、ジャーキーよりはるかに風味がある。家畜化した牛や野生の牛の塩漬け肉を乾燥させたもの。

第６章　水と炭素を探す

1. ハンスが裂罅水に遭遇して、リーデンブロック隊の必死の水探しが終わるところ。
2. プロトーチームは南アフリカの鉱山のために、鉱山火災に対応する特別の訓練を受け、救援チームを形成する。プロトーという名は1902年に鉱山用に開発され、第一次世界大戦の西部戦線で用いられた自給式呼吸装置に与えられた名に由来する。この装置は鉱山火災で発生する一酸化炭素を取り除き、小さなボンベに入った酸素を空気に補給する。
3. 60℃以上では、水浸しの鉱山用靴下は、脱いだときに足から皮膚をはがすことに

なる。それを避けるために、隊員は足をワセリンで覆うのが慣例だった。

4. ウェスト・ドリーフォンテーン洪水はトランスバール苦灰石帯水層に近い地盤が崩れ、帯水層の水が鉱山に流れ込んだ結果だった。この出水が元になって映画『ゴールド』が製作された。

5. 微生物培地のレシピは論文としてよく発表される。人気のレシピは微生物学料理本のようなもので、百科事典的な書物に入れられている。細菌はゼラチン質の寒天を乗せた皿でも育てられるし、ゴム栓をして気密にした試験管の中の溶液でもできる。培地には電子供与体――従属栄養生物については、たいていは単純な有機酸やメタンやグルコース――と電子受容体がなければならない。電子受容体は好気性生物については空気（実際には空気中の酸素）のような単純なものでもいいし、嫌気性の鉄還元細菌なら、水酸化第二鉄のようにもう少し複雑なものでもいい。化学合成細菌については水素を電子供与体として使うことができ、それは試験管の液体培地で行なうことができる。たいていは自分が好きな電子受容体を選び、それから複数の電子供与体を使って細菌を育てるのに適切な組合せができる可能性を高める。しかし、無機独立栄養生物を増殖しようとする場合には、使える炭素基質は二酸化炭素しかない。微生物がその電子供与体と受容体を食べるとき、微生物は H^+ を生産するか H^+ を消費するかし、pH が変化する〔H^+ が増えれば pH は低くなる＝酸性が強くなる〕。細菌はそれが増殖できる pH の範囲が限られていることが多いので、培地のレシピは pH の範囲を最適値があると考えられる範囲に安定するための pH 緩衝材《バッファー》も含んでいなければならない。バッファーは制酸剤のようなもので、たいて炭酸水素塩とリン酸塩を含んでいる。バッファーには必ずリン酸塩が入っているのは、微生物はＤＮＡやＲＮＡ用、さらにＡＴＰなどの代謝に必要な物質としてリン酸塩を必要としているからだ。細菌のバイオマスの半分を占めるタンパク質にはアミノ酸が必要で、それは適量の酵母抽出物あるいは特定のアミノ酸を加えることによって与えることができる。逆に、無機独立栄養生物を増殖しようとするなら、培地にアミノ酸を加えるのは避けて、アンモニアを加えるだけにする。試験管の上の隙間に入れるガスは、嫌気性生物の場合はたいてい窒素であり、窒素固定細菌を分離しようとしているときは、培地にある窒素化合物はそれだけにする。培地には、地球の全ての生物が必要とする、カリウム、マグネシウム、カルシウム、硫酸基などを提供するミネラルも入れる。微生物が増殖する塩分の範囲も限られているので、塩分の量も、最適な塩分量と考えるものに調整することができる。たとえば、古細菌好塩菌を増殖するには、大量の塩分を加えることになる。微生物はすべて、ごく微量の鉄、マンガン、タングステン、モリブデンなどの金属や、ビタミンを必要とする。標準的な成分のものは、アメリカ培養細胞系統保存機関から、ウルフ・ミネラル・サプリメントなどを買うこともできるし、独自の組合せを調合してみることもできる。成分の組合せを終えたら、培養皿の上の寒天培地や試験管の中の液体培地に注ぎ、蓋をして、成分と一緒に紛れ込んだ細菌を殺菌するために蒸気消毒にかける。ビタミンを加えるのは、安全側に立って〔ビタミンが熱で壊れる方がまずい〕たいてい蒸気消毒の後にする。嫌気性の培地を作る場合には、さらに手間をかけて液体培地からガス抜きをして、しかるべき配合のガスで試験管を満たさ

なければならない。たいていは、酸素濃度に敏感に反応するレザズリンという染料を嫌気性の培地に少し加える。培地が無酸素なら、明るい紫色になる。わずかな酸素でも取り除くためには、少量の硫化ナトリウム（Na_2S）を加えてもよい。酸素があればすぐにこれを酸化して硫酸塩にする。最後に、料理人が最後にごく微量の塩を加えるように、ごく微量の塩酸あるいは水酸化ナトリウムでpHの調節をし、培地のpHが適切になるようにする。

6. 第3章註60を参照。

7. 安定した、宇宙線起源の同位体と放射性崩壊で生じた同位体の初期比率を表すために一般に用いられる表記がδ表記。これは以下の方程式で定められる。

$$\delta\,{}^{n}X = \{[{}^{n}X/{}^{m}X]_{\text{未知}}/[{}^{n}X/{}^{m}X]_{\text{標準}} - 1\} \times 1000$$

ただし、nは少数派の、たいていは重い方の同位体で、mの方が量が多い、たいて軽い同位体であり、Xは元素記号。$^{n}X/{}^{m}X$は試料についての原子の量の比あるいは標準に対する未知の量の比。同位体比率はふつう、国際的標準の数％以内で似ているので、一つが測定された比との差、つまりδをとり、それから1000をかける。したがって値はパーミル（‰）で表される。この最後の段階は、余計に見えて、異論を呼ぶところだ。次の場合、

$$\delta\,{}^{13}C = \{[{}^{13}C/{}^{12}C]_{\text{未知}}/[{}^{13}C/{}^{12}C]_{VPBD} - 1\} \times 1000$$

では、VPDBはウィーン・ピーディー・ベルムナイト用の標準。ウィーンはＩＡＥＡ本部と同位体標準があるところで、ピーディー・ベルムナイトは、白亜紀のピーディー累層の化石ベルムナイトの炭酸塩のことを指していて、これは同位体質量分析の草創期に標準として確立した。

$$\delta\,{}^{2}H = \{[{}^{2}H/{}^{1}H]_{\text{未知}}/[{}^{2}H/{}^{1}H]_{VSMOW} - 1\} \times 1000$$

の場合は、VSMOWはウィーン標準海洋水平均を表し、^{2}Hは重水素。VSMOWは水素の同位体にも酸素の同位体にも用いられる。海洋水試料のδ^{2}Hとδ^{18}Oは、ふつうゼロに近いが、蒸発、凍結、析出などの気象や水文学的作用の際に、δ値が有意にゼロから離れる。

8. ウランは南アの鉱山では取扱注意の話題。かつて合衆国に売られ、第二次世界大戦中の最初の原子爆弾開発の決め手になったからだ。しかし1987年、反アパルトヘイト抗議運動が合衆国で起きたとき、議会は南アのウランを買うことを禁止し、この国の鉱業界にとっては不快なことになった。

9. 外交戦争でやはり重要なことに、ドゥエインとヨーストは大量のビールとバラーイ（バーベキュー）をいろいろな管理職や地質学研究員と消費し、玉突きで何度も負けた。そのうち、2人は地下へ行って、炭素リーダーの品質判定のために発破をかけられたばかりの試料を採集するのを仕事にする「試料採取員」について行くことを許された。

10. 毎日の発破の後で岩が落ち着くとき、古い断層がすべって小さな地震が一帯を揺るがせる。私たちは毎日、マグニチュード1.5程度の地震の揺れを何度か感じた。

これは窓をがたがた言わせたり、時によっては棚から物が落ちるほどの揺れになった。現実には、ほんの数ミリのずれでも、マグニチュード3～4の地震を起こすことがありうる。これは年に一、二度あって、鉱山では地下に大きな損害をもたらして危険だった。最近では、近くの鉱山での地震が、出入りに使うメイン縦坑をだめにして、1000人以上の人員が閉じ込められた。この人々は、別の無傷の縦坑につながる連絡用坑道を通じて救出された。失われた人命は地上の1人だけだった。

11. Duane Moserから関係各位宛、1998年10月30日。
12. 『シンプソンズ』を見たことのある読者なら、この意味がわかるだろう。ドゥエインは私にそう言った。シェルビービルはいつも、隣の町で似たところの多いスプリングフィールドと競っていた。
13. カールトンビルの採鉱領域は壁のような、長さ何百km、幅何十m、深さ何千mもあって、北に200kmの巨大な貫入でできたピラネスバーグ山地から放射状に延びる大量の火成岩の貫入に横切られている（岩脈と呼ばれる）。ドロマイト中を南西にナムクワ砂漠に向かって進む地下水の移動はこの岩脈に当たり、それから表面に向かって湧き挙がり、泉をなす。岩脈はドロマイトの帯水層を区画と呼ばれるものに分ける地下のダムのように作用する。各区画には、たいてい泉の名による名がついている。鉱山が深くなるほど、その水のくみ上げで地下水面は低くなるが、その区画の内部だけのことになる。
14. ウェスト・ドリーフォンテーンの最深層の二度の長い偵察活動のとき、ドゥエインとヨーストは、まだセメントが入れられていない水が出ている試錐孔を五つも確認した。これはすべて、ニコがイースト・ドリーフォンテーン5番縦坑46レベルで見せてくれた試錐孔と少なくとも等しい速さで水を滴らせていた（1時間に1ℓ以上）。すべてから高いpH（9から10）の水が出ていて、温度は29～37℃だった。すべての試錐孔は端に内張がされ、サンドカートリッジや水試料採取用瓶を取り付けられるような蓋をはめることができた。
15. ルイーズ・ガブは南アでは非常に有名な報道写真家で、ネルソン・マンデラの解放とその後の政治生活を記録した。
16. ケヴィン・クラジックは後に『不毛の土地』という、カナダ北極海地方のダイヤモンド鉱山業を記録した本を書く。
17. バルチ管は、直径30mm、肉厚の大型試験管で、無酸素培養実験では一般に用いられる。ゴム栓と口の近くに切られたねじにはめこむアルミの蓋を付けて密閉できる。
18. その後の2週間で、チームは岩石と水の資料の処理を終え、クリスマス休暇で各国に戻り始めた。私たちは賃貸期間を延長して、ドゥエインとヨーストが住宅を元の状態に戻し、ウィッツのジェニファー・アレクサンダーに器具を返却する時間ができるようにした。
19. Whitman et al. 1998.
20. Parkes et al. 1990. この論文は、多くの点で、1950年にクロード・ゾベルが海洋底堆積物の上層10mについて行なった試算を確認した。海洋底堆積物については1986年にも、Whelan et al. によって行なわれている。こちらの論文は^{14}Cと^{35}Sで

ラベルした無酸素実験の結果も伝えているが、海洋底の下 167 m の深さまでの微生物量を測定しようとしなかった。これはレグ 96 のときにミシシッピ川の水没した三角州から採取されたものだった。その前には、ＵＳＧＳの、海洋底堆積物でのメタン菌を調べる地球微生物学者、ロン・オーレムランドが、1982 年のレグ 64 のときにカリフォルニア湾で試料を採取し、分析した。論はヘンリー・エーリックというコーネル大学の抜きんでた地球微生物学者で、版を重ねた教科書『地球微生物学』の著者でもある。

21. Parkes et al. 1994.

22. 海洋地下生命圏についてのもっと完備した総説は、*Microbial Life of the Deep Biosphere* (ed. Kallmeyer and Wagner 2014）にある。

23. こうした変わった特色は、1969 年にモルゲンスタインがシラキューズ大学の修士論文で、黒曜石の光学顕微鏡写真についても報告したことがあったが、それが生物学的な起源であることを最初に言ったのは、Thoreseth et al. (1992) だった。

24. 地下圏生命は 90 年代の初めには非常に感染力があったらしい。1992 年の観察結果は、玄武岩質の海洋底の深いところまで、あらゆる年代のオフィオライトや始生代の枕状玄武岩にもそうした特色を探した大量の報告をもたらした。20 年経っても微生物はまだ分離されていないが、Giovannoni et al. (1996) が報告したＤＮＡの存在を考えると、その生物学的起源はほとんど疑いがないように見える。

第７章　地底旅行者

1. アクセル・リーデンブロックが、地下深くで巨大な茸を発見したところ。

2. Hoffman 1992.

3. *Deinococcus radiodurans* がそれほど放射線に強い理由についての当時の理論の一つに、それは常時ＤＮＡを２部維持している、倍数体と呼ばれる現象だとするものがあった。

4. この問題に対する答えはまだ出ていない。温泉の好熱菌の地理的分布に関して多くの研究が行なわれており、地理的な近さが同じ種の 16S rRNA の類似性に関係することがわかっている。風は微生物を、胞子の形か、埃や氷／水の粒に乗せてかで、地表で運ぶ媒体と考えられる。きっと深海水流が新しく生まれた深海熱水噴出孔に棲む好熱菌の集合を均質化する。しかし細菌の種が地下で地理的にどう分布しているかはいかなる手段でも解決していない。*P. abyssi* の場合には、南大西洋かインド洋からエーロゾルで陸へ運ばれ、南アフリカの高原で地下水に潜り込んで、いずれクローフ金鉱と地下 3000 m のところで交差する亀裂のあるところに達するまで長く生き延びなければならなかっただろう。これは *P. abyssi* が南アフリカの地殻中に 25 億年間いたよりも本当にありそうなことなのだろうか。

5. Takai et al. 2001.

6. ＣＢＤは 1992 年にリオデジャネイロで行なわれた国連環境開発会議〔地球環境サミット〕で採択された国際条約。ＣＢＤには、生物多様性の維持、生物学的成分の持続可能な利用、遺伝子資源の利用から生じる利益の公正で公平な共有という三つの目標が明記されている。この条約の主眼は、各国の独自の自然資源に対する主権

を確立し、国内法規に従って生物学的資源を利用させるようにした。同条約は、事前のインフォームドコンセントによる利用と、生物学的資源の商業利用の利益の各国の公正で公平な共有という見通しを立てた。もちろん、私は事前のインフォームドコンセントは得ていなかったし、自分には商業的利益を得るつもりはなかったので、利益の公正で公平な共有をどう手配するかについて見当もつかなかった。各国は利用と利益の共有に関する法制度と方針を確立するものと期待されていた。私は南アフリカ政府がそれを行なっていたかどうかについての情報は見つけられなかったが、告発のメールは、もうできていると言っていた。知的財産権（ＩＰＲ）の適切な保護は認められていたが、同条約は開発途上国には自国の生物学的資源の利用から生じる技術の利用権を認められるという期待を生み、それが典型的には特許によって認められる権利への異議となることもありえた。ＣＢＤによって立てられるＩＰＲの争いは、1990 年代には広く行なわれていたバイオ開発にかかわることの商業的リスクを大きくした。1992 年のリオでの地球環境サミットは、アメリカも含む 150 か国以上の政府がＣＢＤに調印する結果を生んだ。187 か国（アメリカは入っていない）が条約を批准し、世界的な条約の支持と受容をもたらしている。1994 年には、米上院外交委員会が条約を承認したが、本会議では批准できなかった。同条約はもともと薬草のように用いられる植物を意図していた。これは年に 1000 億ドルの産業を動かす重大な成分となる。それを細菌に応用する話はすぐに出て来る。イエローストーン国立公園で見つかった *Thermus aquaticus* から抽出される熱的に安定したポリメラーゼをポリメラーゼ連鎖反応に使うのは、バイオテクノロジー産業や学界では標準的なＤＮＡ増幅法になっていた。しかしその発見から生じる利益は国立公園局には全然入っていなかった。それがまもなく変わることになる。新発見の鉱山細菌に由来するタンパク質の潜在的な商業的応用もやはり巨大になりうるし、そうした応用を開発して得られる特許は、通常は発見者のものとなる

7. 非難する側に対して公正を期すなら、そちらは文句なく正しかった。アメリカの地質学者の多くが南アにやって来て、岩石資料を世界的な地質学的現場で採取して、アメリカに帰って『ネイチャー』や『サイエンス』に載る論文にし、南アの地質学者とわざわざ連絡をとったり共同研究したりすることはないからだ。それは地質学での植民地支配を行なっているということだった。
8. プレトリア層群は 23 億 5000 万年前のもので、トランスバール・ドロマイトの上に乗る頁岩と火山岩が重なる層。クローフ付近では、この並びが 250 ～ 350℃の温度で変成したため、「変成火山岩」と呼ばれる。
9. リン・リフンは私が新たに指導する博士課程の学生の１人で、台湾の国立台湾大学から、たまたまドゥエインがＰＮＮＬに移るのと入れ替わりにやって来た。リフンはその年の夏をマサチューセッツ州ウッズホールの海洋生物学研究所で過ごし、そこで行なわれる微生物学研究者養成コースに参加し、ＤＮＡ抽出やＰＣＲ増幅、クローンシーケンシングの腕を上げていた。まもなく、私たちの研究室の分子的な技を訓練するようになる。
10. 「ギーザー」は湯沸かし器を表す南アフリカでの用語。

11. 南アフリカの制度では、3年かけて学士号を取得し、4年次は指導教授が選んだ研究テーマに取り組む特別課程をこなす。新学科長はマークの指導教授だった。マークはきわめて有能な微生物学研究者で、無酸素の技を熱心に学びたがった。父はウィッツの生物学者で、マークは学者の家系の出というわけだった。運動もできて、ゴルフのハンデも並ではなかった。掘削現場に呼び出しがかかると、ウィッツの学科のバンに飛び乗ってグレンハルフィーにやって来た。マークの唯一の問題は、大学の学費をまかなうために、レンタルビデオ屋でアルバイトしなければならないことだった。21世紀南アフリカの幸運な面は、奨学金が黒人の南アフリカ人に利用しやすくなっていたことだった。不幸な結果は、白人の南アフリカ人には利用しにくくなったことだった。そこで私は特別課程論文を書くまでの学費のためにマークを雇うことにしたので、レンタルビデオ屋で働く時間は有効に使えることになる。マークにはチームがいない間の研究室の管理を任せることもできた。
12. セメント注入処理は、セメントなどの何らかの封水剤を亀裂に注入してその亀裂をふさぐことで、固い岩盤の鉱山ではきわめてありふれた慣行だ。セメンテーション・プロダクツは、私たちが利用していた鉱山で必要な用具を提供する会社の一つだった。プレミア・バルブ社もその一社で、マーゴット型パッカーと呼ばれることもあるパッカーは、便利な45 cmから3 mまでいろいろな長さがあった。パッカーの直径は、ダイヤモンド用ドリル孔用の25 mから、HQサイズの試錐孔用の96 mまでのものがあった。パッカーは通常は一時的に使うだけだった。この深さになると、試錐孔自体が変形して、何年か経つうちに自ら一部を封水するからだ。
13. Takai et al. 2001.
14. トム・キーフトのところの大学院生、ショーン・マカディと、ゴードン・サザムのところの大学院生、エイミー・ウェルティ。
15. 私たちがこの装置を見たのはクローフ金鉱だけだった。線路を走る小さな車両で、座席と運転用に自転車のチェーンとペダルがついていて、前に乗客用の座席が2人分あり、後ろにはギヤ用の小さな台があって、地下版人力車といったところだった。
16. ある朝早く、研究室からのメールの返事を待っているとき、ジョン・バーコールの連絡先を探した。プリンストン高等研究所の有名な宇宙物理学者で、ストーリー・マスグレーヴズという、元宇宙飛行士で私もプリンストンに招いて学生に「火星の造成《テラフォーミング》」の話をしてもらいたかった人物の友人だった。私の学生たちは、バーコールのウェブサイトに遭遇した話をしてくれた。そこには太字の大文字で「国立地下研究所」について触れているという。私は読んでみて、書かれていることが信じられなかった。私はニュートリノもダークマターも知らなかったが、全米から集まった物理学者集団が、NSFに、合衆国内の3000 m以上の地下に実験室を展開するのを支援する壮大な案を出させようとしていた。提案されている実験室は、サウスダコタ州リードにあるホームステーク鉱山に置かれることになっていた。ドゥエインが3年前に予備の選択肢として挙げたのと同じ鉱山だった。その日のうちにバーコールに電話すると、幸いなことにまだ研究室にいた。私は南アフリカで自分がしてきたこと、これからしようとすることを説明すると、バーコールも

すぐにおもしろがってくれた。12月にはサウスダコタ州リードで学会があると教えてくれた。ホームステーク鉱山があるところだ。私が同じような考えの微生物学者を何人か集めてその学会に参加して、物理学者と知り合いになってもらってはどうかと言った。タイミングは完璧だった。私たちは、南アでの最初の1年の成果をおさらいし、来年の現地調査の計画を立てるために、すべての研究者が対面する会議を必要としていたからだった。

17. Omar et al. 2003. この年代測定は、ヨースト・フックのペンシルベニア大学での卒業研究の一部となった。

18. 小さな温かい水たまりは、チャールズ・ダーウィンからジョセフ・フッカーに宛てた1871年2月1日付の手紙に出て来る。「今も生物が最初に生まれた条件が存在していて、それはずっとあったのかもしれません。けれどももし（何とも大きなもしですが）、アンモニア、リン酸塩、光、熱、電気、炭素といったもろもろがすべて存在する小さな温かい水たまりで、タンパク質が化学的に形成され、さらに複雑な変化を被ることができることが考えられるとしても、今ではそのような物質はただちに食べ尽くされる、あるいは吸収されて、生きた生命体ができる前にそうなってしまうでしょう」。

19. フィッシャー＝トロプシュ工程は、水素と一酸化炭素を触媒によって高温で変換して炭化水素を生成する。1925年、ドイツでフランス・フィッシャーとハンス・トロプシュで開発された。化学反応は次のアルカンを生む反応式で記述される。$(2n+1)H_2 + nCO \rightarrow C_nH_{2n+2} + nH_2O$。同様の過程が地球の中で自然に炭化水素を生み出していることを最初に発見したのはバーバラ・シャーウッド・ロラーだった。

20. ギュンター・ヴェッヒャーホイザーは、元弁理士で、1988年、生命の起源のための最初のエネルギー源として、次の反応がかかわるとする仮説を唱えた。$FeS + H_2S \rightarrow$ 黄鉄鉱（$Fe[S_2]$）$+ H_2$. 水素はその後独立栄養微生物になる生命になる前の化合物形成に追加のエネルギーを提供できる。その仮説は、カール・シュテッターによる、*Pyrodictium occultum* という超好熱古細菌を覆う黄鉄鉱の発見に大きく影響されている。

21. Sagan 1995, p. 200.〔セーガン『悪魔にさいなまれる世界』青木薫訳、ハヤカワ文庫NF（上下、2009)〕

22. このＰＣＲの例では、ねらう16S rRNA遺伝子のＤＮＡ（オリゴヌクレオチド・プライマー）のある部分と相補的な短いＤＮＡ断片が、試料の変性したＤＮＡにアニールされる。するとポリメラーゼがＤＮＡを広げて目的の16S rRNA遺伝子をコピーして、この過程は熱サイクルによって繰り返され、他のＤＮＡ配列の海の中で目標の16S rRNA遺伝子配列の何万というコピーを生む。しかし標的ＤＮＡ濃度が低いときには、不特定の拘束が起きて、標的でないＤＮＡのコピーが16S rRNA遺伝子のコピーと混じることになるかもしれない。増幅されたＤＮＡ産物を得て、それをＤＮＡ混合物で濃度が高いもっと小さな断片をねらう別のプライマーを使い、あらためてＰＣＲにかけると、微生物群集でマイナーな存在を検出するのに優れた、純度の高い16S rRNA増幅単位のライブラリーができるはずだし、実際にできることも多い。

23. 掘削流体の順流は図 2.6 に図解されている。逆流モードでは、流体はコア採取バレルの外側を流れ下りて、バレルの内側を上り、それとともに割れたコアを運ぶ。逆流モードは、掘削流体が失われず、水圧が岩のかけらやコアをバレルの上まで運べる固い岩で機能できる。これは地下の掘削の場合、とくにコア採取がやや下向きの場合、非常に易しくなる。
24. 私たちにとっては、フィルターか集積培養かによって 16S rRNA 遺伝子分析を行なっているいくつかのグループとともに、研究の中心にあって収集・管理するサイトの役目をして、確実に全員が共通のプライマーのセットを使っているようにするところが必要だという問題もあった。そうすれば、あるグループの試錐孔での発見を、別のグループの集積培養との相関をとりやすくなる。トム・ギーリングは分子に関する作業が好きな熱心な若手微生物生態学者で、この研究での 16S rDNA のグルの役目を志願してくれた。最後の問題は、集積培養に問題ありということになったらということで、トムとトミーが試錐孔の栄養インプラントを使い、それでインシトゥ集積培養から得られるものならうまくいくかどうかを調べるというアイデアを思いついた。しかし既存の、セメント注入されていない低圧力の、こうした実験用に利用できる試錐孔を見つけなければならなかった。
25. このときには、ラッセル・ヴリーランドはテキサス大学エルパソ校からウェストチェスター大学に移っていて、ＷＩＰＰのペルム紀の岩塩から生きた細菌を抽出する最初の試みについて発表していた。ジム・フレドリクソンがしていたような、塩の結晶から抽出したＤＮＡを直接分析することは試みていなかった。その代わり、好塩微生物を、有機物の少ない無機的培地で集積培養した。ヴリーランドは、いたとしても塩 1 kg あたり 1 個ほどの細胞を復元していたので、この方針は機能しそうだった。私たちのときのように、デニス・パワーズが一次ホッパークリスタルがあると言った。ラッセルは、ドンブロウスキーが 1960 年代に用いていた滅菌方法を改善して、10^9 分の 1 の汚染に対抗するＱＡ／ＱＣの確実さを得ることができていた。これはＳＳＰがＣ 10 で達成していたよりも 3 桁向上していた。それでも、その発表は、ドンブロウスキーの説のときと同じ批判を、それ以上に受けた。Vreeland et al. 2000.
26. パラシュート堆積盆地のコア採取活動にかかっていたとき、その前年に、私は地球化学者のハル・ヘルゲソンによる、炭化水素とそれに対応する有機酸との熱力学的平衡を記述する論文に出会っていた（Helgeson et al. 1993）。有機酸は細菌の餌で、私たちはヘルゲソンのモデルを使って、細菌がそれを食べているかどうかを判定できるのではないかと思った。モデルは熱力学の第二法則に基づいていた。これはどんな化学反応でも自由エネルギーを次の式を使って計算する。

$$\Delta G = \Delta Go + RT \ln[Q],$$

ΔGo は標準的な温度と圧力とゼロ pH での反応の自由エネルギー、R は実際のガス定数、T は温度、Q はイオン積の比。次のような化学反応があるとする。

$$aA + bB = cC + dD$$

AとBは反応する物質を表し、CとDは生成する物質を表し、a, b, c, dは反応の化学量論的係数を表す。Qは次によって与えられる。

Q = {[C]c[D]d}/{[A]a[B]b}

[A]などは当該物質の濃度を表す。もっとも、実際には濃度ではなく、化学者の言う物質の「活性」だ。パラシュート試錐孔で有機酸が炭化水素と熱力学的平衡にあったら、関係する反応について、ΔG = 0となる。平衡になかったら、その濃度が微生物による有機酸の利用によって摂動しているということかもしれない。本当はその当時、この論文の大半が理解できなかった。私は熱力学が大嫌いだったのだ。私が大学生のときに受けた物理学の授業ではいちばん退屈な話に思えて、私はそれを本当に理解してはいなかった。ところがトムが私にくれていたトマス・ブロックの教科書の付録には、自由エネルギーの関係式を微生物の酸化還元反応に当てはめる、わかりやすい解説がついていた。このとき、ヘルゲソンの高弟であるエヴェリット・ショックが有機化合物の安定性を温度の関数として表す論文をいくつも出すようになり、それが好熱微生物にとっては重要になりえた。ヘルゲソンとショックの学生は、微生物代謝の栄養源、廃棄物となる有機分子無機分子についての熱力学的データベースを発表するようになった。その化学エネルギーがどう使われるかは、ルドルフ・タウアーによる嫌気性細菌についての論文にきれいに述べられていた（Thauer et al. 1977）。タウアーは嫌気性分離細菌に対する実験を行なうことによって、細菌が陽子勾配を維持する化学量論的機構を使ってエネルギーを維持し、細胞の外から内側への勾配を渡る陽子の結果としてＡＴＰを生産するのを明らかにすることができた。ＡＴＰはＡＤＰとリン酸基から、ＡＴＰ合成酵素となるタンパク質によって生産され、ＡＴＰ分子１個を合成するには陽子が２個または４個が必要となる。反応は次のように書ける。

ADP + P = ATP

そしてこれにもΔGが対応する。興味深いことに、タウアーは生物学的な触媒による化学反応で放出される自由エネルギーは、ＡＴＰ生産のために保存された。これはつまり、化学反応のΔGが、ＡＴＰ生産に必要なΔGよりも少なかったら、細菌の代謝は止まるということだ。タウアー論文、ヘルゲソン、ショックらによる熱力学データベース、ギッブスの単純な式によって、私たちは深部亀裂環境での代謝反応について、関係する反応物質と精製物すべての濃度をきちんと求めていれば、可能性のある生物エネルギーのやりとりを推定できる簡単なツールが得られた。私たちは今や自分たちが得た地球化学データを使ってどの代謝反応が有利でどれがそうでないかを判定できた。その結果、熱力学は私にも非常におもしろくなった。

27. この1952年の映画のYouTube版が、https:// www.youtube.com/watch?v=rqy4xcXgtxMで見られる。

28. 南アフリカでは、ケージ検査はほぼ毎週行なわれていた。ロープや鎖を持って、山登りをしようとする人のような格好をしてケージに乗り込んでくる人員をよく見た。

29. 何週間か後に知るのだが、ヨハンナの分析が、大気中の希ガスを大量に含んでいて、その亀裂地下水が非常に若いことと整合するのを明らかにしていた。
30. トミーの言ったことは、おそらく自分で思っていたよりも当たっていた。2年もしないうちに、カナダの鉱山会社バリク・マイニング社がホームステーク鉱山を閉鎖することになる。ポンプが止められ、ホームステークは水浸しになり始める。それは、私たちの中の何人かがＮＳＦの地球化学部門に出す、微生物学実験を含みそうな新たな地球実験室を記述する白書を作成した後のことだった。ホームステークの状況が未解決で、ＮＳＦは物理学と地球科学の学界が、深部地下科学工学研究所（ＤＵＳＥＬ）のための候補地を提案するような手順を考えた。しかし結局、ホームステークはＤＵＳＥＬの立地として再び選択された。Ｔ・デニー・サンフォードが現地に自分の名がついた実験室の開発を支援するために何千万ドルも寄付したからだ。ＤＵＥＳＥＬがポンプを再び動かせるようになる頃には、水は地下 1400 m レベルまで上がった。私たちが 2000 年に訪れた 2500 m レベルよりも 1100 m ほど上まで上がっていた。しかし 2009 年にはアメリカの経済が崩壊し、ＮＳＦや行政部門はＤＵＳＥＬの研究からは手を引いた。実験室はサンフォード地下研究室（ＳＵＲＦ）に改称された。ＤＯＥは、ダークマターとベータ崩壊の探査など、宇宙物理学的実験のいくつかの設置・運転を支援した。ＮＡＳＡはこうした上層のレベルの微生物調査を支援した。しかし 1500 m より下のレベルは、今日に至るまで水没したままだ。

第８章　何度も中断、一度のまぐれ

1. 地下奥深くにあったリーデンブロック海の由来についてアクセルが推測をめぐらせるところ。
2. ＳＡＳＯＬ社はセクンダの町をすぐ外から取り囲む炭鉱を五つ経営している。各炭鉱が毎年何百万トンという石炭をＳＡＳＯＬの発電所に届ける。発電所は石炭と石炭からとれるメタンガスを燃やして発電用の蒸気を発生させる。電力の大半は、石炭を 1300℃ でガス化するために使われる。この石炭ガスを反応炉でで使い、合成ガソリンとアンモニアを生産する。
3. ゲートに近づくと、守衛が紙ばさみと赤いボタンつきの白い箱を持って出て来た。前年は、私たちが車で地所に出入りするたびに、名前と車のナンバーを書かなければならなかった。エリックはこれを何度もやって、この慣行には実際のセキュリティ上の価値はないと確信した。この点を実証してみせるかのように、守衛が紙ばさみにはさんだ用紙を渡すと、エリックは「エリナー・ルーズヴェルト」〔フランクリン・ルーズベルト元大統領夫人〕と署名し、知らん顔をして守衛に返した。守衛は署名を丁寧に見て、私たちの顔を見て、紙ばさみを脇にはさんだ。箱の方は以前は見たことがなかった。クローフは明らかに鉱山での窃盗の被害を減らすために新たな保守対策を始めていた。守衛は運転しているエリックに向けて箱を保持した。何かしろとは言わなかったが、その意図は、明らかに、エリックにその赤いボタンを押せということらしかった。エリックは手を伸ばして赤いボタンを押した。守衛は大いに喜んで、箱の反対側を見たが、失望の色がその顔に走った。そうして

開閉ブームのところに戻ってゲートを開けて私たちを通してくれた。エリックが運転して、南アフリカのセキュリティ規則の不条理についてわあわあ言う間、リザと私は大笑いしていた。エリックはロドニー・デンジャーフィールドを若くして顔を黒くしたように私には思えた。ただもっとおもしろかった。エリックはグレンハルフィーの現場住居には必要な人物だった。安全を確保できるよう注意を払ってくれただけでなく、緊張を冗談で解きほぐすことができたからだ。

4. ウィトワーテルスランド超層群はほとんどが、29億年前に北へ向かって山地を削った水路に堆積した河川による砂岩と礫岩で構成されている。層の厚さは数kmあるが、一つだけ、薄い、約100mの厚さの頁岩層を含んでいる。これはおそらく、始生代の小さな海進期に海洋性の粘土が堆積したものだ。

5. 翌日、私たちはピーター・ロバーツとともに、19レベル試錐孔を訪れた。コリンがビアンカに実験用として「寄付」していたところだ。その2週間前、ビアンカはインシトゥ培養器を試錐孔の奥に設置し、私たちが実験室で作っていた圧着部品で試錐孔を密封しようとしていた。残念ながら、古くて深い試錐孔は、時とともに変形し、円でなくなる。この試錐孔も例外ではなかった。水平試錐孔のある「くぼみ」に着いたときには、私たちが丁寧に作った圧着目張りを水が通り抜けてあふれ出していた。ビアンカが試錐孔の奥3mに差し込んでいた個々のカートリッジはまだ水面より上にあった。私たちは測定を行ない、T・J・プレイの卒論用に、天井試錐孔の奥のバイオフィルムをいくらか採取して地上に戻った。ピーターは、水を含むと膨らむ木製の栓を使うといいのではないかと教えてくれた。私たちはグレンハルフィーへ戻ってその栓を作り、そこにインシトゥ培養器それぞれから来る管を通す孔をいくつか開け、支柱用にそれより大きな孔を開けた。翌日また19レベルへ行った。私たちは培養器を試錐孔の外に半分顔を出した状態で入れ、木の栓を乗せ、管を栓に通し、それを試錐孔に戻した。それからピーターが栓をたたいてきちんとはめると水漏れが止まった。試錐孔では水位が上がり始め、約30分後、水はすべてのカートリッジにつながるすべての管かを通って漏れ始めた。それから30分間、その水を流し続け、それぞれの小さな弁を閉じた。栓が固定されていて、圧力解放弁が想定通りに動作すれば、私たちはリード研究会のときに出た最後の問題、インシトゥ培養の問題を解決したことになる。

6. スーザンは、この学生向け講習会の資金を求めて、2001年2月、NSF本部で何人かのプログラム管理者との会合を手配した。桜の花が咲き始める頃、ウェス、この頃正式に大学構成員に加わったばかりのエスタ、デレク、スーザン、私がワシントンDCに集合してスーザンのアイデアを応援した。ウェスは、カリスマ遺伝子のスイッチを入れて、案の肝になる点をまとめた、ナイキのコマーシャルのような「やるしかない」の発表を用意していた。プログラム管理官のリッチ・レーンの支援もあって、NSF国際プログラムはこの案を支持した。私たちは、まずREUの計画で少しの元手を得て、その後スーザンを筆頭研究主幹とする全体案を申請した。

7. 当時私たちは知らなかったが、こうした試錐孔の水についての同位体分析から、水が実はサンドリバーのものではなく、南東に220kmも行ったレソトの2600m

級の山々のものだということが明らかになる。希ガスの同位体データは水が100万年以上もかけてやって来たことを物語ることになる。

8. この出来事はメリースプライト尾鉱ダム事故と呼ばれる。起きたのは1994年で、南アフリカ全体の尾鉱ダム周辺の区画指定に関する新しい規則と、各尾鉱ダムでの危険管理方針の実施をもたらした。
9. Kieft et al. 2005.
10. Lippmann et al. 2003.

第9章　氷の下の生命

1. リーデンブロック教授が発見した、アイスランドの錬金術師、アルネ・サックヌッセンムのラテン語の古い暗号になった文章。アイスランドの凍った火山地形の下の地下世界に入る方法を述べている。
2. Rossbacher and Judson 1981.
3. クラスレート（ガス・ハイドレートとも）は、水と氷の格子に当のクラスレートの融点以上では気体になる分子を含んでいるもの。二酸化炭素は温度が低くなれば独自に凍結するが、水や高圧の下では、二酸化炭素クラスレートができて、二酸化炭素は、その昇華温度よりもずっと上の温度でも、固体相〔ドライアイス〕で安定することになる。同様に、温度の低く圧力の高い海底の地下ではメタンガスが水と結合してクラスレートをなす。
4. 欧州宇宙機関のマーズ・エクスプレスも、ＮＡＳＡのマーズ・グローバル・サテライトもＧＰＲを使って火星の地下を調べる。
5. 私は6週間で、必要な60頁の文書を、ＬＢＮＬのテリー・ヘイズン、ＰＮＮＬのフレッド・ブロックマン、トミー、リザ、スティーヴ、スーザンからメールで送られてきた文章と数字をつぎはぎしてまとめることができた。残念ながら、締切から2週間遅れで、私は案を提出するよう求められていたプリンストン大学からの制度的な支援を得ることができなかった。私たちにとっては幸いなことに、インディアナ大学の元副学長のリザが同大学に手を回して研究機関の縁組みを考えることになった。私はリザにＮＡＩ用の案を締切10日前に渡し、リザはそれを、自分を筆頭ＰＩ、インディアナ大学を筆頭研究機関として提出した。土台を固めるために、私はルピン、コン、エカティ、ヌナシヴィクの鉱山管理者からの、私たちの試料採取チームを受け入れる気があることを表明するメールを含めることができたが、ルピンが第一志望だった。私はそれ以前にテリー・ヘイズンと仕事をしたことはなかったが、エネルギー省から環境の試料の遺伝子配列決定と、ＤＮＡマイクロアレイ分析をまかなう研究補助金をもらったところだった。そうした新しい分子を調べる機器は、私たちの地下の試料について試したことがなかった。フレッドは、バイオテクノロジー会社のダイバーサ社が開発していた新しいマイクロジェル、単細胞分離、集積培養技法を試したがっていた。
6. Issatchenko 1940.
7. Vernadsky 1926.
8. Rozanova and Khudyakova 1970.

9. Bjergbakke et al. 1989.

10. Vovk 1987.

11. Madsen et al 1996. この頃にはデレク・ロヴリーはＵＳＧＳからマサチューセッツ大学アムハースト校に移っていた。

12. Fry et al. 1997.

13. Anderson et al. 1998.

14. Stevens and McKinley 2000.

15. Chapelle et al. 2002.

16. Kita et al. 1982.

17. しかしヨハンナ・リップマン＝ピプケは2012年、南アフリカ、タウトナ金鉱で起こした人工地震のときに水素が放出されることを示す証拠を見いだすことになる(Lippmann-Pipke et al. 2012)。つまり日本説はやはりそれなりに分があるのかもしれない。

18. 最も近い関係のものは *Desulfotomaculum kuznetsovii* で、これはシベリア西部の油田の、地下3000 m の熱水から分離されたものだった。Nazina et al. (1998).

19. Gihring et al. 2006.

20. Chapelle et al. 2002.

21. 質量非依存同位体分別は次のようにはたらく。始生代の岩石には、大気中の酸素の量も、水面付近の酸素の量も非常に限られていた。これは、始生代の水にあった硫酸塩の大半は、大陸表面にあった硫化物の酸化や、深海の熱水噴出孔から出る溶解した硫化物の酸化でできたものではないということだ。水中の硫酸塩は火山が大気中に放出する二酸化硫黄に由来していた。オゾンがあまりなかったため、紫外線による二酸化硫黄分子の光分解が、大気中でできて酸性雨として海に落ちる硫酸分子には、^{32}S、^{33}S、^{34}S、^{36}S のある同位体分布があり、これは化学反応に対応する質量依存パターンをたどらない。この硫酸塩から黄鉄鉱やバライト鉱ができたとき、その鉱物は偏った同位体の跡を引き継いだ。

22. Lefticariu et al. 2006.

23. Lin et al. 2006.

24. 細菌は、成長期には原形質成形によって体の直径よりも小さいサイズの孔をくぐることもできる。これは Zobell (1951) によって注目された。

25. Fisk and Giovannoni 1999.

26. Gaidos et al. 1999.

27. Onstott et al. 2006.

28. Chyba and Hand 2001.

29. 貴金属鉱山業がどれほど移ろいやすいか、感じをつかんでいただくために、この極北の鉱山のその後の所有者履歴を手短に記しておこう。2006年、ウルフデン・リソーシス社がキンロスからルピンを獲得した。主としてこの地域にある、近くのゴンドール（そうそう、鉱山業の世界では『ロード・オブ・ザ・リング』から逃げ出すことはできない）など、同社の亜鉛鉱山を維持するためだった。ウルフデンという名の会社がルピン〔フランス語の Lupin（リュパン）は「狼の」を意味する〕

という名の鉱山を所有するのはふさわしいと思ったが、残念なことに、ウルフデンは2007年にジニフェックス社に買収された。2008年、ジニフェックス社はオクシアナ社と合併し、ＯＺミネラルズ社となった。2009年、ＯＺミネラルズのルピンを含む資産の大半は中国のミンメタルズ社に買収され、MMGリソーシス社と呼ばれている。2011年には、エルギン・マイニング社がルピンをMMGから買い取った。エルギン・マイニングはその後、赤字に苦しみ、2014年、ルピンをマンダレー・リソーシス社に売却した。こうした変化はすべて金価格や為替レートの変動に左右されていて、所有者はルピンを再開するかどうか、決めかねている。

30. 見事な歴史的総説が、Gilichinsky and Wagener 1994にある。また、ダヴィド・ギリチンスキーをたたえた業績の要約についてはMcKay 2012も参照。
31. Rivkina et al. 1998.
32. Priscuetal, 1999; Karletal, 1999. しかしこの二つが発表される前に、ロシアの論文（Abyzov et al. 1998）が、ボストーク湖の1500～2700 mの深さで採取したコアに生育可能な細菌を発見したことを発表した。
33. Skidmore et al. 2000.
34. Christner 2002.
35. Jakosky et al. 2003.
36. 「サウナ」のフィンランド語の発音にできるだけ近づけるとそうなる。
37. ティビット・コンウォイト・ウィンターロードは、テレビ番組の『アイスロード・トラッカーズ』第1シーズンの舞台だった。
38. それは縦に連なる金鉱ゾーンに平行な坑道で動き始める。それから横に、ドローポイント〔鉱石抽出口〕という短い坑道を掘り、鉱石ゾーンに交差する。それから短い坑道の端で、上向きに掘削を始め、上向きの坑道を作ると、アリマックがその上向き坑道を上がって行く。掘り取られた岩石は単純に下の上向き坑道の底へ落とし、さらにそこから取り除かれる。そのうち上の坑道まで掘り抜き、そこでその天井にアンカーボルトをセットする。そこでアリマックのケーブルを上の坑道の天井につなぎ、下のケーブルは切り離す。アリマックは上の坑道にぶら下がることになる。そこで作業員はアリマックの「ダウン」のボタンを押すだけで、アリマックは作業員を上向き坑道の底まで安全に下ろす。作業員は上向き坑道の反対側にある鉱山ゾーンに掘り進む。底から始めて、自分のケーブルを引き上げて上へ進む。鉱石は上向き坑道の底に落とされ、そこから搬出される。作業員が上の坑道に達したら、15～20 mの縦方向の切片にある鉱石をすべて取り出していることになる。それからローダーが取り出された岩を運び込んで、上の坑道から掘った跡に落とし込む。これで上下方向の鉱石をとったところが埋め戻される。
39. Clifford 1993.
40. Ibid.
41. タリク〔凍結部分に囲まれた凍っていない部分〕には「スルー〔開放〕」タリクと「クローズド〔閉鎖〕」タリクの二通りがある。タリクが生じるのは、水が凍るときに放出される熱が、下の残った水の中に放出され、そちらが凍らないようにしているからだ。

42. 太陽が主系列星として進んでいくとき、その明るさは徐々に増していく。40億年前には太陽の明るさは今の明るさの75%しかなく、地球も火星も太陽から受ける放射が少なく、今より寒かったということになる。二酸化炭素が豊富な大気がなかったら、地球は氷で覆われていただろう。火星はもっと寒くて、二酸化炭素が多い大気があったとしても、その表面は凍っていたことだろう。長期的な水を示すと解釈される表面の地質学モデルは、この暗い太陽という事実に合わせて立てなければならない。
43. キンロス社がこの坑道を建設してこの基盤施設を設置することにこれほど金をかけておいて、ルピンを閉鎖することになるとは想像もできなかった。立派な北極圏遊園地になるだろうに。坑道を上り下りする自動車レースもできるかもしれないし、サバイバルゲームにも使えるかもしれない。もちろん利益は環境保護研究や科学研究の支えになるだろう。この本をお読みの起業家の方にほんの提案まで。
44. ボート／ロングイヤー社は鉱山探査会社で、賃貸ボーリング機械も提供していて、地下の硬い岩盤用に設計されたものもあった。
45. Chivian et al. 2008.
46. 遺伝子の水平伝播は、種が違うとか、中には上界が違う、系統的にまったく別の系統が、遺伝子をやりとりして、生殖の際に複製される染色体ゲノムに統合する過程のこと。原核生物の場合には、外部ＤＮＡをドナーから受け手の細胞に移す過程がいろいろある。細菌形質転換の場合には、受け手側が、ドナーの溶けた細胞のＤＮＡそのものの断片を環境から得る。細菌形質導入では、ＤＮＡがドナーから、ウイルスを解して受け手に転移される。細菌接合のときは、プラスミドと呼ばれるＤＮＡの小さなループをドナーが受け手にタンパク質でできた管を通して送りこむ（細菌の交尾に相当する）。この過程は一般に、病院で病原体の中に抗生物質に耐性のあるものが広まることに関与すると見られている。プラスミドのＤＮＡは、送り込まれた後、受け手のゲノムに取り込まれなければならない。
47. カール・ウースらが最初にｒＲＮＡ遺伝子、とくに16S rRNA遺伝子を用いて原核生物を分類することを提唱してからの20年で、ゲノム全体の配列が決定されていた。この配列決定の作業から、リボソームの一部でもあるこのタンパク質を形成することに関係する遺伝子のほとんどすべてが非常に保守的で、種どうしでやりとりをしていないのに、それでも普遍的に分布していることが発見された。たとえば、Ciccarelli et al. 2006を参照。こうした配列決定結果をつなげて8090塩基対という一本の長い列にまとめると、種どうしの進化上の差がさらに高い解像度で得られる。私たちの場合、「*Candidatus Desulforudis audaxviator*」は、最も近い *Desulfotomaculum kuznetsovii* と88%が同じで、属が違う。ふさわしいことに、*D. kuznetsovii* は、ロシアの微生物学者で地下の生命を早くから唱えていた人物の名がついている。この新しい系統樹も「*Candidatus Desulforudis audaxviator*」を、細菌上界の最古の、最も奥の系統に置いた。進化論の観点からは、「*Candidatus Desulforudis audaxviator*」は、ごく早い時期に細菌になったものの一つだが、そのゲノムは、外部成分を考えると、その後おそらく大きく進化しているだろう。
48. それがやっと『サイエンス』誌に掲載されるまでには、2年以上、編集者や査読

者と戦うことになる。

49. 「サーモカルスト」という用語は、永久凍土土壌をまとめている氷が解けたときに起きる地滑りで斜面にできる不規則な地形を指す。氷による枠がなくなれば、土は凝集力を失い、崩れる。サーモカルストは、土の下に恒常的に凍った地面、つまり永久凍土がある極地方にはよく見られる地形だ。

50. ゴッサンは地表に露出した硫化鉱の上にたまった赤く酸化した土壌のこと。赤は鉄の赤錆によるが、黄色やオレンジ色もあり、他の形の鉄の鉱物相があることを反映する。主な鉱物は硫化鉄なので、鉄と硫黄酸化嫌気性細菌が、その硫化物を第二鉄鉱物と硫酸塩に変え、それが硫酸を作る。ゴッサンにある水の酸はもう一つの珪素鉱物相を溶かし、石英を残す。永久凍土地方でのゴッサンで特筆すべきことは、それが季節的に融ける、活動層までにしかなく、水ができない永久凍土本体には入って行かないことだ。「ゴッサン」という名は、コンウォール地方の鉱山労働者のスラングで、コンウォール語で「血」を意味する「ゴス」に由来する。

51. 硫化物や第一鉄を酸化する好酸性の細菌、古細菌が、この複雑な過程にかかわっている。

52. 食堂は現地で最大の建物で、トイレやシャワー、水道があった。

53. アイスウェッジ・ポリゴンは北極圏ではよく見られる地形で、季節によって氷ができたり解けたりすることによってできる〔氷でできた溝で区切られた多角形が並んだようになる〕。多角形（ポリゴン）はたいて正方形や台形で、浮遊の氷が30 cm ほど下の永久凍土にくい込んでいる。夏には氷が解けて、小高くなったところを区切る溝を残す。どれほど北にいるかによって多少の差はあっても、多角形には植物が生えている。火星の表面にも同様の地形があるが、もちろん植物はいない。

54. クリオペグは水が部分的に凍ったときにできる塩水のたまったところ。塩水、あるいは汽水の地下水が凍るとき、塩分が濃縮されて、残った凍っていない塩水だまりに集まる。シベリアの永久凍土では、100 万年以上前にできたと信じられている塩水だまりから分離された。これは太古の生物を貯蔵している岩塩結晶流体内包物の氷版となる。

55. 各研究者のコアの位置と長さが記録された。ＤＮＡ用試料と脂質用試料に使うワールパックの袋がグラブバッグから取り出され、クーラーボックスのドライアイスの上に置かれる。生物学的試料に使ったワールパックは無菌の広口瓶に入れられてからグラブバッグから取り出され、保冷剤入りのクーラーボックスに入れられる。コアのかけらや内部塊は、蛍光微小球分析用には遠心管に集められ、ＰＦＣ分析用のものはガラス小瓶に入れられる。岩石コアの化学的、鉱物学的、物理学的特性を明らかにするために採取されたコアは、別々のプラスチック袋に別々に入れられるが、特別な貯蔵容器はない。これには岩石コアの鉱物学的物理学的特性、亀裂部分の鉱物学、流体内包物、多孔度、地球物理学的特性、カルサイトと有機炭素に対する $\delta^{13}C$ と $\delta^{18}O$ 同位体、硫化物の $\delta^{34}S$、硫酸塩での $\delta^{34}S$ と $\delta^{18}O$、有機物、無機物、$\delta^{81}Br$ と $\delta^{37}Cl$ 同位体についての砕いて抽出する化学分析、化学的拡散実験が含まれる。ボルトメーター分析用のコアはプラスチックの袋に入れられ、無酸素瓶に

入れて冷蔵するか、ドライアイスで凍結するか、二つの方法で貯蔵される。微生物拡散実験コアは無酸素便に入れられ冷蔵される。

56. Stotler et al. 2009; Onstott et al. 2009.
57. この結果は当時、ロードアイランド大学のスティーヴ・ドントのところでポスドク研究をしていたブルーノ・ソフェンティノによって得られた。ブルーノは海洋学界によって開発された海水の細菌細胞を数えるのと同じ高感度の方法を用いた。
58. Abyzov et al. 1998.
59. Rivkina et al. 1998.
60. Miteva et al. 2004.
61. Pfiffner et al. 2008.
62. Stotler et al. 2010.
63. 米陸軍寒冷地研究・開発研究所は陸軍や国防総省の各部門のために、冬や寒冷地（高山や極地など）での、軍事作戦行動上の必要から、そうした活動に伴う環境問題、さらには施設建設に至るまでの活動を支援するための技術を開発することを任務にしている。
64. 映画『博士の異常な愛情』のスリム・ピケンズ（T・J・「キング・」コング少佐）による古典的な台詞。
65. これは、よく話に出て来るがアメリカ人は1人も見たことがないカナダのコメディ番組『トレーラー・パーク・ボーイズ』で自分専用のスペースを持っている「ネイソー」（NASA）の連中を指していた。私はYouTubeの動画しか見ておらず、カナダの仲間には謝るしかない。
66. 私たちのチームは、アダム・ジョンソン、リザ・プラットが調査を記録するために派遣していた動画撮影のランディ・ストットラー、ショーン・フレープのところの大学院生、ショーン・フレープの現地調査技師で構成されていた。
67. 掘削作業員は塩分濃度を仔細に監視して、水を融点が－20℃になるような濃度に保つよう、絶えず塩分を加えていた。試錐孔で最も冷たい地点でも－6.5℃までしか下がらなかった。
68. Freifeld et al. 2008.

第10章　地下の線虫

1. リーデンブロック隊がリーデンブロック海上でいかだに乗っていたときに遭遇した、水棲恐竜どうしの戦いの結末部分。
2. クリス・マッケイさえ、NASAが大きなコストをかけずに1、2m以上を彫れるドリルを運べないという事実を受け入れていた。重さ500kgもある銅球を弾道軌道に乗せて火星表面に送る、THORと呼ばれる探査計画さえ唱えられた。これは深さ3.6mの衝突クレーターを生む。銅球がローバーの一台の近く、あまり近すぎないところに衝突すれば、NASAはローバーを送り込み、衝突の破片を調べ、さらにはクレーターに入って有機物の兆候を探せるかもしれない。
3. Malin et al. 2006.
4. いくつかの人気のあるブログで、火星の極地帯で水爆を爆発させれば、比較的安

価に火星をテラフォーミングする手段になりうるという案が出されたことがある。

5. National Research Council 2006. ＳＥＴＩ協会やスタンフォード大学にいたことのある物理学者で、プリンストン大学に移ったばかりのクリス・チーバが報告をまとめた委員会を率いた。ＮＡＳＡの現行の滅菌手順は、バイキング探査の当時に用いられていたものほど厳格ではない。汚染検査——単独の培地を使った細菌の培養——も、委員会の反感を呼んだ。委員会はこの手法がＮＡＳＡのローバーによって運び込まれる生物負荷を大きく過小評価していると信じていた。当時、委員会は極限環境の微生物、とくに深部生命圏、氷床、岩塩坑で微生物が発見されたことにも関心を向けていた。ＮＡＳＡの方は、火星表面に好極限環境生命が現存する可能性には大した関心を払っていなかった。

6. The MEPAG Special Regions-Science Analysis Group 2006, p. 677.

7. 宇宙研究委員会（ＣＯＳＰＡＲ）の、地球からの宇宙線による火星にあるかもしれない棲息地の「有害な汚染」に関する惑星保護方針を、非常に雄弁で論理的にまとめたものが、Chris McKay (2009) によって示されている。ＮＡＳＡと欧州宇宙機関の宇宙船がこの 10 年にもたらした見事な画像やデータは、火星上の水の歴史について、表面の生命が現存するかもしれない一定の領域を特定するほどまで解明しているが、予算的制約によって、ＮＡＳＡが 1970 年代に考えていたような生命探しには行けていない。予算が問題でなかったとしても、火星の特定の領域に生命を探そうとするどんな探査でも、バイキング探査が明らかな生命を見つけられなかったように、生命を見つけられないかもしれない。私が見るところ、この火星探査計画の場合、任務がクリアできないことがあることは視野に入っていなかった。

8. これは後にＩＳＳＭになる学会の最初の会合だった。

9. Boston et al. 1992.

10. この頃、マリナー９号とバイキングによる軌道上からの画像が、火星でも最古の地表面領域に、地表水による浸蝕に関係するらしい特色を示していた（この主題はマイケル・カーが 1996 年にうまく総説している)。火星の層序体系は三つの時期に分けられる。最古のものはノアキス代で、これは火星の 4.66Ga、（ギガアヌム = 10 億年単位）から、4.0Ga までに形成されたもの。この後にヘスペリア代という、4.0Ga から 2.7Ga までにわたる時代がある。最も若い時代はアマゾン代で、これは 2.7Ga から今日まで続いている。この体系が最初に提起されたのは、ＵＳＧＳのケネス・タナカによる（Tanaka 1986)。

11. これはトム・キーフト、デニス・パワーズ、私がカールスバッドの南東、ＷＩＰＰ坑道を初めて訪れたときのほんの２か月後のことだった。レチュギヤは閉鎖されているので、ほとんどの洞窟を絶望的に汚染するコウモリや地表の生物はいないはずだった。このことは、硫酸の履歴と合わせて、微生物学にとっては興味深い点で、1994 年の探検のきっかけとなった。これはもともと、ラリー・レムケ（エイムズの工学者）が、この洞窟のテレビ番組を見てクリス・マッケイに提案したことだった。クリスは直ちにペニーに電話して、３人はキム・カニンガムのゲストとなった。ペニーは熱心な洞窟学者になったが、クリスは自分向きではないと見きわめた。自分は環境条件の変動が微生物生態系に強く影響するような極限環境の、年

中行なえる自律的な観測（1980年代には難しかった）に集中したかったからだ。レチュギヤではあまり年周変動はない。

12. ムーンミルクは、洞窟の壁の白い、ほとんど雪花石膏の被覆。でこぼこの、葡萄の粒のような肌理をしており、炭酸カルシウムのきわめて小さい結晶でできている。

13.. 背礁相は浅い海水に積もって珊瑚礁を海岸線から分離する堆積物を指す。

14. 「蒸発残留」とは海水が蒸発したときにできたということ。海水の蒸発が進むとき、まず炭酸塩が析出し、それから石膏などの硫酸塩が続き、さらにハロゲン化物の塩が続く。

15. 「スペレオセム」はギリシア語で「洞窟」を表すスペライオンと、「堆積」を表すテマに由来する。「スペレオセム」は通常、染み出る水からできて、水の漏れ方の季節変動によって層ができる石筍や鍾乳石のことを言う。その結果、スペレオセムは大陸の古気候記録として用いられる。

　洞窟の硫黄や石膏の $\delta^{34}S$ は－26‰という軽さで、これはデラウェア堆積盆地の油田・ガス田の硫化水素ガスの同位体構成と合致し、それが酸化され、同位体的に ^{34}S を奪われた硫化水素に相当することに疑問の余地はない。この硫化水素は、$\delta^{34}S$ が+15‰あった、同位体的には重いペルム紀の石膏を還元した地下圏ＳＲＢによって生産された (Hill 1990)。硫化水素の $\delta^{34}S$ と石膏の硫化物の $\delta^{34}S$ の違いは、ＳＲＢの同位体比率とも整合する。ヒルがこの同位体的に分離した硫化水素の生産について提案した反応は、Ca2+ +2CH_4 + 2SO42, +2H+ → $2H_2S$ + $CaCO_3$ + CO_2 + $3H^2O$ で、ＳＲＢを酸化する炭化水素にはよらない。これは油田のＳＲＢが汚染源だという見解がどれほど長く維持されたかについての優れた指標である。細菌はヒルの反応は見ず、嫌気性のメタン酸化古細菌が、酵素的にこの反応を触媒するものと考えられている。

16. Morehouse 1968; Egemeier 1981.

17. 炭酸塩の堆積と浸食という異論の多いテーマを広範に総説したものが Viles 1984 によって提供されている。

18. 好洞窟性とは、洞窟を好み、洞窟的な環境に適応していることを意味する。トビムシは小さなノミに似た生物で、六脚上綱〔昆虫などが入る〕に属する。この上綱には世界最深部に棲む動物の記録保持者がいる。それは、ジョージアのアブカジアにある、クルベラ洞窟の地下2000 mのところにいるのが2010年に発見された。

19. 洞窟土壌は洞窟の床を形成する土。この場合、鉄／マンガン堆積物は、炭酸カルシウム中の微量元素として存在する、還元された形の鉄とマンガンの酸化によって、壁にできる。炭酸カルシウムが水に溶けるとき、後に鉄とマンガンの酸化物によるけばけばが残る。このけばけばが床に落ちる。

20. Cunningham et al. 1995.

21. Sarbu et al. 1996. この論文の著者は、肉食と草食の中型動物生物量の $\delta^{13}C$ と $\delta^{15}N$ が、硫黄酸化細菌のものとよく似ていることをつきとめ、無機独立栄養生物がこの食物連鎖網を支えていることを明らかにした。

22. Riess et al 1999. 線虫、あるいは線形動物は、両端が開いた管状の消化管を持つ

ことが特徴で、自由生活するものも、寄生生活するものもある。長さは0.5 mmから、寄生する線虫では1mに及ぶものもある。

23. 硫黄環境洞窟の生物多様性についての優れた総説が、アネット・サマーズによって提供されている（Summers 2007）。当時は多細胞動物が18 μモルの酸素しかない水で生きられることはよくわかるようになっていた。この論文でサマーズは、硫黄環境洞窟系で独立栄養の割合が従属栄養の割合を上回ることを示すいくつかの発見もまとめている。
24. もっと新しいところでは、ラゴンらによって、晶洞の下の深さの亀裂地下水に無機独立栄養生物が見つかっている（Ragon et al. 2013）。
25. Hose et al. 2000.
26. この回は最初、2006年3月にＢＢＣによって放送された。
27. これはセレナイト $CaSO_4 \cdot 2H_2O$ の結晶だった。カルシウムは石灰岩に由来する。スノタイトは糸状のアシドチオバチルス属の細菌でできている。
28. Borgonie et al. 2010.
29. 線虫の一生には、活発に生殖する成体や活発に成長する幼生に生き延びられるよりも過酷な環境条件を、休眠状態で生き延びる代替的なさなぎ状態になれる能力が含まれる。
30. タウトナでのケージ移動は、私が5年前に経験したときから相当にソフトになっていた。これは相当数の女性地下労働者の存在によるものだと私は思った。ケージに女性がいるのは、90年代末にはあたりまえの習慣だった押し合いへし合いを終わらせたようだった。タウトナの労働力にもあらゆるレベルの管理職にも女性一般と、とくに言えば黒人の男女南ア人を入れることは、どこの国でもたいていは男社会の砦となるような鉱山社会でも、南アでは変化が進んでいることのしるしだった。それは目をみはる光景だった。
31. *C. elegans* のめざましい宇宙旅行とコロンビア号をめぐる悲劇的事件の詳細については、Szewczyk and McLamb (2005) と Szewczyk et al. (2005) で公刊されている。
32. アルナント・ベスター、マリアナス・エラスムス、エロル・ケーソンと、エスタところのポスドク研究員、アントニオ・ガルシア＝モヤノ。
33. マークがガエタンとエスタとともにノーザム白金鉱山の崩れた坑道へ行った話は、マークの本、『地球外生命を求めて』（Kaufman 2011）に楽しく書かれている。
34. Dr. Seuss (1960) *One Fish, Two Fish, Red Fish, Blue Fish.* Random House, New York.
35. 実際には、私たちが『ネイチャー』の査読者に *H. mephisto* が汚染で入ったものではないことを納得させるまでには、2年かかることになる。私たちはまず、4万ℓの鉱山水を採取して、そこに *H. mephisto* があるかどうかをはっきりさせなければならなかったが、それはいなかった。実際、鉱山水の中のＤＮＡはきわめて劣化していた。要になる証拠はエスタのところの大学院生、マリアナス・エラスムスが行なった実験だった。エラスムスは *H. mephisto* を鉱山水の中で増殖させようとしたが、それはいつも死んでしまった。南アフリカの鉱山は、水を塩素、臭素、過酸

化水素で徹底的に処理して、寄生虫も含めた感染源になりそうなものを除こうとしている。鉱山労働者にとって、鉱山水は飲料水だ。そこに寄生虫がいたら、誰にとってもひどい結果になるだろう。

エピローグ

1. Olson et al. 1981.
2. Wilson et al. 1983.
3. Ekzertsev 1951.
4. Meshkov 1958.
5. Kuznetsov et al. 1962.
6. Parkes et al. 1994.
7. Parkes et al. 2014.
8. Rinke et al. 2013.
9. Edwards et al. (2012) による書評を参照。
10. Orsi et al. 2013a.
11. Orsi et al. 2013b.
12. Labonté et al. 2015.
13. Onstott et al. 2014.
14. 一例だけ挙げると、Rothman et al. 2014 を見るのがよい。

付録A　地下生命探査年表

1. 他の多くの地質学、地球科学、水文学、同位体研究が地球深部生命圏研究に貢献してきた。年表は主として大陸地殻の生物学的調査のみを取り上げている。

参考文献

Abyzov, S. S., et al (1998) *Advances in Space Research* 22:363–368.

Alexander, M. (1977) *Introduction to Soil Microbiology*. R. E. Krieger, Malabar, FL.

Al'tovskii, M. E., et al. (1961) *Origin of Oil and Oil Deposits*. Consultants Bureau, New York.

Amy, P. S., et al. (1992) *Applied and Environmental Microbiology* 58:3367–3373.

—. (1993) *Current Microbiology* 26:345–352.

Anderson, R. T., et al. (1998) *Science* 281:976–977.

Arrage, A. A., et al. (1993) *Applied and Environmental Microbiology* 59: 3545–3550.

Back, W. (1989) *Groundwater* 27:618–622.

Balch, W. E., et al. (1977) *Journal of Molecular Evolution* 9:305–311.

Balkwill, D. L., and Ghiorse, W. C. (1985) *Applied Environmental Microbiology* 50:580–588.

Bargar, K. E., et al. (1985) *Geology* 13:483–486.

Baross, J. A., and Deming, J. W. (1983) *Nature* 303:423–426.

Bastin, E. S., and F. E. Greer (1930) *Bulletin of the American Association of Petroleum Geologists* 14:153–159.

Bastin, E. S., et al. (1926) *Science* 63:21–24.

Bechamp, A. (1868) *Annales de chimie et de physique* 13:103.

Belyaev, S. S., et al. (1983) *Applied Environmental Microbiology* 45:691–697.

Bjergbakke, E., et al. (1989) *Radiochimica Acta* 48:65–77.

Bjornstad, B. N., et al. (1994) *Ground Water Monitoring and Remediation* 14:140–147.

Bogdanova, V. M. (1965) *Microbiologiya* 34:300–303.

Boone, D. R., et al. (1995) *International Journal of Systematic Bacteriology* 45:441–447.

Borgonie, G., et al. (2010) *Biological Bulletin* 219:268–276.

—. (2011) *Nature* 474:79–82.

Boston, P. J., et al. (1992) *Icarus* 95:300–308.

Brock, T. D. (1986) *Thermophiles: General, Molecular, and Applied Microbiology*. John Wiley & Sons, New York.

Brock, T. D., and Madigan, M. T. (1991) *Biology of Microorganisms*. 6th ed. Prentice Hall, Englewood Cli s, N.J.

Brockman, F. J., et al. (1992) *Microbial Ecology* 23:279–301.

Cano, R. J., and Borucki, M. K. (1995) *Science* 268 (5213):1060–1064.

Carr, M. H. (1996) *Water on Mars*. Oxford University Press, New York.

Chapelle, F. H. (1993) *Ground-Water Microbiology and Geochemistry*. John Wiley & Sons, New York.
Chapelle, F. H., et al. (1987) *Water Resources Research* 23:1625–1632.
—. (2002) *Nature* 415:312–315.
Chivian, D., et al. (2008) *Science* 322:275–278.
Christner, B. C. (2002) *Applied and Environmental Microbiology* 68:6435–6438.
Chyba, C. F., and Hand, K. P. (2001) *Science* 292:2026–2027.
Ciccarelli, F. D., et al (2006) *Science* 311:1283–1287.
Clifford, S. M. (1993) *Geophysical Research Letters* 18:2055–2058.
Clifford, S. M., and Parker, T. J. (2001) *Icarus* 154:40–79.
Cockell, C. S., et al. (2012) *Astrobiology* 12:231–246.
Coleman, M. L., et al. (1993) *Nature* 361:436–438.
Colwell, F. S. (1989) *Applied Environmental Microbiology* 55:2420–2423.
Colwell, F. S., et al (1992) *Journal of Microbiological Methods* 15: 297–392.
—. (1997) *FEMS Microbiology Reviews* 20:425–435.
—. (2003) *Encyclopedia of Environmental Microbiology*, 2047–2057. John Wiley & Sons, New York.
Cox, B. B. (1946) *AAPG Bulletin* 30:645–659.
Cunningham, K. I., et al. (1995) *Environmental Geology* 25:2–8.
Cushing, G. E. (2012) *Journal of Caves and Karst Studies* 74:33–47.
Davis, J. B. (1967) *Petroleum Microbiology*. Elsevier, New York.
De Ley, J., et al. (1966) *Antonie van Leeuwenhoek Journal of Microbiology* 32:315–331.
Dockins, W. S., et al. (1980) *Geomicrobiology Journal* 2:83–98.
Dombrowski, H. (1960) *Zentralblatt für Bakteriologie, Parasitenkunde, Infektionskrankheiten und Hygiene* 178:83–90.
—. (1961) *Zentralblatt für Bakteriologie, Parasitenkunde, Infektionskrankheiten und Hygiene* 183:173–179.
—. (1966) *Second Symposium on Salt*. Ed. J. L. Rau, 1:215–220. Northern Ohio Geological Society, Cleveland.
Dombrowski, H., et al. (1963) *Annals of the New York Academy of Science* 108:453–460.
Duane, M. J., et al. (1997) *African Earth Sciences* 24:102–123.
Dunlap, J. F., and McNabb, W. J. (1973) *Subsurface Biological Activity in Relation to Ground-Water Pollution*. EPA Report EPA-660/2-73-014.
Edwards, K. J., et al. (2012) *Annual Reviews of Earth and Planetary Sciences* 40:551–568.
Egemeier, S. (1981) *National Speleological Society* 43:31–51.
Ehrlich, H. *Geomicrobiology*. CRC Press, Boca Raton, FL.
Ekzertsev, B. A. (1951) *Mikrobiologiya* 20:324–329.
Elliott, W. C., et al. (1999) *Clays and Clay Minerals* 47286–96.

Farrell, M. A., and Turner, H. G. (1932) *Journal of Bacteriology* 23:155–162.
Fisk, M. R., and Giovannoni, S. J. (1999) *Journal of Geophysical Research* 104:11805–11815.
Fredrickson, J. K., et al. (1995) *Molecular Ecology* 4:619–626.
—. (1997) *Geomicrobiology Journal* 14:183–202.
Fredrickson, J. K., and Phelps, T. J. (1997) Subsurface drilling and sampling. In: *Manual of Environmental Microbiology*, ed. C. J. Hurst et al., 526–540. ASM Press, Washington, D.C.
Freifeld, B. M., et al. (2008) *Geophysical Research Letters* 35:L14309.
Frimmel, H. E. (2005) *Earth-Science Reviews* 70:1–46.
Fry, N. K., et al. (1997) *Applied and Environmental Microbiology* 63:1498–1504.
Gahl, R., and Anderson, B. (1928) *Zentralblatt für Bakteriologie, Parasitenkunde, und Infektionskrankheiten*, Abt. 2, 73:331–338.
Gaidos, E., et al. (1999) *Science* 284:1631–1633.
Galle, E. (1910) *Zentralblatt für Bakteriologie, Parasitenkunde, und Infektionskrankheiten*, Abt. 2, 28:461.
Gihring, T. M., et al. (2006) *Geomicrobiology Journal* 23:415–430.
Gilichinsky, D. A., and Wagener, S. (1994) Historical review. In: *Viable Microorganisms in Permafrost,* ed. D. A. Gilichinsky, 7–20. Russian Academy of Sciences, Pushchino.
Ginsburg-Karagitscheva, T. L. (1926) *Azerbajdzanskoe Ne janoe Khozjajstvo*, nos. 6–7. Baku
—. (1933) *Bulletin of the American Association of Petroleum Geologists* 17: 52–65.
Giovannoni, S. J., et al. (1996) *Proceedings of the Ocean Drilling Program* 148: 207–214.
Girard, J.-P., and Onstott, T. C. (1991) *Geochimica Cosmochimica Acta* 55: 3777–3793.
Gold, T. (1992) *Proceedings of the National Academy of Sciences USA* 89: 6045–6049.
Gold, T. (1999) *The Deep Hot Biosphere*. Springer, New York. 〔ゴールド『未知なる地底高熱生物圏』丸武志訳、大月書店（2000）〕
Gould, S. J. (1996) *Natural History*, March 1.
Gurevich, M. S. (1962) The role of microorganisms in producing the chemical composition of ground water. In: *Geological Activity of Microorganisms*, ed. S. I. Kuznetsov, 65–75. Transactions of the Institute of Microbiology, No. 9, Consultants Bureau, New York.
Haldeman, D. L., and Amy, P. S. (1993) *Microbial Ecology* 25:183–194.
Hallett, R. B., et al (1999) Geology and thermal history of the Pliocene Cerro Negro volcanic neck and adjacent Cretaceous sedimentary rocks, west-central New Mexico. In: *Albuquerque Geology*. New Mexico Geological Society Guidebook, 50th Field Conference, ed. F. J. Pazzaglia and S. G. Lucas, 235–246. New Mexico Geological Society, Albuquerque, NM.

Hedrick, D. B., et al. (1992) *FEMS Microbiology Ecology* 10:1–10.

Helgeson, H. C., et al. (1993) *Geochimica Cosmochimica Acta* 57:3295–3339.

Hill, C. A. (1990) *American Association of Petroleum Geologists Bulletin* 74: 1685–1694.

Hoffman, B. A. (1992) Isolated reduction phenomena in red-beds: a result of porewater radiolysis? In: *Proceedings of the 7th International Symposium on Water-Rock Interaction*, ed. Y. K. Kharaka and A. S. Maest, 502–506. Balkema, Rotterdam.

Hooper, E. J. (1999) *The River: A Journey Back to the Source of HIV and AIDS*. Allen Lane, London.

Hoover, R. B., ed. (1997) *Instruments, Methods, and Missions for the Investigation of Extraterrestrial Microorganisms. Proceedings of SPIE*, vol. 3111. SPIE, Bellingham, WA.

Hose, L. D., et al (2000) *Chemical Geology* 169:399–423.

Iizuka, H., and Komagata, K. (1965) *Journal of General Applied Microbiology* 11:15–23.

Issatchenko, V. (1940) *Journal of Bacteriology* 40:379–381.

Jakosky, B. M., et al (2003) *Astrobiology* 3:343–350.

James, N., and Sutherland, M. L. (1942) *Canadian Journal of Research Sect C Botanical Science* 20:228–235.

Kallmeyer, J., and Wagner, D., eds. (2014) *Microbial Life of the Deep Biosphere*. De Gruyter, Berlin.

Kaufman, M. (2011) *First Contact*. Simon & Schuster, New York.〔カウフマン『地球外生命を求めて』奥田祐士訳、ディスカヴァー・トゥエンティワン（2011)〕

Karl, D. M., et al. (1999) *Science* 286:2144–2146.

Kelley, S. A., and D. D. Blackwell (1990) *Nuclear Tracks Radiation Measurements* 17:331–353.

Kennedy, M. J., et al. (1994) *Microbiology* 140:2513–2529.

Kieft, T. L., et al. (1994) *Applied Environmental Microbiology* 60:3292–3299.

—. (1995) *Applied Environmental Microbiology* 61:749–757.

—. (2005) *Geomicrobiology Journal* 22:325–355.

Kita, I., et al. (1982) *Journal of Geophysical Research* 87:10789–10795.

Kolbel-Boelke, J., et al. (1988) *Microbial Ecology* 16:31–48.

Krumholz, L. R., et al (1997) *Nature* 386:64–66.

Kuznetsov, S. I. (1950) *Mikrobiologiya* 19:3.

Kuznetsov, S. I., et al. (1962) *Introduction to Geological Microbiology*. McGraw-Hill, New York.

Kuznetsova, Z. I. (1962) Distribution and ecology of microorganisms in the deep ground waters of some regions of the USSR. In: *Geologic Activity of Microorganisms*, ed. S. I. Kuznetsov, 94–99. Trans. Inst. Microbiol. no. 9,

Consultants Bureau, New York.

Labonté, J. M., et al. (2015) *Frontiers in Microbiology* 1-14.

Larsen, H. (1981) The family Halobacteriaceae. In: *The Prokaryotes. A Handbook on Habitat, Isolation and Identification of Bacteria*, ed. M. P. Starr et al., 1:985–994. Springer, Berlin.

Lefticariu, L., et al. (2006) *Geochimica Cosmochimica Acta* 70:4889–4905.

Lieske, R. von. (1932) *Biochemischen Zeitschrift* 250:1–6.

Lieske, R. von, and Hoffman, E. (1928) *Brennstoff-Chemie* 9:74.

—. (1929) *Zentralblatt für Bakteriologie, Parasitenkunde, und Infektionskrankheiten*, Abt. 2, 77:305–309.

Lin, L.-H., et al. (2006) *Science* 314:479–482.

Lindblom, G. P., and Lupton, M. D. (1961) In *Developments in Industrial Microbiology*, 9–22. Plenum Press, New York.

Lipman, C. B. (1928) *Science* 68:272–273.

—. (1931) *Journal of Bacteriology* 22:183–198.

Lipman, C. B., and Greenberg, L. (1932) *Nature* 129:204–205.

Lippmann, J., et al. (2003) *Geochimica Cosmochimica Acta* 67:4597–4619.

Lippmann-Pipke, J., et al. (2012) *Applied Geochemistry* 26:2134–2146.

Liu, S. V., et al. (1997) *Science* 277:1106–1109.

Liu, Y., et al. (1999) *International Journal of Systematic Bacteriology* 47:615- 621.

Lorenz, J., et al. (1996) Sandia Report SAND96-1135, UC-132. Sandia National Laboratories, Albuquerque, NM.

Lowenstein, H., et al. (1999) *Geology* 27:3–6.

Madigan, M. T., et al. (2009) *Brock Biology of Microorganisms*. 12th ed. Pearson Education, New York.

Madsen, E. L., et al. (1996) *Science* 272:896–897.

Malin, M. C., et al (2006) *Science* 314:1573–1576.

Martin, W., and Russell, M. J. (2006) *Philosophical Transactions of the Royal Society B* 362:1887–1926.

McKay, D. S., et al. (1996) *Science* 273:924–930.

McKay, C. P. (2009) *Science* 323:718.

—. (2012) *Astrobiology* 12:169.

McKinley, J. P., and Colwell, F. S. (1996) *Journal of Microbiological Methods* 26:1–9.

McMahon, P. B., et al. (1992) *Journal of Sedimentary Petrology* 62:1–10.

McNabb, W. J., and Dunlap, J. F. (1975) *Groundwater* 13:33–44.

Mekhtieva V. L. (1962) *Geokhimiya* 8:707–719.

MEPAG Special Regions Science Analysis Group (2006) *Astrobiology* 6:677–732.

Meshkov, A. N. (1958) *Mikrobiologiya* 27:3.

Miller, L. P. (1949) *Contributions from the Boyce Thompson Institute* 15: 437–465.

Miteva, V., et al (2004) *Applied and Environmental Microbiology* 70:202–213.

Morehouse, D. F. (1968) *National Speleological Society* 30:1–10.
Morita, Y., and ZoBell, C. E. (1955) *Deep-Sea Research* 3:6673.
Mormile, M. R., et al. (2003) *Environmental Microbiology* 5:1094–1102.
National Research Council (2006) *Preventing the Forward Contamination of Mars*. National Academies Press, Washington, D.C.
Naumov, V. B., et al (2013) *Geochemistry International* 51:417–420.
Naumova, R. P. (1960) *Microbiologiya* 29:415–418.
Nazina, T. N., et al. (1988) *Microbiologiya* 57:832–827.
Norton, C. F., and Grant, W. D. (1988) *Journal of General Microbiology* 134:1365–1737.
Norton, C. F., et al. (1992) *ASM News* 58:363–367.
—. (1993) *Journal of General Microbiology* 139:1077–1081.
Ollivier, B., et al. (1994) *Microbiological Reviews* 58:27–38.
Olson, G. J., et al. (1981) *Geomicrobiology Journal* 2:327–340.
Omar, G. I., et al. (2003) *Geofluids* 3:69–80.
Omelyansky, V. L. (1911) *Arkhiv Biologicheskikh Nauk* 16:335–340 (in Russian).
Onstott, T. C., et al. (1998) *Geomicrobiology Journal* 15:353–385.
—. (1999) A global perspective on the microbial abundance and activity in the deep subsurface. In: *Enigmatic Microorganisms and Life in Extreme Environments*, ed. J. Seckbach, 487–499. Kluwer, Dordrecht.
—. (2006) *Astrobiology* 6:377–395.
—. (2009) *Microbial Ecology* 58:786–707.
—. (2014) *Geobiology* 12:1–19.
Oremland, R. S., et al. (1982) *Initial Reports of the Deep Sea Drilling Program* 64:759–762.
Orphan, V. J., et al. (2002) *Proceedings of the National Academy of Science USA* 99:7663–7668.
Orsi, W., et al. (2013a) *Nature* 499:205–208.
—. (2013b) *PLoS ONE* 8:e53665.
Osterloo, M. M., et al. (2008) *Science* 319:1651–1654.
Oxley, J. (1989) *Down Where No Lion Walked. The Story of Western Deep Levels*. Southern Book Publishers, Johannesburg.
Parkes, R. J., et al. (1990) *Philosophical Transactions of the Royal Society A* 331:139–153.
—. (1994) *Nature* 37:410–413.
—. (2014) *Marine Geology*. doi: 10.1016/j.margeo.2014.02.009.
Pedersen, K. (1989) *Deep Ground Water Microbiology in Swedish Granitic Rock*. Tech. Rep. 89-23. Swed. Nuclear Fuel Waste Manage. Co., Stockholm.
—. (2004) *Strolling through the World of Microbes*. Palmedblads Tryckeri AB, Göteborg, Sweden.
Pedersen, K., and Ekendahl, S. (1990) *Microbial Ecology* 20:37–52.

—. (1992) *Microbial Ecology* 23:1–14.
Pfiffner, S. M., et al. (2008) *Astrobiology Journal* 8:623–638.
Phelps, T. J., et al. (1989) *Journal of Microbiological Methods* 9:267–279.
—. (1994a) *Microbial Ecology* 28:335–349.
—. (1994b) *Microbial Ecology* 28:351–364.
Plumb, J. J., et al. (2007) *International Journal of Systematic Evolutionary Microbiology* 57:1418–1423.
Priscu, J. C., et al. (1999) *Science* 286:2141–2143.
Ragon, M., et al. (2013) *Frontiers in Microbiology* 4: 37.
Reiser, R., and Tasch, P. (1960) *Transactions of the Kansas Academy of Science* 63:31–34.
Riess, W., et al. (1999) *Aquatic Microbial Ecology* 18:157–164.
Rinke, C., et al. (2013) *Nature* 499:431–437.
Rivkina, E., et al (1998) *Geomicrobiology Journal* 15:187–193.
Roh, Y., et al. (2002) *Applied and Environmental Microbiology* 68:6013–6020.
Rossbacher, L. A., and Judson, S. (1981) *Icarus* 45:39–59.
Rosso, L., et al (1995) *Applied and Environmental Microbiology* 61:610–616.
Rothman, D. H., et al. (2014) *Proceedings of the National Academy of Sciences USA* 111:5462–5467.
Rozanova, E. P., and Khudyakova, A. I. (1970) *Mikrobiologiya* 39:321–326.
Russell, C. E., et al. (1994) *Geomicrobiology Journal* 12:37–51.
Sagan, C. 1995. *The Demon-Haunted World: Science as a Candle in the Dark.* Random House, New York.〔セーガン『悪霊にさいなまれる世界』青木薫訳、ハヤカワ文庫 NF（上下、2009)〕
Sargent, K. A., and Fliermans, C. B. (1989) *Geomicrobiology Journal* 7:3–13.
Sarbu, S. M., et al (1996) *Science* 272:1953–1955.
Schröder, H. (1914) *Zentralblatt für Bakteriologie, Parasitenkunde, und Infektionskrankheiten*, Abt. 2, 41:460.
Sherwood Lollar, B., et al. (1993) *Geochimica Cosmochimica Acta* 57:5087–5097.
Sidow, A., et al. (1991) *Philosophical Transactions of the Royal Society B* 333: 420–433.
Sinclair, J. L., and Ghiorse, W. C. (1989) *Geomicrobiology Journal* 7:15–31.
Skidmore, M. L., et al. (2000) *Applied and Environmental Microbiology* 66:3214–3220.
Smirnova, Z. S. (1957) *Mikrobiologiya* 26:717–721.
Sogin, S. J., et al. (1972) *Journal of Molecular Evolution* 1:173–184
Stan-Lotter, H. (2011) *Encyclopedia of Geobiology*, 313–317. Springer Science +Business Media, New York.
Stetter, K. O., et al. (1986) Diversity of extremely thermophilic Archaebacteria. In: *Thermophiles: General, Molecular and Applied Microbiology*, ed. T. D. Brock, 39–74. John Wiley & Sons, New York

Stetter, K. O., et al. (1993) *Nature* 365:743–745.
Stevens, T. O., et al. (1993) *Microbial Ecology* 25:35–50.
Stevens, T. O., and Holbert, B. S. (1995) *Journal of Microbiological Methods* 21:283–292.
Stevens, T. O., and McKinley, J. P. (1995) *Science* 270:450–454.
—. (2000) *Environmental Science and Technology* 34:826–831.
Stotler, R. L., et al. (2009) *Journal of Hydrology* 373:80–95.
—. (2010) *Groundwater* 49:348–364.
Sugiyama, J. (1965) *Journal of General and Applied Microbiology* 11:15–23.
—. (1966) *Journal of the Faculty of Science*, University of Tokyo, ser. 3, 9:287–311.
Summers, A. (2007) *Journal of Cave and Karst Studies* 69:187–206.
Szewczyk, N. J., and McLamb, W. (2005) *Wilderness and Environmental Medicine* 16:27–32.
Szewczyk, N. J., et al. (2005) *Astrobiology* 5:663–689.
Szewzyk, U., et al. (1994) *Proceedings of the National Academy of Sciences USA* 91:1810–1813.
Takai, K., et al (2001) *International Journal of Systematic and Evolutionary Microbiology* 51:1245–1256.
—. (2003) *Environmental Microbiology* 5: 309–320.
—. (2008) *Proceedings of the National Academy of Sciences USA* 105: 10949–10954.
Tanaka, K. L. (1986) *Journal of Geophysical Research* 91:E139–E158.
Telegina, Z. P. (1961) Distribution and specific content of bacteria that oxidize gaseous hydrocarbons in the ground water at gas deposits in the Azov-Kuban basin. In: *Geologic Activity of Microorganisms*, ed. S. I. Kuznetsov, 99–101. Trans. Inst. Microbiol. No. 9. Consultants Bureau, New York.
Thauer, R. K., et al. (1977) *Bacteriological Reviews* 41:100–180.
Thorseth, I. H., et al. (1992) *Geochimica et Cosmochimica Acta* 56:845–850.
Tobin, K. J., et al. (2000) *Chemical Geology* 169:449–460.
Tseng, H.-Y., et al. (1995) *Chemical Geology* 127:297–311.
—. (1998a) *Water Resources Research* 34:937–948.
—. (1998b) *Geological Society of America Bulletin* 111:275-290.
Vernadsky, V. E. (1926) *The Biosphere*. Moscow-Leningrad.
Viles, H. A. (1984) *Progress in Physical Geography* 8:523–542.
von Humboldt, A. (1793) *Florae Fribergensis, Specimen, Plantas Cryptogamicas Praesertim Subterraneas Exhibens ... accedunt Aphorismi ex Doctrina, Physiologiae Chemicae Plantarum*. Berolini Apud Henr. Augustum Rottmann.
von Lieske, R. (1932) *Biochemischen Zeitschrift* 250:1–6.
von Lieske, R., and Hofmann, E. (1928) *Brennsto -Chemie* 174–176.
—. (1929) *Zentralblatt für Bakteriologie*, ser. 2, 77:305–309.
von Wolzogen Kühr, C.A.H. (1922) *Proceedings of the Koninklijke Akademie van*

Welenschappen te Amsterdam 25:189-198.

Vovk, I. F. (1987) Radiolytic salt enrichment and brines in the crystalline basement of the East European Platform. In: *Saline Water and Gases in Crystalline Rocks*, ed. P. Fritz and S. K. Frape, S. K., 197–210. Geological Association of Canada, Ottawa.

Vreeland, R. H., and Hochstein, L. I. (1992) *The Biology of Halophilic Bacteria.* CRC Press, Boca Raton, FL.

Vreeland, R. H., et al. (2000) *Nature* 407:899–900.

Walvoord, M. A., et al. (1999) *Water Resources Research* 35:1409–1424.

Whelan, J. K., et al (1986) Evidence for sulfate-reducing and methaneproducing microorganisms in sediments from sites 618, 619, and 622. In: *Initial Reports of the Deep Sea Drilling Program*, ed. A. H. Bouma et al, 767–775. U.S. Govt. Printing Office, Washington D.C.

White, D. C., and Ringelberg, D. B. (1997) Utility of the lipid signature biomarker analysis in determining the in situ viable biomass, community structure, and nutritional/physiological status of deep subsurface microbiota. In: *The Microbiology of the Terrestrial Subsurface*, ed. P. S. Amy and D. L. Haldeman, 119–136. CRC Press, Boca Raton, FL.

Whitelaw, K., and Rees, J. F. (1980) *Geomicrobiology Journal* 2:179–187.

Whitman, W. B., et al. (1998) *Proceedings of the National Academy of Sciences USA* 95:6578–6583.

Wilkinson, M., and Dampier, M. D. (1990) *Geochimica et Cosmochimica Acta* 54:3391–3399.

Wilson, J. T., et al (1983) *Groundwater* 21:134–142.

Woese, C. R. (1987) *Microbiological Reviews* 51:221–271.

Woese, C. R., et al (1990) *Proceedings of the National Academy of Sciences USA* 87:4576–4579.

Zhang, G., et al. (2005) *Applied and Environmental Microbiology* 71:3213–3227.

Zheng, M., and Kellogg, S. T. (1994) *Canadian Journal of Microbiology* 40: 944–954.

Zinger, A. S. (1966) *Microbiologiya* 35:357–364.

ZoBell, C. E. (1943) *Petroleum World* 40:30–43.

—. (1945) *Science* 102:364–369.

—. (1951) The rôle of microörganisms in petroleum formation. In: *Fundamental Research on Occurrence and Recovery of Petroleum*, American Petroleum Institute Research Project 43a, pp. 98–100.

Zuckerkandl, E., and Pauling, L. (1965) Molecules as documents of evolutionary history. In: *Evolving Genes and Proteins*, ed. V. Bryson and H. Vogel, 97–166. Academic Press, London.

Zumberge, J. E., et al (1978) *Minerals Science Engineering* 10:223–246.

Zvyagintsev, D. G., et al (1985) *Mikrobiologiya* 54:155–161.

知られざる地下微生物の世界
極限環境に生命の起源と地球外生命を探る

2017年8月31日　第一刷印刷
2017年9月15日　第一刷発行

著者　タリス・オンストット
訳者　松浦俊輔
発行者　清水一人
発行所　青土社
〒101-0051　東京都千代田区神田神保町1-29　市瀬ビル
［電話］03-3291-9831（編集）　03-3294-7829（営業）
［振替］00190-7-192955
印刷・製本　ディグ
装丁　岡孝治

ISBN978-4-7917-7010-6
Printed in Japan